H. Buhrke
H. J. Kecke
H. Richter

Strömungsförderer

Herbert Buhrke
Hans Joachim Kecke
Hansjürgen Richter

Strömungsförderer

Hydraulischer und pneumatischer Transport in Rohrleitungen

Friedr. Vieweg & Sohn   Braunschweig/Wiesbaden

CIP-Titelaufnahme der Deutschen Bibliothek

Buhrke, Herbert:
Strömungsförderer : hydraul. u. pneumat. Transport in
Rohrleitungen / Herbert Buhrke ; Hans Joachim Kecke ;
Hansjürgen Richter. – Braunschweig ; Wiesbaden : Vieweg, 1989
ISBN-13: 978-3-528-03040-7   e-ISBN-13: 978-3-322-87219-7
DOI: 10.1007/978-3-322-87219-7

NE: Kecke, Hans Joachim:; Richter, Hansjürgen:

© VEB Verlag Technik, Berlin, 1989
Lizenzausgabe mit Genehmigung des VEB Verlag Technik Berlin
für Friedr. Vieweg & Sohn Verlagsgesellschaft mbH Braunschweig
Gesamtherstellung: Druckhaus Freiheit Halle
Lektor: Dipl.-Ing. Ingrid Schubert
Umschlagentwurf: Peter Neitzke

ISBN-13: 978-3-528-03040-7

Vorwort

Die technische Entwicklung hat – bedingt durch die Arbeitsteilung sowie den örtlichen Widerspruch zwischen Aufkommen und Bedarf – mit den Be- und Verarbeitungsprozessen Transportverfahren hervorgebracht, deren Anwendungsgebiete sich in Abhängigkeit vom Wirkprinzip sowie von den Vorzügen und Nachteilen des jeweiligen Verfahrens mehr oder weniger stark ausgeweitet haben.

Vielfältige Möglichkeiten bietet die technische Nutzung der Zweiphasenströmung. Wie der Rohrleitungstransport von Flüssigkeiten und Gasen, findet auch der hydraulische und pneumatische Transport in allen Bereichen der Volkswirtschaft breite Nutzung. Es gibt eine Reihe bewährter Standardlösungen; dazu gehören der Saugbagger und der pneumatische Schiffsentlader genauso wie z. B. die hydraulische und pneumatische Entaschung. Wegen des einfachen Aufbaus sind solche Strömungsförderer für die betriebliche Rationalisierung besonders geeignet. Anwender gehen so immer wieder zur eigenen Rationalisierung über. Dem steht aber eine verhältnismäßig komplizierte Dimensionierung derartiger Anlagen gegenüber. Neben geeigneten Berechnungsmethoden fehlen vor allem ausreichende Erfahrungen. Das große Interesse an den von den Technischen Universitäten Magdeburg und Dresden in der Vergangenheit angebotenen Weiterbildungslehrgängen zum hydraulischen bzw. pneumatischen Transport sowie die große Anzahl von Konsultationswünschen an beiden Einrichtungen machen den breiten Einsatz und den großen Bedarf an Berechnungshinweisen und Betriebserfahrungen deutlich.

Diesen praktischen Erfordernissen Rechnung tragend, kann nunmehr – dank Förderung des Anliegens durch den langjährigen Inhaber des Lehrstuhls für Fördertechnik an der Technischen Universität Dresden, Herrn Prof. em. Dr.-Ing. habil. *Martin Scheffler* – die seit langem erwartete zusammenfassende Darstellung vorgelegt werden.

Mit diesem Buch sollen Hersteller wie Anwender gleichermaßen in die Lage versetzt werden, beim Einsatz pneumatischer und hydraulischer Rohrleitungsförderer zu beachtende Restriktionen in gebührendem Umfang zu erkennen und vor allem neue Anlagen richtig zu dimensionieren.

Dabei sei bedacht, daß die theoretischen Grundlagen des technisch so einfachen Rohrleitungstransports vier Teilgebiete der Physik in sich vereinigen, wovon jedes für sich einen Komplex spezieller Fragestellungen enthält. Schon die Strömungsmechanik, Wirbelschichttechnik, Schüttgutmechanik und Festkörperreibung für sich betrachtet, bieten ausreichend Material für umfangreiche Erläuterungen zu theoretischen und technischen Problemen im Rahmen eines geschlossenen Werkes. Es war nicht einfach, ein ausgewogenes Verhältnis dieser Spezialgebiete im vorliegenden Buch zu finden. Im Vordergrund steht das Bemühen der Autoren, dem Leser ausreichende und eindeutige Unterlagen in die Hand zu geben, die ihm Typenauswahl und Einsatzentscheidung erleichtern sowie die selbständige Anlagendimensionierung gestatten. Wir hoffen, diesem Anliegen gerecht geworden zu sein, und sind für Hinweise zur Vervollkommnung unseres Buches stets dankbar.

Die Autoren

Inhaltsverzeichnis

1. Einleitung

Der Rohrleitungstransport flüssiger wie gasförmiger Medien hat Tradition und Aktualität,
Rolle und Bedeutung dieser Transportart bedürfen keiner näheren Erläuterung. Eine nicht
weniger wichtige Rolle spielt auch die Förderung von Flüssigkeit-Feststoff- oder Gas-Fest-
stoff-Gemischen durch Rohrleitungen bzw. Rohrleitungssysteme. Folgende Vorteile kennzeichnen diese Transportarten und bilden eine wichtige Grundlage für den ökonomischen
Einsatz im kontinuierlichen Produktionsprozeß und im Umschlagbetrieb:

1. einfacher, raumsparender und anpassungsfähiger Aufbau,
2. hohe Arbeitsproduktivität und gute Automatisierbarkeit,
3. äußerst geringe Umweltbelastung,
4. kontinuierliche Gutströme mit guter Regelbarkeit sowie
5. einfache Förderstromverzweigungen.

Elemente dieser Vorteile wurden bereits vor mehreren tausend Jahren mit der Anwendung
von Bambusrohren für Wasserleitungen erkannt und genutzt. Mit der industriellen Revolu-
tion, vornehmlich in den letzten hundert Jahren, ist ein sprunghafter Anstieg der Rohrlei-
tungsförderung zu verzeichnen. Mit dem wachsenden Bedarf an kontinuierlich bereitzustel-
lenden fließfähigen Medien bei gleichzeitig zunehmender territorialer Konzentration, Ver-
flechtung und Arbeitsteilung der Industrie hat sich der Rohrleitungstransport zum unverzicht-
baren Bestandteil moderner Technologien, der Volkswirtschaften insgesamt entwickelt. Häufig bildet er die zweckmäßige Alternative für Förder- oder Versorgungsaufgaben. Diese Entwicklung ist geknüpft an ein wachsendes technisches Niveau der Ausrüstungen bei gleichzeitiger Erweiterung des Sortiments und der beherrschbaren Parameter. Pumpen und Verdichter
oder Gebläse, Rohre, Armaturen und alle anderen notwendigen Rohrleitungselemente können heute für fast alle Anforderungen bereitgestellt werden.
Mit der Vervollkommnung des Rohrleitungstransports einphasiger Medien entstand das Be-
dürfnis, dessen Vorteile auch für die Förderung von Schüttgütern (Feststoffen) zu nutzen. Bereits Mitte des 19. bzw. zu Beginn des 20. Jahrhunderts wurden die ersten pneumatischen und
hydraulischen Transportanlagen betrieben. Die aktuelle Situation kennzeichnet ein breites
Feld von Anwendungsfällen, das ständig erweitert wird. Das betrifft sowohl das Spektrum der
geförderten Güter als auch die Transportentfernungen und Transportmengen. Der pneumatische Transport wird wegen der Expansion des Gases nur für kurze Entfernungen eingesetzt,
während der hydraulische Transport sowohl für kurze Transportstrecken als auch bei Entfernungen bis zu mehreren hundert Kilometern angewendet wird. Die Verwendung von Kapseln
in hydraulischen Transportleitungen ist möglich. Mit pneumatischem Kapseltransport sind bei
Verwendung von Fahrwerken wegen des stark reduzierten Bewegungswiderstands Entfernungen von mehreren Kilometern erreichbar.
Förderanlagen nach dem Lufthebeverfahren werden für die Aufwärtsförderung angewendet
[1.5.]. Bei der Feststofförderung strömt ein Dreiphasensystem im vertikalen Rohr.

1.1. Anwendungsbedingungen für den Gemischtransport

Grundvoraussetzung zur Anwendung flüssiger oder gasförmiger Fluide als Trägermedium für
Feststoffe ist die gerichtete Wirkung ausreichend großer Strömungskräfte, durch die entweder
fließfähige Gemische hergestellt werden oder die in der Lage sind, die Verschiebwiderstände
der festen Phase bei unterschiedlichen Bewegungsformen zu überwinden. Die dazu notwendi-

gen Parameter müssen im technisch und ökonomisch sinnvollen Arbeitsbereich der erforderlichen Ausrüstungen liegen. Ein wesentliches Kennzeichen für den Gemischtransport von Fest-Flüssig- oder Fest-Gasförmig-Systemen ist in den meisten Fällen der Dichteunterschied zwischen den Phasen. Der Feststoff hat in der Regel die größere Dichte, die bei hydraulischem Transport höchstens eine Größenordnung über der des Fluids ($\varrho_M/\varrho_F < 10^1$) liegt. Beim pneumatischen Transport werden Dichteverhältnisse von $\varrho_M/\varrho_F = 8 \cdot 10^3$ erreicht; diese sind dann auch für die erforderlichen relativ hohen Fluidgeschwindigkeiten zum Transport und damit für den hohen Energiebedarf im Vergleich zur hydraulischen Förderung verantwortlich. Des weiteren ist die Existenz einer Minimalgeschwindigkeit zur Sicherung eines stabilen Transportvorganges die Folge der Dichteunterschiede. Diese Geschwindigkeit wird als kritische Geschwindigkeit v_{krit} bezeichnet, deren Unterschreitung stationäre Ablagerungen im Rohr nach sich zieht.

Beim hydraulischen Transport verkleinert sich v_{krit} mit abnehmender Teilchengröße, während beim pneumatischen Transport im Bereich der Flugförderung mehr die Gutkonzentration bzw. der Gutdurchsatz diesen Grenzwert bestimmt, so daß bei vergleichbaren Verhältnissen, unabhängig von der Korngröße, annähernd gleiche Mindestgeschwindigkeiten erforderlich sind. Im Bereich der pneumatischen Dichtstromförderung gelten zum hydraulischen Transport analoge Aussagen.

Die Kennlinie der Rohrleitung und auch der Gemischpumpen sind abhängig von der Feststoffkonzentration. Die Dichteunterschiede ϱ_M/ϱ_F sind in erster Linie dafür verantwortlich. In der Regel kann die Feststoffkonzentration über die Zeit nur in einem anlagenspezifischen Schwankungsbereich gewährleistet werden. Deshalb ist, im Gegensatz zu dem bei der Förderung reiner Fluide einstellbaren Arbeitspunkt, eine Arbeitslinie bzw. ein Arbeitsfeld mit entsprechendem Schwankungsbereich des Gemischvolumenstroms für den Betriebszustand kennzeichnend. In den Fällen, wo sich die Fließeigenschaften sowohl in bezug auf v_{krit} als auch hinsichtlich der für den Transport notwendigen Strömungskräfte, die den Druckverlust bestimmen, mit der Verringerung der Feststoffabmessungen verbessern, bedeutet die technische Nutzung dieser Vorteile ggf. eine sehr aufwendige Vorbereitung des Gutes. Gleichzeitig wachsen die Aufwendungen sowohl ausrüstungsseitig als auch energetisch für die Feststoff-Fluid-Trennung nach dem Transport, was besonders bei der hydraulischen Förderung der Fall ist.

Besonderer Beachtung bedürfen ferner die Anwendungsbedingungen aus der Wechselwirkung der Phasen untereinander, mit den Ausrüstungen und mit der Umwelt:

- Es muß die Verträglichkeit des Feststoffs mit dem Fluid gewährleistet sein. Chemische Reaktionen (z. B. Zementieren beim hydraulischen Transport) oder physikalische Wirkungen (z. B. elektrostatische Aufladung bei pneumatischem Transport) können nur in solchem Umfang zugelassen werden, daß die Stabilität des Transportgangs bei den geforderten Parametern und die Sicherheit der Anlage gewährleistet bleiben. Eine Löslichkeit ist beim hydraulischen Transport nicht unbedingt ein Hindernis. So wird z. B. beim Kalitransport gesättigte Lauge verwendet.
- Ein auftretender Abrieb bis hin zur Zerkleinerung der Feststoffteilchen darf sowohl für den Transportvorgang selbst als auch für die nachfolgenden Prozeßstufen nicht zu wesentlichen Erschwernissen führen.
- Mit der Lösung des Transportproblems dürfen keine negativen Wirkungen auf die Umwelt entstehen, was beispielsweise durch Wasser- oder Luftverschmutzung gegeben sein könnte.

1.2.   Besonderheiten beim Gemischtransport

Die eingangs genannten Vorteile des Rohrleitungstransports gelten generell auch für den Gemischtransport. Zusätzlich müssen die Spezifika der Zweisphasensysteme beachtet werden, die den Einsatzbereich abgrenzen. Solche Besonderheiten können sich beim Vergleich mit anderen Transportverfahren als Nachteil darstellen. Es muß so darauf aufmerksam gemacht werden, daß bei der Variantenuntersuchung mit dem Ziel, das vorteilhafteste Transportverfahren herauszuarbeiten, grundsätzlich aufgabenspezifisch vorzugehen ist. Jeder Anwendungsfall ist ein Einzelfall, der nicht immer an globalen Aussagen gemessen werden kann. Die Orientierungen zu Vor- und Nachteilen, bezogen auf die zum Vergleich stehenden Alternativvarianten, tragen dementsprechend relativen Charakter.

Als nachteilig beim Gemischtransport sind anzusehen

– der oft sehr intensive Verschleiß,
– die Verstopfungsgefahr,
– der Teilchenabrieb,
– die Einschränkungen bezüglich der Feststoffeignung,
– die infolge der unteren Grenze der Transportgeschwindigkeit $v_G = v_{krit}$ und des mit wachsendem v_G stark ansteigenden Energiebedarfs eingeengte Flexibilität des Förderstroms.

Darüber hinaus können hohe Aufwendungen zur Gemischherstellung und -trennung nötig sein.

Diese Nachteile kann man ausschalten, wenn der Feststoff in Kapseln (meist dichtschließend) transportiert wird [1.1] [1.10] [1.11]. Nachteilig ist in diesem Falle der hohe Aufwand an Sonderkonstruktionen (z. B. Kapselfüll- und Entleerungseinrichtungen, Sende- und Empfangsschleusen, Rohrweichen usw.).

1.3.   Einsatzgebiete und Transportgüter

Bedingt dadurch, daß die Anwendungsmöglichkeit des Gemischtransports und die Anlagengestaltung aufgabenspezifisch zu bestimmen sind, können Einsatzhinweise nur unscharf angegeben werden. Tafel 1.1 gibt dazu eine Übersicht. Der Transport von Kapseln ist als Sonderfall beim flüssigen oder gasförmigen Trägermedium eingeordnet.

1.3.1.   Hydraulischer Transport

Der Transport großer Feststoffmengen ($\dot{m}_M > 10^5$, möglichst 10^6 t/a) über große Transportentfernungen ($l > 10^2$ km) ist als Einsatzgebiet zu nennen, wenn die ökonomischen Effekte der Anwendung des Rohrleitungstransports größer sind als die Aufwendungen für die in solchen Fällen gegebenenfalls notwendige Feststoffvorbereitung (Zerkleinerung) oder spezielle Gemischherstellung sowie für die allerdings nicht in jedem Falle erforderliche Trennung der Phasen. Besteht darüber hinaus noch die Notwendigkeit, bei Realisierung einer Alternativlösung, z. B. Eisenbahn, den Verkehrsweg erst zu errichten, ergeben sich für die Rohrleitung noch erheblich günstigere Ausgangspositionen.

Dieser Produktentransport ist geplant und realisiert für Massengüter, wie Steinkohle, Eisenerzkonzentrat, Kupererzkonzentrat, Phosphat, Kalkstein usw. [1.2]. Als Transportfluid dient meist Wasser. Bezüglich des maximalen Teilchendurchmessers wird, abhängig von der Feststoffdichte, etwa

$$d_{Kmax} \approx 0,6 \, \frac{\varrho_F}{\varrho_M - \varrho_F} \tag{1.1}$$

angestrebt, also beispielsweise für Steinkohle ($\varrho_M = 1,4 \cdot 10^3 \, \text{kg/m}^3$) $d_{Kmax} \approx 1,5$ mm oder Eisenerzkonzentrat ($\varrho_M = 5 \cdot 10^3 \, \text{kg/m}^3$) $d_{Kmax} \approx 0,15$ mm.

Beim Transport von Steinkohle als Energieträger oder auch für die stoffwirtschaftliche Nutzung ist man bestrebt, die notwendige Wassermenge auf ein Minimum zu reduzieren. Auch

Tafel 1.1. Anwendungsparameter und Einsatzgebiete (nach [1.15])

	Hydraulischer Transport	Pneumatischer Transport
1. Fluiddichte ϱ_F in kg/m^3	≈ 1000	$1{,}2\ldots5$
2. Feststoffdichte ϱ_M in kg/m^3	kaum Begrenzung	
3. Notwendige Transportgeschwindigkeit v_G in m/s	$\leqq 5$	$\leqq 30$
4. Kompressibilität	sehr klein (≈ 0)	groß
5. Anforderungen an den Feststoff	mit Fluid verträglich, bis grobkörnig für kurze Strecken feinkörnig für lange Strecken wenn nicht erfüllbar: Kapsel	trocken, rieselfähig, nicht zu grobkörnig wenn nicht erfüllbar: Kapsel
6. Transportstrecken	grobkörnig $\leqq 15$ km feinkörnig unbegrenzt (mit wachsender Strecke und Massenstrom effektiver) Kapsel: unbegrenzt (mit wachsender Strecke effektiver)	$\leqq 4$ km Kapsel: $\leqq 10$ km (einstufig)
7. Spezifischer Energiebedarf in (kW · h)/(t · km)	$0{,}1\ldots1$ vertikal bis 10 und größer	$5\ldots200$
8. Typische Anwendungsfälle	kurze Strecken ($\leqq 3$ km): innerbetrieblich, Kopplung von Verfahrensstufen Umschlag, Bergbau, Entsorgung mittlere Strecken ($\leqq 15$ km): Bergbau, Baggerwesen, Entsorgung lange Strecken: Produktionspipelines (Kohle; Erze; sonstige Mineralien) – auch Kapseltransport	kurze Strecken innerbetrieblich, Kopplung von Verfahrensstufen Umschlag, Bergbau, Entsorgung auch Kapseltransport

Tafel 1.2. Transportgüter für den hydraulischen Transport und Anwendungsgebiete

Anwendungsgebiet	Feststoffe
Fernrohrleitungen (Pipelinetransport)	Kohle, Erze, Mineralien
Baggerei	Sande und Kiese, Schlämme
Bergbau	Kohle, Erze, Abraum, taubes Gestein, Kali, Bauxit, Phosphat, Bohrschlamm
Meerestechnik	Manganknollen
Chemische Industrie	Plastgranulate, Zwischenprodukte, Abprodukte, Schlämme
Erzaufbereitung	Erze, Abprodukte, Rotschlamm
Papierindustrie	Holzfasern, Pulpe
Lebensmittelindustrie	Fische, Rüben, Gemüse, Obst, Makkaroni, Schokoladenmassen, Zuckerrohr, breiartige Zwischen- und Endprodukte
Glasindustrie	Glassande, Glasbruch
Kraftwerke	Schlacke und Asche
Kanalisation, Abwassertechnik	Schlämme, Abfälle, Fäkalien
Landwirtschaft	Futtermittel, Gülle

der Einsatz alternativer Transportfluide wird diskutiert. Der ersteren Zielstellung dient eine Zerkleinerung auf ein solches Kornspektrum, das eine minimale Porosität, etwa $\varepsilon = 0{,}25$, aufweist [1.9]. Im zweiten Fall wird z. B. für die zerkleinerte Steinkohle als Transportfluid Öl eingesetzt [1.7] oder auch ein Gemisch aus Öl und Wasser [1.8] verwendet. Methanol als Fluid [1.14] kann ebenfalls eine Alternative darstellen.

Die Einordnung des Gemischtransports in eine Gesamttechnologie erfolgt besonders dann, wenn die Förderung eines aus vorangegangenen Verfahrensstufen anstehenden Gemisches notwendig ist oder ein Gemisch für die nachfolgende Verfahrensstufe gefördert wird. Positive technologische Wirkungen, wie z. B. der Waschprozeß während des Transports, wirken einsatzbegünstigend. Das Spektrum der solchermaßen geförderten Feststoffe ist exemplarisch und auf Anwendungsgebiete bezogen in Tafel 1.2 angegeben.

Die Förderung von Feststoffen zu einer Deponie oder Halde, die gleichzeitig die Aufgabe der Feststoff-Flüssigkeits-Trennung übernehmen, charakterisiert ein weiteres Einsatzgebiet. Beispiele für diesbezügliche Transportgüter sind in Tafel 1.2 berücksichtigt.

Potenzielle Einsatzgebiete für den hydraulischen Kapseltransport sind der Produktentransport über große Entfernungen genauso wie die Hochförderung von Rohstoffen im Meeresbergbau. Die Anwendung reicht bisher nur bis zur großtechnischen Versuchsanlage [1.1]. Auch der Einsatz von Einwegkapseln in Form von Plastsäcken [1.17] trägt nur Pilotcharakter.

1.3.2. Pneumatischer Transport

Der Einsatz gasförmiger Trägermedien – besonders Luft – erfordert hinsichtlich der Aufbereitung vor und nach der Förderung wesentlich einfachere Ausrüstungen und Verfahren als beim hydraulischen Transport. Das kommt besonders anstehenden Umschlagaufgaben zugute. Die Anwendung ist deshalb vielgestaltiger und weiter verbreitet. Gefördert werden alle Schüttgüter, die der Anlage störungsfrei zufließen können und (aus ökonomischer Sicht) Schwebegeschwindigkeiten unter 15 m/s haben. Wegen der starken Gutabhängigkeit der Anlagenparameter sind auch hier Typenprojekte äußerst selten und bleiben auf gleichartige Einsatzfälle beschränkt. In der Regel muß jede Anlage neu berechnet, projektiert und konstruiert werden, bevor sie gefertigt und montiert werden kann. Vorteilhafte Einsatzgebiete für die pneumatische Förderung sind in der

- Einordnung in eine Gesamttechnologie, oft auch verknüpft mit Be- und Verarbeitungsprozessen wie Trocknen, Kühlen usw., sowie bei
- Lösung von Umschlagaufgaben

zu sehen. Tafel 1.3 zeigt eine Übersicht von Fördergütern in entsprechenden Anwendungsbereichen.

Tafel 1.3. Transportgüter für den pneumatischen Transport und Anwendungsgebiete

Anwendungsgebiete	Feststoffe
Bergbau	Kohle, Mineralien, taubes Gestein
Chemische Industrie	Granulate, Pulver, Kunstfasern
Lebensmittelindustrie	Getreide, Mehl, Grieß, Zucker, Kaffee, Malz, Milchpulver
Nichteisenmetallurgie	Tonerde
Zementindustrie	Zement, Rohmehl
Holz- und Papierindustrie	Kaolin, Hackschnitzel
Landwirtschaft	Futtermittel
Umschlagaufgaben	Getreide, Ölsaaten, Kohlenstaub, Apatit, Futtermittel

1.4. Klassifizierung und grundsätzliche Anlagengestaltung

Die hydraulischen und pneumatischen Förderanlagen werden, abhängig von den primär zu kennzeichnenden Merkmalen, unterschiedlich bezeichnet. Eine Übersicht dazu gibt Tafel 1.4.

Technisch genutzte Lösungen weisen in der Regel eine Kopplung der zur Klassifizierung herangezogenen Gesichtspunkte auf und werden durch das jeweils angewendete Transportfluid beeinflußt. Beispielsweise ist dafür das Druckniveau zu nennen.

Tafel 1.4. Einteilung und Kennzeichnung von Gemischförderanlagen und Transportvorgang

Primäre Kennzeichnung	Dominierend bezeichnet für	
	hydraulische Transportanlagen	pneumatische Transportanlagen
Konstruktive Gesichtspunkte:		
– Rohrleitungsführung	Horizontaltransport (mit Neigung) Vertikaltransport – aufwärts Vertikaltransport – abwärts gekoppelte Anlagen möglich – Verbindungselement Rohrbogen	Horizontaltransport Schräg-Transport Vertikaltransport meist gekoppelte Anlagen – Verbindungselement Rohrbogen
– Energie- und Guteinbringung	Sauganlagen (selbständige Gutaufnahme) Druckanlagen (Gut- oder Gemischeinschleusung) Saug-Druck-Anlagen	Sauganlagen (selbständige Gutaufnahme) Druckanlagen (Guteinschleusung) Saug-Druck-Anlagen
– Führung des Fluids	geschlossener Fluidkreislauf (Flüssigkeitsrückführung) offenes System	geschlossenes System offenes System
Druckniveau	Mitteldruckanlagen $p \leqq 1{,}5\,\mathrm{MPa}$ Hochdruckanlagen $p \leqq 15\,\mathrm{MPa}$	Niederdruck $p \leqq 10\,\mathrm{kPa}$ Mitteldruck $p = 10\ldots100\,\mathrm{kPa}$ Hochdruck $p \geqq 100\,\mathrm{kPa}$
Bewegungsform des Feststoffs	Förderanlagen für heterogene Gemische bei Feststoffbewegung mit ansteigender Transportgeschwindigkeit – geschlossene Feststoffschicht/ Dünen – Dünen/Ballen/Strähnen/Sprung – Strähnen/Sprung Förderanlagen für homogene Gemische (auch laminare Strömungsform) Förderanlagen für pseudohomogene Gemische (gleichverteilter Feststoff – nur turbulent)	Flugförderung Strähnen und Ballenförderung Pfropfenförderung

1.4.1. Hydraulische Transportanlagen

Auf die für jede Aufgabe notwendige spezielle Gestaltung oder Anpassung der auszuführenden Transportanlage haben die Art und Weise der Fördergutbereitstellung, das Fördergut selbst und die Transportentfernung einen wesentlichen Einfluß.

Bild 1.1 zeigt die möglichen Anlagenkomplexe zur Ableitung typischer Lösungsvarianten für die hydraulische Förderung. Die Gutaufnahme oder Gemischbildung muß in Abhängigkeit von den vorgelagerten Verfahrensstufen, von den Schüttguteigenschaften und von der gewünschten Betriebsweise erfolgen. Günstig wirken sich z. B. eine vorgelagerte Naßstufe (Bild 1.2) oder die direkte Aufnahme unter Wasser aus, wie es bei Saugbaggern realisiert ist (Bild 1.3). Absetzverhalten und Benetzbarkeit des Feststoffs sind maßgeblich bei der Auswahl und Auslegung der Aggregate. Die Zerkleinerung im Sinne von Grobkornbegrenzung oder zur generellen Haufwerksverfeinerung mit dem Ziel, die Fließeigenschaften des Gemischs zu verbessern, sind gemäß den Ansprüchen einzuordnen (Bild 1.4).

Das Problem der Gemisch- (oder Feststoff-) und der Energieeinbringung in die Rohrleitung kann nach zwei grundsätzlichen Möglichkeiten erfolgen, deren Anwendungsbereiche Bild 1.5 zeigt.

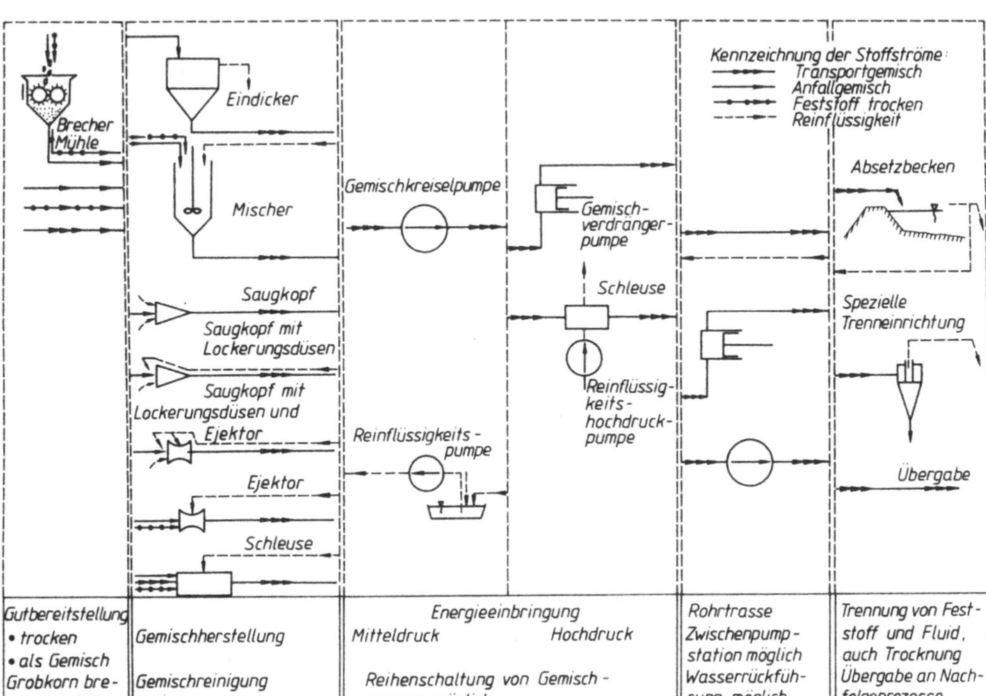

Bild 1.1. Anlagenkomplexe und Lösungsvarianten für den hydraulischen Feststofftransport

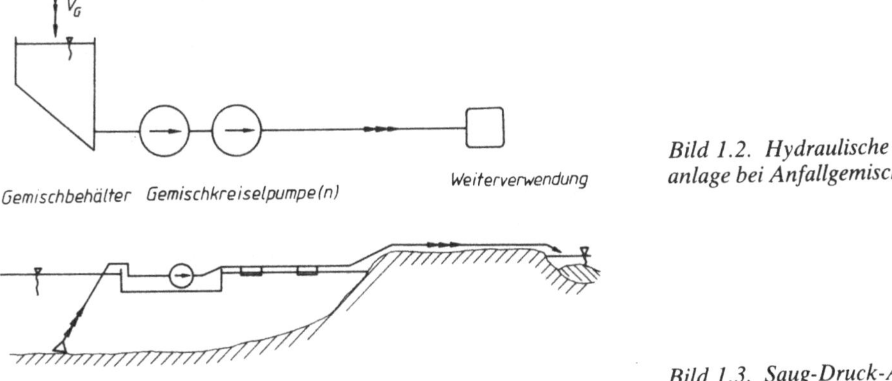

Bild 1.2. Hydraulische Transport-anlage bei Anfallgemisch

Bild 1.3. Saug-Druck-Anlage am Beispiel Saugbagger

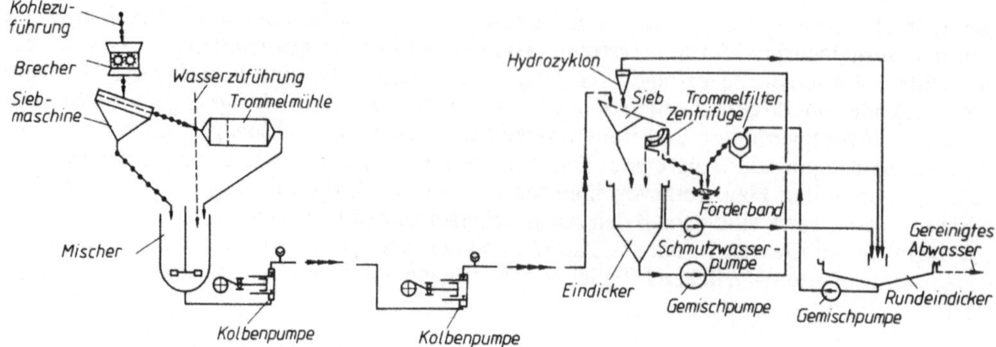

Bild 1.4. *Hochdruckanlage für den Langstreckentransport mit Feststoffverfeinerung zur Verbesserung der Transporteigenschaften*

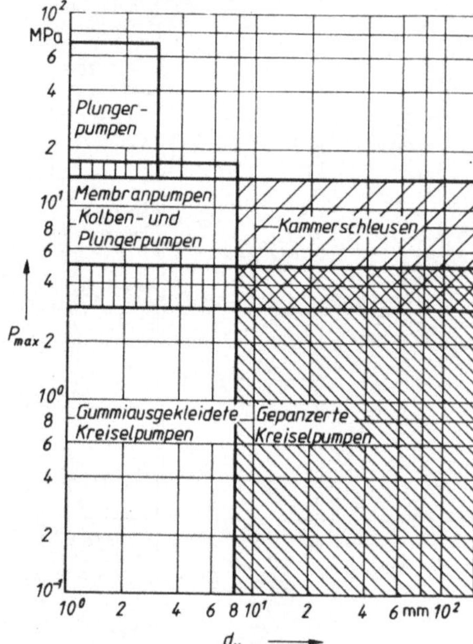

Bild 1.5. *Anwendungsbereiche von Energie- und Gemischeinbringsystemen [1.4]*

Es sind dies

– die Kopplung beider Teilaufgaben durch den Einsatz von Gemischpumpen, ausgeführt als Kreiselpumpe (vgl. Bilder 1.2 bis 1.4) oder Kolbenpumpe. Kreiselpumpen ermöglichen in der Regel nur Mitteldruckanlagen, weil sie wegen der Verschleißwirkung meist nur einstufig ausgeführt werden können und die Konstruktion selten eine unmittelbare Hintereinanderschaltung von mehr als zwei Pumpen zuläßt. Die Aneinanderreihung solcher Mitteldrucksysteme ist aber möglich. Kolbenpumpen erzeugen hohe Drücke. Sie sind in ihrer Anwendung jedoch auf Teilchendurchmesser $d_K < 4$ mm begrenzt. Mit zunehmender Verschleißwirkung des Feststoffs verringert sich der zulässige Wert d_K noch weiter.

– die Einbringung des Trägermediums oder der Energie mit Hilfe von Reinflüssigkeitspumpen und die Beschickung der Rohrleitung mit Feststoff oder Gemisch über ein Schleusensystem (Bild 1.6). Eine kontinuierliche Dosierung in die Druckrohrleitung oder eine quasikontinuierliche (Befüllung von Schleusenkammern) alternierende Entleerung in die Druckrohrleitung sind mögliche Varianten.

Für kurze Transportstrecken werden Wasserstrahlpumpen (Ejektoren) trotz ihres geringen Wirkungsgrads wegen ihrer einfachen Konstruktion angewendet.

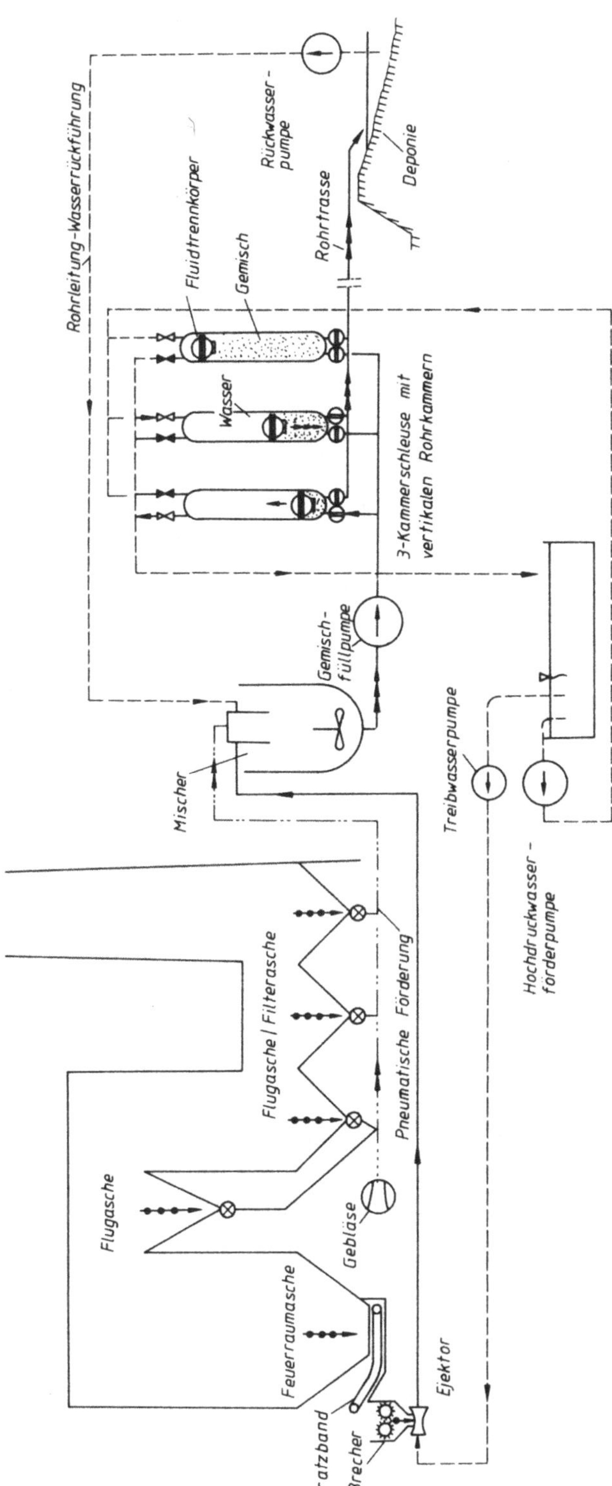

Bild 1.6. Hochdruckanlage für die hydraulische Förderung mit Schleusensystemen (Beispiel Kraftwerksentaschung, Schleuse nach [1.12])

1.4.2. Pneumatische Transportanlagen

Pneumatische Förderer werden nach unterschiedlichen Gesichtspunkten klassifiziert. Entsprechend der im Abschnitt 4. dargestellten Anlagengestaltung wird zwischen

- Sauganlagen,
- Druckanlagen,
- Saug-Druck-Anlagen und
- Kreislaufanlagen

unterschieden. Eine Einteilung nach Druckniveau bzw. Bewegungsform des Feststoffs enthält Tafel 1.4.

1.5. Ökonomische Aspekte

In den meisten Fällen ist der Gemischtransport durch Rohrleitungen eine Variante der möglichen technischen Lösungen für die gegebene Transportaufgabe. Die günstigste Technologie wird maßgeblich durch die Kosten bestimmt. Es müssen zusätzlich die Vorteile, die sich nur bedingt in eine Kostenbetrachtung einordnen lassen, wie Umweltfreundlichkeit, Witterungsunabhängigkeit oder technologisch bedingte Zweckmäßigkeit, berücksichtigt werden. Durch Beachtung unterschiedlicher Wertigkeit der Entscheidungskriterien besteht besonders beim Gemischtransport die Möglichkeit, das Entscheidungsergebnis zu beeinflussen. Im Bild 1.7 sind für unterschiedliche Aufgabenstellungen des hydraulischen Transports, z. B.

- Pipelinetransport von gemahlener Steinkohle über 200 km [1.2],
- Flugaschetransport über 15 km bei unterschiedlichen Systemen der Gemisch- und Energieeinbringung [1.13],

ähnliche Kostenproportionen festzustellen.
Beiden Aufgaben gemeinsam ist, daß eine Feststoffaufbereitung für den Transport und die Gemischtrennung nicht in die Betrachtung einbezogen wurden. Das feinkörnige Gut liegt bereits vor. Bei andererseits grobkörnigem Haufwerk und damit größerer kritischer

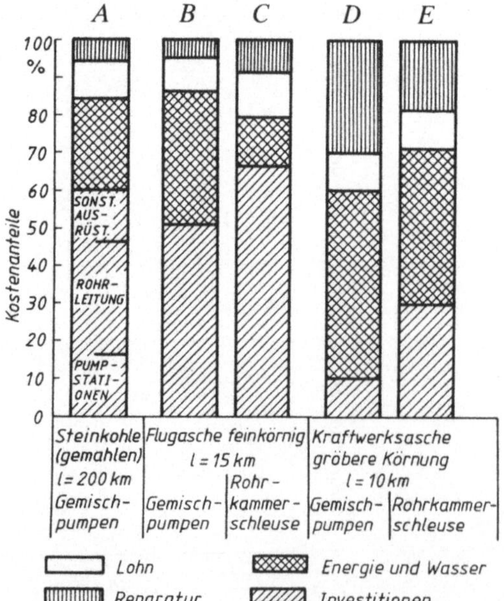

Bild 1.7. Kostenanteile bei der hydraulischen Förderung von Feststoffen, dargestellt für unterschiedliche Transportaufgaben (A–B) für unterschiedliche Gemisch- und Energieeinbringsysteme (B–C) und (D–E) und für unterschiedliche Teilchengrößen und Werkstoffe (B–D) und (C–E)

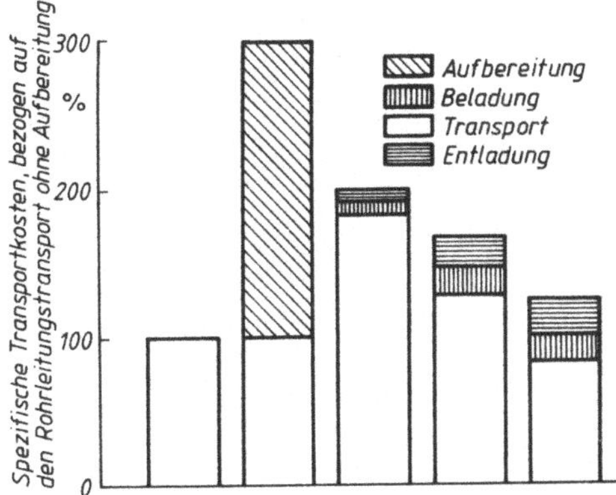

Bild 1.8. Proportionen der spezifischen Transportkosten bei hydraulischer Förderung mit und ohne Feststoffaufbereitung für den Transport sowie Vergleich mit anderen Transportverfahren [1.2]

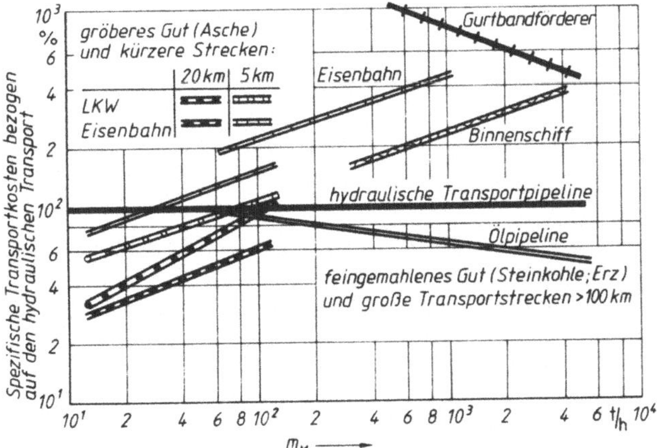

Bild 1.9. Vergleich der spezifischen Transportkosten unterschiedlicher Transportverfahren mit dem hydraulischen Transport

Geschwindigkeit, was eine Erhöhung der Transportgeschwindigkeit oder eine Konzentrationsabsenkung erforderlich macht, steigt der Anteil der Energiekosten. Auch die Aufwendungen für die Reparaturen erhöhen sich wegen intensiverem Verschleiß. Eine diesbezügliche Minimierung wäre durch den Einsatz verschleißbeständigen Materials möglich.

Bei der Einbeziehung der Aufbereitungskosten sowie auch der für die Gemischtrennung erhöhen sich selbstverständlich die Gesamtkosten um den entsprechenden Betrag.

Eine Vorstellung von der Größenordnung des Aufwands für die Feststoffaufbereitung bei großen Transportentfernungen ($l > 100$ km) wird im Bild 1.8 vermittelt. Im Vergleich zu anderen Transportarten wird der Rohrleitungstransport als sehr effektiv ausgewiesen. Eine wachsende Förderleistung (bei notwendigerweise feinem Gut) bedeutet zunehmend günstigere Bedingungen (Bild 1.9). Kleinere Förderleistungen und groberes Material bedürfen einer sorgfältigen Kostenanalyse bezüglich der wirtschaftlichen Variante.

Eine Vergleichsbasis der verschiedenen Transportverfahren in absoluter Größe besteht z. B. im spezifischen Energiebedarf (Bild 1.10). Wegen des breiten Spektrums der Eigenschaften zu fördernder Güter ergibt sich ein großer Bereich beim Rohrleitungstransport. Wieder sei auf die zu erreichenden niedrigen Werte beim hydraulischen Transport großer Mengen feinkörniger Güter verwiesen.

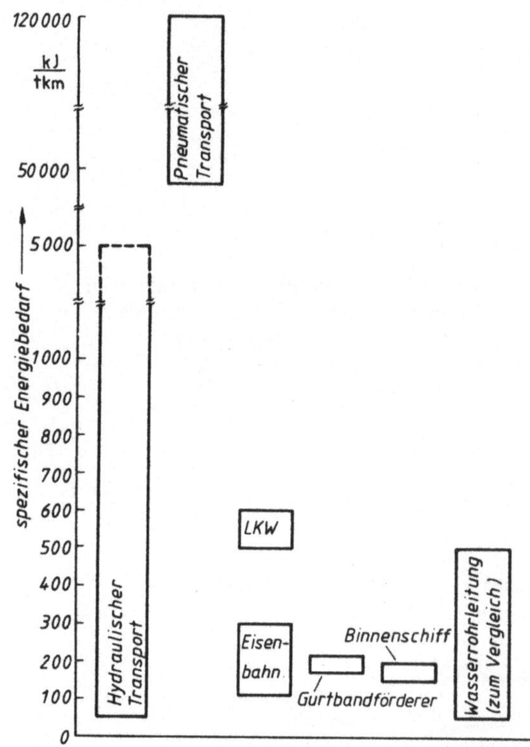

Bild 1.10. Spezifischer Energiebedarf für verschiedene Transportarten

Der spezifische Energiebedarf des pneumatischen Transports liegt mit den in Tafel 1.1 angegebenen Werten weit über den Größen anderer Stetigförderer. Dennoch hat sich die Anwendung pneumatischer Förderer wegen der anderweitigen Vorteile in allen Zweigen der Volkswirtschaft durchgesetzt. Der einfache Aufbau solcher Anlagen verführt immer wieder zum Eigenbau. Vor der Tätigung größerer Investitionen sollten jedoch alle Randbedingungen eines Einsatzes sorgfältig geprüft werden.

2. Grundlagen

2.1. Eigenschaften der Transportgüter

Zweiphasensysteme, wie sie beim hydraulischen und pneumatischen Transport vorliegen, gestatten keine geschlossene Integration über den zu betrachtenden Raum. Eine wichtige Grundlage ist die Mechanik der Kontinua. Das Trägermedium, den Raum allseitig ausfüllend, bildet gewissermaßen das Basissystem. Seine Stoffeigenschaften sind zumeist umfassend bekannt und über den Rohrquerschnitt konstant.

Anders ist dies hinsichtlich des Feststoffs. Das zu transportierende Gut, in körniger oder staubförmiger Form vorliegend, ist dispers im Raum verteilt. Darüber hinaus ist es i. allg. polydispers. Nur in Ausnahmefällen stehen monodisperse Güter an.

Eine geschlossene Betrachtung des Feststoffraums entsprechend der Festkörpermechanik bringt somit keinen Gewinn. Selbst die Gesetzmäßigkeiten der Schüttgutbewegung sind kaum relevant. Zu analysieren ist die Bewegung der Feststoffteilchen, der dispersen Phase, im Dispersionsmittel, also in der Flüssigkeit oder im Gas, und die Rückwirkung der Feststoffbeladung auf die Bewegung des Trägermediums.

Insofern ist eine eindeutige Charakterisierung des Feststoffs wichtig. Die Gemischströmung wird dann allgemein als Flüssigkeits- bzw. Gasbewegung mit Beeinflussung durch den Feststoff beschrieben. Dabei gehen die Feststoffparameter direkt bzw. zweckmäßigerweise in Form dimensionsloser Simplexe und Ähnlichkeitskennzahlen ein.

Eine geschlossene Betrachtung des Zweistoffsystems als Suspension in Form eines quasihomogenen Systems (Kontinuum) bietet sich ggf. bei sehr feinem Gut an. Der Berechnung sind dann die sich aus der Kombination ergebenden rheologischen Parameter zugrunde zu legen. Jedoch auch in diesem Fall ist die Wirkung des Feststoffs unter Beachtung der Eigenschaften des Dispersionsmittels hinsichtlich des zu erwartenden Fließverhaltens der Suspension zu bestimmen.

2.1.1. Kennzeichnung im Hinblick auf den Rohrleitungstransport

Zur Beschreibung des Transports des Feststoffs in der Flüssigkeit oder im Gas sind Aussagen erforderlich hinsichtlich (Bild 2.1)

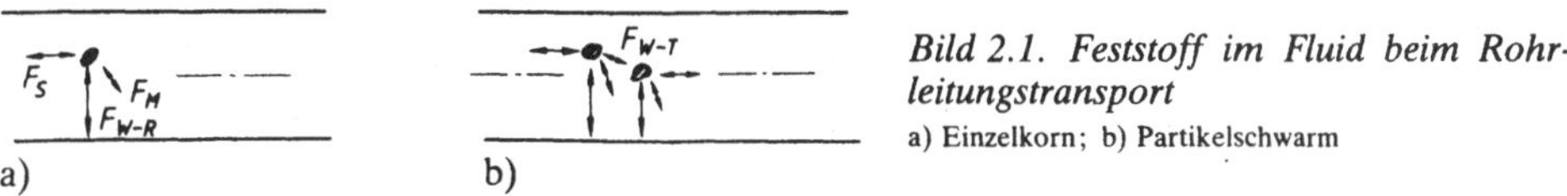

Bild 2.1. *Feststoff im Fluid beim Rohrleitungstransport*
a) Einzelkorn; b) Partikelschwarm

- der Erstreckung der einzelnen Teilchen, ihres Volumens und damit auch der Fluidverdrängung,
- der den Teilchen eigenen Kräfte (Massenkräfte) F_M,
- der Wechselwirkungskräfte zwischen
  - Teilchen und Fluid F_S,
  - Teilchen und Rohrwandung F_{W-R},
  - Teilchen und Teilchen F_{W-T}.

Ersteres betrifft die geometrischen Verhältnisse, ausgedrückt durch Korngröße und Kornform. Bezüglich der Massenkräfte muß außerdem die Dichte beachtet werden. Komplizierter liegen die Verhältnisse hinsichtlich der Wechselwirkungskräfte. Als Modellfall wird diesbezüglich zumeist auf das Einzelkorn zurückgegriffen. Bei Makropartikeln (Körnern) wird ihr Verhalten einerseits bestimmt durch die Strömungskräfte

- Widerstand bei der Umströmung,
- Auftrieb, bedingt durch Kornprofil und Umströmung im Scherfeld,
- Magnus-Kraft,

und damit wiederum durch die Geometrie der Teilchen, und andererseits durch die entsprechenden Beiwerte (z. B. Widerstandsbeiwert)
und die Wechselwirkungskräfte mit der Rohrwand

- Reibungskraft,
- Stoßkräfte (Elastizitäts- und Bruchverhalten).

Die Strömungsförderung von Feststoff kann nicht als Einzelkorntransport verstanden werden. Mit zunehmender Konzentration ist ein Partikelschwarm zunehmender Dichte zu verzeichnen. Neben der Rückwirkung auf die Strömungsverhältnisse des Fluids sowie die Strömungskräfte treten zusätzlich folgende Wechselwirkungskräfte zwischen den Feststoffteilchen auf:

- Stoßkräfte,
- Reibungskräfte.

Bei Mikropartikeln (Feinkorn, Staub) verlieren vor allem die genannten Massen- und Strömungskräfte an Bedeutung. Zunehmendes Gewicht erlangen die Wechselwirkungsverhältnisse zwischen den Teilchen:

- Coulomb-Kräfte bzw. elektrokinetische Wechselwirkung,
- Van-der-Waals-Kräfte,
- ggf. magnetische Kräfte

Tafel 2.1. Kennzeichnende Parameter des Feststoffs

Bezeichnung	Symbol	Dimension
Korndurchmesser	d_K	m
– mittlerer	d_{Km}	m
– fraktionsbezogen	d_{Ki}	m
– volumengleiche Kugel	$d_{K,Ku}$	m
Formfaktor	f, k	–
– Sphärizität	f_0	–
Dichte, Korn	ϱ_M	kg/m^3
– mittlere	$\varrho_{M,m}$	kg/m^3
– fraktionsbezogen	$\varrho_{M,i}$	kg/m^3
Schüttdichte	ϱ_{Sch}	kg/m^3
Lückenvolumen, spezifisches	ε	–
– der Schüttung	ε_{Sch}	–
Konzentration		
– volumetrisch	c_R	–
– massenbezogen	c_M, μ	–
Sinkgeschwindigkeit	v_S	m/s
– der Kugel	v_S	m/s
– eines beliebigen Teilchens	$v_{S,T}$	m/s
– eines Körnerkollektivs (Schwarm)	$v_{S,Ko}$	m/s
Reibungskoeffizient		
– Feststoff/Wand	μ	–
– der inneren Reibung	μ_i	–

und vor allem beim hydraulischen Transport die Wechselwirkungen mit der Flüssigkeit:

- Strukturbrechung oder Strukturierung (Cluster),
- Ladungsverhältnisse (Ionenkonzentration usw.).

Die Theorie des hydraulischen und pneumatischen Transports umfaßt heute vor allem den Bereich der Förderung von Schüttgütern, bestehend aus Makropartikeln. Unter diesem Gesichtspunkt sind in Tafel 2.1 zusammenfassend die relevanten Parameter zusammengestellt.

Das Vorhandensein von Mikropartikeln wird bei den entsprechenden Berechnungsmodellen als Störgröße aufgefaßt und auch so berücksichtigt. Diesbezügliche Korrekturen werden in Abhängigkeit vom sog. Feinkornanteil angebracht. Die universelle Gültigkeit ist bei einer solchen Herangehensweise natürlich stark eingeschränkt.

2.1.2. Korngrößencharakterisierung

Die Konfiguration der Schüttgüter ist von bestimmendem Einfluß auf die Gemischströmung. Hinsichtlich einer einfachen, zutreffenden Definition ergeben sich jedoch Schwierigkeiten. Die für den Transport anstehenden Güter sind fast generell polydispers, und die einzelnen Teilchen weisen zudem noch eine unregelmäßige Gestalt auf. Für einen solchen Fall bieten sich verschiedene Möglichkeiten der Charakterisierung des Körnerkollektivs durch repräsentative Merkmale an [2.66].

Bei der Festlegung zu nutzender Parameter sind die Anforderungen des jeweiligen Prozesses und die Möglichkeiten einer einfachen Ermittlung zu beachten. Dem folgend, bieten sich hier im Hinblick auf die Ausdehnung der Feststoffteilchen geometrische Merkmale an.

Eine leichte Klassifizierung ist mit der Siebanalyse möglich. Sie wird überwiegend zur Beurteilung von Feststoffen beim pneumatischen und hydraulischen Transport herangezogen. Damit wird als Definition der Durchmesser eines Kornes gleich der lichten Maschenweite eines Siebes benutzt. Die Polydispersität wird durch Aufteilung in Kornklassen erfaßt. Die Methode läßt eine Aufteilung der Kornverteilung für Teilchen > 40 µm zu. Damit gelangt man bis in den Bereich des sog. Feinkornanteils [2.54], der üblicherweise geschlossen berücksichtigt wird.

Vom Prozeß her, der Bewegung der Teilchen in der Strömung, bietet sich darüber hinaus die Sink- bzw. Schwebegeschwindigkeit der Teilchen oder des Teilchenschwarms an. Auch hierüber wäre ein gleichwertiger Korndurchmesser definierbar. Die aufwendigere Methode der Sichtung und der Bestimmung der Sinkgeschwindigkeit, ganz abgesehen von der Schwebegeschwindigkeit, unterbindet eine breite Anwendung dieser Variante. Die Sinkgeschwindigkeit wird so rechnerisch ermittelt. Zugrunde gelegt wird eine Kugelgestalt der Teilchen, ggf. mit einem entsprechenden Formfaktor korrigiert.

Zur Ermittlung der Korngrößenverteilung wird also i. allg. die Siebanalyse herangezogen [2.1]. Zu beachten ist die sorgfältige repräsentative Probenahme [2.59]. Die Ergebnisdarstellung erfolgt zumeist grafisch in Form der Verteilungssummenkurve Q oder auch der Verteilungsdichte q (Bild 2.2):

$$Q = \int\limits_{d_{K\min}}^{d_K} q \, \mathrm{d}d_K; \qquad q = \frac{\mathrm{d}Q}{\mathrm{d}d_K}$$

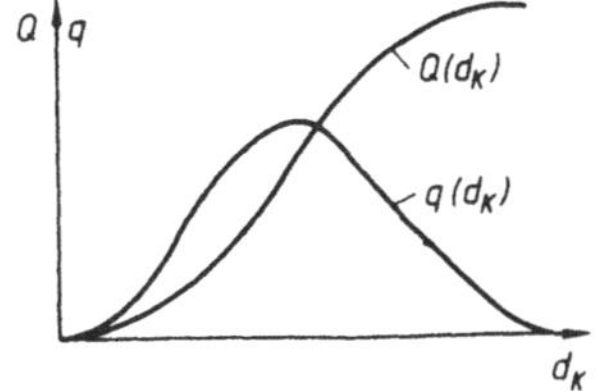

Bild 2.2. Verteilungssummenkurve Q und Verteilungsdichte q

Gewählt wird im Hinblick auf den Bezug zu Konzentrationsangaben das Volumen bzw. die Masse als Mengenart. Die Siebung mit einem Siebsatz fortlaufend abnehmender Maschenweite ergibt unmittelbar den Anteil der einzelnen Fraktionen und in der Aufsummierung die Durchgangssummenkurve (Bild 2.3). Diese ist dann Ausgangspunkt für die Entnahme der verschiedenen charakteristischen Kornabmessungen, die bei den einzelnen Berechnungsmodellen genutzt werden, wie z. B. d_{K50} (50 % der Masse des Haufwerks ist kleiner oder größer als diese Teilchengröße = Halbwertskorngröße).

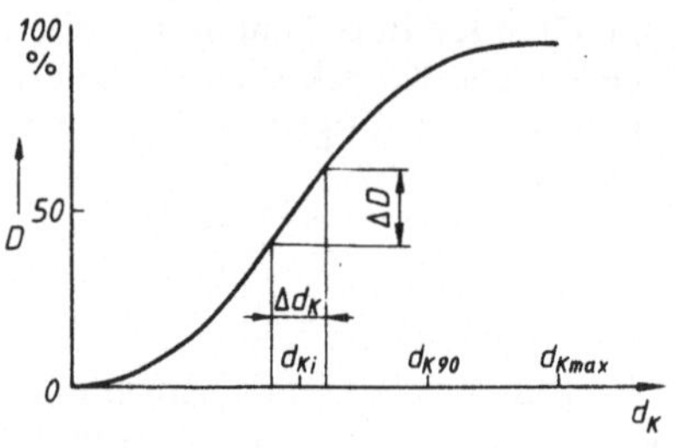

Bild 2.3. *Durchgangssummenkurve*

Andererseits kann auch sofort der zutreffende Massen- bzw. Volumenanteil bis zu vorgegebenen Kenn-Korndurchmessern entnommen werden.

Umrechnungen auf Teilchenzahl oder Oberfläche werden kaum herangezogen, damit auch nicht die diesbezüglich vorteilhafte Momentendarstellung [2.66]. Ebenso werden die bekannten Verteilungsnetze (RRSB-Verteilung, GGS-Verteilung usw.) wenig genutzt.

Da die meisten Berechnungsverfahren von einem mittleren Korndurchmesser ausgehen, ist eine entsprechende Festlegung erforderlich. Üblich ist das arithmetische Mittel unter Beachtung der Häufigkeit (gewogenes Mittel):

$$d_{Km} = \frac{1}{100} \sum_{i=1}^{n} d_{Ki} \, \Delta D_i. \tag{2.1}$$

Dabei sind d_{Ki} der mittlere Durchmesser bzw. die gemittelte Maschenweite zwischen zwei benachbarten Sieben, ΔD_i der Massenanteil dieser Fraktion vom gesamten untersuchten Haufwerk.

Zunehmend differenzierte Analysen der Feststoffbewegung beim Transport machen auch detailliertere Betrachtungen des Haufwerks erforderlich. Dies trifft vor allem für Haufwerke bzw. Körnerkollektive mit großer Spreizung (breites Kornband) oder Unstetigkeiten im Verlauf der Durchgangssummenkurve (fehlende Fraktionen, einzelne Grobkörner) zu. Im Hinblick auf die Bewegungsverhältnisse beim Transport ist ggf. auch eine Aufteilung in zwei Körnerkollektive (Feinkorn und Grobkorn) vorzunehmen. Beim Feinkorn interessiert unter anderem zusätzlich die spezifische Oberfläche. Ein erster Ansatz in dieser Richtung wäre die Arbeit mit dem Sauterdurchmesser [2.2]. Bei derartigen Betrachtungen bietet sich an, die

Tafel 2.2. *Sphärizität von Körnerkollektiven*

Stoff	Formfaktor f_0
Sand (rundlich)	0,70
Zement	0,57
Flugstaub (rundlich)	0,82
Kohlenstaub	0,61
Kali	0,70
Zylinder *(h = d)*	0,874
Zylinder *(h = 2d)*	0,832
Tetraeder	0,670
Würfel	0,806
Kugel	1

Kornform im Vergleich zu Idealkörpern zu beschreiben [2.71]. Hinsichtlich der geometrischen Verhältnisse wird z. B. als Formfaktor die Sphärizität benutzt:

$$f_0 = \frac{\text{Oberfläche der volumengleichen Kugel}}{\text{reale Oberfläche des Teilchens}}.$$

Im allgemeinen wird ein Mittelwert für das jeweilige Körnerkollektiv angegeben. Tafel 2.2 enthält einige Orientierungswerte.

2.1.3. Dichte und Lückenvolumen

Als Dichte wird bei Schüttgütern oftmals die Schüttdichte herangezogen. Für die mechanische Fördertechnik ist dies eine charakteristische Größe. Bei der Strömungsfördertechnik ist die Dichte des feststofferfüllten Raumes der wichtigere Parameter. Durch sie wird die Bewegung der Teilchen im Fluid wesentlich mitbestimmt.
Damit ist zu unterscheiden zwischen

- Schüttdichte,
- Reindichte der Feststoffteilchen (auch als Rohdichte bezeichnet) und
- Gemischdichte, unter Berücksichtigung der Fluidmasse im Zwischenraum.

Somit kommt auch der Erfassung des Lückenvolumens eine besondere Bedeutung zu. Die Zusammenhänge sind leicht zu übersehen:

$$\varrho_M = \frac{m_M}{V_M} \qquad \varrho_{Sch} = \frac{m_M}{V_M + V_L} \tag{2.2}$$

$$\varepsilon = \frac{V_L}{V_M + V_L} \qquad c_R = \frac{V_M}{V_M + V_L} \tag{2.3}$$

$$c_{R,\,Sch} = 1 - \varepsilon_{Sch}$$

und allgemeiner, unter Beachtung der Fluidmasse im Lückenvolumen:

$$c_R = 1 - \varepsilon \tag{2.4}$$

Tafel 2.3. Spezifisches Lückenvolumen von Schüttgut (Körnerkollektive)

Schüttgut	Spezifisches Lückenvolumen ε_{Sch}
Kugelpackung	
– dichteste	0,26
– kubisch primitiv	0,48
– Schüttung	0,38
Sand, gleichförmiger granulometrischer Zustand	
– wenig verdichtet	0,46
– verdichtet	0,34
Sand, ungleichförmiger granulometrischer Zustand	
– wenig verdichtet	0,40
– verdichtet	0,30
Ton	
– weich	0,55
– schwer	0,37

$$\varrho_{\mathrm{G,R}} = c_{\mathrm{R}}\,(\varrho_{\mathrm{M}} - \varrho_{\mathrm{F}}) + \varrho_{\mathrm{F}} = \varrho_{\mathrm{M}}\,(1 - \varepsilon) + \varrho_{\mathrm{F}}\varepsilon \tag{2.5}$$

$$c_{\mathrm{R}} = \frac{\varrho_{\mathrm{G,R}} - \varrho_{\mathrm{F}}}{\varrho_{\mathrm{M}} - \varrho_{\mathrm{F}}}.$$

Tafel 2.3 enthält einige Orientierungswerte zum relativen Lückenvolumen von Schüttgütern. Hinsichtlich der Reindichte ist darauf hinzuweisen, daß ggf. eine Differenzierung bei Zwei- oder Mehrstoffsystemen zweckmäßig ist. Oftmals bietet sich hier schon eine fraktionsabhängige Angabe an.

2.1.4. Sink- und Schwebegeschwindigkeit des Einzelkorns

Die Eigenbewegung der Feststoffteilchen in der Flüssigkeit oder im Gas wird in übersichtlicher Form durch die Sinkgeschwindigkeit charakterisiert. Es ist dies die beim freien Fall sich einstellende stationäre Endgeschwindigkeit. Sie ergibt sich sofort aus der Summe der angreifenden Kräfte (Bild 2.4):

$$v_{\mathrm{s}} = \sqrt{\frac{4}{3}\,\frac{g\,d_{\mathrm{K}}}{c_{\mathrm{w}}}\,\frac{\varrho_{\mathrm{M}} - \varrho_{\mathrm{F}}}{\varrho_{\mathrm{F}}}} \tag{2.6}$$

oder

$$\frac{Re_{\mathrm{K}}^{2}}{Fr_{\mathrm{K}}} = Ar_{\mathrm{K}}\,\frac{\varrho_{\mathrm{F}}}{\varrho_{\mathrm{M}} - \varrho_{\mathrm{F}}} \qquad \text{bzw.} \qquad c_{\mathrm{w}}\,Re_{\mathrm{K}}^{2} = \frac{4}{3}\,Ar_{\mathrm{K}} \tag{2.7}$$

mit

$$Fr_{\mathrm{K}} = \frac{v_{\mathrm{s}}^{2}}{g\,d_{\mathrm{K}}}, \qquad Re_{\mathrm{K}} = \frac{v_{\mathrm{s}}\,d_{\mathrm{K}}}{\nu_{\mathrm{F}}}, \qquad Ar_{\mathrm{K}} = \frac{g\,d_{\mathrm{K}}^{3}}{\nu_{\mathrm{F}}^{2}}\,\frac{\varrho_{\mathrm{M}} - \varrho_{\mathrm{F}}}{\varrho_{\mathrm{F}}}.$$

Bei der Berechnung ergibt sich die Schwierigkeit, daß der Widerstandsbeiwert c_{w} neben der Abhängigkeit von der Geometrie selbst eine Funktion der Reynolds-Zahl ist. Zur Orientierung für die vorliegenden Verhältnisse wird zumeist die Kugel als Modellkörper herangezogen. Bild 2.5 zeigt die bestehende Abhängigkeit für diesen Fall. Es ist zu unterscheiden in die Bereiche

– zähe Strömung bzw. schleichende Bewegung (Stokes-Bereich)

$$Re_{\mathrm{K}} < 0{,}25; \quad c_{\mathrm{w}} = \frac{24}{Re_{\mathrm{K}}},$$

– Übergangsbereich, beginnende und sich ausbildende laminare Ablösung

$$0{,}25 < Re_{\mathrm{K}} < 10^{3}; \quad c_{\mathrm{w}} = f(Re_{\mathrm{K}}),$$

– quadratischer Bereich, ausgebildete laminare Ablösung (Newton-Bereich)

$$10^{3} < Re_{\mathrm{K}} < 10^{5}; \quad c_{\mathrm{w}} = 0{,}4\ldots0{,}5.$$

Das Gebiet $Re_{\mathrm{K}} > 10^{5}$, mit vorliegendem Umschlag der laminaren Grenzschicht in die turbulente (also ab der entsprechenden kritischen Reynolds-Zahl), ist für die technische Anwendung weniger bedeutungsvoll.

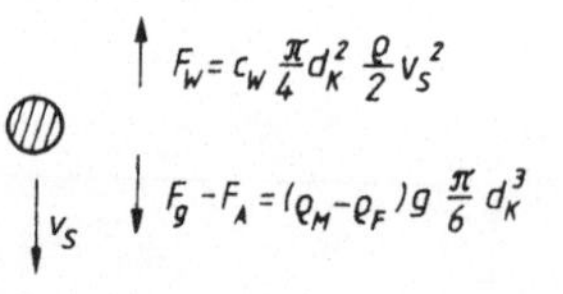

Bild 2.4. *Kräfte am stationär fallenden Feststoffteilchen (Kugel)*
F_{w} Widerstand; F_{g} Schwerkraft; F_{A} Auftrieb

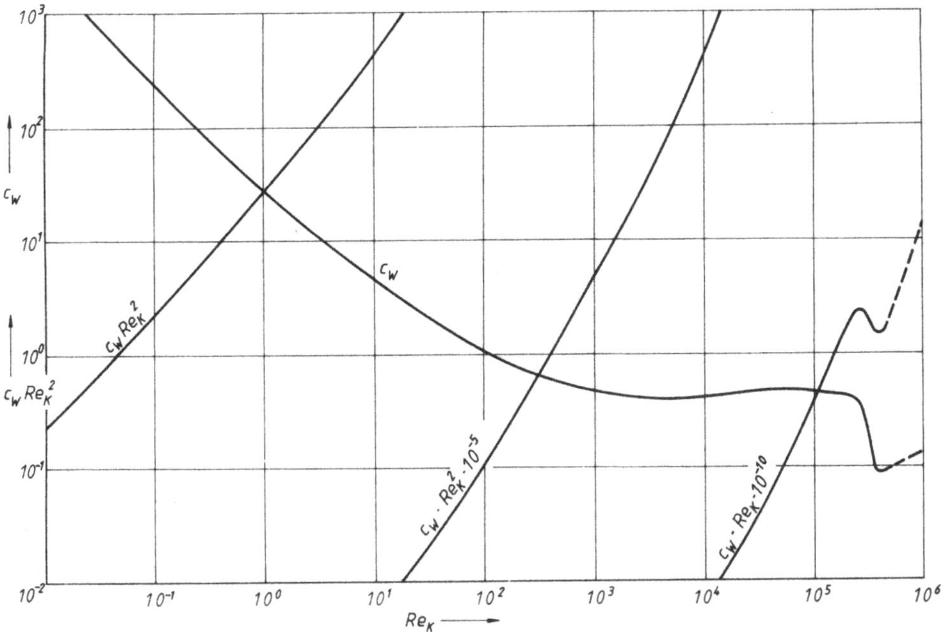

Bild 2.5. Widerstandsbeiwert c_w und $(c_w Re_K^2)$ von Kugeln

Für die Berechnung des Widerstandsbeiwerts werden verschiedene Näherungsfunktionen vorgeschlagen [2.2] [2.8], z. B. nach [2.1]:

$$\text{für } Re_K < 0{,}5: \qquad c_w = \frac{24}{Re_K}, \tag{2.8}$$

$$\text{für } 0{,}5 < Re_K < 500: \qquad c_w = \frac{18{,}5}{Re_K^{0,6}}, \tag{2.9}$$

$$\text{für } 500 < Re_K < 1{,}5 \cdot 10^5: \quad c_w = 0{,}44. \tag{2.10}$$

Damit ergeben sich auch die explizit angebbaren Sinkgeschwindigkeiten

$$\text{für } Re_K < 0{,}5: \quad v_s = \frac{g d_K^2}{18 \nu_F} \cdot \frac{\varrho_M - \varrho_F}{\varrho_F}, \tag{2.11}$$

$$\text{für } Re_K > 500: \quad v_s = 1{,}74 \sqrt{g d_K \frac{\varrho_M - \varrho_F}{\varrho_F}}. \tag{2.12}$$

Eine durchgehend gute Approximation liefert die Gleichung [2.21]:

$$c_w = \frac{24}{Re_K} + \frac{4}{\sqrt{Re_K}} + 0{,}4. \tag{2.13}$$

Die Bestimmung der Sinkgeschwindigkeit läßt sich vereinfachen durch die Angabe der Funktion $(c_w Re_K^2)$ (Bild 2.5). Nach Gl. (2.7) ist dieses Produkt gegebenen Stoffwerten zugeordnet. Über $(c_w Re_K^2)$ erhält man Re_K und damit sofort die Sinkgeschwindigkeit v_s.
Hinsichtlich des instationären Fallbeginns, dem Übergang aus der Ruhelage in die stationäre Bewegung, lassen sich für den Stokesschen Bereich ($Re_K < 0{,}5$) bei Annahme einer noch 2%igen Abweichung vom Endwert angeben [2.8]:

$$l_{0,98} = 2{,}93 \frac{v_s^2}{g}; \quad t_{0,98} = 3{,}91 \frac{v_s}{g}. \tag{2.14}$$

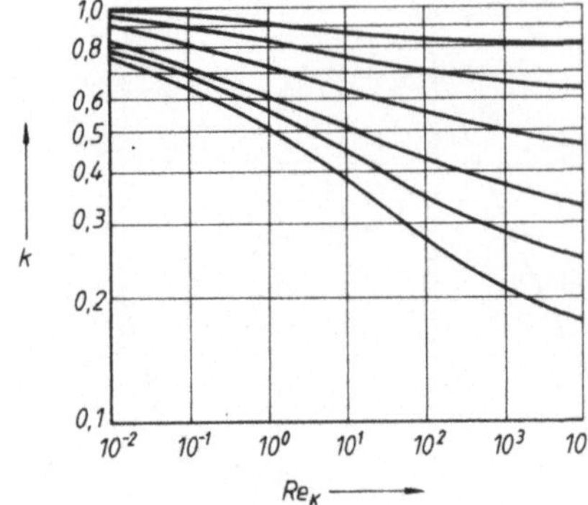

Bild 2.6. Sphärizitätseinfluß auf die Sinkgeschwindigkeit (ohne bei $f_o = 1$, zunehmend bei $f_o = 0,95; 0,9; 0,8; 0,6; 0,3; 0,2$) (statt k lies k_f)

Tafel 2.4. Korrekturfaktoren zur Sinkgeschwindigkeit (Bezugnahme auf volumengleiche Kugel)

| $Re_K^2\, c_w$ | Teilchenform | | | |
	abgerundet	eckig	länglich	flach
20 400	0,805	0,680	0,610	0,450
25 500	0,800	0,678	0,595	0,441
51 000	0,790	0,672	0,590	0,437
127 500	0,755	0,650	0,564	0,420
255 000	0,753	0,647	0,562	0,408
510 000	0,740	0,635	0,560	0,392

Tafel 2.5. Korrekturfaktoren zur Sinkgeschwindigkeit
k_{f1} im Bereich $Re_K < 0,25$; k_{f2} im Bereich $10^3 < Re_K < 10^5$

Teilchenform	$d_{K,Ku}$	k_{f1}	k_{f2}
Kugel	d	1	1
Würfel	$1,241a$	0,92	0,56
Parallelepiped			
$a \times a \times 2a$	$1,563a$	0,90	0,52
$a \times 2a \times 2a$	$1,970a$	0,89	0,51
$a \times 2a \times 3a$	$2,253a$	0,88	0,48
Zylinder			
$h = 0,5d$	$0,909d$	0,93	0,58
$h = d$	$1,145d$	0,95	0,64
$H = 2d$	$1,442d$	0,93	0,58

Man erhält so eine Orientierung für die sog. Mitschleppwirkung der Strömung. Für entsprechend kleine Teilchen sind dies vernachlässigbar geringe Wege bzw. Zeiten. Eine umfassendere Analyse hierzu findet man in [2.85]. Bei genauerer Betrachtung ist zusätzlich die Änderung des Widerstandsbeiwerts in Abhängigkeit von der Beschleunigung oder Verzögerung zu beachten. Erhebliche Unterschiede gegenüber dem stationären Fall konnten hierbei beobachtet werden [2.92].

Liegen nichtkugelförmige Teilchen vor, so muß mit Abweichungen gegenüber den Verhältnissen bei der Kugel gerechnet werden. Zur Bestimmung der Sinkgeschwindigkeit muß dann in Gl. (2.6) vom realen Widerstandsbeiwert ausgegangen werden. Zusätzlich ist die Angabe einer repräsentativen Abmessung erforderlich. Gebräuchlich sind Korrekturfaktoren unter Bezugnahme auf die Kugelumströmung:

$$v_{s,T} = k_f\, v_{s,Ku}.$$

(2.15)

Bezüglich der Geometrie wird vom Durchmesser entsprechend dem Siebdurchgang bei Beachtung der Sphärizität (s. Abschnitt 2.1.2.)

$$k_f = f(f_o, Re_K), \quad \text{Bild 2.6 [2.37]}$$

oder vom Durchmesser der volumengleichen Kugel $d_{k, Ku}$ mit

$$k_f = f(c_w Re_K^2), \quad \text{Tafel 2.4 [2.1]}$$

oder

$$k_f = f(d_{K, Ku}), \quad \text{Tafel 2.5 [2.2]}$$

ausgegangen. Die Sinkgeschwindigkeit nichtkugelförmiger Teilchen ist kleiner als die kugelförmiger Partikel. Solche Körper stellen sich also nicht in die strömungsgünstigste Lage ein. Die so bestimmten Werte sind als Orientierungshilfe zu betrachten. Beim hydraulischen oder pneumatischen Transport kann man nicht von einer sich einstellenden freien Fallbewegung ausgehen. Durch die Wechselwirkung der Teilchen miteinander sowie der Teilchen mit der Rohrwand ergeben sich hierdurch bedingt auch andere Orientierungen. Zusätzlich wird z. T. eine Rotation der Partikel eintreten. Bei kugelförmigen Teilchen ändert sich hierdurch der Widerstandsbeiwert wenig, anders ist dies bei nichtkugelförmigen Teilchen. Der Einfluß der Oberflächenrauhigkeit ist vernachlässigbar. Eine Abhängigkeit ist in bezug auf die kritische Reynolds-Zahl vorhanden.

Im Gegensatz zur Sinkgeschwindigkeit soll die Schwebegeschwindigkeit als die analoge Relativgeschwindigkeit verstanden werden, die sich im bewegten Fluid einstellt. Bei laminarer Strömung ergeben sich dabei keine Unterschiede. Bei turbulenter Strömung besteht ein Einfluß auf die Teilchenumströmung, besonders im Hinblick auf die Grenzschichtentwicklung. In Abhängigkeit vom Turbulenzgrad und auch von der Wirbelballengröße kommt es zum frühzeitigeren Umschlag in eine turbulente Grenzschicht. Die zugehörige Verkleinerung des Widerstandsbeiwerts verschiebt sich im Extremfall [2.8]

von $Re_{K, krit, max} = 4{,}05 \cdot 10^5$

auf $Re_{K, krit, min} = 1{,}7 \cdot 10^5$.

Diese Aussage betrifft die angeströmte Kugel. Für die frei bewegliche Kugel im bewegten Trägermedium liegen Hinweise für eine wesentliche Reduzierung der kritischen Reynolds-Zahl und eine damit verbundene Änderung des Widerstandsbeiwerts vor (Bild 2.7) [2.93].
Sehr kleine Teilchen, klein im Vergleich zur Wirbelballengröße, folgen darüber hinaus mit abnehmender Sinkgeschwindigkeit der turbulenten Schwankungsgeschwindigkeit [s. Gl. (2.14)].

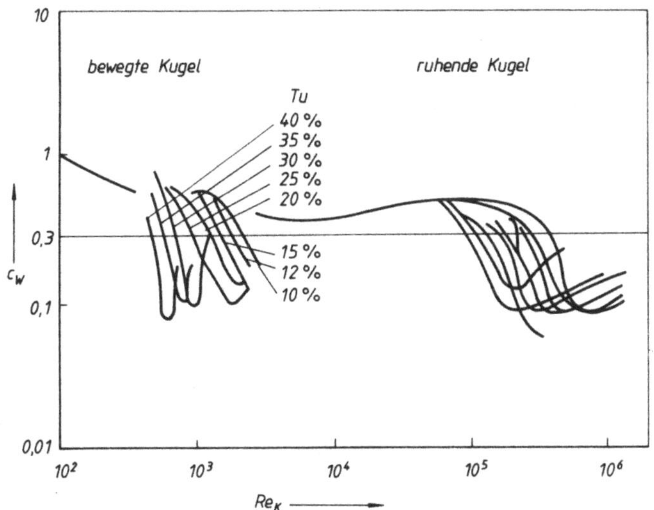

Bild 2.7. Einfluß des Turbulenzgrads auf den Widerstandsbeiwert umströmter Kugeln

Tu gebildet mit der Relativgeschwindigkeit $= (\overline{v'^2}/v_{rel}^2)^{1/2}$

2.1.5. Sinkgeschwindigkeit von Körnerkollektiven

Schon bei der Absetzbewegung eines Teilchens im geschlossenen Raum tritt durch die induzierte Aufwärtsbewegung des Trägermediums eine Verminderung der Sinkgeschwindigkeit auf (Bild 2.8). Aus der Massenbilanz folgt sofort

$$v_{S,R} = v_F \frac{A_R}{A_K} = v_F \frac{\varepsilon}{1-\varepsilon}$$

und weiter mit

$$v_S = v_{S,R} + v_F = v_F \frac{1}{1-\varepsilon}$$

folgt

$$v_{S,R} = \varepsilon \, v_S. \tag{2.16}$$

Ebenso tritt eine Behinderung des Absetzens bei Körnerkollektiven durch die wechselseitige Beeinflussung der Ausweichströme zwischen den Teilchen ein [2.7] [2.30].

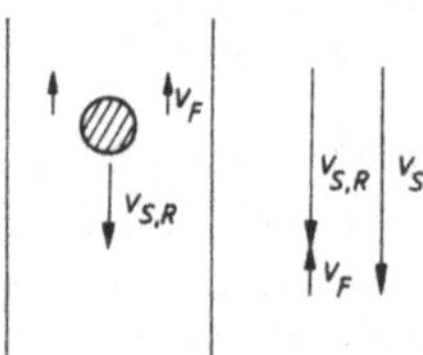

Bild 2.8. *Einfluß einer induzierten Gegenströmung auf die Absetzgeschwindigkeit*

Bei mittleren Abständen der Teilchen von $> 6 d_K$ ($c_R < 0{,}003$) kann die Beeinflussung vernachlässigt werden. Darüber, im Bereich der sog. gestörten Sedimentation, ist eine zunehmende Verminderung der Sinkgeschwindigkeit zu verzeichnen.
Für monodisperse Kollektive kugelförmiger Gestalt lassen sich folgende halbempirische Aussagen für diese Schwarmgeschwindigkeit machen: mit dem Ansatz

$$v_{S,Ko} = k_{cR} \, v_S, \tag{2.17}$$

der Berechnung nach [2.7] und den Messungen nach [2.78]:

$$k_{cR} = (1 - c_R)^n \tag{2.18}$$

oder schon nach [2.11]:

$$k_{cR} = (1 - c_R^{2/3})(1 - c_R)(1 - 2{,}5\, c_R). \tag{2.19}$$

Für den Exponenten n in Gl. (2.18) wurde die Abhängigkeit nach Bild 2.9 ermittelt [2.37]; weitere Angaben finden sich unter anderem bei [2.72].

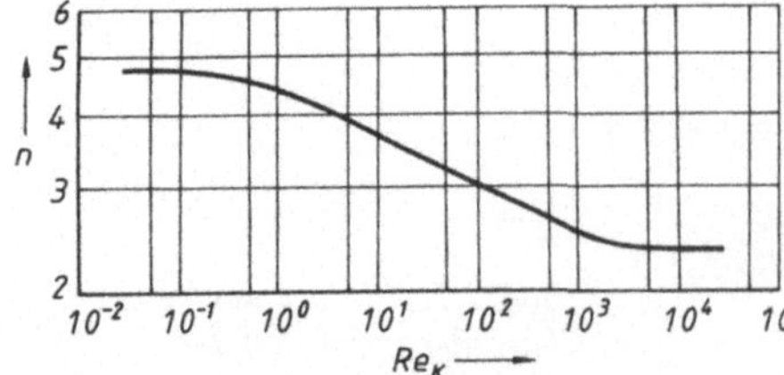

Bild 2.9. *Konzentrationseinfluß-Koeffizient: $k_{c_R} = (1 - c_R)^n$*

Im Konzentrationsbereich $0{,}01 < c_R < 0{,}1$ kann es jedoch auch zur Erhöhung der Sinkgeschwindigkeit kommen. Die Ursache sind Entmischungserscheinungen, die zur Bildung von Körnerkomplexen führen. Ein Beispiel ist die Strähnenbildung beim pneumatischen Transport.

Bei polydispersen Kollektiven ergibt sich zwangsläufig eine differenzierte Beeinflussung der unterschiedlichen Teilchen. Wie die Untersuchungen von [2.7] zeigen, ist vor allem ein verändertes Verhalten der kleineren Teilchen zu beobachten. Bei großen Durchmesserverhältnissen ($d_{K1}/d_{K2} > 4$) kann es durch die Wirkung der Gegenströmung sogar zu einem Aufsteigen der kleineren Partikel kommen.

Ein völlig verändertes Absetzverhalten zeigt sich bei hohen Konzentrationen. Bei Werten ab etwa $c_R = 0{,}3$, bei flockenden Stoffen schon bei $c_R = 0{,}1 \ldots 0{,}2$, ist die sog. Zonensedimentation zu verzeichnen. Die differenzierte Einzelbewegung der Teilchen verschwindet; das Körnerkollektiv sinkt als geschlossene Struktur ab [2.77]. Neben der Konzentration und Dichte wird das Verhalten durch die Feststoffstruktur, besonders die spezifische Oberfläche, bestimmt.

Hinzu kommt der Einfluß der Art der Relativbewegung. Wie schon beim Einzelkorn erörtert, ergeben sich Unterschiede zwischen dem Absetzen im Behälter und dem in der Rohrströmung. Bei letzterem wird die Ausbildung einer Zonensedimentation stark gestört, so daß hinsichtlich der Interpretation des zu erwartenden Verhaltens die Gesetzmäßigkeiten der Schwarmbewegung zugrunde gelegt werden sollten.

2.1.6. Schüttgutbewegung

Die Bewegungsverhältnisse geschütteten Gutes sind nicht unmittelbar Gegenstand der Analyse des hydraulischen und pneumatischen Transports. Die Gesamtanlage schließt jedoch ggf. die Feststoffaufbereitung und Schüttgutbewegung mit ein. Beim Transport selbst stellt der geschüttete Zustand quasi einen Grenzzustand dar und hat im Hinblick auf die Wiederaufwirbelung eine gewisse Bedeutung.

Bei diesem Problem des In-Bewegung-Setzens und des Fließens von Schüttgut ist eine Abhängigkeit vor allem von der Teilchenform und -größe gegeben. Zusätzlich sind von Einfluß die Adhäsions- bzw. Kohäsionsverhältnisse sowie die Festigkeitseigenschaften des Haufwerks. Ein solches inhomogenes und mehrphasiges System wird unterschiedlich behandelt [2.7]. Bei sehr feinkörnigem bzw. pulverförmigem Material ist eine Quasi-Kontinuum-Betrachtung zweckmäßig. Das rheologische Verhalten steht im Zusammenhang mit den Bindekräften zwischen den Teilchen [2.40].

Bei grobkörnigerem Material liegen verschiedene phänomenologische Betrachtungen am Beispiel bestimmter Objekte vor (z. B. [2.17]). Eine verallgemeinerte Analyse erfolgt hier auch wieder auf kontinuumsmechanischer Basis mit Untersetzung durch die Untersuchung der Haftkräfte zwischen den Teilchen [2.30]. Hierauf soll zum Zweck einer ersten Einschätzung der Verhältnisse kurz eingegangen werden.

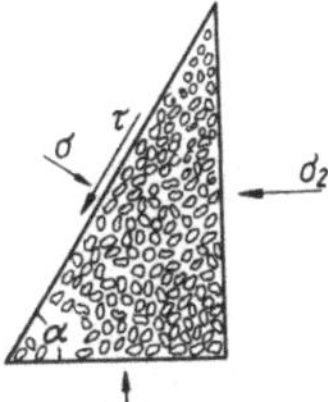

Bild 2.10. Spannungen am Schüttgutelement

Aus dem Kräftegleichgewicht an einem ebenen Element nach Bild 2.10 erhält man sofort (σ Druckspannung)

$$\left(\sigma - \frac{\sigma_1 + \sigma_2}{2}\right)^2 + \tau^2 = \left(\frac{\sigma_1 - \sigma_2}{2}\right)^2 . \tag{2.20}$$

Stellt man diesen Zusammenhang, wie ersichtlich sind dies Mohrsche Spannungskreise, im σ-τ-Diagramm für den instabilen Zustand (Bruch, eintretendes Fließen) dar, so erhält man im

Idealfall Bild 2.11. Die Einhüllende der Spannungskreise, die Grenzspannungsfunktion bzw. die Scherkurve, auch Fließort genannt, grenzt den Bereich stabiler Lage vom Bereich gegebener Bedingung für das Fließen ab. Durch die Tangierende an die Spannungskreise ist auch der kritische Winkel, der Schütt- bzw. Böschungswinkel, gegeben und damit der Koeffizient der inneren Reibung

$$\varphi_F = \varphi_B = \arctan \mu_i\,. \tag{2.21}$$

Der Fließort kann experimentell durch die Bestimmung der Scherkraft an einer Probe bei eingestellter Normalkraft ermittelt werden [2.2] [2.50]. Im vorliegenden Fall (Bild 2.11) reicht hierfür auch die Ermittlung des Böschungswinkels. Dies trifft jedoch nur für gut rieselfähige Stoffe zu.

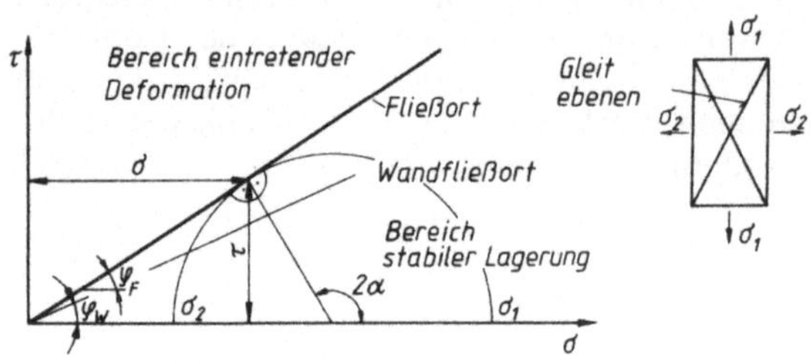

Bild 2.11. Spannungsschaubild für gut rieselfähiges Schüttgut und Gleitebenen bei eintretender Deformation

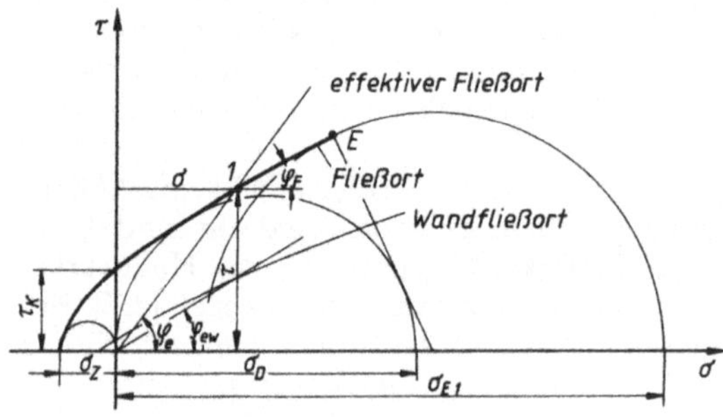

Bild 2.12. Spannungsschaubild für sehr kohäsiven Feststoff

1 Beanspruchungsbeispiel; σ_Z Zugspannung (Haftkraft); τ_K Kohäsion

Andernfalls ist der Fließort eine Funktion des Druckes und geht nicht durch den Koordinatenursprung (Bild 2.12). Die innere Reibung bzw. der entsprechende Reibungskoeffizient ist beanspruchungsabhängig:

$$\mu_i = \tan \varphi_e = f(\sigma)\,. \tag{2.22}$$

Die Ursachen hierfür sind

- die Abhängigkeit von der Packungsdichte und damit von der Verfestigung,
- die Existenz von Haftkräften zwischen den Teilchen (Adhäsion, Flüssigkeits- und Festkörperbrücken) und damit auch der Erscheinung der Kohäsion bzw. Bindigkeit.

Somit läßt sich der Scherkurve ein Punkt E zuordnen, der durch plastische Deformation bei Volumenkonstanz gekennzeichnet ist. Dieser Verfestigungsspannung ist nach dem Mohrschen Spannungskreis eine maximale Hauptspannung σ_{E1} zugeordnet. Ihr Verhältnis zur maximal aufnehmbaren Spannung bei einachsigem Spannungszustand, der Druckfestigkeit σ_D, eignet sich gut zur Charakterisierung von Schüttgütern und wird als Fließfunktion bezeichnet (Tafel 2.6):

$$Ff = \frac{\sigma_{E1}}{\sigma_D}\,. \tag{2.23}$$

Eine zeitliche Abhängigkeit ist ggf. dabei zu beachten. Sie kommt zustande durch Verdichtung, Feuchteänderung und Verfestigungsvorgänge (z. B. Zementieren) oder auch Temperaturänderung.

Tafel 2.6. Charakterisierung von Schüttgütern mit Hilfe der Fließfunktion

Fließfunktion	Fließverhalten
$Ff > 10$	frei fließend, gut rieselfähig
$10 > Ff > 4$	leicht fließend, nicht kohäsiv
$4 > Ff > 2$	kohäsiv
$Ff < 2$	nicht fließend, sehr kohäsiv

Tafel 2.7. Reibungskoeffizienten von Feststoff in Wasser an der Rohrwand

Rohr- leitungs- werkstoff	Feststoff	Reibungskoeffizient μ	
		sehr eckig	gerundet
Stahl	Kies		$0{,}35\ldots0{,}40$
	Gestein		
	– hart	$0{,}50\ldots0{,}55$	$0{,}45\ldots0{,}50$
	– weich	$0{,}35\ldots0{,}40$	$0{,}30\ldots0{,}35$
	Erz ($\varrho_M = 4500\ \text{kg/m}^3$)	$0{,}60$	$0{,}50$
	Steinkohle		
	– hart	$0{,}25\ldots0{,}30$	$0{,}25$
	– weich	$0{,}18\ldots0{,}20$	$0{,}18$
	– Anthrazit	$0{,}10\ldots0{,}15$	$0{,}10$
	Polyamid		$0{,}18$
	Glas	$0{,}30$	$0{,}20$
	Stahl		$0{,}40$
Glas	Kies	$0{,}40$	$0{,}32\ldots0{,}40$
	Steinkohle	$0{,}30$	$0{,}25$
	Glas	$0{,}30$	$0{,}20$
	Stahl		$0{,}30$
	Kali		$0{,}30$
Gummi	Zinnerzkon- zentrat	$0{,}50$	

Analog zur inneren Reibung sind die Wandreibungsverhältnisse zu betrachten. Auch hier ist die Kennzeichnung durch den Wandfließort möglich (s. Bild 2.11 und Bild 2.12). Eine Abhängigkeit besteht vom Wandmaterial, von den Fließeigenschaften des Schüttguts und von den Adhäsionsverhältnissen der Teilchen zur Wand. Bei sehr rauher Wand können gleiche Verhältnisse wie im Schüttgut eintreten.

Für den Reibungskoeffizienten gilt

$$\mu = \tan\varphi_{ew} = \tan\frac{\tau_w}{\sigma}\,. \tag{2.24}$$

Dieser Wert ist von wesentlicher Bedeutung für die auftretenden Reibungsverluste beim pneumatischen oder hydraulischen Transport. In Tafel 2.7 sind einige Orientierungswerte angegeben (z. T. aus [2.32]).

2.2. Einphasenströmung

Die Gesetzmäßigkeiten der Flüssigkeits- und Gasbewegung sind Grundlage für das Verständnis der Vorgänge beim hydraulischen und pneumatischen Transport. Der Flüssigkeits- oder Gasstrom ist das Trägersystem. Die Feststoffteilchen werden hierdurch bewegt. Dabei kommt es zur Rückwirkung auf die Bewegungsverhältnisse der fluiden Phase. Mit zunehmender Konzentration wächst dieser Einfluß.

Dennoch ist es üblich, den für die Förderung notwendigen Energieaufwand bzw. Druckverlust anzugeben in der Form

$$\Delta p_{ges} = \Delta p_F + \Delta p_M;$$ (2.25)

Δp_F Druckverlust der rein fluiden Phase,
Δp_M Zusatzdruckverlust, bedingt durch die Feststoffmitförderung.

Zur grundsätzlichen Bedeutung der Fluidbewegung kommt der hohe Kenntnisstand auf diesem Gebiet. Die Möglichkeit, das Trägermedium als Kontinuum zu betrachten, führt zu geschlossenen Lösungen. Der hier interessierende Fall der Rohrströmung bietet darüber hinaus einfache Randbedingungen. Eine eindimensionale Analyse, die für Flüssigkeits- oder Gasrohrleitungen oftmals ausreicht, gestattet jedoch nicht einen ausreichenden Einblick in die Verhältnisse. Gerade die Grenzschichtausbildung, das vorliegende Geschwindigkeitsprofil oder die Turbulenzverteilung bieten Ansatzpunkte für das Studium der Feststoffbewegung. Darüber hinaus ist ein breites Feld unterschiedlichen Fließverhaltens zu erfassen.
Beim hydraulischen Transport ist vorerst an Wasser zu denken. Jedoch auch Lösungen verschiedenster Art sind zu berücksichtigen. Bis hin ggf. zu Öl als Trägermedium können diese Medien als newtonsche Flüssigkeiten eingeordnet werden. Sehr feinkörniges Material in der Flüssigkeit läßt noch eine Betrachtung des Gesamtsystems als Quasikontinuum zu. Bei hohem Feinkornanteil tritt nichtnewtonsches Verhalten auf. Somit ist auch das Studium der nichtnewtonschen Flüssigkeiten erforderlich.
Die Gasströmung ist die Basis für den pneumatischen Transport. Relativ große Geschwindigkeiten zur Aufrechterhaltung der Feststoffbewegung und ein größerer Druckverlust durch den Zusatzdruckverlust lassen auch hier nur eine grobe, näherungsweise Berechnung der Gasströmung nicht zu.

2.2.1. Grundlegende Gleichungen

Zur Analyse und Berechnung der Bewegungsvorgänge ist die Kenntnis der grundsätzlichen Abhängigkeiten notwendig. Erst hierdurch wird ein tieferes Verständnis möglich. Als wesentliche Grundlage für die Zweiphasenströmung sollen deshalb nachfolgend die die funktionellen Zusammenhänge der Flüssigkeits- und Gasbewegung beschreibenden Gesetzmäßigkeiten kurz dargelegt werden.

2.2.1.1. Bewegungsgleichung, Kräftegleichgewicht

Bewegungsgleichungen der Mechanik werden generell über eine Kräftegleichgewichtsuntersuchung an einem Element des zu betrachtenden Raumes aufgestellt. In der Fluidmechanik führt dies bekanntlich zur Navier-Stokesschen Gleichung [2.27] (Bild 2.13):

$$\varrho \, \frac{d\vec{v}}{dt} + \operatorname{grad} p + \varrho \, g \operatorname{grad} h - \eta \, \Delta \vec{v} = 0.$$ (2.26)

In dieser Form liegen schon vor die Einschränkungen

- inkompressible Strömung,
- newtonsche Flüssigkeit.

Für die Rohrströmung bietet sich die Schreibweise in Zylinderkoordinaten an. Unter Beachtung

- A = konst., also einem Rohr konstanten Querschnitts,
- Drallfreiheit und
- stationäre Strömung

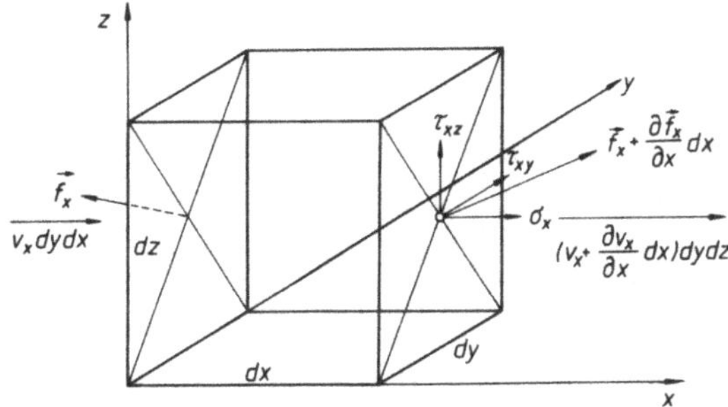

Bild 2.13. Charakterisierung des Spannungszustands und der Kontinuitätsbedingung (ink.)

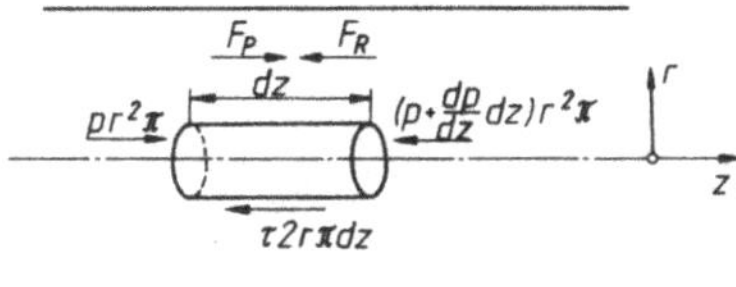

Bild 2.14. Kräftegleichgewicht am Element der Rohrströmung

ergibt sich

$$\frac{\partial p}{\partial z} = -\varrho g \frac{\partial h}{\partial z} + \eta \left(\frac{\partial^2 v_z}{\partial r^2} + \frac{1}{r} \frac{\partial v_z}{\partial r} \right), \tag{2.27}$$

$$\frac{\partial p}{\partial r} = 0,$$

wenn vom hydrostatischen Druck über den Rohrquerschnitt abgesehen wird.
Die Gl. (2.27) beschreibt also den Zusammenhang für die laminare Rohrströmung newtonscher Flüssigkeiten.
Bei nur eindimensionaler Betrachtung, reibungsfrei und stationär, führt Gl. (2.26) sofort zur Euler-Gleichung:

$$\varrho v \, \mathrm{d}v + \mathrm{d}p + \varrho g \, \mathrm{d}h = 0. \tag{2.28}$$

Aus der Integration folgt die bekannte Bernoulli-Gleichung:

$$\frac{\varrho}{2} v^2 + p + \varrho g h = \text{konst.} \tag{2.29}$$

Das Kräftegleichgewicht unmittelbar am Element der Rohrströmung (horizontales Rohr) (s. Bild 2.14) liefert analog zu Gl. (2.27):

$$\frac{\partial p}{\partial z} \mathrm{d}z r^2 \pi = \tau 2 r \pi \mathrm{d}z,$$

$$\frac{\partial p}{\partial z} \frac{r}{2} = \tau \tag{2.30}$$

und mit $\tau = \eta \dfrac{\partial v}{\partial r}$

$$\frac{\partial p}{\partial z} = \eta \frac{2}{r} \frac{\partial v}{\partial r}. \tag{2.31}$$

Ebenso erhält man bei eindimensionaler Analyse (Bild 2.15) mit

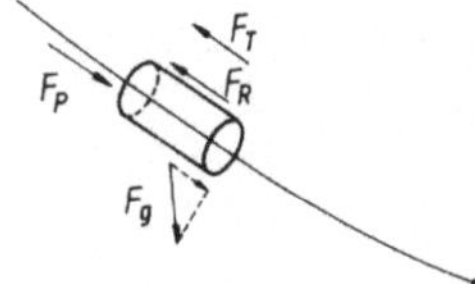

Bild 2.15. Zur Ableitung der Euler-Gleichung

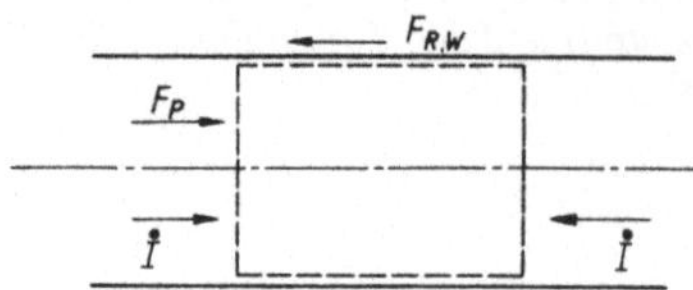

Bild 2.16. Kräftegleichgewicht am Rohrströmungsabschnitt

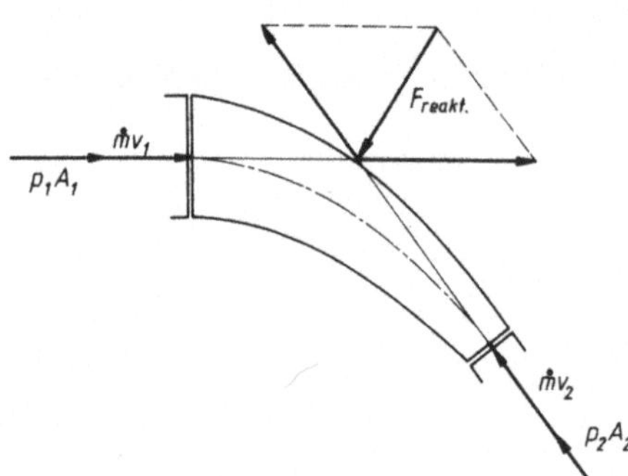

Bild 2.17. Anwendung des Impulssatzes zur Bestimmung der Lagerkraft

$$F_\mathrm{p} = \left(-\frac{\partial p}{\partial l}\right)\mathrm{d}l A, \qquad F_\mathrm{g} = \varrho g A\,\mathrm{d}l\left(-\frac{\mathrm{d}h}{\mathrm{d}l}\right),$$

$$F_\mathrm{T} = \varrho A\,\mathrm{d}l\,\frac{\mathrm{d}v}{\mathrm{d}t}, \qquad F_\mathrm{R} = \tau U\,\mathrm{d}l$$

die Gleichung

$$\varrho\left(\frac{\partial v}{\partial t} + v\frac{\partial v}{\partial l}\right) + \frac{\partial p}{\partial l} + \varrho g\frac{\mathrm{d}h}{\mathrm{d}l} + \tau\frac{U}{A} = 0. \tag{2.32}$$

Bei stationärer Strömung und Reibungsfreiheit geht Gl. (2.32) notwendigerweise auch hier in die Euler-Gleichung über. Aus der Integration von Gl. (2.32) folgt für die inkompressible, stationäre Strömung die verallgemeinerte Bernoulli-Gleichung:

$$\frac{\varrho}{2}v^2 + p + \varrho gh + \Delta p_\mathrm{v} = \mathrm{konst.} \tag{2.33}$$

Anzumerken wäre hier, daß in eindimensionaler Betrachtung unter der Geschwindigkeit v natürlich stets die mittlere gemeint ist.

Im Gegensatz zu vorstehender differentieller Betrachtungsweise bietet sich zur Behandlung verschiedener Probleme das Kräftegleichgewicht am endlichen Bilanzraum an. Die Trägheitskraft geht dann, bei Voraussetzung stationärer Strömung, in die Änderung der Bewegungsgröße, des Impulses, über:

$$\frac{\mathrm{d}(m\,\vec{v})}{\mathrm{d}t} = \dot{m}\vec{v} = \dot{I} = F_\mathrm{T}. \tag{2.34}$$

Der sog. Impulssatz lautet dann

$$\sum_{i=1}^{n} F_i = 0.$$

Auf die Rohrströmung angewendet (Bild 2.16) erhält man

$$F_p = F_{R,w},$$

$$\Delta p = \tau_w \frac{U}{A} l. \tag{2.35}$$

Noch deutlicher wird der Vorteil der Anwendung des Impulssatzes am Beispiel der Reaktions-kraftbestimmung bei einer Strömungsumlenkung (Bild 2.17).

2.2.1.2. Energiegleichung

Der Satz der Erhaltung der Energie ist für inkompressible Medien schon in der verallgemeinerten Bernoulli-Gleichung [s. Gl. (2.33)] enthalten. Nicht berücksichtigt wurde der Wärmeinhalt, nur die Produktion von Wärme durch Reibung. Auch der Wärmeaustausch mit der Umgebung wurde vernachlässigt. Er ist für die Analyse der Flüssigkeitsbewegung i. allg. bedeutungslos. In vollständiger Form lautet die Energiegleichung

$$E_{kin} + E_{pot} + E_{geo} + E_q - E_{q,a} = 0$$

mit

$$E_{kin} = \frac{m}{2} v^2; \qquad E_{pot} = p V; \qquad E_{geo} = mgh; \qquad E_q = mc_p T;$$

$$E_{q,a} = k\pi d \Delta T \Delta t l \quad \text{(Austausch mit der Umgebung, } k \text{ Wärmedurchgangszahl)}$$

und somit

$$\frac{\varrho}{2} v^2 + p + \varrho g h + \varrho c_p T - \frac{E_{q,a}}{V} = 0. \tag{2.36}$$

Der Zusammenhang wird deutlicher, wenn die Bedingung der Energieerhaltung für zwei Orte der Rohrleitung angegeben wird:

$$\frac{\varrho}{2} v_1^2 + p_1 + \varrho g h_1 + \varrho c_p T_1 = \frac{\varrho}{2} v_2^2 + p_2 + \varrho g h_2 + \varrho c_p T_2 - \frac{E_{q,a\,1-2}}{V} \tag{2.37}$$

mit

$$E_{q2} = E_{q1} + E_{q,R\,1-2} + E_{q,a\,1-2}; \quad E_{q,R\,1-2} = \Delta p_v V.$$

Für Gase ist die vollständige Energiegleichung weitaus wichtiger. Bei der Zustandsänderung ist der Temperatureinfluß nicht vernachlässigbar. Der Gesamtenergieinhalt ergibt sich als Summe der kinetischen Energie und der Enthalpie für ein wärmedichtes System, bezogen auf die Masse, zu

$$\frac{v^2}{2} + h = \text{konst.} \tag{2.38}$$

mit

$$h = c_p T = u + p v.$$

Entlang der Rohrleitung ist ggf. der Wärmeaustausch mit der Umgebung zu berücksichtigen. Von außen zugeführte oder durch Reibung produzierte Wärme findet in Übereinstimmung mit dem Ersten Hauptsatz der Thermodynamik ihren Niederschlag in der Erhöhung der inneren Energie und der Expansionsarbeit:

$$q_a + q_R = u + p\,dv = dh - v\,dp. \tag{2.39}$$

2.2.1.3. Massenerhaltung, Kontinuitätsgleichung

Die Bedingung für die Massenerhaltung folgt ebenfalls nach Bild 2.13 aus der Bilanz aller möglichen Durchflußveränderungen einschließlich der Inhaltsänderung in allgemeiner Form zu

$$\frac{\partial \varrho}{\partial t} + \operatorname{div}(\varrho \vec{v}) = 0. \tag{2.40}$$

Für den eindimensionalen Fall bei stationärer Strömung folgt

$$\frac{\mathrm{d}(\varrho v_z)}{\mathrm{d}z} = 0$$

oder in der bekannten Form für die Rohrströmung als Kontinuitätsgleichung

$$\varrho v A = \text{konst.} \tag{2.41}$$

Für Flüssigkeiten kann sie weiter vereinfacht werden:

$$v A = \text{konst.} \tag{2.42}$$

2.2.1.4. Zustandsgleichung

Für Gase ist eine Aussage zum Zusammenhang der Zustandsgrößen erforderlich [2.9]. Zu unterscheiden ist zwischen idealen Gasen

$$p \mathfrak{v} = R T \tag{2.43}$$

und realen Gasen. Bei letzteren muß die Wechselwirkung der Moleküle sowie deren Eigenvolumen berücksichtigt werden. Die Zustandsgleichung verkompliziert sich hierdurch. Derartige Abweichungen liegen vor allem in der Nähe des kritischen Punktes vor.
Bei geringen Abweichungen kann mit einer Korrektur durch den Realgasfaktor Z gearbeitet werden:

$$p \mathfrak{v} = Z R T. \tag{2.44}$$

Darüber hinaus sei z. B. auf die Beschreibung des Zusammenhangs durch die Van-der-Waalssche Zustandsgleichung verwiesen:

$$p = \frac{R T}{\mathfrak{v} - b} - \frac{a}{\mathfrak{v}^2}. \tag{2.45}$$

Beim pneumatischen Transport wird fast ausschließlich mit Luft als Trägermedium gearbeitet. Damit kann die Zustandsgleichung idealer Gase (Gasgleichung) den Berechnungen zugrunde gelegt werden.

2.2.2. Laminare Rohrströmung

Die laminare Rohrströmung ist eine stabile Strömung eines Kontinuums ohne höherfrequente Störungen. Es liegt nur eine Geschwindigkeitskomponente vor: $v_z = f(r)$. In einem solchen Fall spricht man von Schichtenströmung. Voraussetzung für die Existenz solcher Strömungen ist eine relativ große Zähigkeit des Mediums, genauer gesagt, die Reibungskräfte sind im Vergleich zu den Trägheitskräften groß:

$$\frac{F_\mathrm{T}}{F_\mathrm{R}} = \frac{(\varrho/2)v^2}{\eta\,\mathrm{d}v/\mathrm{d}r} \Rightarrow \frac{\varrho v^2 2r}{\eta} = \frac{vd}{\nu}. \tag{2.46}$$

Das Existenzgebiet wird durch die kritische Reynolds-Zahl begrenzt:

$$Re_\mathrm{krit} = \left(\frac{vd}{\nu}\right)_\mathrm{krit} = 2300. \tag{2.47}$$

Beim industriellen Rohrleitungstransport werden größere Reynolds-Zahlen erreicht, so auch beim pneumatischen Transport. Beim hydraulischen Transport kann bei zähen Suspensionen laminare Strömung vorliegen. Die hierdurch mögliche Reduzierung des Transportaufwands macht dies sogar wünschenswert. Nachfolgend soll deshalb der inkompressible Fall behandelt werden.

Zu beachten ist, daß sich bei zähen Suspensionen bei höheren Konzentrationen nichtnewtonsches Verhalten einstellt.

2.2.2.1. Newtonsche Flüssigkeiten

Die Bewegungsgleichung [s. Gl. (2.27) bzw. Gl. (2.31)] ist für das gerade kreiszylindrische Rohr (Hagen-Poiseuillesche Rohrströmung) exakt lösbar. Die Integration mit $v = 0$ für $r = R$ liefert

$$v\,(r) = \Delta p_\mathrm{v}\,\frac{1}{4\eta l}\,(R^2 - r^2). \tag{2.48}$$

Das Geschwindigkeitsprofil hat die Form eines Rotationsparaboloids (Bild 2.18). Die mittlere Geschwindigkeit ist

$$\bar{v} = \frac{1}{2}\,v_\mathrm{max} = \frac{\Delta p_\mathrm{v}}{l}\,\frac{R^2}{8\eta}. \tag{2.49}$$

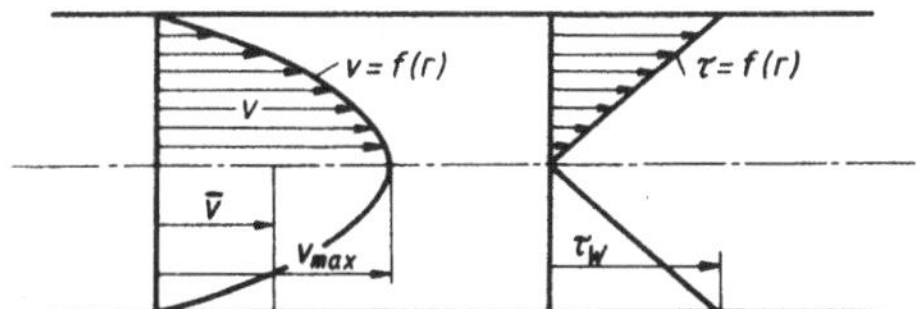

Bild 2.18. *Hagen-Poiseuillesche Rohrströmung*

Mit dem für die Rohrströmung üblichen Ansatz für den Druckverlust, übernommen aus den Erfahrungen der ausgebildeten turbulenten Rohrströmung

$$\Delta p_\mathrm{v} = \lambda\,\frac{l}{d}\,\frac{\varrho}{2}\,\bar{v}^2, \tag{2.50}$$

folgt für den Rohrreibungsbeiwert der laminaren Strömung

$$\lambda = 64\,\frac{\eta}{\bar{v}\varrho d} = \frac{64}{Re}. \tag{2.51}$$

Bezüglich der kinetischen Energie ist zu beachten, daß mit

$$\int\limits_{(A)} \frac{v^2}{2}\,\mathrm{d}\dot{m} = \xi\,\frac{\bar{v}^2}{2}\,\dot{m}\ \text{ ergibt } \xi = 2\ \text{(Energiebeiwert)}$$

für die Berechnung der Rohrströmung nach der Bernoulli-Gleichung richtig zu setzen ist

$$2\,\frac{\varrho}{2}\,\bar{v}^2 + p + \varrho g h + \Delta p_\mathrm{v} = \text{konst.} \tag{2.53}$$

2.2.2.2. Nichtnewtonsche Flüssigkeiten

Das Fließverhalten nichtnewtonscher Flüssigkeiten kann sehr verschiedenartig sein. Eine Ordnung wird nach der bestimmenden Abhängigkeit der Schubspannung vom Schergradienten

$$\tau = f\!\left(\frac{\mathrm{d}v}{\mathrm{d}y}\right)$$

vorgenommen (Tafel 2.8, Bild 2.19).

Tafel 2.8. Gesetze der laminaren Rohrströmung (Schichtenströmung)

Rheogramm	Fließgesetz (Bezeichnung nach)	Reynolds-Zahl	Geschwindigkeit (mittlere)	Druckverlustbeiwert
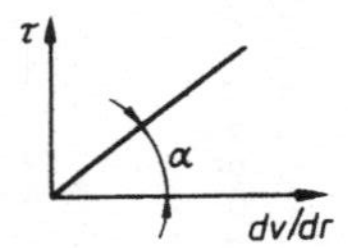	$\tau = \eta \frac{\mathrm{d}v}{\mathrm{d}r}$ $\tan\alpha = \eta$ newtonsch *(Newton–Stokes)*	$Re = \frac{\varrho \bar{v} d}{\eta}$	$\bar{v} = \frac{1}{2} v_{\max}$ $= \frac{\Delta p_v R^2}{8\eta l}$	$\lambda = \frac{64}{Re}$ $Re_{\mathrm{krit}} = 2300$
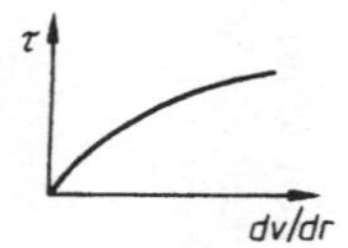	$\tau = K \left(\frac{\mathrm{d}v}{\mathrm{d}r}\right)^n$ $0 < n < 1$ pseudoplastisch *(Ostwald–de Weale)*	$Re_{\mathrm{pp}} = \frac{8\varrho \bar{v}^{2-n} d^n}{K} \cdot \left(\frac{n}{6n+2}\right)^n$	$\bar{v} = \frac{n+1}{3n+1} v_{\max}$ $= \left(\frac{\Delta p_v}{2lK}\right)^{1/n} R^{\frac{n+1}{n}} \cdot \frac{n}{3n+1}$	$\lambda = \frac{64}{Re_{\mathrm{pp}}}$ $Re_{\mathrm{pp.\,krit}} = 2300$
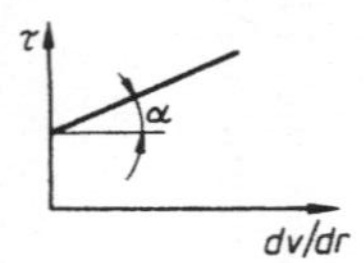	$\tau = \tau_o + K \frac{\mathrm{d}v}{\mathrm{d}r}$ $\tan\alpha = K$ elasto-plastisch *(Bingham)*	$Re_B = \frac{\varrho \bar{v} d}{K} B$ $B = 1 - \frac{4}{3} b + \frac{1}{3} b^4$ $b = \tau_o / \tau_w$	$\bar{v} = \frac{B}{2(1-b)^2} v_{\mathrm{Pf}}$ $= \frac{1}{8} \frac{\Delta p_v R^2}{Kl} B$	$\lambda = \frac{64}{Re_B}$ $Re_{\mathrm{B.\,krit}} = 2300$
$\tau = K(\mathrm{d}v/\mathrm{d}r)^n$, $n > 1$ dilatant *(Ostwald–de Weale)*		s. bei pseudoplastisch		
$\tau = \tau_o + K(\mathrm{d}v/\mathrm{d}r)^n$ elasto-plastisch *(Herschel–Bulkley)*		Kopplung pseudoplastisch–binghamsch		
$\tau = f(\mathrm{d}v/\mathrm{d}r, t)$ thixotrop bzw. rheopex		zusätzliche Abhängigkeit der Schubspannung von der Zeit		

Bezeichnungen:
τ_o Fließgrenze
K Steifigkeit
n Strukturziffer

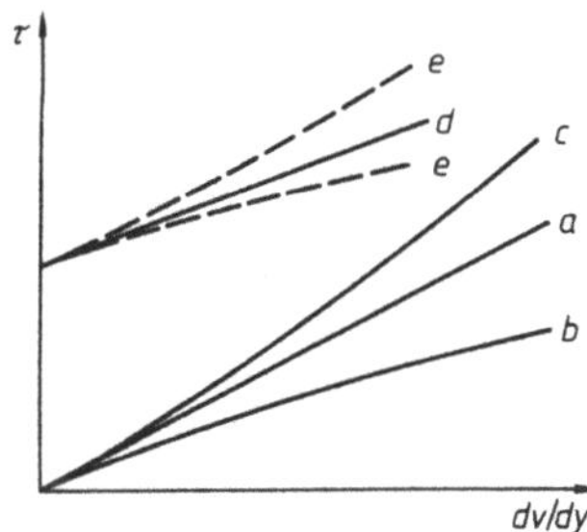

Bild 2.19. *Typische Schubspannungscharakteristiken von Flüssigkeiten*

a newtonsch; *b* pseudoplastisch/normalzäh; *c* dilatant; *d* binghamsch; *e* elasto-plastisch ($n \gtrless 1$)

Der Bereich laminaren Verhaltens kann über die verallgemeinerte Reynolds-Zahl [s. Gl. (2.47)] bestimmt werden zu

$$Re = 16\,\frac{(\varrho/2)\bar{v}^2}{\tau_{\mathrm{w}}}$$

und mit Gl. (2.35) $\tau_{\mathrm{w}} = \dfrac{\Delta p_{\mathrm{v}}}{4\,l/d}$

$$Re_{\mathrm{krit}} = \left(\frac{32\,\varrho\,\bar{v}^2\,l}{d\,\Delta p_{\mathrm{v}}}\right)_{\mathrm{krit}} = 2300. \tag{2.54}$$

Hierdurch wird das Gebiet laminaren Fließens, das Gegenstand der Rheologie ist, von der turbulenten Strömung abgegrenzt.

Für den hydraulischen Transport sind vor allem die Abweichungen gegenüber der Rohrströmung newtonscher Flüssigkeiten durch die Erscheinungen der Pseudoplastizität und der Existenz einer Fließgrenze von Interesse.

Für pseudoplastische Flüssigkeiten, beschreibbar mit dem Gesetz nach *Ostwald – de Weale*

$$\tau = K\left(\frac{\mathrm{d}v}{\mathrm{d}r}\right)^n \qquad \text{bei } n < 1, \tag{2.55}$$

erhält man analog wie für die newtonsche Flüssigkeit durch Einsetzen in Gl. (2.31) und Integration für die Geschwindigkeitsverteilung

$$v(r) = \left(\frac{\Delta p_{\mathrm{v}}}{2\,lK}\right)^{1/n} \frac{n}{n+1}\left(R^{\frac{n+1}{n}} - r^{\frac{n+1}{n}}\right). \tag{2.56}$$

Das Geschwindigkeitsprofil (Bild 2.20) wird gegenüber dem newtonscher Flüssigkeiten völliger.

Aus der Integration über den Rohrquerschnitt folgt für die mittlere Geschwindigkeit

$$\bar{v} = \frac{n+1}{3n+1}\,v_{\max} = \left(\frac{\Delta p_{\mathrm{v}}}{2\,lK}\right)^{1/n} \frac{n}{3n+1}\,R^{\frac{n+1}{n}} \tag{2.57}$$

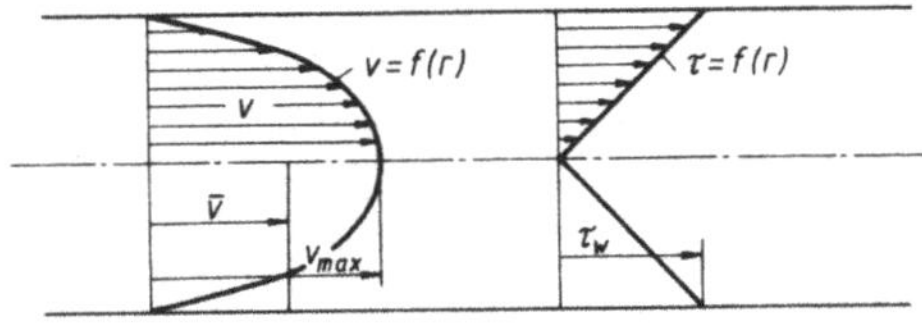

Bild 2.20. *Laminare Rohrströmung einer pseudoplastischen Flüssigkeit* ($n = 0{,}5$)

Damit ergibt sich auch

$$\Delta p_\mathrm{v} = 4\,\frac{l}{d}\,K\left(\frac{6n+2}{n}\right)^n \frac{\bar{v}^n}{d^n}$$

und mit Gl. (2.54)

$$Re_\mathrm{pp} = \frac{8\varrho d^n\,\bar{v}^{2-n}}{K}\left(\frac{n}{6n+2}\right)^n \tag{2.58}$$

oder für den Rohrreibungsbeiwert λ [s. Gl. (2.50)]

$$\lambda = \frac{64}{Re_\mathrm{pp}} \quad \text{bei } Re_\mathrm{pp,\,krit} = 2300.$$

Man erkennt, daß bis auf das völligere Geschwindigkeitsprofil kein grundsätzlicher Unterschied gegenüber newtonschen Flüssigkeiten auftritt.

Vorstehende Ableitungen gelten generell für den Gesamtbereich $n \neq 0$. Für $n = 1$ erhält man die Zusammenhänge für die newtonschen Flüssigkeiten ($K = \eta$); mit $n > 1$ werden dilatante Flüssigkeiten beschrieben.

Flüssigkeiten bzw. Suspensionen mit einer Fließgrenze τ_0 sind in guter Näherung mit dem Ansatz nach *Herschel-Bulkley* zu beschreiben:

$$\tau = \tau_0 + K\left(\frac{\mathrm{d}v}{\mathrm{d}y}\right)^n. \tag{2.59}$$

Der einfachste Fall ist die sog. Binghamsche Flüssigkeit:

$$\tau = \tau_0 + K\frac{\mathrm{d}v}{\mathrm{d}y}. \tag{2.60}$$

Auch hier erhält man sofort durch Einsetzen in Gl. (2.29) und Integration formal für die Geschwindigkeitsverteilung

$$v(r) = \frac{\Delta p_\mathrm{v}}{4\,Kl}\,(R^2 - r^2) - \frac{\tau_0}{K}\,(R - r). \tag{2.61}$$

Sie enthält (s. Bild 2.21) ein Maximum. Es liegt bei $\tau = \tau_0$; innerhalb dieses Bereichs ($r < r_\mathrm{Pf}$) ist $\tau < \tau_0$. Der Kernbereich der Rohrströmung geht somit in eine Pfropfenbewegung über. Den Radius des Pfropfens erhält man über $\tau = \tau_0$ bzw. $\mathrm{d}v/\mathrm{d}r = 0$ zu

$$r_\mathrm{Pf} = 2\,\frac{l\tau_0}{\Delta p_\mathrm{v}} \tag{2.62}$$

oder mit $\Delta p_\mathrm{v} = (\tau_\mathrm{w}2l)/R$ gemäß Gl. (2.35)

$$r_\mathrm{Pf} = \frac{\tau_0}{\tau_\mathrm{w}}\,R. \tag{2.63}$$

Für die Geschwindigkeitsverteilung gilt damit endgültig

– für $r \leqq r_\mathrm{Pf}$:

$$v_\mathrm{Pf} = \frac{\Delta p_\mathrm{v}R^2}{4\,Kl} + \frac{\tau_0^2 l}{K\Delta p_\mathrm{v}} - \frac{\tau_0 R}{K} \tag{2.64}$$

mit $b = \tau_0/\tau_\mathrm{w}$ auch schreibbar

$$v_\mathrm{Pf} = \frac{1}{16}\,\frac{\Delta p_\mathrm{v}d^2}{Kl}\,(1 - b)^2, \tag{2.65}$$

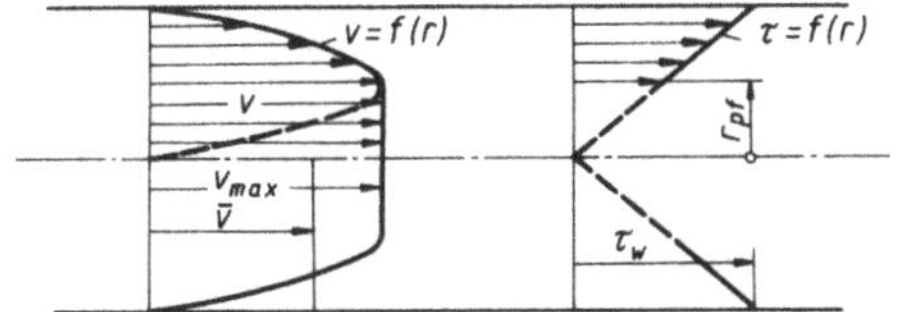

Bild 2.21. Laminare Strömung einer Binghamschen Flüssigkeit (b = 0,5)

– für $r \geqq r_{Pf}$ Gl. (2.61) oder auch hier:

$$v = \frac{1}{16} \frac{\Delta p_v d^2}{Kl} \left[\left(1 - \frac{r^2}{R^2} \right) - 2b \left(1 - \frac{r}{R} \right) \right].$$ (2.66)

Aus der Integration über den Querschnitt folgt für die mittlere Geschwindigkeit

$$\bar{v} = \frac{1}{8} \frac{\Delta p_v R^2}{Kl} + \frac{2}{3} \frac{\tau_0^4 l^3}{\Delta p_v^3 R^2 K} - \frac{1}{3} \frac{\tau_0 R}{K}$$ (2.67)

oder mit Gl. (2.35) und der Abkürzung $b = \tau_0/\tau_w$

$$\bar{v} = \frac{1}{32} \frac{\Delta p_v d^2}{Kl} \left(1 - \frac{4}{3} b + \frac{1}{3} b^4 \right).$$

Nach Gl. (2.54) ergibt sich weiter für die zugehörige Reynolds-Zahl

$$Re_B = \frac{\bar{v} d}{K/\varrho} B,$$ (2.68)

wobei

$$B = \left(1 - \frac{4}{3} b + \frac{1}{3} b^4 \right),$$

und für den Rohrreibungsbeiwert im laminaren Bereich

$$\lambda = \frac{64}{Re_B}.$$ (2.69)

Zusammenfassend läßt sich feststellen:
Für eine große Reihe von Suspensionen, die mit zunehmendem Feststoffanteil vom newtonschen Verhalten

$$\tau = \eta \, (dv/dr)$$

zum pseudoplastischen

$$\tau = K \, (dv/dr)^n \text{ mit } n < 1$$

und weiter zum elasto-plastischen Verhalten

$$\tau = \tau_0 + K \, (dv/dr)^n$$

übergehen, ist kennzeichnend, daß bei steigendem Druckverlust das Geschwindigkeitsprofil völliger wird und sich schließlich eine Pfropfenströmung ausbildet. Der Pfropfen nimmt um so

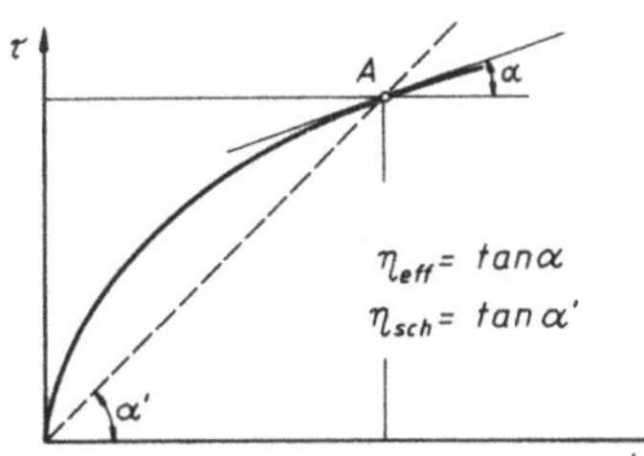

Bild 2.22. Scheinbare Viskosität (im Beanspruchungszustand A)

mehr den Rohrquerschnitt ein, je größer die Fließgrenze τ_0 und je kleiner dabei der Druckgradient $\Delta p_v/l$ bzw. die Proportion τ_w/R ist [s. Gl. (2.62) und Gl. (2.63)].
Anzumerken ist noch, daß bei der vorstehenden Erörterung des Fließverhaltens vorausgesetzt wurde, daß die bekannten Randbedingungen newtonscher Flüssigkeiten

$$(v)_{r\,=\,R} = 0 \text{ (Kontinuum im Bereich } 0 \leqq r \leqq R)$$

allgemeingültig sind. Gerade im Wandbereich können diesbezüglich bei Suspensionen Abweichungen auftreten. Sowohl eine Entmischung, z. T. schon geometrisch bedingt, kann eintreten, als auch die Haftbedingungen an der Wand (Adhäsionskräfte) können gestört sein.
Es sei noch auf eine andere Problematik hingewiesen: Die teilweise übliche Arbeit mit einer scheinbaren Viskosität (Bild 2.22) läßt, wie die Ableitungen zeigen, keine verallgemeinerungsfähigen Schlüsse zu. Die Übertragung auf andere Objekte ist nur bei vollkommen identischen Systembedingungen möglich.

2.2.3.   Turbulente Rohrströmung

Bei industriellen Transportaufgaben wird die kritische Reynolds-Zahl zumeist weit überschritten. Dies trifft auch für den hydraulischen und pneumatischen Transport zu. Nur bei Suspensionen, vor allem höherer Konzentration, kann laminares Fließen vorliegen. Der Übergang vom laminaren zum turbulenten Zustand kommt äußerlich in der Veränderung der Abhängigkeit des Druckverlustes von der Geschwindigkeit zum Ausdruck:

– Bei laminarer Strömung newtonscher Flüssigkeiten gilt

$$\Delta p_v \sim \bar{v}.$$

– Bei turbulenter Strömung (hydraulisch rauh) wird

$$\Delta p_v \sim \bar{v}^2.$$

Die Schichtenströmung geht in eine verwirbelte Strömung über. Die laminare Reibung wird durch die bestimmende turbulente Energieumsetzung überlagert.
Das Auftreten der Turbulenz ist ein Stabilitätsproblem [2.27]. Bei hoher kinetischer Energie bzw. Trägheitskraft eines betrachteten Teilbereichs folgt dieser nicht mehr der Stromlinie der Schichtenströmung, sondern bricht quasi aus. Das Gesetz der Massenerhaltung erfordert dabei den Platzwechsel direkt oder indirekt mit anderen Massebereichen. Kontinuitätsbedingung und Schergradient führen zwangsläufig zur Rotation der Bereiche, was mit der Bezeichnung Wirbelballen oder verwirbelte Strömung zum Ausdruck gebracht wird. Mit abnehmender kinetischer Energie tritt eine zunehmende Dämpfung dieser Bewegungsform durch Reibung auf. Das Verhältnis

$$\frac{\text{Trägheitskraft}}{\text{Reibungskraft}} = Re$$

ist somit zur Zustandsbeschreibung heranzuziehen. Unterhalb der sog. kritischen Reynolds-Zahl Re_{krit} wird jede Störung gedämpft; es liegt die stabile laminare Strömung vor. Oberhalb Re_{krit} führen Störungen stets zur turbulenten Strömung. Ggf. kann also, bei Nichtvorhandensein irgendwelcher Anregungen, z. B. Erschütterungen oder Ablösungen, auch eine instabile laminare Strömung bei $Re > Re_{\text{krit}}$ beobachtet werden. Beim hydraulischen und pneumatischen Transport ist letzteres auszuschließen. Diese Zweiphasenströmungen sind von ihrer Natur her schon störungsintensiv.
Allerdings ist auch hier zwischen Verstärkung bzw. Anfachung und Dämpfung der Turbulenz durch die Feststoffteilchen zu unterscheiden. Die Deutung dieser Erscheinung ist offensichtlich: Bei der Kugelumströmung tritt ab etwa $Re = 10^3$, gebildet mit der relativen Anströmgeschwindigkeit, eine ausgeprägte Nachlaufturbulenz auf. Sie kann nur im Sinn einer Turbulenzanregung verstanden werden. Dagegen wird die Kugelumströmung im Stokesschen Be-

reich ($Re < 1$) nur durch Berücksichtigung der Reibungskräfte richtig erfaßt. Dies (sowie die Massenträgheit der Teilchen selbst) muß also turbulenzdämpfend wirken.
Es ist somit offensichtlich, daß die Teilchenbeladung die Turbulenzverhältnisse und die Turbulenz die Teilchenbewegung bei der Zweiphasenströmung wesentlich mitbestimmen. Zur Beurteilung ist also eine genauere Kenntnis der Zusammenhänge erforderlich.

2.2.3.1. Ausgebildete turbulente Strömung

Der Vorstellung der Wirbelballenbewegung und ihres Platzwechsels folgend, kann die turbulente Strömung beschrieben werden durch die zeitlichen Mittelwerte der Bewegungs- und Zustandsgrößen und ihre Überlagerung mit Schwankungswerten:

$$v = \bar{v} + v',$$

$$p = \bar{p} + p' \quad \text{usw.}$$

Die Beobachtung des Geschwindigkeitsverlaufs in Abhängigkeit von der Zeit, entsprechend leistungsfähige Meßtechnik vorausgesetzt, ergibt einen Verlauf wie im Bild 2.23 dargestellt.

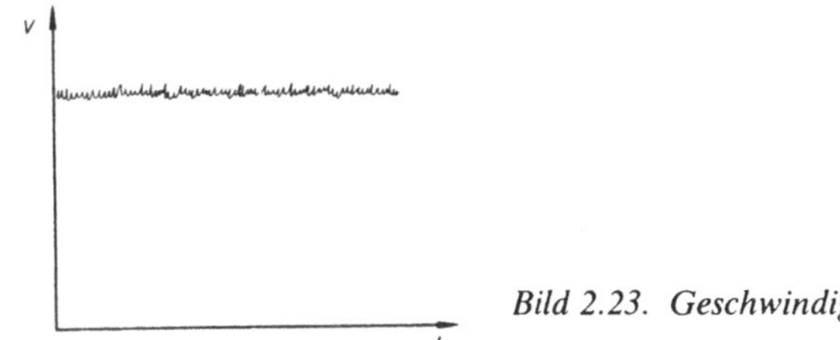

Bild 2.23. Geschwindigkeitsverlauf bei turbulenter Strömung

Für die Schwankungsgeschwindigkeit gilt hierbei definitionsgemäß:

$$\frac{1}{t} \int_{(t)} v'\, dt = \bar{v}' = 0. \tag{2.70}$$

Die Turbulenzintensität läßt sich charakterisieren durch den Turbulenzgrad

$$Tu = \frac{1}{\bar{v}} \sqrt{\overline{v'^2}} \cdot 100 \quad \text{in \%} \tag{2.71}$$

bzw. genauer

$$Tu = \frac{1}{\bar{v}} \sqrt{\frac{1}{3}\left(\overline{v_x'^2} + \overline{v_y'^2} + \overline{v_z'^2}\right)}, \tag{2.72}$$

was bei isotroper Turbulenz mit

$$\overline{v_x'^2} = \overline{v_y'^2} = \overline{v_z'^2}$$

identisch mit der Definition nach Gl. (2.71) ist. Wie hinsichtlich der Amplitude, so ist auch bezüglich der Frequenz der Schwankungen zeitabhängig ein breites Spektrum (2...20 kHz) zu verzeichnen.
Eine Orientierung für die Größe der Turbulenzballen ergibt sich über den Vergleich der Geschwindigkeitsschwankungen an zwei benachbarten Punkten. Bei vorliegender Korrelation folgt über die Korrelationsfunktion

$$R = \frac{\overline{v_1' v_2'}}{\sqrt{\overline{v_1'^2}\ \overline{v_2'^2}}} \tag{2.73}$$

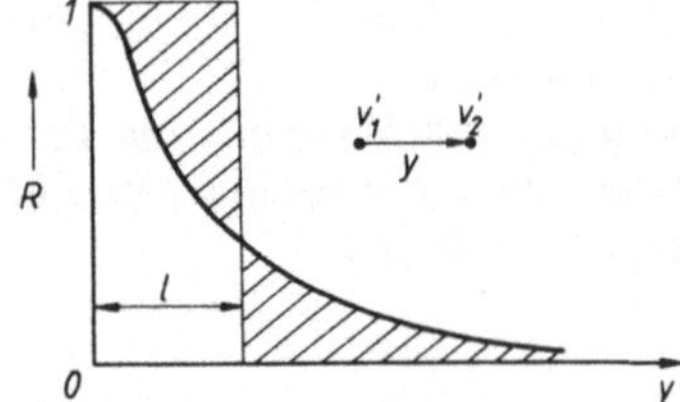

Bild 2.24. *Korrelationsfunktion und Mischungsweg*

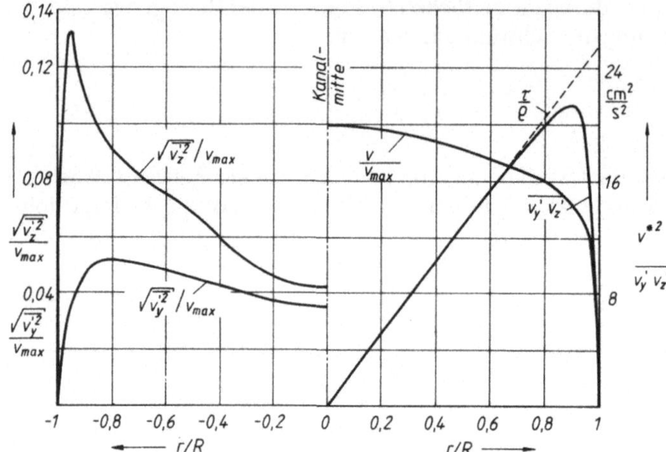

Bild 2.25. *Turbulenzverhältnisse der Kanalströmung, Messung nach [2.76]*

als mögliches Maß für die Abmessung der sog. Mischungsweg

$$l = \int\limits_0^\infty R(y)\,\mathrm{d}y. \tag{2.74}$$

Wie der Turbulenzgrad, so ist auch der Mischungsweg eine zeitlich gemittelte charakteristische Größe der turbulenten Strömung. Die Korrelationsfunktion kann, wie angegeben, durch räumliche Ausmessung des Strömungsfelds (Bild 2.24), aber auch durch Messung an einem Punkt über die Autokorrelation ermittelt werden.

Die erhöhte Energieumsetzung in Wärme ist durch die nun zusätzlich auftretende, turbulenzbedingte Schubspannung beschreibbar. Diese ergibt sich sofort nach dem Impulssatz: Die in Richtung der Rohrachse weisende Komponente des Impulses, verursacht durch eine durch die koaxiale Zylinderfläche hindurchtretende Masse, ist im zeitlichen Mittel

$$\varrho\,\overline{(\bar{v}_z + v_z')\,v_r'} = \varrho\,\overline{v_z' v_r'}\,.$$

Das ist eine Kraft je Fläche am Zylindermantel, also eine Schubspannung

$$\tau_{\mathrm{turb}} = \varrho\,\overline{v_z' v_r'}\,. \tag{2.75}$$

Zur Kanalströmung liegen diesbezügliche Messungen vor [2.76] [2.27] (Bild 2.25): Die Schwankungsgeschwindigkeit bzw. der Turbulenzgrad in Strömungsrichtung ist größer als senkrecht zur Wand; besonders trifft dies für die Wandnähe zu. Das hat u. a. unmittelbar Folgen für das unterschiedliche Verhalten großer und kleiner Partikel in Wandnähe.

Hinzuweisen ist auch auf den Verlauf der turbulenten Schubspannung (Bild 2.25). Nur in Wandnähe wird der dem Kräftegleichgewicht entsprechende, erforderliche lineare Verlauf nicht erbracht. Hier ist der Anteil τ_{lam} nicht vernachlässigbar. In größerem Wandabstand ist

$$\tau_{\mathrm{lam}} \ll \tau_{\mathrm{turb}}.$$

Einen instruktiven Einblick in die Zusammenhänge zwischen Schwankungswerten und den

stationären, zeitlich gemittelten Werten der turbulenten Strömung bietet die Prandtlsche Mischungswegtheorie [2.24]:
Beobachtet man die Bewegung eines Wirbelballens senkrecht zur Hauptströmungsrichtung, so stellt dies einen Massetransport dar (Bild 2.26)

$$\dot{m}' = v'_\mathrm{r}\, \varrho A.$$

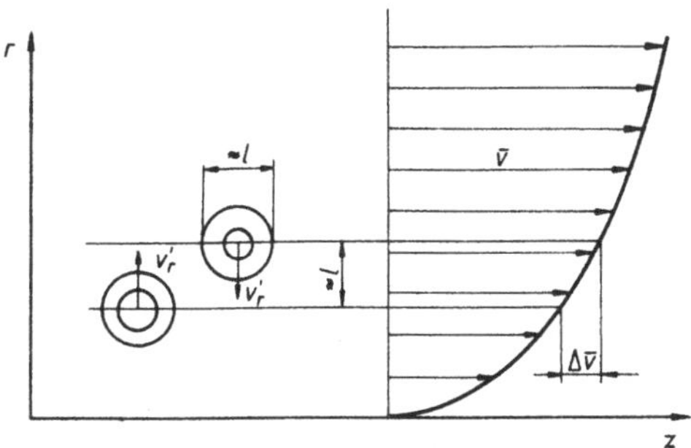

Bild 2.26. Turbulente Strömung, Wirbelballen-austausch

Bei vorhandenem Gradienten der Hauptströmung führt die notwendige Beschleunigung oder Verzögerung zu einer scheinbaren Schubspannung

$$\tau_\mathrm{turb} = \frac{\dot{m}'\,\Delta \bar{v}}{A} = \varrho v'_\mathrm{r}\Delta \bar{v}.$$

Die Querbewegung der Turbulenzballen muß im Zusammenhang stehen mit der unterschiedlichen Geschwindigkeit der im Austausch befindlichen Schichten:

$$v'_\mathrm{r} \approx |\Delta \bar{v}|\,.$$

Über die Kopplung von Turbulenzballengröße und Platzwechsel folgt:

$$\Delta \bar{v} = \frac{\mathrm{d}\bar{v}}{\mathrm{d}r}\, l.$$

Für die turbulente Schubspannung ergibt sich so endgültig

$$\tau_\mathrm{turb} = \varrho\, l^2 \left|\frac{\mathrm{d}\bar{v}}{\mathrm{d}r}\right| \frac{\mathrm{d}\bar{v}}{\mathrm{d}r}\,. \tag{2.76}$$

In der Schreibweise des Newtonschen Ansatzes erhält man

$$\tau_\mathrm{turb} = \varrho\, \varepsilon\, \frac{\mathrm{d}\bar{v}}{\mathrm{d}r}\,. \tag{2.77}$$

Die sog. scheinbare kinematische Zähigkeit ε kann nicht als Stoffwert verstanden werden. Sie ist abhängig vom turbulenten Strömungsvorgang und damit auch von der Geometrie des um- oder durchströmten Körpers.
Aus der allgemein zutreffenden Bedingung, daß bei der Strömung entlang einer Wand unmittelbar an der Wand kein Turbulenzballenaustausch stattfinden kann, muß hier gelten

$$l_{\mathrm{y}=0} = 0.$$

Das steht in Übereinstimmung mit Bild 2.25; in Wandnähe gewinnt τ_lam gegenüber τ_turb an Bedeutung.
Der Rückblick auf die allgemeine Bewegungsgleichung [s. Gl. (2.26)] läßt nach vorstehender Betrachtung erkennen, daß sie für die turbulente Strömung ergänzt werden muß um den Tensor der scheinbaren Spannungen. Die diesbezügliche Verallgemeinerung von Gl. (2.75) führt in karthesischen Koordinaten zu

$$\begin{pmatrix} \sigma_x & \tau_{xy} & \tau_{xz} \\ \tau_{yx} & \sigma_y & \tau_{yz} \\ \tau_{zx} & \tau_{zy} & \sigma_z \end{pmatrix} = - \begin{pmatrix} \overline{\varrho v_x'^2} & \overline{\varrho v_x' v_y'} & \overline{\varrho v_x' v_z'} \\ \overline{\varrho v_y' v_x'} & \overline{\varrho v_y'^2} & \overline{\varrho v_y' v_z'} \\ \overline{\varrho v_z' v_x'} & \overline{\varrho v_z' v_y'} & \overline{\varrho v_z'^2} \end{pmatrix}. \tag{2.78}$$

Die allgemeine Lösung wird hierdurch erheblich erschwert, ja unmöglich gemacht. Es sind umfassende Aussagen zum Zusammenhang zwischen Schwankungsgeschwindigkeiten und den zeitlichen Mittelwerten der Geschwindigkeiten der Hauptströmung erforderlich.
Bezüglich der Kontinuitätsgleichung liegen die Verhältnisse einfacher. Die Bedingung der Massenerhaltung muß sowohl für die Schwankungsbewegung als auch für die Hauptströmung gelten. Für die stationäre turbulente Strömung bleibt erhalten die Gültigkeit von

$$\operatorname{div}\left(\varrho \vec{v}\right) = 0.$$

2.2.3.2. Inkompressible Rohrströmung

Zur ausgebildeten turbulenten Strömung in einem geraden Rohr kreisförmigen Querschnitts liegen umfassende Untersuchungsergebnisse vor [2.25] [2.27]. Hinsichtlich der im Abschnitt 2.2.3.1. angeführten Größen zur Beschreibung der Turbulenzverhältnisse lassen sich folgende Angaben machen:

- Der Turbulenzgrad liegt allgemein bei 4 ... 6 %.
- Die Verteilung der Komponenten der Schwankungsgeschwindigkeit und der turbulenten Schubspannung entspricht etwa der nach Bild 2.25.
- Die Mischungswegverteilung wird im Bild 2.27 angegeben.
- Einen Vergleich der scheinbaren kinematischen Zähigkeit ε mit dem Stoffwert der kinematischen Zähigkeit v in dimensionsloser und somit auch allgemeingültiger Form enthält Bild 2.28.

Damit sind außerdem Aussagen möglich zur Geschwindigkeitsverteilung wie auch zu den Strömungsverhältnissen in Wandnähe.
Mit dem Ansatz nach *Prandtl* für die turbulente Schubpannung [s. Gl. (2.76)], der angegebenen Mischungswegverteilung, allgemein schreibbar

$$l = a y f\left(\frac{y}{R}\right), \tag{2.79}$$

und der Bedingung aus dem Kräftegleichgewicht [s. Gl. (2.35)]

$$\tau = \tau_w \left(1 - \frac{y}{R}\right) \tag{2.80}$$

erhält man mit $v^* = \sqrt{\tau_w/\varrho}$

$$\frac{\mathrm{d}v}{\mathrm{d}y} = \frac{v^*}{a} \frac{\sqrt{1 - y/R}}{yf(y/R)}. \tag{2.81}$$

Die Integration führt zur Form des sog. asymptotischen, logarithmischen Gesetzes der Geschwindigkeitsverteilung. Für die Rohrströmung (glattes Rohr, sehr große Reynolds-Zahl) läßt sich angeben:

$$\frac{v}{v^*} = 2,5 \ln \frac{v^* y}{v} + 5,5. \tag{2.82}$$

Die Voraussetzung der möglichen Vernachlässigung der laminaren Schubspannung gegenüber der turbulenten gilt jedoch nicht in Wandnähe. Die genauere Ausmessung, wie auch der

Vergleich nach Bild 2.28, ermöglicht folgende Abgrenzung:

$$\frac{y\,v^*}{v} < 5 \qquad \text{rein laminare Reibung}$$

$$5 < \frac{y\,v^*}{v} < 70 \qquad \text{Übergangsbereich (laminar-turbulente Reibung),} \tag{2.83}$$

$$\frac{y\,v^*}{v} > 70 \qquad \text{rein turbulente Reibung.}$$

Als Dicke der laminaren Unterschicht läßt sich somit auch angeben

$$\delta_{lu} \approx 5\,\frac{v}{v^*}. \tag{2.84}$$

Für die Bewegung von Feststoffteilchen mit Abmessungen in der gleichen Größenordnung ist die laminare Bewegung in dieser Schicht von besonderer Bedeutung.

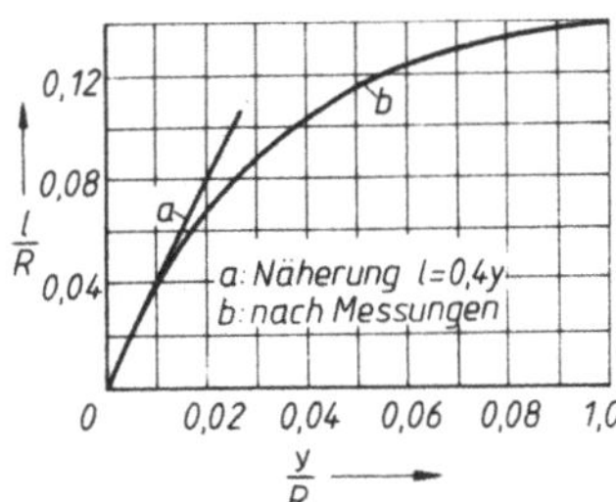

Bild 2.27. Mischungswegverteilung bei turbulenter Rohrströmung [2.69][2.70]

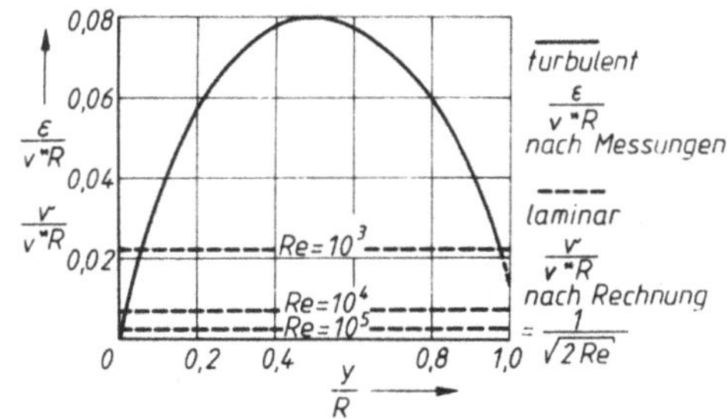

Bild 2.28. Scheinbare kinematische und stoffliche kinematische Zähigkeit bei turbulenter Rohrströmung [2.69]

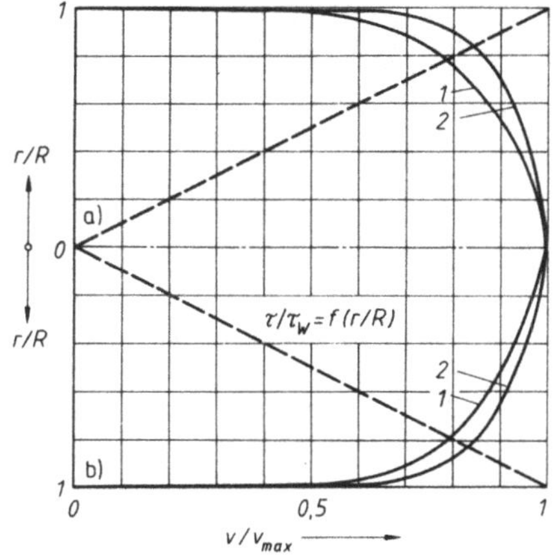

Bild 2.29. Geschwindigkeitsverteilung bei der turbulenten Rohrströmung
a) nach Messungen [2.69]
$1\,Re = 4,0 \cdot 10^3$; $2\,Re = 3,2 \cdot 10^6$;
b) nach Potenzgesetz
$1\,n = 1/7$; $2\,n = 1/10$

Die nicht gegebene universelle Gültigkeit des angeführten logarithmischen Geschwindigkeitsprofils sowie auch die Unhandlichkeit führten schon früh zu Interpolationsansätzen nach einem Potenzgesetz:

$$\frac{v}{v_{max}} = \left(\frac{y}{R}\right)^n = \left(\frac{R - r}{R}\right)^n. \tag{2.85}$$

Bei hydraulisch glattem Rohr – die Rauhigkeit ist kleiner als die Dicke der laminaren Unterschicht – und $Re \approx 10^5$ ergibt sich $n = 1/7$. Das ist das bekannte 1/7-Potenzgesetz der Geschwindigkeitsverteilung (Bild 2.29). Mit zunehmender Reynolds-Zahl wird das Geschwindigkeitsprofil völliger (Tafel 2.9). Nach [2.25] kann orientierend auch angenommen werden:

$$\frac{1}{n} = 2,1 \lg Re - 1,9. \tag{2.86}$$

Für die über den Rohrquerschnitt gemittelte Geschwindigkeit folgt aus der Integration (s. auch Tafel 2.9):

$$\frac{\bar{v}}{v_{max}} = \frac{2}{(n + 1)(n + 2)}. \tag{2.87}$$

Andererseits wird mit zunehmender Rauhigkeit der wandnahe Bereich der Strömung stärker abgebremst. Das Geschwindigkeitsprofil wird schlanker (Tafel 2.10).
Geht man vom universelleren Ansatz für das Geschwindigkeitsprofil nach Gl. (2.85) aus

$$\frac{v}{v^*} = \text{konst.} \left(\frac{y\,v^*}{v}\right)^{1/7}, \tag{2.88}$$

so gelangt man sofort zu einer Aussage über den Rohrreibungsbeiwert λ.
Mit der zu erwartenden Gültigkeit von Gl. (2.88) auch bis zur Rohrmitte ergibt sich

$$\frac{v_{max}}{v^*} \sim \left(\frac{d\,v^*}{v}\right)^{1/7}$$

Tafel 2.9. Potenzgesetz der Geschwindigkeitsverteilung (hydraulisch glattes Rohr)

Re	$4 \cdot 10^3$	$6 \cdot 10^4$	$3 \cdot 10^5$	$1,2 \cdot 10^6$	$3 \cdot 10^6$
n	$\frac{1}{6}$	$\frac{1}{7}$	$\frac{1}{8}$	$\frac{1}{9}$	$\frac{1}{10}$
$\frac{\bar{v}}{v_{max}}$	0,791	0,817	0,837	0,853	0,866
ξ	1,077	1,058	1,046	1,037	1,031

Tafel 2.10. Potenzgesetz der Geschwindigkeitsverteilung (hydaulisch rauhes Rohr)

$\frac{d}{k}$	30	80	250
n	$\frac{1}{4}$	$\frac{1}{5}$	$\frac{1}{6}$
$\frac{\bar{v}}{v_{max}}$	0,709	0,760	0,791
ξ	1,159	1,106	1,077

oder

$$\frac{\bar{v}}{v^*} \sim \left(\frac{d\,v^*}{\nu}\right)^{1/7}.$$

Beachtet man, daß

$$v^* = \sqrt{\frac{\tau_w}{\varrho}} \quad \text{und} \quad \tau_w \sim \lambda \varrho \bar{v}^2$$

gilt, so folgt

$$\lambda \sim \left(\frac{\bar{v}d}{\nu}\right)^{-1/4}.$$

Das entspricht dem Widerstandsgesetz nach *Blasius*:

$$\lambda = 0{,}3164\,Re^{-1/4}\,, \tag{2.89}$$

gültig entsprechend dem 1/7-Gesetz für das hydraulisch glatte Rohr im Bereich $Re < 10^5$. Die Verallgemeinerung erfordert, wie schon beim Geschwindigkeitsprofil, die Beachtung der Zurückdrängung des Reibungseinflusses mit wachsender Reynolds-Zahl sowie des Rauhigkeitseinflusses.

Für das hydraulisch glatte Rohr wird dies durch die bekannte Gleichung von *Nikuradse* oder das sog. universelle Widerstandsgesetz nach *Prandtl* erfaßt (Tafel 2.11).

Beim rauhen Rohr wirkt sich die Größe der Rauhigkeit im Vergleich zur Dicke der laminaren Unterschicht bzw. des Übergangsbereichs entscheidend aus. Damit wird die Anbindung der Strömung vorwiegend über τ_{lam} oder t_{turb} an die Rohrwandung bestimmt. Eine Entscheidung ist über die angegebenen Bereiche nach Gl. (2.83) möglich.

Tafel 2.11. Widerstandsgesetze der turbulenten Rohrströmung

Widerstandsgesetze	Gültigkeitsbereich
1. Hydraulisch glattes Rohr	
1.1. Nach *Blasius*	
$\quad \lambda = 0{,}3164\,Re^{-1/4}$	$2300 < Re < 10^5$
1.2. Nach *Nikuradse*	
$\quad \lambda = 0{,}0032 + 0{,}221\,Re^{-0{,}237}$	$Re > 10^5$
1.3. Nach *Prandtl*	
$\quad$ (universelles Widerstandsgesetz)	
$\quad \dfrac{1}{\sqrt{\lambda}} = 2\log(Re\sqrt{\lambda}) - 0{,}8)$	$Re > 2300$
2. Rauhes Rohr	
2.1. Nach *Colebrook–White*	
$\quad$ (Gesamtbereich)	
$\quad \dfrac{1}{\sqrt{\lambda}} = -2\log\left(\dfrac{2{,}51}{Re\sqrt{\lambda}} + \dfrac{k}{3{,}71d}\right)$	$Re > 2300$
2.2. Nach *Karman–Nikuradse*	
$\quad$ (hydraulisch rauh)	
$\quad \lambda = \dfrac{1}{\left(2\log\dfrac{d}{k} + 1{,}14\right)^2}$	$Re > 10^4 \dots 10^7$
3. Grenze zum hydraulisch rauhen Rohr	
$\quad \lambda = \left(\dfrac{200}{Re}\dfrac{d}{k}\right)^2$	$Re > 2300$

Bei

$$\frac{k v^*}{\nu} \ll 5$$

ist die Ankopplung über τ_{lam} gegeben. Mit der gegebenen Abhängigkeit $\tau_{\text{lam}} \sim \nu$ und dem Ansatz nach Gl. (2.50) $\Delta p_v \sim \lambda v^2$ muß sich $\lambda = f(Re)$ ergeben. Das ist der schon behandelte Fall des hydraulisch glatten Rohres.
Bei

$$5 \approx \frac{k v^*}{\nu} < 70$$

gewinnt τ_{turb} an Bedeutung; ein Einfluß von τ_{lam} besteht jedoch noch. Hieraus folgt

$$\lambda = f(Re, k/d).$$

Bei

$$\frac{k v^*}{\nu} > 70$$

wird der Einfluß des laminaren Anteils vernachlässigbar

$$\lambda = f(k/d).$$

Man hat somit bei der turbulenten Rohrströmung zu unterscheiden zwischen

– hydraulisch glattem Rohr,
– rauhem Rohr mit den Teilbereichen
  • Übergangsbereich,
  • hydraulisch rauh, auch sog. ausgebildete Rauhigkeitsströmung.

Die Systematisierung dieser Abhängigkeiten führte zu den in Tafel 2.11 angegebenen Widerstandsgesetzen. Die grafische Darstellung des Gesamtfelds bietet das Colebrook-Diagramm

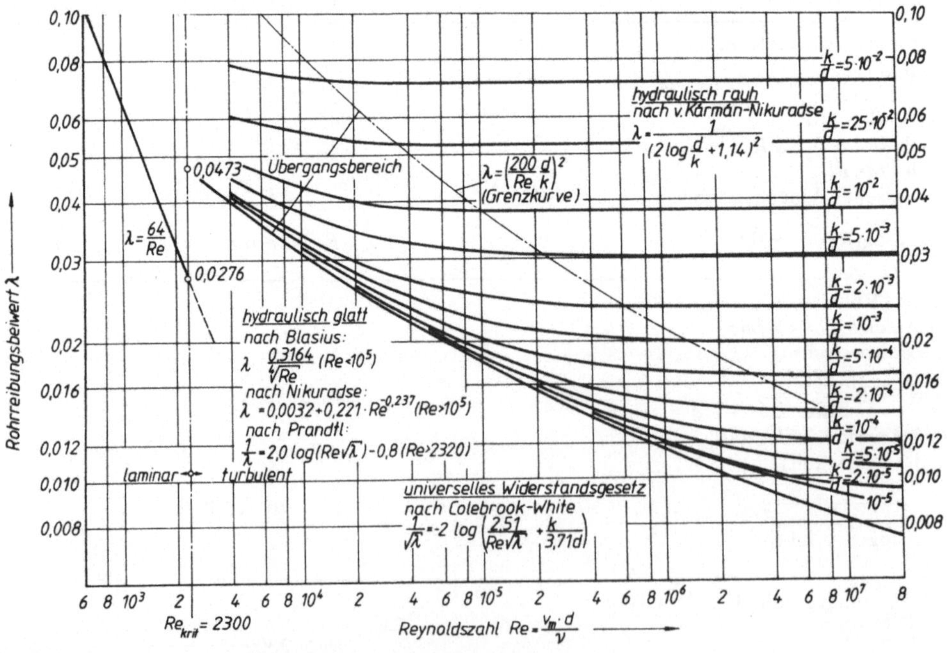

Bild 2.30. Rohrreibungsbeiwert λ (Colebrook-Diagramm)

Tafel 2.12. Rohrrauhigkeiten

Werkstoff, Rohrart	Zustand	Rauhigkeit k in mm
Cu, Ms, Al, Pb gezogen, gepreßt	neu, technisch glatt auch mit Überzügen aus Cu, Ni, Cr	bis 0,0015
Glas, Plaste	neu, technisch glatt	bis 0,0016
PE, PVC-h	neu	≈ 0,007
	gebraucht	≈ 0,03
Epoxidharz	glasfaserverstärkt	bis 0,029
Eternit	ungestrichen, neu	0,025 ... 0,1
Stahlrohr	typische Walzhaut	0,02 ... 0,06
– nahtlos	gebeizt	0,03 ... 0,04
– gewalzt	bituminiert	0,05 ... 0,06
– gezogen	verzinkt, handelsüblich	0,10 ... 0,16
	verzinkt, sauber	0,07 ... 0,10
Stahlrohr, Blech	typische Walzhaut, längsgeschweißt	0,04 ... 0,10
– geschweißt	bituminiert	0,02 ... 0,10
– neu	zementiert	≈ 0,18
Stahlrohre	gleichmäßige Rostnarben	0,15 ... 0,20
– gebraucht	mäßig korrodiert, geringe Ablagerungen	0,15 ... 0,40
	leichte Verkrustung	≈ 1,5
	starke Verkrustung	2 ... 4
	Heißdampf- u. Heißwasserleitung	0,2 ... 0,4
	Warmwasser- u. Sattdampfleitung	≈ 0,2
	Druckluftleitung	0,2 ... 0,8
	Kondensatleitung	≈ 1
	Wasserleitung	0,4 ... 1,5
	Ferngasleitung	0,5 ... 1,1
Gußeiserne Rohre	neu, typische Gußhaut	0,2 ... 0,6
	neu, bituminiert	0,10 ... 0,15
	gebraucht, angerostet	1 ... 1,5
	stark gerostet	≈ 4,5
	verkrustet	1,5 ... 4
Betonrohre	neu, Glattstrich	0,3 ... 0,8
	neu, rauh	1 ... 3
	neu, Rauhbeton	3 ... 9
	Stahlbeton, neu, geglättet	0,10 ... 0,15
	Schleuderbeton, neu geglättet	0,10 ... 0,15
	glatt verputzt, mehrjährig Betrieb	0,2 ... 0,3
Asbestzement	neu, glatt	0,03 ... 0,10
Tonrohre	neu, gebrannt	≈ 0,7

(Bild 2.30). Hierbei wurde im Unterschied zum Nikuradse-Diagramm von in der Praxis gegebenem Rauhigkeitsspektrum (die Rauhigkeit k stellt eine mittlere Rauhigkeit dar) ausgegangen. Orientierungswerte für derartige technische Rauhigkeiten sind in Tafel 2.12 angegeben.

2.2.3.3. Kompressible Rohrströmung

Die Druck- und Temperaturabhängigkeit der Dichte bei Gasen führt zu wesentlich unübersichtlicheren Verhältnissen.

So wird bei der praktischen Rohrleitungsberechnung zumeist mit Näherungslösungen gearbeitet. Eine Beurteilung derselben ist nur unter Bezug auf eine Analyse ohne Vernachlässigungen möglich. Die sich so ergebende Gesamtproblematik soll nachfolgend kurz umrissen werden.

Veränderungen gegenüber volumenbeständigen Medien ergeben sich vor allem durch die mit dem Reibungsdruckverlust verbundene Entspannung und die so zusätzlich auftretende Beschleunigung. Der Druckabfall längs des Rohres setzt sich also aus dem Druckverlust und dem durch die Beschleunigung bedingten Druckabfall zusammen. Beide sind miteinander gekoppelt.

Die Ausführungen zum Reibungsdruckverlust (s. Abschnitt 2.2.3.2.) ließen bezüglich der örtlichen Verhältnisse keinen entscheidenden Einfluß der Kompressibilität erkennen. Versuche und genauere Analysen bestätigen dies. Der örtliche Druckverlust kann somit über den Rohrreibungsbeiwert, mit Abhängigkeiten wie dargestellt, z. B. nach dem Colebrook-Diagramm, bestimmt werden:

$$\frac{d\,(\Delta p_{v,\,R})}{dl} = \lambda\,\frac{1}{d}\,\frac{\varrho}{2}\,v^2 \tag{2.90}$$

Die auftretende Dichteänderung und die somit auch erforderliche Beachtung der Temperaturänderung lassen eine Lösung des Problems nur zu, wenn nun

- neben der Bewegungs- und Kontinuitätsgleichung
- auch die Gasgleichung und Energiegleichung, ggf. eine Aussage über die Zustandsänderung,

herangezogen werden.

Wir können uns dabei auf die eindimensionale Behandlung beschränken. Wie schon ausgeführt, treffen für die Abhängigkeiten vom Radius die der inkompressiblen Strömung mit sehr guter Übereinstimmung zu.

Sie sind somit gleichermaßen Ausgangspunkt für die Beurteilung der Tragfähigkeit bzw. der Transportverhältnisse beim pneumatischen Transport.

Eine einfache Näherung ergibt sich für kleine Geschwindigkeiten. Bei hier möglicher Vernachlässigung des Beschleunigungsdruckabfalls und auch der Temperaturänderung lautet die Bewegungsgleichung [s. Gl. (2.32)]

$$dp + \tau_w\,\frac{U}{A}\,dl = 0$$

mit $$\tau_w = \frac{\lambda}{8}\,\varrho\,v^2,$$

$$dp = -\lambda\,\frac{dl}{d}\,\frac{\varrho}{2}\,v^2. \tag{2.91}$$

Wie zu ersehen, wurde auch der die Schwerkraftwirkung erfassende Term nicht berücksichtigt. Das ist bei Gasen im Vergleich zu den anderen Wirkungen bzw. Kräften i. allg. möglich. Gl. (2.91) läßt sich unter Heranziehung der Kontinuitätsgleichung

$$\varrho v A = \varrho_0 v_0 A, \qquad \text{also} \qquad v = v_0\,(\varrho_0/\varrho),$$

und des Boyle-Mariotteschen Gesetzes (T = konst.)

$$p/\varrho = p_0/\varrho_0$$

umformen in

$$p\,dp = -\lambda\,\frac{dl}{d}\,\frac{\varrho_0}{2}\,v_0^2 p_0.$$

Die Integration in den Grenzen
Weg: von 0 bis 1,
Druck: von p_0 bis p

liefert nach kurzer Umformung

$$p_0 - p = \Delta p_\mathrm{v} = p_0 \left[1 - \sqrt{1 - \lambda \frac{l}{d} \frac{\varrho_0}{p_0} v_0^2} \right]. \tag{2.92}$$

Diese Beziehung wird zumeist zur Berechnung der kompressiblen Rohrströmung herangezogen.

Die Ableitung läßt den Gültigkeitsbereich nicht erkennen. Der Fehler ist nur im Vergleich zur genaueren Lösung ermittelbar.

Exakte Lösungen werden in der Literatur, z. B. [2.1], vor allem für den isothermen und adiabaten Fall angegeben.

Dafür spricht:

- bei isothermer Rohrströmung: repräsentativ für Anlagen mit gutem Wärmeaustausch mit der Umgebung,
- bei adiabater Rohrströmung: zutreffend für Anlagen mit vernachlässigbarem Wärmeaustausch, also für wärmegedämmte Rohrleitungen oder auch Objekte geringer Länge.

Die umfassendere Beurteilung der Verhältnisse beim pneumatischen Transport, ebenso bezüglich der Durchströmung von Rohreinbauten, ermöglicht der adiabate Fall. Nachfolgend soll deshalb auf die reale, wärmedichte Rohrströmung eingegangen werden.

Für das gerade Rohr konstanten Querschnitts gilt

- die Bewegungsgleichung, bei eindimensionaler Betrachtung die Euler-Gleichung [s. Gl. (2.32) und Gl. (2.91.)]:

$$\varrho v \, dv + dp + \lambda \frac{dl}{d} \frac{\varrho}{2} v^2 = 0, \tag{2.93}$$

- die Kontinuitiätsgleichung [s. Gl. (2.41)]

$$\dot{m} = \varrho v A \quad \text{oder hier} \quad \varrho v = \text{konst.}, \tag{2.94}$$

- die Zustandsgleichung oder Gasgleichung [s. Gl. (2.43)]

$$p/\varrho = RT \tag{2.95}$$

- die Energiegleichung [s. Gl. (2.38)]

$$\frac{v^2}{2} + h = \text{konst.} = h_\mathrm{R}. \tag{2.96}$$

Zur Ableitung der zutreffenden Gesetzmäßigkeiten ist es zweckmäßig, sich vor allem auf die Mach-Zahl zu beziehen:

$$M = \frac{v}{a} \quad \text{mit} \quad a = \sqrt{\varkappa RT.} \tag{2.97}$$

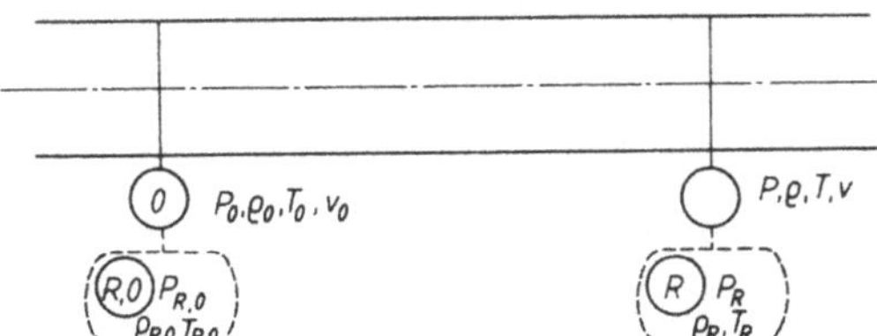

Bild 2.31. Zustandsgrößen, Begriff des Ruhezustands

Außerdem ist zwischen örtlichem Zustand im Rohr und den zugehörigen Ruhewerten zu unterscheiden (Bild 2.31). Der jeweilig zuzuordnende Ruhestand ist auch als Druckkesselzustand auffaßbar (reibungsfreie, also isentrope Umrechnung auf den Zustand gleicher Energie bei $v = 0$ [2.29]).

Die Lösung des Problems ist über die Substitution aller Zustandsgrößen in der Bewegungs-gleichung, Gl. (2.93) durch die Mach-Zahl möglich. Man erhält

$$\frac{\mathrm{d}v}{v} + \frac{1}{\varkappa M^2}\,\frac{\mathrm{d}p}{p} + \frac{1}{2}\lambda\,\frac{\mathrm{d}l}{d} = 0 \tag{2.98}$$

und weiter mit Gl. (2.94), Gl. (2.95) und Gl. (2.96):

$$\lambda\,\frac{\mathrm{d}l}{d} = \frac{1 - M^2}{1 + \dfrac{\varkappa - 1}{2}\,M^2}\,\frac{2}{\varkappa M^3}\,\mathrm{d}M. \tag{2.99}$$

Die Gleichung läßt erkennen, daß eine Geschwindigkeitszunahme (positives $\mathrm{d}M$) entlang des Weges (positives $\mathrm{d}l$) nur im Unterschallbereich $(1 - M^2 \geqq 0)$ bis $M = 1$ möglich ist. Der Grenz- bzw. Maximalwert für die mit Unterschallgeschwindigkeit durchströmte Rohrleitung, $M = 1$, bietet sich als Bezugswert an.
Die Integration von Gl. (2.99) in den entsprechend gewählten Grenzen

Weg: von 0 bis l,
Mach-Zahl: von 1 bis M

liefert endgültig

$$-\lambda\,\frac{l}{d} = \frac{1}{\varkappa}\left(\frac{1}{M^2} - 1\right) - \frac{\varkappa + 1}{2\varkappa}\ln\left[1 + \frac{2}{\varkappa + 1}\left(\frac{1}{M^2} - 1\right)\right]. \tag{2.100}$$

Eine explizite Schreibweise $M = f(l)$ ist nicht möglich; Bild 2.32 zeigt den Verlauf. Bei gegebe-ner Mach-Zahl M_0 am Rohrleitungsanfang ist das zugehörige l_0 im Diagramm festgelegt und der weitere Verlauf der Mach-Zahl M entlang der Rohrleitung bestimmbar [Fortschreiten um $\lambda\,(l/d)$]. Mit der Kenntnis des Mach-Zahl-Verlaufs sind nun Temperatur-, Druck-, Dichte- und Geschwindigkeitsverlauf leicht zu ermitteln. Es gilt (s. auch Bild 2.33)

$$\frac{T}{T_0} = \frac{2 + (\varkappa - 1)\,M_0^2}{2 + (\varkappa - 1)\,M^2} \tag{2.101}$$

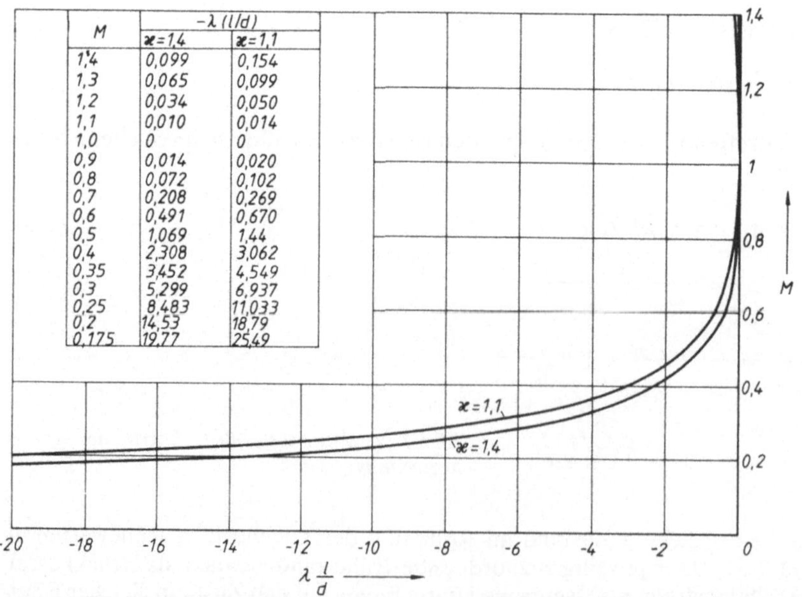

M	$-\lambda\,(l/d)$	
	$\varkappa = 1{,}4$	$\varkappa = 1{,}1$
1,4	0,099	0,154
1,3	0,065	0,099
1,2	0,034	0,050
1,1	0,010	0,014
1,0	0	0
0,9	0,014	0,020
0,8	0,072	0,102
0,7	0,208	0,269
0,6	0,491	0,670
0,5	1,069	1,44
0,4	2,308	3,062
0,35	3,452	4,549
0,3	5,299	6,937
0,25	8,483	11,033
0,2	14,53	18,79
0,175	19,77	25,49

Bild 2.32. Gasströmung im Rohr konstanten Querschnitts, Mach-Zahl-Verlauf (adiabat)

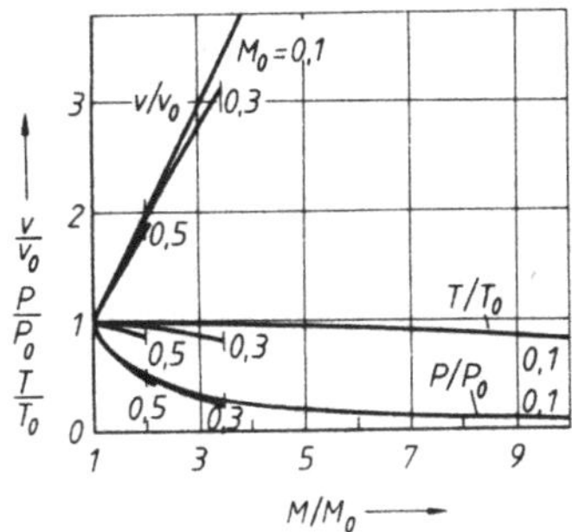

Bild 2.33. Adiabate Rohrströmung, Zustandsgrößen in Abhängigkeit von der Mach-Zahl

aus
$$\frac{v^2}{2} + c_p T = c_p T_R$$

$$\frac{T}{T_R} = \frac{T}{\dfrac{v^2}{2c_p} + T} = \frac{1}{1 + \dfrac{\varkappa - 1}{2} M^2} ,$$

$$\frac{p}{p_0} = \frac{M_0}{M} \sqrt{\frac{T}{T_0}} \tag{2.102}$$

aus
$$p = \varrho RT$$
$$\varrho v = \varrho_0 v_0 = \text{konst.},$$

$$\frac{\varrho}{\varrho_0} = \frac{M_0}{M} \sqrt{\frac{T_0}{T}} \tag{2.103}$$

aus
$$p = \varrho RT$$

$$\frac{v}{v_0} = \frac{M}{M_0} \sqrt{\frac{T}{T_0}} \tag{2.104}$$

aus
$$\varrho v = \varrho_0 v_0 .$$

Die Gleichungen (2.102) bis (2.104) liefern ebenfalls die entsprechenden Proportionen für den isothermen Fall, wenn $T = T_0$ gesetzt wird. Auch die angegebene Näherung paßt sich zwangsläufig ein. Gl. (2.92) läßt sich schreiben:

$$\frac{p}{p_0} = \sqrt{1 - \lambda \frac{l}{d} \varkappa M_0^2} = \frac{M_0}{M} . \tag{2.105}$$

Eine Gesamtübersicht bietet die Darstellung der Verhältnisse im Entropie-Enthalpie-Diagramm:
Die Rohrreibung produziert Wärme

$$dq_R = \lambda \frac{dl}{d} \frac{v^2}{2} . \tag{2.106}$$

Die entsprechende Entropieerhöhung beträgt

$$ds = \frac{dq_R}{T} . \tag{2.107}$$

Unter Beachtung des Ersten Hauptsatzes der Thermodynamik [s. Gl. (2.39)] erhält man

$$ds\, T = dq_\mathrm{R} = du + p\,db$$
$$= dh - b\,dp$$

und weiter

$$ds = \frac{c_\mathrm{v} dT}{T} + \frac{p\,db}{T}$$

mit

$$\frac{p}{T} = \frac{R}{b}; \quad R = (\varkappa - 1)\,c_\mathrm{v},$$

$$ds = c_\mathrm{v}\,\frac{dT}{T} + c_\mathrm{v}\,(\varkappa - 1)\,\frac{db}{b}\,.$$

Die Integration liefert

$$\frac{s - s_0}{c_\mathrm{v}} = \ln\frac{T}{T_0} - (\varkappa - 1)\ln\frac{\varrho}{\varrho_0} \tag{2.108}$$

oder auch (mit $dq_\mathrm{r} = dh - b\,dp$)

$$\frac{s - s_0}{c_\mathrm{v}} = \varkappa \ln\frac{T}{T_0} - (\varkappa - 1)\ln\frac{p}{p_0}\,. \tag{2.109}$$

Mit Hilfe von Gl. (2.109) erhält man eine umfassende Aussage zum „Energieverlust", zur Drosselung. Nach dem Energiesatz [s. Gl. (2.69)] muß beim wärmedichten System

$$T = T_\mathrm{R} = \mathrm{konst.}$$

sein. Bezüglich des Ruhedruckverlustes folgt damit nach Gl. (2.109)

$$\frac{p_\mathrm{R}}{p_{\mathrm{R},1}} = e^{-\frac{\Delta s}{R}},$$

auch als Drosselfaktor bezeichnet.

Gl. (2.108) läßt sich leicht in die gewünschte Form $h = f(s)$ umformen. Mit $\varrho/\varrho_0 = v_0/v$ für das Rohr konstanten Querschnitts und

$$v = \sqrt{2\,(h_\mathrm{R} - h)}$$

nach Gl. (2.96) erhält man

$$\frac{s - s_0}{c_\mathrm{v}} = \ln\frac{h/h_\mathrm{R}}{h_0/h_\mathrm{R}} + \frac{\varkappa - 1}{2}\ln\frac{1 - h/h_\mathrm{R}}{1 - h_0/h_\mathrm{R}}\,. \tag{2.110}$$

Die grafische Darstellung führt zum gesuchten s-h-Diagramm (Bild 2.34). Eingetragen sind Linien konstanter Stromdichte, also die möglichen Zustandskurven des Rohres. Nach Gl. (2.109) lassen sich Kurven konstanten Druckabfalls vom jeweils zuzuordnenden Druck p_0 und allgemein von $p_{\mathrm{R},0}$ angeben. Die Abszisse ist zusätzlich als Drosselfaktorkoordinate und die Ordinate nach Gl. (2.101) als Mach-Zahl-Koordinate interpretierbar.

Der Zustandsverlauf entlang des Rohres ergibt sich vom zuzuordnenden Ausgangspunkt auf der Ordinate entlang der eingetragenen Linien für $A = \mathrm{konst.}$ Der jeweilige Ruhezustand (s. Bild 2.31) folgt über die Parallele zur Ordinate ($\Delta s = 0$) bei $h/h_\mathrm{R} = 1$. Die eingeführte Auffassung des Ausgangszustands auf der Ordinate wurde für die dimensionslose Darstellung auch der $A = \mathrm{konst.}$- bzw. $\varrho v = \mathrm{konst.}$-Linien (sog. Fanno-Kurven) genutzt, es wird auf die „Kritische Stromdichte" $(\varrho_0 v_0)_\mathrm{cr}$ bezogen. Bei isentroper Entspannung vom Ausgangszustand ($p_{\mathrm{R},0}$ bzw. $h_{\mathrm{R},0}$) gelangt man mit zunehmender Geschwindigkeit oder abnehmendem Druck über die bekannte Gleichung nach *Saint Vernant* und *Wantzel* [2.32]

$$v_0^2 = \frac{2\varkappa}{\varkappa - 1}\,\frac{p_{\mathrm{R},0}}{\varrho_{\mathrm{R},0}}\left[1 - \left(\frac{p_0}{p_{\mathrm{R},0}}\right)^{\frac{\varkappa - 1}{\varkappa}}\right] \tag{2.111}$$

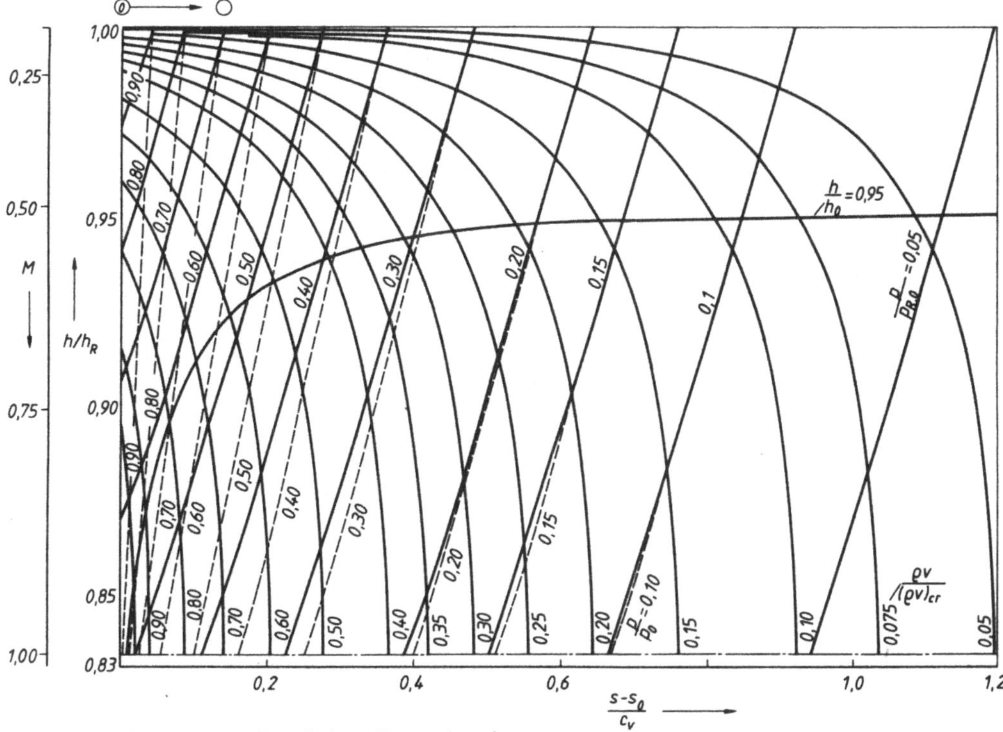

Bild 2.34. *s-h-Diagramm für adiabate Zustandsänderung*

schließlich zum Punkt größter Stromdichte, dem kritischen Punkt, dem Zustand $v = a$:

$$(\varrho_0 v_0)_{cr} = \sqrt{2 p_{R,0} \varrho_{R,0}} \; \sqrt{\frac{\varkappa}{2}\left(\frac{2}{\varkappa+1}\right)^{\frac{\varkappa+1}{\varkappa-1}}} \, , \tag{2.112}$$

$$\frac{p_{cr}}{p_R} = \left(\frac{2}{\varkappa+1}\right)^{\frac{\varkappa}{\varkappa-1}} ; \quad \frac{h_{cr}}{h_R} = \frac{2}{\varkappa+1} \, . \tag{2.113}$$

Mit Gl. (2.111) und Gl. (2.112) gilt dann

$$\frac{\varrho_0 v_0}{(\varrho_0 v_0)_{cr}} = \frac{A_{0,cr}}{A_0} = \frac{\psi_0}{\psi_{max}} \tag{2.114}$$

mit

$$\psi_0 = \sqrt{\frac{\varkappa}{\varkappa-1}\left[\left(\frac{p_0}{p_{R,0}}\right)^{2/\varkappa} - \left(\frac{p_0}{p_{R,0}}\right)^{\frac{\varkappa+1}{\varkappa}}\right]} \, ,$$

$$\psi_{max} = \sqrt{\frac{\varkappa}{2}\left(\frac{2}{\varkappa+1}\right)^{\frac{\varkappa+1}{\varkappa-1}}} \, .$$

Bild 2.34 läßt erkennen, daß für kleine Anfangsgeschwindigkeiten ($M_0 \ll 1$) ein beträchtlicher Druckabfall möglich ist, bevor eine merkliche Temperaturänderung oder Geschwindigkeitszunahme zu verzeichnen ist. Für diesen Bereich ist die Näherung nach Gl. (2.92) gerechtfertigt. Bild 2.35 verdeutlicht in expliziter Darstellung die Verhältnisse in Abhängigkeit von der Ausgangs-Mach-Zahl.

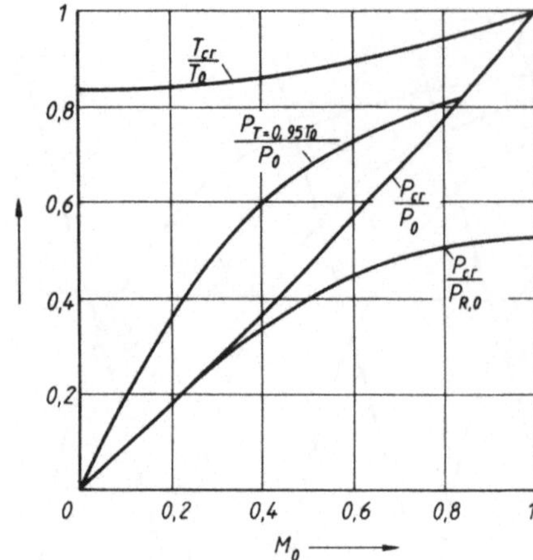

Bild 2.35. Adiabate Rohrströmung, Grenzwert in Abhängigkeit vom Ausgangszustand M_0

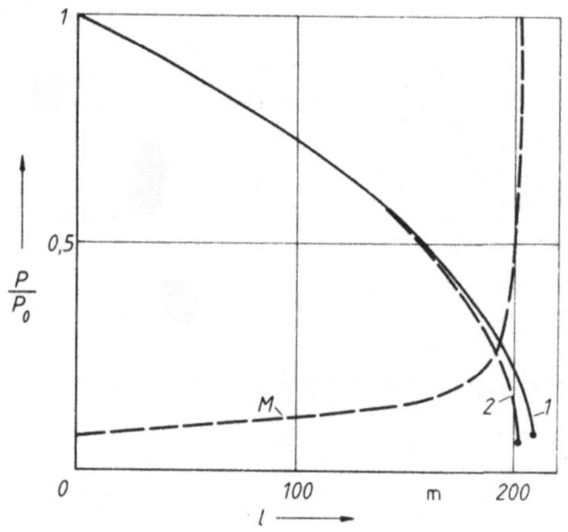

Bild 2.36. Druckverlauf entlang einer Saugluftleitung

1 nach Näherung, Gl. (2.92); *2* adiabate Berechnung, Gl. (2.102)

Für ein Beispiel des Saugluftbetriebs

$$p_{R,0} = 10^5 \, \text{Pa} \quad \text{und} \quad M_0 = 0{,}075,$$

$$T_{R,0} = 288 \, \text{K}, \text{damit} \quad v_0 = 25{,}5 \, \text{m/s}; p_0 = 9{,}92 \cdot 10^4 \, \text{Pa}$$

zeigt Bild 2.36 den Druckverlauf entlang der Rohrleitung (DN 50). Es bestätigt sich:

– Bei großer Ausgangs-Mach-Zahl wird $M = 1$ auf kurzem Abschnitt $\lambda(l/d)$ erreicht (s. Bild 2.32); dies ist mit einem großen Druckgradienten verbunden.
– Bei kleiner Ausgangs-Mach-Zahl ist ein beträchtlicher Druckabfall möglich, bevor sich die Temperatur um mehr als 5 % ändert (s. Bild 2.35).
– Erst bei Mach-Zahlen größer als etwa 0,2 ist die näherungsweise Berechnung mit größeren Fehlern behaftet.

Bei Ausgangs-Mach-Zahlen kleiner als 0,2 und einem Druckverhältnis p/p_0 größer als 0,4 kann auf eine exakte Berechnung verzichtet werden.
Luftleitungen entsprechen i. allg. diesen Forderungen. Beim pneumatischen Transport kann jedoch aufgrund der größeren Reibung, erfaßt durch einen modifizierten Rohrreibungsbeiwert λ, dieser Bereich schnell überschritten werden.
Mit Bild 2.34 ist die Möglichkeit der Überprüfung gegeben, ab wann mit der beim pneumatischen Transport üblichen näherungsweisen isothermen Berechnung bei Vernachlässigung des

Beschleunigungsgliedes größere Abweichungen zu erwarten sind. Die Existenz der Grenze $M = 1$ und der beträchtliche Druckabfall im Bereich $M > 0,5$ beschränken überhaupt die Länge der in Ansatz zu bringenden Transportstrecke. Bild 2.34 ermöglicht so auch die Abschätzung der zulässigen Transportentfernung.

2.2.3.4. Rohreinbauten

Unter Rohreinbauten sind konstruktiv, anlagentechnisch oder funktionell bedingte Bauteile zu verstehen, die örtlich einen vom geraden Rohr abweichenden Widerstand bewirken. Es sind dies im wesentlichen Bauelemente zur

- Rohrverbindung: Flansche,
- Richtungsänderung: Bögen bzw. Krümmer,
- Querschnittsänderung: Erweiterungen und Einschnürungen,
- Stoffstromverzweigung und -vereinigung: T-Stücke u. ä.,
- Stoffstrombeeinflussung: Rohrleitungsarmaturen,
- Stoffstromaufnahme: Ansaugelemente u. ä.

Beim hydraulischen und pneumatischen Transport ist ihr Einsatz möglichst zu minimieren. Insbesondere folgende Gründe sprechen gegen ihre Verwendung:

- Die Durch- und ggf. auch die Umströmung der Elemente ist mit Übergeschwindigkeiten und Entmischungserscheinungen verbunden, die zu erhöhtem Verschleiß führen.
- Die Stabilität der Bewegung des Zweiphasengemisches kann gestört werden; hierdurch kann es zu Absetzungserscheinungen bis hin zu Verstopfungen kommen.

Damit verlieren auch die Armaturen ihre sonst überragende Bedeutung zur Stoffstromregelung. Diese Aufgabe ist, soweit erforderlich, vor allem von der Feststoffeinbringung (der Dosierung) zu übernehmen.

Von Bedeutung sind beim Feststofftransport die nicht zu umgehenden Rohrverbindungen und Rohrbögen. Ebenso trifft dies auf Absperrarmaturen zu; sie sollten jedoch so ausgewählt werden, daß in Offenstellung möglichst keine Abweichung vom freien Rohrquerschnitt gegeben ist.

Der Widerstand bzw. Druckverlust solcher Bauteile wird i. allg. experimentell bestimmt. Unter Heranziehung der Ähnlichkeitstheorie werden verallgemeinerungsfähige Kennwerte angegeben:

- Hinsichtlich der geometrischen Ähnlichkeit bestehen allgemein keine Unklarheiten der notwendigen Zuordnung zur jeweiligen Konstruktion. Unberücksichtigt bleibt oft, daß die experimentelle Ermittlung auch normierte Einbaubedingungen erfordert. So gelten die Beiwerte für den Einbau in das gerade Rohr. Bei unmittelbarer Reihenschaltung können durch die Wechselwirkung Fehler auftreten.
- Bezüglich der physikalischen Ähnlichkeit wird die inkompressible turbulente Strömung zugrunde gelegt.

Bei Beachtung dieser Bedingungen ist dann eine universelle Gültigkeit in diesem Bereich gegeben.

Ausgehend von der Euler-Zahl erfolgt die Definition des Druckverlustbeiwerts zu

$$\zeta = \frac{\Delta p_v}{(\varrho/2)\, v^2}\,. \tag{2.115}$$

Als Bezugsgeschwindigkeit wird, wenn nicht anders angegeben, die Zuströmgeschwindigkeit genutzt.

Druckverlustbeiwert von Rohrleitungsbögen

Unter den vorgenannten Bedingungen interessiert die Abhängigkeit des Druckverlustbeiwerts von der konstruktiven Ausführung. Bei den vor allem in Frage kommenden Glattrohrbögen betrifft dies den Umlenkungswinkel β und den Krümmungsradius r_m/d. Da reibungsbedingte Strömungsablösungen von der Wand auftreten, haben zusätzlich Reynolds-Zahl und Wandrauhigkeit einen großen Einfluß. Entscheidend ist auch die Länge der erfaßten Ablaufstrecke. Trotz der Einfachheit des Elements ergeben sich so nicht unbeträchtliche Widersprüche zwischen den von verschiedenen Autoren angegebenen Werten [2.25]. Zu beachten ist ggf. die Aufgliederung

$$\zeta_{ges} = \zeta_u + \zeta_L \quad \text{mit } \zeta_L = \lambda \, \frac{l_{Bo}}{d} \; ; \tag{2.116}$$

ζ_u Zusatzdruckverlust durch die Umlenkung.

Die zumeist weniger beachteten Einflüsse der Reynolds-Zahl und der Erfassung des Zusatzdruckverlustes in die Nachlaufstrecke hinein sind nach [2.48] (s. auch [2.25]) im Bild 2.37 verdeutlicht. Eine Orientierung für die Größe des Umlenk-Druckverlustbeiwerts ζ_u gibt die Gleichung [2.34]

$$\zeta_u = \frac{c_\beta c_{Re} c_k c_A}{\sqrt{r_m/d}}. \tag{2.117}$$

Die Einzelbeiwerte sind in Tafel 2.13 [2.13] angegeben. Der Gesamtdruckverlust ergibt sich dann unter zusätzlicher Beachtung von

$$\zeta_L = \frac{2\pi}{360} \, \frac{\beta r_m}{d} \, \lambda. \tag{2.118}$$

Im Bild 2.38 sind die Einzelwerte und der Gesamtdruckverlustbeiwert für einen 90°-Glattrohrbogen angegeben:

– ζ_u nach Gl. (2.117) ($c_{Re} = c_k = c_A = 1$),
– ζ_L nach Gl. (2.118) ($\lambda = 0,02$).

Tafel 2.13. Druckverlustbeiwert ξ_u für Krümmer

Umlenkbeiwert c_β

β	30°	45°	60°	90°	180°
c_β	0,10	0,135	0,17	0,21	0,24

Reynolds-Zahl-Beiwert c_{Re}

$3 \cdot 10^3 < Re < 10^5$	$c_{Re} = 20{,}2\,Re^{-0,25}$
$Re > 10^5$	$c_{Re} = 1$

Rauhigkeitsbeiwert c_k bei $Re > 4 \cdot 10^4$

$0 < \dfrac{k}{d} < 0{,}47\,Re^{-0,75}$	$c_k = 1$
$0{,}47\,Re^{-0,75} < \dfrac{k}{d} < 10^{-3}$	$c_k = 1 + \dfrac{k}{d} \cdot 10^3$
$\dfrac{k}{d} > 10^{-3}$	$c_k = 2$

Querschnittsformbeiwert c_A

Kreisquerschnitt	$c_A = 1$

Rechteckquerschnitt, mit $d = d_{gl} = (2hb)/(h + b)$

h/b	0,25	0,5	1	2	4
c_A	1,8	1,45	1	0,45	0,43

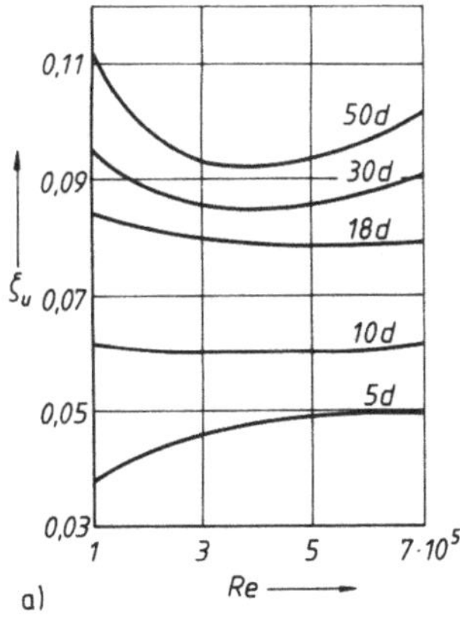

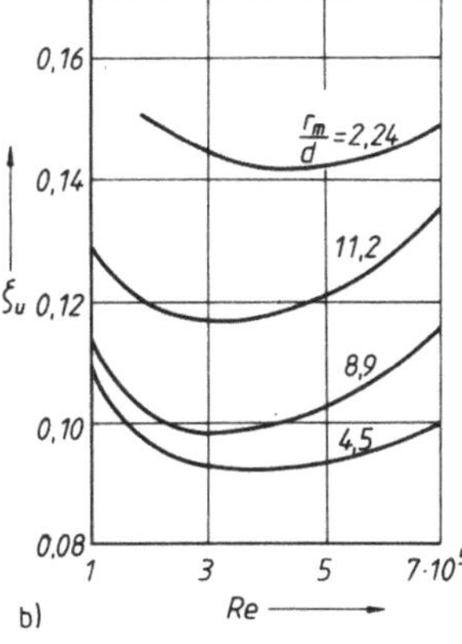

Bild 2.37. Druckverlustbeiwert von 90°-Krümmern

(Stahlrohr, $d = 94$ mm)
a) Einfluß der erfaßten Ablaufstrecke ($r_m/d = 4{,}5$);
b) Einfluß des Krümmungsverhältnisses ($l_{ab} = 50d$)

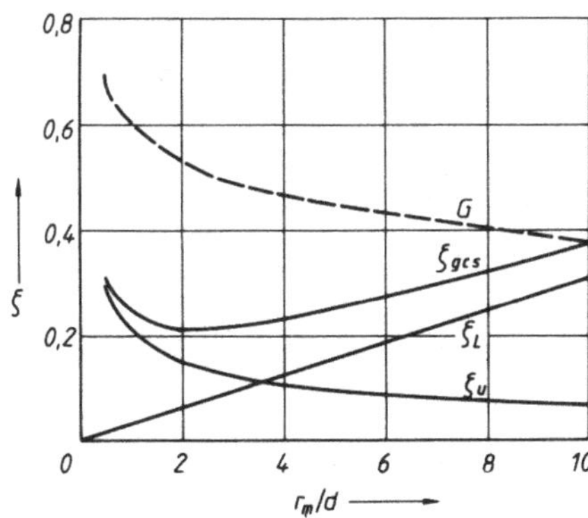

Bild 2.38. Druckverlustbeiwert eines 90°-Krümmers

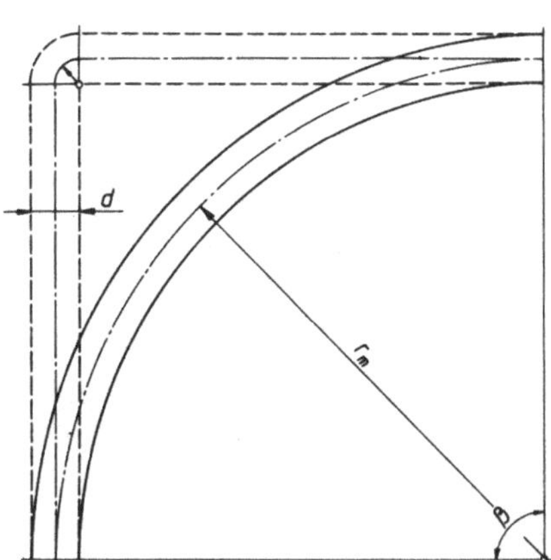

Bild 2.39. Rohrbogen, Vergleich bei unterschiedlichem r_m/d

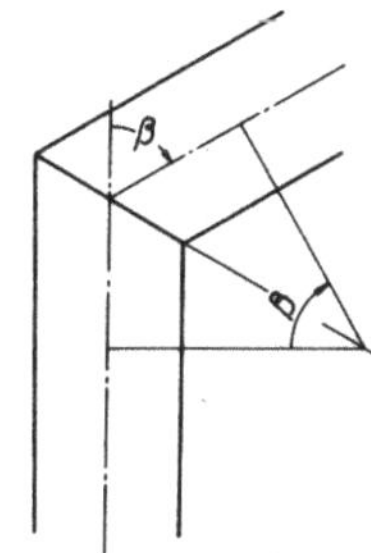

Bild 2.40. Kniestück

Der oftmals auf einer solchen Basis geführte Vergleich zur Bestimmung des Krümmers mit dem geringsten Druckverlust ist jedoch irreal. Bei kürzerem Krümmer muß zusätzlich die erforderliche Rohrstrecke für den gleichen Einbindungsort berücksichtigt werden (Bild 2.39). Der so zu ermittelnde vergleichbare Druckverlustbeiwert ist im Bild 2.38 als Kurve G eingetragen.

Für plötzliche Umlenkungen, Kniestücke (Bild 2.40), kann der Druckverlustbeiwert bestimmt werden nach [2.31]

für glattes Rohr:

$$\zeta = 0{,}946 \sin^2 \frac{\beta}{2} + 2{,}047 \sin^4 \frac{\beta}{2} , \tag{2.119}$$

für rauhes Rohr:

$$\zeta = 0{,}676 \cdot 10^{-4} \beta^{2{,}17}. \tag{2.120}$$

Hiermit ist gleichzeitig eine Orientierung für den Druckverlustbeiwert von Kugelgelenken gegeben. In gestreckter Stellung kann mit etwa $\zeta = 0{,}3$ gerechnet werden. Solche Elemente kommen vor allem im Zusammenhang mit Ansaugvorrichtungen zum Einsatz, die an ein vorgegebenes Depot anzupassen sind.

Druckverlustbeiwert für Rohrverbindungen

Die Berücksichtigung von Flanschverbindungen erfolgt mit

$$\zeta = 0{,}005 \ldots 0{,}01. \tag{2.121}$$

Bei sorgfältiger Ausführung, die beim Feststofftransport erforderlich ist, ist der kleinere Wert heranzuziehen.

Rohrerweiterungen und Verengungen

Bei Rohrerweiterungen (Bild 2.41) liegt bis zu einem Öffnungswinkel β von etwa 8° keine Ablösung der Strömung von der Wand vor. Derartige Elemente werden als Diffusor eingesetzt und zumeist durch den Wirkungsgrad hinsichtlich des Druckrückgewinns charakterisiert [2.4]. Für den ζ-Wert wird für diesen gesamten Bereich angegeben

$$\zeta \approx 0{,}2(1 - m)^2. \tag{2.122}$$

Ab Erweiterungswinkeln von $\beta = 25°$ tritt ausgeprägte beiderseitige Strömungsablösung auf. Der Druckverlust entspricht dem der plötzlichen Erweiterung:

$$\zeta = (1 - m)^2. \tag{2.123}$$

Für den Zwischenbereich wird zumeist ein näherungsweise linearer Übergang angegeben. Zur Abschätzung kann dementsprechend gerechnet werden mit

$$\zeta = (0{,}05\beta - 0{,}3)(1 - m)^2. \tag{2.124}$$

Rohrverengungen bewirken gegenüber Erweiterungen einen vergleichsweise geringen Druckverlust (Tafel 2.14) [2.25]. Bei solchen Düsen liegt eine beschleunigte Strömung vor, die in erster Näherung als reibungsfrei behandelt werden kann. Erst bei größeren Verengungswinkeln kommt es zur Ablösung an der Austrittskante; es tritt Strahlkontraktion ein

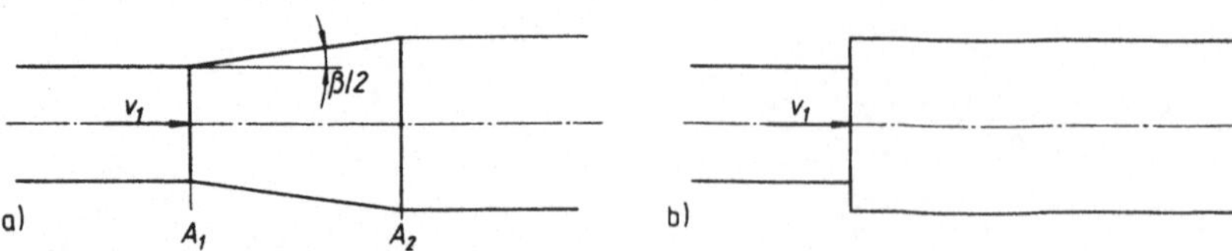

Bild 2.41. Rohrerweiterungen, $m = A_1/A_2$
a) Diffusor; b) plötzliche Erweiterung

Tafel 2.14. Druckverlustbeiwert von Rohrverengungen $\xi = am^2\lambda_{Rohr}$

d_1/d_2	$m = \dfrac{A_1}{A_2}$	$\beta = 4°$	$6°$	$8°$	$20°$
1,2	1,44	1,85	1,24	0,93	0,37
1,4	1,96	2,64	1,76	1,32	0,53
1,6	2,56	3,03	2,02	1,52	0,60
1,8	3,24	3,23	2,16	1,62	0,64
2,0	4,00	3,35	2,23	1,68	0,67

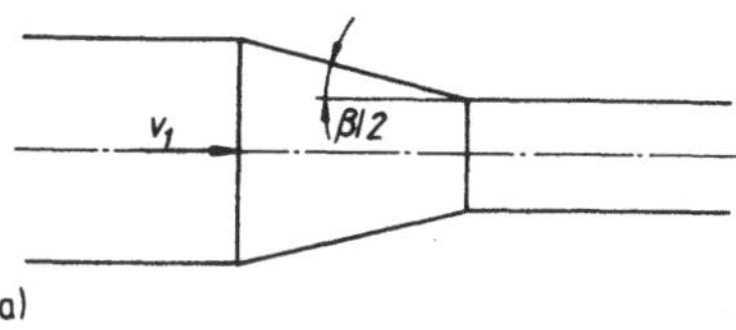
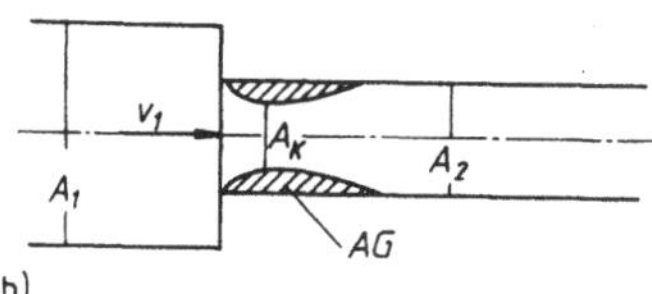

Bild 2.42. Rohrverengungen, $m = A_1/A_2$
a) Düse;
b) plötzliche Verengung
   $\alpha = A_K/A_2$
   AG Ablösegebiet

(Bild 2.42). Bei Kenntnis des Kontraktionskoeffizienten α kann der zugehörige Stoßverlust wie bei der plötzlichen Erweiterung berechnet werden:

$$\zeta = m^2 \left(\frac{1}{\alpha} - 1\right)^2. \tag{2.125}$$

Bei scharfkantiger Einschnürung gilt für den Kontraktionskoeffizienten [2.5]

$$\alpha = 0{,}57 + \frac{0{,}043}{1{,}1 - \dfrac{1}{m}}. \tag{2.126}$$

Rohrleitungsarmaturen

Es wurde schon darauf hingewiesen, daß sich eine Drosselregelung bei Feststofftransportanlagen aus Verschleiß- und Stabilitätsgründen verbietet. Erforderlich sind ggf. Absperrarmaturen für In- oder Außerbetriebnahmehandlungen. Hierfür kommen Konstruktionen, wie Schieber oder Kugelhähne, in Betracht, die in Offenstellung einen freien Durchgang aufweisen:

– Absperrschieber: $\zeta \approx 0{,}25$
                $\zeta \approx 0{,}15$ (mit Leitrohr),
– Kugelhahn: $\zeta \approx 0{,}05$.

Die für die jeweilige Konstruktion zutreffenden Druckverlustbeiwerte werden vom Hersteller bereitgestellt.

Ansaugelemente bzw. Saugköpfe

Oftmals ist der Feststoff unmittelbar von einer gegebenen Deponie aufzunehmen. Als einfachste Variante bietet sich hierfür der Saugkopf an [2.53]. Der Druckverlust solcher Elemente wird vor allem durch Strömungsablösungen im Bereich des Saugkopfeintritts bestimmt. Solche bilden sich stets bei scharfkantiger Ausführung aus.
Beim zylindrischen Rohr liegt der Druckverlustbeiwert bei etwa 0,4. Er sinkt bei einer Erweiterung des Öffnungsquerschnitts ($A_Ö > A_R$), mit zusätzlich guter Abrundung, bis auf etwa

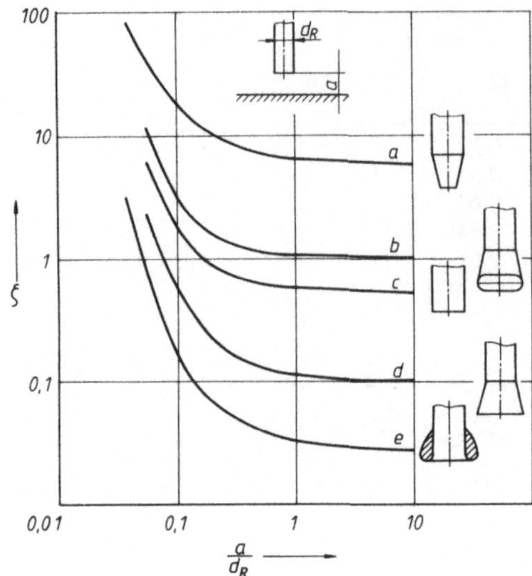

Bild 2.43. *Druckverlust verschiedener Saugkopfgrundformen*

a Düsenform; b ovaler Eintrittsquerschnitt;
c gerades Rohr; d Trichterform; e Birnenform

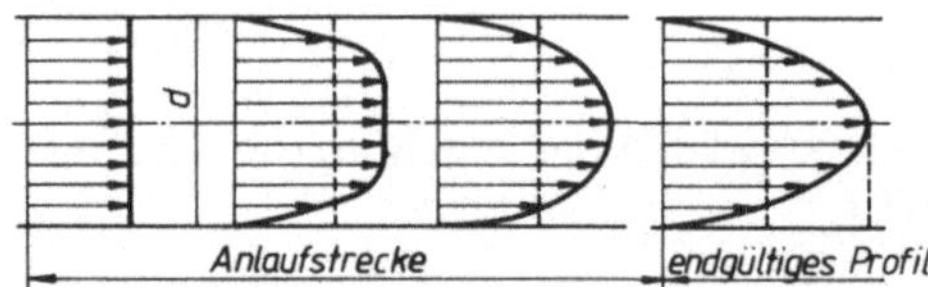

Bild 2.44. *Anlaufströmung, Entwicklung des Geschwindigkeitsprofils*

0,02 ab. Eine Einschnürung $(A_Ö < A_R)$ bewirkt dagegen einen Anstieg des Druckverlustbeiwerts. Außerdem von Bedeutung ist der Abstand von der Bodenoberfläche.

Für einige Grundformen veranschaulicht Bild 2.43 die Abhängigkeiten. Man sieht, daß der Druckverlust eines solchen Elements i. allg. gegenüber dem Gesamtanlagen-Druckverlust vernachlässigbar klein ist. Von Bedeutung kann er jedoch hinsichtlich einer möglichen Kavitationsgefahr im Saugbereich sein.

Anlauf- und Beruhigungsstrecken

Bei den vorstehend beschriebenen Einströmgestaltungen am Rohranfang wurden die sog. Zusatzdruckverluste behandelt. Jedoch selbst bei gut gerundetem Einlauf muß sich die Rohrströmung, wie sie in den Abschnitten 2.2.2. und 2.2.3. behandelt wurde, erst ausbilden. Dieser Bereich wird mit Anlaufstrecke, die Strömung mit Anlaufströmung bezeichnet (Bild 2.44). Durch gute Abrundung ist Ablösung am Eintritt vermeidbar [2.90]. Entsprechend der Bedingung $p \neq f(r)$ für die Rohrströmung und Druckabfall in das Rohr hinein bildet sich am Eintritt ein rechteckiges Geschwindigkeitsprofil aus. Die Haftbedingung an der Wand und der damit verbundene Geschwindigkeitsgradient führen infolge der Zähigkeit zu einer sich radial ausdehnenden Grenzschicht. Sie wächst schließlich in der Rohrmitte zusammen und führt so zur „ausgebildeten" Rohrströmung. Die Abbremsung des Randgebiets bedingt aus Kontinuitätsgründen eine Beschleunigung der Kernströmung. Es liegt also eine Wechselwirkung zwischen Trägheits- und Reibungskräften vor, zusätzlich stimuliert durch das Verhältnis der Durchsatzfläche zur bremsenden Fläche. Für die laminare Strömung erhält man so

$$l_A \sim Re \, \frac{A}{U} \, ,$$

$$l_A \approx 0{,}06 \, Re \, d. \tag{2.127}$$

Der Gesamtdruckabfall über die Anlaufstrecke ergibt sich aus der Summe der kinetischen

Energie am Ende des Bereichs und dem erhöhten Reibungsdruckverlust entlang der Anlaufstrecke zu

$$\Delta p = \xi \frac{\varrho}{2} v^2 + \frac{64}{Re} \frac{l_A}{d} \frac{\varrho}{2} v^2 + \zeta_A \frac{\varrho}{2} v^2. \tag{2.128}$$

Für newtonsche Flüssigkeiten gilt
$\xi = 2; \zeta_A = 0{,}25.$

Die Vorgänge bei der turbulenten Rohrströmung sind demgegenüber gekennzeichnet durch

- geringe Abhängigkeit von der Reynolds-Zahl,
- geringerer Anlaufverlust, da das sich ausbildende Geschwindigkeitsprofil weniger vom Rechteckprofil abweicht,
- kürzere Anlaufstrecke durch schnellere Umsetzung infolge der Turbulenz.

Als Richtwert für die Anlaufstrecke ist angebbar

$$l_A = 20 \ldots 40 \, (\ldots 50) \, d. \tag{2.129}$$

Die höheren Werte sind anzusetzen bei

- höheren Anforderungen bezüglich der gegebenen asymptotischen Annäherung an die ausgebildete Rohrströmung,
- niedrigen Reynolds-Zahlen ($Re = 10^3 \ldots 10^4$).

Hinsichtlich des Druckabfalls kann der Zusatzdruckverlust vernachlässigt werden; es gilt

$$\Delta p = \xi \frac{\varrho}{2} v^2 + \lambda \frac{l}{d} \frac{\varrho}{2} v^2. \tag{2.130}$$

Gleichermaßen wie im Anlaufbereich, muß sich auch nach Störstellen in der Rohrleitung (Krümmer, Querschnittsänderungen usw.) das Geschwindigkeitsprofil der ausgebildeten Rohrströmung stets wieder neu einstellen. Die Länge, hier als Beruhigungsstrecke bezeichnet, ist abhängig vom Grad der Störung. Zur Orientierung sind die Anlaufstrecken heranzuziehen.
Die vorstehenden Erläuterungen lassen erkennen, daß eine genaue hydraulische Berechnung mit größeren Schwierigkeiten verbunden ist. Abgesehen davon, daß bei der Anlagengestaltung kaum die erforderlichen Beruhigungsstrecken einordenbar sind und so zusätzliche Wechselwirkungen auftreten, sind z. T. die Kennwerte selbst mit Unsicherheiten behaftet. Es ergibt sich daraus, daß bei der Druckverlustberechnung wohl meist ein Fehler von 5 % überschritten wird und man mit einem Toleranzbereich von 10 % rechnen muß.

2.2.4. Stoffwerte

Für die Berechnung, besonders für die Bemessung von Transportanlagen, sind Quantifizierungen nur bei Kenntnis der heranzuziehenden Stoffwerte möglich. Auf einige solche für Feststofftransportanlagen spezifische Werte wurde schon hingewiesen. Dies ist zu ergänzen durch Stoffeigenschaften, die für die Einphasenströmung bedeutungsvoll sind.
So sind vor allem Orientierungen erforderlich für die Dichte, die Kompressibilität und die Zähigkeit.
Für inkompressible Medien, die Flüssigkeiten, ist die Abhängigkeit von der Temperatur vor allem hinsichtlich der Zähigkeit bekannt; näherungsweise gilt [2.14]

$$\lg \frac{\eta}{\eta_1} = \lg \frac{\eta_2}{\eta_1} \frac{\dfrac{1}{T} - \dfrac{1}{T_1}}{\dfrac{1}{T_2} - \dfrac{1}{T_1}}. \tag{2.131}$$

Die Viskosität nimmt mit zunehmender Temperatur ab (Bild 2.45).

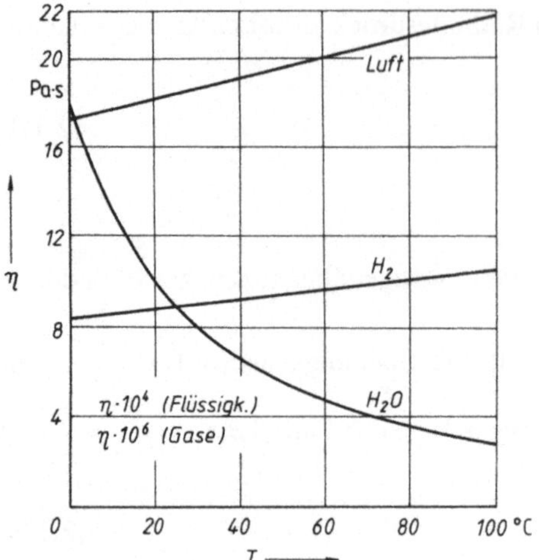

Bild 2.45. Dynamische Zähigkeit in Abhängigkeit von der Temperatur

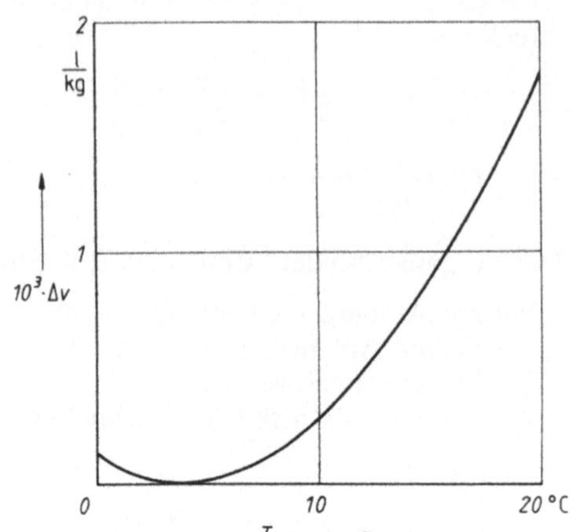

Bild 2.46. Ausdehnung von Wasser

Tafel 2.15. Stoffwerte für Wasser
(bei 0,1 MPa)

| T | ϱ | $\eta \cdot 10^5$ | $\chi \cdot 10^5$ |
°C	kg/m³	Pas	–
0	999,8	180	5,0
10	999,7	130	4,8
20	998,2	101	4,7
30	995,6	79,7	4,6
40	992,2	65,3	4,5
60	983,2	46,6	4,6
80	971,8	35,5	4,7
100	958,4	28,3	4,8

Tafel 2.16. Kinematische Viskosität
von Meerwasser

| T | $v \cdot 10^6$ m²/s | | | | |
°C					
	Salzgehalt in Masseprozent				
	0	1	2	3	4
0	1,80	1,80	1,81	1,82	1,83
10	1,30	1,32	1,33	1,35	1,36
20	1,01	1,02	1,03	1,04	1,06
30	0,80	0,82	0,83	0,84	0,85

Die Abhängigkeit der Dichte von der Temperatur ist gering. Bezüglich des spezifischen Volumens $\mathfrak{v}$ gilt

$$\mathfrak{v} = \mathfrak{v}_0 \left(1 + \alpha \Delta T\right). \tag{2.132}$$

Für Wasser hat z. B. die Raumausdehnungszahl α bei 18 °C einen Wert von 0,00019; α ist temperaturabhängig (s. auch Bild 2.46).
Die Abhängigkeit der dynamischen Zähigkeit η vom Druck ist bei Flüssigkeiten vernachlässigbar; sie steigt mit zunehmendem Druck etwas an. Auch die Abhängigkeit der Dichte vom Druck ist gering. Der Zusammenhang kann mit Hilfe des Kompressibilitätskoeffizienten χ erfaßt werden:

$$\chi = -\frac{\Delta \mathfrak{v}/\mathfrak{v}_0}{\Delta p/p_0}. \tag{2.133}$$

Für Wasser sind zur Orientierung Werte in Tafel 2.15 angegeben, (s. auch [2.3] [2.18] [2.35]). Auf den Einfluß von im Wasser gelösten Stoffen auf die Zähigkeit soll mit Tafel 2.16 am Beispiel des Meerwassers hingewiesen werden.
Bei Gasen ist generell die Abhängigkeit von der Temperatur und dem Druck zu beachten.

Tafel 2.17. Stoffwerte von Gasen (bei 0,1 MPa, 0 °C)

Stoff	Formel	Dichte	Sutherland-Konstante	Gaskonstante, spezifische	Spezifische Wärme	Verhältnis der spezifischen Wärmen	Zähigkeit, dynamische
		ϱ kg/m³	C	R J/kg · K	c_P J/kg · K	$\varkappa$ –	$\eta \cdot 10^5$ Pas
Luft	–	1,275	111	287	1002	1,40	1,72
Sauerstoff	O_2	1,409	125	260	914	1,40	1,92
Stickstoff	N_2	1,233	105	297	1037	1,40	1,65
Wasserstoff	H_2	0,089	86	4123	14235	1,41	0,84
Kohlendioxid	CO_2	1,938	254	188	819	1,30	1,38
Schwefeldioxid	SO_2	2,818	396	130	607	1,27	1,17

Die Kompression folgt sofort nach der Zustandsgleichung (s. Abschnitt 2.2.1.4.). Für die Abhängigkeit von der Temperatur erhält man für ideale Gase

$$\frac{\Delta v}{v_0} = \frac{\Delta T}{T_0}$$

und somit als Ausdehnungszahl $\alpha = 0{,}00366$.
Die dynamische Zähigkeit nimmt mit der Temperatur zu (s. auch Bild 2.45); vom Druck besteht im hier zu betrachtenden Bereich nur eine geringe Abhängigkeit.
Der Temperatureinfluß kann nach *Sutherland* erfaßt werden mit

$$\eta = \eta_0 \sqrt{\frac{T}{273,15} \cdot \frac{1 + C/273,15}{1 + C/T}} \; ; \tag{2.134}$$

C Sutherland-Konstante,
η_0 Zähigkeit bei 0 °C.

Für einige Gase sind in Tafel 2.17 die hier interessierenden Stoffwerte zusammengestellt. Für den beim pneumatischen Transport in Frage kommenden Parameterbereich können die zutreffenden Werte, ausgehend vom herangezogenen Bezugszustand (0 °C, 1 bar), danach mit ausreichender Genauigkeit berechnet werden.

2.3. Zweiphasenströmung

Ein ausgeprägtes Zweiphasensystem liegt beim Transport körnigen Materials vor. Dem sind die üblicherweise unter hydraulischem und pneumatischem Transport verstandenen Technologien zuzuordnen. Wir werden später noch sehen, daß bei sehr feinkörnigem Material quasi wieder auf eine Kontinuumsbetrachtung zurückgegangen werden kann.
Zur Berechnung und Bemessung der meisten Feststofftransportanlagen ist somit die Kenntnis der Bewegungsverhältnisse des Zweiphasensystems erforderlich. Hier kann nur bei geringer Beladung, im Bereich der Verschmutzung, mit ausreichender Genauigkeit auf die Gesetzmäßigkeiten der Einphasenströmung zurückgegriffen werden.
Mit zunehmendem Feststoffanteil ist der Einfluß auf den Druckverlust nicht mehr vernachlässigbar.
Hinzu kommt, daß bei kleinen Transportgeschwindigkeiten in den meisten Fällen eine stabile Förderung nicht mehr zu gewährleisten ist. Absetzerscheinungen können zur Verstopfung führen. Die Grenze ist durch die sog. kritische Geschwindigkeit gegeben. Man versteht hierunter

– die Geschwindigkeit, bei deren Unterschreitung stochastisch verteilte Ablagerungen, ggf. nur von einzelnen Teilchen, örtlich auftreten.

Verschiedentlich wird auch mit einer zweiten Grenze gearbeitet:

– Geschwindigkeit, bei der es zur Ausbildung eines stationären, stabilen Feststoffbetts an der Rohrsohle kommt.

Bei einer funktionstüchtigen Anlage muß also in Abhängigkeit von der Korngröße, dem Kornspektrum, der Konzentration, auch dem Rohrdurchmesser und aller weiterer Einflußparameter eine solche Geschwindigkeit eingehalten werden, die mit Sicherheit eine Verstopfung des Leitungssystems verhindert. Die zumeist wesentliche Wirkung der Schwerkraft führt dabei zu entscheidenden Unterschieden zwischen vertikaler und horizontaler Förderung:

– Vertikal abwärts ergeben sich offensichtlich keine Probleme.
– Vertikal aufwärts muß die Sink- bzw. Schwarmgeschwindigkeit übertroffen werden.
– Bei der horizontalen Leitung müssen die tragenden oder wiederaufwirbelnden Kräfte größer als die die Absetzung bewirkenden sein.

Ein universelles Berechnungsverfahren für das Gesamtfeld möglicher Parameter kann nicht erwartet werden. Wie schon bei der Einphasenströmung zu differenzieren war, so trifft dies hier in erweiterter Form zu. Vor allem in Abhängigkeit von der Art des Feststoffs ergeben sich unterschiedliche Bewegungsverhältnisse.
Andererseits ist für die Praxis auch nicht das Gesamtfeld relevant. Eine Wirtschaftlichkeitsanalyse zeigt, daß der Bereich

$$(1 \ldots 2)\, v_{\text{krit}}$$

für die Transportgeschwindigkeit und

$$c_T \Rightarrow c_{\text{Tmax}}$$

für die Konzentration vor allem interessant ist.
Von den Aufgabenstellungen her, dem Betrieb der Anlagen und der Art der Energieeinbringung bzw. Triebkrafterzeugung ergibt sich der im Bild 2.47 hervorgehobene Bereich. Nur bei hydraulischen Ferntransportanlagen wird bisher mit hohen Konzentrationen ($c_T \approx 30\,\%$) gearbeitet. Bei Anlagen für kürzere Strecken sind niedrigere Konzentrationen üblich ($c_T < 10\,\%$).

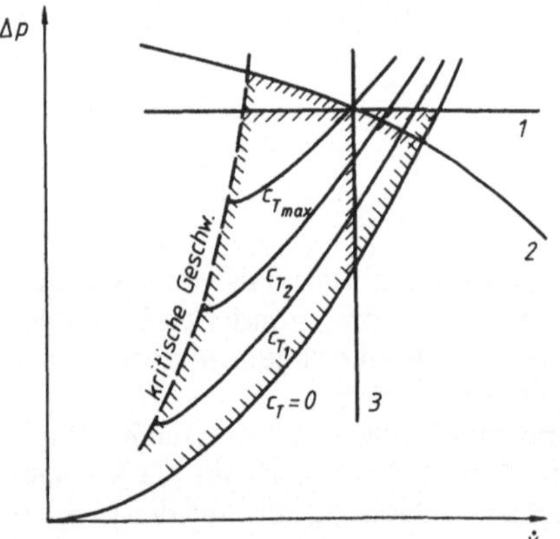

Bild 2.47. *Arbeitsbereich bei Feststofftransportanlagen (schematisch für den hydraulischen Transport von Mischungen)*
Begrenzung durch
1 konstante Triebkraft (Schwerkraftförderung); *2* Kreiselradmaschine; *3* Verdrängermaschine (Kolbenpumpe)

Beim pneumatischen Transport kommt die sog. Flugförderung ($c_T < 0{,}05$) zur Anwendung; auch hier bestehen Bemühungen um Erhöhung der Konzentration (Dichtstromförderung, $c_T \approx 0{,}15$).
Probleme der Feststoffeinbringung in die Rohrleitung, die Sorge vor Verstopfungen und auch die Unsicherheit der Vorausberechnung dürften als Gründe für die gegebenen Begrenzungen anzuführen sein.

2.3.1. Kennzeichnung, Definitionen

Bevor die Bewegungsverhältnisse und Berechnungsansätze erörtert werden können, ist es erforderlich, die zur Charakterisierung der Zweiphasenströmung notwendigen Begriffe und Beziehungen einzuführen.

Beim hydraulischen und pneumatischen Transport liegt kein isotroper bzw. homogener Stoff vor. Die Eigenschaften sind diskret auf Feststoff und fluiden Stoff verteilt. Auch die Geschwindigkeit der einzelnen Phasen ist unterschiedlich (Bild 2.48). Nur zum Studium der örtlichen Verhältnisse werden die Geschwindigkeiten des einzelnen Teilchens oder begrenzter Fluidbereiche betrachtet. Aussagen sind vor allem hinsichtlich der zeitlichen Mittelwerte er-

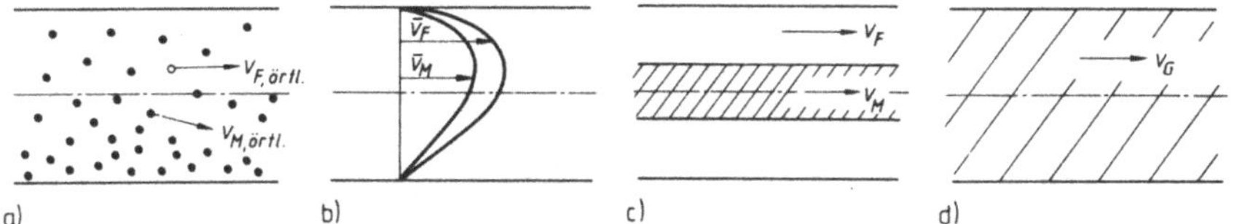

Bild 2.48. Geschwindigkeiten bei der Zweiphasenströmung
a) örtlich; b) zeitliche Mittelwerte; c) eindimensional, phasenbezogen; d) eindimensional

Tafel 2.18. Kennzeichnende Größen des Gemischtransports

Bezeichnung	Formelzeichen, Einheit		Definition, Zusammenhang
Fluidgeschwindigkeit	v_F	m/s	$\dot{V}_F/v_F = A_F$
Feststoffgeschindigkeit	v_M	m/s	$\dot{V}_M/v_M = A_M$
Gemischgeschwindigkeit	v_G	m/s	$v_G = \dfrac{\dot{V}_G}{A} = \dfrac{\dot{V}_F + \dot{V}_M}{A}$
Gemischdichte – raumbezogen	$\varrho_{G.R}$	kg/m³	$\varrho_{G.R} = \dfrac{A_M\varrho_M + A_F\varrho_F}{A}$ $= c_R(\varrho_M - \varrho_F) + \varrho_F$
– transportbezogen	$\varrho_{G.T}$	kg/m³	$\varrho_{G.T} = \dfrac{A_M\varrho_M v_M + A_F\varrho_F v_F}{A v_G}$ $= c_T(\varrho_M - \varrho_F) + \varrho_F$
Konzentration – volumetrisch – raumbezogen	c_R	–	$c_R = \dfrac{V_M}{V_G} = \dfrac{A_M}{A_G}$
– transportbezogen	c_T	–	$c_T = \dfrac{\dot{V}_M}{\dot{V}_G} = c_R \dfrac{v_M}{v_G}$
– massebezogen – raumbezogen	μ_R	–	$\mu_R = \dfrac{m_M}{m_G} = \dfrac{\varrho_M A_M}{\varrho_{G.R} A}$
– transportbezogen	μ_T	–	$\mu_T = \dfrac{\dot{m}_M}{\dot{m}_G} = \mu_R \dfrac{v_M}{v_G}$
Lückenvolumen, – relatives	ε	–	$\varepsilon = \dfrac{V_F}{V_G} = 1 - c_R$
Schlupf	s	–	$s = \dfrac{v_F - v_M}{v_F}$

Tafel 2.19. Beziehungen zwischen den kennzeichnenden Größen bzw. Parametern

---

Geschwindigkeiten

$$\frac{v_M}{v_G} = \frac{v_F}{v_G}(1-s) \qquad\qquad = \frac{v_M}{v_F}(1-c_T) + c_T$$

$$= 1 - s + c_T s \qquad\qquad = \frac{c_T}{c_R}$$

$$\frac{v_F}{v_G} = \frac{v_M}{v_G}\frac{1}{1-s} \qquad\qquad = \left(\frac{v_F}{v_M} - 1\right)c_T + 1$$

$$= 1 + \frac{c_T s}{1-s} \qquad\qquad = \frac{1-c_T}{1-c_R}$$

Konzentrationen

$$c_T = \frac{(1-s)c_R}{1-c_R s} \qquad\qquad \mu_T = \frac{c_T}{c_R + (1-c_R)\,\varrho_F/\varrho_M}$$

$$c_R = \frac{c_T}{1-s+c_T s} \qquad\qquad \mu_R = \frac{c_R}{c_R + (1-c_R)\,\varrho_F/\varrho_M}$$

Dichten

$$\varrho_{G,R} = \varepsilon\,\varrho_F + (1-\varepsilon)\,\varrho_M \qquad\qquad \varrho_{G,T} = c_T\,\varrho_M + (1-c_T)\,\varrho_F$$

Schlupf

$$s = \frac{c_R - c_T}{c_R(1-c_T)}$$

Lückenvolumen, relatives

$$\varepsilon = 1 - c_R$$

Massenstromverhältnis

$$\mu = \frac{\dot{m}_M}{\dot{m}_F} = \frac{\varrho_M}{\varrho_F}\frac{c_T}{1-c_T}$$

---

forderlich (Geschwindigkeits- oder Konzentrationsverteilung über den Rohrquerschnitt). Für die Beschreibung des Transportvorgangs insgesamt wird eine quasieindimensionale Beschreibung genutzt (Bilder 2.48c und d).

Neben den zu definierenden Größen für die einzelnen Phasen

– Fluid v_F, A_F,
– Feststoff v_M, A_M

sind die sich hieraus ergebenden Größen für das

– Gemisch v_G, ϱ_G ($\varrho_{G,R}$ und $\varrho_{G,T}$)

und die Beziehungen zur Kennzeichnung der

– Anteile
   volumetrisch
   • Raumkonzentration c_R
   • Transportkonzentration c_T
 massebezogen
   • Raumkonzentration μ_R
   • Transportkonzentration μ_T
– wechselseitigen Verhältnisse
   Schlupf s

angebbar (Tafel 2.18). In Tafel 2.19 sind ergänzend Umrechnungsbeziehungen zusammengestellt.

2.3.2.   Bewegungsverhältnisse beim Zweiphasensystem

Zur Erfassung bzw. Berechnung der Rohrströmung wird allgemein auf die quasieindimensionale Betrachtung zurückgegriffen. Basis sind damit die bilanzierenden Größen der Gemischströmung, vor allem die Gemischgeschwindigkeit v_G und die Konzentration, z. B. c_T. Im Sinn des gut nutzbaren und gebräuchlichen Ansatzes für den Druckverlust

$$\Delta p_{ges} = \Delta p_F + \Delta p_M$$

werden zusätzlich berücksichtigt

$$\Delta p_F = f(\varrho_F, \lambda_F),$$

$$\Delta p_M = f(\varrho_M, d_K \text{ oder } v_S, \mu_{gl} \text{ oder } \lambda_G).$$

Die Beobachtung der Verhältnisse beim Transport zeigt unterschiedliche Erscheinungsformen. In Abhängigkeit von der Transportgeschwindigkeit betrifft dies vor allem die Verteilung des Feststoffs über den Rohrquerschnitt (Bild 2.49). Sie reicht vom stationären Feststoffbett (abgesetzte Schicht) unterhalb der kritischen Geschwindigkeit bis zur Gleichverteilung über den Rohrquerschnitt bei sehr hohen Geschwindigkeiten.

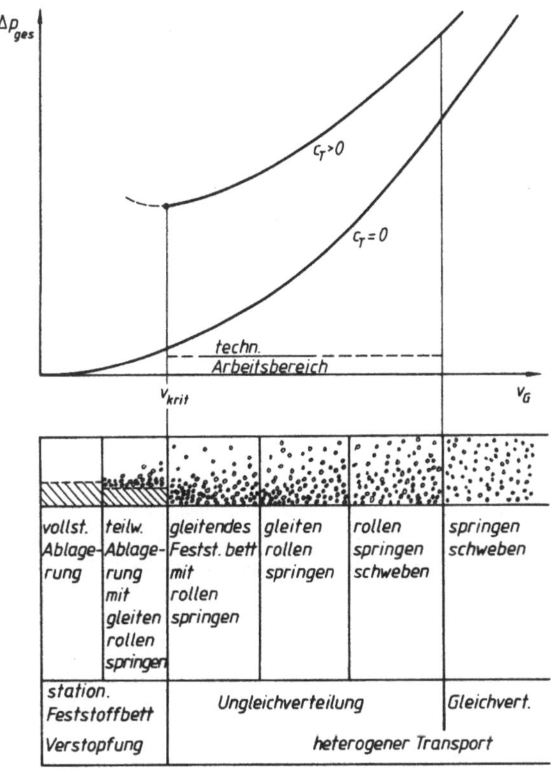

Bild 2.49. Verhältnisse beim Transport grobdisperser Mischungen: Rohrleitungskennlinie, Feststoffverteilung und -bewegung

Eine zweite wesentliche Einflußgröße ist die Teilchengröße. Zur zusätzlichen Beachtung der ebenso bedeutsamen Feststoffdichte ϱ_M ist die Bezugnahme auf die Sinkgeschwindigkeit v_S zweckmäßiger. Man gelangt damit zur Analyse der Bewegungsverhältnisse anhand des Einzelkorns.

Diese untersetzenden Betrachtungen ermöglichen eine gewisse Abgrenzung von Verhaltensbereichen [2.7] [2.95].

In Übereinstimmung mit der Erfahrung zeigt sich, daß bei sehr kleinen Teilchen, gegeben in kolloiddispersen Suspensionen, schon bei minimalen Transportgeschwindigkeiten eine Quasigleichverteilung über den Rohrquerschnitt vorliegt. Dieses Verhalten ist vor allem für den hydraulischen Transport von erheblicher wirtschaftlicher Bedeutung. Als Grenze wird von verschiedenen Autoren, z. B. [2.74],

$$d_\mathrm{K} < 10 \ldots 20 \,(\ldots 50) \,\mu\mathrm{m}$$

angegeben. Dabei wird eine mittlere Dichte von $\varrho_\mathrm{M} \approx 2500 \ \mathrm{kg/m^3}$ vorausgesetzt. Zweckmäßiger ist die Bezugnahme auf die Sinkgeschwindigkeit [2.57]:

$$Re = \frac{v_\mathrm{s} d_\mathrm{K}}{v_\mathrm{F}} < 0{,}1. \tag{2.135}$$

Ein solches Gemisch kann noch als Kontinuum, allerdings zumeist mit geänderten rheologischen Eigenschaften gegenüber dem Trägermedium, angesehen werden.

Bei größeren Teilchen bzw. Sinkgeschwindigkeiten liegt ein heterogenes System Feststoff – Flüssigkeit bzw. Feststoff – Gas vor.

Übertrifft die Sinkgeschwindigkeit nicht die turbulente Schwankungsgeschwindigkeit, also bis etwa

$$v_\mathrm{S} < 0{,}05 \, v_\mathrm{F}$$

oder

$$d_\mathrm{K} < 8{,}5 \cdot 10^{-5} \, \frac{\varrho_\mathrm{F}}{\varrho_\mathrm{M} - \varrho_\mathrm{F}} \, v_\mathrm{F}^2, \tag{2.136}$$

hat der turbulente Massenaustausch einen entscheidenden Einfluß auf die Feststoffbewegung. Bei solchen Transportgütern, Teilchendurchmessern bis etwa 0,2 mm beim hydraulischen Transport, sind noch ein geringer Schlupf und eine nahezu gleichmäßige Verteilung des Feststoffs über den Rohrquerschnitt zu verzeichnen. Die Teilchen werden, allerdings schon entsprechende Transportgeschwindigkeit vorausgesetzt, schwebend transportiert.

Darüber wird das Konzentrations- und Geschwindigkeitsprofil zunehmend unsymmetrischer (s. Bild 2.49).

Gute Transportbedingungen sind noch in einem Übergangsbereich gegeben, näherungsweise bis

$$d_\mathrm{K} \leqq 10^{-3} \left(\frac{6 \, \varrho_\mathrm{F}}{\varrho_\mathrm{M} - \varrho_\mathrm{F}} \right)^{1/3}, \tag{2.137}$$

Beim hydraulischen Transport sind das Teilchen bis etwa 2 mm Durchmesser [2.81]. Die turbulente Querbewegung sowie Auftriebskräfte infolge Umströmung und Rotation, durch Abbremsung an der Rohrwand und durch das Geschwindigkeitsprofil bedingt, sichern eine weitgehend schwebende Förderung.

Größere Teilchen – größte Kornabmessungen liegen derzeit bei 50 ... 60 mm, wobei $d_\mathrm{K} \approx < 0{,}25 \, d_\mathrm{R}$ einzuhalten ist – bewegen sich springend und drehend vor allem im unteren Rohrquerschnitt, z. T. schleifend am Rohrboden. Der Schlupf nimmt beträchtlich zu. Häufige Abbremsung an der Rohrwand und Wiederbeschleunigung durch das Trägermedium führen zu großem Druckverlust. Auch der Verschleiß steigt merklich an.

Durch das in der Praxis allgemein vorliegende Kornspektrum überlagern sich die verschiedenen Effekte. Unterschiedliche Dichte der einzelnen Teilchen, also das Vorliegen von Mehrstoffsystemen, wirkt sich zusätzlich aus. Hinzu kommt die Abhängigkeit von der Transport- bzw. Raumkonzentration.

Die geschilderten Abhängigkeiten treffen sinngemäß auch auf den pneumatischen Transport zu. Die Übertragung ist unmittelbar bei Bezugnahme auf die Sinkgeschwindigkeit möglich.

2.3.3. Klassifizierung nach dem Bewegungsverhalten

Das mit Bild 2.49 charakterisierte Verhalten von Feststoffen trifft für sog. heterogene Systeme zu. Eine Vielzahl von zu transportierenden Gütern ist dieser Kategorie zuzuordnen. Beim hydraulischen Transport sind dies Sand, Kies, Erze, Kohle, ebenso Plastegranulate oder Asche mit mittleren Teilchenabmessungen von etwa $d_K > 0,1$ mm.

Auch beim pneumatischen Transport (mit $d_K > 10$ µm) wird das Verhalten durch ein solches Modell gut beschrieben. Güter wie Getreide und Späne sowie gemahlenes Gut ordnen sich hier ein.

Die entwickelten Berechnungsverfahren sind so fast ausschließlich auf ein solches heterogenes Verhalten zugeschnitten [2.46] [2.68].

Zunehmend interessiert jedoch auch der Transport feiner aufbereiteter Güter. Dies hat seine Ursachen in der Einbeziehung von Schlämmen in die Überlegungen des hydraulischen Transports, der Berücksichtigung eines vorliegenden sog. Feinkornanteils bei der Berechnung und zunehmend auch der gezielten Aufbereitung in diese Kategorie hinein. Letzteres verspricht nicht unwesentliche Wirtschaftlichkeitsvorteile gegenüber dem Transport grobkörnigen Materials und ist somit z. B. beim Steinkohlentransport über große Entfernungen ein aktuelles Anliegen.

Nun ist bekannt, daß solchen quasihomogenen Gemischen – besonders trifft dies für kolloiddisperse Suspensionen zu – ein arteigenes rheologisches Verhalten zuzuordnen ist [2.32] [2.39] [2.65]. In erster Näherung ist somit, nach Bestimmung des Fließgesetzes, z. B. mit Rotationsviskosimeter, die Rohrströmung berechenbar (s. Abschnitt 2.2.2.). Wünschenswert ist die Kenntnis des Zusammenhangs zwischen den Eigenschaften des Feststoffs wie des Trägermediums und dem rheologischen Verhalten der Suspension – dies um so mehr, als einige mit der genannnten Methode nicht erfaßbare, bekannte Effekte (Wandeinfluß, Abhängigkeit vom Rohrdurchmesser) einer Aufklärung bedürfen.

Bezüglich der Definition einer Abgrenzung der quasihomogenen von der heterogenen Dispersion sind zwei Herangehensweisen zu verzeichnen. Als Kriterium werden zum einen die Gleichverteilung des dispersen Feststoffs über den Rohrquerschnitt beim Transport und zum anderen die Betrachtbarkeit der Dispersion als Quasikontinuum genutzt.

Der erfaßte Bereich nach der Gleichverteilungsdefinition schließt zwar das Kontinuum ein, geht aber weit darüber hinaus. Es werden auch grobdisperse Suspensionen erfaßt, wie sie bei sehr hohen Fördergeschwindigkeiten vorliegen (s. Bild 2.49). Eine hohe Konzentration unterstützt den Übergang in eine solche Gleichverteilung. In diesem Fall kann jedoch nicht von stetig verteilten Stoffeigenschaften gesprochen werden; es liegt ein typisches Zweiphasensystem vor. Ein solches Gemisch muß damit auch als ein heterogenes System (disperser Feststoff im Dispersionsmittel) behandelt werden.

Bei der Abgrenzung unter dem Aspekt des Kontinuumsverhaltens ist die verhinderte Sedimentation im Ruhezustand bzw. beim laminaren Fließen stärker zu beachten. Die zweckmäßigerweise nicht losgelöste Betrachtung vom hydraulischen Transport führt jedoch auch hierbei oftmals zu gewissen Inkonsequenzen im Hinblick auf eine Gleichverteilung bei turbulenter Strömung, allerdings bei üblichen und nicht überhöhten Fördergeschwindigkeiten.

Zur Abgrenzung bzw. Modellierung der Bewegungsverhältnisse ist von den maßgeblich wirkenden Kräften an bzw. zwischen den Teilchen auszugehen. Üblicherweise werden hier genannt

- die Schwerkraft, gemindert um die Auftriebskraft,
- die Strömungskräfte (Widerstands-, Auftriebs-, Magnus-Kraft),
- die Reibungskraft,
- die Stoßkräfte.

Diese mechanischen Kraftwirkungen nehmen mit abnehmenden Teilchenabmessungen stark ab (Tafel 2.20).

Andererseits erhöhen sich mit abnehmenden Teilchenabmessungen die Teilchenzahl und die Feststoffoberfläche (Tafel 2.21). Gekoppelt mit ebenso abnehmendem Teilchenabstand, gewinnen stark an Bedeutung

Tafel 2.20. Mechanische Kraftwirkungen

Schwerkraft	$F_S = \varrho_M\, g\, \dfrac{\pi}{6}\, d_K^3$	$\sim d_K^3$
Strömungskraft	$F_W = 3\pi\, \eta_F\, v_S d_K$	$\sim d_K^3$
Reibungskraft	$F_R = \mu_{gl}(\varrho_M - \varrho_F)\, g\, \dfrac{\pi}{6}\, d_K^3$	$\sim d_K^3$
Stoßkraft	$F_{St} \approx (\varrho_M - \varrho_F)\, \dfrac{\pi}{6}\, d_K^3$	$\sim d_K^3$
Sinkgeschwindigkeit	$v_S = \dfrac{g d_K^2}{18 \nu_F}\, \dfrac{\varrho_M - \varrho_F}{\varrho_F}$	

Tafel 2.21. Systemverhältnisse

Teilchenanzahl	$n \approx \dfrac{6\, c_R\, V}{d_K^3}$	$\sim \dfrac{c_R}{d_K^3}$
Feststoffoberfläche	$A_o \approx \dfrac{6\, c_R\, V}{d_K}$	$\sim \dfrac{c_R}{d_K}$
Teilchenabstand	$s \approx d_K \sqrt[3]{\dfrac{\pi}{6\, c_R}}$	$\sim d_K\, c_R^{-1/3}$

- die durch elektrische Ladung bedingten Kräfte, elektrostatische und elektrokinetische,
- die Van-der-Waalsschen Kräfte,
- chemische Bindungskräfte,
- ggf. auch magnetische Wechselwirkungskräfte.

Sie bestimmen nun wesentlich die Wechselwirkungen und somit auch das Fließverhalten.
Da eine darauf aufbauende, geschlossene Berechnung der Bewegungsverhältnisse noch nicht möglich ist, bietet sich die Größe der genannten mechanischen Kraftwirkung zur Klassifizierung bzw. Abgrenzung an. Die danach das Bewegungsverhalten bestimmende Partikelumströmung bzw. die Eigenbewegung der Teilchen (Sinkgeschwindigkeit und damit verbunden auch der Schlupf) wird mit den Kennzahlen Re_K, Fr_K, Ar_K beschrieben. Es gilt [s. Gl. (2.7)]

$$Fr_K\, Ar_K = Re_K^2\, \frac{\varrho_M - \varrho_F}{\varrho_F}. \tag{2.138}$$

Für sehr kleine Teilchen ($Re_K < 0{,}5$) und damit $c_W = 24/Re_K$ vereinfacht sich die Gleichung zu

$$Re_K = 18\, Fr_K\, \frac{\varrho_F}{\varrho_M - \varrho_F} = \frac{1}{18}\, Ar_K. \tag{2.139}$$

Deutlich ersichtlich ist, neben der Abhängigkeit von der Teilchenabmessung, der Einfluß des Dichteunterschieds. Jedoch weder unmittelbar die Teilchenabmessung noch die Re_K-Zahl erweisen sich als gut geeignet für eine Klassifizierung. Ein zweckmäßiger Weg ist der Übergang auf die Betrachtung der Relativverhältnisse bei der Partikelbewegung [2.54] [2.55]

$$Re^* = \frac{\text{Trägheitskraft}}{\text{Reibungskraft}} = \frac{(\varrho_M - \varrho_F)\, v_S^2}{\eta_F\, \dfrac{v_S}{d_K}},$$

$$Re^* = \frac{v_S d_K}{\nu_F}\, \frac{\varrho_M - \varrho_F}{\varrho_F} = Re_K\, \frac{\varrho_M - \varrho_F}{\varrho_F} \tag{2.140}$$

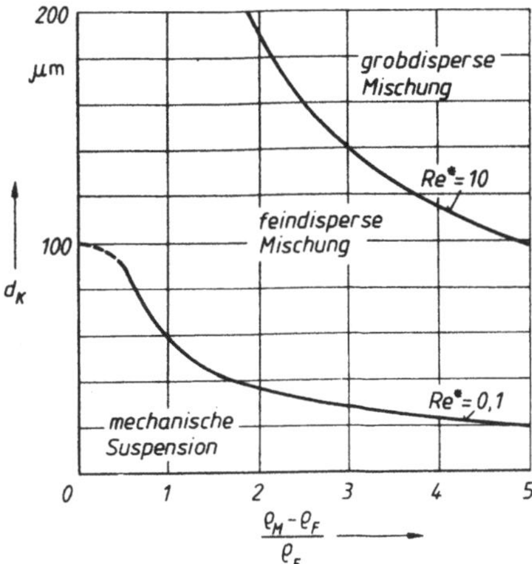

Bild 2.50. *Abgrenzung der Verhaltensbereiche (Trägermedium Wasser)*

und weiter mit Gl. (2.138)

$$Re^* = \sqrt{Fr_K\, Ar_K\, \frac{\varrho_M - \varrho_F}{\varrho_F}} \,. \tag{2.141}$$

Für $Re_K < 0{,}5$ vereinfacht sich dies wieder zu

$$Re^* = 18\, Fr_K = \frac{1}{18}\, Ar_K\, \frac{\varrho_M - \varrho_F}{\varrho_F} \,. \tag{2.142}$$

Es ergibt sich somit als Kriterium quasi die Froude-Zahl. In Übereinstimmung mit bisher angegebenen speziellen Richtwerten ermöglicht Re^* eine universelle Abgrenzung der verschiedenen Verhaltensbereiche (Bild 2.50). Zusätzlich lassen sich die Aussagen zum Verhalten als Kontinuum seitens der Kolloidchemie (z. B. bei $d_K < 1\ \mu m$) gut berücksichtigen. Im Hinblick auf den Feststofftransport ergibt sich dann endgültig im

- Feinkornbereich (homogenes bzw. quasihomogenes System):
  - kolloiddisperse Suspension $Re^* < 10^{-6}$
  - mechanische Suspension $10^{-6} < Re^* < 10^{-1}$,
- Grobkornbereich (heterogenes System):
  - feindisperse Mischung $10^{-1} < Re^* < 10$
  - grobdisperse Mischung $Re^* > 10$.

Die Unterscheidung in kolloiddisperse und mechanische Suspensionen rechtfertigt sich auch in bezug auf den Einsatz der klassischen Viskosimetrie. Bei mechanischen Suspensionen treten mit zunehmender abgrenzender Reynolds-Zahl Re^* Probleme durch Sedimentation, aber auch durch Wandentmischungseffekte auf. Insofern wird verschiedentlich empfohlen, vom Rotationsviskosimeter, ganz abgesehen von anderen Techniken, abzugehen und unmittelbar das Rohr bzw. Rohrviskosimeter zu nutzen. Die Übertragung auf beliebige Rohrdurchmesser bedarf dennoch weiterer ergänzender Untersuchungen [2.84].
Noch eine Abgrenzung in Untersetzung von Gl. (2.140) ist erforderlich. Bei Dichtegleichheit $\varrho_M = \varrho_F$ geht Re^* gegen Null. Bei größeren Teilchen liegt jedoch keinesfalls ein Quasikontinuum vor. Es bestehen aber auch Besonderheiten gegenüber Systemen mit $\varrho_M \neq \varrho_F$ [2.87]:

- Gleichverteilung der Teilchen über den Rohrquerschnitt.
- Schlupf ist zu vernachlässigen.
- Es tritt auch bei großen Feststoffteilchen eine Turbulenzdämpfung auf.
- Es bleibt der newtonsche Charakter des Gesamtsystems (bei geänderter scheinbarer Zähigkeit) erhalten.

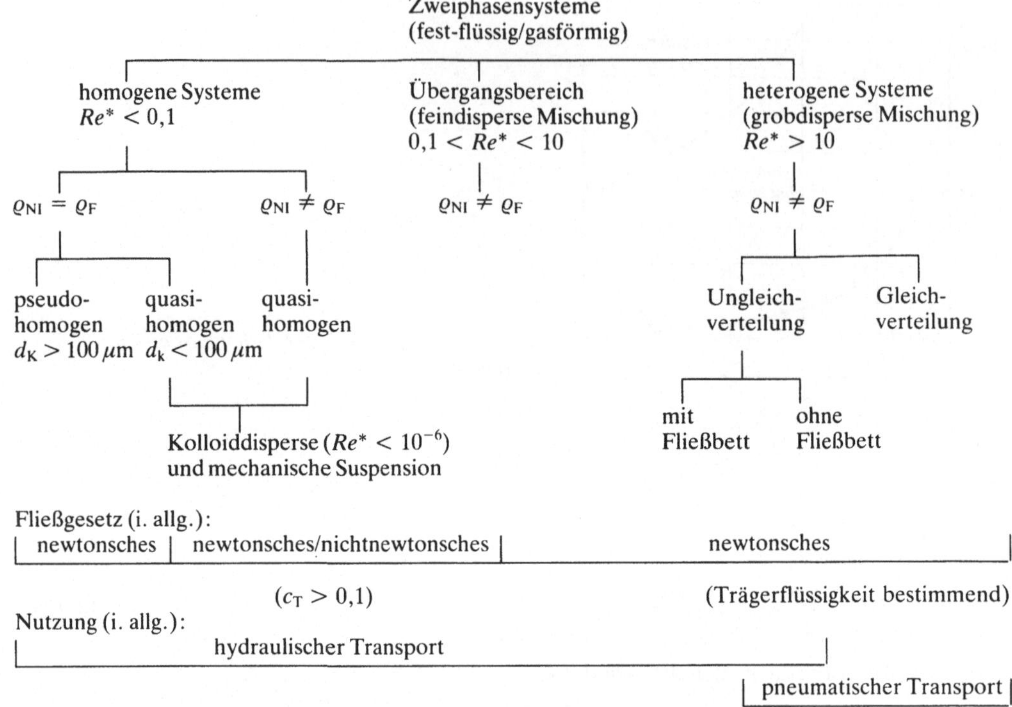

Bild 2.51. Klassifizierung des Feststofftransports in Rohrleitungen (Verhaltensbereiche)

Damit rechtfertigt sich die Einführung einer gesonderten Kategorie. Bei kleinen Teilchenabmessungen erfolgt natürlich auch hier der Übergang in den Feinkornbereich. Die Abgrenzung ist mit dem Kriterium der Teilchenabmessung notwendig.
Diesbezüglich kann angenommen werden:

$$d_K^* \approx 100\ \mu m.$$

Damit läßt sich endgültig die im Bild 2.51 dargestellte Klassifizierung nach Verhaltensbereichen angeben.

2.3.4. Transport grobdisperser Mischungen

Die hydraulische Berechnung des Rohrleitungstransports von grobdispersen Systemen ist umfassend untersucht worden. Somit ist hier auch eine große Sicherheit bei der Projektierung, die entsprechenden Fachkenntnisse vorausgesetzt, gegeben. Die Begründung ergibt sich aus der breiten Nutzung des Rohrleitungstransports für solche Güter. Das trifft sowohl für den hydraulischen Transport als auch für den pneumatischen zu. Bei letzterem (s. Abgrenzung des Bereichs grobdisperser Mischungen nach Abschnitt 2.3.3.) stehen kaum andere Feststoffe an. Einen ersten Einblick in die Verhältnisse bietet die Analyse des Kräftegleichgewichts am einzelnen Teilchen. Dies ist insofern gerechtfertigt, als bei derartigen Transportaufgaben noch heute zumeist mit niedrigen Konzentrationen, z. T. $c_T < 0,05$, gearbeitet wird. Die Ursachen hierfür sind unter anderem Probleme bei der Feststoffeinbringung, Beschränkungen durch die eingesetzten Pumpen, auch die saugseitige Kavitationsgefahr oder verschiedentlich die Sorge vor Verstopfungen. Begründet durch das Bemühen um größere Wirtschaftlichkeit, ist ein Trend zu höheren Konzentrationen zu verzeichnen:

– beim hydraulischen Transport zu etwa $c_T = 0,2$,
– beim pneumatischen Transport zur sog. Dichtstromförderung.

Neben der Abhängigkeit von der Konzentration ist die Förderrichtung im Verhältnis zur Schwerkraftwirkung von entscheidender Bedeutung.
Fast ausschließlich stehen Stoffe mit $\varrho_M > \varrho_F$ zur Förderung an.
Hinsichtlich des Bewegungsregimes liegt generell eine turbulente Strömung vor.
Die beim vertikal aufwärts gerichteten Transport am einzelnen Teilchen angreifenden Kräfte sind im Bild 2.52 dargestellt. Es sind dies

- die Widerstandskraft F_W durch die Teilchenumströmung mit der Relativgeschwindigkeit v_{rel}, die hauptsächlich tragende Kraftkomponente,
- die Auftriebskraft F_A durch den Dichteunterschied,
- die Druckkraft F_p infolge des Reibungsdruckverlustes der Strömung,
- die Schwerkraft F_g der Teilchenmasse.

Hinzu kommen
- die Reibungskraft F_R bei Wandberührung und
- die Trägheitskraft F_T bei notwendiger Wiederbeschleunigung.

Nicht zu vernachlässigen ist die Wechselwirkung zwischen den Feststoffteilchen:

- Stoßkräfte F_{St}, auch in Wechselwirkung mit der Rohrwand.

Zur Gewährleistung des Transports sind somit erforderlich: Hubarbeit sowie Arbeit zur Überwindung der Reibung an der Rohrwand und zum Ausgleich des Energieverlustes beim Stoß der Teilchen.
Zu beachten ist außerdem, daß eine Vergleichmäßigung des Geschwindigkeitsprofils eintritt. Während beim Transport eines einzelnen Teilchens das Geschwindigkeitsprofil der Rohrströmung kaum beeinflußt wird und so ein Absinken im wandnahen Bereich möglich ist, erzwingt die Quasigitterdurchströmung mit der Bedingung $p \neq f(r)$ den Ausgleich. Unterstützt wird dies durch eine gewisse Entmischung im wandnahen Bereich (s. Bild 2.52b):

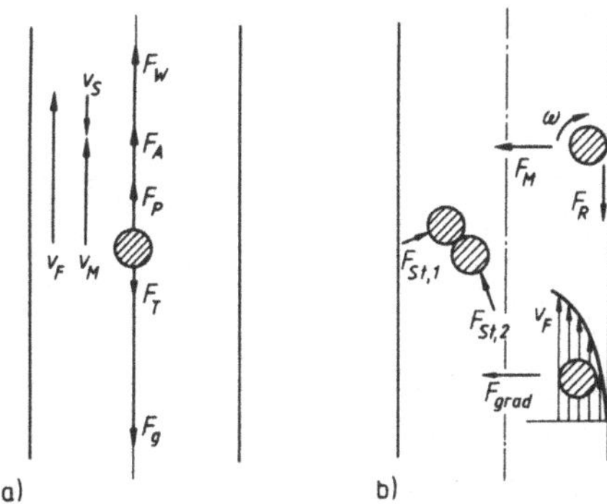

Bild 2.52. Kräfte am Feststoffteilchen bei vertikaler Aufwärtsförderung
a) Vertikalkräfte; b) Quer- und Wechselwirkungskräfte

- Querkräfte infolge Rotation der Teilchen (Magnus-Kraft F_M), bedingt durch die einseitig angreifende Wandreibungskraft,
- Querkräfte F_{grad}, bedingt durch die Bewegung der Teilchen in einem Strömungsfeld großen Geschwindigkeitsgradienten.

Somit kommt es zu einem steilen Anstieg der Geschwindigkeit im wandnahen Bereich und anschließender annähernder Konstanz über den Rohrquerschnitt.
Die damit vorliegende stochastische Bewegung der einzelnen Teilchen läßt keine Integration, ausgehend vom Kräftegleichgewicht am einzelnen Partikel, zu. Diese Betrachtung wie auch die detaillierte Analyse der Strömungsverhältnisse (Abschn. 2.2.) dienen vor allem dem tieferen Verständnis der Vorgänge und der möglichen Verallgemeinerung z. B. empirisch ermittelter Abhängigkeiten des Transportvorganges.
Ein allgemeingültiger Berechnungsansatz muß also von sog. „verwischten Eigenschaften" bei der Bewegung des Zweiphasensystems ausgehen.

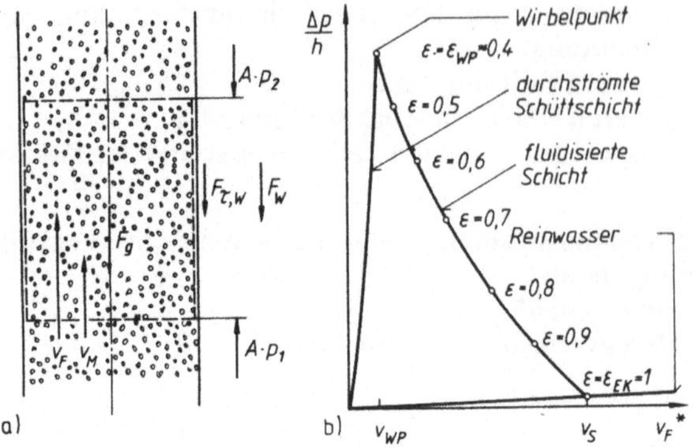

Bild 2.53. Feststoffgitter-Durchströmungsmodell

a) transportierte, fluidisierte Schicht;
b) Verhältnisse bei $v_M = 0$

Hinzuweisen ist diesbezüglich auf die schon behandelte Schwarmgeschwindigkeit (s. Abschnitt 2.1.5.).

Es kann auch ausgegangen werden von der durchströmten Schüttschicht (Bild 2.53). Mit der Steigerung der Durchströmgeschwindigkeit gelangt man schließlich zum Wirbelpunkt; bei weiterer Steigerung zur verdünnten Wirbelschicht, bis zum theoretischen Grenzzustand, der Einzelkornumströmung ($\varepsilon = 1$). Jeder dieser Zustände, von der Einzelkornumströmung ($\varepsilon = \varepsilon_{EK}$) bis zum Wirbelpunkt ($\varepsilon = \varepsilon_{WP}$), ist auch ein möglicher Transportzustand ($\varepsilon = c_R$). Er ergibt sich in Abhängigkeit von der eingebrachten Feststoffmenge in den Trägermedienstrom bei

$$v_F^{\;*} = \frac{\dot{V}_F}{A} > v_{W,\,Sch}\,.$$

Die Berechnung nach diesen Vorstellungen [2.51] ergibt das Gesamtfeld möglicher Transportzustände (Bild 2.54). Ein solches Gesamtfeld von Rohrleitungskennlinien bei d_R = konst. mit Angabe der wesentlichsten Einflußparameter, i. allg. $\Delta p_{ges} = f(v_G)$ mit der Transportkonzentration als Parameter, bezeichnet man auch als Zustandsdiagramm.

Bei der horizontalen Förderung sind die Verhältnisse schwieriger zu übersehen. Die maßgebende Schwerkraft wirkt nun senkrecht zur Strömungsrichtung und führt zum Absetzen der Feststoffteilchen (Bild 2.55). Ein Transport ist nur bei Überwiegen der tragenden Kräfte möglich:

.– Auftriebskraft F_A (nach *Archimedes*)

und besonders:

– umströmungsbedingte Auftriebskräfte, wie
  • Magnus-Kraft F_M, insbesondere auftretend nach Wandberührung,
  • Auftriebskraft $F_A{}'$, bedingt durch eine Zwangslage der Teilchen in der Strömung (nach Stoßwechselwirkung),
  • Auftriebskraft F_{grad}, vor allem auch im wandnahen Bereich wirkend.

Zusätzlich zu beachten sind

– Querkräfte F_{Tu}, verursacht durch die Turbulenz der Strömung und, nicht zu vernachlässigen,

– die wandabstoßende Kraft F_{St} beim elastischen Stoß Teilchen–Rohrwand.

Wie leicht zu übersehen ist, sind die tragenden Kräfte, den archimedischen Auftrieb ausgenommen, stark von der Geschwindigkeit abhängig. Daraus folgt, daß bei großen Transportgeschwindigkeiten keine Probleme bezüglich eines stationären Absetzens bestehen. Die Wirkung der turbulenzbedingten Querkraft (turbulenter Massenaustausch) nimmt allerdings mit zunehmender Teilchenabmessung bzw. Sinkgeschwindigkeit (bei $v_S > v'$) stark ab (s. auch Abschnitt 2.3.2.). Zusätzlich tritt bei größerer Feststoffbeladung eine Turbulenzdämp-

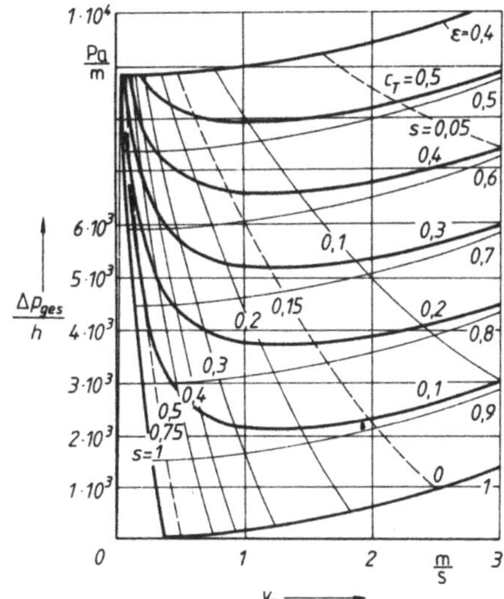

Bild 2.54. Zustandsdiagramm der vertikalen Aufwärtsförderung (Beispiel des hydraulischen Transports)

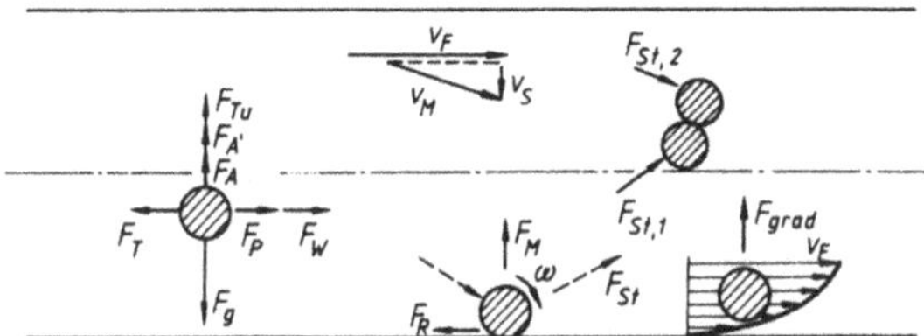

Bild 2.55. Kräfte am Feststoffteilchen bei horizontaler Förderung

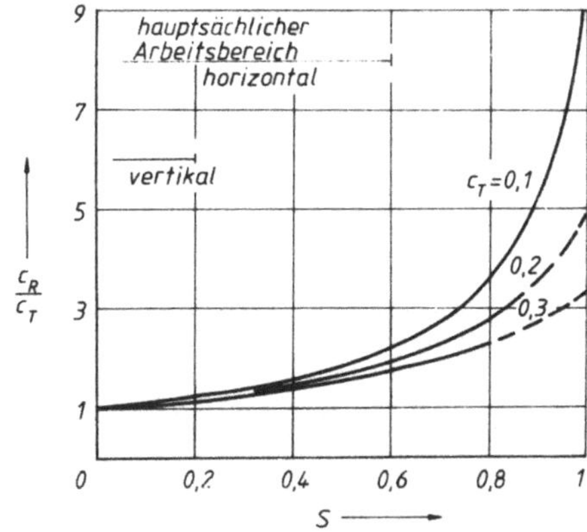

Bild 2.56. Zusammenhang zwischen Raumkonzentration c_R und Schlupf s

fung ein. Daraus resultieren besonders gute Transportbedingungen für kleinere Teilchen bei niedrigerer Konzentration ($c_T < 0,2$). Die kritische Geschwindigkeit steigt also mit der Teilchenabmessung und der Konzentration an. Gegenläufig wirkt sich bei höheren Konzentrationen die abstützende Wirkung des Feststoffgitters (Wechselwirkungskräfte, Stöße) aus; die kritische Geschwindigkeit sinkt wieder ab. Eine Förderung in diesem Bereich ist also auch gut möglich. Bei Konzentrationen über etwa $c_T = 0,3$ kann dabei die Turbulenz stark unterdrückt werden.

Das absetzende Verhalten des Feststoffs beim horizontalen Transport und die damit verbundene Abbremsung führen in der horizontalen Rohrleitung zu einem größeren Schlupf als in einer vertikalen Rohrstrecke [2.98]. Dies wird unterstützt durch die Wahl von Auslegungspunkten, aus Gründen der Wirtschaftlichkeit, in der Nähe der kritischen Geschwindigkeit.

Unterschiedlicher Schlupf bei gleicher Transportmenge, also gleichem c_T, führt aber zu verschiedenen Raumkonzentrationen (Bild 2.56). Beim Übergang z. B. vom horizontalen zum vertikalen Rohrabschnitt ist so eine Beschleunigung des Feststoffs erforderlich; es tritt also auch ein überhöhter Druckverlust auf. Darüber hinaus besteht hier bei ungünstiger Gestaltung (kleines r_m/d und damit vorhandene Ablösegebiete) die Gefahr der Verstopfung. Umgekehrt liegen die Verhältnisse beim Übergang von einem vertikalen zu einem horizontalen Rohrabschnitt.

Zur Berechnung der Transportverhältnisse bzw. der Verallgemeinerung empirischer Daten ist man beim horizontalen Transport in noch höherem Maße als beim vertikalen Transport auf das Gesamtsystem beschreibende Modelle angewiesen. Es bieten sich an (Bild 2.57, s. auch Bild 2.53)

- eine Modifikation des beim vertikalen Transport genutzten Durchströmungsgittermodells: Ansatz für den Zusatzdruckverlust auf der Basis des durch Reibung gebremsten durchströmten Partikelgitters,
- das sog. Hubmodell [2.63]: Ermittlung des erforderlichen zusätzlichen Energieaufwands über die notwendige Hubarbeit nach dem Absinken der Teilchen auf die Rohrsohle;
- das nachfolgend für den hydraulischen Transport genutzte Schubmodell [2.81]: Berechnung des Leistungsbedarfs einer geschobenen Feststoffschicht durch eine benachbarte Flüssigkeitsschicht und Extrapolation auf den durchmischten Zustand.

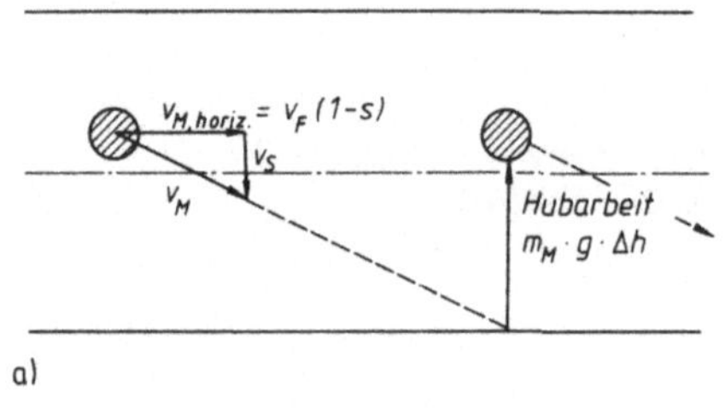

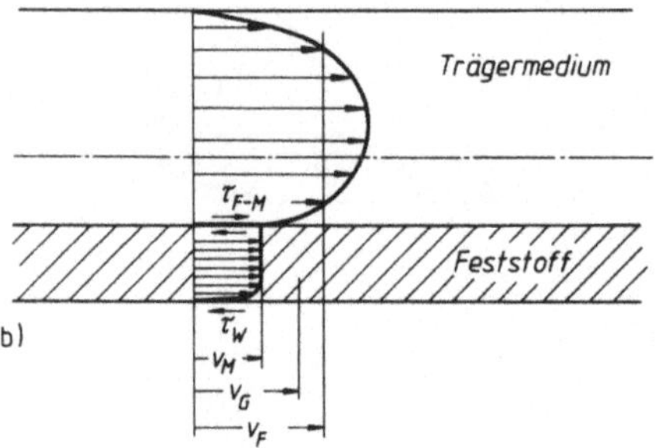

Bild 2.57. Modelle des Feststofftransports
a) Hubmodell; b) Schubmodell

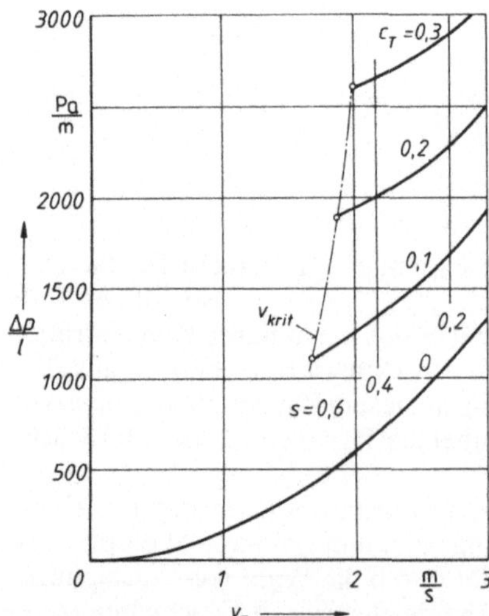

Bild 2.58. Zustandsdiagramm der horizontalen Förderung (Beispiel des hydraulischen Transports)

Die auf einer solchen Basis aufgestellten Berechnungsgleichungen sind hinsichtlich der Koeffizienten bzw. auch Exponenten im Vergleich mit experimentellen Untersuchungen zu quantifizieren. Ggf. sind auch mit dem Grundmodell nicht erfaßte Parameterabhängigkeiten zusätzlich aufzunehmen. Dabei muß zur Sicherung der Allgemeingültigkeit die Ähnlichkeitstheorie herangezogen werden.
Umfangreiche experimentelle Untersuchungen und zahlreiche Anwendungen und damit auch Überprüfungen der Berechnungsgleichungen führten zu einem gesicherten Instrumentarium der Anlagenbemessung in dem hier behandelten Einsatzbereich. Ein Zustandsdiagramm für diesen Fall des horizontalen Transports grobdisperser Mischungen wird im Bild 2.58 gezeigt.

2.3.5. Transport von Suspensionen

Der Rohrleitungstransport kolloiddisperser und mechanischer Suspensionen gewinnt für den hydraulischen Bereich zunehmend an Bedeutung. Es sind hohe Konzentrationen möglich. Damit steigt allerdings die „Zähigkeit" des Fluids beträchtlich an. Dies bewirkt jedoch, daß im technisch interessierenden Arbeitsbereich noch laminares Fließen vorliegt. Im Endergebnis sind so minimale Investitions- und Energiekosten realisierbar.
Dabei ist, abgesehen von einigen in entsprechender Feinkörnigkeit vorliegenden Gütern, zumeist erst eine diesbezügliche Aufbereitung notwendig. Zu nennen sind in diesem Zusammenhang z. B. Filterasche oder Kaolin. Letzteres wird verschiedentlich auch zur Untersuchung der Erscheinungen in diesem Transportbereich herangezogen [2.80] [2.99]. Die spezielle Aufbereitung des Feststoffs ist nur dann sinnvoll, wenn die hierfür erforderlichen Kosten durch die Minimierung des Transportaufwands ausgeglichen werden. Das ist beim Ferntransport möglich. Die Bemühungen zur Realisierung derartiger Technologien für Kohlepipelines sind hierfür das markanteste Beispiel [2.61] [2.79].
Es wurde schon darauf hingewiesen (s. Abschnitt 2.3.3.), daß bei solchen Suspensionen die Bewegungsverhältnisse nicht mehr durch die mechanischen Kraftwirkungen (s. Bild 2.55) bestimmt werden. Vor allem die elektrostatischen Wechselwirkungen beeinflussen nun das Fließverhalten. Deutlich wird dies am Beispiel der von [2.30] genannten Proportionen (Tafel 2.22). Für die meisten Güter folgt so mit zunehmender Konzentration c_T:

- Ansteigen der Zähigkeit im Vergleich zum Trägermedium Wasser bei weiterhin newtonschem Verhalten (Bereich etwa $0 < c_T < 3\,\%$),
- Übergang auf nichtnewtonsches Verhalten, insbesondere pseudoplastisches (Bereich etwa $3\,\% < c_T < 10\,\%$),
- Auftreten einer Fließgrenze τ_0 (ab etwa $c_T = 10\ldots20\,\%$).

Bild 2.59 zeigt eine solche für Kaolin ermittelte Abhängigkeit, Bild 2.60 das entsprechende Kennfeld für Aschesuspensionen. Der Vergleich verdeutlicht, daß eine starke Stoffabhängigkeit besteht. Während die Kaolinsuspension der oben angegebenen Änderung des Fließverhaltens mit zunehmender Konzentration folgt, ist bei der untersuchten Aschesuspension ein

Tafel 2.22. Wechselwirkungspotentiale bei Mineralkörnern

Wechselwirkung	Korngröße		
	$0{,}1\ \mu m$	$1\ \mu m$	$10\ \mu m$
Van-der-Waals-Anziehung	$\approx 10^1\,kT$	$\approx 10^2\,kT$	$\approx 10^3\,kT$
Elektrostatische Abstoßung	$0\ldots10^2\,kT$	$0\ldots10^3\,kT$	$0\ldots10^4\,kT$
Sedimentationspotential (kinetische Energie)	$10^{-13}\,kT$	$10^{-6}\,kT$	$10^1\,kT$
Elektrostatische Abstoßung zu Sedimentationspotential	$10^{13}\ldots10^{15}\,kT$	$10^6\ldots10^9\,kT$	$10^{-1}\ldots10^3\,kT$

k Boltzmann-Konstante
$(1{,}38\cdot10^{-23}\,\mathrm{J}\cdot\mathrm{K}^{-1})$

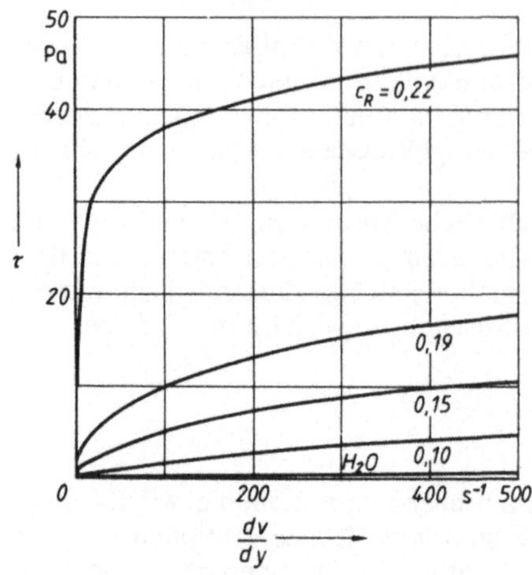

Bild 2.59. Fließkurven einer Kaolin-Wasser-Suspension

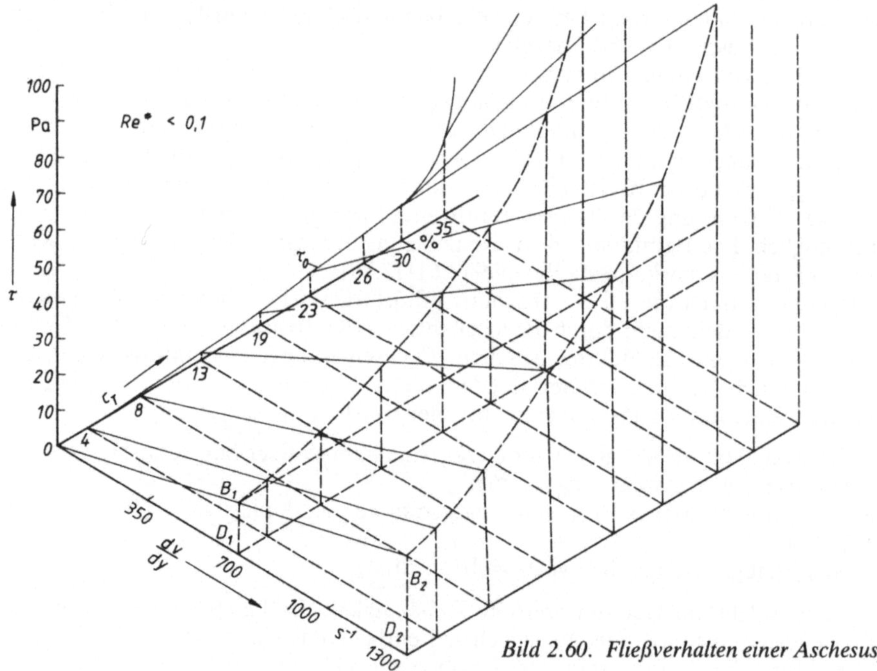

Bild 2.60. Fließverhalten einer Aschesuspension

Übergang von newtonscher zur Bingham-Flüssigkeit zu verzeichnen. Zwangsläufig existiert somit eine große Anzahl von Gleichungen zur Beschreibung der Suspensionsviskosität, zumeist der Art $\eta = f(c_R)$ [2.2] (s. auch [2.45]):

$$\eta = \eta_F \frac{1 + 0{,}5\,c_R}{(1 - c_R)^2}.$$

(2.143)

Ihr Gültigkeitsbereich ist zum einen stark zu beschränken ($c_R < 0{,}02$), zum anderen sind sie nicht stoffunabhängig verallgemeinerbar. Man ist also derzeit noch auf die experimentelle Untersuchung des jeweiligen Systems angewiesen. In Übereinstimmung mit dem Verhalten von Kaolin nach Bild 2.59 läßt sich für eine Reihe von Suspensionen eine charakteristische Abhängigkeit der Steifigkeit K und der Strukturziffer n von der Konzentration gemäß

$$\tau = K \left(\frac{\mathrm{d}v}{\mathrm{d}y} \right)^n$$

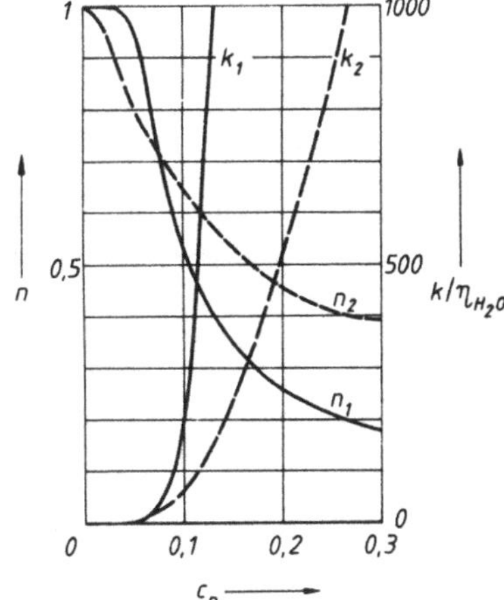

Bild 2.61. *Abhängigkeit der Fließgesetzparameter von der Konzentration bei Suspensionen*
(*1* hohes Oberflächenpotential; *2* niedrige Elektrolytkonzentration)

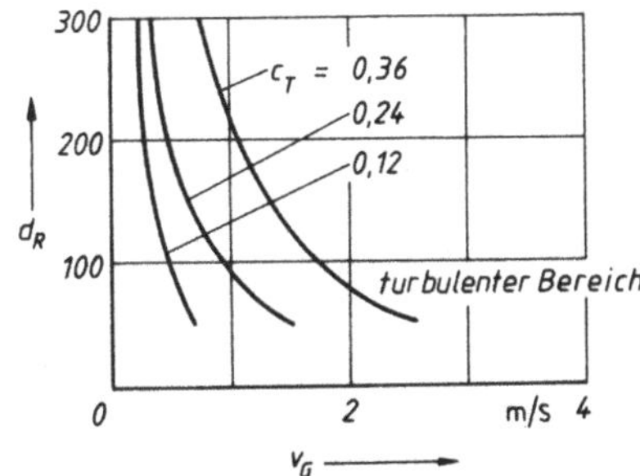

Bild 2.62. *Grenze zwischen laminarem und turbulentem Fließen*
(Beispiel: Bittersalz in Lauge)

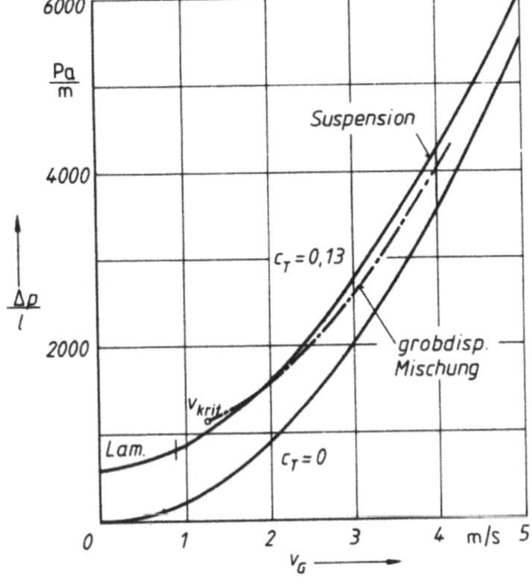

Bild 2.63. *Vergleichbarer Druckverlust von Suspensionen und Mischungen*

angeben (Bild 2.61). Das konzentrationsbedingte Ansteigen der Scherspannung τ erfordert eine entsprechend starke Zunahme der Steifigkeit bei Abnahme der Strukturziffer. Die Kenntnis dieser Zusammenhänge ist um so bedeutungsvoller, als, darauf sei hier nochmals hingewiesen, beim Anlagenbetrieb laminares Fließen erreicht werden kann (Bild 2.62). Die Auswirkung auf den Energieaufwand veranschaulicht Bild 2.63. Mit zunehmendem Teilchendurchmesser vergrößert sich der Druckverlust im interessierenden Arbeitsbereich. Die Existenz einer kritischen Geschwindigkeit bei grobdispersen Mischungen schränkt darüber hinaus den Arbeitsbereich ein. Die angedeuteten Vorteile bei Aufbereitung des Transportguts als Suspension verstärken sich mit weiterer Erhöhung der Konzentration. Erst bei sehr hoher Beladung (ab etwa $c_R > 0{,}30$) kann aufgrund der dann sehr stark zunehmenden scheinbaren Zähigkeit eine Umkehr eintreten (s. auch Bild 2.60).

Bei der Berechnung der Rohrströmung nach Abschnitt 2.2.2.2. unter Hinzuziehung der experimentell ermittelten Fließkurven sind allerdings zumeist Abweichungen gegenüber dem gemessenen Druckverlust zu beobachten [2.73] [2.99]. Verschiedentlich wird dies auf die nicht identischen Strömungsverhältnisse (Rohr-Rotationsviskosimeter), auf unterschiedliche Wandrauhigkeiten sowie auftretende Absetzerscheinungen zurückgeführt. Neben den genannten mechanischen Effekten sind als Ursache vor allem geänderte Wechselwirkungskräfte gegenüber den grobdispersen Mischungen zu nennen. Sie bewirken zwangsläufig auch andere Anbindungsverhältnisse an der Wand. Unter anderem müssen so andere Materialien zu anderen Effekten führen, wie Messungen im Plastrohr zeigen [2.58]. Zum Verständnis der Abhängigkeiten wurde schon auf die nun bestimmenden Wechselwirkungskräfte hingewiesen:

− Van-der-Waals-Kräfte [2.88], z. B. für sehr kleinen Teilchenabstand s ($s < 50\,\mathrm{nm}$):

$$F_{vdw} \approx \frac{C_L\, d_K}{32 \pi s^2}\,; \qquad (2.144)$$

C_L Lifschitz/Van-der-Waals-Konstante ($\approx 10^{-20}\,\mathrm{J}$),

− elektrostatische Kräfte, in grober Näherung als Coulomb-Kraft zu deuten:

$$F_c \approx \frac{1}{4 \pi \varepsilon_o}\, \frac{q_1 q_2}{s^2}\,; \qquad (2.145)$$

ε_o Influenzkonstante ($= 8{,}85 \cdot 10^{-12}\,As/Vm$).

Abgesehen von der Wirkung unterschiedlicher Ladungen q, richtiger: Ladungsverteilungen an der Partikeloberfläche, die durch Messung des Zetapotentials [2.22] charakterisierbar sind, ermöglicht diese globale Beschreibung keine differenzierte Analyse des Stoffverhaltens. Als wesentlich sind die Erscheinungen bzw. Vorgänge an den Phasengrenzflächen sowie die Auswirkung von in Lösung befindlichen Ionen anzusehen. Es muß schon von der natürlich gegebenen Strukturierung des Wassers ausgegangen werden [2.26]. Der ausgesprochene Dipolcharakter der Wassermoleküle führt zu einer teilweisen Strukturierung über eine Wasserstoffbrückenbildung (Cluster). Hinzu kommt eine teilweise Dissoziation, am pH-Wert erkennbar:

$$2H_2O \rightleftharpoons (H_2O + H^+) + OH^-.$$

Unausbleiblich im Wasser gelöste Ionen und Moleküle führen zu einer erhöhten Strukturierung oder auch Strukturbrechung mit zuordenbaren Auswirkungen auf die Zähigkeit (Bild 2.64, nach [2.29]):

− strukturbrechende Ionen, zähigkeitssenkend
  $K^+, Rb^+, Cs^+, Cl^-, Br^-, J^-$ u. a.
− strukturbildende Ionen, zähigkeitserhöhend
  $Na^+, Li^+, Ca^{2+}, Mg^{2+}, Fe^-, SO_2^{2-}$ u. a.

Die Orientierungspolarisation des umgebenden Wassers mit mehr oder weniger Freiheitsgraden der Wassermoleküle ist somit auch zur gezielten Beeinflussung des Fließverhaltens nutzbar. Ebenso kommt es an Phasengrenzflächen zu einer Hydratation [2.43]. Die Folge ist eine Auflöseerscheinung, das Auftreten der sog. unausbleiblichen Ionen. Sowohl hierdurch als besonders auch durch Struktur und Bindungsart der festen Phase sowie durch die Vorgeschichte bedingt oder durch Adsorption von in Lösung befindlichen Ionen bzw. Kontakt- und Triboaufladung sind Oberflächenpotentiale an den Feststoffteilchen kaum zu vermeiden. Die Oberflächenladung bewirkt über das damit verbundene elektrische Feld eine Anreicherung von Gegenionen im Grenzflächenbereich, die Ausbildung einer sog. elektrischen Doppelschicht [2.33] [2.34] (Bild 2.65). Bei stabiler Anbindung der Ionen in der Sternschicht unterlie-

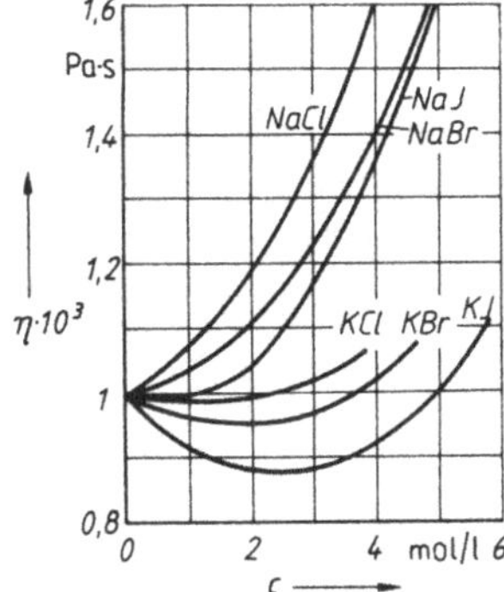

Bild 2.64. *Wirkung der Lösung von Salzen in Wasser auf die dynamische Zähigkeit*

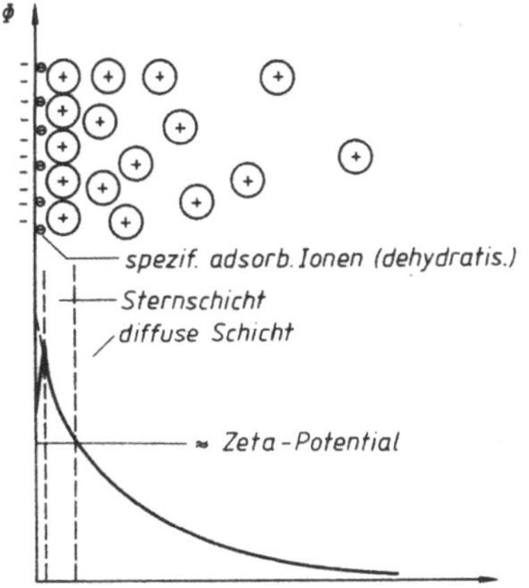

Bild 2.65. *Elektrische Doppelschicht, elektrisches Potential in Abhängigkeit vom Phasengrenzenabstand*

gen die Ionen der diffusen Schicht sowohl der Wärmebewegung als auch der Beeinflußbarkeit durch ein äußeres Kraftfeld, wie es z. B. bei der Scherung durch eine Umströmung gegeben ist. Die Ausbildung der elektrischen Doppelschicht ist neben dem Oberflächenpotential von der in der Lösung befindlichen Ionenkonzentration abhängig. Die Adsorbierbarkeit der Ionen wird durch ihre Hydrathülle und das Ionenpotential (Ladungszahl zu Ionenradius) bestimmt. Möglich ist so auch die Anlagerung von polaren Molekülen, wie sie bei Polymeren auftreten können. Damit ist quasi ein Stützgerüst aus Fadenmolekülen um die Feststoffteilchen aufbaubar, was z. B. die Stabilität einer Suspension erhöhen kann. Der Zusatz von Tensiden hat dagegen nicht eine solch weitreichende Wirkung. Erst bei geringen Teilchenabständen ist hier mit einer modifizierenden Wirkung zu rechnen. Beim Fließen von Suspensionen, mit der angedeuteten Beeinflussung der wäßrigen Phase und den Verhältnissen an der Phasengrenze, ist nun zusätzlich die Wechselwirkung zwischen den Teilchen und der Einfluß des Schergradienten zu beachten. In Abhängigkeit vom Aufbau der elektrischen Doppelschicht bzw. von den angelagerten Ionen und Moleküle insgesamt kommt es zu stoffspezifischen Wirkungen bei der wechselseitigen Annäherung bzw. Durchdringung.
Den typischen Verlauf der Wechselwirkungsenergie in Abhängigkeit vom Abstand zeigt Bild 2.66.
Mit zunehmendem Potential steigt das Maximum der abstoßenden Wirkung an (Energiebarriere).
Eine erhöhte Elektrolytkonzentration komprimiert die elektrische Doppelschicht und engt damit den Bereich abstoßender Wirkung bei gleichzeitiger Absenkung ein. Letztlich bei Ladungsausgleich wird die Stabilität der Suspension in Frage gestellt.
Verständlich ist so auch die unterschiedliche Wechselwirkung mit der Rohrwand.
Mit einer weiteren Modifikation ist bei Mehrstoffsystemen zu rechnen.

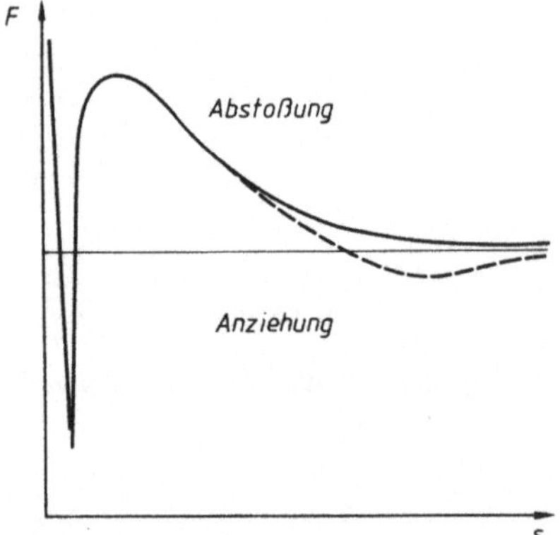

Bild 2.66. Wechselwirkung zwischen Teilchen

Das Oberflächenpotential sowie die in Lösung befindlichen Ionen oder Moleküle und ihre Konzentration sind also entscheidende Ansatzpunkte für das Verständnis des Fließverhaltens von Suspensionen. Vor allem bei weitreichenden Schichtbildungen – besonders auf den diffusen Teil der elektrischen Doppelschicht bezogen, auch gegeben bei der Anlagerung polarer Moleküle – muß mit einer starken Abhängigkeit vom Schergradienten gerechnet werden. Es ist das typische nichtnewtonsche Verhalten zu erwarten.

Diese Verhaltensweisen und Abhängigkeiten lassen erkennen, daß durch Zusätze somit wesentlich Einfluß auf das Fließverhalten genommen werden kann.

2.3.6. Transport polydisperser Systeme

Die zu transportierenden Güter, sowohl die natürlichen als auch die aufbereiteten, sind i. allg. polydispers. Nur in Sonderfällen, z. B. beim Plastegranulat, liegen nahezu monodisperse Stoffe vor. Je nach Entstehung der Körnerkollektive sind unterschiedliche Kornverteilungen vorhanden. Mit den bekannten Verteilungsnetzen [2.1]

– Potenzverteilung (GGS-Verteilung),
– Exponentialverteilung (RRSB-Verteilung),
– Normalverteilung (N-Verteilung),
– logarithmische Normalverteilung (LN-Verteilung)

wurde versucht, für die einzelnen Gruppen eine entsprechend einfache bzw. zur Charakterisierung zweckmäßige Form zu finden. So sind Produkte der Feinzerkleinerung zumeist der RRSB-Verteilung, solche der Kristallisation oftmals der LN-Verteilung zuordenbar [2.75]. Eine sichere Voraussage ist jedoch kaum möglich. In jedem Fall sind die Normverteilungen als Approximation zu verstehen.

Die empirische bzw. halbempirische Herleitung der Berechnungsgleichungen für den hydraulischen und pneumatischen Transport unter Nutzung realer Feststoffe berücksichtigt zwangsläufig diese Situation [2.81] [2.94]. Zum Ausdruck kommt dies unter anderem in der Arbeit mit einem mittleren Korndurchmesser (s. auch Abschnitt 2.1.2.). Andererseits wird so auch offensichtlich, daß bei der Anwendung der Berechnungsgleichungen auf die breite Palette realer Kornverteilungen bei den zu transportierenden Stoffen eine exakte Bestimmung des Druckverlustes und der kritischen Geschwindigkeit nicht zu erwarten ist. War schon bei der Einphasenströmung auf Unsicherheiten hinzuweisen (s. Abschnitt 2.2.3.), so muß hier erst recht ein Toleranzbereich von ± 10 % genannt werden.

Unter Bezugnahme auf die Klassifizierung der Feststoffe (s. Abschnitt 2.3.3.) sowie das grundsätzlich unterschiedliche Fließverhalten einerseits von grobdispersen Mischungen (s. Abschnitt 2.3.4.) und andererseits von Suspensionen (s. Abschnitt 2.3.5.) ist eine Präzisierung vorstehender Aussagen notwendig.

Bei den Suspensionen ist vom Studium bzw. der Erfassung der rheologischen Eigenschaften auszugehen. Dieser sog. Feinkorntransport bedarf also einer gesonderten Betrachtung [2.55]. Voraussagen zum rheologischen Verhalten in universeller Form liegen noch nicht vor. Die Berechnung der Rohrströmung bereitet dann, bis auf die geschilderten Unsicherheiten (s. Abschnitt 2.3.5.) keine Probleme.

Besondere Berechnungsgleichungen waren für den Grobkornbereich aufzustellen. Hier ist allerdings zwischen feindispersen und grobdispersen Mischungen unterschieden worden. In der Praxis liegen kaum Stoffe ohne einen feindispersen Anteil vor. Er ist somit auch bei den Berechnungsgleichungen für den heterogenen Transport erfaßt. Lediglich bei sehr hohem Anteil oder ausschließlich feindispersen Stoffen ist mit größeren Abweichungen zu rechnen. Beim üblichen Konzentrationsbereich des heterogenen Transports ($c_T < 0{,}20$) dürfte der Fehler auf 20 % ansteigen. Bei höheren Konzentrationen, die bei feindispersen Mischungen anzustreben wären, sind gesonderte Untersuchungen notwendig [2.64].

Andersgeartete Probleme ergeben sich beim Überschreiten der Bereichsgrenze zwischen Suspensionen und Mischungen [2.42]. Es liegt dann ein Transport des Grobkorns (heterogenes System) in einem gegenüber dem reinen Trägermedium geänderten Fluid (quasihomogenes System) vor. Hinsichtlich der Behandlung eines solchen komplexen Falles muß von den jeweiligen Anteilen ausgegangen werden. Das Gesamtsystem ist aufzugliedern in Feinkornanteil ($\dot{m}_{M,\,hom}$, $\dot{V}_{M,\,hom}$) und Grobkornanteil ($\dot{m}_{M,\,het}$, $\dot{V}_{M,\,het}$). Die weitere Analyse erfolgt nach [2.96] zu

$$c_T = c_{T,\,ges} = c_{T,\,hom}^* + c_{T,\,het}^* \tag{2.146}$$

mit

$$c_{T,\,hom}^* = \frac{\dot{V}_{M,\,hom}}{\dot{V}_G}; \qquad c_{T,\,het}^* = \frac{\dot{V}_{M,\,het}}{\dot{V}_G}.$$

Im Sinne der Beachtung des unterschiedlichen Fließverhaltens ist richtiger zu wählen

$$c_{T,\,hom} = \frac{\dot{V}_{M,\,hom}}{\dot{V}_F + \dot{V}_{M,\,hom}}; \qquad c_{T,\,het} = \frac{\dot{V}_{M,\,het}}{(\dot{V}_F + \dot{V}_{M,\,hom}) + \dot{V}_{M,\,het}}. \tag{2.147}$$

Mit der entsprechenden Aufspaltung des Feststoffs in $\dot{V}_{M,\,hom}$ und $\dot{V}_{M,\,het}$, ausgedrückt durch den Feinkornanteil q:

$$q = \frac{\dot{V}_{M,\,hom}}{\dot{V}_{M,\,ges}}, \tag{2.148}$$

Tafel 2.23. Konzentrationsbeziehungen bei Feststoff mit Feinkornanteil

	c_T	$c_{T,hom}$	$c_{T,het}$
$c_T =$	–	$\dfrac{c_{T,hom}}{q + (1-q)\,c_{T,hom}}$	$\dfrac{c_{T,het}}{1-q}$
$c_{T,hom}$	$\dfrac{q c_T}{1-(1-q)\,c_T}$	–	$\dfrac{q c_{T,het}}{(1-q)(1-c_{T,het})}$
$c_{T,het}$	$(1-q)\,c_T$	$\dfrac{c_{T,hom}}{\dfrac{q}{1-q} + c_{T,hom}}$	–
$c_{T,hom}^*$	$q c_T$	$\dfrac{c_{T,hom}}{1 + \dfrac{1-q}{q}\,c_{T,hom}}$	$\dfrac{q}{1-q}\cdot c_{T,het}$
$c_{T,het}^*$	$(1-q)\,c_T$	$\dfrac{c_{T,hom}}{\dfrac{q}{1-q} + c_{T,hom}}$	$c_{T,het}$

ergeben sich die in Tafel 2.23 angegebenen Beziehungen. Der Transport des Grobkornanteils ($c_{T,\,het}$) erfolgt in einem Trägermedium geänderter Eigenschaften: $c_{T,\,hom}$-Wirkung entsprechend Abschnitt 2.3.5. Wie schon erläutert, ist das Fließverhalten einer Suspension ($Re^* < 0{,}1$) stark von der Konzentration abhängig. Somit ist auch die der Problemstellung gemäße Definition nach Gl. (2.147) heranzuziehen. Bild 2.67 verdeutlicht die Abweichung gegenüber der Näherung nach Gl. (2.146). Bei kleinen Gesamtkonzentrationen c_T ist die Differenz gering, bei größeren muß sie beachtet werden.

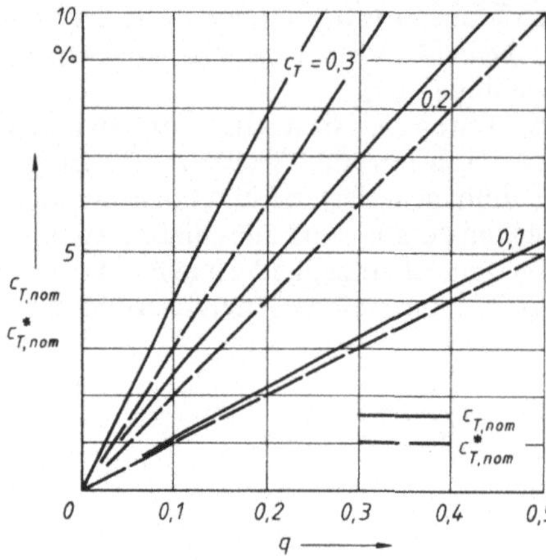

Bild 2.67. Konzentrationsverhältnisse beim Feststofftransport mit Feinkornanteil q

Hinsichtlich der tendenziellen Wirkung eines Feinkornanteils läßt sich als Orientierung angeben (s. auch [2.80]):

– Druckverlusterhöhung bei kleinem $c_{T,\,het}$ ($c_{T,\,het} < 5 \ldots 10\,\%$),
– Druckverlusterniedrigung bei hohem $c_{T,\,het}$.

Da bei vielen industriellen Aufgabenstellungen eine niedrige Konzentration in Ansatz gebracht wird und darüber hinaus nur ein geringer Feinkornanteil vorliegt, kann mit folgender Approximation gearbeitet werden [2.96]:

– Beschreibung des Feinkornanteils nach Gl. (2.146),
– Berücksichtigung der Wirkung über die erhöhte Dichte der Suspension (s. Tafel 2.19)

$$\varrho_{G,\,hom} = q c_T \varrho_M + (1 - q c_T)\,\varrho_F \tag{2.149}$$

und ggf. über die geänderte Zähigkeit nach Gl. (2.143)

$$\eta_{hom} = \eta_F\,\frac{1 + 0{,}5 q c_T}{(1 - q c_T)^2}, \tag{2.150}$$

– Berechnung des Druckverlustes und der kritischen Geschwindigkeit nach den Beziehungen für den heterogenen Transport (Mischungen) mit einer Konzentration $c_{T,\,het} = (1 - q)\,c_T$ und einem mittleren Korndurchmesser d_{km}, der nur vom verbleibenden Grobkornbereich zu bilden ist.

Bis zu Konzentrationen von $c_{T,\,hom} \leqq 2\,\%$ ist so eine gute Näherung gegeben, mit Einschränkungen bis zu $c_{T,\,hom} \leqq 5\,\%$. Bei höheren den Feinkornanteil betreffenden Konzentrationen sind dann gesonderte Untersuchungen notwendig. Ggf. ist eine Einschachtelung durch Nachrechnung der beiden Grenzfälle Suspension bzw. Mischung möglich.

Anzumerken ist noch, daß ähnliche Probleme auftreten, wenn die Feststoffdichte sich der Dichte des Trägermediums nähert [2.87]. Auch für diesen Fall ist eine Extrapolation der Berechnungsgleichungen des heterogenen Transports nicht ohne weiteres möglich.

2.3.7. Verschleiß

Beim Feststofftransport ist, im Gegensatz zu sonstigen Anlagen, neben den funktionellen und konstruktiven Anforderungen die Verschleißbeanspruchung gleichwertig bei der Anlagenbemessung und -gestaltung zu berücksichtigen. Schon nach 200 h Betrieb oder weniger als 50000 m³ Feststoffdurchsatz können Ausrüstungen verschlissen sein.

So sind sowohl die Transportparameter, wie Fördergeschwindigkeit und Konzentration, als auch die zu wählende Technologie, z. B. Stoff- und Energieeinbringung, oder eine einzuordnende Feststoffaufbereitung und damit die Anlagengestaltung unter Beachtung des zu erwartenden Verschleißes festzulegen. Der Verschleiß kommt durch das Auftreffen der Teilchen auf die Wandung der Bauteile zustande. Je nach Verständnis des Vorgangs bzw. des Ordnungsprinzips spricht man von Abrasion, Ermüdungsverschleiß oder auch Abtragverschleiß. Unter Umständen, besonders beim hydraulischen Transport, kommt Korrosion hinzu. Ist dies der Fall, so tritt eine wechselseitige Intensivierung der Bauteilschädigung ein. Die ablaufenden Vorgänge sind sehr komplexer Natur. Dies kommt schon in der Erläuterung der o. g. Begriffe zum Ausdruck:

- abrasiver Verschleiß, z. B. [2.12] [2.23] [2.38]:
  Durchdringung der Körper; durch Pflugwirkung kommt es zur Riefenbildung und Mikrozerspanung,
- Ermüdungsverschleiß, z. B. [2.6] [2.38]:
  Wiederholte elastische und plastische Deformation; Zerrüttung führt zur Rißausbildung und Partikelablösung,
- Abtragverschleiß, mit der Aufgliederung [2.10]
  - Stufe 1: Mikrobruch durch mehrmalige elastische Verformung,
  - Stufe 2: Mikrobruch durch mehrmalige plastische Verformung,
  - Stufe 3: Mikrobruch durch einmalige Verformung.

Der jeweils eintretende Mechanismus ist von der Beanspruchungsart und -intensität sowie den Stoffeigenschaften der Feststoffteilchen und des Werkstoffs abhängig. Damit wird offensichtlich, daß die Verschleißbeständigkeit eine sog. Systemeigenschaft ist. Die Wirkung ist abhängig von folgenden Komplexen:

- Bewegungsverhalten der Feststoffteilchen im Fluid und damit Art der Kontaktierung mit der Bauteiloberfläche (Geschwindigkeit, Richtung, Häufigkeit bzw. Frequenz),
- Art der Feststoffteilchen (Größe, Form, Elastizität, Härte usw.),
- Eigenschaften des Werkstoffs der Bauteiloberfläche (Festigkeit, Zähigkeit, Elastizität, Härte usw. aber auch Mikrostruktur, Phasenstabilität usw.).

Die stochastische, äußerst differenzierte Beanspruchung des örtlich jeweils sehr begrenzten Kontaktierungsbereichs sowie die nicht geschlossene, festkörpermechanisch berechenbare Auswirkung im Mikrobereich lassen nur eine globale Ermittlung der Verschleißintensität zu. Für die Untersuchung und Quantifizierung beim Feststofftransport ergibt sich eine Vereinfachung durch eine gewisse Gleichartigkeit des Problems. Zum einen kommt nur ein begrenztes Sortiment vor allem metallischer Werkstoffe zum Einsatz; zum anderen hat man meist lediglich zwischen dem Transport von Mischungen und dem von Suspensionen zu unterscheiden. Das bestimmende Hauptelement ist das zylindrische Rohr. Wesentlich komplizierter wird somit aber auch die Einschätzung der weiteren Bauteile (Krümmer usw.) und Ausrüstungen (Schleusen, Pumpen usw.) [2.82].
Unterschieden werden muß bei dem hier auftretenden Erosionsverschleiß vom Trägermedium her

- Spülverschleiß beim hydraulischen Transport,
- Strahlverschleiß beim pneumatischen Transport.

Eine Untersetzung erfolgt vor allem nach dem Auftreffwinkel der Teilchen auf die Bauteiloberfläche (Tafel 2.24).
Umfangreiche experimentelle Untersuchungen dienten der Ermittlung der Abhängigkeit des

Tafel 2.24. Spülverschleiß, Feststoffteilchen in Flüssigkeit (analog Strahlverschleiß, Feststoffteilchen im Gas)

Verschleißart	Bewegung der Teilchen relativ zur Bauteiloberfläche	Beispiele
Gleitspülverschleiß	parallel $\alpha = 0°$	Flächenverschleiß im geraden Rohr
Schrägspülverschleiß	unter einem Winkel $0° < \alpha < 90°$	Rohreinbauten, z. B. Krümmer, Störstellen, z. B. bei nicht exakter Rohrmontage, Pumpen
Prallspülverschleiß	senkrecht $\alpha = 90°$	Einbauten, Ausrüstungen, zumeist nicht den Gesamtstrom, sondern nur einzelne Teilchen betreffend

Verschleißes von erkannten, wesentlichen Einflußfaktoren (Tafel 2.25). Die Komplexität des Vorgangs führt bei Überschreitung des Zutreffensbereichs leicht zu Fehlern bei der Verallgemeinerung bestimmter, quantitativer Abhängigkeiten. Dies ist vorwiegend bei einem Wechsel entscheidender Komponenten des Gesamtsystems zu verzeichnen. Genannt werden können diesbezüglich der Verschleiß in der Nähe der kritischen Geschwindigkeit, ein erhöhter Feinkornanteil oder auch eine geänderte Werkstoffstruktur [2.52].
Die theoretische Durchdringung ist von der Verschleißforschung insgesamt nicht zu trennen [2.10] [2.16] [2.19]. Ausgehend von phänomenologischen Betrachtungen erfolgte eine zunehmende Durchdringung der Vorgänge, wobei auch heute noch keine geschlossene Konzeption vorliegt.
Speziell für den Erosionsverschleiß sind vor allem Untersuchungen zur Abhängigkeit des Verschleißes von den Werkstoffeigenschaften, besonders der Härte [2.97], und von der Teilchen bzw. Strahlgeschwindigkeit sowie dem Auftreffwinkel [2.41] zu nennen.

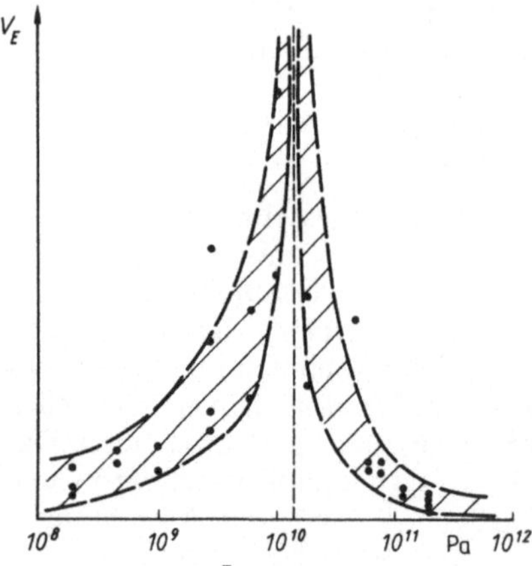

Bild 2.68. Abhängigkeit des Verschleißes V_E vom Elastizitätsmodul E_R des Werkstoffs

Modellvorstellungen wurden auf der Basis einer energetischen Betrachtungsweise [2.62], einer festkörpermechanischen Berechnung [2.6] sowie der Ähnlichkeitstheorie, angewendet auf die Strömungsverhältnisse [2.86], entwickelt. Herausgearbeitet wurde dabei unter anderem eine wesentliche Abhängigkeit vom Elastizitätsmodul der Werkstoffe (Bild 2.68, nach [2.62]).

Tafel 2.25. Einflußgrößen und Abhängigkeiten beim Transport von Mischungen (heterogenes System)

Parameter	Abhängigkeit	Bemerkungen
Geschwindigkeit v_M bzw. v_G	$V_E \sim v_G^n$ $\quad n = 2,2 \dots 3,3$	wesentlicher Einfluß auf Wirtschaftlichkeit
Konzentration c_T	$V_E \sim c_T^n$ $\quad n < 1$ $\quad (0,3 \dots 0,7)$	wesentlicher Einfluß
Auftreffwinkel α		werkstoffabhängig *1* Plaste, Elaste; *2* duktile Stähle; *3* spröde Werkstoffe
Teilchengröße d_{Km}	$V_E \sim d_{Km}^n$ $\quad n < 1$	bei kleinem d_{Km} großer Einfluß
Teilchenform	$V_E = k_F V_{E.\,Kugel}$ $\quad k_F = 1 \dots 3$	zunehmend mit Unregelmäßigkeit u. Scharfkantigkeit (abhängig von Material, Abrieb)
Stoffdichte $\dfrac{\varrho_M - \varrho_F}{\varrho_F}$	$V_E \approx a\,\dfrac{\varrho_M - \varrho_F}{\varrho_F}$	über kinetische Energie wirksam
Härte – Feststoff – Werkstoff		Hoch- od. Tieflage abhängig vom Härteverhältnis
Elastizitätsmodul E (Werkstoff)	$V_{E.\,max}$ bei $\quad E = 1{,}4 \cdot 10^{10}\ \mathrm{Pa}$	gekoppelt mit Plastizität des Werkstoffs (Verformungsreserve)
Zeit, Rohrlänge t, l	$V_E \sim t^n$ $\quad \sim l^n$ $\quad n < 1$	Anfangsverschleiß i. allg. größer (Muldenbildung, Abrieb usw.)
Spezifischer Verschleiß $V_E/\dot m_M$	$V_E/\dot m_M \sim \dfrac{v_G^n}{c_T^n,\ d_R^n n^n}$ $\quad n > 1$	wesentlich für Wirtschaftlichkeit

Eine pragmatische Beziehung zur Bestimmung des Rohrverschleißes beim heterogenen Transport unter Beachtung von betrieblichen Rohrdrehungen liegt mit [2.91] vor:

$$\Delta s = \xi\,\frac{v_G c_T t_B \cdot 3600}{n_R \chi}\ m. \tag{2.151}$$

Dabei sind n_R die Anzahl der Rohrlagen (1 bis 4), χ ein die Anzahl der Rohrlagen korrigierender Koeffizient und ξ der spezifische Rohrverschleißkoeffizient, abhängig vom Teilchendurchmesser d_{Km}, der Teilchenform und der Stoffpaarung Feststoff – Rohrwand.
Neben ständiger Präzisierung der vorliegenden Ansätze wird zunehmend der Einfluß der Mikrostruktur der Werkstoffe untersucht [2.52] [2.83]. Damit erfolgt der Abgang von der Annahme einer Isotropie des Werkstoffs, wie sie für Konstruktionswerkstoffe zweckmäßig war.

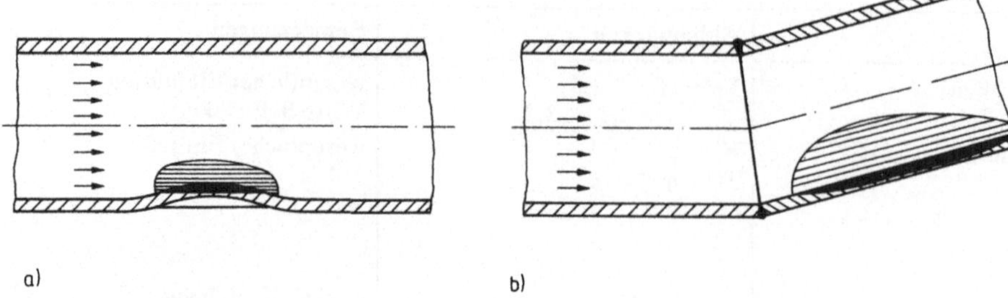

Bild 2.69. Verschleißwirkungen
a) bei deformiertem Rohr; b) nach einem Rohrknick

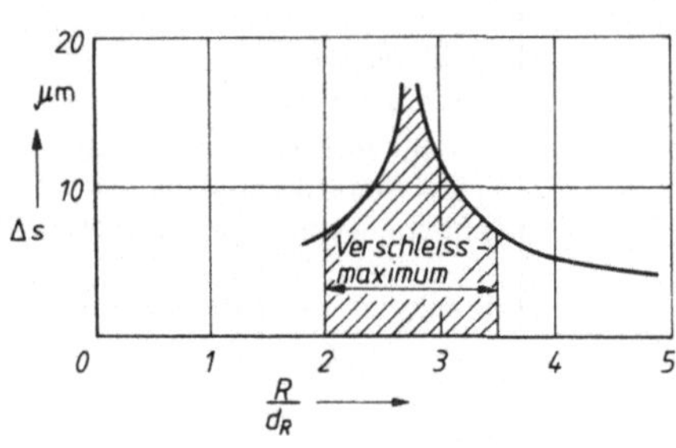

*Bild 2.70. Verschleiß von 90°-Rohrleitungs-
bögen in Abhängigkeit vom Biegeradius*

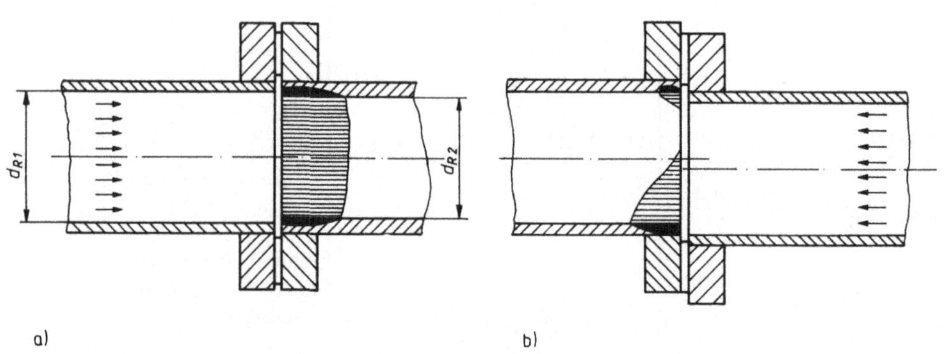

Bild 2.71. Verschleißerscheinungen bei Flanschverbindungen
a) unterschiedliche Rohrdurchmesser; b) versetzte Rohrleitungen

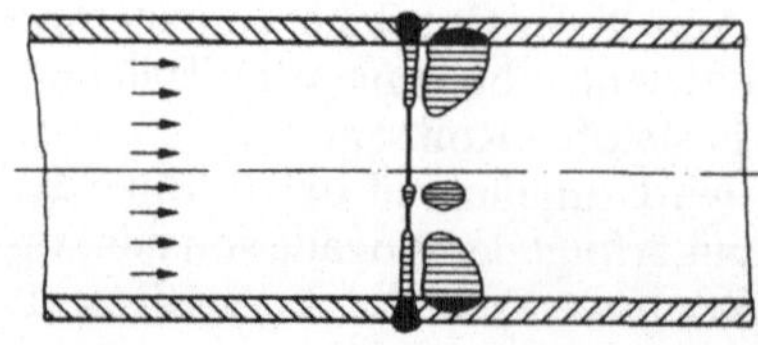

*Bild 2.72. Muldenverschleiß infolge mangelhafter
Schweißnahtausführung*

Hierdurch ist auch eine weitere gezielte Minimierung des Verschleißes möglich [2.56]. Obwohl noch keinesfalls von einer geschlossenen Theorie gesprochen werden kann, liegen so praktikable Berechnungsansätze und ein großer Fundus von Versuchsergebnissen, z. B. [2.20] [2.49], und praktischen Erfahrungen vor, die eine Vorausbestimmung des zu erwartenden Verschleißes ermöglichen.

Wird über die Projektierungsphase hinaus, bei der Gestaltung der Ausrüstungen sowie der Montage, mit der hier besonders notwendigen Sorgfalt gearbeitet, so läßt sich gewährleisten, daß der kontinuierlich fortschreitende Verschleiß des gesamten Anlagensystems kalkulierbar bleibt. Unvorhergesehene Havariefälle und Instandsetzungsarbeiten, besonders infolge erhöhter lokaler Verschleißwirkung, sind dann auf ein Minimum beschränkbar.

Zur Erreichung dieser Zielstellung sind folgende Richtlinien zu beachten:

- Wahl der Transportparameter unter dem Gesichtspunkt möglichst niedriger Geschwindigkeit und hoher Konzentration,
- Auswahl der Rohre und Bögen (Werkstoff- und Herstellungstechnologie) nach ökonomischen Gesichtspunkten unter besonderer Berücksichtigung des zu erwartenden Verschleißes,
- Einsatz ausgekleideter Rohre und Bögen (keramische Massen, Kupferschlacke, Basalt, Gummi, PUR) in Abhängigkeit vom Fördergut und von den Transportbedingungen,
- Verstärkung gefährdeter Abschnitte im Transportsystem durch Panzerung/Beschichtung,
- Vermeiden von Knicken und Krümmungen in der Rohrleitung sowie von Deformationen der Rohrleitungselemente, s. Bild 2.69,
- Wahl einer verschleißgünstigen Krümmung bei Rohrleitungsbögen ($R/d_R > 3{,}5$), s. Bild 2.70,
- Zusammenfügen von Rohrleitungselementen unterschiedlicher Innendurchmesser durch Einpassen diffusorartiger Zwischenstücke (Vermeidung plötzlicher Querschnittsänderungen), s. Bild 2.71 a,
- exakte Montage der gesamten Rohrleitung (stoßfreie Flanschverbindungen, Schweißnähte mit sauberer Wurzelschweißung), s. Bilder 2.71 b und 2.72,
- Periodisches Drehen verschleißgefährdeter Rohrleitungsabschnitte,
- verschlissene Rohrbögen mit anschließendem Rohrabschnitt auswechseln.

2.4. Ähnlichkeit

Bei der Übertragung bestimmter ermittelter Zusammenhänge oder ihrer Verallgemeinerung wird oftmals auf die Ähnlichkeit Bezug genommen. Verschiedene Unklarheiten dabei lassen es notwendig erscheinen, hier nochmals auf Grundsätzliches einzugehen. Eine Überschätzung ergibt sich verschiedentlich durch real gegebene nur teilweise Ähnlichkeit und andererseits durch Annahme einer universellen Gültigkeit aufgestellter Beziehungen.

Die Ähnlichkeitstheorie ist eine gebräuchliche Methode zur Ermittlung und Präzisierung von Abhängigkeiten bei Problemen, wo eine exakte Lösung der die Zusammenhänge beschreibenden Differentialgleichung nicht gelingt [2.4] [2.15] [2.67]. Die meisten derartigen den Vorgang erfassenden Differentialgleichungen, so wie auch hier beim Feststofftransport, sind Potential- bzw. Kräftebilanzen. Bei dimensionsloser Schreibweise ergeben sich zwangsläufig Koeffizienten der Verhältnisse der gewählten Bezugsparameter, gekoppelt mit Stoffwerten. Die Verhältnisse der Koeffizienten der einzelnen Summanden der Differentialgleichung, bei Kräftegleichgewichten also Kräfteverhältnisse, sind die Ähnlichkeitskennzahlen. Der gleiche Vorgang mit gleichen Verhältnissen führt zwangsläufig zur gleichen Lösung.

Bezogen z. B. auf die Hagen-Poiseuille-Strömung (s. Abschnitt 2.2.2.1.) erhält man folgerichtig bei gleicher Reynolds-Zahl auch die gleiche Euler-Zahl und somit den gleichen Rohrreibungsbeiwert λ:

$$Eu = \frac{\Delta p}{(\varrho/2)v^2} \Rightarrow \frac{\Delta p_v}{(\varrho/2)\bar{v}^2} = \lambda \, \frac{l}{d}\,. \qquad (2.152)$$

Bei geänderten Proportionen, aber noch gleichem Vorgang und auch gleichen Randbedingungen, also beschrieben durch homologe Differentialgleichungen, folgt dann eine Abhängigkeit der Lösung von den Koeffizientenverhältnissen, d. h. den Ähnlichkeitskennzahlen.
Im genannten Beispiel:

$$Eu^* = \lambda = f(Re).$$

Die exakte Lösung ergab bekanntlich $\lambda = 64/Re$.
Die Ermittlung der zutreffenden Ähnlichkeitskennzahlen kann also über die den Vorgang beschreibende Differentialgleichung erfolgen. Heranziehbar sind aber auch die direkten Potential- bzw. Kräfteverhältnisse oder eine Kopplung der Einzelparameter unter Beachtung der Dimensionen (Dimensionsanalyse).
Mit der Ähnlichkeitstheorie hat man somit ein Mittel, um

- Modelluntersuchungen durchzuführen (notwendige Proportionen für die gleiche Lösung, z. B. den Druckverlustbeiwert ζ oder die kritische Geschwindigkeit),
- die Übertragung oder Verallgemeinerung vorliegender Erkenntnisse zu beurteilen,
- systematisch Abhängigkeiten zu bestimmen oder vorliegende Ergebnisse zu systematisieren,
- für Experimente eine zweckmäßige Versuchsstrategie festzulegen.

Probleme ergeben sich oftmals, so auch beim Feststofftransport, bezüglich der vollständigen Aufstellung der Differentialgleichung und ebenso der Einhaltung oder Berücksichtigung aller zutreffenden Ähnlichkeitskennzahlen. Wie für diese physikalische Ähnlichkeit, so trifft dies auch für die geometrischen Proportionen, die geometrische Ähnlichkeit zu. Bei einer solchen Situation macht sich dann die Beachtung vor allem der den jeweiligen Vorgang hauptsächlich bestimmenden Kräfte bzw. Kennzahlen erforderlich. Erschwert wird dies durch die teilweise Unkenntnis über verschiedene Prozesse. Am Beispiel des Verschleißes wird das besonders deutlich (Wechselwirkung mit bzw. Verhalten des Werkstoffs). Die Kunst besteht also in der Auswahl der bestimmenden Ähnlichkeitskennzahlen und der Ermittlung der Abhängigkeiten über den gesamten interessierenden, meist sehr großen Bereich. Gerade hier wird verschiedentlich leichtfertig vorgegangen und unzulässig verallgemeinert.
Beim Feststofftransport sind für die Anlagenbemessung in erster Linie der Druckverlust, die kritische Geschwindigkeit und der Verschleiß zu bestimmen. Bei keinesfalls vollständiger Erkenntnis des komplexen Transportvorgangs muß als erstes das unterschiedliche Verhalten in den einzelnen angegebenen Bereichen (s. Abschnitt 2.3.3.) beachtet werden. Ein Überschreiten der Grenzen mit gleichem Funktionsansatz der Kennzahlen führt zwangsläufig zu Fehlern.
Für den Transport von Mischungen, den Grobkorntransport, wäre also von den Kräften nach Bild 2.55 auszugehen. Das Gesamtsystem, bei notwendiger zeitlicher Mittelwertbildung, ist jedoch kaum beherrschbar. So erfolgt meist eine Beschränkung auf die Kennzahlen, die schon von der Einphasenströmung und der Einzelteilchenbewegung her als wesentlich erkannt worden sind:
- im Abschnitt 2.1.4. Fr_K, Re_K, Ar_K,
- im Abschnitt 2.2.3. Re.
Hinzugezogen wird von den meisten Bearbeitern die naheliegende Froude-Zahl für die Gemischströmung: $Fr = v_G^2/(gd_R)$.
Ein Beispiel für die geschilderte Arbeitsweise ist die Beziehung für den Schlupf nach [2.98]:

$$s = 1{,}4\,e^{-(0{,}55Fr/\sqrt{Fr_K})}. \tag{2.153}$$

Auch die Modelle zur Ermittlung von Berechnungsgleichungen für den Druckverlust und die kritische Geschwindigkeit (s. Abschnitt 2.3.4.) führen meist zu Parameterkombinationen, die den genannten Kennzahlen entsprechen.
Es ist also zu erkennen, daß die Ähnlichkeitstheorie gerade für den hydraulischen und pneumatischen Transport eine große Bedeutung hat. Exakte Lösungen sind kaum angebbar, um so mehr muß die Leistungsfähigkeit von Berechnungsgleichungen bei nur teilweiser Ähnlichkeit beachtet werden.

3. Hydraulischer Transport

3.1. Berechnungsgrundlagen

Mit Bezug auf die im Abschnitt 2.3. dargelegten Spezifika der Zweiphasenströmung fest-flüssig erscheint es zweckmäßig, nur zwischen homogenen und heterogenen Systemen zu unterscheiden. Bedingt durch die Unterschiede in den Bewegungsvorgängen der Systeme ergibt sich eine differenzierte Herangehensweise bei der Beschreibung der Bewegung dieser Gemische. Ihr äußeres Erscheinungsbild als Rohrleitungskennlinie stellt sich entsprechend unterschiedlich dar (Bild 3.1).

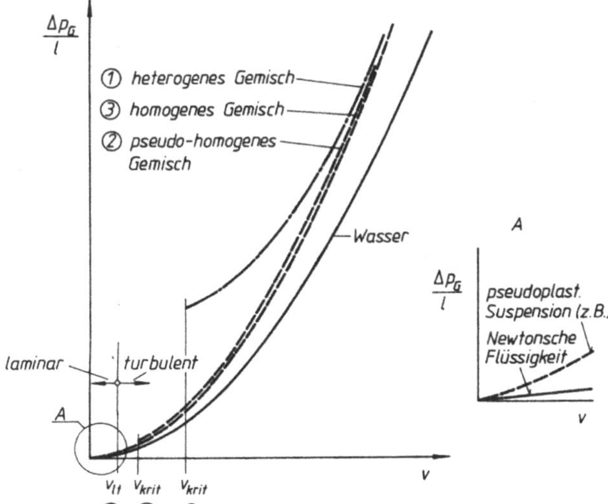

Bild 3.1. Rohrleitungskennlinien bei Flüssigkeits-Feststoff-Gemischen

Homogene (und pseudohomogene) Suspensionen können als Kontinua betrachtet werden, so daß die Berechnungsgrundlagen auf den Gesetzmäßigkeiten und der Herangehensweise bei der Beschreibung einphasiger Medien newtonschen oder nichtnewtonschen Fließverhaltens fußen.

Heterogene Systeme werden entsprechend als Zweiphasensysteme betrachtet, wobei die Berechnungsgrundlagen auf der Beschreibung der Wechselwirkung der Phasen aufbauen.

In der praktischen Realisierung zu fördernde Haufwerke lassen häufig eine eindeutige Zuordnung zu einem Gemischtyp nicht zu. Besonders in solchen Fällen ist haufwerksspezifisch zu arbeiten, wobei in der Regel vom mengenmäßigen bzw. in der Verhaltensweise dominierenden System ausgegangen wird.

Neben der wie bei Einphasenströmungen zur Rohrleitungsberechnung bzw. -dimensionierung notwendigen Kenntnis des parameterabhängigen Reibungsdruckverlustes sind bei Gemischen zusätzlich Grenzgeschwindigkeiten (kritische Geschwindigkeiten) zu berücksichtigen, die ebenfalls systemtypisch sind. Das betrifft bei homogenen Systemen zur klaren Erfassung und Beschreibung der rheologischen Eigenschaften und bei pseudohomogenen Systemen, die nur im turbulenten Strömungszustand gefördert werden können, die Übergangsgeschwindigkeit laminar turbulent v_{lt}. Im letzteren Fall ist diese Übergangsgeschwindigkeit Kriterium der Transportstabilität.

Heterogene Systeme können nur turbulent gefördert werden. Auch hier darf eine bestimmte Transportgeschwindigkeit nicht unterschritten werden, damit keine Ablagerungen und Verstopfungen auftreten. Diese wird als kritische Geschwindigkeit v_{krit} bezeichnet.

Die besonderen Wirkungen der Gemischströmung hinsichtlich Verschleiß und Druckstoß tragen grundlegenden Charakter für die festigkeitsmäßige Dimensionierung unter Berücksichtigung der Lebensdauer. Dementsprechend gehört ihre Quantifizierung zu den Berechnungsgrundlagen.

3.1.1. Transport homogener und pseudohomogener Gemische

Als homogen und pseudohomogen (vgl. Abschnitte 2.2.2.2. und 2.3.3.) werden solche Suspensionen bezeichnet, deren Fließeigenschaften wie die der Kontinua beschrieben werden können. Gegenüber den echten Kontinua ist bei Gemischen auf einige Spezifika aufmerksam zu machen, die die Beschreibung des Fließverhaltens erschweren:

- Die feste Phase mit ihrer fixierten Teilchenform führt auch bei Dichtegleichheit von Flüssigkeit und Feststoff zu veränderten Strömungsverhältnissen. Die Haftbedingung an der Rohrwand als eine Grundlage der Vorstellung von der Bewegung einphasiger Medien kann nicht mehr vorbehaltlos vorausgesetzt werden [3.134] [3.186].
- Pseudohomogen wird im Sinne von gleichverteilt über den betrachteten Rohrleitungsquerschnitt verstanden. Diese Situation ist oft nur bei turbulenter Strömung und höherer v_G näherungsweise gegeben. Somit ist die Kennzeichnung des Gemisches nicht auf den Ruhe-, sondern auf den entsprechenden Transportzustand bezogen.
- Die hier betrachteten Suspensionen sind in der Realität häufig mit herterogenen (sedimentierenden) Feststoffanteilen, wenn auch in geringer Konzentration, „verunreinigt", was die Berücksichtigung von v_{krit} bei der Bemessung notwendig macht [3.167].
- In der Regel werden homogene Suspensionen durch größere Feststoffanteile ($c_R > 0{,}1$) gebildet, wodurch das nichtnewtonsche Fließverhalten besondere Bedeutung gewinnt und die Vorausberechnung der Rohrkennlinie erheblich erschwert wird.
- Haufwerke, die in der Praxis zu fördern sind, weisen meist polydispersen Charakter auf, so daß die entsprechenden Suspensionen selten eindeutig einem Verhaltenstyp zugeordnet werden können.

3.1.1.1. Gemischkennzeichnung und Transporteigenschaften

Zur Beschreibung der Gemischeigenschaften wird die Darstellungsweise von newtonschen und nichtnewtonschen Medien [3.168] (vgl. Abschnitt 2.2.2.2.) verwendet. Da die Fließeigenschaften in der Regel spezifisch für die jeweilige Suspension sind, ist deren Bestimmung auf experimentellem Wege mit geeignetem Viskosimeter die Voraussetzung, um das zutreffende Fließgesetz mit den gültigen rheologischen Parametern zu ermitteln. Im turbulenten Bereich der Strömung sind die erforderlichen Ergebnisse nur mit Hilfe von Messungen in der Rohrleitung zu erhalten.

Mit welchen Beeinflussungen und mit welcher Wirkung der das Gemisch kennzeichnenden Parameter muß qualitativ gerechnet werden?

Fließgesetz und rheologische Parameter sind strenggenommen nur hinreichend charakterisierend für homogene Suspensionen mit Teilchendurchmessern ($d_k < 1\ \mu m$), bei denen die zwischenpartikularen Kräfte die Gleichverteilung gewährleisten. Werden Entmischungserscheinungen beobachtet, so wird der Gültigkeitsbereich der Messungen eingeschränkt.

Die Vorgeschichte (z. B. chemische oder biologische Prozesse), wie beispielsweise bei Gülle beobachtet, kann zusätzlich kennzeichnend sein [3.37].

Unterschiedliche mechanische Beanspruchungen können zu ähnlichen Resultaten führen [3.134], z. B. bei Aufschlämmungen von Ton stapeln sich dessen schuppenförmige Teilchen flach übereinander, wenn die Scherbeanspruchung stetig verringert wird. Ein plötzlicher Abbruch dieser führt zu einer „Kartenhausstruktur", die bei Wiederaufnahme der Scherbeanspruchung wesentlich größere Schubspannungen verursacht. Diese Erhöhung wird jedoch nach einer bestimmten Zeit wieder abgebaut.

Die Parameter des Feststoffs beeinflussen das Fließverhalten unterschiedlich [3.179]:

- Abnehmende Teilchengröße bedeutet zunehmende Ausprägung nichtnewtonschen Fließverhaltens, bedingt durch abnehmende Schwerkraft bei zunehmenden elektrischen Wechselkräften zwischen den Teilchen (Bild 3.2a).
- Zunehmende Abweichung der Teilchenform von der Kugel wirkt im nichtnewtonschen Sinn (Bild 3.2b).
- Zunehmende Teilchendichte wirkt dem nichtnewtonschen Verhalten entgegen (Bild 3.2c).
- Zunehmende Viskosität der Trägerflüssigkeit bewirkt Verringerung des nichtnewtonschen Verhaltens.
- Zunehmende Feststoffkonzentration bewirkt zunehmend nichtnewtonsches Verhalten. Die Übergangskonzentration vom newtonschen zum nichtnewtonschen Verhalten ist vom Feststoff von der Breite der Teilchengrößenverteilung abhängig (vgl. Abschnitt 2.3.). Monodisperse Haufwerke können in Suspension bis $c_R > 0,3$ newtonsches Fließverhalten, polydisperse Systeme bei $c_R = 0,3$ bereits nichtnewtonsches Fließen zeigen. Der c_R-Einfluß wird im Bild 3.2c anschaulich. Die Konzentrationen $c_{Rü}$, bei denen nichtnewtonsche Fließeigenschaften auftreten, liegen alle im Bereich $0,2 < c_R < 0,3$, was als generelle Orientierung dienen kann.

Die Quantifizierung dieser Einflüsse auf die funktionelle Abhängigkeit

$$\frac{\Delta p_G}{l} = f(v_G)$$

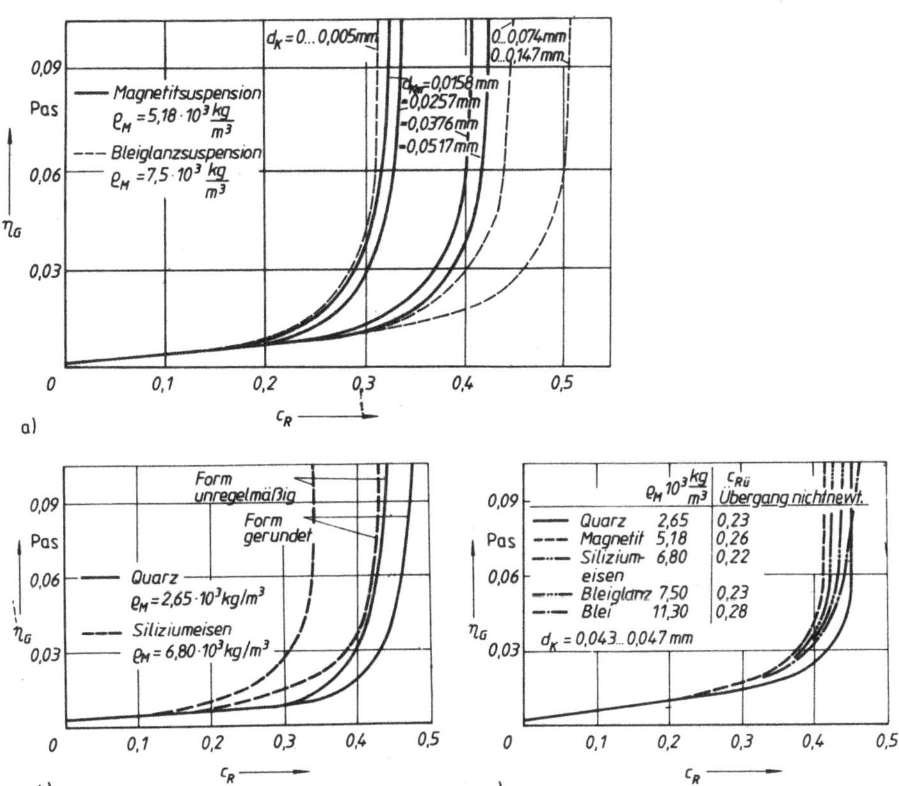

Bild 3.2. Einfluß der Teilchenkennwerte auf die Viskosität [3.179]
a) Teilchengröße; b) Teilchenform; c) Teilchendichte

unter Einbeziehung des gültigen Fließgesetzes ist Voraussetzung für die Bemessung der Rohrleitung. Dazu geht man, wie bereits im Abschnitt 2. erläutert, von der Bewegungsgleichung bei laminarer Strömung aus und ermittelt unter Einbeziehung des gültigen Fließgesetzes die gesuchten Beziehungen. Die Darstellungsform ist analog der zur Strömung newtonscher Medien:

$$\frac{\Delta p_{\text{Ghom}}}{l} = \lambda_{\text{hom}} \frac{1}{d_R} \frac{\varrho_G}{2} v_G^2. \tag{3.1}$$

Die Quantifizierung bezogen auf das kennzeichnende Fließgesetz und die Fließparameter erfolgt durch λ_{hom} und Re_{hom}.

Für die jeweiligen Fließgesetze gelten entsprechende Gleichungen, wie sie im Abschnitt 2., Tafel 2.8, zusammengestellt sind. Eine formale Übertragung der im laminaren Strömungszustand ermittelten Fließparameter auf die turbulente Strömungsform ist bei Suspensionen an die Gefahr großer Unsicherheit geknüpft. Experimentelle Untersuchungen im Rohr liefern zuverlässige Ergebnisse.

3.1.1.2. Messung des Fließverhaltens – Meßtechnik und Auswertung

Das Fließverhalten von Kontinua kann durch stoffspezifische Werte, im einfachsten Fall durch die Viskosität bei newtonschem Verhalten, nur bei laminarer Strömungsform ohne zusätzliche Kennzeichnung beschrieben werden. Deshalb wird in der zur Ermittlung des Fließverhaltens üblichen Meßtechnik (Viskosimeter) eine laminare stationäre Strömung realisiert. Durch die Messung geeigneter Größen kann dann auf die Fließeigenschaften (vgl. Abschnitt 2.2.2.2.) geschlossen werden.

In Tafel 3.1 sind die wichtigsten Meßprinzipien und die Berechnungsgleichungen zur Versuchsauswertung angegeben.

Die als Viskosimeter bezeichneten Meßeinrichtungen werden für Messungen im laminaren Scherbereich angewendet.

Rohrmeßstrecken (im Sinne von Rohrviskosimeter mit größerer Nennweite) überdecken den laminaren und turbulenten Scherbereich. Die Meßprinzipien sind nicht ohne Einschränkung bzw. Beachtung von Randbedingungen für beliebige Suspensionszusammensetzungen – es sei hier z. B. auf das pseudohomogene Fließverhalten hingewiesen – anwendbar.

Rotationsviskosimeter

Sie bestehen aus zwei koaxialen Zylindern, von denen einer mit konstanter Geschwindigkeit rotiert. Auch Kegel–Platte-Systeme werden angewendet, bei denen in der Regel der Kegel rotiert. Das infolge der Scherkräfte wirkende Drehmoment wird gemessen. Ohne spezielle (die Suspension im Zustand der Gleichverteilung haltende) Zusatzeinrichtung können nur nicht- oder schwach sedimentierende Suspensionen untersucht werden. Die Messungen ergeben pseudo-Scherdiagramme, die erst in wahre Scherdiagramme umgerechnet werden müssen [3.50]. Fehlerquellen sind hauptsächlich:

– wegen der Unterschiede in der Geometrie anderes Scheren als im Rohr, zusätzlich Einfluß der Oberflächenrauhigkeit,
– infolge von Zentrifugalkräften radiale Entmischung,
– infolge von Schwerkraftwirkung vertikale Entmischung,
– Endeffekt (unerwünschte Reibung an der Stirnfläche des rotierenden Zylinders),
– wegen kleiner Probemengen problematische Gewährleistung konstanter Temperatur.

Der Schergeschwindigkeitsbereich, der den Meßbereich kennzeichnet, beträgt $10^2 < \dot{\gamma} < 10^4$ 1/s.

Kapillarviskosimeter (Kapillare horizontal oder vertikal)

Die geometrischen Verhältnisse entsprechen denen bei der realen Rohrströmung, was anschaulich im Bild 3.3 gezeigt wird. Die Bezeichnung als scheinbare Fließkurve resultiert daraus, weil noch keine Aussagen zu einer möglichen Fließgrenze τ_0 getroffen wurden. Es ist zu

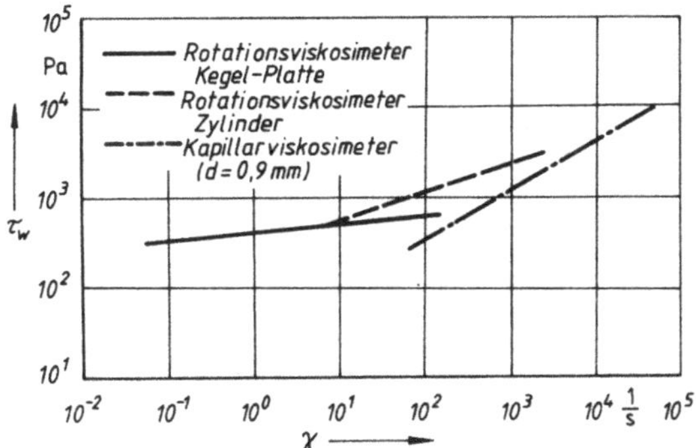

Bild 3.3. Scheinbare Fließkurven einer Kaolinsuspension, mit unterschiedlichen Meßeinrichtungen ermittelt [3.186]

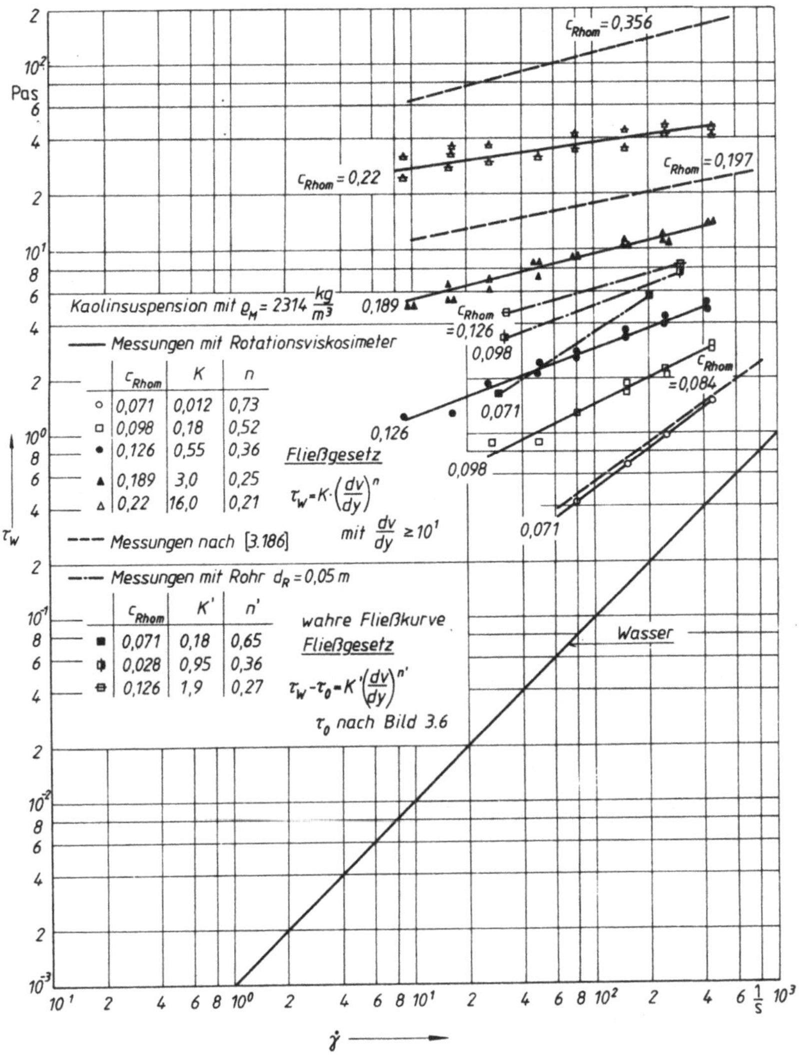

Messungen mit Rotationsviskosimeter

c_{Rhom}	K	n
o 0,071	0,012	0,73
□ 0,098	0,18	0,52
● 0,126	0,55	0,36
▲ 0,189	3,0	0,25
△ 0,22	16,0	0,21

Fließgesetz

$$\tau_w = K \cdot \left(\frac{dv}{dy}\right)^n$$

$$\text{mit } \frac{dv}{dy} \geq 10^1$$

- - - Messungen nach [3.186]

- · - Messungen mit Rohr $d_R = 0,05$ m

c_{Rhom}	K'	n'
■ 0,071	0,18	0,65
◐ 0,028	0,95	0,36
⊟ 0,126	1,9	0,27

wahre Fließkurve

Fließgesetz

$$\tau_w - \tau_0 = K' \left(\frac{dv}{dy}\right)^{n'}$$

τ_0 nach Bild 3.6

Bild 3.4. Rheogramm von Kaolinsuspensionen mit unterschiedlicher Konzentration c_{Rhom}

Tafel 3.1. Gestaltungsprinzipien der Versuchstechnik und Berechnungsgleichungen zur Versuchsauswertung (laminare Strömung)

	Gestaltung	Strömungsprofil	Wandschubspannung
Rotationsviskosimeter konzentrische Zylinder	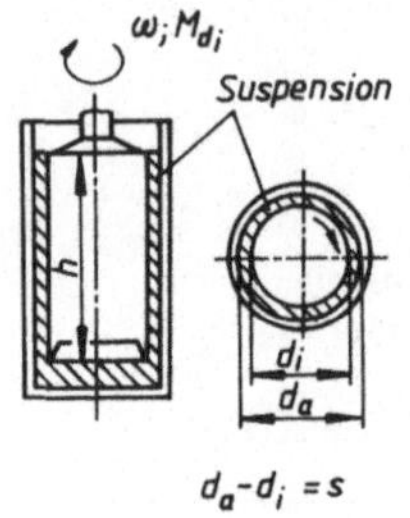		$\tau_{\mathrm{w}}\left(\dfrac{\mathrm{d}v}{\mathrm{d}y}\right)=\dfrac{4M_{\mathrm{di}}}{2\pi h d_{\mathrm{i}}^{2}}$
Rotationsviskosimeter Kegel–Platte	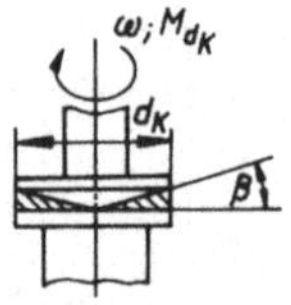	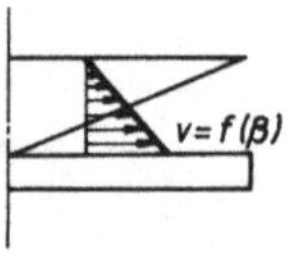	$\tau_{\mathrm{w}}\left(\dfrac{\mathrm{d}v}{\mathrm{d}y}\right)=\dfrac{12M_{\mathrm{dK}}}{\pi d_{\mathrm{K}}^{3}}$ (3.3.1.)
Kapillarviskosimeter	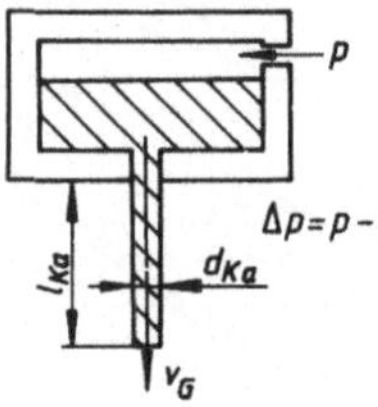	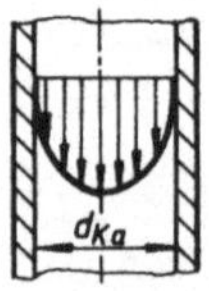	$\tau_{\mathrm{w}}\left(\dfrac{\mathrm{d}v}{\mathrm{d}y}\right)=\dfrac{\Delta p\, d_{\mathrm{Ka}}}{4 l_{\mathrm{Ka}}}$
Rohr-Viskosimeter	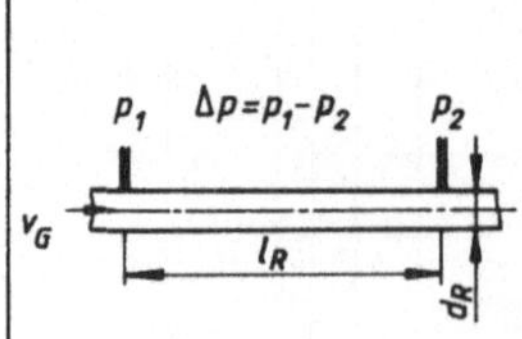	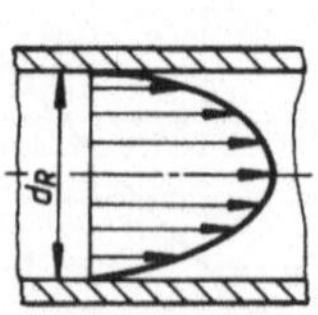	$\tau_{\mathrm{w}}\left(\dfrac{\mathrm{d}v}{\mathrm{d}y}\right)=\dfrac{\Delta p_{\mathrm{R}}\cdot d_{\mathrm{R}}}{4 l_{\mathrm{R}}}$

Schergeschwindigkeit ($\dot\gamma = \mathrm{d}v/\mathrm{d}y$)		
newtonsches Verhalten	nichtnewtonsches Verhalten ohne Fließgrenze $\dot\gamma = K\left(\dfrac{\mathrm{d}v}{\mathrm{d}y}\right)^{n}$	mit Fließgrenze $\dot\gamma = \tau_0 + K\left(\dfrac{\mathrm{d}v}{\mathrm{d}y}\right)^{n}$
$\dfrac{\mathrm{d}v}{\mathrm{d}y} = \dfrac{\omega d_{\mathrm a}^2}{d_{\mathrm a}^2 - d_{\mathrm i}^2}$	$\dfrac{\mathrm{d}v}{\mathrm{d}y} = \dfrac{\omega}{\ln \dfrac{d_{\mathrm a}}{d_{\mathrm i}}}\left[1 + \dfrac{\partial \lg \omega}{\partial \lg \tau_{\mathrm w}}\,\ln \dfrac{d_{\mathrm a}}{d_{\mathrm i}} + \right.$ $\left. + \dfrac{1}{3}\left(\dfrac{\partial \lg \omega}{\partial \lg \tau_{\mathrm w}}\,\ln \dfrac{d_{\mathrm a}}{d_{\mathrm i}}\right)\right]^{-2}$	
$\dfrac{\mathrm{d}v}{\mathrm{d}y} = \dfrac{\omega}{\tan\beta}$ (3.3.2.)		
$\dfrac{\mathrm{d}v}{\mathrm{d}y} = \dfrac{8 v_{\mathrm G}}{d_{\mathrm{Ka}}}$	$\dfrac{\mathrm{d}v}{\mathrm{d}y} = \dfrac{8 v_{\mathrm G}}{d_{\mathrm{Ka}}}\left[\dfrac{3}{4} + \dfrac{1}{4}\dfrac{\mathrm{d}\ln \dfrac{8 v_{\mathrm G}}{d_{\mathrm{Ka}}}}{\mathrm{d}\ln \dfrac{d_{\mathrm{Ka}}\Delta p}{4 l_{\mathrm{Ka}}}}\right]$ nach *Rabinowitsch–Weissenberg* [3.186]	$\dfrac{\mathrm{d}v}{\mathrm{d}y} = \dfrac{8 v_{\mathrm G}}{d_{\mathrm{Ka}}}\left\{\dfrac{1 - \dfrac{d_{\mathrm R}}{d_{\mathrm{Pf}}}}{4}\left[1 - \dfrac{2}{3n+1}\cdot\right.\right.$ $\left. \cdot\left(1 - \dfrac{d_{\mathrm R}}{d_{\mathrm{Pf}}}\right)^2 - \dfrac{2}{2n+1}\dfrac{d_{\mathrm R}}{d_{\mathrm{Pf}}}\cdot\right.$ $\left.\left. \cdot\left(1 - \dfrac{d_{\mathrm R}}{d_{\mathrm{Pf}}}\right)\right]\right\}^{-1}$ d_{Pf} Durchmesser des ungescherten Pfropfens
$\dfrac{\mathrm{d}v}{\mathrm{d}y} = \dfrac{8 v_{\mathrm G}}{d_{\mathrm R}}$	$\dfrac{\mathrm{d}v}{\mathrm{d}y} = \dfrac{8 v_{\mathrm G}}{d_{\mathrm R}}\left[\dfrac{3n+1}{4n}\right]$	$\dfrac{\mathrm{d}v}{\mathrm{d}y} = \dfrac{8 v_{\mathrm G}}{d_{\mathrm R}}\,N_{\mathrm n}\!\left(\dfrac{\tau_0}{\tau_{\mathrm w}}\,;n\right)$ mit $N_{\mathrm n} = \dfrac{(3n+1)(2n+1)(n+1)}{4n\left(1 - \dfrac{\tau_0}{\tau_{\mathrm w}}\right)}\cdot$ $\cdot \dfrac{(3n+1)(2n+1)(n+1)}{(2n+1) + 2n\dfrac{\tau_0}{\tau_{\mathrm w}}\left(n+1+n\dfrac{\tau_0}{\tau_{\mathrm w}}\right)}$ [3.68]

beachten, daß verschiedene Suspensionsbereiche über den Rohrquerschnitt unterschiedlicher Scherbeanspruchung ausgesetzt sind, was zu Entmischungserscheinungen führt und dadurch veränderte Bedingungen im wandnahen Bereich auftreten können. Der Meßbereich erstreckt sich bis zu sehr hohen Schergeschwindigkeiten ($\dot{\gamma} \approx 10^6$ 1/s).

Rohrviskosimeter/Rohrversuchsanlagen

Rohrviskosimeter mit kleineren und besonders Rohrmeßstrecken mit größeren Rohrnennweiten ermöglichen, sich den wirklichen Transportbedingungen anzunähern und den turbulenten Strömungszustand mitzuerfassen. Das hat besondere Bedeutung für den Transport pseudohomogener Suspensionen. Daß gegenüber den Messungen am Rotationsviskosimeter erhebliche Abweichungen auftreten können, zeigt der exemplarische Vergleich im Bild 3.4. Es sind Messungen mit einem Rohr $d_\mathrm{R} = 0,05$ mm und mit Rotationsviskosimeter eingetragen. Gleichzeitig muß hier auf den Einfluß der bereits beim Kapillarviskosimeter genannten Entmischungserscheinungen und der Oberflächenrauhigkeit der am Schervorgang beteiligten Oberflächen hingewiesen werden. Die Rohrleitungskennlinie für Suspensionen im laminaren und im turbulenten Strömungszustand wird als Beispiel im Bild 3.5 gezeigt. Charakteristisch ist der durch den Übergang von laminarer zur turbulenten Strömung veränderte Anstieg der Kurven, was der veränderten Abhängigkeit $\Delta p_G/l = f(v_G)$ entspricht. Ein weiteres Charakteristikum ist der Übergangsbereich von laminarer zur voll ausgebildeten turbulenten Strömung. Es sind kleine Schergeschwindigkeiten bis zu $\dot{\gamma} = 10^2$ 1/s erreichbar.

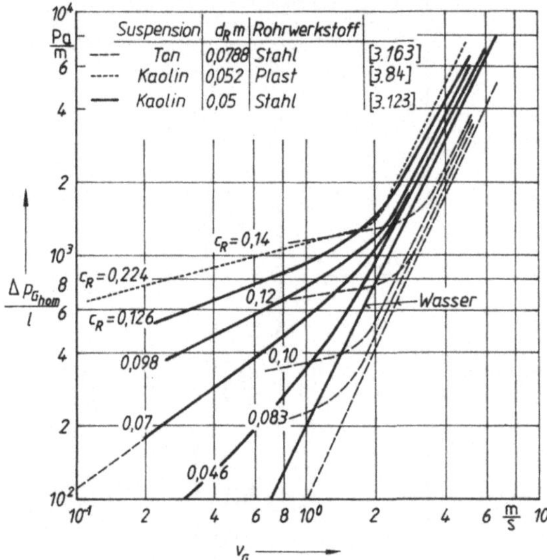

Bild 3.5. Rohrleitungskennlinien für Suspensionen im laminaren und turbulenten Strömungszustand

Die Vorgehensweise bei der Auswertung der Ergebnisse der Experimente zur Ermittlung des gültigen Fließgesetzes und der Fließparameter mit Hilfe von Rohrleitungen kann man wie folgt algorithmieren:

Der 1. Schritt ist die experimentelle Bestimmung der charakteristischen Größen, wobei fast immer die Variation der mittleren Transportgeschwindigkeit v_G und weiterer Parameter, deren Einfluß untersucht werden soll, erfolgt. Zu letzteren gehört meist die Feststoffkonzentration c_R, die exemplarisch für die weitere Darstellung verwendet wird:
Man erhält

$$\Delta p = f(v_G; c_R).$$

Die weiteren Arbeitsschritte bei einer manuellen Vorgehensweise werden am Beispiel einer Kaolinsuspension gezeigt:

– Untersuchung, ob Abweichung zum newtonschen Verhalten besteht, dazu werden aus den Meßwerten $\dot{\gamma}$ und τ_W berechnet (Tafel 3.1) und in doppeltlogarithmischen Koordinaten dargestellt

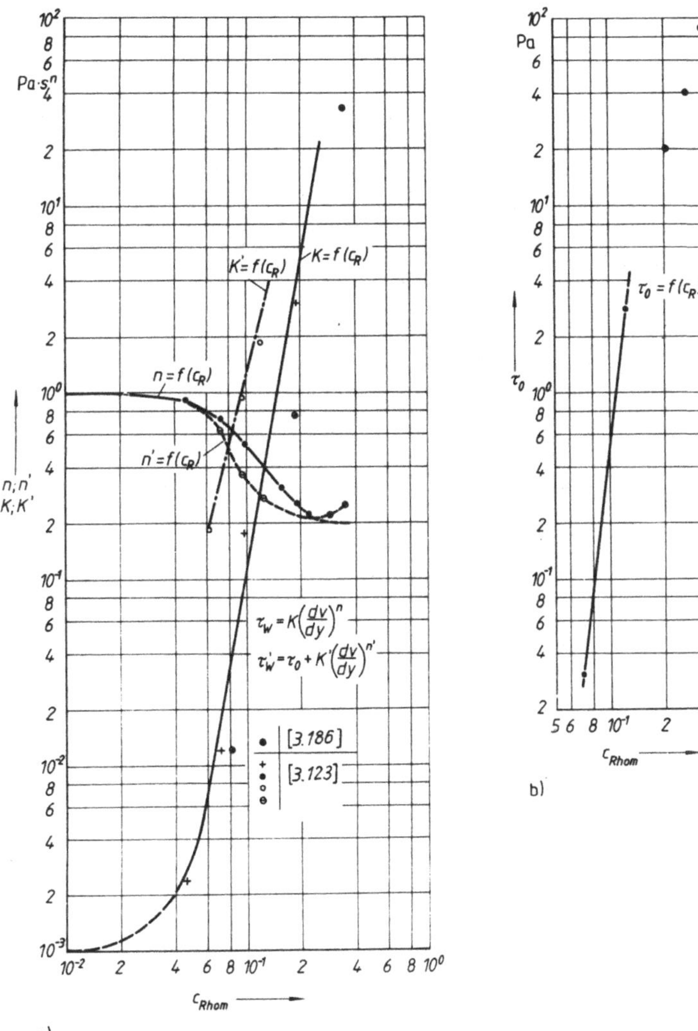

Bild 3.6. *Fließparameter von Kaolinsuspensionen bei unterschiedlichen Fließgesetzen abhängig von der Konzentration c_{Rhom}*

a) Steifigkeit K und Strukturziffer n; b) Fließgrenze τ_0

$$\log \tau_W = n \log \dot\gamma + \log K. \tag{3.2}$$

Zur Berechnung muß ein Fließgesetz angenommen werden, was später überprüft wird. Im vorliegenden Fall wird ein möglichst breiter Anwendungsbereich zugrunde gelegt, so daß nichtlinear-plastisches Verhalten (*Herschel-Bulkley*) angenommen wird:

$$\tau_W = \tau_0 + K\dot\gamma^n.$$

Ergeben sich Parallelen zur Kurve für Wasser ($n = 1$), bewirkt der Feststoffanteil nur eine Viskositätsänderung $K = \eta_G = f(c_R)$. Verändert sich der Anstieg und damit n, liegt nicht-newtonsches Verhalten vor. Scheinbare Fließkurven für Kaolinsuspension für den Bereich des Schergradienten $\dot\gamma$, wie er beim Rohrleitungstransport vorkommt, zeigt Bild 3.4. Die Abhängigkeiten der Fließparameter $K = f(c_R)$ und $n = f(c_R)$ lassen sich daraus in entsprechenden Diagrammen darstellen (Bild 3.6). n ergibt sich aus dem Anstieg der c_R-spezifischen Kurve und K als Ordinatenwert bei $\dot\gamma = 10°$.

– Zur Untersuchung der Existenz einer Fließgrenze τ_0 und deren Quantifizierung wird

$\tau_W = f(\dot{\gamma}; c_R)$ in linear geteilten Koordinaten dargestellt. Existiert eine Fließgrenze, oft erst bei größeren c_R, so gilt $\tau_W > 0$ für $\dot{\gamma} \to 0$. Die Extrapolation der Fließkurve zum Schnittpunkt mit der τ_W-Achse liefert $\tau_0 = f(c_R)$. Die so ermittelte Fließgrenze τ_0 ist im Bild 3.6 mit eingetragen.

– Für $\tau_0 = 0$ charakterisieren die im ersten Arbeitsschritt ermittelten Ergebnisse des laminaren Fließverhaltens die Suspension in ausreichendem Maß.
Für $\tau_0 \neq 0$ liefert die doppeltlogarithmische Darstellung $\tau_W = f(\dot{\gamma}; c_R)$ nur Pseudofließkurven, die durch Berücksichtigung von $\tau_0 = f(c_R)$ korrigiert werden müssen.
Formt man Gl. (3.2) um zu

$$\ln(\tau_W - \tau_0) = \ln K' + n' \ln \left(\frac{dv}{dr}\right) \tag{3.3}$$

und trägt doppeltlogarithmisch auf, wobei die c_R-Zuordnung von $\tau_W - \tau_0$ beachtet wird, erhält man die wahre Fließkurve, wie sie im Bild 3.4 enthalten ist, mit den Werten $K' = f(c_R)$ und $n' = f(c_R)$ gemäß Bild 3.6.
Das Fließgesetz lautet dann

$$\tau_W = \tau_0(c_R) + K'(c_R)(\dot{\gamma})^{n'(c_R)}. \tag{3.4}$$

Das Schergefälle an der Rohrwand kann iterativ mit der entsprechenden Gleichung in Tafel 3.1 ermittelt werden [3.68]. Aus der grafischen Darstellung von Gl. (3.3) erhält man n'_1 (mittlerer Anstieg für Kurve $c_R = $ konst.) und errechnet die erste Näherung für das Schergefälle an der Rohrwand zu

$$\dot{\gamma} = \frac{8\,v_G}{d_R} N_n \left(\frac{\tau_0}{\tau_W}; n'_1\right). \tag{3.5}$$

Ändern sich die Werte von $\dot{\gamma}$ nicht mehr, ist die gesuchte reale Fließkurve für $c_R = $ konst. gefunden. Sie muß der aus Gl. (3.4) entsprechen.
Der Übergang zur turbulenten Strömung ist bei nichtnewtonschen Medien in der Regel ebenfalls an eine Änderung der Fließeigenschaften geknüpft, und zwar an den Übergang zu wieder newtonschem Fließverhalten (vgl. Bild 3.4).
Nach *Dodge-Metzner* gilt für die turbulente pseudoplastische oder nichtlinearplastische Suspension

$$\frac{1}{\sqrt{\lambda}} = \frac{2}{n^{0,75}} \lg\left[Re\left(\frac{\lambda}{4}\right)^{1-n/2}\right] - \frac{0{,}1973}{n^{1,2}}. \tag{3.6}$$

Die Ermittlung des interessierenden Zusammenhangs $\Delta p_G/l = f(v_G)$ ist auf experimentellem Wege möglich, wozu nur die Rohrleitung geeignet ist.
Wurden die Fließeigenschaften im laminaren Strömungszustand zuverlässig bestimmt, können auch die in Tafel 2.8 angegebenen Gleichungen verwendet werden.

3.1.1.3. Fließeigenschaften einiger Suspensionen

Die Fließeigenschaften von Suspensionen über die Einteilung der Fluide nach rheologischen Methoden hinaus zu quantifizieren, ist wegen der Vielzahl der wirksamen Einflüsse und der starken Differenziertheit der Zusammensetzung polydisperer Systeme kaum möglich. Um sich auf zu erwartende Eigenschaften einstellen zu können und durch eine überschlägliche Berechnung einen Blick für Größenordnungen zu bekommen, werden für einige Suspensionen die Fließgesetze und Fließparameter zusammengestellt.

Suspensionen mit newtonschen Fließeigenschaften

Kleine Feststoffkonzentrationen, etwa $c_R = 0{,}02 \cdots 0{,}10$ (der Zahlenwert hängt von der Aktivität der Wechselwirkung der Feststoffteilchen ab), bewirken noch keine Veränderung des newtonschen Fließverhaltens; es erfolgt lediglich eine Dichteerhöhung und ggf. Viskositätserhöhung des Quasikontinuums. Beispiele für ein solches Verhalten sind

- Flugasche-Wasser-Suspensionen mit $c_R < 0,1$, wobei auf die chemische Zusammensetzung der Asche besonders geachtet werden muß; vom Anteil oberflächenaktiver Teilchen abhängig kann c_R durchaus kleiner werden,
- Rinder- und Schweinegülle mit einem Trockensubstanzgehalt TS $< 3\%$ [3.167],
- Suspension aus Salzwasser-Polystyrolstäbchen bei $\varrho_M = \varrho_F$ mit $c_R \leqq 0,3$ [3.139],
- Kaolin-Wasser-Suspension mit $c_R < 0,03$.

Suspensionen mit strukturviskosem (pseudoplastischem) Fließgesetz $\tau_W = K(\mathrm{d}v/\mathrm{d}y)^n$

Die Feststoffkonzentrationen liegen oberhalb derer der newtonschen Suspensionen. Der c_R-Bereich kann eingeschränkt werden durch das Auftreten einer Fließgrenze τ_0.
Für Suspensionen von Kali, Bittersalz ($MgSO_4$), Steinkohle und Plast (Lauran) zeigt Bild 3.7 die Fließparameter.
Für die Güllearten mit Trockensubstanzgehalten $TS = 3 \dots 8\%$ (Hühnergülle $TS = 5 \dots 9\%$) gelten nach [3.167] die Fließparameter bei

- Schweinegülle: $K = 0,0156 \ \exp \ (0,506 \ TS)$
  $n = 0,770 \ \exp \ (-0,0701 \ TS)$,
- Rindergülle: $K = 0,14077 \ \exp \ (0,490 \ TS)$
  $n = 0,430 \ \exp \ (-0,0506 \ TS)$,
- Hühnergülle: $K = 0,05769 \ \exp \ (0,0305 \ TS)$
  $n = 0,6794 \ \exp \ (-0,0472 \ TS)$.

Strukturviskoses Verhalten wurde außerdem bestimmt für

- PVC-Wasser-Suspensionen; PVC-Füllstoff-Wasser-Suspensionen,
- Polymer-Wasser-Suspensionen (Polyacrylat; Karboxymethylzellulose),
- Lebensmittelmassen (Makkaroni; Brotteig; Konfektmasse).

Suspensionen mit plastisch-viskosem (nichtlinear-plastischem), $\tau_w = \tau_0 + K \ (\mathrm{d}v/\mathrm{d}y)^n$, und Binghamschem (linear-plastischem) Fließgesetz ($K = \eta_B; n = 1$) als Sonderfall

Die gemeinsame Darstellung ist in der Tatsache begründet, daß das Binghamsche Fließgesetz nur einem Sonderfall des Herschel-Bulkley-Ansatzes entspricht. Außerdem wird oft der Bingham-Ansatz wegen seiner Einfachheit dem von *Herschel–Bulkley* vorgezogen, obwohl letzterer die Realitäten mit größerer Genauigkeit beschreibt.
Binghamplastisches Verhalten ist z. B. kennzeichnend für

- Flugaschesuspensionen in Wasser mit $c_R > 0,1$, wofür im Bild 3.8 ein typisches Gesamtfließverhalten, gemessen mit einem Rotationsviskosimeter, dargestellt ist,
- Ton- sowie Kalksteinpulver-Wasser-Suspensionen, deren Fließparameter Bild 3.9 zeigt,
- Betonmischung [3.159], z. B. für eine volumetrische Zusammensetzung 45% Kies ($d_K = 0,2 \dots 5$ mm), 23% Zement und 31% Wasser ($\varrho_G = 2250 \ \mathrm{kg/m^3}$) betragen die Fließparameter [3.34] $\tau_0 = 70$ Pa; $\eta_B = 0,22$ Pa·s,
- Erdschlämme,
- Steinkohle-Öl-Suspensionen,
- Nahrungsmittel (Pralinen-, Schokoladenmischungen),
- Wasserwerksschlämme.

Mit plastisch-viskos wird beispielsweise das Fließverhalten folgender Suspensionen beschrieben:

- Schlämme unterschiedlicher Zusammensetzung (Klärschlamm, Seeschlamm, Lehmschlamm),
- Kohle-Wasser-Suspensionen [3.97] [3.122],
- Rotschlamm [3.177] [3.154],
- Erz-Wasser-Suspensionen, für Phosphaterz [3.92]:
  $c_R = 0,12$: $\tau_0 = 1,178$ Pa; $K = 0,111$ Pa·s^n; $n = 0,64$,
  $c_R = 0,18$: $\tau_0 = 0,958$ Pa; $K = 1,087$ Pa·s^n; $n = 0,54$,

- Kali-Kalilauge-Suspensionen (vgl. Bild 3.6),
- Nahrungsmittel (Tomatenkonzentrat, Konfektmischungen),
- Gülle mit einem Trockensubstanzgehalt $TS > 8\,\%$ [3.167].

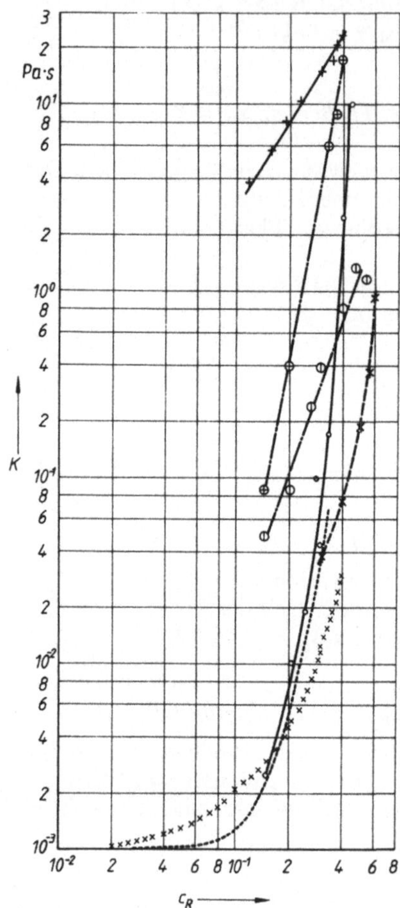

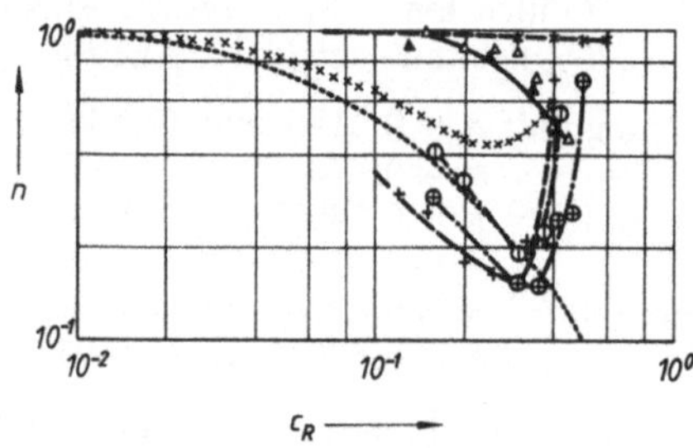

Symbol	Suspension	ϱ_M kg/m^3	ϱ_F kg/m^3	d_K mm	Quelle
O △	Kalisalz–Lauge	193	1500	<0,15	
● ▲	Bittersalz–Lauge	1680	1300	<0,2	
+	Steinkohle–Wasser	1348	1000		[3.40]
⊕	Steinkohle–Wasser	1400	1000	<0,053	[3.133]
⊕		1350	1000	<0,074	
*	Lauran–Salzwasser	Dichtegleichheit		0,63	[3.134]
· · · ·	Ton–Wasser		1000		[3.51]
× × × ×	Magnetit–Wasser		1000		[3.51]

Bild 3.7. Fließparameter von Suspensionen mit strukturviskosem Verhalten

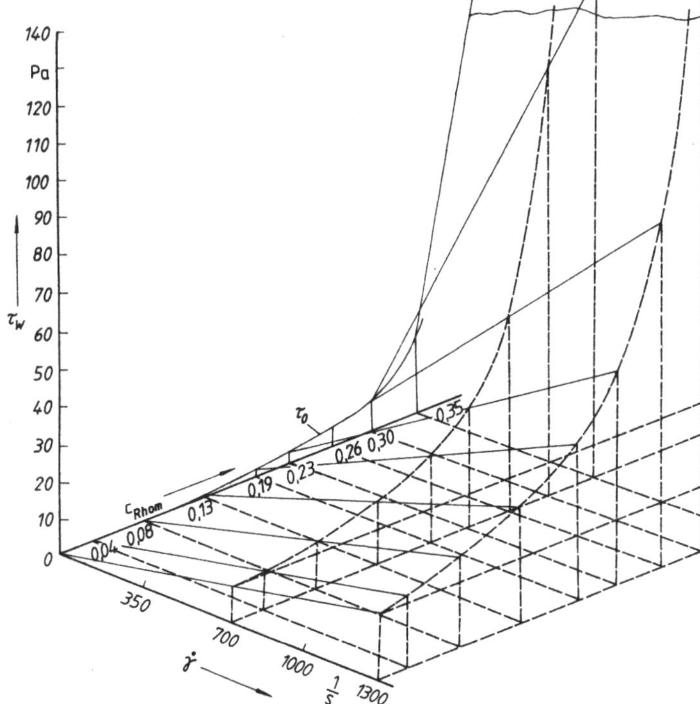

Bild 3.8. Fließeigenschaften von Flugasche-Wasser-Suspensionen

$$Re_K < 0{,}1; \quad \tau_w = \tau_0 + \eta_B \left(\frac{dv}{dr}\right)$$

Bild 3.9. Fließparameter von Ton- und Kalksteinpulversuspension (binghamplastisches Verhalten) abhängig von der Konzentration c_{Rhom}

a) Bingham-Viskosität η_B;
b) Fließgrenze τ_0

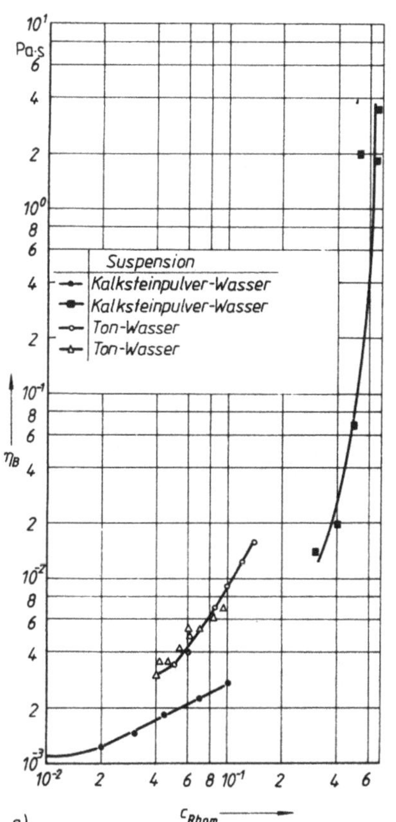

a)

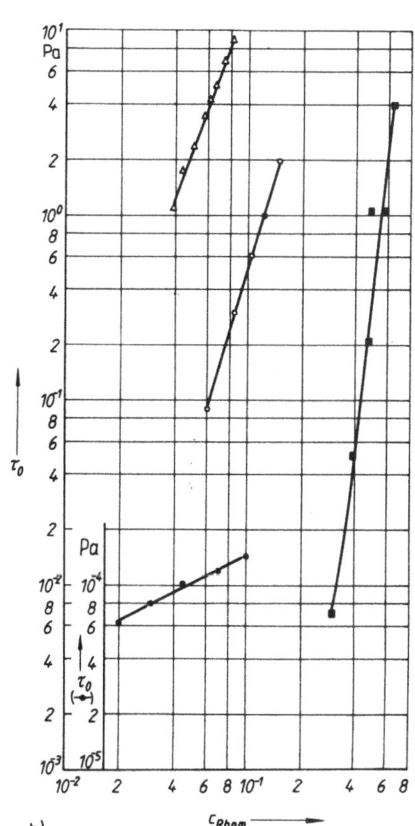

b)

Schweinegülle ist nach der Futtermischung folgendermaßen zu differenzieren:

- Getreidefütterung
  $\tau_0 = 0{,}0374 \ \exp (0{,}2735 \ TS)$
  $K = 0{,}1294 \ \exp (0{,}2383 \ TS)$
  $n = 0{,}7397 \ \exp (-0{,}0292 \ TS)$,
- Fütterung mit gedämpften Kartoffeln und Getreide
  $\tau_0 = 0{,}00006 \ \exp (0{,}6807 \ TS)$
  $K = 0{,}0550 \ \exp (0{,}3626 \ TS)$
  $n = 0{,}5663 \ \exp (-0{,}0255 \ TS)$
- Fütterung mit rohen Kartoffelschälabfällen und Getreide oder gedämpften Küchenabfällen und Getreide
  $\tau_0 = 0{,}0312 \ \exp (0{,}3142 \ TS)$
  $K = 0{,}0603 \ \exp (0{,}2976 \ TS)$
  $n = 0{,}6155 \ \exp (-0{,}0227 \ TS)$.
- Hühnergülle ($TS > 9\,\%$):
  $\tau_0 = 0{,}03061 \ \exp (0{,}4107 \ TS)$
  $K = 0{,}001312 \ \exp (0{,}5612 \ TS)$
  $n = 1{,}6543 \ \exp (-0{,}0753 \ TS)$.

3.1.1.4. Homogene Suspensionen mit heterogenem Anteil

Der Effekt des heterogenen Anteils wirkt in zweierlei Hinsicht:

- Die Fließeigenschaften werden beeinflußt.
- Eine kritische Geschwindigkeit im Sinne von Ablagerungserscheinungen tritt auf.

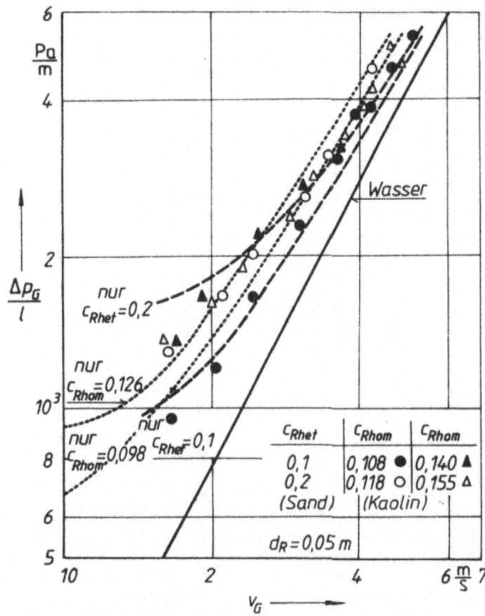

Bild 3.10. Beeinflussung des Druckverlustes pseudohomogener Suspension p_{Ghom} durch heterogenen Feststoffanteil [3.123]

homogene Suspension: Kaolin–Wasser; heterogene Komponente: Sand; $d_K = 0{,}05$ m

Der Einfluß auf die Fließeigenschaften resultiert aus dem Sedimentationsverhalten der heterogenen Komponente, das die Fließeigenschaften des homogenen bzw. pseudohomogenen Systems stört.

Solange newtonsches Fließverhalten der homogenen Suspension vorliegt, was an kleine Konzentrationen c_{Rhom} geknüpft ist, ergeben sich keine nennenswerten Abweichungen zum heterogenen Gemisch kleiner Konzentration c_{Rhet} bzw. c_{Thet}.

Homogene und pseudohomogene Suspensionen (mit in bestimmtem Maße zugelassenen Entmischungserscheinungen, zunehmend mit sich verringernder v_G) bei in der Regel höheren c_{Rhom} werden in ihrer Strömungsstruktur beeinflußt. Der Grad der Beeinflussung hängt von der Proportion c_{Rhom}/c_{Rhet} ab. Die c_R sind lokal, abhängig vom Grad der Entmischung, zu betrachten. Davon abhängig ist die Sinkbewegung der Teilchen, die bei Wandkontakt dann auch die Gleit- und Haftbedingungen beeinflussen. Daraus ergibt sich ein zusätzlicher v_G-Einfluß. Im Bild 3.10 erkennt man bei größeren v_G ($> 2,5$ m/s), was sehr kleine Entmischung der pseudohomogenen Komponente erwarten läßt, das Dominieren des heterogenen Anteils. Der Druckverlust der pseudohomogenen Suspension wird in diesem Bereich auch durch die heterogene Komponente reduziert. Mit abnehmenden v_G ($< 2,5$ m/s) dominiert zunehmend die pseudohomogene Suspension, $\Delta p_{Ghet}/l$ verringert sich.
Entsprechende Wirkungen sind von [3.162] bei Steinkohle-Kaolin-Wasser und Sand-Kaolin/Wasser-Suspensionen ermittelt worden.

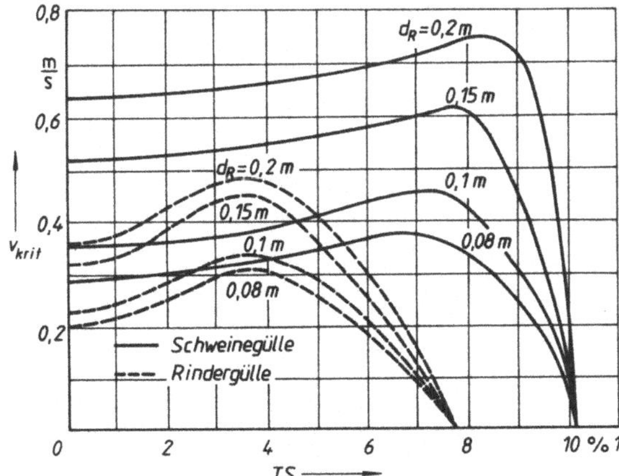

Bild 3.11. Kritische Geschwindigkeit v_{krit} von Schweine- und Rindergülle [3.167]

Bewegen sich die heterogenen Komponenten an der Rohrwand, so ist die Existenz von v_{krit} zu beachten. Mit zunehmender (lokaler) Konzentration c_{Rhom} verringert sich die Sinkgeschwindigkeit der heterogenen Teilchen, die an die Fließeigenschaften und an die lokale Gemischdichte ϱ_{Ghom} der homogenen Suspension geknüpft ist. Bei hohen c_{Rhom} (im Bild 3.11 mit Trockensubstanzgehalt *TS* charakterisiert) kann v_{krit} sich wegen der nicht mehr wahrnehmbaren Entmischung wieder verlieren.

3.1.2. Transport heterogener Gemische

Die eindeutige Klassifizierung der Gemische nach ihrem Bewegungsverhalten gelingt nur für monodisperse oder polydisperse Systeme in solchem Teilchendurchmesserbereich, wo die Eindeutigkeit des Bewegungsverhaltens gewährleistet ist. Für homogene Suspensionen im Sinn von Kontinua ist im Abschnitt 3.1.1. die obere Grenze mit $d_K = 1\,\mu$m angegeben worden. Unter Bezug auf das Vorliegen meist höherer Konzentrationen c_R, auf die Betrachtung des bewegten Systems und auf die Einschränkung, daß nur annähernde Gleichverteilung des Feststoffs über den Rohrquerschnitt vorliegen muß, wurde d_K zu größeren Werten verschoben (pseudohomogene Suspensionen). Werden homogen bzw. pseudohomogen und nicht bzw. kaum entmischt als synonym betrachtet, so sind analog heterogen und völlig bzw. weitestgehend entmischt gleichbedeutend und als definierter Transportzustand des heterogenen Gemisches zu betrachten. Diese idealisierte Vorstellung hat den praktikablen Hintergrund, daß bei realer Existenz dieses definierten Transportzustands bei polydispersem Haufwerk auch eine verhältnismäßig gute physikalische Beschreibbarkeit als Basis für die Berechnung gegeben ist. Das ist von besonderem Interesse, da eine geschlossene Lösung über den gesamten möglichen Bereich heterogener Transportzustände (s. Abschnitt 2.3.) auch auf längere Sicht nicht möglich sein wird. Im Bild 3.12 ist im $\Delta p_G/l$-v_G-Diagramm der Arbeitsbereich bei hydraulischen Feststofftransportanlagen mit heterogenen Gemischen dargestellt. In diesem Bereich ist offensichtlich der

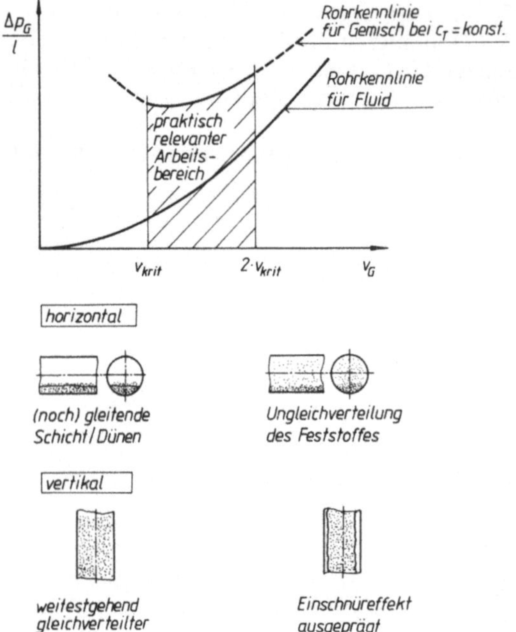

Bild 3.12. Arbeitsbereich beim heterogenen Gemischtransport und die Grenzen kennzeichnende Bewegungsformen

Transport im horizontalen Rohr bei deutlichen Entmischungserscheinungen gegeben; im kritischen Transportzustand ist das jeweilige Maximum der Entmischung erreicht. Unter Berücksichtigung des praktisch relevanten Arbeitsbereichs ist somit für ein heterogenes Gemisch kennzeichnend:

– wirksame Entmischungserscheinungen,
– turbulenter Strömungszustand (zumindest der Transportflüssigkeit),
– Existenz einer kritischen Geschwindigkeit v_{krit}, die die Grenze der Transportstabilität charakterisiert.

3.1.2.1. Spezifika der Gemischbewegung

Es ist einleuchtend, daß die das heterogene Gemisch kennzeichnenden Kriterien eine Abhängigkeit von der räumlichen Lage der Rohrleitung aufweisen.
Der Betrag und die Wirkungsrichtung der Kräfte aus Feststoffteilchen unterscheiden sich in den möglichen Rohrleitungsabschnitten horizontal (geneigt) – Bogen (mit verschiedenen Umlenkrichtungen) – vertikal voneinander. Resultat dessen sind unterschiedliche Entmischungserscheinungen (Ungleichverteilung des Feststoffs über den Rohrquerschnitt) und Geschwindigkeitsunterschiede zwischen den Phasen (s. auch Abschnitt 2.3.) mit den entsprechenden Spezifika der geometrischen Lage der Rohrleitung. Die Eingrenzung der notwendigerweise zu betrachtenden Bewegungsformen auf den praktisch relevanten Arbeitsbereich (s. Bild 3.12) vereinfacht im Hinblick auf ein zweckmäßiges Berechnungsmodell die Arbeit deutlich. Bezüglich dieser Eingrenzungsmöglichkeiten werden zum Abschnitt 2.3. einige Ergänzungen gegeben.

3.1.2.1.1. Horizontale Rohrleitung

Die Phasen entmischen sich bei Annahme der Raumkonzentration zur Rohrsohle hin ($\varrho_M > \varrho_F$). Das Maß der Aufkonzentration und damit die diese kennzeichnende Fläche des Segments vom Rohrquerschnitt, das mit Feststoff beladen ist, werden bestimmt

- vom Teilchendurchmesser d_K bzw. von der Teilchengrößenverteilung d_{Ki} des Haufwerks,
- von der mittleren Raumkonzentration c_R im Rohrquerschnitt,
- vom Verhältnis v_G/v_{krit} – maximale Aufkonzentration im Sohlbereich des Rohres liegt bei $v_G = v_{krit}$ vor.

Bei den meisten zu fördernden polydispersen Haufwerken ist ein zweiter Entmischungseffekt zu beobachten. Bedingt durch die teilchendurchmesserabhängige wahre lokale Sinkgeschwindigkeit des Feststoffs wird eine auf den Teilchendurchmesser bezogene Entmischung beobachtet. Beide Entmischungseffekte stehen in unmittelbarem Zusammenhang.

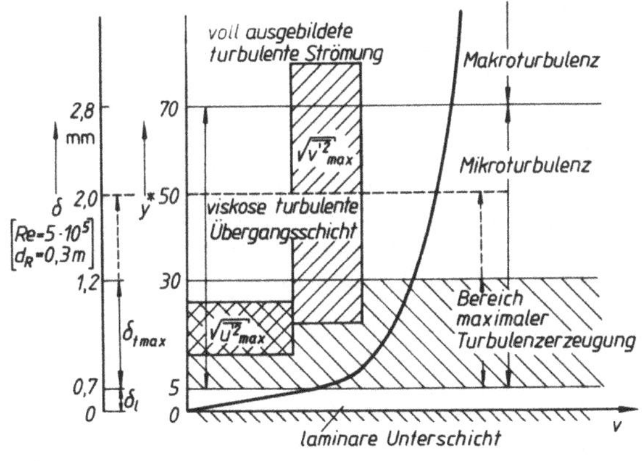

Bild 3.13. *Geschwindigkeitsprofil turbulenter Rohrströmung im Rohrwandbereich*

$$y^* = \sqrt{\frac{\tau_w}{\varrho_F} \frac{y}{\nu_F}}$$

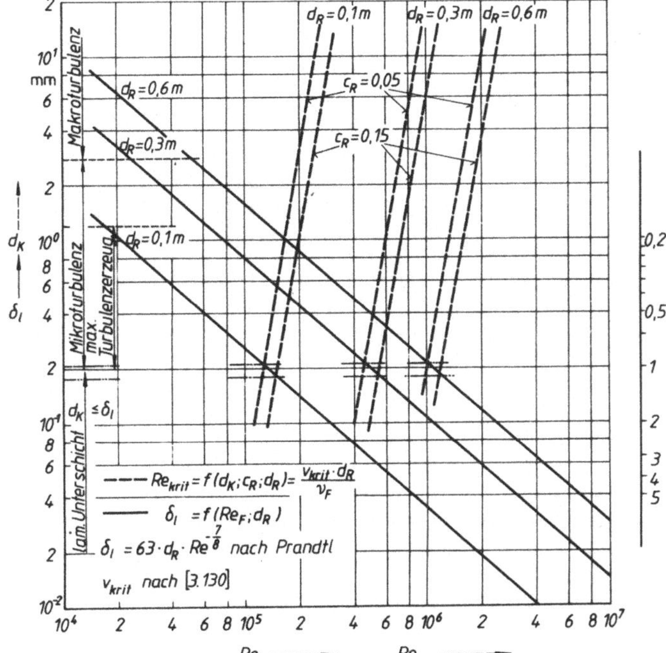

Bild 3.14. *Proportionen von Dicke der laminaren Unterschicht δ_l und kritischer Re-Zahl Re_{krit} bei verschiedenen c_R; d_R*

Die Analyse der Wechselwirkung von turbulentem Geschwindigkeitsprofil und Teilchen mit unterschiedlichem Durchmesser führt zu grundlegenden Aussagen zum Transportmechanismus. Diese Wechselwirkung ist im Rohrwandbereich besonders intensiv. Das Geschwindigkeitsprofil zeigt hier den größten Gradienten. Im Bild 3.13 sind die Verhältnisse im Rohrwandbereich anhand eines Beispiels dargestellt, um die absolute Größenordnung zu veranschaulichen. y^* wird als dimensionsloser Wandabstand mit der in der Turbulenztherorie üblichen Schubspannungsgeschwindigkeit $\sqrt{\tau_W/\varrho_F}$ gebildet. Die zu erwartende Dicke der laminaren Unterschicht δ_l bei v_{krit} ($Re_{krit} = v_{krit} d_R/v_F$) berechnet, zeigt Bild 3.14. Man erkennt die gleiche Größenordnung von δ_l wie im Bild 3.13 und einen geringen Einfluß von c_R und d_R.

Ordnet man den Grenzschichtbereichen die entsprechenden Teilchendurchmesser zu, so kann man folgende Bewegungsverhältnisse erwarten:

Für $d_K \leqq \delta_l$:

Teilchen dieser Größenordnungen können voll in die laminare Unterschicht eintauchen. Ein Transport in Bereiche höherer Geschwindigkeit ist durch die in die laminare Unterschicht hineinreichende Wirkung der Turbulenzballen aus den rohrwandferneren Schichten (vgl. [3.91] [3.151]), durch gröbere, die laminare Strömung störende Feststoffteilchen und durch die infolge Teilchenumströmung (der Geschwindigkeitsgradient im laminaren Bereich ist groß) wirkende dynamische Auftriebskraft F_A möglich. Die letztere kann mit den Untersuchungsergebnissen von *Rubin* (nach [3.91]) zum Auftriebsbeiwert c_A einer Kugel an der Rohrwand (Bild 3.15) quantifiziert werden, und man gelangt so zur Größenordnung des Teilchendurchmessers, der dem Gleichgewichtszustand Auftriebskraft = Schwerkraft entspricht. Daraus lassen sich nachfolgende qualitative Aussagen zum Bewegungsvorgang treffen:
Für F_{AD} kann man unter Berücksichtigung von c_A nach Bild 3.15 schreiben

$$F_{AD} = 2{,}15\ \varrho_F v_F^{0,5}\ d_{Ku}^{1,5}\ (v_{Fr} - v_{Ku})^{1,5} \tag{3.7}$$

mit v_{Fr} als örtliche Flüssigkeitsgeschwindigkeit.

Für die um den archimedesschen Auftrieb verringerte Schwerkraft $F_g - F_A$ gilt die Darstellung im Bild 2.4. Den Bezug von lokaler Relativgeschwindigkeit $v_{rel} = v_{F,r} - v_{Ku}$ und δ_l erhält man über den Zusammenhang von laminarem Geschwindigkeitsprofil und τ_W

$$v_{F,r} = \frac{\tau_W}{\eta}\ \frac{(R^2 - r^2)}{2R} \tag{3.8}$$

mit r als Laufkoordinate mit Rohrachse als Ursprung in Richtung Rohrwand

$$(R^2 - r^2) = 2R\,\delta_l$$

an der Stelle $\delta_l = (R - r)$, wobei $\delta_l^2 = 0$ wegen $\delta_l^2 << rR\,\delta_l$ gesetzt wurde

$$y_l^* = \sqrt{\frac{\tau_W}{\varrho_F}}\ \frac{\delta_l}{v_F}$$

zu

$$v_l = \sqrt{\frac{\tau_W}{\varrho_F}}\ y_l^*. \tag{3.9}$$

Interessiert man sich für den Maximalwert von F_{AD}, wird in Gl. (3.7) $v_{Ku} = 0$. Der Gleichgewichts-Teilchendurchmesser d_{KuA} kann nun nach Gleichsetzen von Gl. (3.7) und $F_g - F_A$ nach Bild 2.4 bei Beachtung von $v_F = v_l$ und damit Gl. (3.8) berechnet werden:

$$d_{KuA} = \left(4{,}108\ \frac{\varrho_F}{\varrho_M - \varrho_F}\ v_F\right)^{0,5 \cdot 2/3} \sqrt{\frac{\tau_W}{\varrho_F}}\ y_l^*. \tag{3.10}$$

Für das Beispiel Sand–Wasser analog Bild 3.14 und bei Einschränkung auf den kritischen Transportzustand (v_{krit}) berechnet man mit Gl. (3.10) als Größtwert

$$d_{KuA} \approx \delta_l \; (\delta_l = 0{,}1 \text{ mm bei } y^* = 5).$$

Demnach würden sich Teilchen mit einem Durchmesser in der Größenordnung der Dicke der laminaren Unterschicht in einem Gleichgewichtszustand (Schwebezustand) befinden. Von [3.91] ist experimentell gezeigt worden, daß eine Relativgeschwindigkeit zwischen Feststoffkugel v_{Ku} und örtlicher Flüssigkeitsgeschwindigkeit $v_{F,r}$ besteht (Bild 3.16), die sowohl vom Kugeldurchmesser d_{Ku} als auch von dem Dichteverhältnis ϱ_M/ϱ_F abhängig ist. Die aus den Meßwerten ermittelte empirische Gleichung

$$\frac{v_{Ku}}{v_{Fr}} = 0{,}4 \left(\frac{\varrho_M - \varrho_F}{\varrho_F}\right)^{-0,14} \left(\frac{v_{Fr}^3}{g v_F}\right)^{0,1} \tag{3.11}$$

in der Auftriebskraft F_{AD} nach Gl. (3.7) berücksichtigend, kommt man zu einem in Gl. (3.10) multiplikativ anzufügenden Korrekturfaktor K_{rel}:

$$K_{rel} = \left(\sqrt{\frac{\tau_W}{\varrho_F}}\, y_l^*\right)^{-0,5} - 0{,}4 \left(\frac{\varrho_F}{\varrho_M - \varrho_F}\right)^{0,14} \left(\frac{\left[\sqrt{\frac{\tau_W}{\varrho_F}}\, y_l^*\right]^3}{\varrho_F v_F}\right)^{0,1}. \tag{3.12}$$

Wertet man Gl. (3.10) mit Gl. (3.12) unter den gleichen Bedingungen wie ohne Geschwindigkeitskorrektur aus, so berechnet man d_{KuA} (rel) $> d_{KuA}$, jedoch ohne eine andere Größenordnung als $\delta_l \approx d_{KuA}$ zu erhalten.

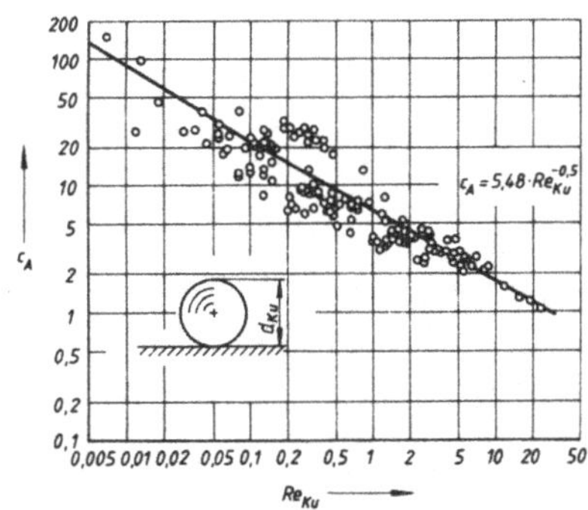

Bild 3.15. Auftriebsbeiwert c_A einer Kugel an der Rohrwand nach Rubin (Gültigkeitsbereich $6 \cdot 10^{-3} \leqq Re_{Ku} - 24$)

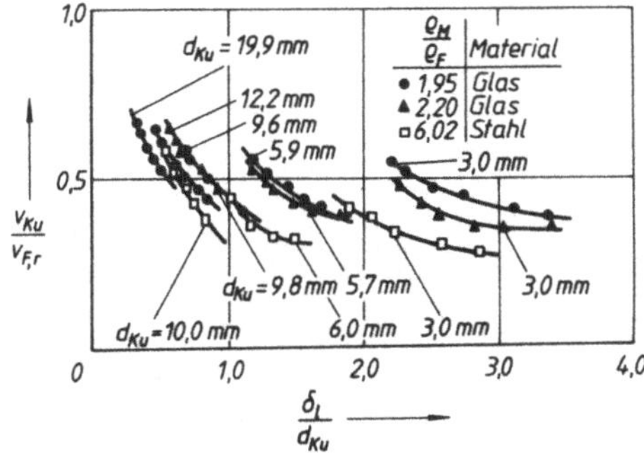

Bild 3.16. Gemessene Differenzen der örtlichen Axialgeschwindigkeiten von Fluid v_{Fr} und Feststoffkugeln v_{Ku} bei unterschiedlichem auf die laminare Unterschichtdicke bezogenem Kugeldurchmesser δ_l/d_{Ku} [3.91]

Beachtet man noch, daß δ_l nach [3.91] etwa je zur Hälfte aus einem aktiven (maßgebliche Wechselwirkung mit der turbulenten Strömung) und einem passiven Anteil besteht, so kann für $d_K \leqq (0{,}5 \ldots 1)\,\delta_l$ zusammenfassend festgestellt werden:

- Es ist etwa die Grenze für Kraftwirkungen aus der laminaren Teilchenumströmung gegeben, die eine Teilchenbewegung von der Rohrsohle in Richtung Rohrmitte fördern.
- Auf kleinere d_K ist eine auftreibende Wirkung der laminaren Teilchenumströmung in die Strömung hinein zu verzeichnen.
- Größere Teilchen bedürfen zusätzlicher Kräfte, um sich von der Rohrwand wegzubewegen (z. B. Magnus-Kraft aus Teilchenrotation).
- Die in [3.134] und [3.170] diskutierte feststofffreie Wandschicht in der Größenordnung
  $$\delta_F \approx (1{,}1 \ldots 1{,}3)\,d_K$$
  (bei Glaskugeln mit $d_{Ku} = 0{,}068$ mm: $\delta_F = 1{,}08\,d_{Ku}$)
  kann auf die beschriebenen Verhältnisse zurückgeführt werden. (Der Konzentrationseinfluß sei bei dieser Aussage nicht beachtet.)

Für $d_K > \delta_l$:

Die Teilchen ragen zunehmend in das Gebiet turbulenter Strömung bei gleichzeitiger Abnahme des Geschwindigkeitsgradienten hinein. Etwa ab $y^* = 50$ (s. Bild 3.13) ist die Zunahme des Geschwindigkeitsgradienten mit wachsendem Wandabstand so gering, daß hier die Änderung des Einflusses durch das Geschwindigkeitsprofil vernachlässigbar wird. Der Einfluß der Änderung von d_K muß selbstverständlich beachtet werden. Die Größenordnung (mit dem im Bild 3.13 angegebenen Beispiel) der genannten Grenze liegt etwa bei $d_K = 1{,}2 \ldots 2{,}0$ mm. In diesem Bereich ist die größtmögliche Wirkung der Turbulenz auf die Teilchen zu erwarten bzw. deren Rückwirkung auf die Turbulenz.

Geht man nun zur Analyse der Bewegungsverhältnisse eines Teilchenschwarms über, so ist zwangsläufig der Einfluß der Konzentration c_R (bzw. c_T) in die Betrachtungen einzubeziehen, wobei wieder besonders der praktisch bedeutsame Geschwindigkeitsbereich im Vordergrund steht. Die spezifischen Entmischungserscheinungen als Ergebnis der für das jeweilige Haufwerk und die Transportbedingungen typischen Verhaltensweise führen hinsichtlich des Konzentrationseinflusses auch zu verschiedenen Verhaltensbereichen. Dabei stellt die Konzentration die lokale, im betrachteten Teil des Rohrquerschnitts real existierende c_R dar. Treten wirksame Entmischungserscheinungen auf, so hat die mittlere Konzentration c_R bei notwendigem Vergleich mit der Transportkonzentration c_T zur Beurteilung der Transportstabilität besondere Bedeutung. Die sich bei starker Entmischung im vonstatten gehenden Transport (nahe v_{krit}) einstellenden Konzentrationsverhältnisse (c_{RS} mittlere Raumkonzentration in der geschobenen Schicht; c_{RSch} mittlere Raumkonzentration der Schüttung) zeigt sich nach [3.105] gemäß Bild 4.17. Unterscheiden kann man die Bereiche:

$$c_R < 0{,}04$$

Mit $c_{RS} \approx 0{,}25 \ldots 0{,}30$ wird etwa der Bereich newtonschen Fließverhaltens (s. Abschnitt 3.1.) überdeckt. Aus Bild 3.17 erhält man

$$c_{RS} = 4 c_r^{0{,}8} . \tag{3.13}$$

Der mit Feststoff-Flüssigkeits-Gemisch beladene Teil des Rohrquerschnitts bleibt konstant (s. Darstellung im Bild 3.17). Mit wachsender Konzentration c_R erfolgt offensichtlich eine kontinuierliche Aufkonzentration.

$$0{,}04 < c_R < c_{R\ddot{u}}$$

Für $c_{RS} > 0{,}25 \ldots 0{,}3$ kann der Übergang zu nichtnewtonschem Fließen ($c_{R\ddot{u}}$) zu verzeichnen sein. Die Konzentrationen sind entsprechend dem Kurvenverlauf nach Bild 3.17 miteinander verknüpft durch

$$c_{RS} = 1{,}5 c_R^{0{,}5} . \tag{3.14}$$

Das vom Feststoff-Flüssigkeits-Gemisch erfüllte Segment des Rohrquerschnitts wächst unter-

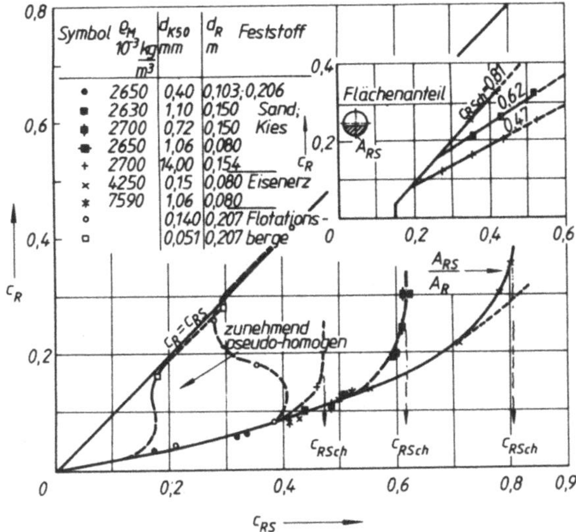

Bild 3.17. Konzentrationsverhältnisse und Flächenanteile beim Transport in geschobener Feststoffschicht im Kreisrohr [3.105]

c_R mittlere Raumkonzentration über den Rohrquerschnitt; c_{RS} mittlere Raumkonzentration in der geschobenen Schicht; c_{RSch} Schüttkonzentration (Sedimentationskonzentration)

schiedlich für verschiedene c_{RSch}. Die obere Grenze für $c_R = c_{Rü}$ wird gebildet durch den Beginn des raschen Übergangs zu $c_{RSo} \cdot c_{Rü}$ stellt sich in Abhängigkeit von c_{RSch} dar:

$$c_{Rü} = \left(\frac{(0,8 \ldots 0,85)\,c_{RSch}}{1,5}\right)^2 . \tag{3.15}$$

Bei Sand/Kies beträgt $c_{Rü} \approx 0,7 \ldots 0,12$.

$$c_{Rü} \leqq c_R \leqq c_{RSch}$$

Ein weiterer Anstieg von c_R bewirkt eine rasche weitere Verdichtung der Feststoffschicht, wobei dann mit wachsender Konzentration c_R keine weitere Erhöhung der Schichtkonzentration $c_{RS} = c_{RSch}$ erreicht werden kann.

Mit vorstehenden Ergebnissen sind zusammenfassend die Bewegungsverhältnisse nahe v_{krit} mit wachsender Konzentration c_R wie folgt zu charakterisieren:

– Bei kleinen c_R ($< 0,04$) ist nur an der Rohrwand gleitender Feststoff vorhanden, der v_{krit} bestimmt. In den darüberliegenden mit Feststoff beladenen Schichten (etwa konstante Flächenbelegung vom Rohrquerschitt) liegt turbulente newtonsche Strömung vor.

– Mit wachsender c_R erfolgt sowohl eine Aufkonzentration als auch eine Ausweitung des mit Feststoff beladenen Teiles des Rohrquerschnitts. Die Fließeigenschaften tendieren hier zunehmend zu laminarem nichtnewtonschem Charakter, wobei dieses Verhalten an der Rohr-

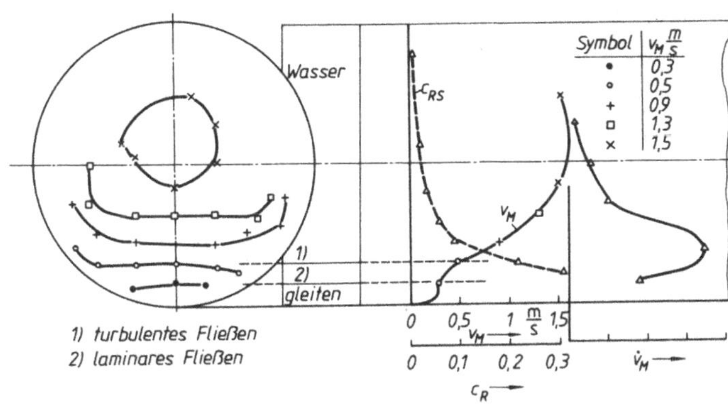

Bild 3.18. Mehrschichtenströmung für heterogenes Gemisch nahe v_{krit}

(Meßwerte [3.136]; $v_G = 1{,}05$ m/s; $c_R = 0{,}08$; $d_R = 0{,}04$ m; $v_{so} = 0{,}13$ m/s; $d_{Km} = 0{,}58$ mm; Borsilikatglas)

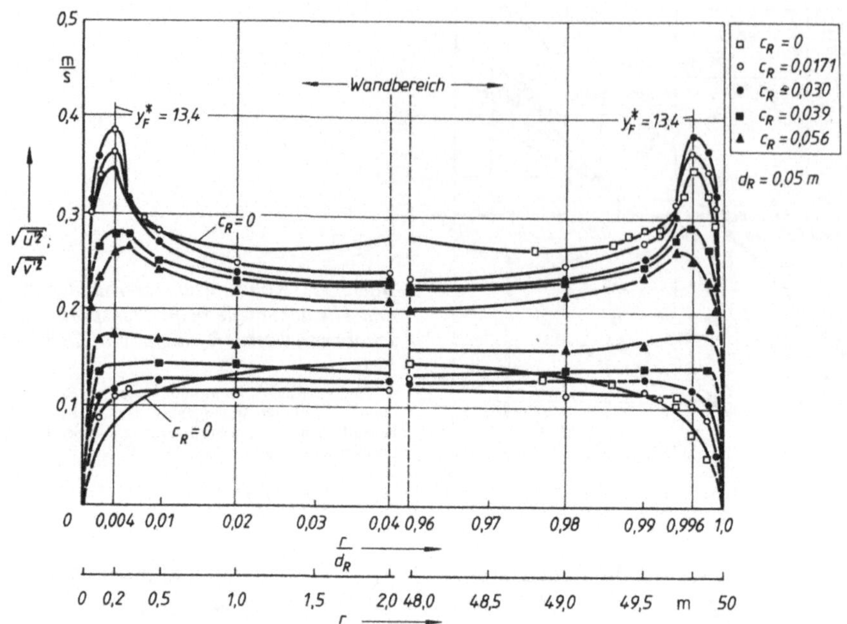

Bild 3.19. Turbulenzintensität im vertikalen Rohr [3.191]

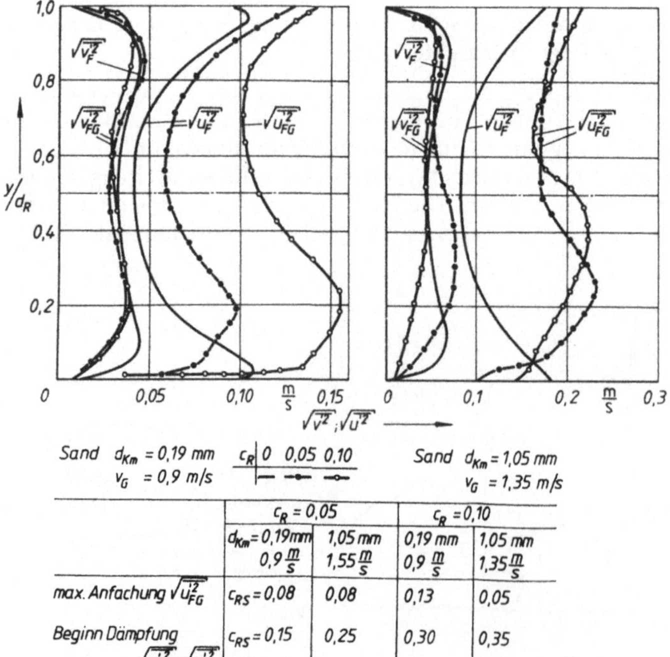

Sand $d_{Km} = 0,19$ mm, $v_G = 0,9$ m/s

| c_R | 0 | 0,05 | 0,10 |

Sand $d_{Km} = 1,05$ mm, $v_G = 1,35$ m/s

	$c_R = 0,05$		$c_R = 0,10$	
	$d_{Km}=0,19$ mm $0,9\,\frac{m}{s}$	1,05 mm $1,55\,\frac{m}{s}$	0,19 mm $0,9\,\frac{m}{s}$	1,05 mm $1,35\,\frac{m}{s}$
max. Anfachung $\sqrt{u_{FG}^{'2}}$	$c_{RS} = 0,08$	0,08	0,13	0,05
Beginn Dämpfung $\sqrt{u_{FG}^{'2}} = \sqrt{u_F^{'2}}$	$c_{RS} = 0,15$	0,25	0,30	0,35

Bild 3.20. Turbulenzintensität in horizontalem Rohr [3.145]

sohle beginnt. Gleiteffekte an der Rohrwand analog zum Verhalten hochkonzentrierter pseudohomogener Suspensionen [3.186] mit darüber geschichteter laminarer (nichtnewtonscher) und turbulenter Strömung, wie von [3.136] gemessen (im Bild 3.18 dargestellt), können sich ausbilden.

Die Beeinflussung der turbulenten Flüssigkeitsströmung durch oder besser deren Wechselwirkung mit dem Haufwerk ist naturgemäß mit für vorstehend dargestellte Bewegungsverhältnisse verantwortlich. Die daraus resultierenden Effekte sind (vgl. auch Abschnitt 2.2.3.):

- feststoffbezogen: Beeinflussung (Beschleunigung) oder kein Einfluß der turbulenten Schwankungsgeschwindigkeit,
- flüssigkeitsbezogen: Anfachung oder Dämpfung der turbulenten Schwankungsgeschwindigkeiten.

Die Kopplung beider Effekte führt zu den Resultaten:
- Mitbeschleunigung der Teilchen bedeutet Dämpfung der Turbulenz,
- Teilchenumströmung (große Teilchen) bedeutet Turbulenzanfachung.

Der c_R-Einfluß im horizontalen Rohr auf die turbulenten Schwankungsgeschwindigkeiten bei Einschränkung auf v_G nahe v_{krit} kann entsprechend den vorstehend erläuterten Bewegungsverhältnissen nur bei kleinen c_R bzw. im oberen Bereich der bewegten Feststoffschicht wirksam werden. Messungen zur Turbulenzstruktur zeigen sehr differenzierte Ergebnisse, die in kurzer Form wie folgt zusammengefaßt werden können:
Bei kleinen c_R ($\leqq 0{,}03$) behindern sich die Teilchen wenig; es erfolgt eine Teilchenumströmung mit Ablösewirbeln, was eine Intensivierung sowohl der Längs- (u') als auch der Quergeschwindigkeitsschwankungen (v') bewirkt. Bild 3.19 zeigt Messungen im vertikalen Rohr (was eine weitestgehende Gleichverteilung des Feststoffs über den Rohrquerschnitt und damit $c_R \approx$ konst. gewährleistet). Für $c_R > 0{,}03$ erfolgt eine Dämpfung von $\sqrt{\overline{u'^2}}$, jedoch eine weitere Anfachung von $\sqrt{\overline{v'^2}}$. Im Gegensatz dazu erfolgt nach Messungen bei [3.145] (Bild 3.20) unter Beachtung des vertikalen Entmischungseffekts bei höheren c_R eine Dämpfung von $\sqrt{\overline{u'^2}}$ und $\sqrt{\overline{v'^2}}$ erst bei sehr hohen c_R. Im Bild 3.20 sind die nach Gl. (3.14) berechneten Konzentrationen c_{RS} für maximale Anfachung und Dämpfungsbeginn mit eingetragen. Die Schichtkonzentration c_{RS}, bei der die Dämpfung beginnt, wächst mit zunehmendem Teilchendurchmesser.

3.1.2.1.2. Vertikale Rohrleitung

Die Bewegungsverhältnisse in der vertikalen Rohrleitung werden durch die Wechselwirkung der Kräfte analog zur Sinkbewegung (vgl. Abschnitt 2.1.4.) eines Haufwerks bestimmt. Die konkreten Bedingungen für die Teilchenströmung bei Strömungsrichtung aufwärts oder abwärts und die Relativbewegung im durch das Rohr begrenzten Volumen sind für die Veränderung der Relativgeschwindigkeit Flüssigkeit-Feststoff verantwortlich. Die Wirkung der turbulenten Strömungsfelder mit dem ausgebildeten Geschwindigkeitsprofil ist die Ursache für Radialkräfte. Der Konzentrationseinfluß ist zu berücksichtigen (vgl. Abschnitt 2.1.5.). Bezüglich der sich einstellenden Bewegungsverhältnisse ist auf den Einfluß der Teilchenform aufmerksam zu machen. Beim Sinkversuch im ruhenden unbegrenzten Medium nehmen unregelmäßig geformte Teilchen eine Lage mit der größten Projektionsfläche zur Bewegungsrichtung ein. Es wird damit die kleinste Relativgeschwindigkeit $v_S = v_K$ (wegen $v_F = 0$) bestimmt. Entsprechende Verhältnisse liegen beim Abwärtsfördern vor. Das Feststoffteilchen eilt mit der minimal möglichen Geschwindigkeit der Transportflüssigkeit voraus: $v_S = v_K - v_F$.
Wird die Schwebegeschwindigkeit v_{SS} bestimmt, die die Bedingungen bei der Aufwärtsförderung kennzeichnet, weist die kleinste projizierte Fläche eines unregelmäßig geformten Teilchens in Strömungsrichtung, woraus sich ein deutlich kleinerer Widerstandsbeiwert c_W gegenüber dem aus dem Sinkversuch ergeben kann. Die Schwebegeschwindigkeit stellt also die Maximalgeschwindigkeit bezogen auf die Kornform dar, die zur Aufrechterhaltung des Gleichgewichtszustands der Kräfte am Teilchen notwendig ist: $v_{SS} = v_F$ (wegen $v_K = 0$). Bild 3.21 zeigt für ein Haufwerk gemessene Werte, die Schwebegeschwindigkeiten aufweisen, die der stationären Sinkgeschwindigkeit bei maximalem Teilchendurchmesser entsprechen. Für dieses Bei-

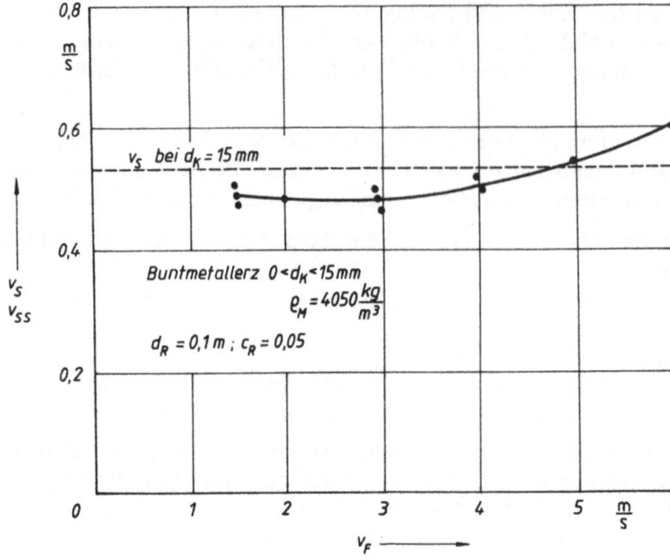

Bild 3.21. Schwebegeschwindigkeit eines Haufwerks mit unregelmäßiger Teilchenform im Vergleich zur stationären Sinkgeschwindigkeit des größten Einzelteilchens [3.150]

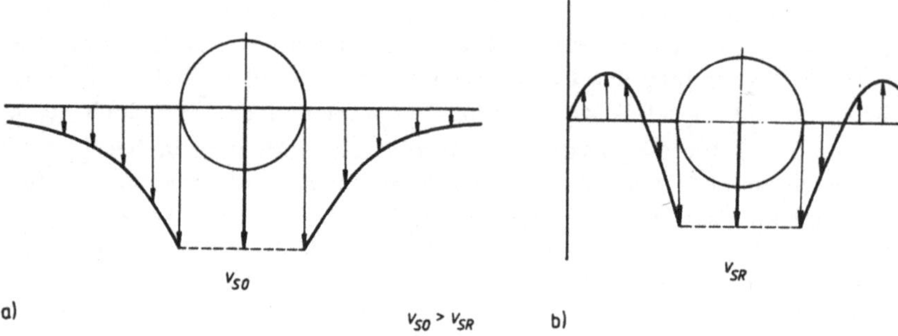

Bild 3.22. Geschwindigkeitsprofile beim Sinkversuch
a) in unendlich ausgedehnter Flüssigkeit (v_{SO});
b) bei Rohrwandeinfluß (v_{SR})

spiel würde eine Dimensionierung der Rohrleitung nahe $v_{krit} \gtreqless v_{SS}$ auf der Basis eines mittleren Teilchendurchmessers (z. B. $d_{Km} = d_K = 7{,}5$ mm) die Gefahr instabiler Betriebsverhältnisse beinhalten. Der Transport der größten Teilchen wäre nicht gewährleistet.

Bei Systemberandung durch die Rohrleitung ergeben sich infolge der Verdrängung der Flüssigkeit durch das Feststoffteilchen veränderte Umströmungsbedingungen, wie im Bild 3.22 am Beispiel des Sinkversuchs dargestellt. Die daraus resultierende Verringerung von v_S wird im Bild 3.23 gezeigt nach Messungen von [3.150]. Ohne Wandeinfluß wäre $v_S = v_{SS}$ zu erwarten. Mit wachsendem d_{Ku}/d_R wird aber unter den vorhandenen Bedingungen zunehmend $v_{SS} < v_S$. Ursachen dafür sind das sich vergrößernde verdrängte Wasservolumen und die damit sich vergrößernde Anströmgeschwindigkeit.

Die turbulente Strömung im Rohr mit ihrem ausgebildeten Geschwindigkeitsprofil verursacht radiale Kräfte am Feststoffteilchen, wie die prinzipiellen Verhältnisse im Bild 3.24 zeigen. Der turbulente Impulsaustausch bewirkt, beschränkt auf sehr kleine d_K, eine Impulskraft zur Rohrwand gerichtet.

Wegen der Teilchenumströmung mit einem dem turbulenten Geschwindigkeitsprofil entsprechenden Geschwindigkeitsgradienten ergibt sich eine partielle Druckabsenkung infolge örtlich höherer Flüssigkeitsgeschwindigkeit an der der Rohrmitte zugewandten Teilchenberandung. Daraus resultiert analog zur horizontalen Rohrleitung eine Kraft zur Rohrmitte gerich-

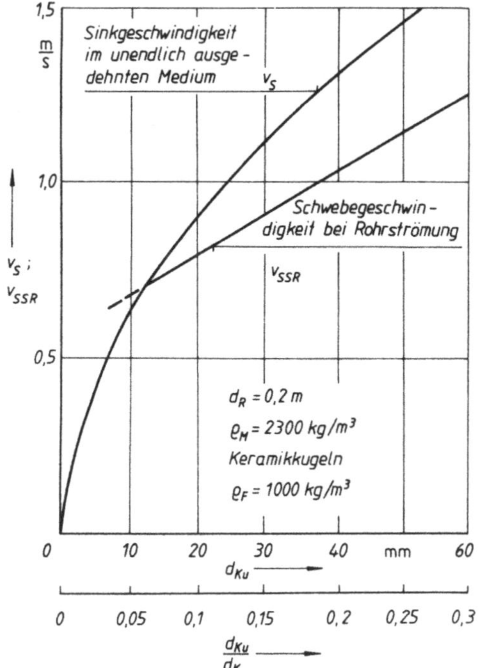

Bild 3.23. *Sinkgeschwindigkeit im unendlich ausgedehnten Wasser und Schwebegeschwindigkeit von Kugeln im Rohr [3.38]*

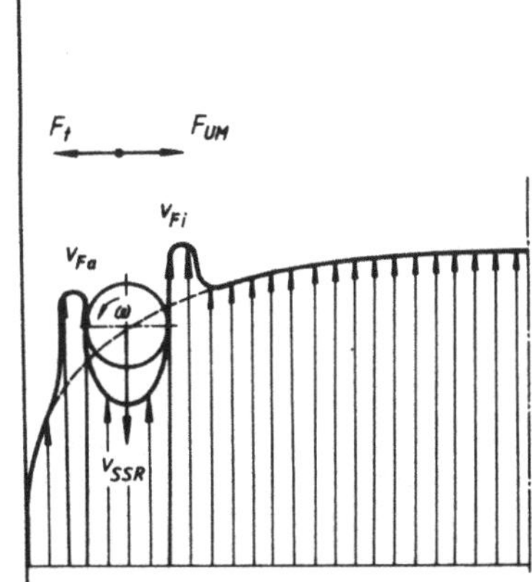

Bild 3.24. *Teilchenumströmung in vertikaler Rohrleitung bei turbulentem Geschwindigkeitsprofil der Transportflüssigkeit*

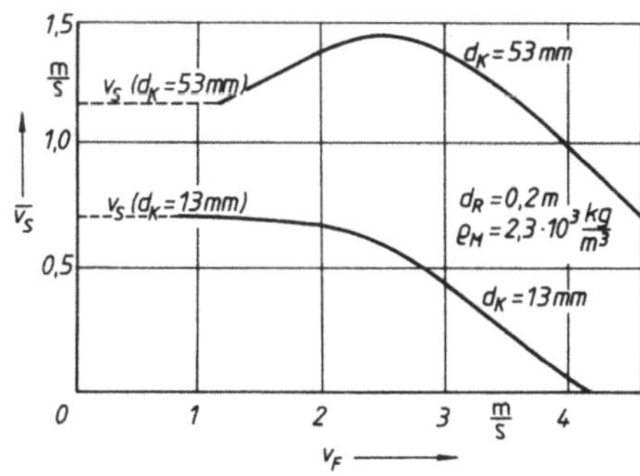

Bild 3.25. *Mittlere Schlupfgeschwindigkeit $\bar{v}_s$ in Abhängigkeit von der mittleren Fluidgeschwindigkeit v_F [3.150]*

tet. Rotiert das Teilchen, wirkt die dann auftretende Magnus-Kraft in gleicher Richtung. (vgl. Abschnitt 2.3.3.).

Die Wechselwirkung der radialen und der axialen Kräfte aus den Teilchen insgesamt führt zur Abhängigkeit der Relativgeschwindigkeit $v_{SS} = v_F - v_K$ von der mittleren Anströmgeschwindigkeit v_F. Messungen von [3.38] (Bild 3.25) an Kugeln zeigen die typischen Abhängigkeiten, wobei anstelle v_{SS} die mittlere Schlupfgeschwindigkeit $\bar{v}_S$ eingeführt wurde:

$$\bar{v}_S = v_{SS} - v_F\left(\frac{1}{\beta} - 1\right) \tag{3.16}$$

mit β als Profilbeiwert zur Erfassung des Geschwindigkeitsprofils [3.36].

Es ist ein Mehrfaches von v_F erforderlich, um $\bar{v}_S$ vernachlässigbar klein werden zu lassen. In der technischen Anwendung kann daher nicht von vernachlässigbarem Schlupf ausgegangen werden.

Bei Betrachtungen zur Förderung eines Haufwerks ist zwangsläufig der Einfluß der Konzentration c_R zu analysieren. Das betrifft analog zur horizontalen Rohrleitung die Interaktionen der Teilchen untereinander und mit der Rohrwand sowie deren Rückwirkung auf die turbulente Flüssigkeitsströmung. Der Feststoff ist über den Rohrquerschnitt weitestgehend symmetrisch, jedoch nicht unbedingt gleichverteilt. Hier ist es zweckmäßig, zwischen kleinen und größeren Konzentrationen zu unterscheiden. Als Unterscheidungsmerkmal steht primär das Fließverhalten des Gemisches, wobei senkrecht zur Rohrachse das Fließverhalten als konstant vorausgesetzt werden kann.

Für kleine Konzentrationen c_R sind wegen der noch nicht dominierenden gegenseitigen Behinderung der Teilchen die Charakteristika des Schwebezustands für das Bewegungsverhalten bestimmend. Nahe der Schwebegeschwindigkeit v_{SS} ist die Schlupfgeschwindigkeit $\bar{v}_S$ nach Gl. (3.16), wie Bild 3.26 anschaulich zeigt, groß, was eine hohe Raumkonzentration c_R bedeutet. Mit wachsender Flüssigkeitsgeschwindigkeit v_F verringert sich auch $\bar{v}_S$ und damit c_R. Bemerkenswert ist dazu, daß c_R bei v_F nahe v_S und abnehmender Transportkonzentration c_T (s. Bild 3.26) mit zunehmender Empfindlichkeit reagiert. Bei polydispersem Haufwerk und besonders nahe v_{SS} bewirken die Unterschiede in der Sinkgeschwindigkeit der Kornfraktionen Entmischungen in Längsachse der Rohrleitung. Nahe v_{SS} sind die radialen Kräfte bzw. deren

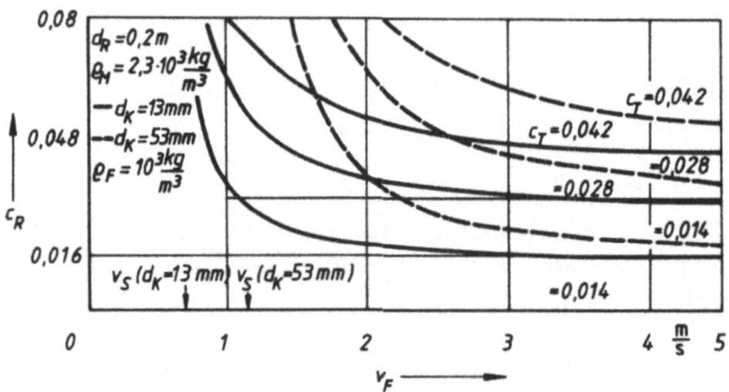

Bild 3.26. Mittlere Raumkonzentration c_R im vertikalen Rohr, abhängig von der mittleren Fluidgeschwindigkeit v_F [3.38]

Resultierende auf die Teilchen relativ klein, do daß regellose Querbewegungen mit Wandberührung den Bewegungsvorgang kennzeichnen [3.150]. Unregelmäßig geformte Teilchen rotieren nicht, weshalb die Magnus-Kraft nicht auftreten kann. Sie ändern aber ihre räumliche Lage und damit ihre projizierten Flächen in Richtung Flüssigkeitsanströmung, was die Unterschiede bezüglich v_S noch fördert. Infolge der Entmischung (größere Teilchen sinken schneller, werden in Bereichen hoher Konzentration abgebremst mittransportiert) kommt es zu örtlichen Aufkonzentrationen, was bis zur Pfropfenströmung und Verstopfung führen kann.

Erhöht man v_F, so nehmen die radialen Kräfte in Richtung Rohrachse zu. Der Feststoff konzentriert sich immer stärker in Rohrmitte, so daß schließlich keine Wandberührung mehr auftritt. Dieser „Einschnüreffekt" [3.38] [3.103] [3.150] ist voll ausgeprägt, wenn das Wasser in einem Ringraum zwischen Feststoffsäule und Rohrwand strömt und die Förderung weitestgehend durch die Schubspannung an der Grenzfläche Flüssigkeit–Feststoff erfolgt. Eine Be-

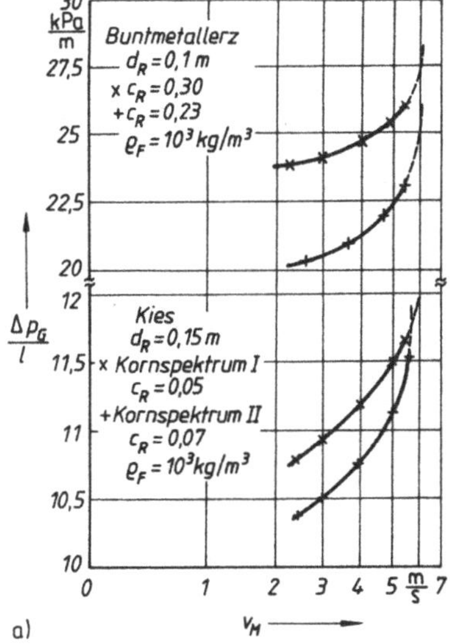

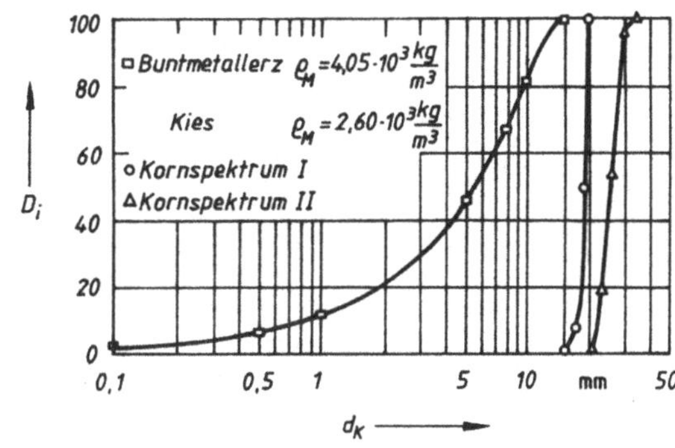

Bild 3.27. *Spezifischer Druckverlust in Abhängigkeit von der mittleren Feststoffgeschwindigkeit v_M zur Darstellung des Einschnüreffekts [3.150] (a) und Siebdurchgangskennlinien der verwendeten Haufwerke (b)*

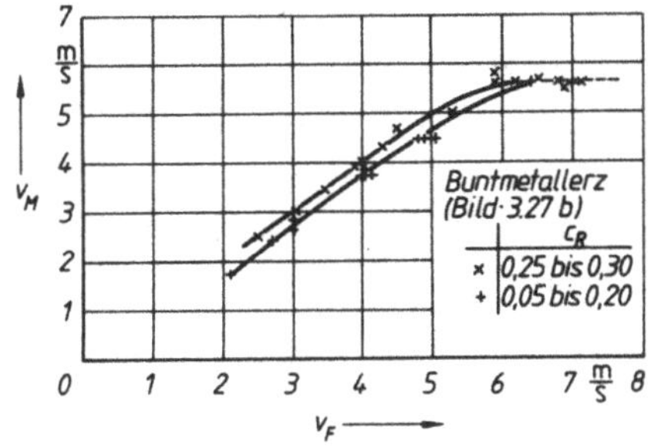

Bild 3.28. *Beeinflussung der mittleren Feststoffgeschwindigkeit durch die Konzentration c_R in Abhängigkeit von der mittleren Flüssigkeitsgeschwindigkeit v_F [3.150]*

schleunigung des Feststoffs ist bei weiterer v_F-Erhöhung nicht mehr möglich. Bild 3.27 zeigt diese Verhaltensweise für zwei verschiedene Feststoffarten.

Die Turbulenzstruktur der Transportflüssigkeit verhält sich grundsätzlich so, wie bei der horizontalen Rohrleitung bereits dargestellt. Infolge der Symmetrie der Teilchenverteilung ergeben sich entsprechend symmetrische Wirkungen hinsichtlich Anfachung und Dämpfung von $\sqrt{\overline{u'^2}}$ und $\sqrt{\overline{v'^2}}$.

Größere Konzentrationen c_R führen zu zunehmender wechselseitiger Behinderung der Teilchen und auch die Teilchenumströmung wird zunehmend behindert, so daß die turbulente Gemischströmung zur Haufwerksdurchströmung bzw. Pfropfenströmung bis hin zum nicht-newtonschen Fließen (turbulent und laminar), jeweils d_{Ki}-abhängig, übergeht. Mit wachsender c_R nimmt der Schlupf bis zur Vernachlässigbarkeit ab. Ein Beispiel für die Wirkung des c_R-Einflusses auf v_M wird im Bild 3.28 gezeigt. Auch hier ist die Existenz des Einschnüreffekts zu erkennen, der etwa ab $v_F = 6$ m/s mit $v_M =$ konst. $= 5,7$ m/s ausgeprägt ist.

3.1.2.1.3. Rohrleitungsbögen

Bei der Durchströmung von Rohrleitungsbögen wirkt am Feststoffteilchen zusätzlich die Sekundärströmung der Flüssigkeit und infolge der erzwungenen Richtungsänderung die Fliehkraft. Deren Wirkung bezüglich der Feststoffbewegung ist abhängig von der Bogenlage und der Durchströmrichtung. Die Anordnung der Bögen ist in den ausgezeichneten Lagen und

Bogenlage horizontal

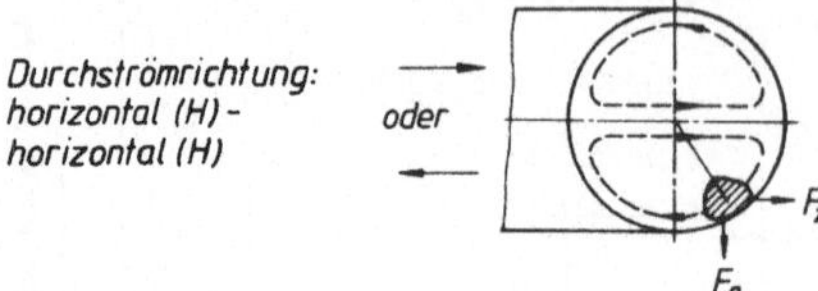

Bogenlage vertikal

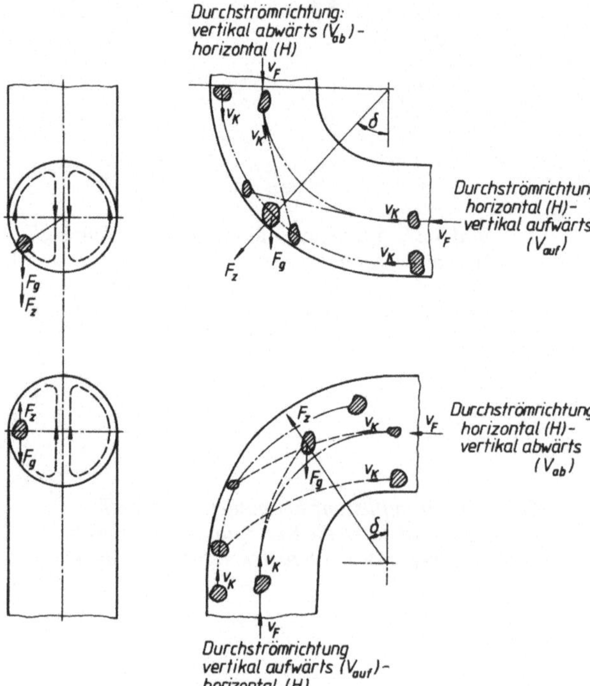

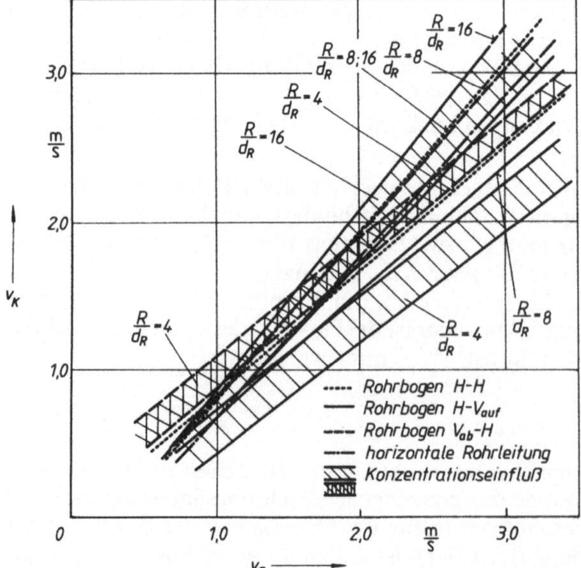

Bild 3.29. Ausgezeichnete Lagen von Rohrleitungsbögen und Bewegungsbahnen von Feststoffteilchen mit Darstellung der aus Teilchen wirkenden Kräfte infolge Änderung der Strömungsrichtung

Bild 3.30 Teilchengeschwindigkeit v_K und Transportgeschwindigkeit v_G am Bogenaustritt nach Messungen von [3.165]

Durchströmrichtungen gemäß Bild 3.29 möglich. Die qualitativ dargestellten Bahnen der Teilchen machen deutlich, daß in allen Bogenlagen ihre Abbremsung infolge intensiverem Wandkontakt erfolgt. Der Entmischungseffekt der Phasen wird begünstigt. Die Intensität der Wechselwirkungen ist unterschiedlich. Bei einem gleitend transportierten Teilchen bewirkt die Zentrifugalkraft F_z unter Beachtung der Schwerkraft F_g bei den Bogenlagen H-H; V_{ab}-H; H-V_{auf} eine erhöhte Reibung zwischen Rohrwand und Feststoff. Mit wachsendem Krümmungsradius verringert sich F_z und damit deren Wirkungen. Schwebend transportierte Teilchen folgen mit wachsendem Biegeradius und sinkendem Teilchendurchmesser zunehmend der Strömung des Fluids, und der Auftreffwinkel auf die Rohrwand wird kleiner [3.22]. Dadurch reduzieren sich die Einflüsse infolge Umlenkung ebenfalls. Bild 3.30 zeigt dazu Messungen von [3.165], die den Einfluß der Lage des Bogens verdeutlichen. Die Analyse der Bewegungsverhältnisse im Bogen begründet so die Forderung nach großen Krümmungsradien $R/d_R > 4$ im Sinne optimaler Anlagengestaltung. Als kritisch zu bezeichnen ist der Bogen H-V_{auf}, wo $R/d_R \gg 4$ zu fordern ist.

Bei heterogenen Gemischen können erhebliche Unterschiede in den Geschwindigkeitsdifferenzen der Phasen (Schlupf) zwischen dem horizontalen und dem vertikalen Rohr auftreten. Die Sinkgeschwindigkeit und damit der Schlupf im vertikalen Rohr sind häufig erheblich kleiner als der Schlupf im horizontalen Rohr, so daß in diesem Falle bei der Umlenkung H-V eine Beschleunigung und bei der Umlenkung V-H eine Verzögerung des Feststoffs auftritt. Beschleunigungen bzw. Verzögerungen des Feststoffs bedeuten aber (unter der Bedingung c_T = konst.) Verringerung bzw. Vergrößerung der lokalen Raumkonzentration c_R, was zu Problemen bei der Gewährleistung der Transportstabilität infolge Verstopfungsgefahr (s. Abschnitt 3.2.5.4.), führen kann.

3.1.2.2. Kritische Geschwindigkeit

Die kritische Geschwindigkeit v_{krit} spielt eine ausschlaggebende Rolle bei der Bemessung und beim Betrieb hydraulischer Feststofftransportanlagen. Mit ihrer Kennzeichnung nach Abschnitt 2.3. repräsentiert sie die untere zulässige Transportgeschwindigkeit v_G für einen stabilen Betrieb der Rohrleitung. In vielen Fällen stellt sie auch gleichzeitig die kostenoptimale Geschwindigkeit dar, die unter Berücksichtigung von Energiebedarf und Rohrverschleiß ermittelt wird.

Mit erheblichen Problemen behaftet ist die Eindeutigkeit ihrer Kennzeichnung und meßtechnischen Ermittlung. Die Spezifika der Gemischbewegung, z. B. im horizontalen Rohr, zeigen, daß mehrere Einflußparameter und ihre Wechselwirkung zu beachten sind. Das betrifft besonders den Rohrdurchmesser d_R und die Rauhigkeit des Rohres k, die mittlere Raumkonzentration c_R bzw. Transportkonzentration c_T und die Schichtkonzentration c_{RS}, die Korngrößenverteilung des Haufwerks sowie die Teilchenform. Bewegen sich die Feststoffteilchen bei größeren Konzentrationen ($c_T \gtrsim 0{,}1$) überwiegend als geschobene Schicht, so sind bei kleinen c_T dünenartige Gebilde wechselnder c_{RS} zu beobachten. Zur weiteren Behandlung der Problematik wird zwar zweckmäßigerweise, um den Transportvorgang zu charakterisieren, die mittlere Transportkonzentration c_T verwendet – vgl. dazu Abschnitt 2.3.1. Jedoch ist auch in diesem Fall für den noch ablagerungsfreien Transport die Wechselwirkung zwischen Rohrwand und Feststoff unter Berücksichtigung seines suspendierten Zustands (c_{RS}) im wandnahen Bereich bestimmend.

3.1.2.2.1. Horizontale und geneigte Rohrleitung

Das Kriterium der gerade noch nicht auftretenden stationären Ablagerungen ist an den jeweiligen aufgabencharakteristischen Suspensionszustand geknüpft, der sich auch in der Rohrleitungskennlinie widerspiegelt. Bild 3.31a zeigt von [3.55] gemessene Rohrleitungskennlinien, die typisch sind für Gemische mit Haufwerken, die nicht mehr ausgeprägtes heterogenes Verhalten aufweisen (hoher feindisperser Haufwerksanteil). Es stellt sich, mit wachsender Transportkonzentration c_T deutlicher, ein Druckverlustminimum oberhalb v_{krit} ein. Gröberes Material mit ausgeprägtem heterogenem Gemischcharakter zeigt kein solches Verhalten (Bild 3.31b). Der Transport dieser heterogenen Systeme ist wegen des hohen zusätzlich durch den

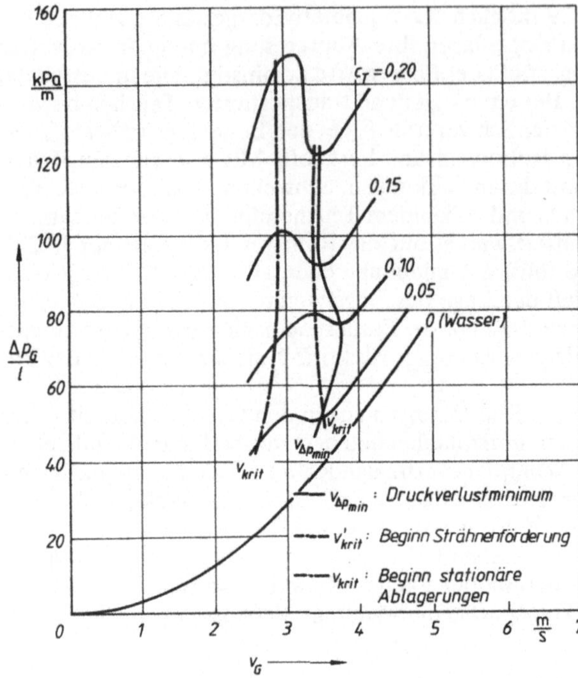

Bild 3.31. Rohrleitungskennlinien zur Darstellung des Erscheinungsbilds der kritischen Geschwindigkeit

a) Mittelsand [3.103]; $d_R = 0{,}208$ m; $\varrho_M = 2650$ kg/m^3; $d_{Km} = 0{,}926$ mm;
b) Kies [3.123]; $d_R = 0{,}05$ m; $\varrho_M = 2600$ kg/m^3; $d_{Km} = 2{,}4$ mm; $\varrho_F = 1000$ kg/m^3

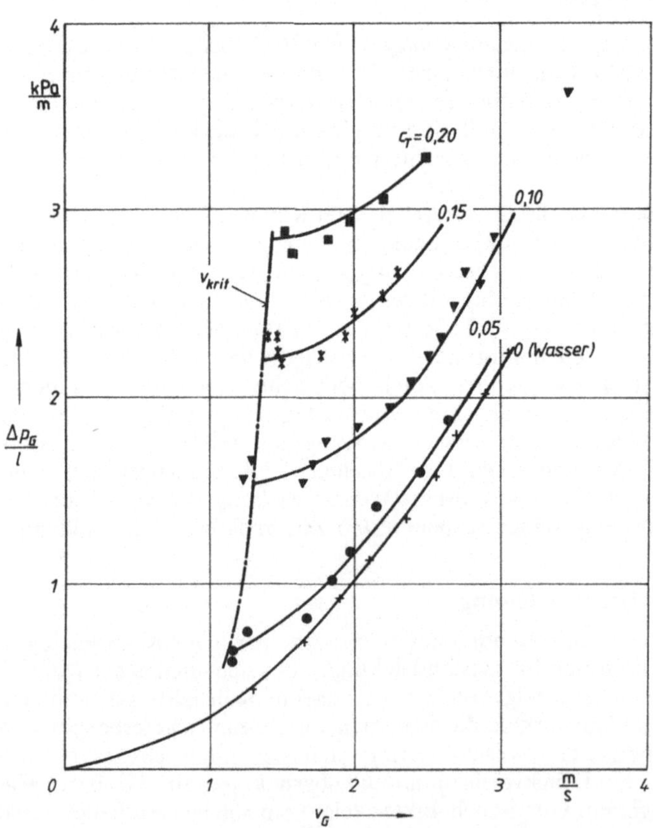

Feststoff verursachten Druckverlustes (vgl. Abschnitt 3.1.2.3.) an den Transport mit in der Regel $c_T < 0,1$ geknüpft. Bei kleinen d_K bis hin zum pseudohomogenen Suspensionsverhalten gewinnen $c_T > 0,1$ an Bedeutung und damit v_G im gezeigten Druckverlustminimum ($v_{\Delta pmin}$). Die Gesamtheit des Verhaltens heterogener Gemische bei kritischem Transportzustand wird im Bild 3.32 gezeigt, wodurch ein guter zusammenfassender Überblick zur Wirkung der wichtigsten Einflußgrößen gegeben ist. Es werden die bereits an verschiedener Stelle genannten Einflußbereiche der Konzentration (c_T) und des Teilchendurchmessers bzw. der Korngrößenverteilung d_{Ki} deutlich nachgewiesen. Im Bereich $c_T < 0,1$ (... 0,15) wächst v_{krit} mit zunehmender c_T, wobei bei kleineren c_T (etwa $\leqq 0,04$) der Gradient am größten ist. Damit ist bei grobem Material und damit kleiner c_T dem Problem der Transportstabilität besondere Bedeutung zuzumessen. Ab $c_T = 0,1$ (... 0,15) erfolgt kein Anstieg mehr. Abhängig von der Korngrößenverteilung, besonders vom Feinanteil des Feststoffs (s. auch Abschnitt 3.1.2.3.5.), verringert sich v_{krit} mit wachsender Konzentration c_T. Der Einfluß der Rohrrauhigkeit k bzw. des Verhältnisses von d_K/k mit dem in diesem Falle in Wandkontakt stehenden Teilchendurchmesser d_K muß ebenfalls berücksichtigt werden. *Pechenkin* (nach [3.107]) weist auf diesen Einfluß hin, der erheblich sein kann. Eine größere Wandrauhigkeit k führt zu kleineren v_{krit}. Die Ursache dafür ist bei [3.91] experimentell bestätigt. Bei Oberflächen mit künstlicher Granulatrauhigkeit wurden ein deutlich größerer Anstieg der Feststoffgeschwindigkeit v_K und deutlich größere v_K-Werte mit wachsender mittlerer Gemischgeschwindigkeit v_G gegenüber glatter Oberfläche gemessen (Bild 3.165). Bewirkt durch k, gelangen die Teilchen bei Sprungbewegung in Bereiche höherer Flüssigkeitsgeschwindigkeiten. Der Effekt nimmt mit wachsendem d_K/k ab. Die Messungen von [3.91] wurden bei ansteigender Geschwindigkeit v_G durchgeführt. Das In-Bewegung-Setzen der Teilchen erfolgt dabei bei größeren v_G. Bild 3.34 zeigt Meßergebnisse, die v_G bei Bewegungsbeginn der Teilchen abhängig von v_K/k darstellen und diesen k-Einfluß ausweisen. Die Form der Teilchen ist ebenfalls nicht zu ver-

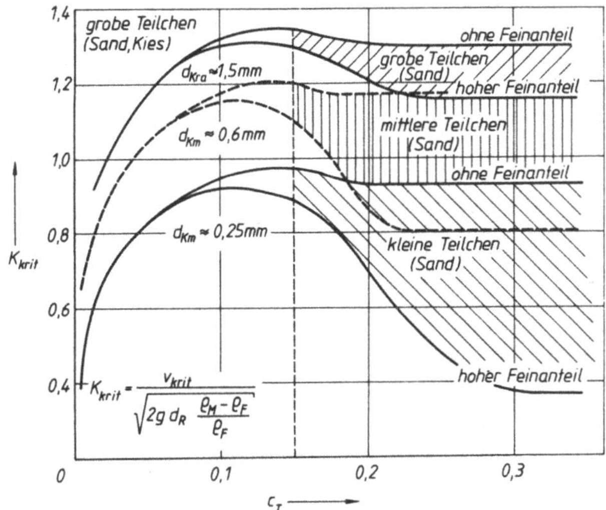

Bild 3.32. Die kritische Geschwindigkeit (dimensionslose Form K_{krit}) und ihre Beeinflussung bei heterogenen Gemischen [3.106]

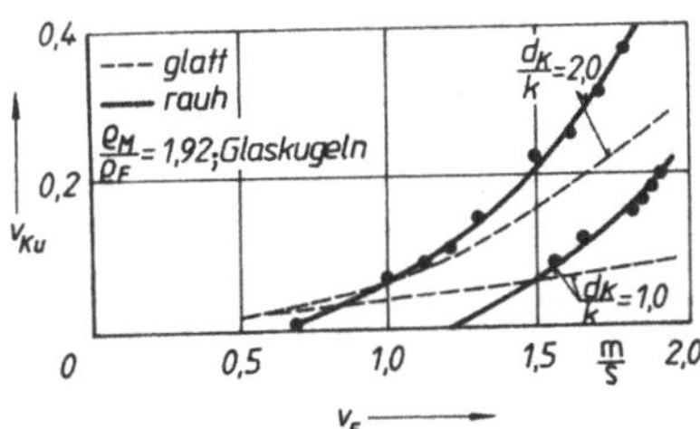

Bild 3.33. Vergleich der Teilchengeschwindigkeit v_K von Glaskugeln an einer glatten und einer granulatrauhen Oberfläche in Abhängigkeit von der mittleren Gemischgeschwindigkeit v_G [3.91]

nachlässigen, wie im Bild 3.34 mit dem unterschiedlichen Verlauf der Meßergebnisse bei Kugeln und Kies zu ersehen ist. Diese Verhaltensweisen haben Bedeutung bei der Wiederinbetriebnahme nicht entleerter abgestellter Rohrleitungen. Allerdings werden beim Betrieb gemischdurchströmter Rohrleitungen die Oberflächenrauhigkeiten geglättet, so daß der genannte Effekt abgebaut wird.

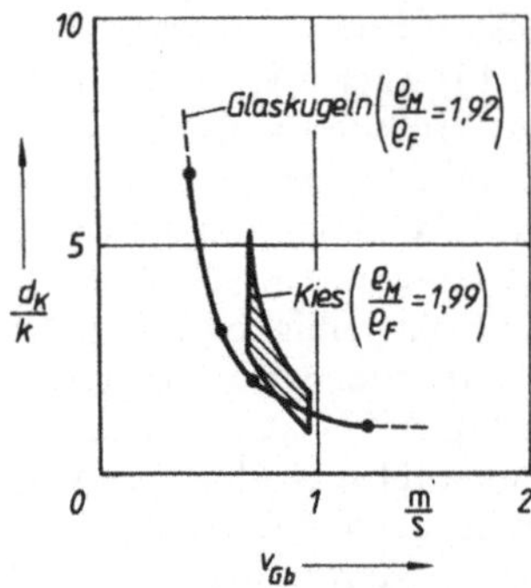

Bild 3.34. *Mittlere Gemischgeschwindigkeit bei Bewegungsbeginn v_{Gb} der Teilchen (Glaskugeln, Kies) und bei Granulatrauhigkeit, abhängig von d_K/k [3.91]*

Die dargelegte mögliche Vielgestaltigkeit der wandnahen Bewegungsverhältnisse und die damit verbundene Charakterisierung der kritischen Geschwindigkeit v_{krit} hat zu einer breiten Palette der in der Literatur dargestellten Berechnungsgleichungen geführt. In Tafel 3.2 sind einige Berechnungsgleichungen zusammengestellt. Wie bei empirischer bzw. halbempirischer Arbeitsweise nicht anders zu erwarten ist, bleibt ihr Anwendungsbereich auf die zugehörigen Parameter der experimentellen Untersuchungen beschränkt. Die unterschiedlichen Definitionen der kritischen Geschwindigkeit enthalten weitere Unsicherheiten. Schließlich ist auch der subjektive Faktor bei der Bestimmung des kritischen Transportzustands eine Fehler-

Tafel 3.2. *Auswahl einiger Berechnungsgleichungen verschiedener Autoren für die kritische Geschwindigkeit v_{krit}*

Literatur	Gleichung	Definition v_{krit}	Bereich beschriebener Meßwerte
[3.35] [3.54] [3.49]	$v_{krit} = K_{krit}\left[2gd_R\left(\frac{\varrho_M}{\varrho_F} - 1\right)\right]$ K_{krit} nach Bild 3.32	v_G bei minimalem Δp_G	Sand, $d_{Ki} = 0{,}04 \ldots 3{,}0$ mm Kies, $d_R = 0{,}04 \ldots 0{,}7$ m Kohle, $\varrho_M = (1{,}5 \ldots 2{,}62) \cdot 10^3$ kg/m³ $\varrho_F = 1 \cdot 10^3$ kg/m³ (Wasser) $c_T = 0 \ldots 0{,}15$
[3.73]	$v_{krit} = 9{,}81\, d_R^{1/3}\, v_s^{1/4}\left(\frac{\varrho_M}{\varrho_{FT}} - \frac{\varrho_{FT}}{\varrho_F}\right)$	v_G bei minimalem Δp_G	Sand Kies
[3.72]	$v_{krit} = 8{,}3\, d_R^{1/3}\sqrt{\frac{\varrho_G - \varrho_F}{\varrho_M - \varrho_F}\frac{\sum \Psi_i P_i}{100}}$ $\Psi_i\, P_i$ normierte Kornverteilung:	v_G bei minimalem ΔP_G	Sand, $d_{Ki} > 0{,}05$ mm Kies, $d_R = 0{,}05 \ldots 0{,}8$ m $\varrho_F = 1\,000$ kg/m³ (Wasser) P_i prozentualer Anteil der normierten i-ten Fraktion Ψ_i

d_{Ki} mm gemessen	0,05 bis 0,1	0,10 bis 0,25	0,25 bis 0,50	0,50 bis 1,0	1,0 bis 2,0	2,0 bis 3,0	5,0 bis 10,0	> 10,0
Ψ_i	0,02	0,20	0,40	0,80	1,2	1,5	1,9	2,0

Literatur	Gleichung	Definition v_{krit}	Bereich beschriebener Meßwerte
[3.183]	$v_{krit} = 0{,}6\,(g\,d_R)^{1/2}\left(\dfrac{v_s}{g\,d_R}\right)^{1/4}$	v_G bei noch gleitender Bewegung	Sand, $d_{Ki} = 0{,}18 \ldots 6{,}0\ \text{mm}$ $d_R = 0{,}1 \ldots 0{,}3\ \text{m}$, $c_T = 0 \ldots 0{,}3$ $\varrho_M = 2{,}66 \cdot 10^3\ \text{kg/cm}^3$ $\varrho_F = 1 \cdot 10^3\ \text{kg/cm}^3$ (Wasser)
[3.89]	$v_{krit} = \dfrac{g\,d_R}{k_f} \cdot$ $\left[\dfrac{\left(\dfrac{d_{K85}}{d_R}\,1 - \dfrac{d_{K85}}{d_R}\right)\left(\dfrac{\varrho_M}{\varrho_F} - 1\right)^{0{,}8}}{1{,}5 \cdot 10^{-3} + 0{,}2\,\dfrac{d_{K85}}{d_R} + 35\left(\dfrac{d_{K85}}{d_R}\right)}\right]^{1/2}$ d_{K85} Teilchendurchmesser bei 85 % Siebdurchgang k_f Formfaktor nach Bild 3.42	v_G bei noch gleitender Bewegung	Sand, $d_{Ki} = 0 \ldots 4{,}0\ \text{mm}$ Kies, $d_R = 0$; $c_T = 0 \ldots 0{,}15$ Koks, $\varrho_M = (1{,}25 \ldots 2{,}65)$ $\cdot 10^3\ \text{kg/cm}^3$ $\varrho_F = 1{,}0 \cdot 10^3\ \text{kg/m}^3$ (Wasser)
[3.74]	$v_{krit} = 9{,}7\left[\dfrac{d_R^{3,08}\,c_T(1 - 2c_T)\,Fr_{sk}^{1,5}}{1 + 3\,c_T\,(1{,}5 - d_R)\dfrac{1}{d_R}}\right]^{1/7}$ Fr_{sK} Transportbeiwert $Fr_{sk} = \left[\dfrac{\Sigma\,\sqrt{c_W}\,\Delta D_i}{100}\right]$	v_G bei noch gleitender Bewegung	Sand, Rohrmaterial $d_{Ki} = 0{,}05 \ldots 10(20)\ \text{mm}$ Stahl, $d_R = 0{,}1 \ldots 0{,}9\ \text{m}$ PVC, $\varrho_M = 2{,}65 \cdot 10^3\ \text{kg/m}^3$ Schmelzbasalt $\varrho_F = 1{,}0 \cdot 10^3\ \text{kg/m}^3$ (Wasser) Auswertung der Messungen von [3.45] [3.79] [3.145]
[3.88]	$v_{krit} = \left(1{,}1 - \dfrac{c_T}{1 - \varepsilon}\right) \cdot \left[\dfrac{\pi}{2} \cdot d_R \dfrac{\left[\left(\dfrac{\varrho_M}{\varrho_F} - 1\right)g\mu_{gl}\cos\delta + \sin\delta\right]}{\dfrac{\dfrac{-\Delta p_G}{\Delta l \varrho_F(1 - \varepsilon)}}{0{,}085\left(\dfrac{d_{K50}}{d_R}\right)^{1/3}\sin 50\left[\left(\dfrac{c_R}{\varepsilon}\right)^{0{,}36}\right]}\right] \cdot$ $\left(\dfrac{d_{K50}}{d_{Kg}}\right)^{1/6}\left(\dfrac{d_{K50}}{d_R}\right)^{1/6}\cos\delta + v_s \cdot \sin\delta$	v_G bei noch gleitender Bewegung	Sand, $d_{Ki} = 0{,}14 \ldots 1{,}5\ \text{mm}$ $d_R = 0{,}081 \ldots 0{,}172\ \text{m}$, $c_T = 0 \ldots 0{,}25$ $\varrho_M = 2{,}645 \cdot 10^3\ \text{kg/m}^3$ $\varrho_F = 1{,}0 \cdot 10^3\ \text{kg/m}^3$ (Wasser) $\delta = -30° \ldots +90°$

quelle. Zumindest bei älteren Messungen sind fast ausschließlich Sichtstrecken, meist aus Materialien anderer Oberflächenrauhigkeit (Glas, Plast), verwendet worden. Diese lassen nur eine subjektive Bewertung zu und haben außerdem veränderte Kontaktbedingungen Feststoff–Rohrwand als Fehlerquelle. Mit der Wandelektrode nach [3.46] können diese Fehlerquellen stark reduziert werden (vgl. Abschnitt 3.2.2.4.). In [3.12] [3.130] [3.184] wurde die Situation analysiert und es wurde nachgewiesen, daß die formale Anwendung der vorhandenen Berechnungsgleichungen zwangsläufig zu großen Fehlern führt, die das Feld von zu kleinen v_G (Verstopfung) bis zu großen v_G (unökonomisch) überdecken. Auch hier sei erneut darauf hingewiesen, daß mit zunehmender Abweichung der Bewegungsverhältnisse vom heterogenen System die Übertragbarkeit der Ergebnisse unsicherer wird.

Zusammenfassend ist es also zweckmäßig, für eine möglichst genaue Ermittlung von v_{krit} in Abhängigkeit von den Parametern der jeweiligen Aufgabenstellung zu unterscheiden zwischen

– kleineren Konzentrationen ($c_T < 0{,}1$) mit einem d_K-Bereich bis in die Größenordnung pseudohomogenen Verhaltens und
– größeren Konzentrationen ($c_T \geqq 0{,}1$) bei kleinen d_K, die Veränderung der Fließeigenschaften eingeschlossen.

Des weiteren ist eine experimentelle Überprüfung bei Aufgabenstellungen außerhalb des Gültigkeitsbereichs der Berechnungsgleichung notwendig. Mit diesem Konzept wird bei der Darstellung der Berechnungsgleichung [3.130] für die nach Abschnitt 2.3 definierte Geschwindigkeit v_{krit} gearbeitet. Ausgehend von der Analyse der Schubspannungsverhältnisse eines heterogenen Gemisches bei geschobener Feststoffschicht [3.138] (s. auch Abschnitt 3.1.2.3.) ergeben sich die funktionellen Abhängigkeiten von den maßgeblichen Einflußgrößen als Potenzansatz, wie es auch in [3.178] in ähnlicher Form dargestellt ist:

$$v_{krit} = K_{v\,krit}\, c_T^{m}\, d_R^{n-1}\, d_K^{p} \left(\frac{\varrho_M}{\varrho_F} - 1 \right)^{q} g^{1/2}. \tag{3.17}$$

Aus den Abschnitten 2.3.1. und 3.1.2.1.1. läßt sich ein Teilchendurchmesser darstellen, der deutlich veränderten Transportbedingungen ausgesetzt ist. Das betrifft sowohl den Bereich des turbulenten Geschwindigkeitsprofils, wo die Turbulenzproduktion maßgeblich reduziert ist (s. Bild 3.13), als auch die Grenze der Beeinflußbarkeit des Teilchens durch die turbulenten Schwankungsgeschwindigkeiten. Dieser Grenzteilchendurchmesser d_{Kg} ist abhängig von der Dichte und mit Gl. (2.137) der Berechnung zugänglich (s. auch Bild 3.35 und Abschnitt 3.1.2.3.1.): Eine zweckmäßige dimensionslose Form ist

$$\frac{d_{Km}}{d_{Kg}} = d_{Km} \left(\frac{6\,\varrho_F}{\varrho_M - \varrho_F} \right)^{-1/3} \cdot 10^3, \tag{3.18}$$

die für die weitere Arbeit verwendet wird.

In Gl. (3.17) wird dieses Durchmesserverhältnis eingeführt. Die kritische Geschwindigkeit wird zumindest durch das Gleiten einzelner Feststoffteilchen gekennzeichnet, so daß die Gleitreibungszahl μ_{gl} als weitere charakteristische Größe eingeführt werden kann. In Tafel 2.7 sind für eine Reihe von Paarungen Feststoff–Rohr Zahlenwerte angegeben. $K_{v\,krit}$ ist eine empirische Konstante.

Die Auswertung umfangreichen Versuchsmaterials führt zur Berechnungsleichung für heterogene Gemische:

$$v_{krit} = 12\,\mu_{gl} \left[g \left(\frac{\varrho_M}{\varrho_F} - 1 \right) \right]^{1/2} d_R^{1/3}\, d_{Km}^{1/6} \left(\frac{d_{Km}}{d_{Kg}} \right)^{1/12} c_T^{1/6} \left(\frac{d_{Km}}{d_{Kg}} \right)^{1/6} \tag{3.19}$$

mit

d_{Km} nach Gl. (2.1)
d_{Kg} nach Gl. (3.18)
$d_{Km}/d_{Kg} = 1$ für $d_{Km}/k_{Kg} \geqq 1$.

Im Bild 3.35 ist der Konzentrationseinfluß im Bereich $d_{Km} \geqq d_{Kg}$ belegt. Bild 3.36 zeigt mit in geeignete dimensionslose Koordinaten aufgespaltener Gl. (3.19) die Einordnung eines breiten Spektrums von Meßwerten. Der Gültigkeitsbereich schließt Konzentrationen c_T und Teilchendurchmesser d_{Km} bzw. Kornverteilung d_{Ki} aus, die einen feindispersen Anteil $> 10\%$ (vgl. Abschnitt 2.3.2.) haben, aber Veränderungen der Gemischeigenschaften in Richtung

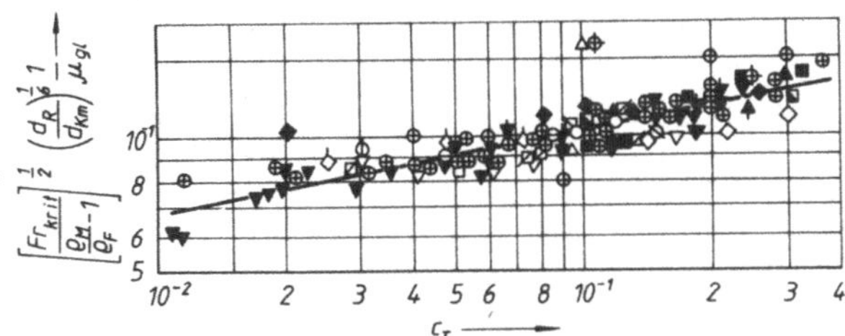

Symbol	Feststoff	Quelle	Symbol	Feststoff	Quelle
▼	Kies	[3.138]	◇	Kies	[3.183]
◆	Strahlkies	[3.138]	φ	Kies	[3.35]
⊕	Glaskörper	[3.138]	◧	Kies	[3.183]
⊘	Kies	[3.189]	◪	Kies	[3.183]
◇	Kies	[3.146]	○	Kohle	[3.187]
⧫	Kohle	[3.146]	⧫	Kohle	[3.145]
⊘	Kohle	[3.187]	■	Kohle	[3.9]
			⊕	Kohle	[3.145]

Bild 3.35. Konzentrationseinfluß c_T auf die kritische Geschwindigkeit v_{krit} für $d_{Km} = d_{Kg}$

pseudohomogen und damit der Fließeigenschaften in der Suspensionsschicht bis hin zu Gleiteffekten bewirken (vgl. Abschnitt 2.3.). Hier ist jeweils eine experimentelle Präzisierung der Gleichung (3.19) erforderlich. Die Auswertung der Messungen erfolgt zweckmäßigerweise durch Erweiterung der Gl. (3.19) mit einem multiplikativen Faktor der Form $K_{krit} = \text{konst.} \cdot c_T^n$. Werden Messungen von [3.88] mit Sand ($d_{K50} = 0{,}28$ mm) bei $d_R = 0{,}081$ im Bereich $0{,}05 \leqq c_T \leqq 0{,}2$ ausgewertet, so ist z. B. Gl. (3.19) mit

$$K_{krit} = 0{,}35\, c_T^{-0{,}34} \tag{3.20}$$

zu korrigieren. Die feststoffspezifischen Transporteigenschaften werden in den Unterschieden der gemessenen Rohrleitungskennlinie (Bild 3.37a, b, c) anschaulich. Während Sand-Wasser-Suspension heterogenes Verhalten zeigt, hat die Magnetit-Wasser-Suspension homogene newtonsche Fließeigenschaften, und die Kupfererzrückstände in Wasser gehen bei größeren c_T zu nichtnewtonschem Verhalten über.

Daß die kritische Geschwindigkeit sich mit wachsender c_T erheblich verringern kann, zeigt Bild 3.38. Die praktische Nutzung dieses Verhaltens kann zu erheblichen ökonomischen Effekten führen.

Bei aufwärts geneigten Rohrleitungen wirkt entgegen der Durchströmrichtung eine Komponente der um den archimedesschen Auftrieb verringerten Schwerkraft $Fg \sin \delta$. Mit zunehmendem Neigungswinkel δ wird auch diese Komponente größer, was sich in eine Erhöhung von v_{krit} umsetzt (Bild 3.39). Die maximale Erhöhung liegt bei $\delta \approx 30°$ vor. Bei größeren Winkeln wird zunehmend die Teilchenumströmung gegenüber dem Wandgleiten bestimmend, so daß v_{krit} wieder abnimmt. Die Messungen zeigen, daß sowohl der Rohrdurchmesser d_R (Bild 3.39a) als auch der Teilchendurchmesser d_{Km} (Bild 3.39b) als Einflußgrößen hinsichtlich der δ-Abhängigkeit von v_{krit} zu berücksichtigen sind.

Symbol	Feststoff	d_R mm	d_{km} mm	ϱ_M 10^3 kg/m³	Quelle
◑	Sand	12.7	0,68	2,7	[3.146]
◪	Sand	103.0	0,40	2.65	[3.145]
◁	Sand	103.0	0,40	2.65	[3.145]
●	Sand	150.0	0,44	2.6	[3.188]
◇	Sand	103.0	0,23	2.7	[3.188]
◇	Sand	108.0	0,58	2.7	[3.188]
◇	Sand	108.0	1.15	2.7	[3.188]
Φ	Sand	–	–	–	'
◆	Sand	125.0	0.91	2,7	[3.183]
◆	Sand	125.0	0.19	2,7	[3.183]
+	Sand	–	0.18	2.65	[3.145]
×	Sand	–	0.44	2.65	[3.145]
◑	Sand	150.0	0,54	2.60	[3.73]
✳	Sand	25...50	0.4...0.8	2.61	[3.138]
▨	Kies	150.0	2.36	2.60	[3.73]
▨	Kies	50.8	3.7	2.65	[3.189]
◇	Kies	150.0	2.04	2.70	[3.146]
◪	Kies	125.0	4.36	2.70	[3.183]
◪	Kies	125.0	2.31	2.20	[3.183]
◇	Kies	125.0	5.92	2.70	[3.183]
▶	Kies	32...80	3.0...5.5	2.50	[3.138]
⊖	Kies	150.0	2.01	2.6	[3.35]
○	Kohle	76.2	12.7	1.5	[3.187]
⊘	Kohle	150.0	36.0	1.5	[3.187]
◀	Kohle	103.0	0...70	1.2...1.3	[3.145]
⇾	Kohle	25.4	2.2	1.4	[3.146]
⊕	Kohle	255.0	0...6	1.25	[3.145]
■	Kohle	135.2	–	1.32	[3.9]
✳	Koks	26.2	0.4...1.0	1.42	[3.89]
◆	Erzrückstände	103.0	0.3	3.36	[3.145]
◁	Erzrückstände	103.0	0.3	3.36	[3.145]
▷	Erz	19.1	0.11	4.90	[3.146]
⊕	Glaskörper	15...50	2.2...2.7	2.4	[3.138]
◆	Strahlkies	15...32	1.02	6.65	[3.138]

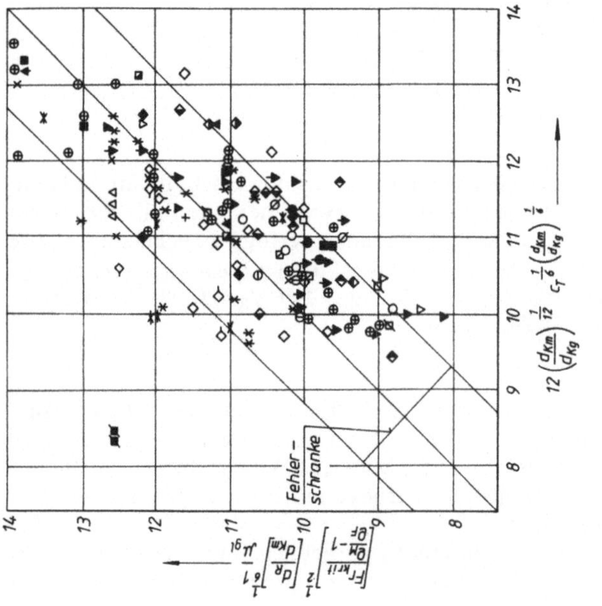

Bild 3.36. Dimensionslose Auswertung von Messungen der kritischen Geschwindigkeit v_{krit} zur Abhängigkeit vom Grenzkorn-durchmesser d_{Kg}

Mit

$$v_{krit,\delta} = v_{krit}\,(1 + K_\delta \sin\delta) \qquad (3.21)$$

läßt sich Gl. (3.19) in ihrem Gültigkeitsbereich auf geneigte Rohrleitungen erweitern. Der Faktor $K_\delta = f(d_R; d_{Km})$ muß gemischspezifisch bestimmt werden.

Bei abwärts geneigten Rohrleitungen wirkt $F_g \sin\delta$ in Durchströmrichtung; v_{krit} verringert sich gegenüber der horizontalen Rohrleitung, wie Bild 3.39 b zeigt.

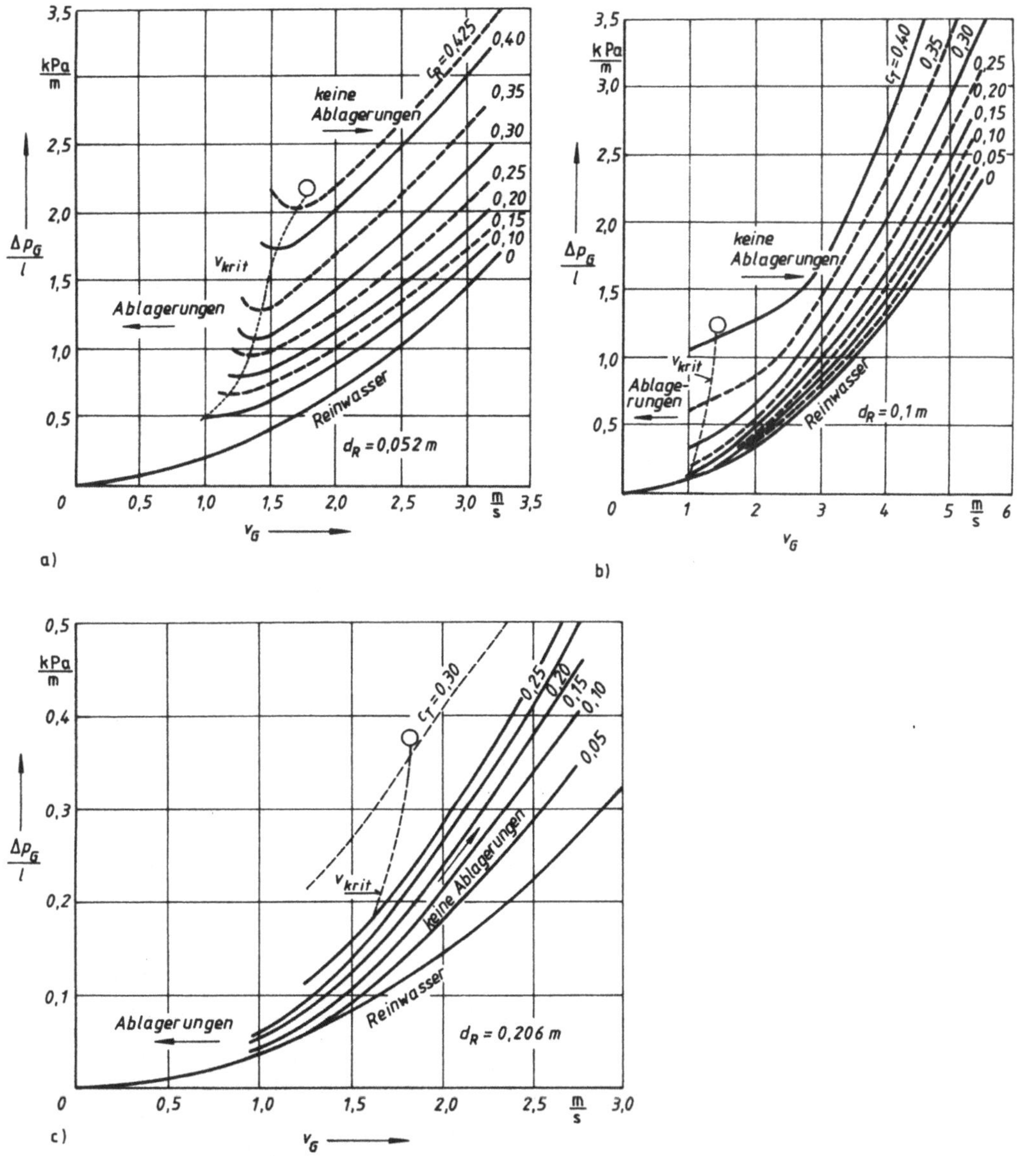

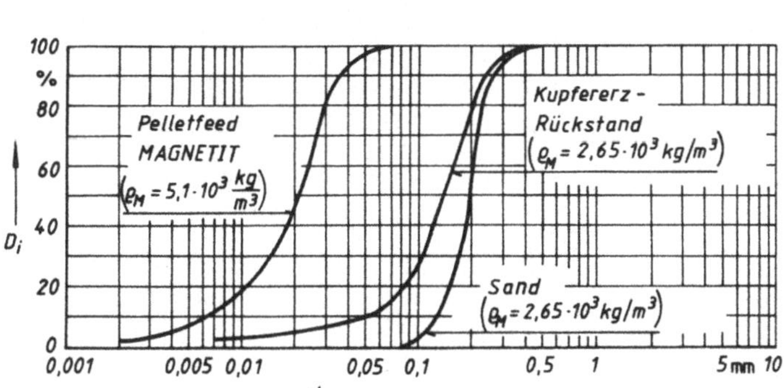

Bild 3.37. *Gemessene Rohrleitungskennlinien verschiedener Haufwerke zur Darstellung unterschiedlicher Transporteigenschaften nach [3.72]*

a) Sand; b) Kupfererzabgänge;
c) Eisenerz Magnetit;
d) Siebdurchgangskennlinien der untersuchten Haufwerke

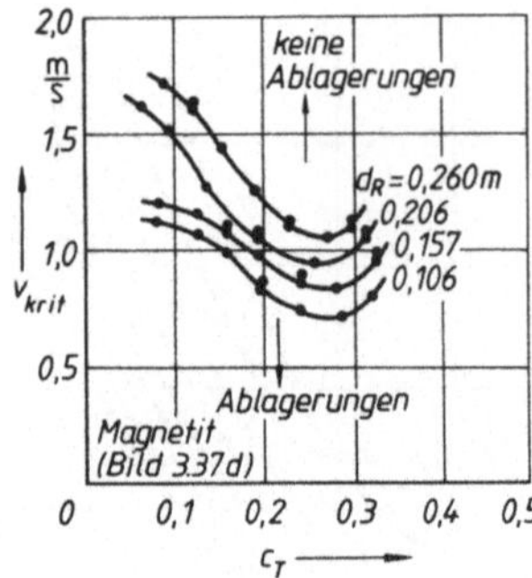

Bild 3.38. Gemessene Verringerung der kritischen Geschwindigkeit v_{krit} mit wachsender Transportkonzentration c_T [3.72]

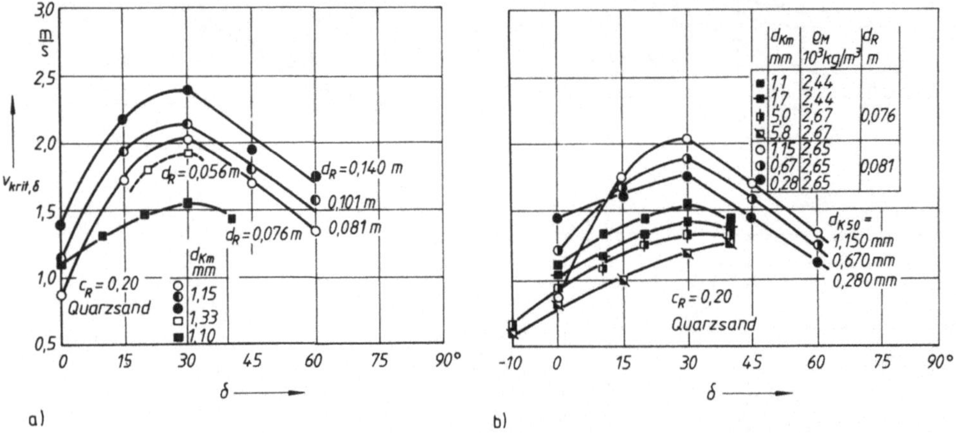

Bild 3.39. Meßergebnisse zur kritischen Geschwindigkeit in geneigten Rohrleitungen $v_{krit,\delta}$ abhängig von der Rohrneigung [3.88] [3.96]

a) bei Variation des Rohrleitungsdurchmessers d_R;
b) bei Variation des Teilchendurchmessers d_{Km}

3.1.2.2.2. Vertikale Rohrleitung

Der Beginn instabiler Transportzustände bei vertikaler Förderung ist an Entmischungserscheinungen geknüpft. Diese stellen sich durch eine überproportionale Vergrößerung der Schlupfgeschwindigkeit $\bar{v}_S$ mit abnehmender Flüssigkeitsgeschwindigkeit dar. Analog erhöhen sich die Raumkonzentration c_R (s. Bild 3.26) und der Energiebedarf. Dieses Verhalten wird durch Pulsationen des Druckes [3.10] [3.150] begleitet. Die zuzuordnende v_G zu diesem Transportzustand bezeichnet man zweckmäßigerweise mit v_{krit}. Daß z. B. v_{krit} bei Aufwärtsförderung erheblich größer ist als die Schwebegeschwindigkeit v_{SS} des Haufwerks, zeigt Bild 3.40. Wegen der überwiegend länglichen Teilchenform ist v_{SS} auch noch merklich größer als v_S. Die Zunahme der mittleren Fluidgeschwindigkeit im kritischen Zustand v_{Fkrit} mit wachsender c_R steht der Abnahme der Sinkgeschwindigkeit v_S mit zunehmender c_R entgegen.

Unter Bezugnahme auf praktisch zu realisierende Transportaufgaben kann man die Forderungen hinsichtlich der besonderen Bestimmung von v_{krit} eingrenzen:

- Bei nur vertikaler Rohrleitungsführung besteht die Notwendigkeit der eingehenden experimentellen Analyse des Transportverhaltens des Haufwerks und Einbeziehung des Zusammenwirkens aller Anlagenteile (z. B. Kreiselpumpe + Rohrleitung).
- Sind horizontale und vertikale Rohrleitungen erforderlich, dann ist v_{krit} horizontal meist größer als v_{krit} vertikal. Nur für sehr grobe Stücke ist $v_{SKmax} > v_{krit}$. In diesem Falle ist dann v_{SKmax} (bzw. v_{SSKmax}) = v_{krit}, gleiche d_R horizontal und vertikal vorausgesetzt.

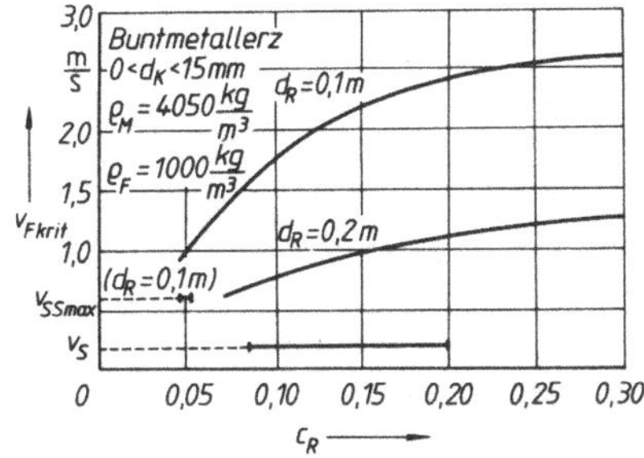

Bild 3.40. Kritische Geschwindigkeit bei vertikaler Rohrleitung in Abhängigkeit von der Raumkonzentration c_R [3.150]

3.1.2.2.3. Rohrleitungsbögen und andere Rohrleitungselemente

Kritische Transportzustände im Sinne von örtlichen stationären Feststoffablagerungen können durch die Rohrleitungselemente hervorgerufen werden. Die Ursachen dafür sind im Gegensatz zu geraden Rohren primär in der nicht sachgemäßen konstruktiven Gestaltung zu suchen. Solche Instabilitäten sind vermeidbar, wenn darauf geachtet wird, daß z. B.

- Rohrleitungsbögen keinen zu kleinen Krümmungsradius haben ($R/d_R > 3,5$, auch aus der Sicht möglichst geringen Verschleißes); die Abbremsung des Feststoffs infolge der Fliehkraftwirkung bei der Umlenkung wird dadurch gering gehalten und damit auch die örtliche Aufkonzentrierung; Rohrleitungsbögen H-V_{auf} (s. Abschnitt 3.1.2.1.3.) ist besonderes Augenmerk zu schenken,
- keine Rohrleitungsabschnitte größeren Durchmessers ohne deren Berücksichtigung bei der Auslegung (v_{krit}!) vorgesehen werden,
- auf absatzfreie Übergänge bei Flanschverbindungen u. ä. geachtet wird.

3.1.2.2.4. Einfluß von Feinanteilen im Haufwerk

Feinanteile im Haufwerk bilden mit der Transportflüssigkeit eine homogene bzw. pseudohomogene Suspension (vgl. Abschnitt 2.3.6.). In Abhängigkeit von dem Mengenanteil dieser Teilchen am Haufwerk mit $Re_K < 0,1$, was $d_K < 0,04$ im üblichen ϱ_M-Bereich entspricht (Abschnitt 3.1.1.), ergibt sich meist eine Reduzierung von v_{krit}. Es ist wegen der merklichen Unterschiede im Einfluß des Feinkornanteils zwischen dessen weitestgehender Gleichverteilung über den Rohrquerschnitt und der durch den heterogenen Feststoffanteil beeinflußten Entmischung zu unterscheiden.

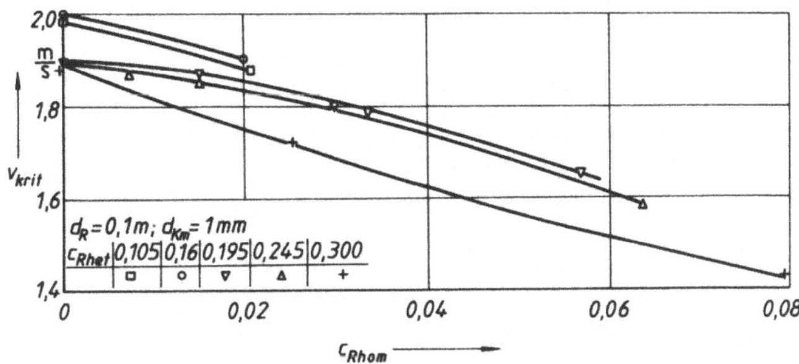

Bild 3.41. Einfluß des Feinstkornanteils c_{Rhom} auf die kritische Geschwindigkeit von Kalksteinpulver–Sand–Wasser-Suspensionen [3.26]

Die erstgenannte Situation ist bei Feinanteilen c_{Rhom} gegeben, die auch mit der Transportflüssigkeit eine Suspension mit newtonschen Fließeigenschaften bildet. Damit ändert sich nur ϱ_F zu ϱ_{Ghom} und ggf. v_F zu v_{Ghom}, wenn die Suspension als „neue" Transportflüssigkeit betrachtet wird. Es wird eine Verbesserung der tragenden Wirkung, bedingt durch die Dichteerhöhung, erreicht, was sich in der Verringerung von v_{krit} widerspiegelt (Bild 3.41). Der heterogene Anteil c_T muß sich bei kleineren Werten, abhängig von der Teilchengröße, bewegen, damit auch im kritischen Transportzustand die Schichtkonzentration c_{RS} (s. Abschnitt 3.1.2.1.1.) eine Gleichverteilung des Feinkornanteils nur wenig behindert. Zur Berechnung von v_{krit} [für das horizontale Rohr mit Gl. (3.19)] wird anstelle ϱ_F die Dichte der homogenen Suspension ϱ_{Ghom} verwendet. Diese ist mit

$$\varrho_{Ghom} = c_{Rhom}\,(\varrho_M - \varrho_F) + \varrho_F$$

aus der zuständigen Gleichung nach Tafel 2.18 bestimmt. Die Feinanteilkonzentration c_{Rhom} berechnet man aus dem Haufwerksanteil $\dot{V}_{Mhom} = V_{Mhom}$ mit Gl. (2.147).

Es gilt wegen des Kontinuumcharakters der Suspension $c_{Rhom} = c_{Thom}$. Diese homogenen Anteile sind bei zu fördernden Haufwerken mit Feinanteil, also wenn keine gesonderte Vorbereitung einer homogenen Transportsuspension erfolgt, abhängig von der Transportkonzentration c_T für das Gesamthaufwerk. Vernachlässigt man den Schlupf zwischen heterogenem Anteil und homogener Suspension, erhält man mit Gl. (2.148) den Feinkornanteil q:

$$q = \frac{V_{Mhom}}{V_M} = \frac{\dot{V}_{Mhom}}{\dot{V}_M}.$$

Den homogenen und den heterogenen c_T-Anteil berechnet man mit der jeweiligen Gleichung aus Tafel 2.23:

$$c_{Thom} = \frac{q\,c_T}{1 - c_T(1 - q)};$$

$$c_{Thet} = c_T(1 - q).$$

Bei größeren c_T behindern sich die Teilchen in zunehmendem Maße. Im horizontalen Rohr wird die Schüttkonzentration c_{RSch} in der geschobenen Schicht erreicht. Die Feinanteile können durchaus zum großen Teil in dieser Schicht transportiert werden. Die Bildung einer „Schmierschicht" an der Rohrwand ist möglich. Wie im Abschnitt 3.1.2.1.1. dargestellt ist, bestimmen die geänderten lokalen Fließeigenschaften und Gleiteffekte den kritischen Transportzustand. Mit wachsender Konzentration c_T tendieren die Transporteigenschaften zum homogenen Verhalten. Die Reduzierung von v_{krit} kann daher in stärkerem Maße mit wachsender c_{Rhom} erfolgen (s. Bild 3.41). Bei hohen c_T erreicht die Umschlaggeschwindigkeit v_{lt} die Größenordnung von v_{krit} oder übersteigt diese. Unter allen genannten Bedingungen ist das Experiment anzuraten, um die notwendigen Berechnungsgrundlagen für die jeweilige Suspension zu bestimmen. Der Korrekturfaktor, mit dem Gl. (3.19) multiplikativ zu korrigieren ist, kann die funktionelle Abhängigkeit haben:

$$K_{krit,q} = K_{krit}\,c_T^m(1 - q)^P. \tag{3.21}$$

3.1.2.3. Reibungsdruckverlust

Einhergehend mit der zunehmenden Vervollkommnung der Kenntnisse über die Bewegungsvorgänge heterogener Suspension und deren physikalisch-mathematischen Beschreibung sind wie zur kritischen Geschwindigkeit auch zum Reibungsdruckverlust eine Vielzahl von Berechnungsgleichungen aufgestellt und experimentell belegt worden. Gemeinsam ist allen, daß

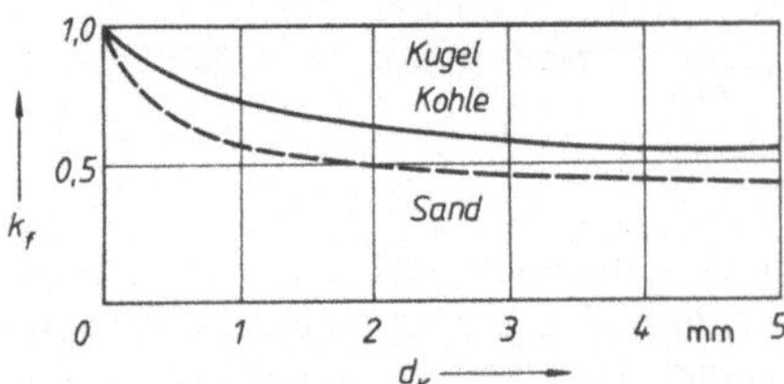

Bild 3.42.   Formfaktor k_f in Abhängigkeit von d_K [3.89]

ihnen eine bestimmte physikalisch begründete Modellvorstellung (Kraftwirkungen, Impulsbilanz, Energiebilanz) zugrunde liegt, die die wesentlichen Abhängigkeiten erfaßt. Mit Hilfe von Exponenten und Koeffizienten erfolgt dann die Anpassung an die experimentellen oder an Großanlagen ermittelten Meßwerte. Es liegt bereits eine kaum überschaubare Anzahl solcher Versuchsergebnisse vor, deren Ordnung und Einordnung häufig wegen wenig vergleichbarer Untersuchungsbedingungen nicht möglich ist. Für typische Bewegungsformen des Feststoff-Fluid-Gemisches, z. B. für eindeutig heterogene Systeme bei v_G nahe v_{krit} im horizontalen Rohr, sind gesicherte Kenntnisse für eine Berechnung ohne vorherige experimentelle Koeffizientenbestimmung vorhanden. Diese überdecken keineswegs den gesamten heterogenen Bereich. Somit ist es zweckmäßig, sowohl nach Bewegungszuständen als auch nach Rohrleitungsführung bzw. Rohrleitungselementen einzuteilen. Letzteres erfolgt in

- gerade horizontale und geneigte Rohrleitung,
- vertikale Rohrleitung,
- Rohrleitungsbogen,
- sonstige Rohrleitungselemente.

3.1.2.3.1. Horizontale und geneigte Rohrleitung

Zur Beschreibung der Bewegungsvorgänge werden im wesentlichen drei Modellvorstellungen, gekoppelt an typische Bewegungsformen (vgl. dazu Abschnitt 2.3.4.), angewendet. Das Modell annähernder Gleichverteilung (pseudohomogen) hat seine Berechtigung bei kleineren d_K und häufig praktisch irrelevanten Transportgeschwindigkeiten v_G.
In Tafel 3.3 sind einige Berechnungsgleichungen zusammengestellt. Gemeinsames Charakteristikum ist, daß letztlich die additive Verknüpfung in irgendeiner Form von

$$\Delta p_G = \Delta p_F + \Delta p_M \tag{3.22}$$

vorliegt. Damit wird der Wirkung des Feststoffs auf das Turbulenzverhalten der Transportflüssigkeit, was sich letztlich in der Modifizierung von λ_F widerspiegeln müßte, nicht entsprochen. Ein weiteres Spezifikum sind die in jeder Gleichung vorhandenen speziell ermittelten und damit den Gültigkeitsbereich bestimmenden Konstanten.
Das Schubmodell ist für die Bewegungsverhältnisse nahe v_{krit} charakterisierend und entspricht damit den technisch relevanten Gegebenheiten. Als vorteilhaft ist außerdem die verhältnismäßig übersichtliche physikalische Beschreibbarkeit, die nicht an eine spezifische Rohrleitungslage geknüpft ist. Im Bild 3.43 ist das Schub- bzw. Schlupfmodell mit seinen kennzeichnenden Kraftwirkungen und Parametern dargestellt. Der Vergleich im horizontalen Rohr zwischen gemessenem Beispiel von c_r- und $v_{G,r}$-Verteilung und dem Modell zeigt anschaulich die Berechtigung der Modellvorstellung. Bei überwiegend gleitend gefördertem Feststoff kann somit der Leistungsbedarf einer geschobenen Feststoffschicht durch eine benachbarte Flüssigkeitsschicht die durch den Feststoff verursachten zusätzlichen Verluste widerspiegeln. Eine Extrapolation auf zunehmende Durchmischung bei wachsender Transportgeschwindigkeit wird als zulässig betrachtet. Als Rohrleitungselement wird der Bogen (mit horizontaler Zuströmung und vertikaler Abströmung) zur Herleitung der formelmäßigen Zusammenhänge herangezogen, da ein möglichst hoher Grad der Verallgemeinerung angestrebt wird. Außerdem werden hier die kritischen Rohrleitungsabschnitte (vgl. Abschnitte 3.2.5.4. und 3.1.2.3.2.) besonders beachtet. Die Impulsbilanz für die feste und flüssige Komponente mit den kennzeichnenden Größen nach Bild 3.43 lautet

$$\dot{m}_M \, d v_M - \Sigma \, d F_M = 0, \tag{3.23.1}$$

$$\dot{m}_F \, d v_F - \Sigma \, d F_F = 0, \tag{3.23.2}$$

und, mit den Elementen geschrieben,

$$\dot{m}_M \, d v_M - A_M p + (p + dp)(A_M + dA_M) + dF_{MF} + dF_{MR} + g \, dm_M \sin \delta = 0, \tag{3.24.1}$$

$$\dot{m}_F \, d v_F - A_F p + (p + dp)(A_F + dA_F) - dF_{MF} + dF_{FR} + g \, dm_F \sin \delta = 0. \tag{3.24.2}$$

Beachtet man die direkte Kopplung der Änderung des durch die Medien anteilig erfüllten Rohrquerschnitts $dA_F = -dA_M$ sowie die entsprechende Aufteilung des Rohrquerschnitts $A_R = A_M + A_F$ und schreibt weiter

Tafel 3.3. *Auswahl einiger Berechnungsgleichungen für den Druckverlust heterogener Feststoff-Flüssigkeitsgemische in geraden horizontalen Rohrleitungen $\Delta p_G/l$*

Literatur	Gleichung	Bemerkungen
	$$\frac{\Delta p_G}{l} = \lambda_G \frac{1}{d_R} \frac{\varrho_G}{2} v_G^2$$	*homogenes Modell:* λ_G experimentell bestimmen
[3.35]	$$\frac{\Delta p_G}{l} = \lambda_F \frac{1}{d_R} \frac{\varrho_F}{2} v_G^2 \left\{ 1 + Nc_T \left[\frac{gd_R}{v_G^2} v_S \sqrt{\frac{3}{4}\left(\frac{\varrho_M}{\varrho_F}-1\right)\frac{1}{gd_{Km}}} \right]^{3/2} \right\}$$	*Hubmodell:* Sand, Kohle, $0{,}04 < d_R < 0{,}58$ m $0{,}2 < d_K < 25$ mm
[3.73]	$$\frac{\Delta p_G}{l} = \lambda_F \frac{1}{d_R} \frac{\varrho_F}{2} v_G^2 \left[1 + 332{,}7 \frac{\sqrt{d_R c_T}}{v_G^3} \frac{v_S^{3/4}}{(gd_{Km})^{3/6}} \right]$$	Sand und Kies, d_R bis 0,9 m breite experimentelle Basis
[3.103]	$$\frac{\Delta p_G}{l} = \lambda_F \frac{1}{d_R} \frac{\varrho_F}{2} v_G^2 \left[1 + 1100 \frac{v_S}{v_G} \frac{gd_R}{v_G^2} c_T \left(\frac{\varrho_M}{\varrho_F}-1\right) \right]$$	Sand
[3.89]	$$\frac{\Delta p_G}{l} = \frac{1}{d_R} \frac{\varrho_F}{2} v_G^2 \left\{ \lambda_F + 0{,}282\, c_T \left(\frac{\varrho_M}{\varrho_F}-1\right) k_f v_{SKm} \left(\frac{1}{gv_F}\right)^{1/3} \cdot \left(\frac{gd_R}{v_G^2}\right)^{4/3} \left[1 + 2{,}7\left(\frac{c_T}{c_{Tmax}}\right)^4\right] \right\}$$	Sand; Kohle

v_{SKm} Sinkgeschwindigkeit bei Durchmesser einer Kugel mit entsprechendem Teilchenvolumen
k_f Formfaktor nach Bild 3.42
c_{Tmax} theoretisch max. realisierbare Transportkonzentration (ausgefüllter Rohrquerschnitt

Literatur	Gleichung	Bemerkungen
[3.145]	$$\frac{\Delta p_G}{l} = \lambda_F \frac{1}{d_R} \frac{\varrho_F}{2} v_G^2 \left[1 + 153\, c_T\left(\frac{\varrho_M}{\varrho_F}-1\right)^2 \sqrt{Fr_{Km}} \frac{\sqrt{gd_R}}{v_G^3} \right]$$ $$Fr_{Km} = \frac{\sum \dfrac{v_{SKi}}{gd_{Ki}} \cdot D_i}{100}$$	Sand und Kies; $0{,}25 < d_K < 15$ mm $0{,}03 < c_T < 0{,}15$; $0{,}2\, d_R < 0{,}8$ m

v_{SKi} mittlere Sinkgeschwindigkeit der Kornfraktion d_{Ki}
D_i Siebdurchgang der Kornfraktion d_{Ki}

Literatur	Gleichung	Bemerkungen
[3.88]	$$\frac{\Delta p_G}{l} = \frac{1}{d_R} \frac{\varrho_F}{2} v_G^2 \left\{ \lambda_F(1-c_R) + c_R\left[\beta \frac{2gd_R}{v_G^2}\left(\frac{\varrho_M}{\varrho_F}-1\right) + \lambda_K^* \frac{\varrho_M}{\varrho_F}\left(\frac{v_K}{v_G}\right)^2 \right]\right\}$$	Sand $0{,}14 < d_K < 1{,}15$ m

β Schwerkraftfaktor $\left.\vphantom{\begin{matrix}a\\a\end{matrix}}\right\}$ experimentell bestimmt
λ_K^* Wandreibungsfaktor

Literatur	Gleichung	Bemerkungen
[3.103]	$$\frac{\Delta p_G}{l} = \lambda_F \frac{1}{d_R} \frac{\varrho_F}{2} v_G^2 \left[1 + 66 \frac{gd_R}{v_S^2} c_T\left(\frac{\varrho_M}{\varrho_F}-1\right) \right]$$	*Schub- (Schlupf-)modell:* Sand
[3.130]	$$\frac{\Delta p_G}{l} = \lambda_F \frac{1}{d_R} \frac{\varrho_F}{2} v_G^2 \left[\lambda_F + 3{,}5\mu c_T\left(\frac{\varrho_M}{\varrho_F}-1\right)\frac{d_{Km}}{d_{Kg}}\left(\frac{gd_R}{v_G^2}\right)^{1,1}\left(\frac{v_{krit}}{v_G}\right)^{1/6} \right]$$ mit $\dfrac{d_{Km}}{d_{Kg}} = d_{Km}\left(\dfrac{6\varrho_F}{\varrho_M-\varrho_F}\right)^{-1/3} \cdot 10^3$ und $\dfrac{d_{Km}}{d_{Kg}} = 1$	Sand und Kies; Kohle; Glaskugeln; Stahlkies $0{,}032 < d_R < 0{,}6$ m $0{,}1 < d_{Km} < 40$ mm $1{,}1 \cdot 10^3 < \varrho_M < 6{,}65 \cdot 10^3$ kg/m^3

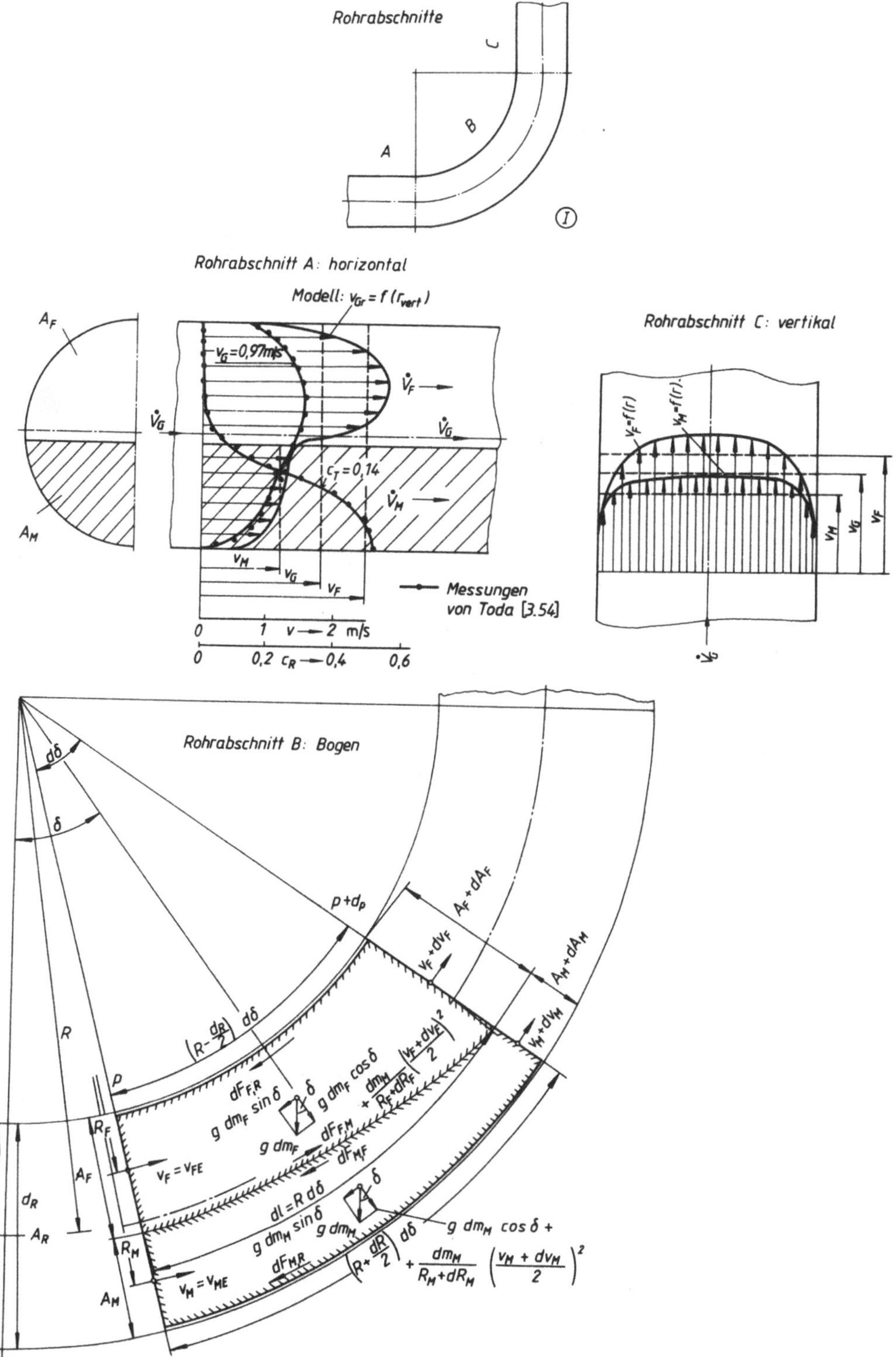

Bild 3.43. Schub- bzw. Schlupfmodell heterogener Gemischförderung

– für den Feststoffmassenstrom $\dot{m}_M = \varrho_M A_M v_M$ mit v_M als mittlere Feststoffgeschwindigkeit,
– für die Masseänderung des Feststoffs längs des Weges

$$\mathrm{d}m_M = \varrho_M A_M \,\mathrm{d}l,$$

so erhält man aus Gl. (3.24.1) und Gl. (3.24.2.), wenn man noch auf $\dot{m}_M \,\mathrm{d}l$ bezieht:

$$-\frac{A_R}{m_M}\frac{\mathrm{d}p}{\mathrm{d}l} + \frac{g\sin\delta}{\dot{m}_M}(A_M\varrho_M - A_F\varrho_F) + \frac{\mathrm{d}v_M}{\mathrm{d}l} + \frac{\dot{m}_F}{\dot{m}_M}\frac{\mathrm{d}v_F}{\mathrm{d}l}$$

$$+\frac{1}{\dot{m}_M}\frac{\mathrm{d}F_{MR}}{\mathrm{d}l} + \frac{1}{\dot{m}_M}\frac{\mathrm{d}F_{FR}}{\mathrm{d}l} = 0. \tag{3.25}$$

Bei einer geraden Rohrleitung kann man für die Kräfte, die die Wechselwirkung der Phasen mit der Rohrwand erfassen, schreiben

$$\mathrm{d}F_{FR} = \lambda_F \dot{m}_F \frac{v_F}{l\,d_{Rgl}}\,\mathrm{d}l, \tag{3.26}$$

$$\mathrm{d}F_{MR} = \mu_{gl}^{*} A_M (\varrho_M - \varrho_F)\,g\cos\delta\,\mathrm{d}l. \tag{3.27}$$

Mit v_F wurde die mittlere Flüssigkeitsgeschwindigkeit verwendet, und der Winkel δ kennzeichnet die Rohrleitungsneigung.
Die Gleichungen (3.26) und (3.27) in (3.25) eingesetzt unter zweckmäßiger Nutzung der für die Gemischströmung spezifischen Größen gemäß Abschnitt 2.3. führt zur allgemeinen Abhängigkeit des Druckabfalls bei heterogener Gemischströmung (gleitende Feststoffschicht):

$$\frac{\mathrm{d}p_G}{\mathrm{d}l} = \underbrace{g\sin\delta\varrho_G}_{\substack{\text{Geodätische}\\\text{Druckdifferenz}}} + \underbrace{\mu_{ge}^{*}c_R(\varrho_M - \varrho_F)g\cos\delta}_{\substack{\text{Reibungsdruckverlust}\\\text{durch Feststoff}}},$$

$$+ \underbrace{\varrho_M\frac{c_T}{c_R}v_G\left(c_T + \frac{1-c_T}{1-S}\right)\frac{\mathrm{d}v_G}{\mathrm{d}l}}_{\substack{\text{Druckverlust aus}\\\text{Beschleunigung}}} + \underbrace{\lambda_F\frac{1}{d_R}\frac{\varrho_F}{2}v_G^2\frac{c_R}{c_T}\frac{(1-c_T)^3}{(1-c_R)^{2,5}}}_{\substack{\text{Reibungsdruckverlust}\\\text{durch Flüssigkeit}}}. \tag{3.28}$$

Gl. (3.28) läßt sich vereinfachen, wenn eine Eingrenzung auf den stationären Transportzustand erfolgt und vereinbarungsgemäß nur der Reibungsdruckverlust betrachtet wird. Die geodätische Druckdifferenz als quasistatische Größe soll gesondert dargestellt werden. Beim gleichzeitigen Übergang auf Differenzen erhält man aus Gl. (3.28):

$$\frac{\Delta p_G}{l} = \mu_{gl}^{*}c_R(\varrho_M - \varrho_F)g\cos\delta + \lambda_F\frac{1}{d_R}\frac{\varrho_F}{2}v_G^2\frac{c_R}{c_T}\frac{(1-c_T)^3}{(1-c_R)^{2,5}} \tag{3.29}$$

mit l als Rohrleitungslänge. Die Raumkonzentration c_R ist für die anwendungsorientierte Darstellung nicht zweckmäßig, da sie nicht den Transportvorgang charakterisiert. Der Übergang auf die Transportkonzentration c_T kann unter Berücksichtigung des Schlupfes S [vgl. Gl. (2.18)] erfolgen, wobei für den praktischen Relevanzbereich $(S < 0{,}3)$ eine lineare Abhängigkeit $c_R = K_S c_T$ hinreichend genau vorausgesetzt werden kann.
Faßt man den Schlupf S weiterhin als eine feststoffspezifische Größe auf, da dieser maßgeblich

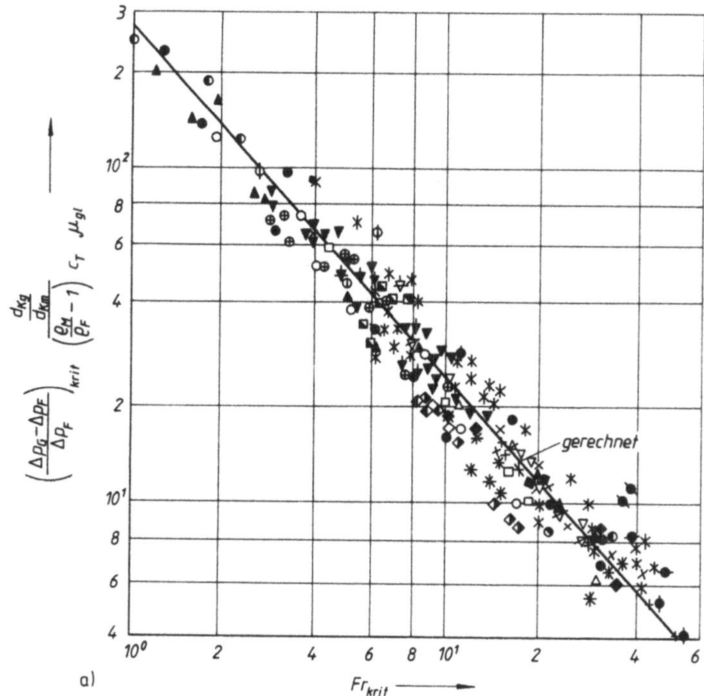

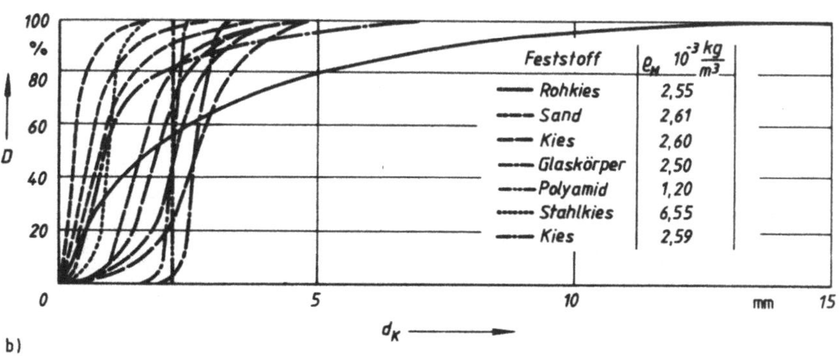

Symbol	Feststoff	d_{km} mm	Quelle
○	Kohle	1 ... 2,7	[3.187]
▲	Kohle	2,28	[3.103]
●	Kohle	5,97	[3.103]
⊕	Glaskörper	2,50	[3.131]
◆	Stahlkies	1,02	[3.131]
✳	Stahlkies	2,84	[3.131]
◑	Polyamid	2,20	[3.9]
×	MnO_2	1,58	[3.9]
+	MnO_2	0,97	[3.189]

Symbol	Feststoff	d_{km} mm	Quelle
◓	Sand	2,04	[3.35]
◖	Sand	0,44	[3.35]
◈	Sand	0,91	[3.183]
◆	Sand	0,19	[3.183]
◁	Arcosic-Sand	1,32	[3.9]
◖	Sand	0,68	[3.9]
◗	Sand	0,40	[3.9]
◇	Sand	0,16	[3.9]
◁	Kies	3,81	[3.103]
◁	Kies	1,98	[3.103]
◁	Kies	3,12	[3.103]
□	Kies	3,12	[3.103]
✦	Kies	5,92	[3.183]
◰	Kies	4,36	[3.183]
◱	Kies	2,31	[3.183]
▼	Kies	3,04	[3.131]
▼	Kies	3,67	[3.131]
▼	Kies	5,48	[3.131]
▽	Kies	5,67	[3.131]
✳	Sand	0,78	[3.131]
✶	Sand	0,44	[3.131]

Bild 3.44. Auswertung von Druckverlustmessungen heterogener Gemische nach dem Schubmodell zur Gl. [3.31]

a) dimensionslose Darstellung von Meßwerten;
b) Korngrößenverteilung der verwendeten Haufwerke
(anstatt d_{km} lies d_{Km})

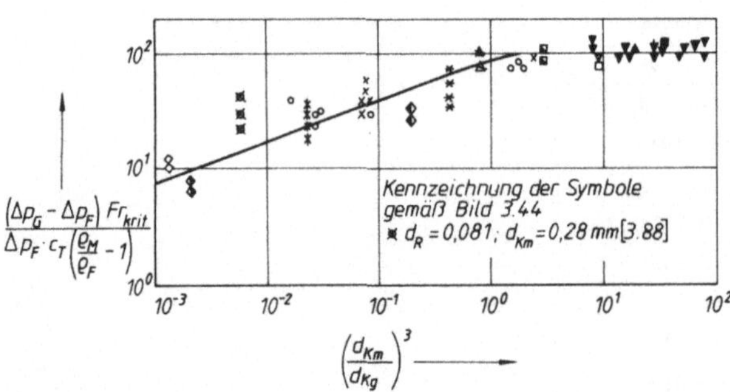

Bild 3.45. Nachweis des Grenzteilchendurchmessers d_{Kg}

durch die Sinkgeschwindigkeit der Teilchen generell sowie im Gültigkeitsbereich des Schubmodells durch deren Gleitverhalten an der Rohroberfläche bestimmt wird, so können μ_{gl}^* aus Gl. (3.29) und K_S zu der das Feststoffverhalten bei Gleitbewegung an der Rohrwand kennzeichnenden Gleitreibungszahl μ_{gl} zusammengefaßt werden.

Der zweite Term in Gl. (3.29) enthält komplizierte Abhängigkeiten zur Raum- und Transportkonzentration. Für den Relevanzbereich $S < 0,3$ ist eine weitere Vereinfachung durch Vernachlässigung dieses Konzentrationseinflusses möglich. Gl. (3.29) erhält man nun bei Ordnung der Terme zur üblichen Darstellungsfolge und bei entsprechender Kennzeichnung der Gültigkeit bei kritischer Geschwindigkeit zu

$$\frac{\Delta p_{G\,krit}}{l} = \frac{1}{d_R}\frac{\varrho_F}{2} v_{krit}^2\left[\lambda_F + K_M\mu_{gl}c_T\left(\frac{\varrho_M}{\varrho_F} - 1\right)\frac{1}{Fr_{krit}}\cos\delta\right] \tag{3.30}$$

mit

$$Fr_{krit} = \frac{v_{krit}^2}{gd_e}.$$

Der anstelle der mathematisch richtig zu schreibenden 2 in Gl. (3.59) eingeführte Faktor K_M ermöglicht die Anpassung an Meßergebnisse sowie die Erweiterung des Gültigkeitsbereichs auf Bewegungsformen des Gemisches, bei denen nicht nur geschobener Feststoff vorliegt.

Untersuchungen einer Reihe von Autoren (vgl. dazu Bild 3.44) zum Druckverlust bei kritischer Geschwindigkeit haben $K_M = 3,5$ und $Fr_{krit}^{-1,1}$ zum Ergebnis.

Eine weitere Ergänzung ist notwendig, um die Wirkung des turbulenten Massenaustausches auf die Teilchenbewegung zu berücksichtigen, was als Reduzierung des Anteils des Feststoffs, der als geschobene Schicht bewegt wird, verstanden werden kann. Ab einem bestimmten Durchmesser ist die Energie der Turbulenzballen ausreichend, um die Teilchen zu beeinflussen. Außerdem ist die Wirkung des Geschwindigkeitsgradienten nahe der Rohrwand, wie in [3.91] nachgewiesen wurde, abhängig vom Teilchendurchmesser (s. Abschnitt 3.1.2.1.1.)

Mit der Definition des bereits genannten Grenzteilchendurchmessers d_{Kg} ist die Abgrenzung des vernachlässigbaren Turbulenzeinflusses auf die Teilchen möglich. Seine Existenz ist auf der Grundlage von Messungen im Bild 3.45 deutlich gemacht.

Die dimensionslose Darstellung mit Bezug zum mittleren Teilchendurchmesser nach Gl. (3.30) ist auch hier sinnvoll.

Die Reduzierung des als Schicht geschobenen Feststoffanteils mit wachsender Transportgeschwindigkeit v_G wird durch den experimentell bestätigten Faktor $(v_{krit}/v_G)^{1/6}$ berücksichtigt [3.88] [3.130].

Die Berechungsgleichung für den Druckverlust heterogener Gemischströmung in geraden Kreisrohrleitungen kann nun angegeben werden (vgl. Tafel 3.3):

$$\frac{\Delta p_G}{l} = \frac{1}{d_R}\frac{\varrho_F}{2} v_G^2\left[\lambda_F + 3,5\mu_{gl}\frac{d_{Km}}{d_{Kg}}\left(\frac{\varrho_M}{\varrho_F} - 1\right)\left(\frac{v_{krit}}{v_G}\right)^{1/6}c_T Fr_G^{-1,1}\cos\delta\right]. \tag{3.31}$$

mit der bereits zu Gl. (3.19) genannten Bedingung $d_{Km}/d_{Kg} = 1$ für $d_{Km} \geqq d_{Kg}$.

Faßt man formal die Wirkungen des Feststoffs zur „Feststoffrohreibungszahl" λ_M zusammen, so ergibt sich die einfache Form

$$\frac{\Delta p_G}{l} = \frac{1}{d_R}\frac{\varrho_F}{2} v_G^2[\lambda_F + \lambda_M\cos\delta]. \tag{3.31.1}$$

Der Gültigkeitsbereich ist durch die experimentelle Bestätigung festgelegt:

$$0,03 \quad < d_R \quad < 0,6\,\text{m},$$
$$0,15 \quad < d_{Km} < 38\,\text{mm},$$
$$\qquad\quad c_T \quad < 0,20\,(0,25),$$
$$0 \qquad \leqq \delta \quad < 30°,$$
$$1,1\cdot 10^3 < \varrho_M \quad < 6,65\cdot 10^3\,\text{kg/m}^3,$$

feindisperser Anteil am Haufwerk $q_f < 0,1$, Feinkornanteil $q < 0,02$ $v_{krit} < v_G \lesseqqgtr 2 - v_{krit}$. Die Bestimmung der Rohrreibungszahl λ_F erfolgt mit Hilfe des Colebrook-Diagramms (s. Bild 2.30) bzw. unter Nutzung der entsprechenden Berechungsgleichungen.

Die Gleitreibungszahl μ_{gl} kann für analoge Feststoffe der Tafel 2.7 entnommen werden. Ist dies nicht möglich, so ist die experimentelle Bestimmung auf der geneigten Ebene in der Transportflüssigkeit mit dem anzuwendenden Rohrmaterial (Bild 3.46) oder bei schwierigen Feststoffen, besonders hinsichtlich ihrer Kornverteilungskurve (vgl. dazu Abschnitt 3.1.2.1.1.), in einer Versuchsrohrleitung notwendig.

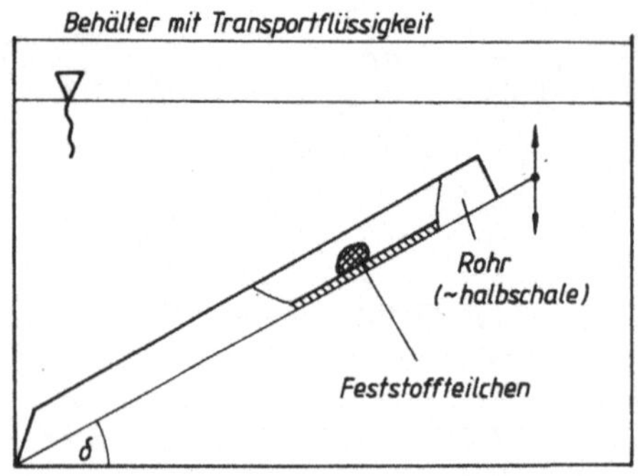

Bild 3.46. *Experimentelle Bestimmung der Gleitreibungszahl μ_{gl}*

Für das bei v_{krit} herangezogene Beispiel nach Messungen von [3.48] mit feindispersem Anteil größer 10 % ist in Gl. (3.31) der den durch den Feststoff verursachten Druckverlustanteil erfassenden zweite Term in der eckigen Klammer mit dem Faktor $K_{\Delta p} = v_{krit}/v_G$ zu multiplizieren. Messungen nach (3.123) mit einem Sand-Kies-Gemisch, das Lehmanteile enthält (im Bild 3.44b mit eingetragen), führen zu folgenden Korrekturgliedern:

$$c_T < 0,1: \quad K_{\Delta p} = 16,5 c_T \left(\frac{v_{krit}}{v_G}\right)^{0,1} c_T^{-0,72},$$

$$c_T \gtreqqless 0,1: \quad K_{\Delta p} = 2,0 c_T^{0,08} \left(\frac{v_{krit}}{v_G}\right)^{1,2 \cdot 10^{-3}} c_T^{-1,63}.$$

Die Gleitreibungszahl beträgt in diesem Fall $\mu_{gl} = 0,3$, die sich aus der gemessenen kritischen Geschwindigkeit $v_{krit} = f(c_T)$ und Berechnung mit Gl. (3.35) ergibt.

Die für die kritische Geschwindigkeit genannte Gl. (3.19) in Gl. (3.51) eingesetzt, führt zu einer anderen Form der Berechnungsgleichung für den Gemischdruckverlust heterogener grobdisperser Gemische in horizontalen Rohrleitungen:

$$\frac{\Delta p_G}{l} = \frac{1}{d_R}\frac{\varrho_F}{2} v_G^2 \left[\lambda_F + 5,3\mu_{gl}^{1,167} d_{Km}^{0,028}\left(\frac{d_{Km}}{d_{Kg}}\right)^{1,014}\right.$$

$$\left.\left(\frac{\varrho_M}{\varrho_F} - 1\right)^{1,083} c_T^{1 + 0,028\left(\frac{d_{Km}}{d_{Kg}}\right)^{1/6}} d_R^{1,156}\frac{g^{1,183}}{v_G^{2,367}}\right]. \qquad (3.31.2)$$

Die Anwendung ist dann zweckmäßig, wenn die kritische Geschwindigkeit nicht explizit ermittelt werden muß.

Bei geneigten Rohrleitungen verringert sich der durch die Reibung Feststoff–Rohrwand verursachte Druckverlustanteil, da nur noch eine Komponente der Schwerkraft als Normalkraft wirksam wird. Unter den Bedingungen des Schubmodells wird diese Normalkraftreduzierung durch $\cos\delta$ erfaßt. Grundsätzlich bestätigen Messungen diese Abhängigkeit auch quantitativ (Bild 3.47 a und b). Gemischspezifische Korrekturen der Berechnungsgleichung (3.31) analog zur horizontalen Rohrleitung dürfen nicht ausgeschlossen werden.

Als Prämissen für die Dimensionierung und Anlagengestaltung bei Beachtung praktikabler Realisierungsbedingungen sind bei erforderlichen geneigten Rohrleitungen zu setzen

- Neigungswinkel $\delta \geqq 30°$,
- Druckverlustberechnung nach Gl. (3.31).
- Lassen sich Neigungen $\delta < 30°$ nicht vermeiden und stellen diese den maßgeblichen Teil der Rohrleitung dar, sind experimentelle Untersuchungen zur Bestätigung der Berechnungsgrundlagen nötig.

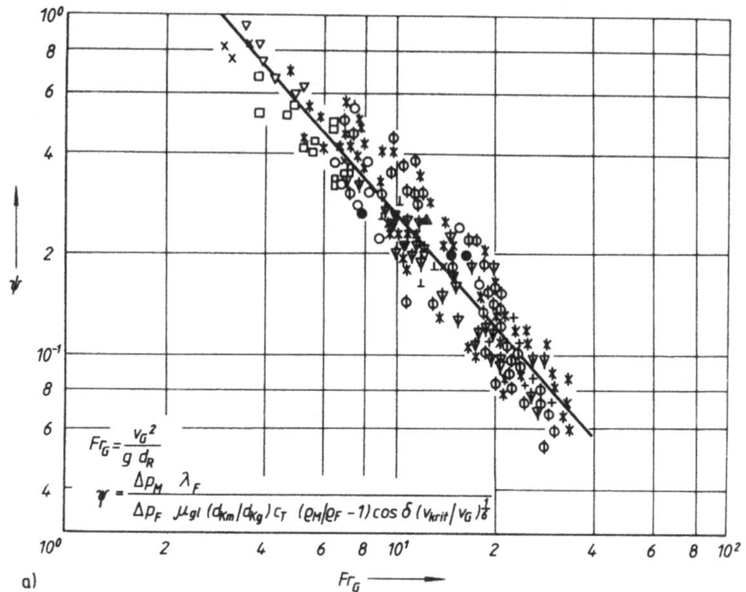

a)

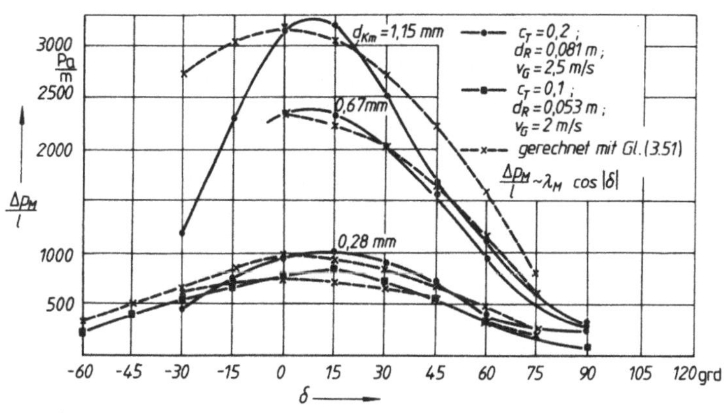

b)

Bild 3.47. *Einfluß der Rohrleitungsneigung δ auf den zusätzlich durch den Feststoff verursachten Druckverlust $\Delta p_M/l$*

a) Messungen mit unterschiedlichen Feststoffen [3.125]; $d_R = 0{,}05$ m; $\varrho_F = 1000$ kg/m³; b) Messungen von [3.88] mit Modellsanden

Symbol	Feststoff	Rohrwerkstoff
φ	Sand	Piacryl
⯒	Kies	Piacryl
✳	Anhydrit	Piacryl
▽	Kies	Glas
⊥	Kies	Glas
×	Glaskörper	Glas
○	Sand	Glas
▼	Kies	Glas
▲	Sand	Glas
●	Glaskörper	Glas
+	Stahlkies	Glas
□	Kies	PVC

$$\delta = 0 \ldots 40^\circ$$

–	Sand; Kies Glas; Erz	Stahl

$$\delta = 0^\circ$$

(Fortsetzung Bild 3.47)

3.1.2.3.2. Rohrleitungsbögen

Die Impulsbilanz der Phasen am Beispiel des H-V_{auf}-Bogens (s. Bild 3.43) führt analog der geraden Rohrleitung zur allgemeinen Darstellung der Abhängigkeit des Reibungsdruckverlustes (ohne geodätische Druckdifferenz):
Reibungsdruckverlust durch Feststoff–Schwerkraftwirkung

$$dp_{\text{GBo}} = K_{\text{RM}}\mu_{\text{gl}}^*(\varrho_{\text{M}} - \varrho_{\text{F}})\left(R + \frac{d_{\text{R}}}{2}\right)gc_{\text{T}}v_{\text{G}}\,\frac{1}{v_{\text{M}}(\delta)}\,d\delta,$$

Reibungsdruckverlust durch Feststoff–Zentrifugalkraftwirkung

$$+ K_{\text{RMZ}}\mu_{\text{gl}}^*(\varrho_{\text{M}} - \varrho_{\text{F}})c_{\text{T}}v_{\text{G}}v_{\text{M}}(\delta)d\delta,$$

Druckverlust durch Flüssigkeitsbeschleunigung

$$+ \varrho_{\text{M}}c_{\text{T}}v_{\text{G}}dv_{\text{M}}(\delta),$$

Druckverlust durch Feststoffbeschleunigung

$$+ \varrho_{\text{M}}(1 - c_{\text{T}})\,\frac{1}{1 - S(\delta)}\,v_{\text{G}}dv_{\text{M}}(\delta),$$

Druckverlust durch Flüssigkeitsreibung

$$+ \lambda_{\text{F}}\varrho_{\text{F}}\,\frac{R + d_{\text{R}}}{2d_{\text{R}}}\,(1 - c_{\text{T}})\,\frac{1}{\sqrt{1 - c_{\text{T}}\,\dfrac{v_{\text{G}}}{v_{\text{M}}(\delta)}\,[1 - S(\delta)]^2}}\,,\;V_{\text{M}}^2(\delta)d\delta. \tag{3.32}$$

Die Faktoren K_{RM} und K_{RMZ} in den beiden Gliedern von Gl. (3.32) berücksichtigen die Winkelabhängigkeit (δ) der Kräfte bei vertikaler Bogenlage. Für das Bespiel H-V_{auf} sind zu schreiben

$$K_{\text{RM}} = \cos\delta; \quad K_{\text{RMZ}} = 1.$$

Für H_{a}-H betragen sie

$$K_{\text{RM}} = \sin\delta; \quad K_{\text{RMZ}} = 1.$$

Beim H-H-Bogen mit dem Schubmodell der Durchströmung nach Bild 3.48 ergibt sich die Abhängigkeit von der Lage der geschobenen Feststoffschicht (Winkel φ):

$$K_{\text{RM}} = \cos\varphi; \quad K_{\text{RMZ}} = \sin\varphi.$$

Gl. (3.61) bei Voraussetzung linearer Änderung der mittleren örtlichen Feststoffgeschwindigkeit

$$\frac{v_{\text{M}}(\delta)}{v_{\text{ME}}} = b\,\frac{\delta}{\delta_{90°}}; \tag{3.33}$$

v_{ME} mittlere Feststoffgeschwindigkeit im Eintrittsquerschnitt des Bogens,
b Proportionalitätsfaktor

und bei Eingrenzung auf 90°-Bögen integriert ergibt

$$\begin{aligned}
\Delta p_{\text{GBo}} = {} & K_{\text{RM}}\,\mu_{\text{gl}}^{*}\,(\varrho_{\text{M}} - \varrho_{\text{F}})\left(\frac{R}{d_{\text{R}}} + \frac{1}{2}\right) g\,c_{\text{T}}\,\frac{v_{\text{G}}}{v_{\text{ME}}}\,\frac{\pi}{b} \\
& + K_{\text{RMZ}}\,\mu_{\text{gl}}^{*}\,(\varrho_{\text{M}} - \varrho_{\text{F}})\,c_{\text{T}}\,v_{\text{G}}\,v_{\text{ME}}\,b\,\pi \\
& + \varrho_{\text{M}}\,c_{\text{T}}\,v_{\text{G}}\,v_{\text{ME}}\,(b - 1) + \varrho_{\text{M}}\,(1 - c_{\text{T}})^2\,v_{\text{G}}^2\,\ln\frac{b - c_{\text{T}}\dfrac{v_{\text{G}}}{v_{\text{ME}}}}{1 - c_{\text{T}}\dfrac{v_{\text{G}}}{v_{\text{ME}}}} \\
& + \lambda_{\text{F}}\,\varrho_{\text{F}}\left(\frac{R}{d_{\text{R}}} + \frac{1}{2}\right)(1 - c_{\text{T}})^3\,\frac{v_{\text{G}}^3}{v_{\text{ME}}}\,\frac{\pi}{4b}\,\ln b.
\end{aligned} \tag{3.34}$$

Die Konstanten betragen (bei Bogen H-H wird $\Delta\varphi = \Delta\delta$ vorausgesetzt):

Bogentyp	K_{RM}	K_{RMZ}
H-H_{auf}	0,226	$\dfrac{1}{4}$
V_{ab}-H	$\dfrac{\pi}{4}$	$\dfrac{1}{4}$
H-H	0,226	$\dfrac{2}{\pi^2}$

Die Darstellung der Berechnungsgleichung erfolgt analog zum geraden Rohr durch die additive Verknüpfung von Druckverlust bei Flüssigkeitsströmung $\Delta p_{\text{F, Bo}}$ und zusätzlicher Druckverlust durch Feststofförderung $\Delta p_{\text{M, Bo}}$. Für $\Delta p_{\text{F, Bo}}$ steht in Gl. (3.34) der vierte Summand. Die ersten drei Summanden repräsentieren $\Delta p_{\text{M, Bo}}$. Für die praktische Berechnung ist die Kenntnis zweckmäßig, um das Wievielfache der Druckverlust im Rohrbogen den im horizontalen geraden Rohr übersteigt, was man erreicht durch Division von Gl. (3.34) durch den Feststoffanteil in Gl. (3.31) für die gestreckte Bogenlänge

$$\Delta p_{\text{Mh}} = 0{,}6\,\mu\,(\varrho_{\text{M}} - \varrho_{\text{F}})\,g\,\frac{\pi}{2}\,\frac{R}{d_{\text{R}}}\left(\frac{v_{\text{ME}}}{c_{\text{T}}v_{\text{G}}}\right)^{1/6}. \tag{3.35}$$

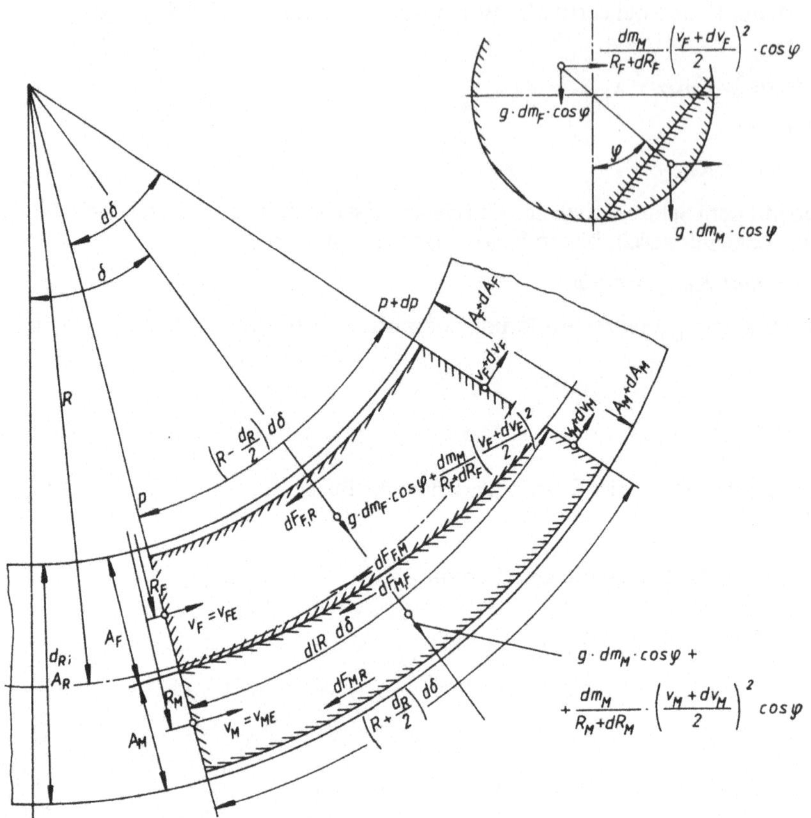

Bild 3.48. Schubmodell bei Rohrleitungsbögen der geometrischen Lage horizontal-horizontal (H-H) [3.126]

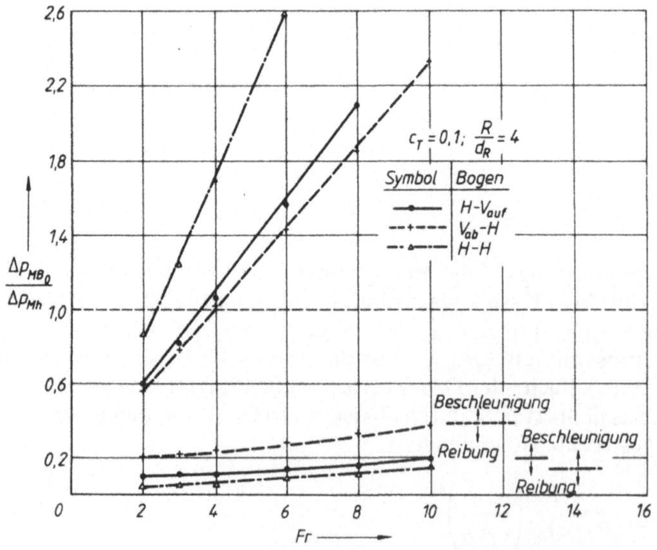

Bild 3.49. Relationen der Wirkungsanteile Reibung und Beschleunigung bei Rohrleitungsbögen

Man erhält

$$\frac{\Delta p_{\mathrm{MBo}}}{\Delta p_{\mathrm{Mh}}} = K_{\mathrm{RM}} \left(1 + \frac{d_{\mathrm{R}}}{2R} \right) \left(c_{\mathrm{T}} \frac{v_{\mathrm{G}}}{v_{\mathrm{ME}}} \right)^{7/6} \frac{1}{b} \qquad \text{(Reibung)}$$

$$+ K_{\mathrm{RMZ}} \frac{d_{\mathrm{R}}}{R} Fr_{\mathrm{G}} c_{\mathrm{T}}^{7/6} \left(\frac{v_{\mathrm{ME}}}{v_{\mathrm{G}}} \right)^{5/6} \qquad \text{(Reibung)}$$

$$+ \frac{3,33}{\pi} \frac{d_{\mathrm{R}}}{R} Fr_{\mathrm{G}} \frac{1}{\mu} \frac{\varrho_{\mathrm{M}}}{\varrho_{\mathrm{M}} - \varrho_{\mathrm{F}}} \left[c_{\mathrm{T}}^{7/6} \frac{v_{\mathrm{ME}}}{v_{\mathrm{G}}}^{5/6} (b - 1) \right.$$

$$\left. + (1 - c_{\mathrm{T}})^2 \left(c_{\mathrm{T}} \frac{v_{\mathrm{G}}}{v_{\mathrm{ME}}} \right)^{1/6} \ln \frac{b - c_{\mathrm{T}} \dfrac{v_{\mathrm{G}}}{v_{\mathrm{ME}}}}{1 - c_{\mathrm{T}} \dfrac{v_{\mathrm{G}}}{v_{\mathrm{ME}}}} \right] \qquad \text{(Beschleunigung)}$$

$$(3.36)$$

mit den Konstanten

Bogentyp	K_{RM}	K_{RMZ}
$H\text{-}V_{\mathrm{auf}}$	0,753	0,833
$V_{\mathrm{ab}}\text{-}H$	2,616	0,833
$H\text{-}H$	0,753	0,676

Bild 3.49 zeigt die Proportionen der Δp_{MBo}-Anteile aus der Reibung zu denen aus der Beschleunigung, berechnet mit Gl. (3.36). Das Geschwindigkeitsverhältnis wurde unter Berücksichtigung der Zuströmrichtung mit der Schlupffunktion nach [3.46] für eine Sinkgeschwindigkeit der Teilchen im newtonschen Bereich ($C_{\mathrm{W}} = 0,44$) ermittelt:

$$\frac{v_{\mathrm{ME}}}{v_{\mathrm{G}}} = 1 - c_{\mathrm{T}} \left(1 + 1,4\, e^{-0,25\, Fr_{\mathrm{G}}} \right) . \qquad (3.37)$$

Die Verlustanteile aus der Reibung sind vernachlässigbar klein, so daß die Gesamtabhängigkeit durch das Glied aus der Beschleunigung in Gl. (3.36) erfaßt wird. Nach weiteren Vereinfachungen ergibt sich [3.70]

$$\frac{\Delta p_{\mathrm{MBo}}}{\Delta p_{\mathrm{Mh}}} = K_{\mathrm{Bo}} \left(\frac{R}{d_{\mathrm{R}}} \right)^{m-1} c_{\mathrm{T}}^{0,1} Fr_{\mathrm{G}} \frac{1}{\mu_{\mathrm{gl}}} \frac{\varrho_{\mathrm{M}}}{\varrho_{\mathrm{M}} - \varrho_{\mathrm{F}}} . \qquad (3.38)$$

Wird Gl. (3.38) mit Δp_{Mh} aus Gl. (3.31) multipliziert, so erhält man den zusätzlichen Druckverlust durch Feststoff Δp_{MBo} bei 90°-Bogen

$$\Delta p_{\mathrm{MBo}} = \frac{\varrho_{\mathrm{F}}}{2} v_{\mathrm{G}}^2 K_{\mathrm{Bo}} \left(\frac{R}{d_{\mathrm{R}}} \right)^{m} c_{\mathrm{T}}^{1,1} Fr_{\mathrm{G}}^{0,1} \frac{1}{d_{\mathrm{R}}} \frac{d_{\mathrm{Km}}}{d_{\mathrm{Kg}}} \left(\frac{v_{\mathrm{krit}}}{v_{\mathrm{G}}} \right)^{1/6} . \qquad (3.39)$$

Die Bogenkonstante K_{BO} und der Exponent m ergeben sich quantitativ nach Messungen von [3.126] [3.145], abhängig von der Bogenlage (s. auch Bild 3.50):

Bogentyp	K_{Bo}	m
$V_{\mathrm{ab}}\text{-}H$	3,85	$-0,15$
$H\text{-}V_{\mathrm{auf}}$	7,14	0,6
$H\text{-}H$	0,25	0,2

mit

$$\frac{d_{\mathrm{Km}}}{d_{\mathrm{Kg}}} = 1 \text{ für } d_{\mathrm{Km}} \geqq d_{\mathrm{Kg}}; \; d_{\mathrm{Km}}/d_{\mathrm{Kg}} \text{ nach Abschnitt } 3.1.2.3.1.$$

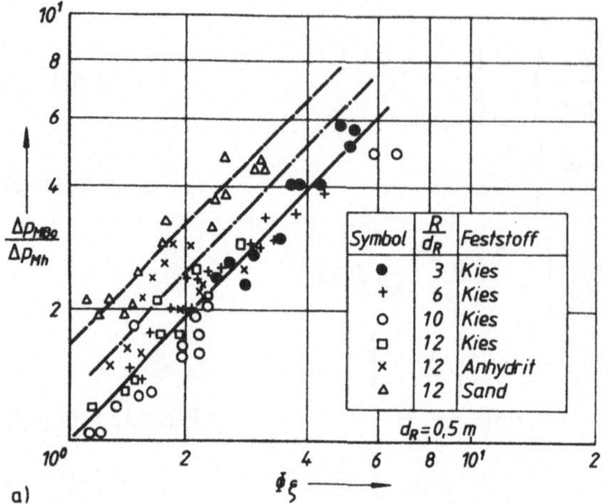

a)

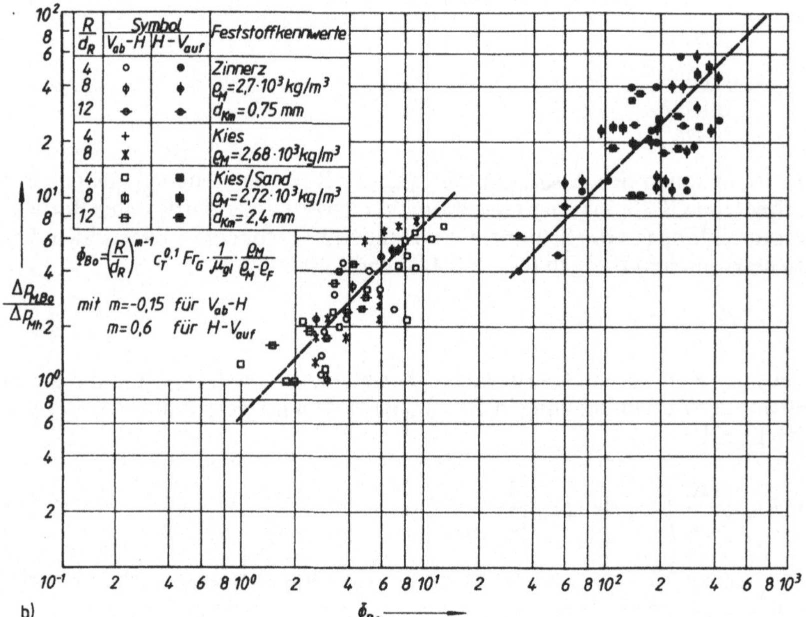

b)

Bild 3.50. Φ_ζ

$$\Phi_\zeta = c_T^{-\frac{1}{3}} \cdot Fr_G^{\frac{1}{2}} \left(\frac{R}{d_R}\right)^{-\frac{2}{3}} K_\zeta$$

$K_\zeta = 1$ für $\varrho_M = 1{,}6 \cdot 10^3 \frac{kg}{m^3}$; $d_{Km} \geqq d_{Kg}$

$K_\zeta = 1{,}3$ für $\varrho_M = 3{,}0 \cdot 10^3 \frac{kg}{m^3}$; $d_{Km} \geqq d_{Kg}$

$K_\zeta = 1{,}75$ für $\varrho_M = 2{,}6 \cdot 10^3 \frac{kg}{m^3}$; $\frac{d_{Km}}{d_{Kg}} = 0{,}32$

Bild 3.50. *Meßwerte zum Druckverlust in Rohrleitungsböden unterschiedlicher geometrischer Lage [3.126], dimensionslos dargestellt als Quotient des durch den Feststoff zusätzlich bewirkten Druckverlustes*
a) Bogen H-H; b) Bogen V_{ab}-H und H-V_{auf}

Der Gesamtdruckverlust des 90°-Rohrleitungsbogens wird berechnet mit

$$\Delta p_{GBo} = \frac{\varrho_F}{2} \, v_G^2 \left[\zeta_{FBo} + K_{Bo} \left(\frac{R}{d_R} \right)^m c_T^{1,1} \, Fr_G^{-0,1} \, \frac{1}{d_R} \left(\frac{d_{Km}}{d_{Kg}} \right) \left(\frac{v_{krit}}{v_G} \right)^{1/6} \right] \tag{3.40}$$

mit ϱ_{FBo} aus den Bildern 2.38 und 2.39.

Für überschlägliche Abschätzungen kann für den Druckverlust gemischdurchströmter Rohrleitungsbögen in Relation zur geraden Rohleitung entsprechend der gestreckten Bogenlänge mit folgenden Anhaltswerten gerechnet werden:

- Rohrleitungsbögen $H\text{-}V_{ab}$ und $H\text{-}V_{auf}$ 1,5 ... 3;
- Rohrleitungsbögen $V_{ab}\text{-}H$ und $V_{auf}\text{-}H$ 1,0 ... 2,5;
- Rohrleitungsbögen $H\text{-}H$ 1,5 ... 2,5.

Die kleinen Werte gelten für $d_{Km} < d_{Kg}$ und abwärts gerichtete Abströmung.

3.1.2.3.3. Vertikale Rohrleitung

Wendet man das Schubmodell auf die vertikale, aufwärts durchströmte Rohrleitung an, so sind durch die „Schubwirkung" der Flüssigkeit die Schwerkraft (die die Sinkbewegung bzw. den Schwebezustand des Haufwerks kennzeichnende Kraft) und die Reibungskraft Feststoff–Rohrwand zu betrachten. Wird Gl. (3.25) entsprechend für diese Gegebenheiten genutzt, so ist die Gleichgewichtsbedingung für den Feststoff:

$$dF_{MR} = dF_g + dF_{IR} \, . \tag{3.41}$$

Aus den Umströmungsbedingungen der Teilchen (s. Abschnitt 2.1.5.) erhält man

$$dF_g = \mu_{MF} \, \frac{\varrho_M}{2} \, v_{SS}^2 A_M \, \frac{dl}{d_R} \tag{3.42}$$

mit μ_{MF} als Reibungszahl bezogen auf die Haufwerksumströmung ($\sim$ durchströmung) einschließlich der Teilchenstöße.
Die Interaktionen Feststoff–Rohrwand werden erfaßt mit

$$dF_{IR} = \mu_{MR} A_M \, (\varrho_M - \varrho_F) \, g \, dl; \tag{3.43}$$

μ_{MR} Reibungszahl Feststoff–Rohrwand.

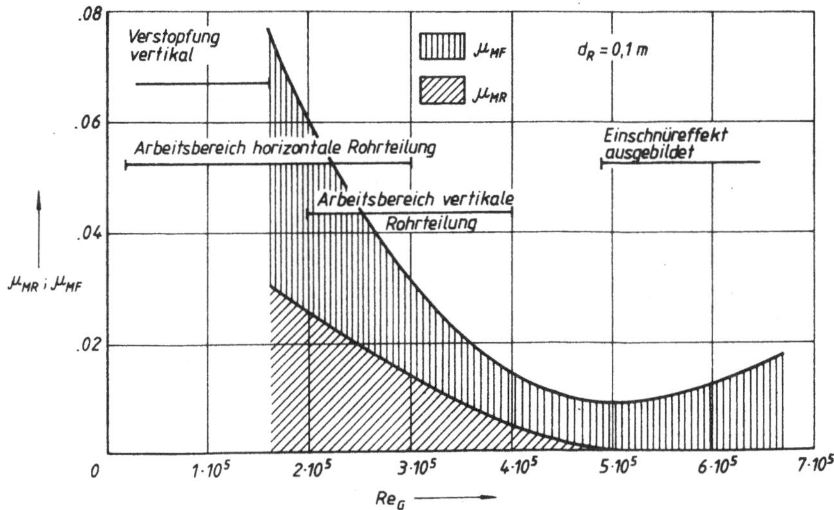

Bild 3.51. Gemessene Reibungszahlen μ_{MF} (Feststoff–Flüssigkeit) und μ_{MR} (Feststoff–Rohrwand), abhängig von der Re_G-Zahl der Rohrströmung [3.150]

Für den Reibungsanteil der Flüssigkeit gilt Gl. (3.26):

$$\mathrm{d}F_{\mathrm{FR}} = \lambda_{\mathrm{F}}\, \dot{m}_{\mathrm{F}}\, \frac{v_{\mathrm{F}}}{2\, d_{\mathrm{R}}}\, dl\;.$$

Setzt man Gl. (3.41) und Gl. (3.26) in Gl. (3.25) ein, vereinfacht und integriert analog zur Darstellung von Gl. (3.58), so ist der funktionelle Zusammenhang hinsichtlich des Reibungsdruckverlustes

$$\frac{\Delta p_{\mathrm{Gvert}}}{l} = \frac{1}{d_{\mathrm{R}}}\, \frac{\varrho_{\mathrm{F}}}{2}\, v_{\mathrm{G}}^{2}\, \left[\lambda_{\mathrm{F}} + \mu_{\mathrm{MF}}\, \frac{\varrho_{\mathrm{M}}}{\varrho_{\mathrm{F}}}\, \frac{v_{\mathrm{SS}}^{2}}{v_{\mathrm{G}}^{2}}\, c_{\mathrm{R}}\, \frac{1}{d_{\mathrm{R}}} \right.$$
$$\left. + \mu_{\mathrm{MR}}\, 2c_{\mathrm{R}}\, \left(\frac{\varrho_{\mathrm{M}}}{\varrho_{\mathrm{F}}} - 1 \right) g\, \frac{d_{\mathrm{R}}}{v_{\mathrm{G}}^{2}} \right]\;. \qquad (3.44)$$

Für die Verknüpfung der Konzentrationen gilt $c_{\mathrm{T}}/c_{\mathrm{R}} = v_{\mathrm{M}}/v_{\mathrm{G}}$ und für die der mittleren Geschwindigkeit $v_{\mathrm{M}} = v_{\mathrm{G}} - v_{\mathrm{SS}}$ (mit $v_{\mathrm{F}} < v_{\mathrm{G}}$). Damit erhält man

Rohrreibungszahl
Fluidströmung

„Reibungszahl" durch
Teilchenumströmung

$$\frac{\Delta p_{\mathrm{Gvert}}}{l} = \frac{1}{d_{\mathrm{R}}}\, \frac{\varrho_{\mathrm{F}}}{2}\, v_{\mathrm{G}}^{2}\, \left[\lambda_{\mathrm{F}} + \overbrace{\mu_{\mathrm{MF}}\, \frac{\varrho_{\mathrm{M}}}{\varrho_{\mathrm{F}}}\, \frac{v_{\mathrm{SS}}^{2}}{v_{\mathrm{G}}\,(v_{\mathrm{G}} - v_{\mathrm{SS}})}\, c_{\mathrm{T}}\, \frac{1}{d_{\mathrm{R}}}} + \right.$$

„Reibungszahl" durch
Teilchenkontakt mit
der Rohrwand

$$\left. + \overbrace{\mu_{\mathrm{MR}}\, 2\, \left(\frac{\varrho_{\mathrm{M}}}{\varrho_{\mathrm{F}}} - 1 \right) g\, d_{\mathrm{R}}\, \frac{c_{\mathrm{T}}}{v_{\mathrm{G}}\,(v_{\mathrm{G}} - v_{\mathrm{SS}})}} \right]\;. \qquad (3.45)$$

Im praktisch interessanten Geschwindigkeitsbereich, auch unter Beachtung dessen in der horizontalen Rohrleitung, sind die Reibungszahlen μ_{MF} und μ_{MR} von gleicher Größenordnung. Bild 3.51 zeigt dazu gemessene Werte. Hier wird auch deutlich, daß μ_{MR} erst mit Ausbildung des Einschnüreffekts verschwindet und das Minimum von μ_{MF} erreicht wird.
Anmerkung. Mit Einschnüreffekt ist eine Förderung ohne Verschleiß der Rohrleitung gegeben. Es liegen diesbezüglich optimale Bedingungen vor. Das Minimum von μ_{MF} bedeutet aber nicht unbedingt minimaler Energiebedarf, da dieser mit der dritten Potenz der Geschwindigkeit steigt und aus Kontinuitätsgründen auch der Konzentrationseinfluß berücksichtigt werden muß. Hier sind anwendungsfallspezifische Untersuchungen notwendig. Gl. 3.45 interpretiert die physikalischen Zusammenhänge. Es bedarf jedoch der experimentellen Bestätigung, wobei besonders das Problem der Bestimmung von v_{SS} unter Berücksichtigung der Abhängigkeit von der Anströmgeschwindigkeit v_{F} und der Zusammensetzung des Haufwerks (Teilchendurchmesser und Dichte) – vgl. Abschnitt 3.1.2.1.2. – entsteht. Diese Tatsache hindert auch daran, Ergebnisse aus dem Schrifttum zu vergleichen und einzuordnen.
Eine der Gl. (3.45) ähnliche Form hat [3.148] auf der Grundlage der Dimensionsanalyse dargestellt:

$$\frac{\Delta p_{\mathrm{Gvert}}}{l} = \lambda_{\mathrm{F}}\, \frac{1}{d_{\mathrm{R}}}\, \frac{\varrho_{\mathrm{F}}}{2}\, v_{\mathrm{G}}^{2}\, \left[1 + K\, \frac{\varrho_{\mathrm{M}} - \varrho_{\mathrm{F}}}{\varrho_{\mathrm{F}}}\, c_{\mathrm{T}} \right]\;. \qquad (3.46)$$

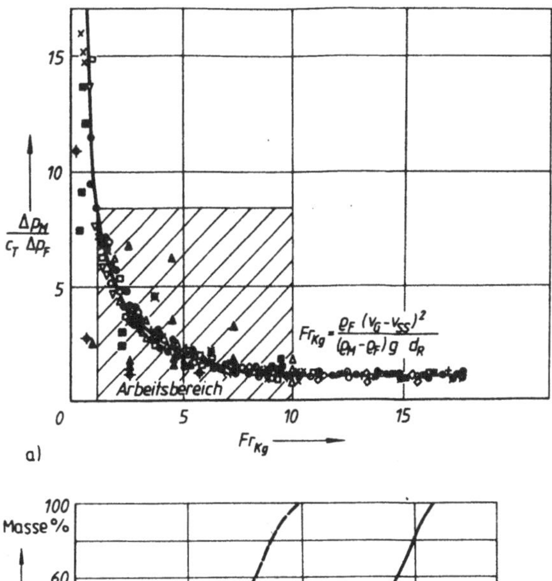

$$Fr_{Kg} = \frac{\varrho_F \, (v_G - v_{SS})^2}{(\varrho_M - \varrho_F) \, g \; d_R}$$

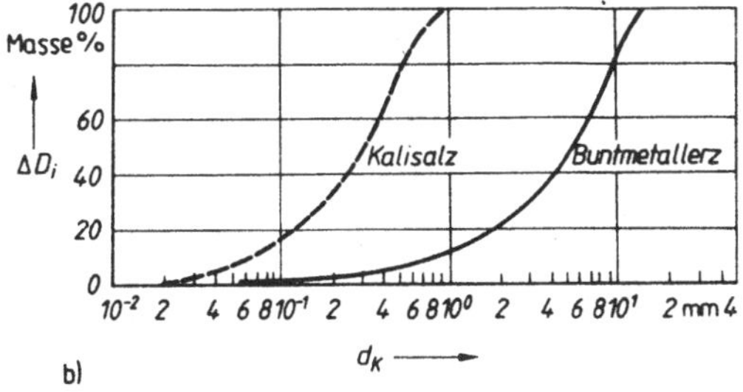

Symbol	d_R	Feststoff	$\varrho_M \cdot 10^{-3}$	d_k	
	m		kg/m^3	mm	
$\triangledown$	0,063	Kohle			
$\diamond$	0,063	Quarzgestein			
$\odot$	0,078	Sand			
●	0,078	Kohle			
+	0,078	Eisenerz			
$\triangle$	0,152	Erz			
×	0,204	Kohle			
□	0,204	Eisenerz			
∅	0,150	Sand			
◑	0,150	Kies			
▲	0,100	Buntmetallerz	4,05	b)	0,05 ∼ 0,3
■	0,100	Kalisalz	2,114	b)	0,1 ∼ 0,45
⊠	0,200	Keramikkugeln	2,3	52	0,014 ∼ 0,042
⊕	0,2000	Keramikkugeln	2,3	13	0,014 ∼ 0,042

Bild 3.52. Meßergebnisse zum Druckverlust im vertikalen Rohr in der Darstellung nach [3.148] (anstatt d_k lies d_K)

Aus der Einordnung eines breiten Spektrums von Messungen (Bild 3.52) werden die drei Bereiche unterschieden

$$Fr_{Kg} > 10 : K = 1$$

$$1 < Fr_{Kg} < 10 : K = 10 \, \frac{g d_R}{(v_G - v_{SS})^2}$$

$$Fr_{Kg} < \; 1 : \text{Verstopfungsgefahr} - \text{für Transport irrelevant.}$$

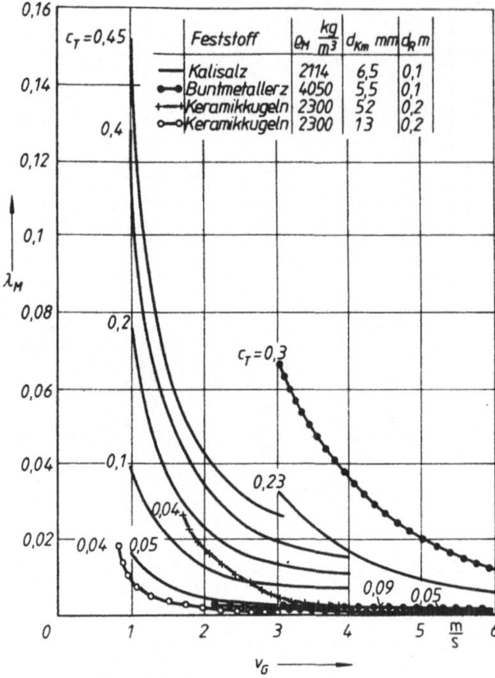

Feststoff	$\varrho_M \ \frac{kg}{m^3}$	d_{Km} mm	d_R m
—— Kalisalz	2114	6,5	0,1
•—• Buntmetallerz	4050	5,5	0,1
+—+ Keramikkugeln	2300	52	0,2
o—o Keramikkugeln	2300	13	0,2

Bild 3.53. Gemessene Feststoff-Reibungszahlen λ_M in Abhängigkeit von der Transportgeschwindigkeit v_G

Messungen in [3.38] [3.84] [3.150] lassen sich nach Gl. (3.46) in ihrer Tendenz einordnen. Die quantitative Übereinstimmung ist erst bei größeren Werten von Fr_{Kg} (zum Einschnüreffekt hin) zu verzeichnen. Damit eignet sich Gl. (3.46) zur Abschätzung der zu erwartenden Größenordnung des Druckverlustes unterhalb des Einschnüreffekts; für die genauen Berechnungen sind Messungen anzuraten. Unter dieser Bedingung kann man durch Interpretation aller zusätzlichen durch den Feststoff verursachten Reibungsverluste mit Hilfe der Feststoff-Rohrreibungszahl λ_M Gl. (3.75) einfach darstellen:

$$\frac{\Delta p_{Gvert}}{l} = \frac{1}{d_R} \frac{\varrho_F}{2} v_G^2 \, [\lambda_F + \lambda_M] \tag{3.47}$$

mit λ_F aus dem Colebrook-Diagramm (Bild 2.30) und λ_M aus Messungen.

Einige Beispiele für gemessene λ_M bei aufwärts durchströmter Rohrleitung sind im Bild 3.53 zusammengestellt.

Der Reibungsdruckverlust abwärts durchströmter Rohre kann nach [3.45] mit

$$\frac{\Delta p_{Gvert}}{l} = \lambda_F \frac{1}{d_R} \frac{\varrho_F}{2} v_G^2 \left[1 - 250 \, c_T \, \frac{v_G}{v_G - v_{So}} \frac{g \, d_R}{v_G^2} \frac{v_{So}}{\sqrt{g \, d_{Km}}} \right] \tag{3.48}$$

berechnet werden, eingeschränkt im Gültigkeitsbereich auf Sand und Kies ($\varrho_M = 2650$ kg/m³).

3.1.2.3.4. Rohrleitungseinbauten

Rohrleitungseinbauten sind

– Flanschverbindungen,
– Armaturen,
– Kugelgelenke,
– Einschnürungen bzw. Erweiterungen,
– Abzweigungen,
– Ansaugöffnungen.

Die physikalische Beschreibung der Bewegungsmechanismen gelingt bisher nicht. Hinsichtlich ihrer Wirkung auf die Feststoffbewegung haben sie Ablöseerscheinungen, Aufwirbelungen, Beschleunigungen bzw. Verzögerungen zur Folge, deren Resultat auf den Druckverlust durch Einführung der Gemischdichte in die Berechnung berücksichtigt wird.

Reibungsdruckverlust durch Transportflüssigkeit

Reibungsdruckverlust durch Feststoff

$$\Delta p_{GE} = \zeta_{AE} \frac{v_G^2}{2} \varrho_F \qquad + \zeta_{AE} \frac{v_G^2}{2} c_T (\varrho_M - \varrho_F);$$

$$\Delta p_{GE} = \varrho_{AE} \frac{v_G^2}{2} \left(\varrho_F + c_T (\varrho_M - \varrho_F) \right). \tag{3.49}$$

Der jeweilige Widerstandsbeiwert für Wasserdurchströmung ζ_{AF} kann den Tafeln 2.13 und 2.14 bzw. den Bildern 2.37 bis 2.43 entnommen werden.

3.1.2.3.5. Einfluß von Feinanteilen im Haufwerk auf den Druckverlust

Der das Transportverhalten verbessernde Effekt des Feinkornanteils, der mit der Transportflüssigkeit das newtonsche Fließverhalten beibehält, bewirkt auch eine Verringerung des Druckverlustes der Gemischströmung. Erwartungsgemäß ist diese Wirkung im Bereich von v_{krit} am größten. Mit zunehmender Transportgeschwindigkeit verteilt sich das gesamte Haufwerk über den Rohrquerschnitt, bis bei sehr hohen Geschwindigkeiten v_G der Effekt der Reduzierung von $\Delta p_G/l$ nicht mehr auftritt. Im Bild 3.54 sind die typischen Rohrleitungskennlinien dargestellt. Man erkennt deutlich, daß die Druckverlustreduzierung erheblich sein kann.

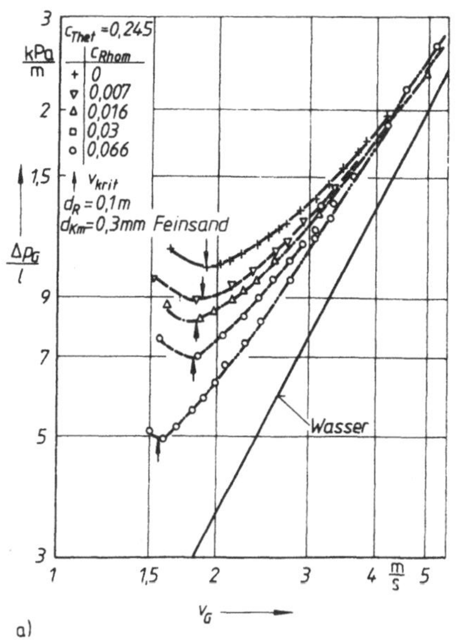

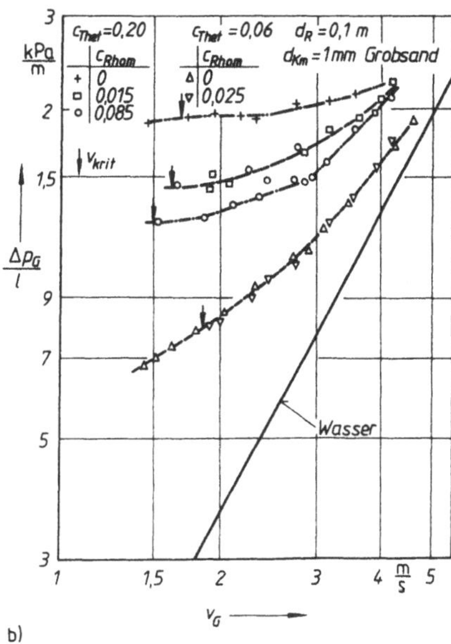

Bild 3.54. Druckverlust heterogener Gemischströmung (Sand) $\Delta p_G/l$ mit unterschiedlichem Feinstkornanteil (Kalksteinpulver) c_{Rhom} [3.27]

a) Feinsand mit $d_{Km} = 0,3$ mm; b) Grobsand mit $d_{Km} = 1$ mm

Für den Konzentrationsbereich von c_{Rhom}, bei dem die newtonschen Fließeigenschaften der Transportflüssigkeit beibehalten werden, kann der Druckverlust des heterogenen Gemisches und Feinstkornanteils mit Gl. (3.31) für die horizontale Rohrleitung und mit Gl. (3.47) für die vertikale Rohrleitung berechnet werden. Für Rohrleitungsbögen gilt Abschnitt 3.1.2.2.3. Bezüglich der einzusetzenden Dichten (auch bei d_{Kg} und d_{Km}) und Konzentrationen sind die Darstellungen aus den Abschnitten 2.3.5. und 3.1.2.2.4. zu verwenden.

Müssen höhere feindisperse Anteile berücksichtigt werden, so ist Gl. (3.31) auf der Basis experimenteller Untersuchungen zu korrigieren. Zweckmäßig ist der funktionelle Zusammenhang

$$K_{\Delta p, q} = K'_{\Delta p}\, c_T^u\, (1 - q)^t \left(\frac{v_{krit}}{v_G}\right)^{K'_{\Delta p} c_T^W}. \tag{3.50}$$

Deutlich erkennt man im Bild 3.54b, daß mit zunehmender Ausprägung eindeutig heterogenen Verhaltens, also maximaler Entmischung, die partielle Veränderung der Fließeigenschaften in der geschobenen Schicht bzw. die Wandgleiteffekte an Bedeutung gewinnen. Typisch dafür ist der Kurvenverlauf für $c_{Thet} = 0{,}2$ und $c_{Rhom} = 0$. Bei kleinen c_{Thet}, damit geringer Schichtkonzentration c_{RSch}, bleiben kleine c_{Rhom} (bei gröberem Material) ohne merklichen Einfluß. Zu verweisen ist hier auf Abschnitt 3.1.1.4., wo bereits auf die Abhängigkeit des Suspensionsverhaltens vom dominierenden Haufwerkanteil bei höheren c_T (homogen oder heterogen) aufmerksam gemacht wurde. Dieses Verhalten kann auch in Abhängigkeit von v_G umschlagen: Bei kleinen v_G (im praktischen Betriebsbereich) erfolgt eine Druckverlustreduzierung (das homogene System dominiert), und bei zunehmender v_G wächst der homogene Charakter des Gesamtsystems. Es erfolgt eine Druckverlusterhöhung, wie im Bild 3.55 exemplarisch dargestellt ist.

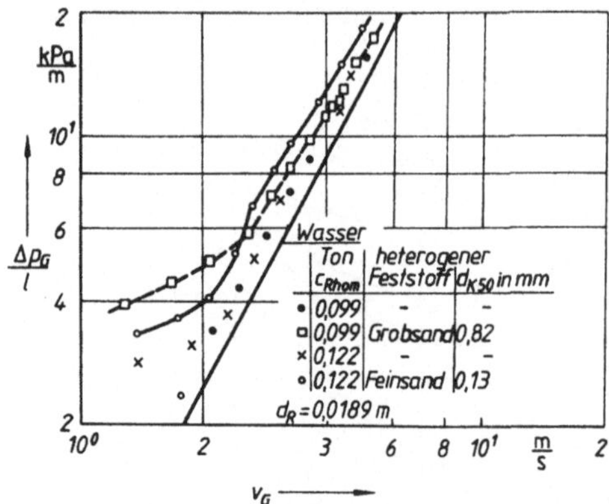

Bild 3.55. Dominierende Wirkungsbereiche homogener und heterogener Komponenten von Ton-Sand-Wasser-Suspension [3.163]

3.1.2.3.6. Zusammenfassung der Berechnungsgleichungen für horizontale Rohrleitungen

Mit den Gleichungen (3.19) und (3.31) sind die Berechnungsmöglichkeiten für die kritische Geschwindigkeit und den Druckverlust heterogener Gemische gegeben:

$$v_{krit} = 12 K_{krit, q}\mu \left[g\left(\frac{\varrho_M}{\varrho_F} - 1\right)\right]^{1/2} \left[d_R^2 d_{Km} c_T^{\left(\frac{d_{Km}}{d_{Kg}}\right)^{1/6}} \left(\frac{d_{Km}}{d_{Kg}}\right)^{1/2}\right]^{1/6}$$

$$\frac{\Delta p_G}{l} = \frac{\varrho_F}{2}\, v_G^2\, \frac{1}{d_R} \left[\lambda_F + 3{,}5 K_{\Delta p, q}\mu\, \frac{d_{Km}}{d_{Kg}}\, c_T \left(\frac{\varrho_M}{\varrho_F} - 1\right) \left(\frac{g \cdot d_R}{v_G^2}\right)^{11/10} \left(\frac{v_{krit}}{v_G}\right)^{1/6}\right]$$

mit $\dfrac{d_{Km}}{d_{Kg}} = 1$ für $d_{Km} \geqq d_{Kg}$.

Die im Haufwerk zulässigen Anteile an feindispersem Material (vgl. Abschnitt 2.3.3.) im Bereich $10^{-1} < Re^* < 10$ (bei $\varrho_M = 2600\ \text{kg/m}^3$ entspricht dies etwa Teilchendurchmessern $0{,}04 < d_K < 0{,}1\ \text{mm}$) sollen $q_f < 0{,}1$ betragen. Der Feinkornanteil, gekennzeichnet durch $Re^* \leq 0{,}1$ ($d_K \leq 0{,}04\ \text{mm}$) soll $q = 0{,}02$ nicht übersteigen.

Die bei der Überschreitung der Grenzwerte von q_f; q notwendigen Korrekturen erfolgen mittels der in Abschnitt 3.1.2.2.4. und 3.1.2.3.5. genannten Korrekturfaktoren, durch welche die auf Seite 158 angegebenen Gleichungen bereits erweitert wurden.

Die korrigierte Gleichung für v_{krit} ergibt sich mit

$$K_{\text{krit},q} = k_{\text{krit}} c_T^m (1 - q)^p$$

wobei k_{krit}; m und p experimentell zu bestimmen sind.

Die Gleichung für den Gemischdruckverlust $\dfrac{\Delta p_G}{l}$ wird korrigiert mit

$$K_{\Delta p,q} = k'_{\Delta p} c_T^u (1 - q)^t\ \frac{v_{\text{krit}}}{v_G}\ k''_{\Delta p} c_T^w .$$

Die Konstanten und Exponenten $k'_{\Delta p}$; $k''_{\Delta p}$; u; t; w müssen experimentell bestimmt werden. In Abhängigkeit von typischen Gemischgruppen können die Korrekturfaktoren vereinfacht angegeben werden.

A: grobdispers, ohne Feinkornanteil ($q \leqq 0{,}02$ (≈ 0) und $q_f < 0{,}1$):

$$k_{\text{krit}} = 1;\ m = 0;\ p = 0$$

$$k'_{\Delta p} = 1;\ k''_{\Delta p} = 0;\ u = 0;\ t = 0$$

B: grobdispers, mit Feinkornanteil ($q > 0{,}02$ und $q_f < 0{,}1$):

$$k_{\text{krit}} = 1;\ m = 1;\ p = \left(\frac{d_{Km}}{d_{Kg}}\right)^{1/6}$$

$$k'_{\Delta p} = 1;\ k''_{\Delta p} = 0;\ u = 0;\ t = 1$$

Für die Fluiddichte ist $\varrho'_F = q c_T (\varrho_M - \varrho_F) + \varrho_F$ einzusetzen und damit auch ein korrigierter d_{Kg} zu berechnen. d_{Km} ist aus dem Haufwerksanteil ohne q neu zu berechnen. Bei der Bestimmung von λ_F muß eine mögliche Viskositätsänderung zu v'_F berücksichtigt werden.

C: grob- und feindispers, ohne Feinkornanteil ($q \leqq 0{,}02$; $q_f > 0{,}1$):

$$k_{\text{krit}} \gtreqless 1;\ m \gtreqless 1;\ p = 0$$

$$k'_{\Delta p} \gtreqless 1;\ k''_{\Delta p} \gtreqless 1;\ u \gtreqless 1;\ t = 0;\ w \gtreqless 1$$

D: grob- und feindispers, mit Feinkornanteil ($q > 0{,}02$; $q_f > 0{,}1$):

$$k_{\text{krit}} \gtreqless 1;\ m \gtreqless 1;\ p \gtreqless 1$$

$$k'_{\Delta p} \gtreqless 1;\ k''_{\Delta p} \gtreqless 1;\ u \gtreqless 1;\ t \gtreqless 1;\ w \gtreqless 1$$

Für ϱ_F; d_{Km}; d_{Kg} ist analog Gemischgruppe B zu verfahren.

Der Gültigkeitsbereich grenzt die Transportkonzentration mit $c_T \leqq 0{,}2$ $(0{,}25)$ ein, wobei die dem Feinkornanteil entsprechende Konzentration wegen des Übergangs zum nichtnewtonschen Fließverhalten $c_{\text{Thom}} = 0{,}06 \ldots 0{,}1$ (abhängig von der Intensität der Wechselwirkungskräfte zwischen den Teilchen – vgl. Abschnitt 2.3.3.) nicht übersteigen soll.

3.1.2.4. Geodätische Druckdifferenz

Die geodätische Druckdifferenz Δp_{Ggeo} ist direkt an das Sinkverhalten bzw. Schwebeverhalten des Haufwerks bei den zu fördernden Konzentrationen geknüpft. (vgl. Abschnitt 2.1.4.):

$$\Delta p_{Ggeo} = \varrho_G g \Delta h_{geo} = \left[c_R(\varrho_M - \varrho_F) + \varrho_F \right] g \Delta h_{geo} \tag{3.51}$$

Die Gemischdichte ϱ_G muß mit der Raumkonzentration c_R berechnet werden, was bezüglich der Verwendung von c_T als die den Transportvorgang kennzeichnende Konzentration Probleme bereitet. Bei zunehmender Schlupfgeschwindigkeit $\bar{v}_S$ bedeutet das zunehmend Fehler bei formalem Ersetzen von c_R durch c_T in Gl. (3.51). Der zu erwartende Fehler nimmt mit abnehmender Anströmgeschwindigkeit v_F (Bild 3.56) bzw. Transportgeschwindigkeit v_G zu. Die komplizierten Verhältnisse werden oft durch Richtungsänderungen noch vergrößert.

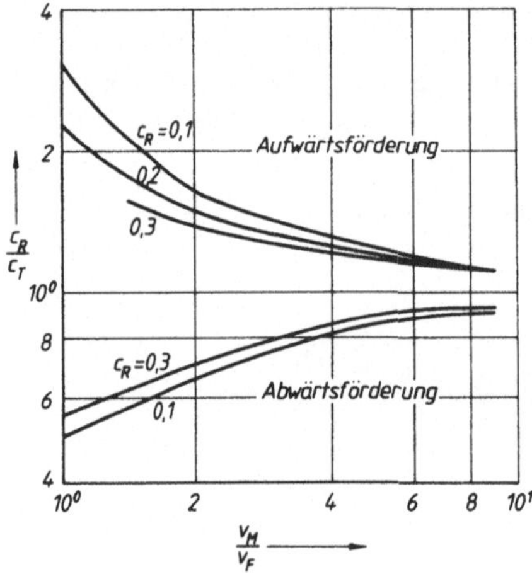

Bild 3.56. Unterschied zwischen Raum- c_R und Transportkonzentration c_T bei wachsendem Geschwindigkeitsverhältnis v_M/v_F [3.11] - Auf- und Abwärtsförderung

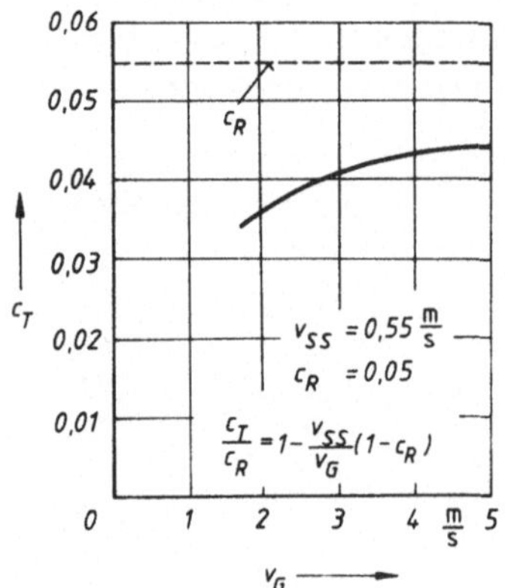

Bild 3.57. Abhängigkeit der Transportkonzentration c_T von der Transportgeschwindigkeit v_G nach Messungen [3.150]

Überschläglich kann man in vielen Fällen jedoch mit $c_T \approx c_R$ rechnen, da die am häufigsten praktisch angewendeten v_G noch den Bereich des geringen c_R-Anstiegs gewährleisten (vgl. auch Abschnitt 3.1.2.2.2.) Ist die vertikale Länge l_{vert} groß, muß man das Schlupfverhalten der anstehenden Suspension untersuchen, um eine Unterdimensionierung der Pumpen zu vermeiden. Am Beispiel nach Bild 3.57 den möglichen Fehlerbereich abgeschätzt, erhält man Abweichungen (von v_G abhängig) zwischen 28 und 12 %.

3.1.3. Druckstoß bei Gemischströmung

Wird bei einer Rohrleitung die Geschwindigkeit des strömenden Mediums sehr schnell geändert, die Extremfälle

– plötzliches Absperren bzw.
– plötzliches volles Öffnen

eingeschlossen, so ist ein erheblicher Druckanstieg die Folge. Der Maximalwert dieses Druckanstiegs wird als Joukowski-Stoß bezeichnet. Bei Flüssigkeitsströmung gilt dafür die Beziehung

$$\Delta p_{\mathrm{Dr,F}} = a_{\mathrm{F}}\, \varrho_{\mathrm{F}}\, v_{\mathrm{F}}, \qquad (3.52.1)$$

was einer Änderung der mittleren Strömungsgeschwindigkeit auf $v_{\mathrm{F}} = 0$ (plötzliches Absperren) entspricht. Die so entstandene Druckwelle hat die Fortpflanzungsgeschwindigkeit a_{F}, an der Absperrstelle beginnend entgegen der ursprünglichen Strömungsrichtung:

$$a_{\mathrm{F}} = \sqrt{\dfrac{1}{\varrho_{\mathrm{F}}\left(\dfrac{1}{E_{\mathrm{F}}} + \dfrac{1}{E_{\mathrm{R}}}\dfrac{d_{\mathrm{R}}}{s}\right)}}\;; \qquad (3.52.2)$$

E_{F}, E_{R} Elastizitätsmodul von Flüssigkeit und Rohrmaterial,
s Rohrwanddicke.

An exponierten Stellen (Rohrbögen, Abzweigungen) bei gerader Rohrleitung im einfachen Fall an deren Ende erfolgt eine teilweise oder vollständige Reflexion und die Druckwelle läuft zum Ausgangspunkt zurück, wo sie wiederum reflektiert wird. Dieser Vorgang läuft bis zur Abschwächung des Druckstoßes auf Null ab. Ursache der Schwächung ist die Umsetzung der Druckenergie zur Aufweitung und Verengung des Rohrquerschnitts, zur Kompression und Dekompression der Flüssigkeit und zur Beschleunigung und Verzögerung der Flüssigkeit. Bei geraden Rohrleitungen sind Teilreflexionen längs der Rohrleitung und daran gekoppelte Interferenzen auszuschließen. Um den Vorgang des Druckstoßes und seiner Ausbreitung zu beschreiben, muß man zwangsläufig das elastische Verhalten von Rohrleitung und Transportmedium voraussetzen. Entsprechend der Fortpflanzungsgeschwindigkeit und Ausbreitungsrichtung der Druckwelle und wegen des real unmöglichen plötzlichen Stillstands der gesamten im Rohr bewegten Menge des Transportmediums erfolgt im steten Wechsel

– eine Aufweitung der Rohrleitung und Kompression des Transportmediums,
– eine Entlastung beider Komponenten zum Ausgangszustand,
– eine Zusammenziehung des Rohrleitungsquerschnitts und Dekompression des Transportmediums,
– eine Entlastung beider Komponenten zum Ausgangszustand usw. [3.94].

Druckstöße können erhebliche Druckerhöhungen über den Betriebsdruck der Rohrleitungsanlage bewirken. Sie bedeuten auch für hydraulische Feststofftransportanlagen eine Gefahr, da ihr Auftreten real gegeben ist

– auf der Saugseite von Gemischpumpen bei Abreißen der Strömung,
– bei Schließ- und Öffnungsvorgängen von Sicherheits- und Funktionsarmaturen, letztere z. B. bei Kammerschleusen, deren Schleusenkammern alternierend gegenüber Atmosphäre und Rohrleitung abgesperrt werden müssen (vgl. Abschnitt 3.2.2.2.),
– bei nicht unbedingt auszuschließenden plötzlichen Verstopfungen während des Betriebs,
– und auch bei Pumpenausfall.

Von praktischem Belang ist hier die Größe des zu erwartenden Maximalwerts der Druckerhöhung, um diesen für die festigkeitsmäßige Dimensionierung heranziehen zu können.

Für die Berechnung ist Gl. (3.52) geeignet, wenn man auf die Gemischparameter übergeht [3.129]:

$$\Delta p_{\mathrm{Dr,\,G}} = a_{\mathrm{G}}\,\varrho_{\mathrm{G}}\,v_{\mathrm{G}}\,. \tag{3.53}$$

Des weiteren sind die Spezifika der Flüssigkeits-Feststoff-Gemische zu berücksichtigen. Die Fortpflanzungsgeschwindigkeit a_{G} ist zusätzlich abhängig von der Konzentration der Komponenten c_{R} bzw. $(1 - c_{\mathrm{R}})$ und von dem von der Flüssigkeit abweichenden Elastizitätsmodul des Feststoffs E_{M}. Die Gemischdichte ϱ_{G} wird mit der entsprechenden Gleichung nach Tafeln 2.18 und 2.19 bestimmt. Die Einführung der Transportgeschwindigkeit v_{G} ist an die Voraussetzung geknüpft, daß sich Feststoff und Flüssigkeit ohne Schlupf, d. h. mit gleicher Geschwindigkeit, bewegen. Die Fortpflanzungsgeschwindigkeit der Druckwelle im homogenen Gemisch ist dann

$$a_{\mathrm{G}} = \sqrt{\dfrac{1}{\varrho_{\mathrm{G}}\,\dfrac{1-c_{\mathrm{R}}}{E_{\mathrm{F}}} + \dfrac{d_{\mathrm{R}}}{sE_{\mathrm{R}}} + \dfrac{c_{\mathrm{R}}}{E_{\mathrm{M}}}}}\,. \tag{3.54}$$

Mit zunehmendem Schlupf (heterogenes Verhalten) kann angenommen werden, daß infolge der Massenträgheit des Feststoffs und der Teilchenumströmung ein Dämpfungseffekt bezüglich des erreichten Maximalwerts der Druckerhöhung auftritt [3.173].

Daß die zusätzliche Erhöhung des Druckstoßes nichtvernachlässigbare Größenordnungen erreichen kann, zeigt Bild 3.58.

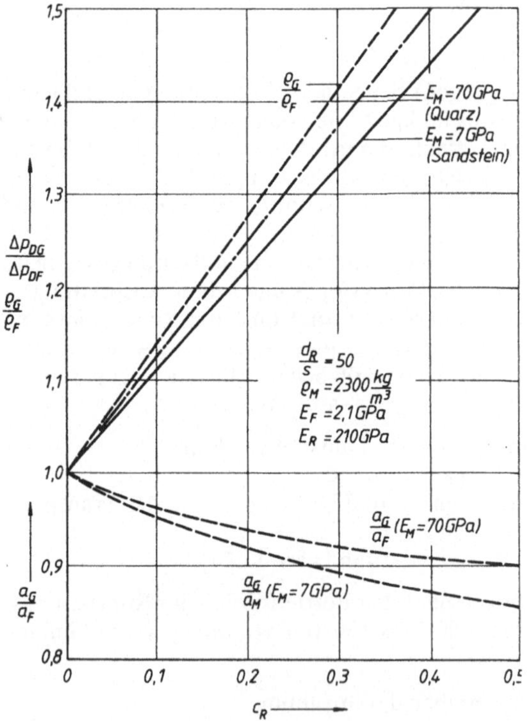

Bild 3.58. Zur Größenordnung der Druckerhöhung bei homogener Gemischströmung gegenüber Flüssigkeitsströmung infolge Druckstoß (Joukowski-Stoß), berechnet mit Gl. (3.55)

Für diese Darstellung wurde folgendes Verhältnis gebildet:

$$\frac{\Delta p_{DG}}{\Delta p_{DF}} = \sqrt{\frac{\varrho_{\mathrm{G}}}{\varrho_{\mathrm{F}}}\,\frac{\dfrac{1}{E_{\mathrm{F}}} + \dfrac{d_{\mathrm{R}}}{sE_{\mathrm{R}}}}{\dfrac{1-c_{\mathrm{R}}}{E_{\mathrm{F}}} + \dfrac{d_{\mathrm{R}}}{sE_{\mathrm{R}}} + \dfrac{c_{\mathrm{R}}}{E_{\mathrm{M}}}}}\,. \tag{3.55}$$

Für Erz-Wasser-Gemisch sind gemessene konzentrationsabhängige Fortpflanzungsgeschwindigkeiten im vertikalen Rohr in Bild 3.59 dargestellt. Die vergleichende Rechnung mit Gl. (3.54) zeigt geringe Abweichungen ($< 1\ \%$).

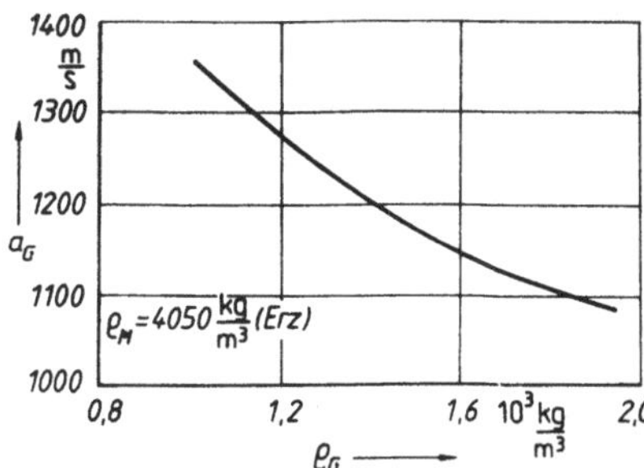

Bild 3.59. Fortpflanzungsgeschwindigkeit einer Druckwelle bei Erz-Wasser-Gemisch im vertikalen Rohr, abhängig von der Raumkonzentration c_R (Darstellung als ϱ_G) [3.150]

Auf den Sachverhalt, daß die Schließzeiten (und Öffnungszeiten) t_{SA} der Armaturen an die Fortpflanzungsgeschwindigkeit der Druckwelle a_G geknüpft sind, ist besonders aufmerksam zu machen. Um den Druckstoß zu begrenzen bzw. sehr klein zu halten, muß die Bedingung erfüllt werden

$$t_{SA} > t_{Rx}. \tag{3.56}$$

t_{Rx} ist die Reflexionszeit. Diese Zeit benötigt die Druckwelle, um an ihren Ausgangspunkt zurückzukehren. Bei einer Rohrlänge l (Teilreflexionen sollen nicht auftreten) wird t_{Rx} berechnet mit

$$t_{Rx} = \frac{2\,l}{a_G}. \tag{3.57}$$

3.2. Ausrüstungen – Beschreibung, Arbeitsweise, Kennlinien

Die Auswahl der anzuwendenden Ausrüstungen ist an die jeweilige zu realisierende Transportaufgabe geknüpft. Die Aufgabenstellungen überdecken den Bereich

- der einfachsten Anforderung, eine bereitgestellte Suspension zwischen Anfangs- und Endpunkt zu fördern, bis hin zu
- Feststoffaufbereitung und Gemischherstellung, Transport, Trennung von Feststoff und Flüssigkeit.

Abhängig von den Dimensionen der Transportaufgabenstellung, von den konkreten Anforderungen sowie von der Verfügbarkeit und Eignung der Ausrüstungen erfolgt die spezifische Anlagengestaltung.

3.2.1. Gemischherstellung

In Abhängigkeit vom Anfallzustand des zu transportierenden Haufwerks oder Gemisches, von seinem angestrebten Transportzustand, von seinen Eigenschaften und von der Gesamtkonzeption der hydraulischen Transportanlage ist die Konfiguration der einzusetzenden Einzelausrüstungen unterschiedlich.

Wird der Feststoff mit seinem Anfallkornspektrum zum Transport vorgesehen, so können folgende Aufgaben für den Ausrüstungskomplex entstehen:

- Suspendierung mit dem Transportfluid (Herstellung des Transportgemisches),
- Eindickung oder Verdünnung einer Anfallsuspension zum Transportgemisch,
- Vermischung mehrer Anfallsuspensionen,
- Aushaltung oder Zerkleinerung von Überkorn.

Soll der Feststoff eine bestimmte Kornverteilungskurve erhalten, um optimale Transportbedingungen hinsichtlich $\Delta p_G/l$ und v_{krit} zu erreichen (z. B. dense-coal [3.100]), sind Mahlung, Grobkornbegrenzung und ggf. Klassierung ausrüstungsseitig notwendig. Zur Erfüllung dieser Aufgaben werden typische Ausrüstungen der Aufbereitungs- bzw. mechanischen Verfahrenstechnik eingesetzt. Spezielle Konstruktionen, wie sie z. B. Saugköpfe oder Ejektoren darstellen, koppeln mehrere Verfahrensstufen (im Beispielsfall Gemischherstellung und -einbringung). Ihre Einordnung in die Ausrüstungssystematik erfolgt unter dem zweiten Gesichtspunkt.

3.2.1.1. Ausrüstungen zum Suspendieren und Mischen

Für die Sicherung eines kontinuierlichen und zuverlässigen Transportvorgangs besteht die Notwendigkeit, den Feststoff möglichst gleichmäßig (homogen) nach Konzentration c_R, Teilchendurchmesser d_{Ki} und Feststoffdichte ϱ_{Mi} in der fluiden Phase zu verteilen. Das muß, in Abhängigkeit vom Ausgangszustand der Komponenten, durch Suspendieren oder durch Mischen erreicht werden.

Der Prozeß des Suspendierens kann sowohl in Behältern (z. B. Rührmaschinen) als auch ohne für die Suspendierung bedeutsame Berandung durch lokale Aufwirbelung, beispielsweise mit Wasserstrahl, erfolgen. Als Ausgangsfluide können reine Flüssigkeiten oder Suspensionen anfallen.

Folgende Bedingungen müssen Ausrüstungen für das Suspendieren gewährleisten [3.7], damit die o.g. Anforderungen weitestgehend erreicht werden:

- Ablagerungen in Suspendierungsbehältern sollen vermieden werden. Dafür muß in Bodennähe die Geschwindigkeit so groß sein, daß auch abgesetzte Teilchen wieder bewegt und aufgewirbelt werden. Das gilt als erreicht, wenn kein Teilchen länger als 1 s am Boden in Ruhe bleibt.
- Bei Betriebsunterbrechungen darf der sedimentierte Feststoff nicht das Wieder-in-Betrieb-Nehmen verhindern.
- Bei aufschwimmenden Teilchen oder bei deren schlechter Benetzbarkeit müssen genügend große Schergeschwindigkeiten gewährleistet sein.
- Bildet sich bei höheren Konzentrationen c_R eine Sedimentationsgrenze in Behältern aus, oberhalb der sich eine feststofffreie, nahezu stationäre Flüssigkeitsschicht befindet, treten Probleme bei schlecht benetzbaren Feststoffen auf. Deshalb ist diese Schichtenbildung durch größeren Leistungseintrag zu unterbinden.

Das Mischen mehrerer fluider Komponenten (Suspensionen oder Flüssigkeiten) kann in einfachen Becken ohne zusätzliche Ausrüstungen (z. B. Pumpensumpf) oder in den o.g. Rührmaschinen erfolgen. Die zu erfüllenden Bedingungen durch die Mischausrüstungen sind inhaltlich aus denen für die Ausrüstungen zum Suspendieren abzuleiten.

Der Pumpensumpf als sehr einfache technische Lösung ist primär nur für das Mischen mehrerer Volumenströme von unterschiedlichen Anfallorten einzusetzen. Die geforderte Gleichverteilung bewirkt die kinetische Energie der zugeführten Volumenströme. Die Rohrleitungen enden oberhalb der Suspensionsoberfläche. Die Abführrohrleitung ist nahe dem Beckenboden vorzusehen.

Zur Vergleichmäßigung ggf. diskontinuierlich zugeführter Volumenströme besteht nur eine bedingte Eignung. Die Sicherstellung des homogenen Suspensionszustands ist an den Energieeintrag aus dem Zuführungssystem gebunden, wodurch Oberfläche und Tiefe des Beckens eingeschränkt werden.

3.2.1.1.1. Rührmaschinen

Rührmaschinen bestehen aus zwei wesentlichen Baugruppen, dem Behälter und dem Ruhrwerk (Bild 3.60). Unterschiedliche geometrische Abmessungen dieser Baugruppen absolut und relativ zueinander sowie die unterschiedliche konstruktive Gestaltung geben der Ausrüstung ihre speziellen Eigenschaften und ermöglichen damit die optimale Gestaltung für den jeweiligen Anwendungsfall. Sie eignen sich sowohl zum Suspendieren als auch zum Mischen.

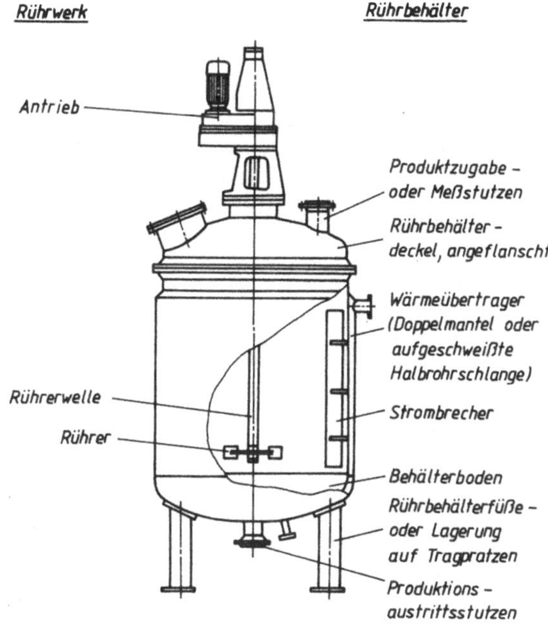

Bild 3.60. Ausführung einer Rühr-maschine

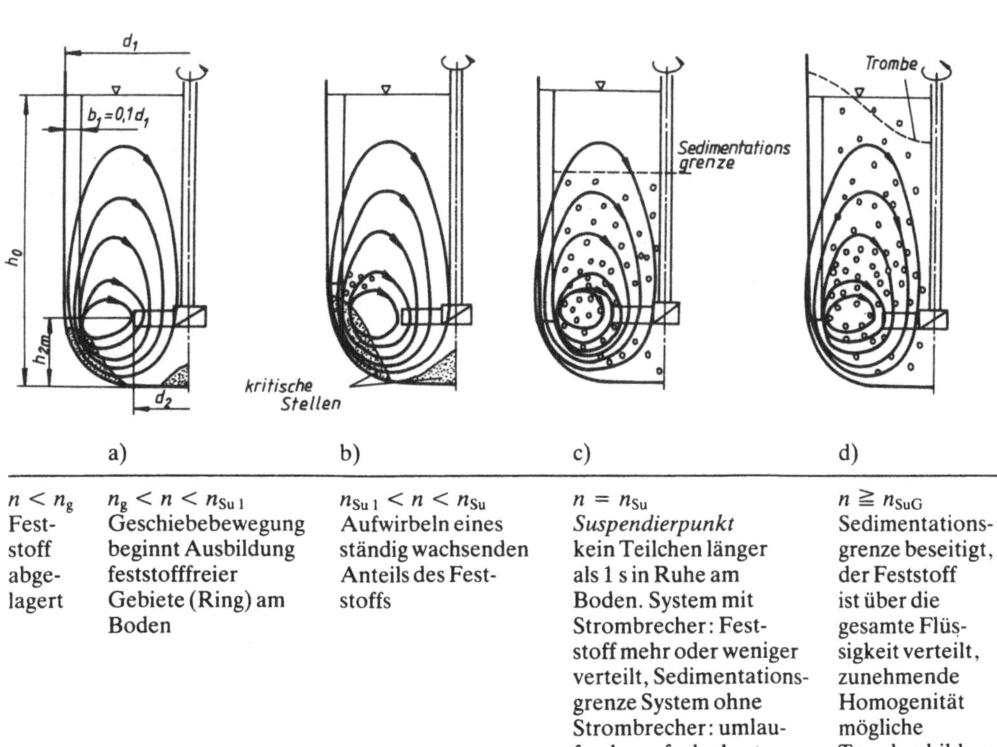

$n < n_g$	$n_g < n < n_{Su\,1}$	$n_{Su\,1} < n < n_{Su}$	$n = n_{Su}$	$n \geqq n_{SuG}$
Fest-stoff abge-lagert	Geschiebebewegung beginnt Ausbildung feststofffreier Gebiete (Ring) am Boden	Aufwirbeln eines ständig wachsenden Anteils des Fest-stoffs	*Suspendierpunkt* kein Teilchen länger als 1 s in Ruhe am Boden. System mit Strombrecher: Fest-stoff mehr oder weniger verteilt, Sedimentations-grenze System ohne Strombrecher: umlau-fender aufgelockerter Feststoffring in Bodennähe	Sedimentations-grenze beseitigt, der Feststoff ist über die gesamte Flüs-sigkeit verteilt, zunehmende Homogenität mögliche Trombenbildung

Bild 3.61. *Wirkungsweise und Suspendierzustände bei Rührmaschinen in Abhängigkeit von der Rührer-drehzahl n [3.3.]*

Durch Variation der Rührerdrehzahl werden unterschiedliche Suspendierzustände erreicht, wie sie nach Bild 3.61 charakterisiert werden. Den Einfluß der Feststoffbeladung ($\mu_M = m_M/m_G$) auf die Suspendierdrehzahlen zeigt Bild 3.62. Da der Leistungsbedarf von der Drehzahl n des Rührers abhängig ist, werden möglichst kleine n angestrebt. Die für den Betriebsfall untere Grenze ist der Suspendierpunkt $n = n_{Su}$. Schlecht benetzbare Feststoffe benötigen $n > n_{Su}$ mit einer bewegten Suspensionsoberfläche. Die obere Drehzahlgrenze ist durch eine zulässige Trombentiefe (Absenkung des Flüssigkeitsspiegels in Achsnähe des Rührers – vgl. Bild 3.61 d) gegeben, die einen unzulässig hohen Lufteintrag in die Suspension bewirken würde.

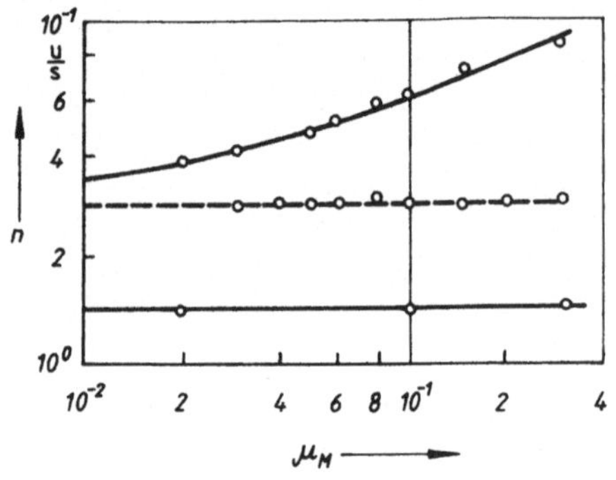

Bild 3.62. Abhängigkeit der Suspendierdrehzahlen von der Feststoffbeladung ($\mu_M = m_M/m_G$) [3.7]

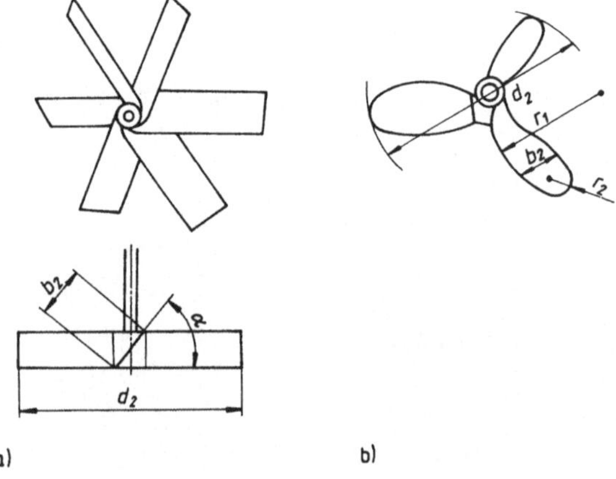

a)   b)

Bild 3.63. Typische axialfördernde Rührerformen
a) Schrägblattrührer $b_2 d_2 = 0{,}2$, $d_2/d_1 = 0{,}15 \ldots 0{,}4$,

$h_{2m}/d_1 = 0{,}25 \ldots 1$, sechs Schaufeln $\alpha = 45°$; drei Schaufeln $\alpha = 24°$
b) Schraubenrührer; Steigung: $s/d_2 = 1$, $b_2/d_2 = 0{,}22$, $r_1/d_2 = 0{,}44$, $d_2/d_1 = 0{,}15 \ldots 0{,}4$, $r_2/d_2 = 0{,}064$

Für die Grobauswahl der konstruktiven Lösung der Ausrüstung müssen besonders noch folgende Gesichtspunkte berücksichtigt werden:

– Um die erforderlichen hohen Geschwindigkeiten in Bodennähe zum Aufwirbeln – das Teilchen mit der größten Schwebegeschwindigkeit ist maßgebend – und eine axiale Strömung zur Verteilung des Feststoffs zu erreichen, sind axialfördernde Rührer (Bild 3.63) einzusetzen, die in Bodennähe arbeiten.
  Orientierend für die Bemessung gilt $d_2/d_1 = 0{,}25 \ldots 0{,}35$ und $h_2/d_2 < 0{,}5$ (Bezeichnung nach Bild 3.61 a).
– Bei der Festlegung des Bodenabstands ist zu beachten, daß bei Rührerstillstand der sedimentierende Feststoff den Rührer einhüllen kann und dadurch die Wiederinbetriebnahme problematisch wird – das besonders wegen eines zu hohen Rührerdrehmoments zum Anfahren – oder daß nach Anlauf der Feststoff nur im unmittelbaren Rührerbereich aufgelockert wird.
– Die Anforderungen an den Grad der Gleichverteilung sind verantwortungsbewußt zu fixieren. Der Leistungsbedarf für annähernd homogene Verteilung des Feststoffs liegt erheblich

oberhalb dem zur Aufhebung der Sedimentationsgrenze. Bei [3.141] sind Rührerdrehzahlen (2...3) n_{Su} angegeben.

- Die Entnahme erfolgt über den Bodenstutzen oder über ein Steigrohr, damit keine Grobkornanreicherung am Behälterboden erfolgen kann.
- Zur Gewährleistung einer zuverlässigen Durchmischung sollen bei niedrigen und mittleren Viskositäten v_F und größeren c_R Wandstrombrecher vorgesehen werden (Anzahl 4 bis 6; etwa bis zu Beginn der Bodenkrümmung reichend; Abmessungen $h_1/d_1 = 0,08...0,1$ mit Bezeichnungen nach Bild 3.61a). Bei höheren Viskositäten v_F und schlecht benetzbarem Feststoff soll wegen der Gefahr örtlicher, nicht oder schwer auflösbarer Aufkonzentrationen, wodurch die Funktionszuverlässigkeit eingeschränkt wird, auf Wandstrombrecher verzichtet werden.
- Auf Wandstrombrecher kann man auch verzichten (erhöhter Leistungsbedarf) bei nicht zu hoher Konzentration und nicht zu großen, gut benetzbaren Teilchen. Allerdings bewegt sich dann der Feststoff in Bodennähe als aufgelockerter Ring, was Konsequenzen für die Suspensionsabführung und bezüglich erhöhtem Verschleiß hat.
- Die spezifische Leistung für das Wieder-in-Betrieb-Nehmen und das Aufwirbeln ist in der Regel größer als für das Suspendieren selbst, was bei der Bestimmung der Antriebsleistung für den Rührer beachtet werden muß.
- Mit Übergang zu nichtnewtonschem Fließverhalten der Suspension steigt der Leistungsbedarf stark an.

Die Abschätzung des Leistungsbedarfs der Rührmaschine kann nur spezifisch für die jeweilige Suspendieraufgabe bei festgelegter konstruktiver Gestaltung erfolgen. Dazu liegt bei [3.3] ein umfangreiches empirisches konstruktionsspezifisches Datenmaterial vor, wonach zweckmäßigerweise zu rechnen ist. Um eine Größenordnung mitzuteilen, ist im Bild 3.64 ein Beispiel für den Einfluß der Feststoffbeladung μ_M und der Wandstrombrecher auf den spezifischen Leistungsbedarf angegeben.

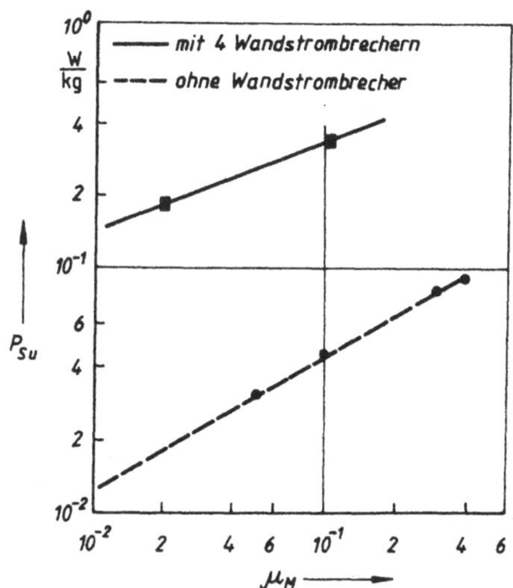

Bild 3.64. *Notwendiger spezifischer Leistungsbedarf zur Suspendierung von PVC-Wasser in Abhängigkeit von der Feststoffbeladung μ_M (sechs, 45°-Schrägblattrührer) [3.7]*

Soll auf ein mechanisches Rührwerk verzichtet werden, so ist der Einsatz von Strahldüsen anstelle des Rührers möglich. Es werden nach [3.3] folgende Gestaltungs- und Bemessungshinweise gegeben:

- Zwei Düsen mit d_D gegenüberliegend am Oberrand des Behälterbodens anordnen, wobei die Düsenachse mit der radialen Achse in der Horizontalen einen Winkel von 30 bis 40° bildet und gleichzeitig mit 30° gegenüber der Horizontalen nach unten gerichtet ist,
- eine Düse mit d_D in Behälterbodenmitte nach oben gerichtet anordnen,

- Suspensionsabführung exzentrisch mit 0,15 d_1 (d_1 Behälterdurchmesser) anordnen und mit einem Prallblech überdecken,
- empfohlener Parameterbereich $d_D/d_1 = 0,006\ldots0,015$;
  $v_D = 5\ldots10$ m/s (v_D Düsenantrittsgeschwindigkeit).

Die erforderliche spezifische Leistung ($d_D/d_1 = 0,01$) mit $P_{Auf} = 4,5$ W/m^3 zum Aufwirbeln und $P_{Su} = 6$ W/m^3 zum Suspendieren (Homogenisierungsgrad 90 %) ist relativ hoch.

3.2.1.1.2. Lokale Suspendierung mittels Flüssigkeitsstrahl

Die lokale Suspensionsbildung kann mit turbulentem Flüssigkeitsfreistrahlen erfolgen. Diese Methode eignet sich zur Auflockerung sowohl nichtbindiger als auch bindiger Haufwerke. Die Anwendung ist an die Gemischeinbringung in die Rohrleitung, in der Regel an eine Saugöffnung (Saugkopf) gekoppelt.

Diese Anordnung ist nur bei mit Fluid überdeckter Saugöffnung und damit bei Flüssigkeitsstrahlwirkung im Fluid funktionsfähig.

Wird die gesamte für den Transport erforderliche Flüssigkeitsmenge durch einen oder mehrere Freistrahlen zugeführt, so wird durch diese die zu fördernde Transportkonzentration c_T erzeugt. Erfolgt die Suspendierung mit einer geringeren Flüssigkeitsmenge, stellt sich c_T erst nach Aufnahme einer Fluidmenge aus der Umgebung der Saugöffnung ein.

Für die Bemessung der Düsen zur Erzeugung der Flüssigkeitsstrahlen müssen die notwendigen Strahlauftreffgeschwindigkeiten v_{St} zur Zerstörung der jeweiligen Haufwerksstruktur als Minimum der zur Gemischbildung notwendigen Geschwindigkeit bekannt sein.

Tafel 3.4. Zerstörende Strahlauftreffgeschwindigkeiten v_{St} für nichtbindige und bindige Böden [3.1] [3.81]

Bodenart	v_{St} in m/s
Nichtbindiger Boden *(geschüttet)*	
Sand ($d_{km} = 0,5$ mm)	0,5 ... 2
Kies ($d_{km} = 4,0$ mm)	10 ... 15
Bindiger Boden *(gewachsen)*	
Lockerer Lößboden	12 ... 15
Fester Lößboden	15 ... 20
Leichter lehmiger Boden	18 ... 25
Schwerer sandiger Boden	20 ... 26
Fester lehmiger Boden mit	
≤ 15 % Kies	25 ... 28
Schwerer fetter Ton	30 ... 35
Kernton mit Kies und Geröll	32 ... 35

In Tafel 3.4 sind einige Orientierungswerte für verschiedene Bodenarten zusammengestellt. Der Abstand der Düsenöffnung von der Oberfläche des zu suspendierenden Haufwerks und die Austrittsgeschwindigkeit aus der Düse werden durch die Ausbreitungsbedingungen des Strahls bestimmt. Im Bild 3.65 sind diese für einen (wie normalerweise angewendet) rotationssymmetrischen Freistrahl dargestellt.

Die mittlere Austrittsgeschwindigkeit an der Düsenmündung v_D wird nach der Torricellischen Ausflußgleichung unter Berücksichtigung der Zuströmgeschwindigkeit v_1 und der Beeinflussung der Strömung in der Düse selbst (Düsenbeiwert Ψ_D) ermittelt:

$$v_D = \Psi_D \cdot \sqrt{\frac{2\Delta p_D}{\varrho_F} + v_1^2};\tag{3.58}$$

mit Δp_D als Druckdifferenz über die Düse.

Der Düsenbeiwert $\Psi_D < 1$ hängt von der geometrischen Gestaltung und von der absoluten Rauhigkeit k in der Düse ab, was den Einfluß unterschiedlicher formabhängiger Geschwindig-

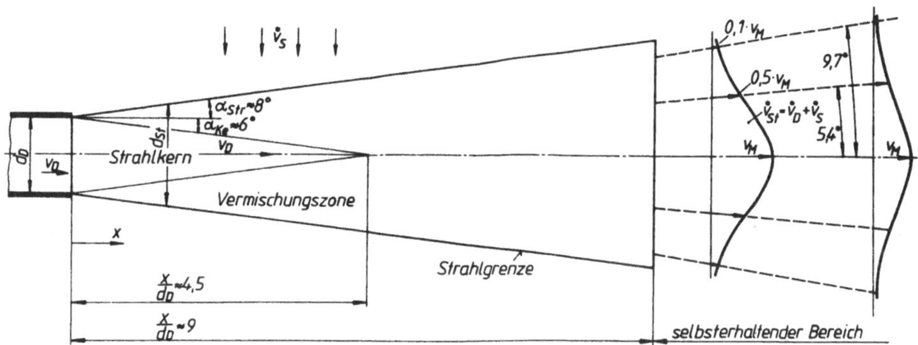

Bild 3.65. *Strömungsverhältnisse beim rotationssymmetrischen Freistrahl (a) und Kennwerte für Eintritt in gleiches Fluid ($\varrho_{FD} = \varrho_F$) (b) [3.3]*

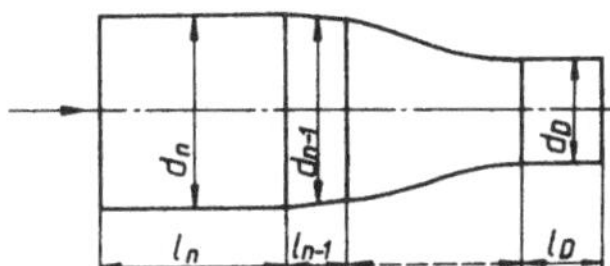

Bild 3.66. *Größen zur Bestimmung des Formfaktors K_D einer Düse [3.174]*

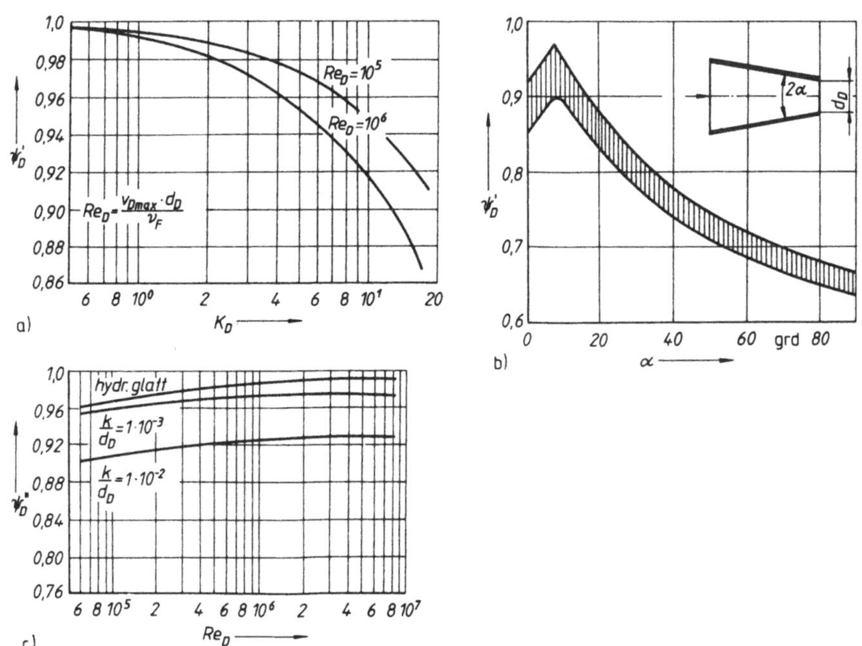

Bild 3.67. *Bestimmung der Elemente des Düsenbeiwerts Ψ_D*

a) Geometrieeinfluß mit zylindrischem Mundstück Ψ_D' [3.174]; b) Geometrieeinfluß mit konischem Mundstück Ψ_D' [3.73]; c) Rauhigkeitseinfluß [3.174]

keitsverteilung und den Reibungsverlust beinhaltet. Ψ_D wird aus den einzelnen v_D reduzierenden Anteilen durch multiplikative Verknüpfung berechnet:

$$\Psi_D = \Psi_D' \Psi_D'' \ldots \tag{3.59}$$

Das Geschwindigkeitsprofil an der Düsenmündung wird durch die geometrische Gestaltung der Düse bestimmt, die durch einen Formfaktor K_D mit der Gleichung

$$K_D = \frac{L_D}{d_D} \cdot \sum_{i=D}^{n} \frac{L_i}{L_D} \left(\frac{d_D}{d_i}\right)^{4,75} \tag{3.60}$$

erfaßt werden kann. Bild 3.66 erläutert die verwendeten Größen. Mit Bild 3.67a unter Beachtung der Re_D-Zahl

$$Re_D = \frac{v_{max} \cdot d_D}{v_F}$$

(gebildet mit der Austrittsgeschwindigkeit v_{max} bei $\Psi_D = 1$) kann der von der Geometrie abhängige Düsenbeiwert Ψ_D' bei zylindrischer Mündung ermittelt werden.
Bei konisch angeführter Mündung ergibt sich Ψ_D' abhängig vom Konuswinkel α nach Bild 3.67b.
Den Einfluß der Rauhigkeit k kann man mit k/d_D, abhängig von Re_D aus Bild 3.67c, zu Ψ_D'' bestimmen.
Mit zunehmendem Abstand von der Mündung verringert sich die Geschwindigkeit, und die Breite des Strahls vergrößert sich.
Durch den Strahl wird das umgebende Medium mitgerissen; es erfolgt eine Vermischung. Die entsprechenden Verhältnisse werden im Bild 3.65 gezeigt.
Zur Abschätzung der Größen beim Freistrahl kann mit nachstehenden Beziehungen gerechnet werden:

– Strahldurchmesser in Abhängigkeit von der Entfernung

$$d_{St} = d_D + 0{,}29x, \tag{3.61}$$

– Geschwindigkeit in Strahlmitte in größerer Entfernung $(x > 9d_D)$

$$v_M = v_D \, \frac{8{,}4}{\dfrac{x}{d_D} + 2}, \tag{3.62}$$

– Volumenstrom im Strahl ($\dot{V}_D$ + mittelgeschleppter Volumenstrom $\dot{V}_s$)

$$\dot{V}_{St} = \dot{V}_D \left(0{,}14\frac{x}{d_D} + 1\right), \tag{3.63}$$

– Impulsdruck (Kraftwirkung)

$$J = \dot{m}_D v_D = \text{konst.} \tag{3.64}$$

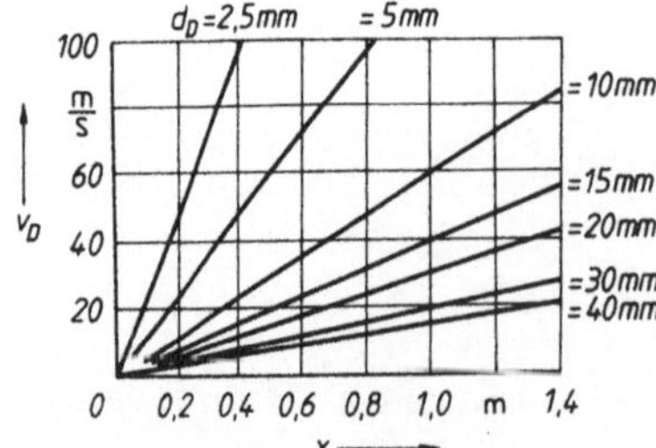

Bild 3.68. *Strahlreichweite bei $v_{St} = 5\ m/s$ in Abhängigkeit von Austrittsgeschwindigkeit v_D und Mündungsdurchmesser d_D*

Im Bild 3.68 ist, für ein Beispiel berechnet, die Strahlreichweite bei Abfall der Austrittsgeschwindigkeit bis auf einen vorgegebenen Wert ($v_{St} = 5\,\text{m/s}$) in Abhängigkeit von d_D und v_D dargestellt.

3.2.1.2. Zerkleinerungsmaschinen

Die Zerkleinerung des Transportguts ist notwendig, wenn

- Überkorn vorhanden ist, das den stabilen Betrieb der Anlage (durch Verstopfung der Pumpe, Rohrleitung od. ä.) gefährdet,
- durch Gutverfeinerung (ggf. unter der Zielstellung einer bestimmten Kornverteilungskurve, das minimales Lückenvolumen gewährleistet) eine Verringerung des spezifischen Druckverlustes erreicht werden soll.

Für Zerkleinerungsprozesse gilt i. allg., daß sie durch einen hohen Energiebedarf gekennzeichnet sind. Dementsprechend sind Zerkleinerungsmaschinen nur dann vorzusehen, wenn ihr Einsatz an einen positiven ökonomischen Effekt gekoppelt ist.

Um die Größenordnung des spezifischen Energiebedarfs W_{om} für Zerkleinerungsprozesse einschätzen zu können, muß man die Einflüsse präzisieren. Wegen der verschiedenartigen Eigenschaften der zu fördernden Feststoffe bezüglich ihrer stofflichen Widerstandsfähigkeit gegen den Zerkleinerungsvorgang ergeben sich Unterschiede im W_{om}. Diese Widerstandsfähigkeit wird maßgeblich durch die Feststoffhärte bestimmt, so daß man die Zerkleinerungsprozesse nach Härtegraden einteilen kann (Tafel 3.5). Die Unterschiede von W_{om} sind weiter an unterschiedliche Beanspruchungsmechanismen geknüpft, die gleichzeitig typisch für die verschiedenen konstruktiven Lösungen der Zerkleinerungsmaschinen sind. Beispielsweise

Tafel 3.5. *Einteilung der Zerkleinerungsprozesse nach Härtegraden [3.65]*

Bezeichnung	Mohs-Härte	Feststoffe
Hartzerkleinerung	6 ... 10	Quarz Zement- klinker Topas Korund
Mittelhartzerkleinerung	2 ... 5	Salze Kalkstein Kohle
Weichzerkleinerung	1 ... 2	Kalk Gips Getreide Faserstoffe

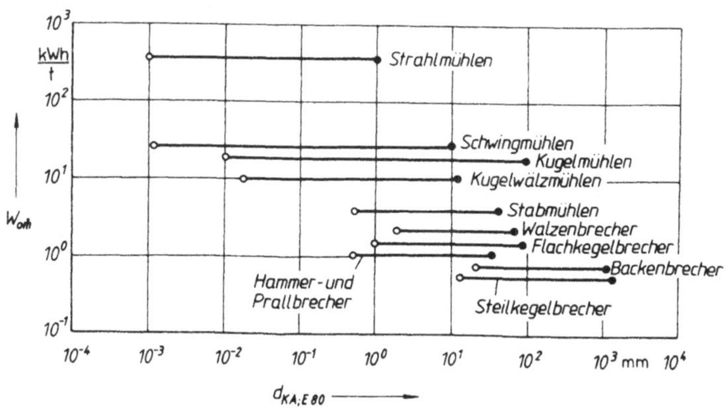

Bild 3.69. *Einsatzbereiche von Zerkleinerungsmaschinen [3.29]*

erfolgt in Brechern eine Beanspruchung der Teilchen durch Druck. Der Zerkleinerungseffekt wird hier bei unelastischen Feststoffen erreicht. Faserige elastische Feststoffe (z. B. Bestandteil von Gülle) können nur durch scherende/schneidende Beanspruchung zerkleinert werden. Im Bild 3.69 sind Einsatzbereiche verschiedener Zerkleinerungsmaschinen mit den erforderlichen W_{om} dargestellt. Man erkennt deutlich den progressiv wachsenden spezifischen Energiebedarf mit der Verringerung des Korndurchmessers des Endprodukts d_{KE}. Den Einfluß einiger realer Feststoffe auf W_{om}, abhängig von dem zu erreichenden d_{KE}, zeigt Bild 3.70.

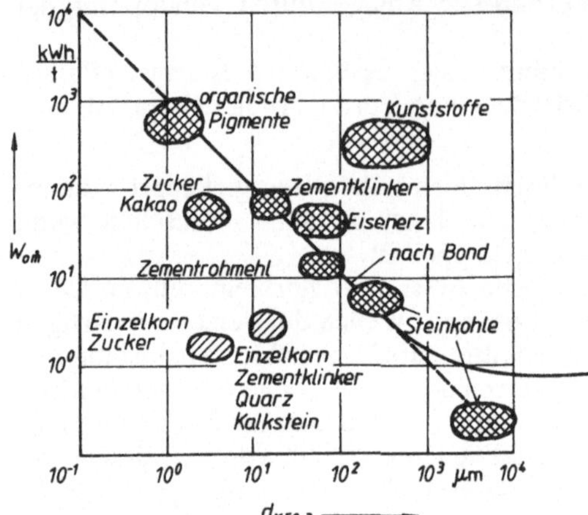

Bild 3.70. Spezifischer Arbeitsbedarf W_{om} der maschinellen und Einzelkornzerkleinerung für verschiedene Feststoffe in Abhängigkeit vom Teilchendurchmesser $d_{k50,\,3}$ nach Rumpf [3.65]

Eine Abschätzung der notwendigen spezifischen Zerkleinerungsenergie W_{om} ist nach *Bond* möglich mit

$$W_{om} = \frac{10}{1,1} W_i \, (d_{KE,80}^{-1/2} - d_{KA,80}^{-1/2});$$

(3.65)

W_i Arbeitsindex der Zerkleinerung nach Tafel 3.6,
$d_{KA80} = d_K$ bei 80 % Siebdurchgang des Ausgangshaufwerks in μm,
$d_{KE80} = d_U$ bei 80 % Siebdurchgang des Endhaufwerkes in μm.

Der Arbeitsindex W_i charakterisiert den Mahlwiderstand.

Tafel 3.6. *Arbeitsindex W_i für die Zerkleinerung nach Bond [3.65] [3.141]*

Feststoff	ϱ_M kg/m^3	W_i kW·h/t
Basalt	2910	19,0
Gips	2690	7,8
Granit	2660	16,8
Graphit	1750	48,5
Kalkstein	2660	14,0
Bauxit	2200	9,7
Quarz	2650	15,0
Quarzzit	2680	10,6
Zementklinker	3150	14,8
Koks	1310	16,7
Sandstein	2650	28,9
Kalisalze	2400	8,9
Feldspat	2590	11,9
Schiefer	2630	17,5
Glas	2580	13,6
Kohle	1400	14,3
Hochofenschlacke	2740	11,3
Eisenerz (hämatitisch)	3550	14,2

Er gibt die Energiemenge an, die nötig ist, um ein Teilchen von theoretisch unendlicher Korngröße auf $D_i = 80\,\%$ Durchgang bei einem Sieb der Maschenweite $d = 0,1$ mm zu zerkleinern.

Für die Dimensionierung der Ausrüstungen geht der Hersteller bei unbekanntem Material von experimentell ermittelten W_i aus.

Bei der Anwendung von Kornzerkleinerungsprozessen ist zu beachten, daß sich die Eigenschaften der Teilchen bzw. des Haufwerks ändern. Das betrifft beispielsweise Schüttdichte, Fließfähigkeit, Schwebe- bzw. Sinkgeschwindigkeit, Benetzungs-, Reaktions- und Lösefähigkeit, Oberflächenaktivität, Flüssigkeitsaufnahmevermögen.

Die Auswahl des anzuwendenden Maschinentyps ist an die jeweilige Gesamtaufgabenstellung für die hydraulische Transportanlage geknüpft. In bezug auf die zu erreichenden Teilchendurchmesser d_{KE} unterscheidet man zwischen Brechern ($d_{KE} = 10^0 \ldots 10^1$ mm) und Mühlen (10^{-4} mm $\leq d_{KE} \leq 10^0 \ldots 10^1$ mm).

Zwar bleibt den Brechern in der Regel die Überkornzerkleinerung und den Mühlen die generelle Kornverfeinerung vorbehalten, doch gilt diese Zuordnung nicht ausschließlich. Die Ursache dafür liegt besonders in der absoluten Kennzeichnung als Überkorn sowohl hinsichtlich Teilchendurchmesser als auch Mengenanteil am Gesamtlaufwerk.

In der Regel ist die Menge des Überkorns relativ gering, so daß bei Einordnung einer Überkornaushaltung bzw. -abscheidung der Durchsatz durch einen Brecher ebenfalls relativ gering ist. Es muß, wie z. B. bei Entaschungsanlagen, auch die gesamte Feststoffmenge durch den Brecher durchgesetzt werden.

In Tafel 3.7 sind wesentliche Brechertypen und ihre Eigenschaften zusammengestellt. Bild 3.71a bis d zeigt exemplarisch konstruktive Lösungen.

Tafel 3.7. Wesentliche Brechertypen und ihre Eigenschaften [3.65]

Zerkleinerungs-maschine	Anwendungs-möglichkeit	Aufgabe-korn-größe d_{KA} mm	End-korn-größe d_{KE} mm	Durchsatz $\dot{m}$ t/h	Spezifischer Energiebedarf W_{om} kW·h/t	Spezifika
Flachkegelbrecher (Bild 3.71 a)	harte und mittelharte Feststoffe	25 … 30	5 … 40	10 … 600	0,4 … 2,2	gut kalibrierte Körnung
Walzenbacken-brecher (Bild 3.71 b)	harte Feststoffe	10 … 400	1,5 … 80		0,2 … 0,5	gut kalibrierte Körnung, günstiger Energiebedarf
Walzenbrecher (Bild 3.71 c; d)	weiche, mittelharte, harte Feststoffe, auch klebrige und feuchte	Zerkleinerungs-verhältnis 4 … 6			0,3 … 1,5	durch unterschiedliche Walzenkonstruktion bzw. -profile an zerkleinernden Feststoff anpaßbar, geringer spezifischer Energiebedarf, geringe Bauhöhe, geringer Massenbedarf, gute Anpassung an veränderte Betriebsverhältnisse, einfache Instandhaltung, relativ geringes Zerkleinerungsverhältnis

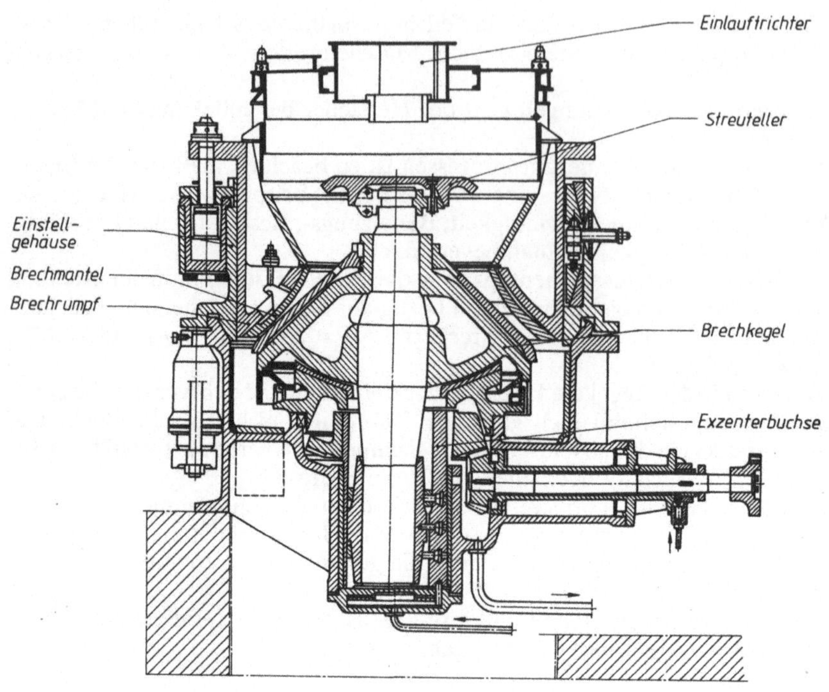
Einlauftrichter
Streuteller
Einstell-
gehäuse
Brechmantel
Brechrumpf
Brechkegel
Exzenterbuchse
a)
Brechergehäuse 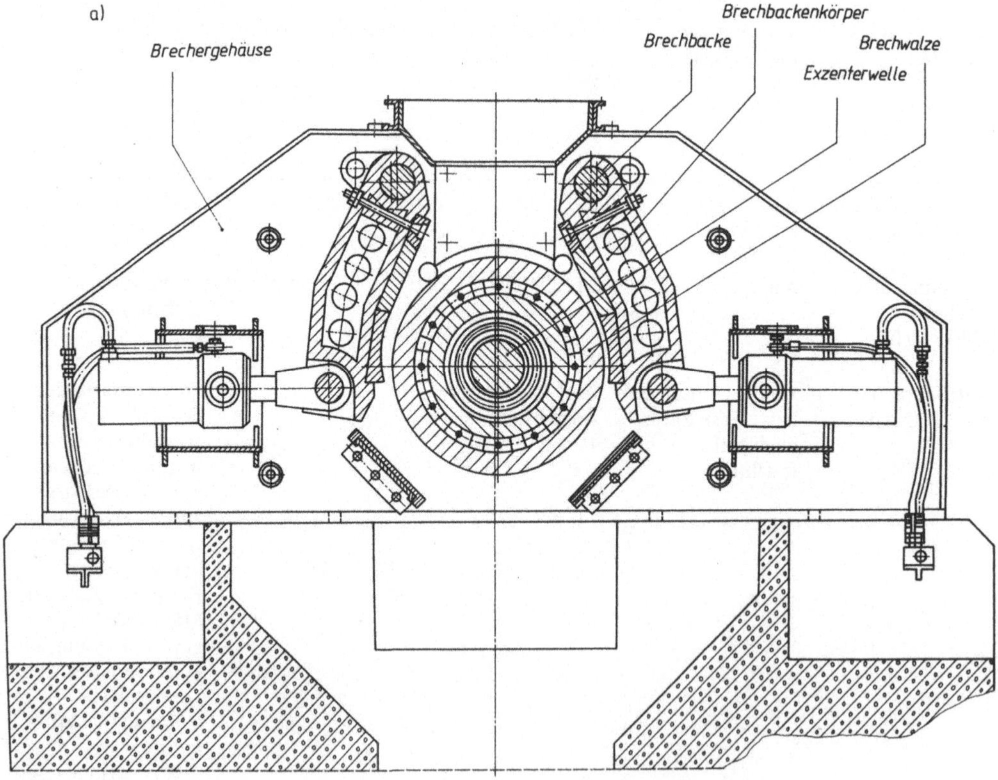
Brechbackenkörper
Brechbacke
Brechwalze
Exzenterwelle
b)

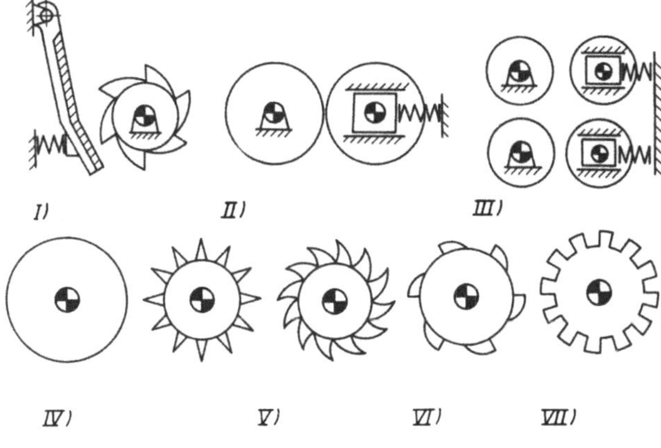

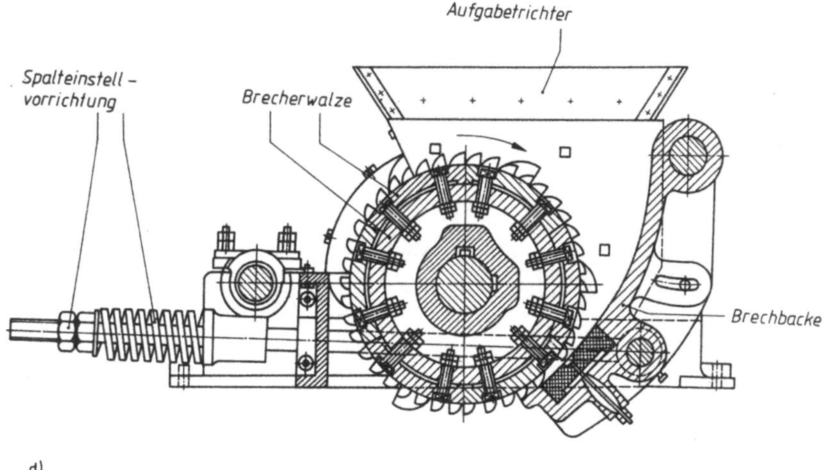

Bild 3.71. Beispiellösungen für Brecher (nach [3.65])

a) Flachkegelbrecher; b) Walzenbackenbrecher;
c) Einteilung der Walzenbrecher, *I* Einwalzenbrecher; *II* Zweiwalzenbrecher; *III* Vierwalzenbrecher; *IV* Glattwalze; *V* Zahnwalze;
VI Nockenwalze; *VII* Riffelwalze;
d) Einwalzenbrecher

Zur Kornverfeinerung, besonders unter dem Aspekt der Verbesserung der Transporteigenschaften und unter Beachtung der Naßtechnologie beim hydraulischen Transport, ist die Naßmahlung in Sturzmühlen das vordergründige Zerkleinerungsverfahren. Diese haben einen zylindrischen bzw. zylindrisch-konischen, um einen festen Drehpunkt rotierenden Arbeitsraum. Im Arbeitsraum befinden sich Mahlkörper (Kugeln, Stangen oder Stangenabschnitte), die gemeinsam mit dem kontinuierlich oder diskontinuierlich zugeführten Mahlgut umgewälzt werden und so das Mahlgut zerkleinern.
Der Aufbau ist einfach und robust, und es ist eine recht gute Anpassung an die jeweilige Anwendungsaufgabe gegeben.
Dementsprechend ist die Breite der konstruktiven Lösungen. In Abhängigkeit vom Längen-Durchmesser-Verhältnis des rotierenden Arbeitsraums $l_{MÜ}/d_{MÜ}$ unterscheidet man zwischen

- Trommelmühlen ($l_{MÜ}/d_{MÜ} < 2$) und
- Rohrmühlen ($l_{MÜ}/d_{Mü} > 2$).

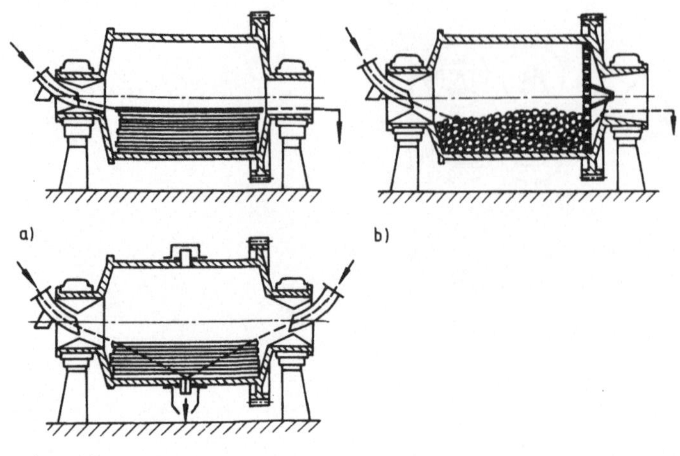

Bild 3.72. Arbeitsprinzipien von kontinuierlichen Trommelmühlen [3.65]

a) Durchlaufmühle (Stabmahlkörper); b) Austragkammermühle (Kugelmahlkörper), c) Trommelmühle mit peripherem Mittenaustrag bei Trockenmahlung

Tafel 3.8. Charakterisierung verschiedener Sturzmühlentypen [3.65]

Mühlentyp	Kennzeichnende Eigenschaften, Einsatzbereich	Kennzeichnende Parameter		
		Trommeldurchmesser D_T m	Spezifischer Energiebedarf W_{om} kW·h/t	Massendurchsatz $\dot{m}_M$ t/h
Kugelmühle	– als Durchlaufmühle für große Feinheiten – als Austragskammermühle für gröberen, gleichmäßigeren Austrag $\left(\text{für } \dfrac{l_{Mü}}{d_{Mü}} = 1{,}0 \ldots 1{,}3\right)$	$0{,}8 \ldots 3{,}5$	$8 \ldots 6{,}5$	$16 \ldots 90$
Stabmühle	– Grobmahlung $d_{KE} = 0{,}5 \ldots 1{,}5$ mm $d_{KA} \leqq 25$ mm – meist peripherer Mitten- oder Endaustrag			
Siebtrommelmühle	– Siebmantel am Trommelumfang $d_{KE} = 0{,}1 \ldots 0{,}2$ mm, $d_{KA} \leqq 150$ mm	$0{,}8 \ldots 2{,}4$	$1{,}6 \ldots 5{,}0$	$1{,}2 \ldots 10$
Autogenmühle	– Fein- und Feinstmahlung		$3{,}5 \ldots 3{,}8$ (Zementrohstoffe) $5 \ldots 6$ (Eisenerz)	
Rohrmühlen mit Kugelmahlkörpern	– Ein- und Mehrkammerausführung abhängig von geforderter Feinheit – $d_{KE\,max} < 1$ mm Mehrkammermühle notwendig	$1 \ldots 4{,}4$		$1{,}5 \ldots 185$

Arbeitsprinzipien von kontinuierlichen Trommelmühlen zeigt Bild 3.72. Die Austragskammermühlen sind besonders für spröden, zur Übermahlung neigenden Feststoff geeignet. Es fällt ein gröberes, gleichmäßigeres Mahlprodukt an.

Ist im Haufwerk ein bestimmter Anteil Grobkorn vorhanden, der einen Durchmesser in der Größenordnung der anzuwendenden Mahlkörper hat, kann dieses Grobkorn selbst als Mahlkörper verwendet werden. Die Notwendigkeit des Einsatzes von Mahlkörpern entfällt völlig oder teilweise. In diesem Fall spricht man von Autogenmühlen.

Tafel 3.8 zeigt eine Übersicht zur Charakteristik verschiedener Sturzmühlen.

3.2.1.3. Eindicker

Stehen bereits Flüssigkeit-Feststoff-Gemische mit kleinen Konzentrationen an, wie es z. B. bei Kohlekraftwerken der Fall ist, bei denen unterschiedliche Ascheanfallstellen hydraulisch entsorgt und die Teilströme zentral für die gemeinsame Weiterförderung zusammengeführt werden, so kann aus Gründen der Transportoptimierung eine Erhöhung der Konzentration, eine Eindickung, angezeigt sein. Neben den Eindickungseigenschaften der Suspensionen selbst bestimmen die verfügbaren Pumpen (deren spezifische Nutzarbeit) maßgeblich den ökonomischen Effekt, die Möglichkeit der Konzentrationserhöhung überhaupt. Letzteres deshalb, weil eine Konzentrationserhöhung an eine Reibungsdruckverlusterhöhung in der Rohrleitung geknüpft ist. Für den zur Debatte stehenden Aufgabenkomplex der hydraulischen Förderung werden ökonomisch und technisch günstig zumeist Absetzapparate unterschiedlicher Konstruktion eingesetzt. Typische technische Lösungen zeigt Bild 3.73. Es wird

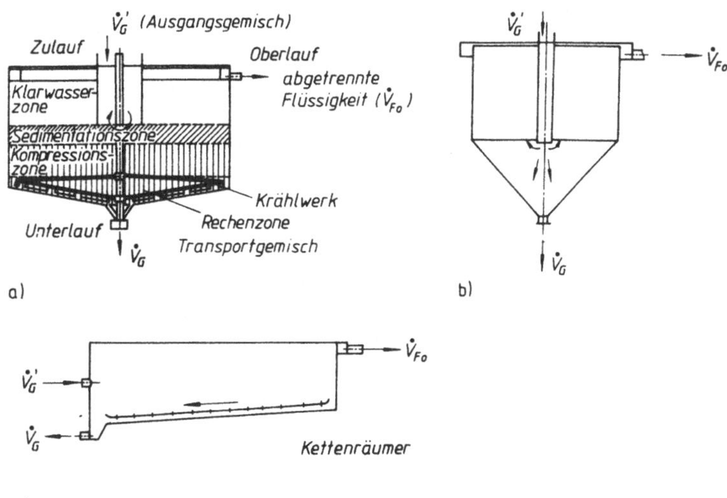

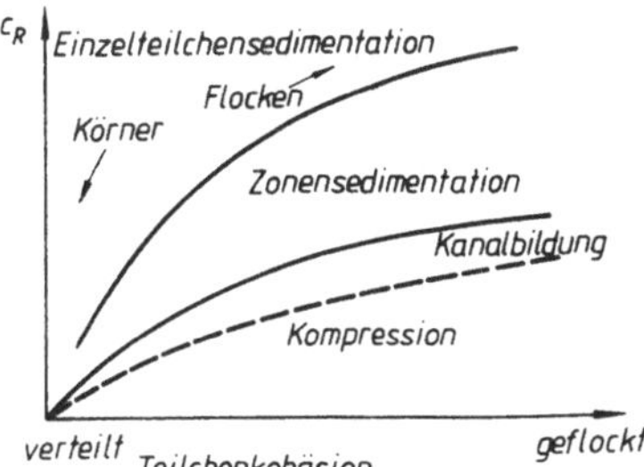

Bild 3.73. Typische technische Lösungen von kontinuierlichen Absetzapparaten (Schwerkrafteindicker)
a) Einkammer-Rundeindicker mit Krählwerk; b) Einkammer-Rundeindicker ohne Krählwerk; c) Beckeneindicker (Klärbecken) mit rechteckigem Querschnitt

das Sedimentationsverhalten der Feststoffe als Funktionsbasis genutzt (vgl. Abschnitt 2.1.5.). Dimensionierungsziel sind die notwendigen Behälterabmessungen, um dem Feststoff ausreichend Zeit zu geben, sich am Boden abzusetzen bzw. zu verdichten. Der Sedimentationsvorgang (die Sinkgeschwindigkeit) ist hauptsächlich abhängig von der Feststoffkonzentration c_R, von der Korngrößenverteilung d_{Ki}, vom Dichteverhältnis ϱ_M/ϱ_F sowie von weiteren Eigenschaften der Phasen, besonders solchen, die die Flockung beeinflussen, abhängig. Durch Zugabe von Flockungsmitteln (Tensiden) kann die Beschleunigung des Absetzvorgangs erreicht werden. Dominierenden Einfluß haben die Konzentration c_R und bedingt die Korngrößenverteilung d_{Ki}.

Bild 3.74. Sedimentationstypen in Abhängigkeit von Feststoffkonzentration c_R und Teilchenkohäsion [3.83]

Entsprechend den Wechselwirkungen der Phasen sind verschiedene Sedimentationstypen zu unterscheiden (Bild 3.74). Die einzelnen Typen gehen ohne scharfe Grenze ineinander über. Infolge Teilchenkohäsion, die sich durch Flockung bemerkbar macht, verschieben sich die Grenzen erheblich. Vornehmlich ungeflockt sedimentieren z. B. mineralische Feststoffe; Abwasserschlämme oder Aschesuspensionen neigen stark zur Flockung.

Einzelteilchensedimentation

Es erfolgt eine teilchendurchmesserunabhängige unbehinderte Sedimentation der einzelnen Teilchen ($c_R < 0,003$). Mit wachsender Feststoffkonzentration tritt zunehmende wechselseitige Behinderung der Teilchen auf (gestörte Sedimentation). Die Unterschiede in der Sinkgeschwindigkeit der einzelnen Teilchendurchmesser nimmt ab.

Zonensedimentation

Mit weiter wachsender Feststoffkonzentration c_R setzen sich die Feststoffteilchen wegen ihrer starken wechselseitigen Behinderung als Ganzes ab. Unterschiede in der Sinkgeschwindigkeit treten kaum noch auf. Kennzeichnend für diesen Sedimentationstyp ist eine Grenzfläche zwischen sich absetzender Suspension und Fluid. Bei kleineren Feststoffkonzentrationen c_R ist die Grenzfläche noch wenig deutlich, und das Fluid enthält noch viele Feinstanteile, die sehr langsam absinken. Nimmt c_R weiter zu, bildet sich die Grenzfläche zunehmend schärfer aus, und die Feinstanteile im Klarflüssigkeitsbereich nehmen ab.

Kanalbildung und Kompression

Die Feststoffkonzentration c_R ist so groß geworden, daß die Teilchen kaum noch Relativbewegungen ausführen können. Es bilden sich Kanäle, durch die das Fluid aufwärts strömen kann. Steigt c_R noch weiter, verhindern die Bindungskräfte zwischen den Teilchen auch die Kanalbildung. Die erreichte Konzentration c_R entspricht einem relativ großen Lückenvolumen; die Teilchen und Flocken stützen sich untereinander ab, und die Flüssigkeit strömt zwischen diesen hindurch.
Eine Verdichtung ist durch Umlagerung der Teilchen möglich, die durch die Schwerkraftwirkung des darüber gelagerten Feststoffs in bestimmtem Maße möglich ist. Mit Krählwerken kann diese Verdichtung stimuliert werden, was neben dem Transport zum Auslauf hin die zweite Aufgabe dieses Ausrüstungsteils darstellt (vgl. Bild 3.73a). In einem Absetzapparat bilden sich die Zonen übereinander aus, wie im Bild 3.73a mit dargestellt ist.
Als Einsatzbereich von Absetzapparaten wird angegeben [3.4]
$$d_K = 0,001 \ldots 0,5 \text{ mm} \quad [\varrho_M = (2 \ldots 3) \cdot 10^3 \text{ kg/m}^3],$$
$$c_R = 0,03 \ldots 0,5.$$
Bei $v_{S,K} < 0,05$ m/h sind sie unwirtschaftlich [3.171.].
Die Bemessung von Absetzapparaten ist auf der Grundlage von Stoffwerten nur unzureichend genau möglich. Es wirken bei der Sedimentation nicht nur mechanische Kräfte, sondern es spielen häufig auch Grenzflächenvorgänge (vgl. Abschnitt 2.3.) eine Rolle. Die Bemessung ist somit zweckmäßigerweise auf der Grundlage von Absetzversuchen vorzunehmen. Das Absetzverhalten wird durch Absetzkurven charakterisiert, die die erforderlichen Informationen enthalten. Diese Versuche werden diskontinuierlich im Standglas durchgeführt.

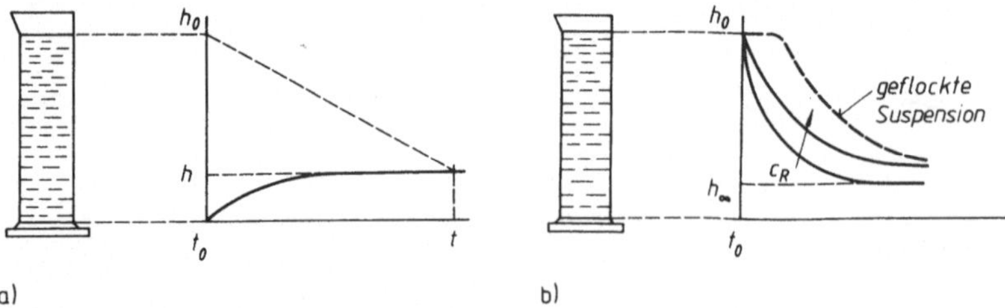

Bild 3.75. Absetzverhalten von Suspensionen
a) mit kleiner Feststoffkonzentration c_R (Einzelteilchen- oder behinderte Sedimentation); b) mit hoher Feststoffkonzentration c_R (Zonensedimentation)

Suspensionen mit sehr geringer Feststoffkonzentration zeigen Einzelteilchensedimentation bzw. behinderte Sedimentation und Sedimentationskurven nach Bild 3.75a. Im Standglas ist eine zunehmend heller werdende Suspension bei langsam vom Boden aufsteigender Sedimentschicht zu erkennen.

Bei größeren Feststoffkonzentrationen tritt Zonensedimentation auf (Bild 3.75b), die durch eine scharfe Trennfläche zwischen Suspension und klarer Flüssigkeit gekennzeichnet ist. Die gleichbleibende Geschwindigkeit dieser Trennfläche charakterisiert die Eigenschaften der Suspension. Die Neigung der Kurve und die Sedimenthöhe nach vollständiger Sedimentation sind konzentrationsabhängig. Bei einer geflockten Suspension beginnt die Sedimentation erst nach einer bestimmten Flockungszeit (unterbrochene Kurve im Bild 3.75b). In Vorversuchen muß der zu erwartende Sedimentationstyp bei der anstehenden Anfallkonzentration c_R ermittelt werden. Die Angaben in der Literatur (vgl. Abschnitt 2.1.5. und [3.4]) sind ebenfalls anwendbar, wobei bei ihrer Nutzung wegen der starken Differenziertheit der Eigenschaften der Suspension Vorsicht geboten ist.

Die Bemessung des Absetzapparats zielt ab auf die Bestimmung der Größen

– Eindickerfläche, bei Rundeindickern die Querschnittsfläche des zylindrischen Schusses A_E,
– Unterlaufvolumenstrom $\dot{V}_G$ mit der Konzentration des Unterlaufs c_R bei dem Oberlaufvolumenstrom $\dot{V}_{F0}$.

Vorgegeben sind die Größen

– Zulaufvolumenstrom des Gemisches $\dot{V}'_G$ mit der Feststoffkonzentration c'_R,
– Feststoffkonzentration im Oberlauf c_{R0}, in der Regel im Sinne des Reinheitsgrads des Fluids.

Als Bilanzbedingungen gelten

$$\dot{V}'_G = \dot{V}_G + \dot{V}_{F0}, \tag{3.66}$$

$$\dot{V}_G c'_R = \dot{V}_G c_R + \dot{V}_{F0} c_{R0}. \tag{3.67}$$

Wurde Einzelkornsedimentation bzw. behinderte Sedimentation als Sedimentationstyp bestimmt, ist die minimale Sinkgeschwindigkeit das Dimensionierungskriterium. Die Eindickendaten werden ermittelt zu

$$A_E = \frac{\dot{V}_F}{v_{Smin}} \tag{3.68}$$

mit $c_{R0} = 0$

$$\dot{V}_G = \frac{\dot{V}'_G c'_R}{c_R} \tag{3.69}$$

$$\dot{V}_{F0} = \dot{V}_G - \dot{V}'_G, \tag{3.70}$$

Die minimale Sinkgeschwindigkeit kann nach Abschnitt 2.1.5. berechnet werden, wenn die Korngrößenanalyse bekannt ist. Ist diese Möglichkeit nicht gegeben, bestimmt man die Absetzgeschwindigkeit im Standglas (Bild 3.75a). Es werden die Zeit t und die Höhe der geklärten Fluidschicht $h_0 - h$ gemessen, woraus sich für die Absetzgeschwindigkeit ergibt

$$v_S = \frac{h_0 - h}{t} \tag{3.71}$$

Bei Zonensedimentation ist das Absetzverhalten der Suspension vom maßgeblichen Einfluß der Feststoffkonzentration c_{RZ} bestimmt. Unter Voraussetzung, daß der Feststofftransport (die Absetzgeschwindigkeit) im Eindicker nur durch diese c_{RZ} beeinflußt wird, was mit hinreichender Genauigkeit möglich ist [3.4], kann mit Hilfe der Feststoffflußkurve $S_M = f(c_{RZ})$ für einen kontinuierlichen Absetzapparat jeder Betriebszustand grafisch bestimmt werden.

Die Feststoffflußkurve wird durch Reihenabsetzversuche mit der jeweiligen Suspension bei unterschiedlicher Anfangskonzentration c_{RZD}, die im relevanten Arbeitsbereich liegt, ermittelt. Zur Herstellung der Suspensionen unterschiedlicher c_{RZ} sollen nur die Komponenten der realen anstehenden Suspension verwendet werden. Die einzelnen Arbeitsschritte sind nachfolgend dargestellt:

- Bestimmung der Absetzkurven für unterschiedliche c_{RZ} (vgl. Bild 3.75), beginnend mit c_{RZ0}, bei der gerade Zonensedimentation vorliegt, und abschließend für die c_{RZ0} bei Übergang zur Kompressionszone. Die Darstellung der Ergebnisse erfolgt gemäß Bild 3.76. Aus Bild 3.76a mit unterschiedlichen Anfangskonzentrationen c_{RZ0} (t = 0) kann man mit den Beziehungen für die Absetzgeschwindigkeit im Punkt P:

$$v_{S,KP} = \frac{h_1 - h_2}{t_p} \tag{3.72}$$

und der Konzentration c_{RZP}:

$$c_{RZP} = c_{RZ0}\,\frac{h_0}{h_1} \tag{3.73}$$

den Feststofffluß S_M ermitteln:

$$S_M = v_{S,KP}c_{RZP}, \tag{3.74}$$

$$S_M = c_{RZ0}\,\frac{h_0}{h_1}\,\frac{h_1 - h_2}{t_p}. \tag{3.75}$$

Daraus läßt sich die Feststoffflußkurve entsprechend Bild 3.76b darstellen. Der unterbrochene Kurvenast ist extrapoliert, da wegen Einzelkorn- oder behinderter Sedimentation eine Bestimmung aus der Absetzkurve nicht möglich ist.
- Bemessung des Eindickers mit der Feststoffflußkurve.

Eine hinreichend genaue Gleichung für die Eindickerbemessung steht bisher nicht zur Verfü-

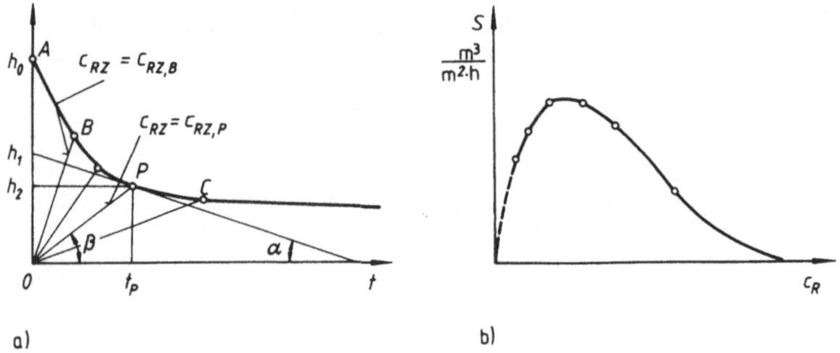

Bild 3.76. Absetzkurve für eine Ausgangskonzentration c_{RZo} (a) und Feststoffflußkurve (b)

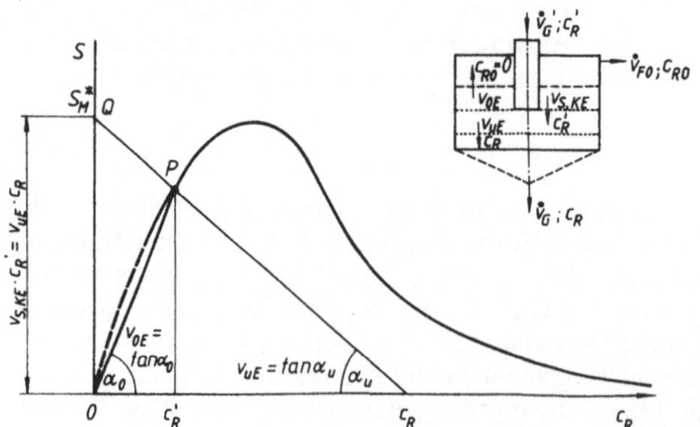

Bild 3.77. Feststoffflußkurve zur Erläuterung der Eindickerbemessung

gung, so daß eine grafische Methode zur Dimensionierung herangezogen werden muß [3.4] [3.141]. Im Bild 3.77 sind die dafür notwendigen Größen dargestellt.

Die Suspension hat im Eindickerzulauf die Feststoffkonzentration c_R'. Der Oberlauf soll feststofffrei sein ($c_{R0} = 0$); im Unterlauf ist eine Konzentration c_R gefordert.

Aus den Bilanzgleichungen (3.66) und (3.67) unter Einbeziehung der Kontinuitätsbeziehung $v = \dot{V}/A_E$ bei $c_{R0} = 0$ erhält man die Kopplung von Konzentrations- und Geschwindigkeitsverhältnis

$$\frac{c_R}{c_R'} = \frac{v_{S,KE}}{v_{uE}} \qquad (3.76)$$

sowie

$$v_{uE} = v_{0E} + v_{S,KE}. \qquad (3.77)$$

Die Geschwindigkeit des Unterlaufs v_{uE} ergibt sich aus dem Anstieg der Geraden, die c_R mit dem Punkt P (Bild 3.77) verbindet. Der Punkt P ist der Schnittpunkt der Senkrechten in c_R mit der Feststoffflußkurve

$$v_{uE} = \tan\alpha_u. \qquad (3.78)$$

Der Anstieg der Geraden OP ergibt

$$v_{0R} = \tan\alpha_0. \qquad (3.79)$$

Setzt man maximale Auslastung des Eindickers voraus, gilt $-v_{0E} = v_{SKE}\,(c_R')$. Verknüpft man die obigen Beziehungen, so erhält man die Berechnungsgleichung für die Eindickerfläche:

$$A_E = \frac{\dot{V}_{G'}}{v_{S,KE}}\left(1 - \frac{c_R'}{c_R}\right). \qquad (3.80)$$

Mit dem charakteristischen Feststofffluß S_M vereinfacht sich Gl. (3.80) zu

$$A_E = \frac{\dot{V}_{G'}c_R}{S_M}. \qquad (3.81)$$

Als zweite Größe muß noch der Volumenstrom am Unterlauf $\dot{V}_G$ bestimmt werden. Dazu geht man von der Sedimentationsgeschwindigkeit $v_{S,KE}$ unter Berücksichtigung der durch die Geraden im Bild 3.77 gebildeten ähnlichen Dreiecke aus, berücksichtigt einige der o. g. Beziehungen und erhält

$$\dot{V}_G = \frac{A_E\,S_M}{c_R}. \qquad (3.82)$$

Der Volumenstrom des Oberlaufs $\dot{V}_{F0}$ kann mit Gl. (3.66) berechnet werden. Damit sind alle gesuchten Größen bekannt.

Das Ergebnis kann aber nur eine Abschätzung sein, da hier nur die primäre Größe für die Funktion des Eindickers, seine Fläche A_E, ermittelt worden ist. Für die zuverlässige Funktion des Absetzapparates sind außerdem solche Faktoren von Bedeutung wie

- Konzentrationsschwankungen $\Delta c_R'$ sowie Schwankungen der Temperatur,
- ausreichende Tiefe der Klarwasserzone, um einen weitestgehend feststofffreien Überlauf zu gewährleisten, wozu die Zulaufrohre bis knapp über die Sedimentschicht geführt werden,
- ausreichende Schlammtiefe, um eine gute Verteilung der Feststoffe über den Querschnitt zu erreichen,
- Einfluß des Kompressionsraums (Umlagerungen, Verdichtungen, Rückvermischungen) unter Wirkung des Krählwerks.

Damit sind nur die wichtigsten genannt. Es ist somit angeraten, nach der mit den Ergebnissen der überschläglichen Bemessung begründeten Entscheidung für eine Eindickung die Bemessung und konstruktive Gestaltung auf der Basis genauerer Algorithmen und Erfahrungswerte, wie in [3.4] mitgeteilt, vorzunehmen.

3.2.2. Feststoff- oder Gemischeinbringung

Die entsprechenden Ausrüstungen sind zu untergliedern in

- Gemischzulauf oder Gemischabsaugung aus Misch- bzw. Gemischbehältern (s. Abschnitt 2.1.1.).
- Saugköpfe zur direkten Aufnahme bzw. Einbringung. Sie können bei gleichzeitiger Anordnung von Lockerungs- bzw. Gemischbildungsdrüsen (s. Abschnitt 3.2.1.1.2.) als eine Gemischbildungseinheit aufgefaßt werden.
- Ejektoren können ebenfalls beide Funktionen ausüben, wobei unmittelbar auch Energieeinbringung ansteht.
- Schleusen zur Einmischung von trockenem Feststoff (hier auch gleichzeitig Gemischherstellung) oder Gemisch.

Die generelle Notwendigkeit von Einschleussystemen resultiert aus der Tatsache, daß besonders für körniges Gut Gemischpumpen (Kreiselpumpen) nur mit verhältnismäßig kleiner spezifischer Nutzarbeit zur Verfügung stehen. (Wegen des Verschleißes muß meist auf Mehrstufigkeit verzichtet werden, und kleinere Drehzahlen sind zweckmäßig.) Bei größeren Transportentfernungen muß daher der Druckverlust mit Hilfe von Reinflüssigkeitspumpen überwunden werden, wenn keine Kolbenpumpen ($d_{Kmax} = 2\,mm$) zur Gemischförderung eingesetzt werden.

3.2.2.1. Saugköpfe

Eine sehr einfache konstruktive Lösung der Feststoff- bzw. Gemischeinbringung in das Fördersystem sind Saugköpfe. Mit Hilfe einer Gemischpumpe oder eines Ejektors wird der zum Ansaugen erforderliche Unterdruck erzeugt.

Ihre Anwendung ist damit nur unter Fluidniveau zuverlässig möglich, um das Ansaugen von Luft und somit das Abreißen des Förderstroms zu vermeiden. Des weiteren ist die Kavitationsgefahr zu beachten. Die notwendige Energie zur Aufnahme des Feststoffs und auch Einbringung in die Saugöffnung selbst wird durch die kinetische Energie des durch den Unter-

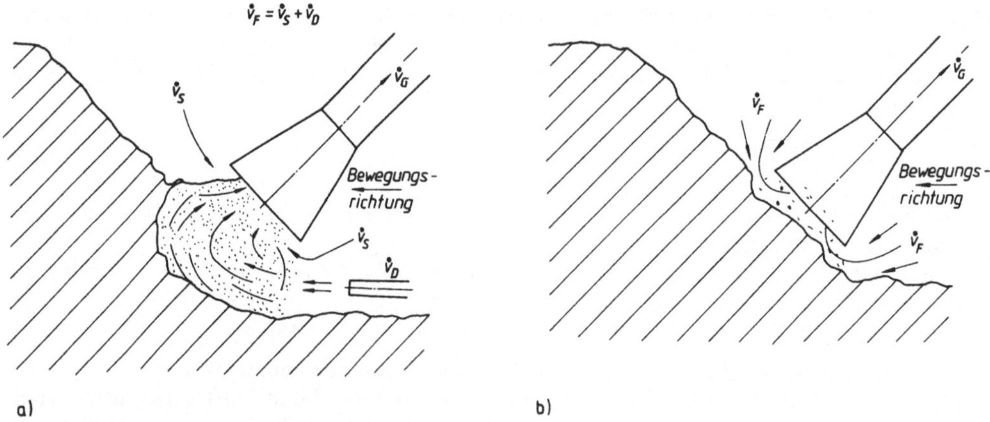

Bild 3.78. Gemischeinbringung bei Saugkopfbetrieb
a) indirekte Absaugung; b) direkte Absaugung

druck erzeugten Flüssigkeitsstroms, für die vorliegende Aufgabe gekennzeichnet durch die lokale Fluidgeschwindigkeit, bereitgestellt. Durch die Anwendung einer saugkopffremden Gemischbildungseinrichtung (Fluidstrahl, mechanische Einrichtungen) kann der Prozeß der Gemischbildung maßgeblich unterstützt werden. Man unterscheidet hier zwischen (Bild 3.78)

- direkter Absaugung von der Feststoffoberfläche (gewachsener Boden oder Schüttgut) bei Gemischbildung mit Ansaugung der Flüssigkeit aus der Umgebung und

– indirekter Absaugung, indem der Feststoff gelockert wird bzw. die Gemischherstellung vor dem Saugkopf erfolgt.

Hier soll auf die Größenordnung der erreichbaren Ansauggeschwindigkeit hingewiesen werden, die durch den Unterdruck der Ansaugeinrichtung bestimmt wird. Dieser kann den Wert des atmosphärischen Druckes ($p_{at} = 9{,}81 \cdot 10^4$ Pa) nicht unterschreiten. Nach *Torricelli* gilt

$$v = \sqrt{2 \frac{p_{at}}{\varrho_F}}, \qquad (3.83)$$

und für Wasser unter Voraussetzung idealer Bedingungen (kein Gasgehalt des Wassers, kein Druckverlust der Saugrohrleitung und kein erforderlicher Haltedruck der Kreiselpumpe) ist damit

$$v_{max} = 14 \text{ m/s}.$$

Die konstruktive Gestaltung der Saugköpfe ist abhängig von den Einsatzbedingungen. Dadurch wird gewährleistet, daß gemäß dem realisierbaren Unterdruck die optimalen Betriebsbedingungen (maximale Transportkonzentration c_T bei weitestgehender Konstanz) vorliegen. Im Bild 3.79 sind typische Saugkopfarten zusammengestellt.

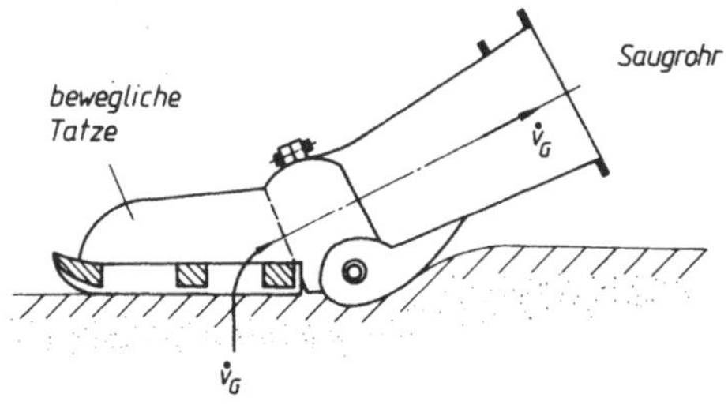

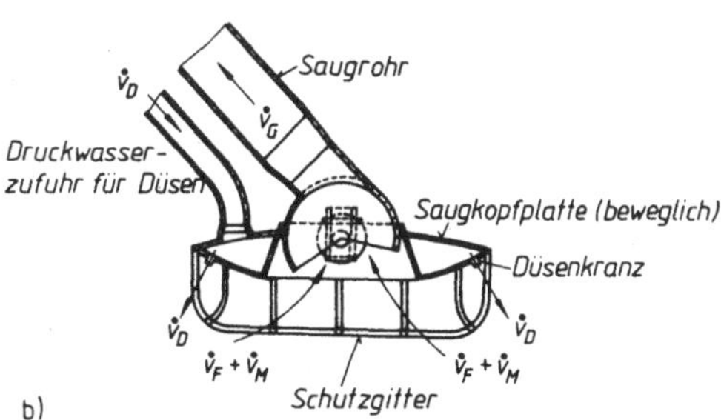

Bild 3.79. Konstruktionsbeispiele von Saugköpfen

a) Schleppsaugkopf; b) Schlitzsaugkopf [3.180];
c) Schneidsaugkopf [3.73]

Bei rolligem Boden und gefordertem geringem Schichtabtrag, wie bei der Kiesgewinnung vom Meeresboden realisiert, werden Schleppsaugköpfe verwendet.

Ist der Feststoff aus einem umrandeten, begrenzten Raum aufzunehmen, sind Saugköpfe mit schlitzförmiger Saugöffnung zweckmäßig. Die Abmessungen können in der Breite des begrenzten Raumes, wie beispielsweise bei der Schutenentleerung, liegen. Die indirekte Absaugung gewährleistet eine gute Regelbarkeit der Transportkonzentration und damit eine gute

Anpassung an unterschiedliche Transportaufgaben (wechselnde Feststoffparameter oder variable Transportentfernungen).

Sollen begrenzte, aber größere Flächen (z. B. Halden) abgebaut werden, sind Saugköpfe mit größerer Tiefenwirkung günstig. Ggf. ist örtlich tieferes, mit Kraterbildung verbundenes Absaugen mittels Stecksaugköpfen zweckmäßig.

Sind sperrige, aber mechanisch zerkleinerbare Verunreinigungen oder Lagerstätten mit sehr unterschiedlicher Lagerungsdichte bzw. Lagerungsfestigkeit (z. B. Seeentschlammung) vorhanden, können mechanisch betriebene Schneidköpfe zur Durchmesserbegrenzung der Feststoffe oder/und zur Gemischherstellung eingesetzt werden. Die Schneidkopfform kann der jeweiligen Arbeitsaufgabe angepaßt sein.

Damit man durch die Gemischbildung und Gemischaufnahme mit Saugkopf den geforderten Arbeitspunkt gewährleisten kann, sind bei dessen Bemessung, konstruktiver Gestaltung und betrieblicher Anwendung folgende wesentliche Aspekte zu berücksichtigen:

- Die Realisierung bzw. Einhaltung der gewünschten Konzentration setzt die sichere Nutzung der Strömungs- und Bodenaufnahmeverhältnisse voraus.
- Daran ist die Lage des Saugkopfs zur Feststoffoberfläche gekoppelt, die wiederum von der Art der Feststofflagerung und vom Bewegungsregime des Saugkopfs abhängig ist.
- Die Feststoffart und deren Lagerungsdichte bzw. Lagerungsfestigkeit bestimmen entscheidend die Konstruktion und Leistungsfähigkeit des Saugkopfs.

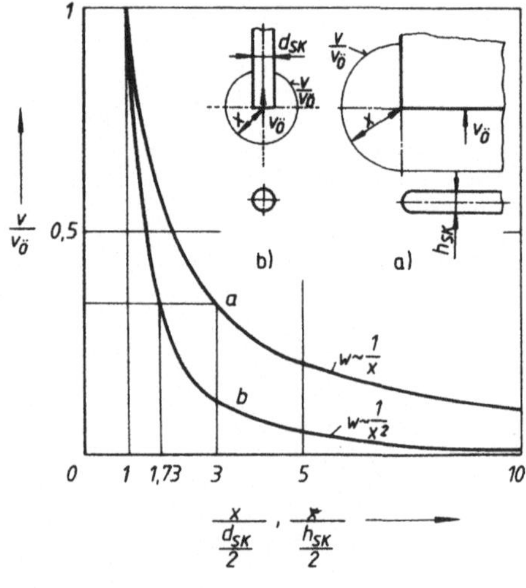

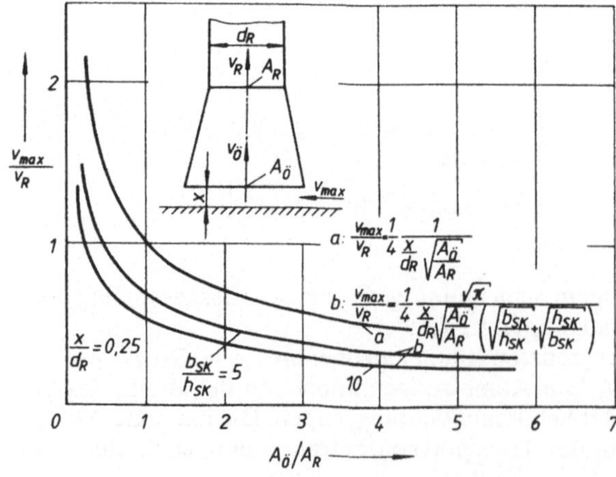

Bild 3.80. Geschwindigkeitsverlauf $v/v_ö$ und Maximalgeschwindigkeit v_{max}/v_R abhängig von der Saugkopfform [3.81]

a kreisförmiger Saugkopf; b schlitzförmiger Saugkopf

Das Ansaugverhalten eines Saugkopfs wird maßgebend durch die konstruktive Ausführung, die durch die Mündungsformen Kreis und Schlitz begrenzt wird, bestimmt. Die wesentlichen Unterschiede sind:

- Der Geschwindigkeitsabfall ist beim schlitzförmigen Saugkopf mit zunehmendem Abstand von der Saugöffnung geringer. Er hat eine größere Tiefenwirkung (Kurven *a* im Bild 3.80).
- Die erreichbare Maximalgeschwindigkeit an der Saugkopfkante liegt bei rotationssymmetrischem Saugkopf höher. Damit hat er eine größere Feststoffaufnahmefähigkeit (Kurven *b* im Bild 3.80).

Neben der Form der Öffnung hat das Flächenverhältnis Öffnungsquerschnitt zu Saugrohrquerschnitt $A_Ö/A_R$ einen wesentlichen Einfluß auf das Ansaugverhalten. Ein größeres Flächenverhältnis bietet den Vorteil der größeren Flächenüberdeckung (Ansaugfläche). Wie Bild 3.81a zeigt, ergeben sich bezüglich des Unterdruckgebiets mit wachsendem Öffnungsdurchmesser nur geringe Änderungen, so daß die erforderliche Geschwindigkeit zur Feststoffaufnahme im Zusammenhang mit effektiven Feststoff- bzw. Gemischaufnahmebedingungen über den gesamten erfaßten Bereich des Öffnungsverhältnisses $A_Ö/A_R$ bestimmt.

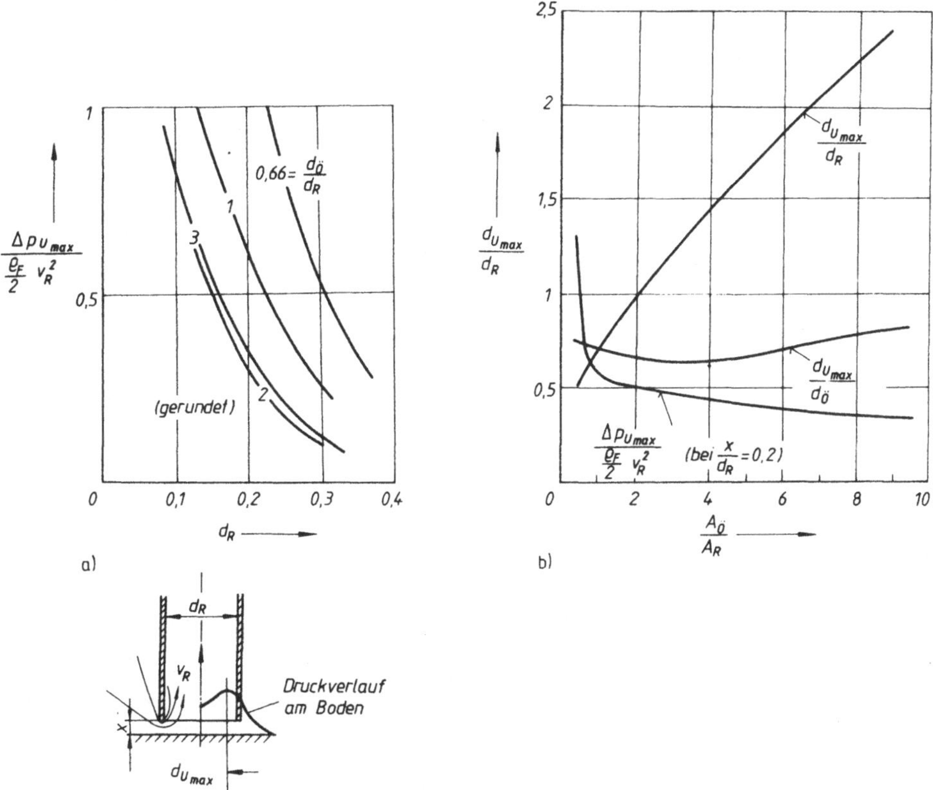

Bild 3.81. Unterdruckgebiet bei kreisförmigem Saugkopf [3.81]

a) maximaler Unterdruck $p_{umax}/\frac{\varrho F}{2} v_R^2$ abhängig vom Abstand Feststoff–Saugkopf; b) Größe des Unterdruckgebiets abhängig vom Öffnungsverhältnis $A_Ö/A_R$

Es ist weiter darauf hinzuweisen, daß der wirksame Unterdruck maßgeblich vom Abstand Saugkopf–Feststoff bestimmt wird (Bild 3.81b).

Folgende Hinweise zur günstigen Saugkopfgestaltung im Sinne einer möglichst großen Feststoffaufnahmefähigkeit bzw. Gemischaufnahmefähigkeit (hohe Konzentration) sind zu berücksichtigen:

– Möglichst dichtes Heranbringen des Saugkopfs an die Feststoffoberfläche bzw. den Gemischbereich, um einen großen Geschwindigkeitsgradienten und damit besten Mischeffekt für den Feststoff zu sichern (Nutzung der Tiefenwirkung, der Maximalgeschwindigkeit).

– Keine Einschnürung des Saugkopfs gegenüber dem Förderrohr, da der μ-Wert stark ansteigt $(A_{\mathrm{\ddot O}} \geqq A_{\mathrm{R}})$ [3.135].

– Der Öffnungsquerschnitt sollte also nicht kleiner als der Rohrquerschnitt sein. Eine Erweiterung ist zu empfehlen. Ihre Größe ergibt sich aus der erforderlichen Auswaschungsgeschwindigkeit [3.132].

– Eine gute Abrundung der Eintrittskante bedeutet vor allem erhöhten Fertigungsaufwand, weniger prozeßseitige Vorteile, so daß hierauf verzichtet werden kann.

– Direkte Absaugung ist nur bei rolligen Böden effektiv. Dabei sind konstante Spaltweiten zwischen Feststoffoberfläche und Saugkopf zu sichern. Die Bodenzuführung kann durch Nachführen des Saugkopfs oder durch Nachrutschen des Feststoffs (z. B. bei Stecksaugköpfen) erfolgen.

Bezüglich der erforderlichen Geschwindigkeit (Auswaschungsgeschwindigkeit) im wesentlichen Aufnahmebereich, also auf den Öffnungsquerschnitt bezogen, zeigen Erfahrungen, daß mindestens die dreifache Sinkgeschwindigkeit der Teilchen erreicht werden sollte [3.135]. Dies ist auf die mittlere Korngröße zu beziehen. Da die Sinkgeschwindigkeit oder Schwebegeschwindigkeit eines Partikelschwarms geringer als die des Einzelkorns ist, bestehen somit noch zusätzlich Reserven, um auch die größeren Teilchen mitzutragen.

Auf extreme Teilchenform ist dabei zu achten. Als Orientierung für die Bemessung des Saugkopfs kann auf der Basis von Abschätzungen nach den vorstehenden Ausführungen und unter Nutzung von Erfahrungen [3.1] [3.81] [3.82] [3.135] genannt werden

• bei rotationssymmetrischer Öffnung

$$Fr_{\mathrm{SK}} = \frac{v_{\mathrm{\ddot O}}^2}{g\, d_{\mathrm{SK}}} \geqq 0{,}3 \left(\frac{\varrho_M}{\varrho_F} - 1 \right), \tag{3.84}$$

• bei rechteckigem Profil (Schlitzsaugkopf)

$$Fr_{\mathrm{SK}} = \frac{v_{\mathrm{\ddot O}}^2}{g\, h_{\mathrm{SK}}} \geqq 0{,}3 \left(\frac{\varrho_M}{\varrho_F} - 1 \right) \tag{3.85}$$

mit $v_{\mathrm{\ddot O}}$ als Geschwindigkeit im Öffnungsquerschnitt des Saugkopfs h_{SK} (d_{SK} nach Bild 3.80).

– Werden Wasserstrahlen zur Gemischherstellung eingesetzt, so ist in ihrer Kopplung mit dem Saugkopf ein gut abgestimmter Einsatz erforderlich (vgl. Bild 3.78). Dies betrifft vor allem

• die Beachtung der Impulsbilanz und -richtung im Zusammenhang mit der Saugwirkung des Saugkopfs: Nutzung zur oberflächennahen Lockerung und Aufwirbelung sowie Zuspülung zum Saugkopf,

• die Beachtung der Massenbilanz unter Berücksichtigung der Schleppwirkung des Zusatzflüssigkeitsstrahls: Die Saugwirkung des Saugkopfs für den gesamten Umrandungsbereich muß aufrechterhalten bleiben, um z. B. einen einseitigen Durchbruch der induzierten Strömung zu unterbinden. Diesbezügliche Erfahrungswerte besagen, daß nicht mehr als 25 % der insgesamt abgesaugten Flüssigkeitsmenge durch die Zusatzwasserstrahlen eingebracht werden sollte.

Ein weiterer Vorteil ist die mit größerem Wirkungsgrad realisierbare Energieeinbringung zur Gemischbildung, da Reinflüssigkeitspumpen gegenüber Gemischpumpen einen um mindestens 10 % höheren Wirkungsgrad haben.

3.2.2.2. Schleusen

Das technische Problem bei der Einbringung von Feststoff bzw. Gemisch in die Druckrohrleitung besteht in der zuverlässigen konstruktiven Lösung der Abdichtung des Systemdrucks gegenüber der Atmosphäre unter den Bedingungen der Feststoff-Flüssigkeit-Gemischströmung. Die dafür realisierten oder auch vorgeschlagenen Konstruktionen sind vielfältig. Vom Funktionsprinzip her ist zwischen

- Eintragschleusen (kontinuierlicher oder quasikontinuierlicher Feststoffeintrag in die Rohrleitung) und
- Kammerschleusen (alternierende Befüllung und Entleerung einer oder mehrerer Schleusenkammern) zu unterscheiden.

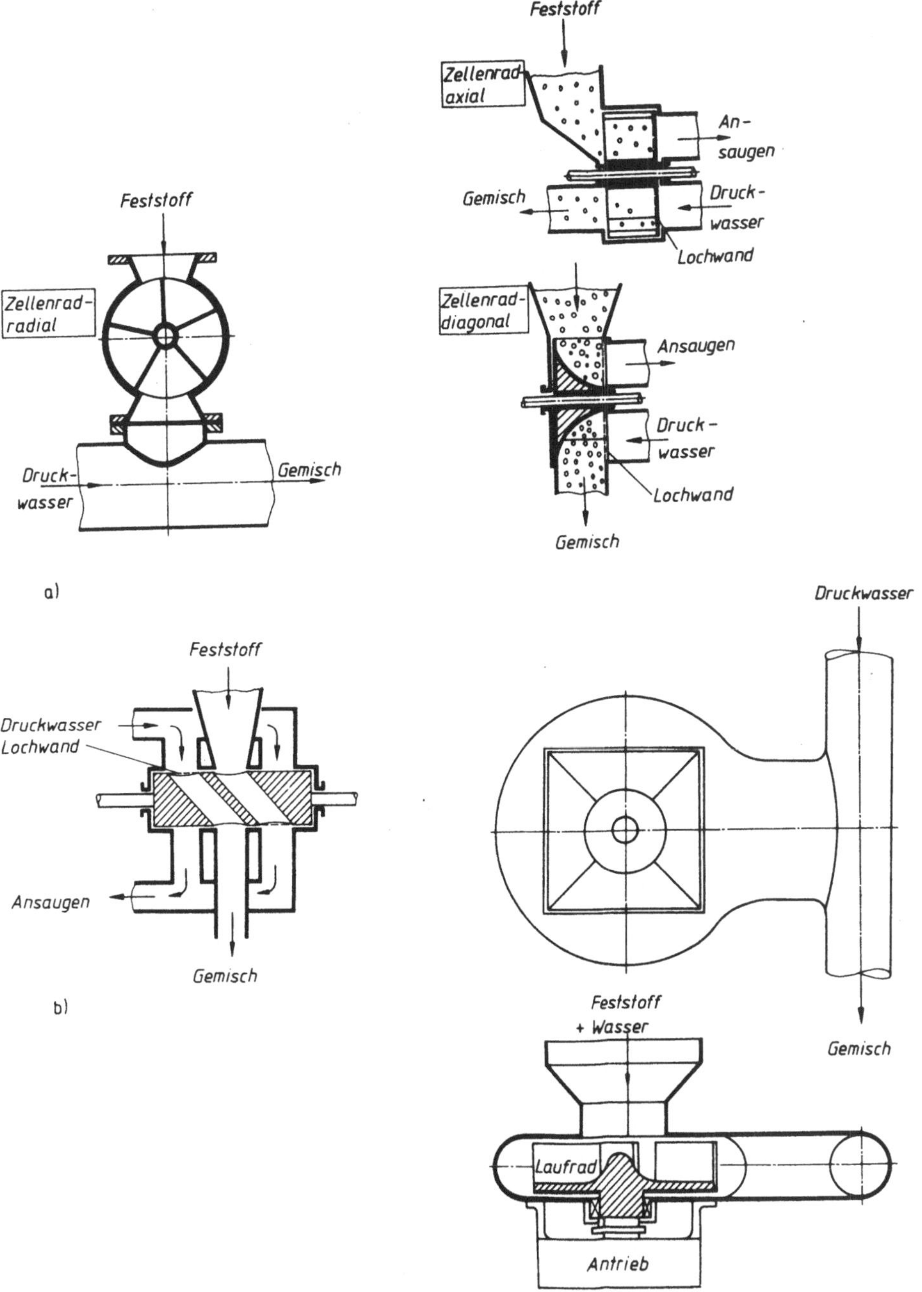

Bild 3.82. Funktionsbeispiele von Eintragschleusen [3.11] [3.180]

a) Zellenrad unterschiedlicher Konstruktion; b) Rotationskammerschleuse; c) Zirkulationskammerschleuse

Die Zuordnung zu Anwendungsbereichen ist abhängig vom zu überwindenden Differenzdruck vorzunehmen. Mit wachsendem Differenzdruck steigt der technische Aufwand, und damit erhöhen sich auch die Ausrüstungskosten.

Eintragschleusen typischer Konstruktion sind im Bild 3.82 exemplarisch dargestellt. Bedingt durch die gegeneinander bewegten feststoffbelasteten Dichtflächen ergibt sich wegen des daraus resultierenden Abdichtproblems der Einsatz bei kleineren Druckdifferenzen. Bei der Zir-

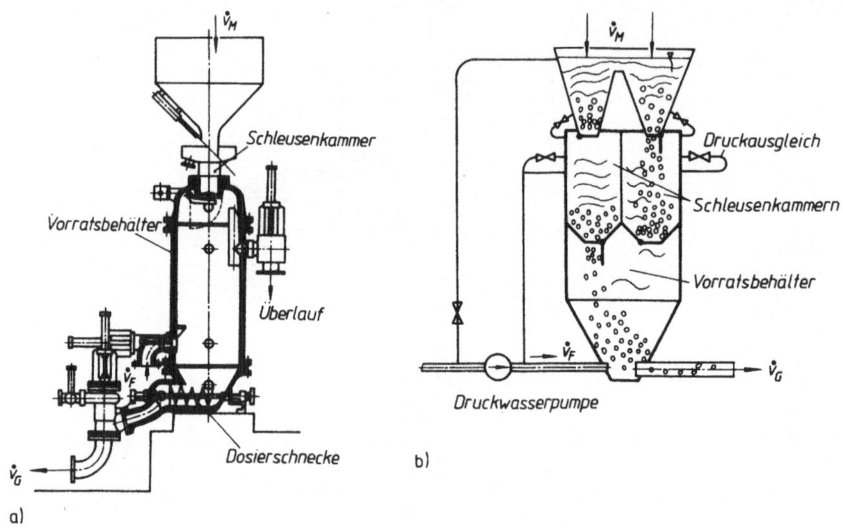

Bild 3.83. *Funktionsbeispiele von Kammerschleusen [3.11] [3.180]*
a) Einkammerschleuse mit Eintrageinrichtung (Förderschnecke); b) Zweikammerschleuse

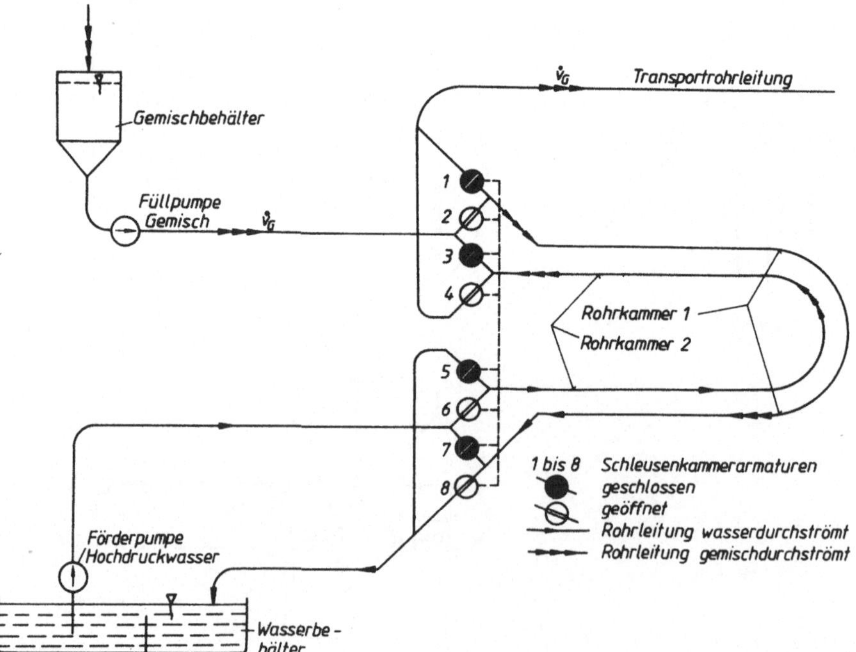

Bild 3.84. *Rohrkammerschleuse nach dem Gegenstromprinzip (mit zwei Schleusenkammern)*

kulationskammer-Eintragschleuse resultiert die Druckbegrenzung aus dem einer einstufigen Kreiselpumpe analogen Wirkprinzip.
Vorteil der Eintragschleusen ist der geringe Ausrüstungsaufwand.
Kammerschleusen bestehen aus einer oder mehreren Schleusenkammern größerer Abmessung (Bild 3.83). Die Verschlußorgane können handelsübliche Armaturen oder auch Sonderkonstruktionen sein, deren Dichtflächen durch einfache Maßnahmen (z. B. Spülen) feststofffrei und damit gut dichtend gehalten werden. Für die grundsätzliche Anpassung einer Pumpe an eine vorgegebene Aufgabenstellung sei hier noch auf die Möglichkeit der Verringerung des Laufraddurchmessers (typisiert oder objektabhängiges Abdrehen) verwiesen.
Deshalb besteht hierdurch kaum eine Druckbegrenzung, so daß hohe Betriebsdrücke möglich sind. Die große Masse (Wanddicke) der Behälter bedeutet einen entsprechend hohen Ausrüstungsaufwand. Bei den Rohrkammerschleusen bestehen die Schleusenkammern aus horizontal verlegten handelsüblichen Rohren. Durch entsprechende Schaltung der Armaturen *1* bis *8* im Bild 3.84 werden die Rohrkammern im Wechsel mit Gemisch gefüllt (Rohrkammer *1* im Bild 3.84) und dann durch Förder-Hochdruckwasser in die Transportrohrleitung entleert (im Bild 3.84 Rohrkammer *2*). Dieser Vorgang kann im Gleich- oder Gegenstrom erfolgen. Vorteilhaft ist bei diesem Schleusentyp der weitestgehende Verzicht auf Sonderkonstruktionen und die gute Automatisierbarkeit. Durch Vergrößerung der Kammeranzahl auf drei ist eine hohe Gleichmäßigkeit des Fördervorgangs gewährleistet. Nachteilig erweist sich der hohe Aufwand an verschleißbelasteten Armaturen und der unumgängliche, verhältnismäßig hohe regel- und steuerungstechnische Aufwand.
Auf die Vermeidung von Druckstößen bei der Festlegung der Schließ- und Öffnungszeiten der Armaturen muß unbedingt geachtet werden.
Rohrkammerschleusen werden gegenüber anderen Typen bevorzugt angewendet.

3.2.3. Energieeinbringung

Die Energieeinbringung in Form einer Druckerhöhung zur Überwindung der Reibungsdruckverluste und geodätischen Druckdifferenz wird in den meisten Fällen mit Kreiselpumpen realisiert.
Bei der Abwärtsförderung kann die geodätische Druckdifferenz zur Förderung ausreichen.
Verdrängerpumpen sind als Sonderkonstruktionen für Feststoffe mit kleinem Teilchendurchmesser im Einsatz. Vorteilhaft ist hier für den Gemischtransport und seine Stabilität die steile Pumpenkennlinie. Für gröberes Material ($d_K > 2$ mm) ergeben sich Verschleißprobleme besonders an den Ventilen, so daß andere technische Lösungen notwendig sind.
Ejektoren, wegen ihres Wirkprinzips der Umsetzung von kinetischer in potentielle Energie auch hier einordenbar, werden verschiedentlich für sehr kurze Entfernungen (Umschlagaufgaben) und kleinere Massenströme genutzt. Vorteilhaft ist die unmittelbare Kopplung mit der Gemischeinbringung; nachteilig ist der geringe Wirkungsgrad.

Tafel 3.9. Energetische Wirkungsgrade der Energieeinbringungssysteme

Aggregat	in %
Ejektor	15 ... 30
Gemischpumpe	40 ... 60
Schleuse und	
Klarwasserpumpe	75 ... 80
Kolbenpumpe	80 ... 90

Die energetischen Wirkungsgrade, bezogen auf den wirksamen Anteil für den Transport, sind stark differenziert, wie aus Tafel 3.9 entnommen werden kann. Diese Unterschiede sind bei der Entscheidung für das anzuwendende System nicht zu vernachlässigen.

3.2.3.1. Kreiselpumpen

Kreiselpumpen übertragen die Energie an das Fördermedium durch dessen Beschleunigung in einem mit Schaufeln besetzten Laufrad.

Um den Vorgang der Energieübertragung zu beschreiben, werden die kennzeichnenden Geschwindigkeiten jeweils für Laufradein- und -austritt bezeichnet mit

– c Absolutgeschwindigkeit der Fluidteilchen gegenüber der ruhenden Umgebung,
– w Relativgeschwindigkeit der Fluidteilchen gegenüber dem rotierenden Laufrad,
– u Umfangsgeschwindigkeit an der jeweils betrachteten Stelle.

Aus der vektoriellen Addition dieser Geschwindigkeiten ergeben sich die Geschwindigkeitsdreiecke, wie sie für den Laufradeintritt und -austritt mit den durchgezogenen Linien im Bild 3.85 dargestellt sind. Weiter werden die Winkel

– α zwischen u und c sowie
– β zwischen w und u (Schaufelwinkel)

definiert.

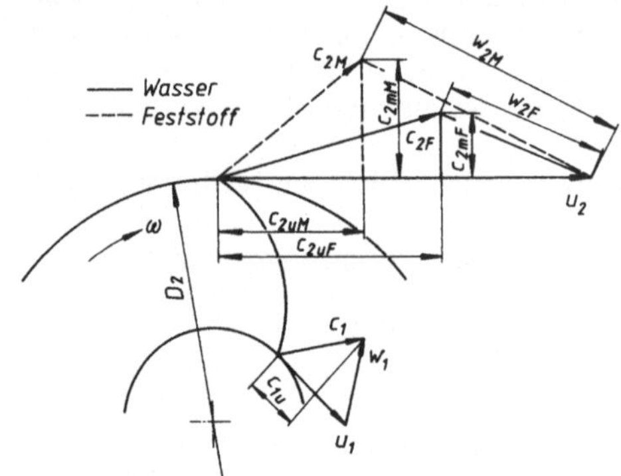

Bild 3.85. *Geschwindigkeitsdreiecke am Laufrad für Fluid und Feststoff*

Setzt man verlustlose Vorgänge voraus, muß wegen der von der Antriebsmaschine über die Welle an das Laufrad übertragenen Leistung

$$P = M\omega \tag{3.86}$$

ein entsprechend gleich großer Leistungsbetrag durch die Strömung aufgenommen werden. Letzteren erhält man durch das aus der Strömung resultierende Drehmoment am Laufrad multipliziert mit der Winkelgeschwindigkeit:

$$P = M\omega = \dot{m}\omega\,(r_2 c_{u2} - r_1 c_{u1}). \tag{3.87}$$

Mit der Umfangsgeschwindigkeit $u = \omega r$ ergibt sich die Eulersche Hauptgleichung für Turbomaschinen, die die theoretische, verlustlos übertragene spezifische Arbeit darstellt:

$$Y_{th\infty} = u_2 c_{u2} - u_1 c_{u1}. \tag{3.88}$$

Der Index ∞ bezieht sich auf die vorausgesetzte theoretisch unendliche Schaufelzahl. Die zugehörige theoretische Pumpenkennlinie ist im Bild 3.86 entsprechend bezeichnet.
Die wirkliche spezifische Nutzarbeit ist kleiner. Die Verringerung wird bestimmt durch

– die Minderumlenkung der Strömung (der Schaufelaustrittswinkel β_2' der Strömung ist kleiner als der Schaufelwinkel β_2), deren Resultat man als Minderleistung (Bild 3.86) bezeichnet, sowie durch
– die auftretenden Verluste (Reibungs-, Stoß- und Spaltverluste).

Die im Bild 3.86 durchgezogenen Kurven sind dafür kennzeichnend.
Die Reibungsverluste bei der Durchströmung aller Pumpenelemente vom Eintritts- bis zum Austrittsquerschnitt sind dem Quadrat des Volumenstroms proportional. Die Rad-Reibungs-

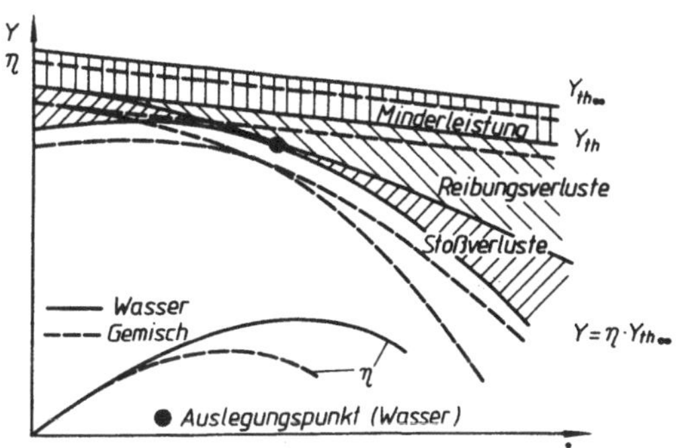

Bild 3.86. Darstellung der Pumpenkennlinie

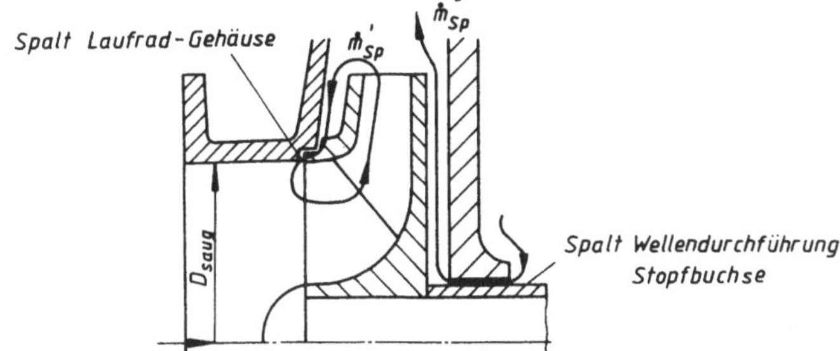

Bild 3.87. Spaltverlust

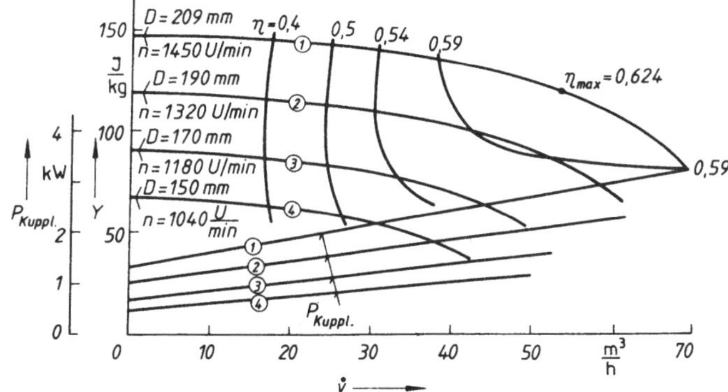

Bild 3.88. Kennfeld der
Pumpe KRDH 65/200 (VEB
Kombinat Pumpen und Ver-
dichter Halle, DDR) [3.120]

verluste zwischen den Laufradseitenwänden und dem Fluid werden bestimmt durch die Proportionalität zu $ku^3D_2^2$. Stoßverluste entstehen, wenn die Pumpenelemente (Schaufeln, Spiralgehäusezunge) nicht tangential angeströmt werden. Sie sind im Auslegungspunkt verschwindend klein und wachsen mit zunehmender Abweichung des Volumenstroms $\dot{V}_\mathrm{F}$ von diesem Punkt. Spaltverluste entstehen durch Leckage an der Wellendurchführung nach außen sowie im Arbeitsraum der Pumpe durch Kurzschlußströmung zwischen Abström- und Zuströmquerschnitt des Laufrads (Bild 3.87). Besonders der saugseitige Spalt zwischen Laufrad und Gehäuse wird durch die Verschleißwirkung bei Gemischströmung relativ schnell vergrößert, so daß der Begegnung dieses Verlustanteiles besondere Aufmerksamkeit zu widmen ist. Unter Beachtung der $Y_{\mathrm{th}\,\infty}$ reduzierenden Einflüsse erhält man für die wirkliche spezifische Nutzbarkeit Y:

$$Y = Y_{\mathrm{th}}\eta_\mathrm{i} \tag{3.89}$$

mit η_i als innerer Wirkungsgrad der Pumpe.

Zum Vergleich verschiedener Pumpen werden dimensionslose Kennzahlen verwendet:

$$- \text{Druckzahl } \psi = \frac{2Y}{u_2^2} \qquad (3.90)$$

Die Größenordnung ist für Radiallaufräder
$\varphi = 0,8\ldots 1,1\,(\ldots 1,6)$.
– Lieferzahl

$$\psi = \frac{\dot{V}}{\dfrac{\pi}{4}\,D_2^2 u_2}\;; \qquad (3.91)$$

Für Radiallaufräder ist die Größenordnung
$\varphi = 0,05\ldots 0,1$.
– Spezifische Drehzahl

$$n_q = n\,\frac{\dot{V}^{1/2}}{Y^{3/4}}\,g^{3/4}: \qquad (3.92)$$

n Drehzahl in 1/min
$\dot{V}$ Förderstrom in m^3/s.

Die Drehzahlregelung von Kreiselpumpen hat wegen der meist nicht realisierbaren Konstanz des Arbeitspunktes bei Gemischförderung große Bedeutung. Das betrifft sowohl den Gemischpumpen- als auch den Schleusenbetrieb, also Gemischpumpen und Flüssigkeitspumpen. Zumeist nicht auszuschließende Konzentrationsschwankungen, auch die zeitliche Änderung des zu transportierenden Feststoffs führen zur Veränderung des Betriebspunktes. Dies führt wiederum zu Effektivitätseinbußen, aber auch zu kritischen Betriebszuständen (Unterschreitung der kritischen Geschwindigkeit, Auftreten von Kavitation).
Da eine Drosselregelung fast generell ausgeschlossen werden sollte, ist die Drehzahlregelung i. allg. die einzige Methode zur Ausregelung von Durchsatzschwankungen bzw. zur Anpassung an veränderliche Betriebsbedingungen.
Ebenfalls ist der verschleißbedingten Änderung der Pumpencharakteristik hierdurch zu begegnen.
Für Flüssigkeiten gelten die Beziehungen (die Indizes bedeuten hier 1 Ausgangszustand; 2 angepaßter Zustand)

$$\frac{Y_1}{Y_2} = \left(\frac{n_1}{n_2}\right)^2 = \left(\frac{D_1}{D_2}\right)^2, \qquad (3.93)$$

$$\frac{V_1}{V_2} = \frac{n_1}{n_2} = \left(\frac{D_1}{D_2}\right)^3, \qquad (3.94)$$

$$\frac{P_1}{P_2} = \left(\frac{n_1}{n_2}\right) = \left(\frac{D_1}{D_2}\right)^5, \qquad (3.95)$$

die auch als Orientierung für Gemischförderung zu verwenden sind.
Hinzuweisen ist darauf, daß infolge der durch Drehzahländerung vorgenommenen zunehmenden Entfernung vom Auslegungspunkt eine erhebliche Wirkungsgradverringerung eintreten kann.
Ein Beispiel eines Pumpenkennfelds wird im Bild 3.88 gezeigt. Hinsichtlich des Zusammenarbeitens von Antriebsmaschinen und Pumpen ist zu beachten, daß sowohl Elektromotoren als auch Dieselmotoren drehzahlabhängige Wirkungsgradverläufe haben.

3.2.3.2. Gemischkreiselpumpen

Gegenüber den Kreiselpumpen für Flüssigkeiten weisen Gemischpumpen einige spezifische Konstruktionsmerkmale auf. Die wesentlichsten sind:

- Laufrad und Leitrad müssen solche freien Öffnungen haben, daß die Teilchen mit dem größten Durchmesser ohne Verstopfungsgefahr gefördert werden können. Die Orientierung [3.152] ist $(1,2 \ldots 1,25)\, d_{Kmax}$ für die kleinste Öffnungsweite. Daraus resultiert die Anwendung spezieller Laufräder mit geringer Schaufelzahl (Bild 3.89).
Extrem große Druchströmungsquerschnitte gewährleistet die spezielle Konstruktion der Freistrompumpe, allerdings zu Lasten der spezifischen Nutzarbeit Y. Eine solche Konstruktion wird im Bild 3.90 gezeigt.
- Die verschleißarme Ausführung der mit Gemisch belasteten Bauelemente (Laufrad, Leiteinrichtung, Gehäuse) wird angestrebt. Eine reparaturfreundliche Gestaltung ist zu sichern (Bild 3.91).
- Eine zuverlässige Wellenabdichtung wird häufig mit Sperrwasser unterstützt.
- Meist ist einstufige Ausführung und damit Begrenzung der spezifischen Nutzarbeit auf $Y_{max} = 1\,000$ J/kg vorhanden.

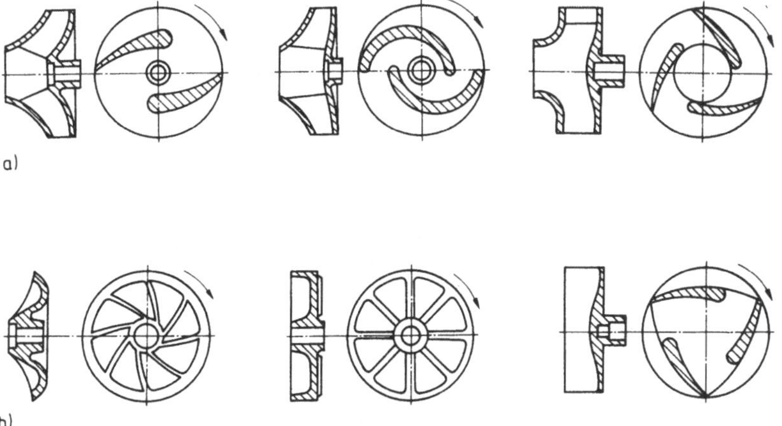

Bild 3.89. Typische Laufräder für Gemischpumpen [3.152]
a) geschlossene Laufräder mit zwei oder drei Schaufeln; b) halboffene und Freistromräder

Die Gemischförderung bewirkt eine Änderung des Betriebsverhaltens der Pumpen. Es verändern sich die Laufradaustrittsbedingungen der Phasen (vgl. Bild 3.85), und es erhöhen sich die Leistungsverluste durch Stoß- und Reibungsvorgänge. Die Zunahme der Reibungsverluste wird hauptsächlich verursacht durch

- Veränderung der Fließeigenschaften des Fluids,
- Wandreibung der Feststoffteilchen (Laufradkanal, Spiralgehäuse, Radseitenreibung),
- Teilchenumströmung.

Für die Reduzierung der spezifischen Förderarbeit Y, im Bild 3.86 mit unterbrochenen Linien dargestellt, sind die Laufradaustrittsbedingungen sowie die Stoß- und Reibungsvorgänge verantwortlich. Die Wirkungsgradverringerung kann vornehmlich auf die Wirkung des Wandkontakts des Feststoffs und der Radseitenreibung zurückgeführt werden [3.140]. Somit wird bei der Förderung von Gemischen mit Kreiselpumpem das Betriebsverhalten (die Kennlinien) gegenüber der Förderung von reinen Flüssigkeiten zusätzlich beeinflußt durch

- die Feststoffkonzentration,
- den Teilchendurchmesser bzw. die Verteilungskennlinie d_{Ki},
- die Feststoffdichte bzw. das Dichteverhältnis ϱ_M/ϱ_F.

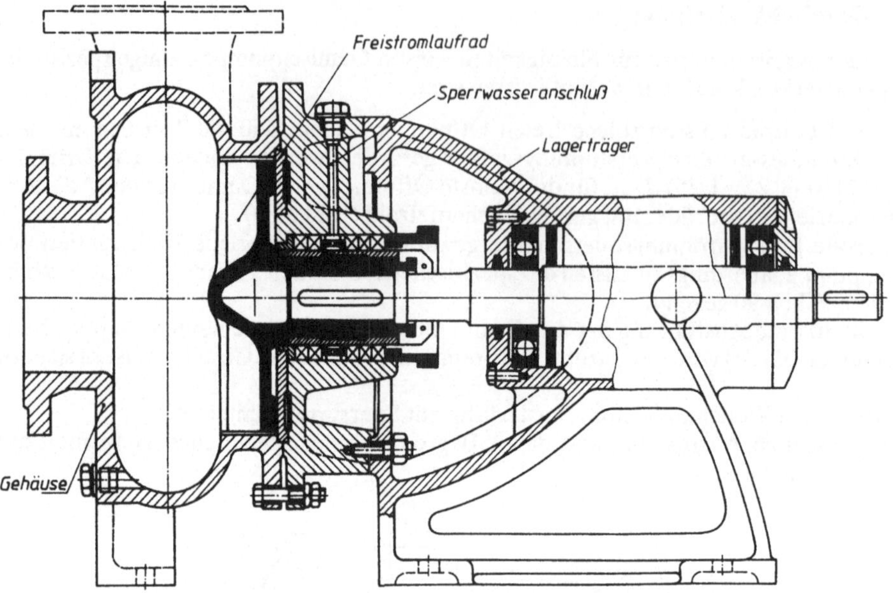

Bild 3.90. *Freistromkreiselpumpe (SIGMA) [3.115]*

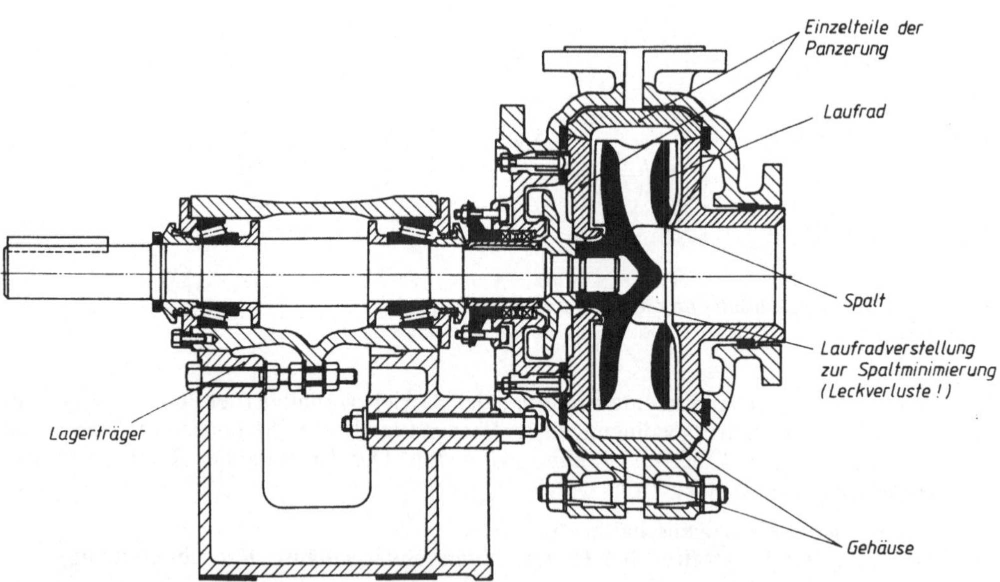

Bild 3.91. *Gemischkreiselpumpe mit auswechselbaren Verschleißteilen (WARMAN) [3.85]*

Feststoffe haben in den meisten Fällen erosive Wirkung, so daß der Verschleiß ebenfalls berücksichtigt werden muß. Die Kennlinienänderungen gegenüber reinem Transportmedium können erheblich sein. Bei der Ermittlung der Transportparameter, bei der Pumpenauswahl sowie bei der Auswahl des Antriebs der Pumpe ist das veränderte Betriebsverhalten notwendigerweise zu berücksichtigen. Dazu müssen die Kennlinienveränderungen unter dem Einfluß der Gemisch- und Transportparameter quantifiziert werden. Exakte Lösungen liegen nicht vor, so daß mit Näherungen oder speziellen empirischen Verfahren gearbeitet werden muß.

3.2.3.2.1. Kennlinienbeeinflussung bei homogenen Gemischen

Für die Kennlinienveränderung sind vornehmlich die Viskositätsänderung und die Dichteänderung verantwortlich.

Der Dichteeinfluß wird erfaßt bei der Umrechnung der spezifischen Nutzarbeit Y in den Förderdruck der Pumpe

$$p_{G,hom} = Y_F \varrho_{G,hom}, \tag{3.96}$$

wenn keine Viskositätsänderung vorliegt.

Bei Förderung von Flüssigkeiten hoher Viskosität gelten nach [3.5] die Korrekturfaktoren gemäß Bild 3.92 für den Punkt besten Wirkungsgrads (Auslegungspunkt). Die Gleichungen zur Umrechnung sind

$$Y_{G,hom} = K_Y Y_F, \tag{3.97}$$

$$\dot{V}_{G,hom} = K_{\dot{V}} \dot{V}_F, \tag{3.98}$$

$$\eta_{G,hom} = K_\eta \eta_F. \tag{3.99}$$

Die *Re*-Zahl im Bild 3.92 wird dabei auf den Laufradaustrittsquerschnitt bezogen:

$$Re^* = \frac{\dot{V}_F}{2\, \nu_G \sqrt{0{,}85\, D_2 b_2}} \,; \tag{3.100}$$

D_2 Laufradaußendurchmesser in m;
b_2 Laufradaustrittsbreite in m.

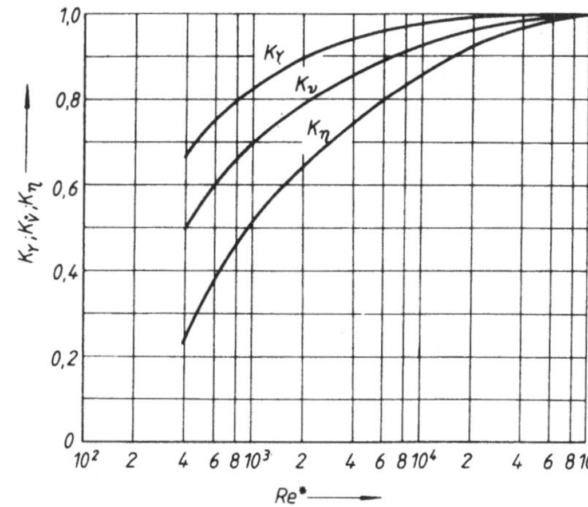

Bild 3.92. Korrekturfaktoren für Pumpenkennlinien bei hoher Viskosität homogener Gemische in Abhängigkeit von Re nach Gl. (3.99) [3.5]*

Werden Kreiselpumpen zur Förderung von faserigen Stoffen leichter als das Transportmedium (Wasser), z. B. Papier, Holz, Zellstoff, Gülle, eingesetzt, die quasihomogene Gemische bilden, so ist die Definition einer massebezogenen Konzentration $c^* = \mu$ bei Heranziehung des absolut trockenen (atro) oder des lufttrockenen (lutro) Feststoffs üblich:

$$c^*_{atro} = \frac{m_{M\,atro}}{m_{M\,atro} + m_F}, \tag{3.101}$$

$$c^*_{lutro} = \frac{m_{M\,lutro}}{m_{M\,lutro} + m_F}. \tag{3.102}$$

Mit dem Normalfeuchtigkeitsgehalt ergibt sich der Zusammenhang

$$c^*_{lutro} = 0{,}88\, c_{atro}. \tag{3.103}$$

Im Bild 3.93 sind die konzentrationsabhängigen Veränderungen der Pumpenkennlinie darge-stellt. Zur Berechnung der gemischbezogenen Kennlinie gelten die Gleichungen (3.97) bis (3.99).
Daraus ergibt sich auch der Korrekturfaktor K_p für die Leistungsaufnahme.

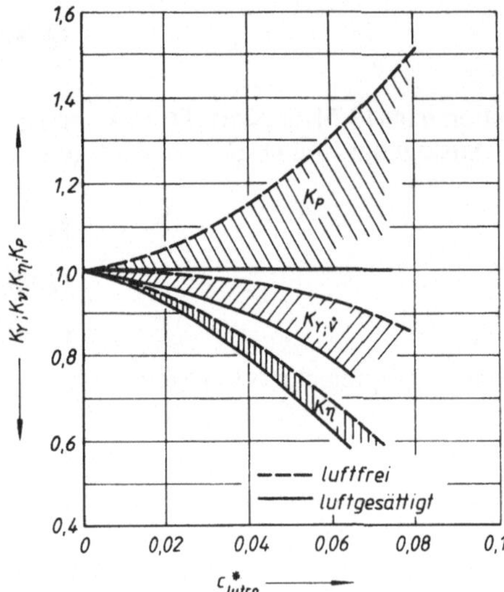

Bild 3.93. Korrekturfaktoren für Pumpenkennlinien bei hoher Viskosität homogener Gemische in Abhängigkeit von der Konzentration nach Gl. (3.101) [3.5]

3.2.3.2.2. Kennlinienbeeinflussung bei heterogenen Gemischen

Die Ermittlung der Korrekturfaktoren für die gemischfördernde Kreiselpumpe stellt sich we-gen der Vielzahl der zu berücksichtigenden Einflüsse analog zur heterogenen Strömung im Rohr als ein Problem dar, das theoretisch bisher nicht gelöst worden ist. Entsprechend um-fangreich sind die dazu veröffentlichten Untersuchungen: [3.6] [3.17] [3.28] [3.53] [3.140] [3.143] [3.181]. Daraus lassen sich folgende Tendenzen des Wirkens der Einflußgrößen aus den Gemischparametern angeben:

- Die spezifische Nutzarbeit $Y_{G,het}$, der Volumenstrom $\dot{V}_{G,het}$ und der Wirkungsgrad $\eta_{G,het}$ nehmen mit zunehmender Konzentration c, mit wachsendem Teilchendurchmesser d_K und mit wachsendem Dichteverhältnis ϱ_M/ϱ_F ab. Der entsprechend zuordenbare Nennpunkt verschiebt sich zu kleineren Werten. Die gleiche Wirkung zeigt zunehmender Verschleiß der Pumpe.
- Der Förderdruck $p_{G,het}$ ($p_{G,het} = Y_{G,het}\varrho_G$) steigt mit wachsender Konzentration c bei klei-nem Durchsatz $\dot{V}_{G,het}$ (unterhalb Nennpunkt), was auf dominierenden Dichteeinfluß ϱ_G zu-rückzuführen ist.
- Der Förderdruck $p_{G,het}$ sinkt mit wachsender Konzentration c bei großem Durchsatz $\dot{V}_G$ in-folge zunehmenden Einflusses der Reibungsverluste. Diese Tendenz prägt sich bei wach-sender $\dot{V}_{G,het}$ oberhalb des Nennpunktes progressiv aus.

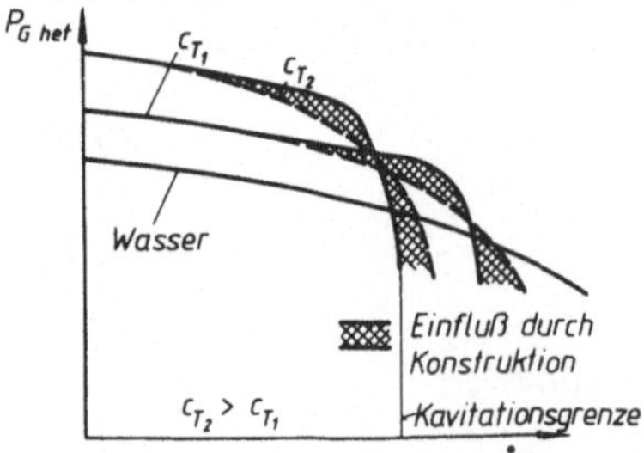

Bild 3.94. Einfluß heterogener Gemische auf die Kennlinie einer Kreiselpumpe

Bild 3.94 veranschaulicht die genannten Beeinflussungen. Die Quantifizierung dieser Effekte durch Darstellung von Korrekturfaktoren analog zu den homogenen Gemischen

$$Y_{\text{G, het}} = Y_{\text{F}} K_{\text{Y, het}}, \tag{3.104}$$

$$\dot{V}_{\text{G, het}} = \dot{V}_{\text{F}} K_{\dot{\text{V}}, \text{het}}, \tag{3.105}$$

$$\eta_{\text{G, het}} = \eta_{\text{F}} K_{\eta, \text{het}} \tag{3.106}$$

erfolgt bei mehr oder weniger vollständiger Berücksichtigung der wirkenden Einflußgrößen. In Tafel 3.10 ist eine Auswahl angegeben. Man erkennt, daß die Korrekturfaktoren vornehmlich für die spezifische Nutzarbeit $K_{\text{Y, het}}$ angegeben werden. Aussagen zur Wirkungsgradänderung $K_{\eta, \text{het}}$ nehmen fast ausschließlich Bezug auf $K_{\text{Y, het}}$. Die Einflüsse auf den Volumenstrom werden implizit in $K_{\text{Y, het}}$, z. B. die Gleichung nach [3.46] in Tafel 3.10 mit n_{qF}, berücksichtigt. In der Gleichung nach [3.101] betrifft das entsprechend φ_{F}. Die oben angeführte unterschiedliche Kennlinienbeeinflussung aus ϱ_{G} und Reibungsverlust mit wachsendem $\dot{V}_{\text{G}}$ wird

Tafel 3.10. Korrekturfaktoren für Kreiselpumpenkennlinien bei Förderung heterogener Gemische

Literatur	Korrekturfaktoren

[3.140] keine explizite Darstellung – Berechnungsprogramm unter Einbeziehung Gemisch-, auch konstruktiver Parameter, Berücksichtigung des Pumpenverschleißes

[3.172]
$$K_{\text{Y, het}} = \left[1 - c_{\text{T}}\left(\frac{\varrho_{\text{M}}}{\varrho_{\text{F}}}\right)(0{,}167 + 6{,}02)\sqrt{\frac{d_{\text{Km}}}{D_2}\left(\frac{\varrho_{\text{M}}}{\varrho_{\text{F}}} - 1\right)}\right]$$
$$K_{\eta, \text{het}} = K_{\text{Y, het}}$$

[3.28]
$$K_{\text{Y, het}} = \left[1 - c_{\text{T}}\left(\frac{\varrho_{\text{M}}}{\varrho_{\text{F}}} - 1\right)\frac{0{,}0385\,(\varrho_{\text{M}} + \varrho_{\text{F}})}{\varrho_{\text{G}}} \cdot \ln\,(44\,d_{\text{Km}})\right]$$
$$K_{\eta, \text{het}} = K_{\text{Y, het}}$$

[3.143]
$$K_{\text{Y, het}} = \left[1 - \left(c_{\text{T}}\left(\frac{\varrho_{\text{M}}}{\varrho_{\text{F}}} - 1\right)\frac{\varrho_{\text{M}}}{\varrho_{\text{G}}}\right)^{0{,}7} c_{\text{W}}^{-0{,}25}\right]$$
$$K_{\eta, \text{het}} > K_{\text{Y, het}}, \text{ abhängig von } d_{\text{Km}}$$

[3.183]
$$K_{\text{Y, het}} = \left[1 - \frac{1}{Y_{\text{F}}} c_{\text{T}} Re_{\text{Km}}^{1/3} \pi\,(n_{\text{qF}})^{-2{,}46} \cdot 10^4\right]$$
[3.181] $\quad n_{\text{qF}}$ nach Gl. (3.92)
$$K_{\eta, \text{het}} = \left[1 - \frac{c_{\text{T}}}{20\,\eta_{\text{F}}}\sqrt[3]{Re_{\text{Km}}}\right]$$
$$\text{mit } Re_{\text{Km}} = \frac{v_{\text{Sm}} d_{\text{Km}}}{\varrho_{\text{F}}}$$

[3.17]
$$K_{\text{Y, het}} = \left[1 - q c_{\text{T}}(1 - \varphi_{\text{F}})\frac{1}{p}\frac{0{,}625}{\sqrt{z}}\sqrt{v_{\text{S}}}\,\frac{\varrho_{\text{M}}}{\varrho_{\text{F}}}\,e^{1{,}3 \cdot \tan\beta_2}\right]$$
$$\text{mit } p = 1{,}3 \cdot (1 + \beta_2/60°)\frac{1}{z}\frac{1}{1 - \left(\dfrac{D_1}{D_2}\right)^2};$$

$\beta_2 \quad$ Schaufelwinkel Laufradaustritt,
$\varphi_{\text{F}} \quad$ Lieferzahl nach Gl. (3.91),
$z \quad$ Anzahl der Schaufeln,
$q \quad 1 \ldots 1{,}5 = $ Formverlustfaktor
$\quad\quad$ (1 gerundete Teilchen)
$K_{\eta, \text{het}} \leqq K_{\text{Y, het}}$

in den Korrekturfaktoren nach [3.73] [3.6] beachtet. Auf der Basis umfangreichen experimentellen Materials bei Sand- und Kiesförderung werden angegeben

$$K_{Y,\text{het}} = K'_{\dot V} \left(1 + \frac{c_R^{1,2}}{\sqrt{\bar d_K}} \frac{\varrho_F}{\varrho_G} \right) \tag{3.107}$$

$K'_{\dot V}$ stelle einen vom Pumpentyp und Volumenstrom $\dot V$ abhängigen Faktor dar. Bei deutlich ausgeprägter Kavitationsgrenze (durchgezogene Kurve im Bild 3.94) beträgt $K'_{\dot V} = 1$. Werden die beschriebenen Reibungseffekte vor der Kavitationsgrenze wirksam (unterbrochene Kurve im Bild 3.95), so sind zwei Bereiche zu unterscheiden:

$$\dot V_G \leqq 0{,}8\, \dot V_{G\,\text{max}} : K'_{\dot V} = 1, \tag{3.108.1}$$

$$\dot V_G \leqq 0{,}8\, \dot V_{G\,\text{max}} : K'_{\dot V} = 1 + 25\, c_R \log \frac{0{,}8\, \dot V_{G\,\text{max}}}{\dot V_G}. \tag{3.108.2}$$

Den maximalen Volumenstrom des Gemisches $\dot V_{G\,\text{max}}$ erhält man mit

$$\dot V_{G\,\text{max}} = \dot V_{F,\text{max}} (1 - 1{,}65\, c_R), \tag{3.109}$$

worin $\dot V_{F,\text{max}}$ den maximal durch den Pumpentyp erreichbaren Volumenstrom darstellt. $\bar d_K$ in Gl. (3.106) ist der mittlere normierte Teilchendurchmeser. Er wird durch Umbewertung der Siebkennlinien nach Tafel 3.11 ermittelt:

$$\bar d_K = \frac{\sum\limits_{i=1}^{n} \bar d_{Ki} D_i}{100}. \tag{3.110}$$

Tafel 3.11. Normierung der Siebkennlinie für die Berechnungen von $\Delta p_G/l$ nach Gl. (3.45) und $K_{Y,\,het}$ nach Gl. (3.107)

Fraktion d_{Ki} der Siebkennlinie mm	0,05 bis 0,1	0,1 bis 0,25	0,25 bis 0,5	0,5 bis 1,0	1,0 bis 2,0	2,0 bis 3,0	3,0 bis 5,0	5,0 bis 10,0	10,0
Normierte $\bar d_{Ki}$	0,02	0,2	0,4	0,8	1,2	1,5	1,8	1,9	2,0

Tafel 3.12. Konstanten für die Berechnung der Kennlinienänderung der Pumpe durch Verschleiß in den Gleichungen (3.113) und (3.114)

Feststoffart	a_1	a_2
Sand	0,15	0,30
Kies	0,10	0,40

Die Korrektur des Wirkungsgrads erfolgt mit

$$K_{\eta,\text{het}} = 1 - 0{,}33\, c_R. \tag{3.111}$$

Korrekturfaktoren, die die Kennlinienänderung infolge Verschleiß berücksichtigen, können bei Einordnung in die vorstehende Berechnungsmethodik angegeben werden. Die Lebensdauer der Pumpe wird durch die zum betrachteten Zeitpunkt geförderte Feststoffmenge m_{Mq}, bezogen auf die bis zur Instandsetzung (verschleißbedingt) förderbare Feststoffmenge m_{Mmax}

$$q = \frac{m_{Mq}}{m_{Mmax}} \leqq 1, \tag{3.112}$$

erfaßt. Mit den in Tafel 3.12 angegebenen Konstanten werden die Korrekturfaktoren für die spezifische Nutzarbeit bei Wasserförderung mit

$$K_{Y;F;\dot V} = 1 - a_1^q\, q^5 \tag{3.113}$$

und für den maximalen Volumenstrom [$\dot V_{Fmax}$ in Gl. (3.109)] mit

$$K\dot V_{Fmax;\dot V} = 1 - a_2^q\, q^5 \tag{3.114}$$

berechnet.

3.2.3.2.3. Ansaugverhalten

Beim Ansaugen unter atmosphärischen Bedingungen steht zum Ausgleich der Reibungsverluste und zur Überwindung der geodätischen Höhenunterschiede Δh_{geo} maximal der barometrische Druck p_B zur Verfügung. Es muß ein Betrieb ohne Kavitation (die zusätzlich zu Verschleiß, zu unruhigem Lauf und zur Leistungsminderung der Pumpe führt) gewährleistet werden. Der Dampfdruck p_ϑ darf nicht unterschritten werden, so daß damit nur noch $p_B - p_\vartheta$ verfügbar ist. Mit den kennzeichnenden Größen nach Bild 3.95 beträgt der Druck am Pumpeneintrittsstutzen bei Flüssigkeitsförderung

$$p_{Saug} = p_B - \Delta p_{VSaugleitung} - \varrho_F\, g\, \Delta h_{geo} - \frac{\varrho_F}{2}\, v_{Saug}^2. \tag{3.115}$$

Im Sinne der Vermeidung von Kavitation ist der Ort des geringsten Druckes im gesamten Saugsystem von Interesse, der nicht durch p_{Saug} repräsentiert wird, sondern an der Rückseite des Schaufeleintritts durch p_{min}. In der Pumpe selbst treten noch Reibungsverluste auf, und es sind geodätische Höhenunterschiede zu überwinden. Diese insgesamt werden mit spezifischer Halteenergie Y_{NPSE} bezeichnet (oder Haltedruck p_{NPSH}, der am Pumpeneintrittsstutzen nicht unterschritten werden darf), so daß die Bilanz über das gesamte Saugsystem mit dem Ziel der Vermeidung von Kavitation lautet:

$$\frac{p_B - p_\vartheta}{\varrho_F} - Y_{NPSE} = \frac{\Delta p_{VSaugleit}}{\varrho_F} + \frac{v_{Saug}^2}{2} + \varrho_F\, g\, \Delta h_{geo}. \tag{3.116}$$

Die saugseitigen Verhältnisse beeinflussen die Dimensionierung und Anlagengestaltung besonders dann, wenn bei längeren Saugrohrleitungen, bei direkter Gemischaufnahme mit Saugköpfen und bei der Kopplung beider besonders die Gefahr des Erreichens der Kavitationsgrenze gegeben ist. Für einen Pumpentyp ist Y_{NPSE} ein durch Geometrie und Ausführungsgüte festgelegter Kennwert und wird für reine Flüssigkeit berechnet nach [3.112] in

$$Y_{NPSE,\,F} = g\left[\left(\frac{n}{100}\right)^2 \frac{\dot V_F}{kS}\right]^{2/3}. \tag{3.117}$$

Das Nabenverengungsverhältnis

$$k = 1 - \frac{d_{Nabe}}{d_{Saug}}$$

und die Saugziffer S sind pumpentypische Kennwerte (Bild 3.95). S beträgt bei Radialrädern im Mittel 2,5 (...3,0). Die für eine Gemischpumpe typischen Verläufe für Y_{NPSE} und S zeigt Bild 3.96 (gültig für reine Flüssigkeitsförderung).

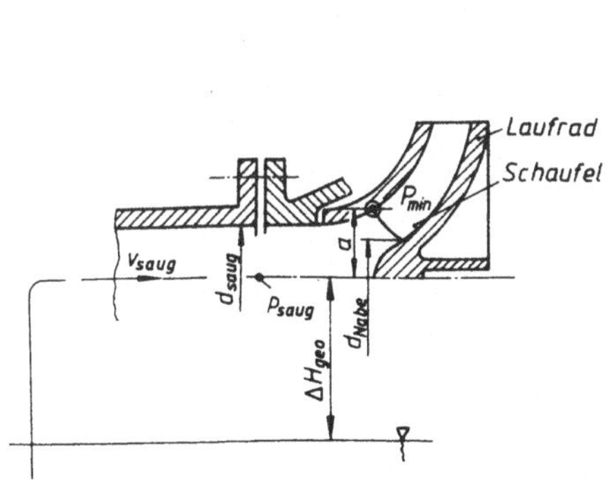

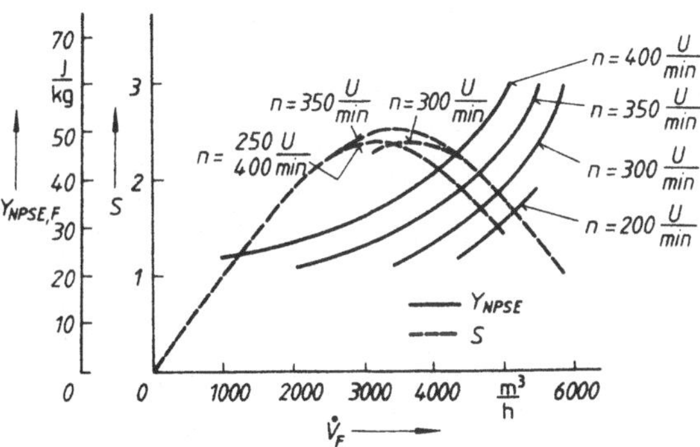

Bild 3.95. Saugbereich einer Kreiselpumpe zur Erläuterung der Ansaugverhältnisse

Bild 3.96. Spezifische Halteenergie Y_{NPSE} und Saugziffer S einer Gemischpumpe (WARMAN 24/20 H–G) [3.85]

Bei Gemischförderung sind alle Glieder der rechten Seite in Gl. (3.116) größer, was entsprechende Konsequenzen für die Ausrüstungsgestaltung hat (kürzere Rohrleitungen oder größerer d_R unter Beachtung von v_{krit}, ggf. Absenkung der Transportkonzentration c_T). Die Darstellung und Berechnung kann gemäß den jeweiligen zuzuordnenden Abschnitten erfolgen. Entsprechend wird sich auch die spezifische Halteenergie bei Gemischförderung vergrößern. Unter Voraussetzung eines pseudo-homogenen Gemisches ist die Modifizierung von Gl. (3.117) mit den Gemischparametern zulässig:

$$Y_{\text{NPSE, G, hom}} = g \left[\left(\frac{n}{100} \right)^2 \frac{\dot{V}_{\text{G, hom}}}{kS} \right]^{2/3} \frac{\varrho_{\text{G, hom}}}{\varrho_F} . \tag{3.118}$$

Für heterogene Gemische ergeben sich noch größere Werte, die nur experimentell sicher bestimmbar sind. [3.45] gibt nach Messungen bei Sanden und Kiesen die empirische Gleichung an

$$Y_{\text{NPSE, G, het}} = 10\, g\, \frac{\left[n\, \dot{V}_G \left(\dfrac{715}{m^4} \right) + 0{,}2\, m^2 \right]^{4/3}}{4\,400} \frac{\varrho_G}{\varrho_F} . \tag{3.119}$$

mit

$$m = \frac{d_{\text{Saug}}}{\sqrt[3]{\dfrac{\dot{V}_G}{n}}} .$$

3.2.3.2.4. Verschleiß von Kreiselpumpen

Aufgrund der Komplexität der Strömungsvorgänge in der Kreiselpumpe und den daraus resultierenden Verschleißvorgängen existiert bisher kein geschlossenes Verfahren zur Vorausbestimmung des zu erwartenden Verschleißes bzw. der Lebensdauer der verschleißgefährdeten Pumpenelemente.

Ausgehend von Betriebserfahrungen und experimentellen Untersuchungen, lassen sich folgende Orientierungen für die Gestaltung und den Betrieb von Kreiselpumpen geben:

– Der Pumpenverschleiß wächst mit abnehmender spezifischer Drehzahl n_q, mit zunehmender Schaufelzahl und mit steigendem Schaufelaustrittswinkel β_2 [3.140]. Hinsichtlich minimalen Verschleißes besteht nach [3.101] eine Kopplung zwischen Anzahl der Schaufeln z und β_2

$$z = 5 - \beta_2 = 20°,$$
$$z = 3{,}7 - \beta_2 = 40°.$$

Eine möglichst geringe Schaufelanzahl ist zu bevorzugen.
– Der Prallverschleiß als wirksamste Verschleißart wird durch die quadratische Abhängigkeit der Auftreffenergie der Teilchen auf die Oberfläche mit wachsender Drehzahl intensiver. Es sind geringere Drehzahlen bei größeren Pumpendurchmessern anzustreben.
– Abweichungen vom Nennpunkt bewirken eine Verschleißintensivierung, die lokal an den Schaufeln zum vorzeitigen Ausfall der Pumpe führt [3.140]. Eine möglichst sorgfältige Anpassung der Pumpe an die Aufgabenstellung soll erfolgen.
– Eine strömungsgünstige Gestaltung der Zunge und der Spirale des Gehäuses (maximaler Verschleiß durch Prallverschleiß an der Spitze und durch Umlenkung der Strömung im Bereich Zunge – Seitenpanzerung) ist notwendig.
– Strömungshindernisse im Spiralgehäuse (z. B. Entwässerungsöffnungen) oder an der Seitenpanzerung führen zu lokal erhöhtem Verschleiß.
– Die Erhöhung der Standzeit des Gehäuses durch Aufschweißen von Verschleißschutzmitteln ist möglich.

Tafel 3.13. Betriebsergebnisse zum Verschleiß von Gemischpumpen

Literatur	Pumpe (Bauart)	Werkstoff	NW mm	Feststoff	Korngröße %	c_T	Durchsatz	Standzeit (LR Laufrad G Gehäuse)	
[3.122]	Sand-pumpen Wifley & Sons Inc.	GX 260 NiCr 4.2 (Ni-Hard 2)	125	Sand und Eisenerz	nach Grobmahlung (Stabmühle)	–	–	350 … 400 h 750 h 1000 h 2200 h	LR G LR G
[3.152]; [3.120]	KRSH EP	EP H 219 EP C 220 Sonder-mischungen	25 … 250		$d_K \approx 0{,}5$ mm	bis Stopf-grenze	6 … 800 m^3/h	bis max. 10000 h (EP C 220)	
[3.62]	zweistufig einstufig (in Reihe)	• Cr-Stahlguß GS 3 • Aufpanzerung mit Vautid • GX 300 CrNiSi 9.52 (Ni-Hard 4)	225	Eisenerz	$d_{Km} \approx 4$ mm	22	460 m^3/h	40 h 350 h 4000 h 350 h	G G G LR
[3.14]	BAAN HOFMAN	G St 42 (Blech 25 mm) Gehäuse ausgekleidet Laufrad auf-traggeschweißt	600	Seekies Seesand	0 … 200 mm $d_{km} \approx 5 … 10$ mm 0 … 10 mm $d_{km} \approx 0{,}5 … 1$ mm	5 … 8	4500 m^3/h 4500 m^3/h	400 h 1500 … 2500 h 1500 h 4000 h	G LR G LR

(Fortsetzung Tafel 3.13)

Lite-ratur	Pumpe (Bauart)	Werkstoff	NW mm	Feststoff	Korngröße %	c_T	Durch-satz	Standzeit (LR Laufrad G Gehäuse)
[3.108]	WARMAN-Baggerpumpen	Ni-Hard 2 Ni-Hard 4						
	– Schottland 12/10 FG		250	Sand–Kies	–	–	1200 m^3/h	500 h (100000 t) LR 800 h (140000 t–200000 t) G
	– Australien 20/20 GD		500	Strandsand	–	–	2700 m^3/h	5000 h (3·10^6 t)
	– Holland 30/26 HD		650	Sand	–	–	8200 m^3/h	1000 h (2·10^6 t) LR 2500 h (5·10^6 t) G
	– Südwest-England 8/8 FG		200	Quarz und Granit	–	–	220 m^3/h	2000 h (100000 t)
[3.109]	Kohlepumpe 12 U 10 (UdSSR)	–	–	Zement-rohstoffe	–	–		1100 … 1200 h Spiralgehäuse 250 … 270 h Laufrad 350 … 380 h Seitenpanzerung 120 … 150 h Saugstutzen 90 … 100 h Stopfbuchsdichtung
	Baggerpumpe Typ Gr (UdSSR)	–	–	Kraftwerks-asche	–	–		820 … 1200 h Spiralgehäuse 360 … 720 h Laufrad 280 … 520 h Seitenpanzerung 840 … 1500 h Saugstutzen 720 … 960 h Druckstutzen 260 … 280 h Stopfbuchsdichtung

In Tafel 3.13 gibt es Anhaltspunkte zum Verschleißverhalten von Gemischpumpen auf der Grundlage von Betriebserfahrungen.

Die Anwendung erfolgt als Misch- und Einbringsystem für einen anschließenden Transport zum Zielort oder als Zubringer in der Saugleitung einer Gemischkreiselpumpe. Letzteres dann, wenn eine Konzentrationserhöhung oder Verlängerung der Saugrohrleitung angestrebt werden.

3.2.3.3. Gemischverdrängerpumpen

Die Anwendung von Verdrängerpumpen beim hydraulischen Transport ist vorteilhaft. Wegen der steilen Pumpenkennlinie (Bild 3.97) ergeben sich bei Veränderung des zur Förderung durch die Rohrleitung notwendigen Druckes p_G (z. B. durch Schwankungen der Transportkonzentration c_T) kaum abweichende Volumenströme $\dot{V}_G$. Dadurch kann ein Betriebsregime immer nahe dem Optimum gewährleistet werden (nahe v_{krit}). Die Möglichkeit der Erzeugung höherer Drücke mit einem Aggregat gegenüber der Kreiselpumpe kann erhebliche ökonomische Vorteile bringen. Der erreichbare Druck ist vornehmlich ein konstruktives Problem und nicht vom Wirkprinzip abhängig.

Nachteilig ist die Begrenzung des Teilchendurchmessers (feststoffabhängig $d_{Kmax} = 2...4\,mm$), die sich aus den freien Durchtrittsmaßen der Ventile und aus der Verschleißwirkung ergibt.

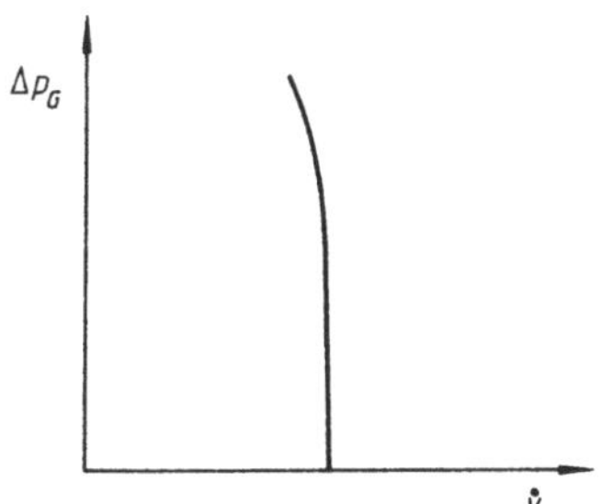

Bild 3.97. *Kennlinienverlauf einer Verdrängerpumpe*

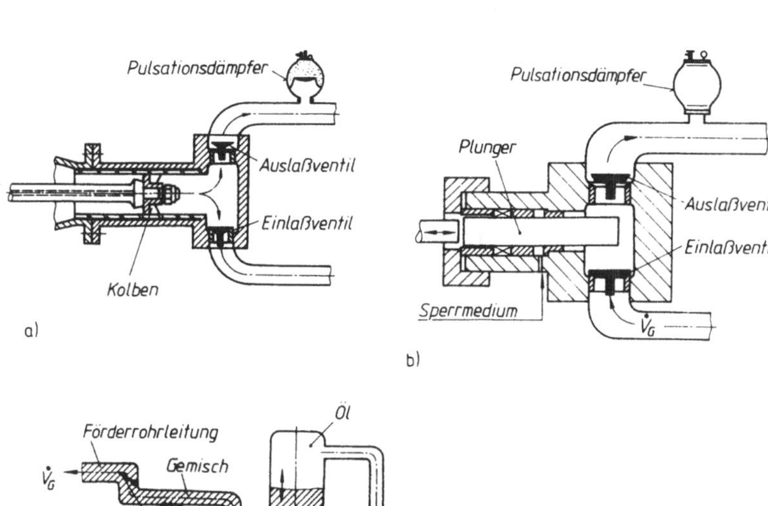

Bild 3.98. *Kolben- und Plunger-Gemischpumpen*
a) einfachwirkende Kolbenpumpe [3.176]; b) Plungerpumpe mit Spülung [3.176]; c) Mars-Pump-System [3.180]

Die konstruktiven Spezifika sind auf den verschleißarmen bzw. verschleißfreien Betrieb gerichtet. Das wird bei Kolbenpumpen erreicht durch

- Einsatz geeigneter, verschleißarmer Werkstoffe für die bewegten Teile (Zylinder, Kolben, Ventile) bei einfach- oder doppelwirkender Ausführung als Kolbenpumpe (Bild 3.98 a),
- Schutz von Kolben und Zylinder durch Spülsysteme (Bild 3.98 b) oder durch Druckmittlermedium bei Plungerpumpen (Bild 3.98 c), verschleißarme Ausführung der Ventile,
- Trennung von Kolben bzw. Zylinder und Gemisch mittels Membran, verschleißarme Ausführung der Ventile (Bild 3.99).

Die Vergleichmäßigung des Förderstroms wird durch Anwendung von Pulsationsdämpfern und Duplex- bzw. Triplexanordnung erreicht.

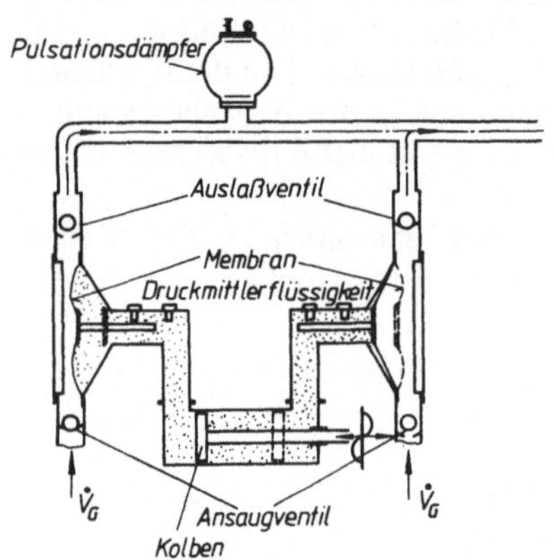

Bild 3.99. Membran-Gemischpumpe   [3.176] – doppeltwirkend

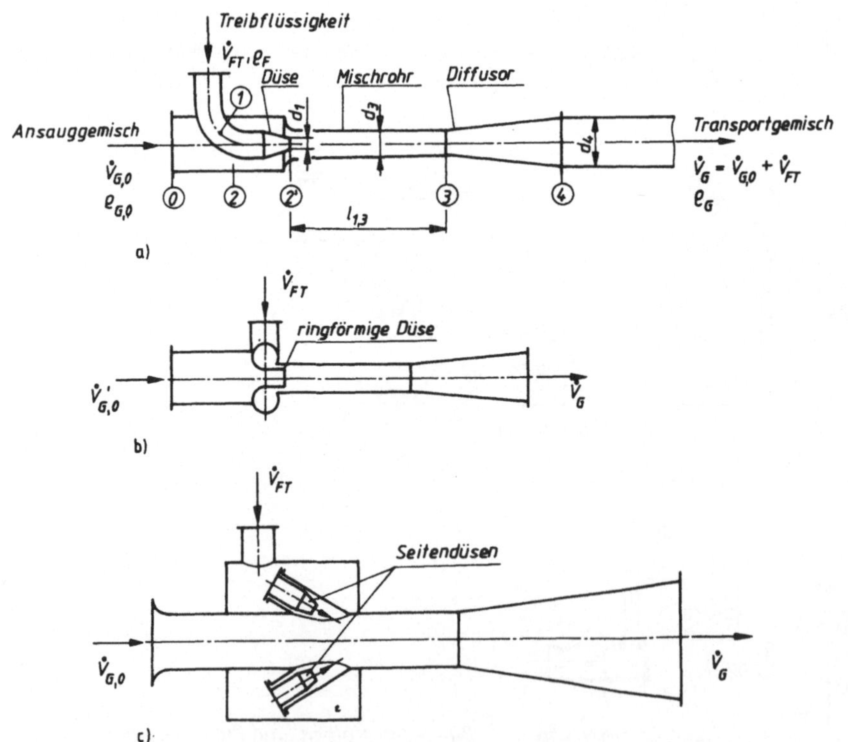

Bild 3.100. Ejektoren zur Förderung von Suspensionen als Ansaugmedium
a) mit Zentraldüse; b) mit Ringdüse; c) mit Seitendüsen; (b und c günstig bei grobkörnigem Feststoff)

Verdrängerpumpen nach dem Rotationskolbenprinzip erreichen Drücke bis $p_G = 2,5\,\text{MPa}$ [3.90]. Diese Konstruktionen werden besonders für kleinere Volumenströme und breiige Suspensionen, z. B. Beton, eingesetzt.

3.2.3.4. Ejektoren

Die Funktion von Ejektoren, auch als Wasserstrahlapparate bezeichnet, ist gekennzeichnet durch die Übertragung eines Teils der kinetischen Energie eines Flüssigkeitsstrahls an das zu fördernde Medium bei gleichzeitiger Vermischung der Komponenten. Der Flüssigkeitstreibstrahl tritt mit großer Geschwindigkeit aus einer (Bild 3.100a, b) oder mehreren (Bild 3.100c) Düsen aus und wird so auf das Druckniveau des Gemisch- bzw. Feststoffaufgabesystems abgesenkt. Im Mischrohr erfolgt die Vermischung und Beschleunigung des Feststoffs sowie ein Druckaufbau infolge des Impulsaustausches. Der anschließende Diffusor hat die Aufgabe des Druckaufbaus bis auf den Betriebsdruck. Das zu transportierende Medium kann eine Flüssigkeit bzw. Suspension (Ejektoren nach Bild 3.100) oder ein Haufwerk (Ejektor nach Bild

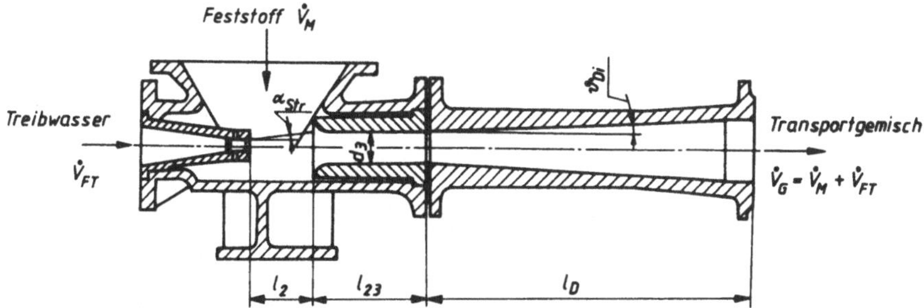

Bild 3.101. *Ejektor zur Förderung von Haufwerken (Konstruktionsbeispiel für Aschetransport) [3.69]*

3.101) sein. Ejektoren sind also gleichzeitig Ausrüstungen zur Mischung bzw. Gemischbildung, Gemischeinbringung und Energieeinbringung. Die Energiebereitstellung erfolgt mit einer Flüssigkeitspumpe.

Ejektoren haben die Vorteile der einfachen, kleinen und billigen Ausführung ohne bewegte Teile, der Zusammenfassung von Gemischbildung, Einschleusung und Enerigeeinbringung in die Rohrleitung in einer Ausrüstung und damit der Möglichkeit des Verzichts auf Gemischpumpen.

Nachteilig ist der geringe energetische Wirkungsgrad, der besonders durch den Carnotschen Stoßverlust bei der plötzlichen Erweiterung des Treibstrahls auf den Mischrohrdurchmesser bewirkt wird. Der Betriebsdruck und damit die erreichbaren Transportentfernungen l bei nicht zu kleinen Transportkonzentrationen c_T sind relativ gering. Die Konzentrationsabsenkung im Ejektor durch die Treibflüssigkeit ist oft von Nachteil.

Die Kennlinie eines Ejektors zeigt Bild 3.102, das auf das Erfordernis einer sorgfältigen Bemessung für die jeweilige Aufgabenstellung aufmerksam macht. Der Gradient des Wirkungsgradverlaufs η_{Ej} abhängig vom Fördervolumenstrom $\dot{V}_G$ ist gegenüber den Kreiselpumpen wesentlich steiler, wodurch der Bereich des Förderstroms $\dot{V}_G$ bei akzeptablem Wirkungsgrad ($\eta_{Ej\,max}$ gilt nur für eine Ejektorgeometrie mit festgelegten Abmessungen) eingeengt wird. Mit der Bemessung ist zu sichern, daß eine an die jeweilige Aufgabenstellung angepaßte optimale Umsetzung der Bewegungsenergie als Treibstrahlen in Druck- und Bewegungsenergie des Fördervolumenstromes erfolgen kann. Zur Darstellung der Grundbeziehungen werden die Parameter nach den bezeichneten Querschnitten im Bild 3.100a gekennzeichnet:

0 Ansaugzustand,
1 Düsenzulauf,

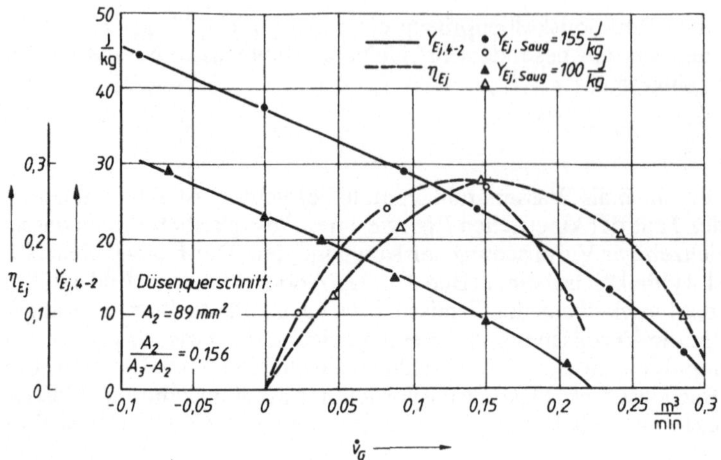

Bild 3.102. *Gemessene Kennlinie eines Ejektors* $Y_{Ej} = f(\dot{V}_G)$ *bei unterschiedlicher spezifischer Saugarbeit* $Y_{Ej,Saug}$ *[3.155] – Wasserförderung*

2 Düsenmündung Mischrohreinlauf,
3 Mischrohr – Ende,
4 Diffusor – Ende.

Um die spezifisch nutzbare Förderarbeit Y_{Ej} zu ermitteln, ist von der Impulsbilanz auszugehen. Diese für Wasserförderung über das Mischrohr aufgestellt:

$$p_2'A_1 + \dot{m}_1 v_1 + p_2'A_2 + \dot{m}_2 v_2 = p_3 A_3 + (\dot{m}_1 + \dot{m}_2)\, v_3, \tag{3.120}$$

ergibt nach Umformung die theoretisch spezifische Förderarbeit

$$(Y_3 - Y_2')_{Ej,th} = v_3(v_2 - v_3). \tag{3.121}$$

Werden die Verluste ζ_v im Mischrohr berücksichtigt, erhält man

$$(Y_3 - Y_2)_V = v_3\,(v_2' - v_3) - \zeta_v\,\frac{v_3^2}{2}. \tag{3.122}$$

Die Bilanz über den Diffusor unter Heranziehung der Bernoulli-Gleichung bei Beachtung des verlustbehafteten Druckaufbaus liefert

$$\frac{v_3^2}{2} + Y_3 = \frac{v_4^2}{2} + Y_4 - \eta_{Di}\left[1 - \left(\frac{A_3}{A_4}\right)^2\right]\frac{v_4^2}{2}. \tag{3.123}$$

Mit diesen Beziehungen kann Y_{Ej} dargestellt werden, wenn in

$$Y_{Ej} = \frac{v_4^2}{2} + Y_4 - Y_2'$$

eingesetzt wird. Man erhält

$$Y_{Ej} = v_3(v_2' - v_3) + (1 - \zeta_v)\frac{v_3^2}{2} + \eta_{Di}\left[1 - \left(\frac{A_3}{A_4}\right)^2\right]\frac{v_4^2}{2} \tag{3.124}$$

oder mit den charakteristischen Querschnitten

$$Y_{Ej} = \left(\frac{A_1}{A_3}\right)^2 \left(\frac{A_4}{A_1}\right)^4 \left\{2 - \left(\frac{A_1}{A_3}\right)^2\left[1 + \zeta_v - \eta_{Di}\left(1 - \left(\frac{A_3}{A_4}\right)^2\right)\left(\frac{A_3}{A_4}\right)^4\right]\right\}\frac{v_3^2}{2}. \tag{3.125}$$

Die durch die Treibflüssigkeitspumpe erforderliche spezifische Förderarbeit bezogen auf die Mündung der Düse beträgt (bei Vernachlässigung der Zuströmverluste im Rohr)

$$Y_{\mathrm{P},1} = \frac{v_1^2}{2} = Y_{1,2} \, . \tag{3.126}$$

Führt man als den Ejektor kennzeichnende dimensionslose Größen ein

– für das Flächenverhältnis

$$\sigma_{\mathrm{Ej}} = \frac{A_1}{A_2} = \left(\frac{d_1}{d_2} \right)^2 , \tag{3.127}$$

– für die dimensionslose Fördermenge

$$\psi_{\mathrm{Ej}} = \frac{\dot{m}_2 A_1}{\dot{m}_1 A_2} , \tag{3.128}$$

– für die dimensionslose spezifische Förderarbeit

$$\varepsilon_{\mathrm{Ej}} = \frac{Y_{\mathrm{Ej}}}{Y_{12}} , \tag{3.129}$$

so erhält man durch Verknüpfung und Umformung der o. g. Beziehungen

$$\varepsilon_{\mathrm{Ej}} = 2 \sigma_{\mathrm{Ej}} \left(\frac{1 - \psi_{\mathrm{Ej}}}{1 + \psi_{\mathrm{Ej}}} \right)^2 + \left(\frac{\psi_{\mathrm{Ej}} + \sigma_{\mathrm{Ej}}}{1 + \sigma_{\mathrm{Ej}}} \right)^2 \left\{ 1 - \eta_{\mathrm{Di}} \left[1 - \left(\frac{A_3}{A_4} \right)^2 \right] + \zeta_{\mathrm{V}} \right\} . \tag{3.130}$$

Mit der separaten Charakterisierung eines Verlustbeiwerts des Ejektors

$$\zeta_{\mathrm{Ej}} = 1 - \eta_{\mathrm{Di}} \left[1 - \left(\frac{A_3}{A_4} \right)^2 \right] + \zeta_{\mathrm{V}} \tag{3.131}$$

kann man für die dimensionslose spezifische Nutzarbeit des Ejektors auch schreiben:

$$\varepsilon_{\mathrm{Ej}} = 2 \sigma_{\mathrm{Ej}} \left(\frac{1 - \psi_{\mathrm{Ej}}}{1 + \sigma_{\mathrm{Ej}}} \right)^2 + \left(\frac{\psi_{\mathrm{Ej}} + \sigma_{\mathrm{Ej}}}{1 + \sigma_{\mathrm{Ej}}} \right)^2 \zeta_{\mathrm{Ej}}. \tag{3.132}$$

Der Verlustbeiwert $\lambda_{\mathrm{V}} \left(\lambda_{\mathrm{V}} = \dfrac{\zeta_{\mathrm{V}}}{l_{13}} d_3 \right)$ des Mischvorgangs wird im Bereich $Re_3 = (0{,}5 \ldots 3) \cdot 10^5$ mit $\lambda_{\mathrm{V}} = 0{,}035 \ldots 0{,}039$ angegeben [3.25] [3.121]. Der Diffusorwirkungsgrad η_{Di} ist abhängig von der Geometrie und von den Anschlußbedingungen, wie in den Bildern 3.103 und 3.104 gezeigt wird.
Wird der Wirkungsgrad des Ejektors als Verhältnis der gewonnenen Schleppstrahlenergie zur aufgewendeten Treibstrahlenergie [3.175] definiert:

$$\eta_{\mathrm{Ej}} = \frac{v_2 A_2 \varrho_2 Y_{12'}}{v_1 A_2 \varrho_1 Y_{12'}} = \frac{m_2}{m_1} \varepsilon_{\mathrm{Ej}} \tag{3.133}$$

bzw. mit den genannten dimensionslosen Ausdrücken σ_{Ej}, ψ_{Ej}:

$$\eta_{\mathrm{Ej}} = \frac{\psi_{\mathrm{Ej}}}{\sigma_{\mathrm{Ej}}} \varepsilon_{\mathrm{Ej}} , \tag{3.134}$$

so kann man mit Bild 3.103 die optimalen Parameter bei Flüssigkeitsförderung abschätzen. Man erhält richtige Größenordnungen, die den Ausgangspunkt für die Rechnung bilden können. Die Darstellung von $\varepsilon_{\mathrm{Ej}}$ bzw. η_{Ej} über ψ_{Ej} ergibt die Kennlinien für die jeweilige konstruktive Lösung eines Ejektors [$\varepsilon_{\mathrm{Ej}} = f(\psi_{\mathrm{Ej}})$ und $\eta_{\mathrm{Ej}} = f(\psi_{\mathrm{Ej}})$]. Diese Darstellung hat den Vorteil, daß für die fixierten geometrischen Abmessungen des Ejektors diese Kennlinie für

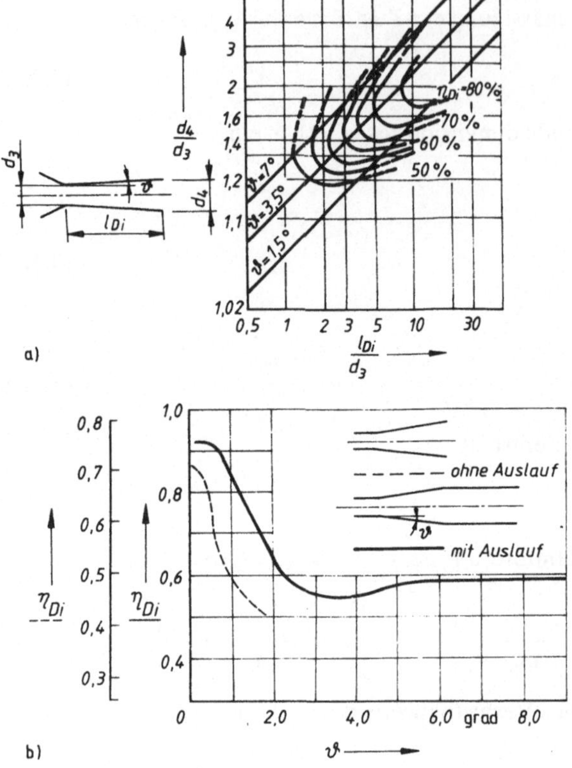

Bild 3.103. Wirkungsgrad von Kegeldiffusoren ζ_{Di}

a) abhängig von der Geometrie [3.93];
b) abhängig vom Erweiterungswinkel ζ_{Di} und von den Anschlußbedingungen [3.110]

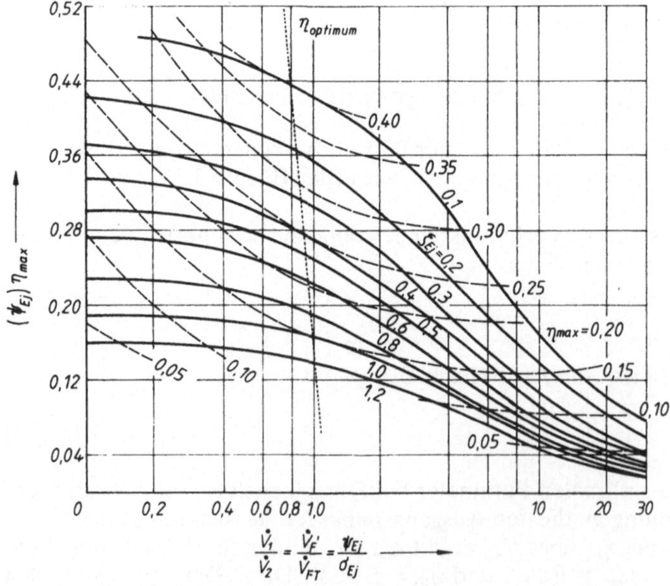

Bild 3.104. Auslegungsdiagramm für Ejektoren bei $\varrho_1 = \varrho_2$ [3.175]

beliebige Treibflüssigkeitsdrücke gültig ist. Der Verlauf entspricht qualitativ dem im Bild 3.102 Gezeigten.

Für die geometrische Gestaltung des Ejektors sind neben den oben ermittelten Durchmessern bzw. Durchmesserverhältnissen auch die Längenverhältnisse bedeutsam. Bei Anordnung der Treibdüse am Mischkammereinlauf ergeben sich optimale Mischrohrlängen $l_{1,3}$ gemäß Bild 3.105. Grundsätzlich gilt, daß der Abstand zwischen Treibdüsenmündung und Mischkammereintritt möglichst klein gehalten werden soll.

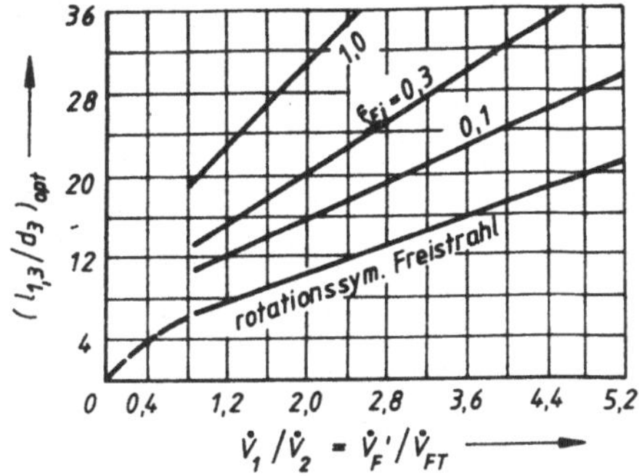

Bild 3.105. *Optimale Mischrohrlänge l_{12} für Ejektoren bei Flüssigkeitsförderung [3.175]*

Die Dichteunterschiede (ϱ_M/ϱ_F) der Phasen und die Schlupfverhältnisse [$S = f(d_K; \varrho_M/\varrho_F; c_T)$] bestimmen bei der Gemischförderung das Betriebsverhalten und damit die Bemessung des Ejektors. Darüber hinaus ist die direkte Kopplung an die anschließende Rohrleitung mit ihrer konzentrationsabhängigen Kennlinie als Dimensionierungskriterium einzubeziehen. Differenzierungen bezüglich der Bemessung resultieren besonders aus

- der Art der Förderaufgabe, ob eine Suspension oder ein Haufwerk zur Förderung ansteht,
- der Art des Gemisches (homogen oder heterogen),
- der räumlichen Anordnung des Ejektors mit anschließender Rohrleitung (vertikal oder horizontal – hier besonders bei heterogenen Gemischen und unter dem Gesichtspunkt der geodätischen Höhendifferenz) [3.41].

Soll eine homogene Suspension mit $\varrho_{G,o}$ (vgl. Bild 3.100a) gefördert werden, so können vorstehende Beziehungen genutzt werden. Bei der dimensionsbehafteten Darstellung der Kennlinie bzw. Kennwerte sind die zugehörigen Gemischdichten zu bestimmen. Für die Gemischdichte nach Ejektor gilt

$$\varrho_G = \left(\varrho_{G,o}\, \dot{V}_{G,o} + \varrho_F\, \dot{V}_{FT}\right) \frac{1}{\dot{V}_G} \tag{3.135}$$

und damit für den Förderdruck

$$p_{Ej} = Y_{Ej}\varrho_G \tag{3.136}$$

und für den Volumenstrom (Förderstrom)

$$\dot{V}_G = \dot{V}_{G,o} \frac{\varrho_{G,o}}{\varrho_G} \left(1 + \frac{1}{\psi_{Ej}} \frac{A_1}{A_2}\right). \tag{3.137}$$

Soll ein Haufwerk mit einem Ejektor entsprechend Bild 3.101 gefördert werden, so kann der Energiebedarf für die Beschleunigung des Feststoffs auf die Geschwindigkeit v_M aus der Impulskraft dargestellt werden. Dann ergänzt man die rechte Seite der Impulsbilanz nach Gl. (3.120) durch die Impulskraft am Feststoff

$$F_{JM} = \dot{m}_M v_M; \tag{3.138}$$

v_M Geschwindigkeit des Feststoffs,

womit aus Gl. (3.121) wird

$$(Y_3 - Y_2')_{Ej,th} = v_3\,(v_2' - v_3) - \frac{\dot{m}_M}{\varrho_M} \frac{v_M}{A_3}. \tag{3.139}$$

Auf Konzentration c_{T3} und v_3 bezogen erhält man

$$(Y_3 - Y_2')_{Ej,\,th} = v_3\,(v_2' - v_3) - c_{T3}\,v_3\,v_M \,, \tag{3.140}$$

was in den enstprechenden Gleichungen (3.125) und (3.130) zu dem additiv anzufügenden

Glied $2\,c_{T3}\,\dfrac{v_M}{v_3}\left(\dfrac{A_3}{A_4}\right)^2$ führt. Man schreibt damit

$$Y_{Ej} = \left(\frac{A_1}{A_3}\right)^2 \left(\frac{A_4}{A_1}\right)^4 \left\{ 2 - \left(\frac{A_1}{A_3}\right)^2 \left[1 + \zeta_V - \eta_{Di}\left(1\,\left(\frac{A_3}{A_4}\right)^2\right)\left(\frac{A_3}{A_4}\right)^4 \right.\right.$$

$$\left.\left. + 2\,c_{T3}\,\frac{v_M}{v_3}\left(\frac{A_3}{A_4}\right)^2 \right]\frac{v_3^2}{2} \right\} \tag{3.141}$$

$$\varepsilon_{Ej} = 2 - \sigma_{Ej}\left(\frac{1 - \psi_{Ej}}{1 + \sigma_{Ej}}\right)^2 + \left(\frac{\psi_{Ej} + \sigma_{Ej}}{1 + \sigma_{Ej}}\right)^2 \left\{ 1 - \eta_{Di}\left[1 - \left(\frac{A_3}{A_4}\right)^2 \right] \right.$$

$$\left. + 2\,c_{T3}\,\frac{v_M}{v_3}\left(\frac{A_3}{A_4}\right)^2 \right\} . \tag{3.142}$$

In den Gleichungen (3.128) und (3.132) ist $m_2 = m_M$.

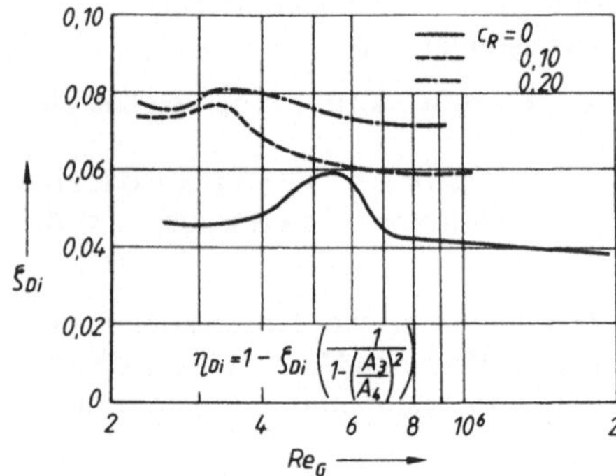

Bild 3.106. Diffusorwiderstandszahl ζ_{Di} bei verschiedenen Raumkonzentration c_R (Polysterol/Salzwasser) [3.138]

Die Verlustbeiwerte ζ_V und η_{Di} entsprechen nicht denen bei der Förderung von Kontinua. Eine deutliche Erhöhung der Diffusorwiderstandszahl ζ_{Di} mit wachsender Feststoffkonzentration c_R bei dichtegleicher Suspension zeigt Bild 3.106. (Der Zusammenhang $\eta_{Di} - \zeta_{Di}$ ist im Bild angegeben.) Durch günstige geometrische Gestaltung können die durch Stoß und Reibung des Feststoffs zusätzlich verursachten Verluste minimiert werden. Dazu ist folgendes zu beachten (s. auch [3.52]):

– Der Abstand zwischen Düsenmündung und Mischkammereintritt l_2 ist so zu bemessen, daß der Freistrahldurchmesser am Mischkammereintritt d_3 nicht überschreitet (vgl. Bild 3.101). Bei

$$l_2 = d_3\,\frac{1 - \dfrac{d_1}{d_3}}{2\tan\alpha_{Str}} \tag{3.143}$$

mit $\alpha_{Str} \approx 8°$ (vgl. Abschnitt 3.2.1.1.2.) erhält man

$$l_2 = \frac{d_3 - d_1}{0,281} . \tag{3.144}$$

– Die Länge der Mischkammer l_{23} ist so festzulegen, daß die Feststoffteilchen am Ende gerade ihre mittlere Transportgeschwindigkeit v_M im Förderrohr erreicht haben. Die notwendigen Beschleunigungswege können nach Abschnitt 2.2. abgeschätzt werden.
– Der Diffusorwinkel ϑ_{Di} soll im Bereich $3° \leqq \vartheta_{Di} \leqq 4° (\dots 5°)$ bei einem Durchmesserverhältnis $d_3/d_4 = 0,6$ realisiert werden, um ein Abreißen der Strömung zu vermeiden:

$$l_{Di} = \frac{d_3 - d_4}{2\tan\vartheta_{Di}} \, . \tag{3.145}$$

Mit den angegebenen Orientierungswerten erhält man

$$l_{Di} = 3,264 \, d_4 \, . \tag{3.146}$$

Mit zunehmender Teilchengröße und damit entsprechend heterogenem Verhalten nehmen die Verluste im Ejektor zu, deren Quantifizierung letztlich nur durch Messungen hinreichend genau möglich wird. In diesem Zusammenhang sei darauf aufmerksam gemacht, daß eine optimale Gestaltung einer Transportanlage mit Ejektorbetrieb nur bei Betrachtung des Zusammenwirkens von Ejektor und Rohrleitung zum gewünschten Ergebnis führt [3.33] [3.41] [3.142] [3.150].

3.2.4. Rohre und Rohrleitungselemente

Für die Gestaltung und die Anwendung von Rohren und Rohrleitungselementen bestehen folgende grundsätzliche Forderungen:

a) minimaler oder größerer, aber kalkulierbarer Verschleißfortschritt durch Auswahl entsprechender Werkstoffe,
b) Ausführung der Rohrleitungsanlage (innere Oberflächen, Verbindungen usw.) eben,
c) keine Nennweitenänderung (NW der Saugrohrleitung = NW der Druckrohrleitung),
d) keine Anpassung der Rohrleitungskennlinie an die Pumpenkennlinie mittels Drosselorganen,
e) minimaler Einsatz von nur unbedingt notwendigen Rohrleitungselementen.

3.2.4.1. Rohre

Für den Einsatz in hydraulischen Förderanlagen sind vom Grundsatz her alle handelsüblichen Rohre anwendbar, wobei die mehr oder weniger gute Eignung durch verschiedene Faktoren, wie zu realisierender Betriebsdruck, Rohrwerkstoff, Herstellungsverfahren, Preis, bestimmt wird. Die Korrosions- und Verschleißwirkung, die sich unter Umständen wechselseitig begünstigen, müssen besonders beachtet werden. Sehr häufig ist eine lange Lebensdauer der Rohrleitungsanlage gefordert, so daß der Verringerung oder der Minimierung des Verschleißes besondere Aufmerksamkeit gewidmet werden muß. Unter Beachtung der Gesamtökonomie der Anlage werden häufig Verbundrohre, wie

– Innenrohr aus Schmelzbasalt, Außenrohr Stahl [3.116],
– Verbundstahlrohre mit gehärtetem Innenrohr [3.117],
– gummierte oder plastbeschichtete (Polyurethan) Rohre oder
– Plastrohre (Hochdruckpolyäthylen, Polyurethan) mit guter Verschleißwiderstandsfähigkeit [3.20],

mit Erfolg eingesetzt.
Die Verbindung und Lagerung der Rohrschüsse ist bei Standardrohren zweckmäßigerweise in solchen Längen lösbar zu gestalten (Flansche), daß durch Drehen der Rohrleitung (in der Regel um 90° oder um 120°) deren Lebensdauer wesentlich erhöht werden kann.

3.2.4.1.1. Verschleiß von Rohren – Berechnungsansatz

Der aktuelle Erkenntnisstand ermöglicht zur Vorausberechnung des zu erwartenden Verschleißes der Rohre nur die Anwendung empirischer Berechnungsmethoden: [3.137] [3.23]

[3.95] [3.113]. Der bei [3.156] [3.157] vorgestellte Berechnungsansatz gilt für gerade Rohrleitungen und gleitende Feststoffschichten ($v_G : v_{krit} \ldots 2\,v_{krit}$) und berücksichtigt die asymmetrische Wirkung (Maximum im unteren Bereich des Rohrquerschnitts) des Verschleißes bei heterogenem Gemischtransport (Bild 3.107), vgl. auch Abschnitt 2.3.7.

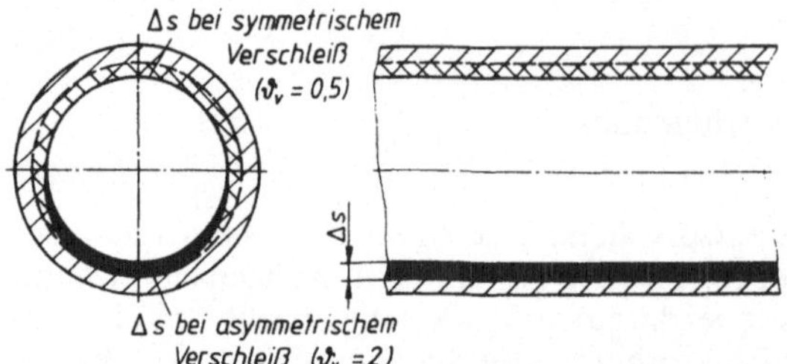

Bild 3.107 Verschleißwirkung   (Gleit-Spül-Verschleiß) bei geraden Rohrleitungen

Er wird bei der Vorausberechnung der Lebensdauer der Rohrleitung experimentell zu ermittelnden Verschleißkoeffizienten ξ_R in kg$_R$/kg$_M$, typisch für die jeweilige Stoffpaarung, zugrunde gelegt, wodurch die Abhängigkeit $\xi - f(d_{Km}; d_R; c_T; v_R)$ erfaßt wird. Außerdem soll die Zunahme des Rohrquerschnitts A vom Ausgangsquerschnitt A_0 infolge Verschleiß bis zum Endquerschnitt A_L beim Erreichen der Lebensdauer t_L linear erfolgen:

$$A_R(t) = A_{R0} + \frac{A_{Rt} - A_{R0}}{2}\, t. \tag{3.147}$$

Die maximal zulässige Rohrwanddickenabnahme Δs_L bestimmt bei asymmetrischem Verschleiß (ohne Drehen der Rohrleitung) den Innendruck und bei symmetrischem Verschleiß (mit Drehen der Rohrleitung) die notwendige Festigkeit infolge der Stützweite. Erst bei hohen Betriebsdrücken kann im letzteren Fall der Innendruck bestimmend werden. Zur Berücksichtigung der unterschiedlichen Verschleißgeometrie wird ein Geometriefaktor ϑ_v definiert (vgl. Bild 3.107), der die Grenzwerte $\vartheta_v = 2$ bei asymmetrischem Verschleiß und $\vartheta_v = 0,5$ bei gleichmäßigem Verschleiß über den Rohrumfang annehmen kann. Damit gilt für die maximale Wanddickenabnahme

$$\Delta s_L = \vartheta_v (d_{RI} - d_{Ro}); \tag{3.148}$$

d_{Ro} Innendurchmesser des neuen Rohres,
d_{RI} Durchmesser des Kreises, dessen Fläche der lichten Rohrfläche beim Erreichen der Lebensdauer t_L entspricht.

Die Abhängigkeit des Wanddickenabtrags von den Transportparametern beträgt

$$\Delta s = \xi_R v_G t = \dot{V}_G \, \frac{2}{A_{Ro} + A_R(t)} \, t \tag{3.149}$$

und beim Erreichen der Lebensdauer t_L

$$\Delta s_L = \xi_R v_G t_L = \xi_R \dot{V}_G \, \frac{2}{A_{Ro} + A_{RL}} \, t_L. \tag{3.150}$$

Durch experimentelle Untersuchungen wird der Massenabtrag eines Proberohres Δm bestimmt und aus dem Zusammenhang

$$\Delta m_R = l_R (A_R(t) - A_{Ro}) \varrho_R = l_R \, \frac{2 A_{Ro} s(t)}{\vartheta_v d_{Ro}} \, \varrho_R \tag{3.151}$$

bei Vergleich mit Gl. (3.149) der spezifische Rohrverschleißkoeffizient mit nur aus Messungen ermittelten Größen berechnet:

$$\xi_R = \frac{\Delta m_R d_{Ro}}{\dot{V}_G t l_R \varrho_R} \, . \tag{3.152}$$

Experimentell ermittelte ξ_R-Werte für niedriglegierte Stahlrohre bei verschiedenen Feststoffen sowie unterschiedlichen Transportparametern zeigt Bild 3.108, aufgetragen über dem Teilchendurchmesser d_{Km}. Die komplexen Einflüsse auf ξ_R werden deutlich.

Ist der spezifische Rohrverschleißkoeffizient ξ_R bestimmt, so können die interessierenden Größen berechnet werden. Die maximale Massenabnahme $\Delta m_{R,L}$ des Rohres infolge Verschleiß bis Erreichen der Lebensdauer t_L berechnet man mit Gl. (3.151) unter Verwendung von Δs_L anstelle $\Delta s(t)$.

Die Lebensdauer der Rohrleitung erhält man aus Gl. (3.153) mit

$$t_L = \frac{\Delta s_L \, A_{Ro}}{\dot{V}_G \, \xi_R} \, , \tag{3.153}$$

wobei der Volumenstrom $\dot{V}_G$ nur auf A_{Ro} bezogen wird. Wird die Rohrleitung gedreht, dann muß zusätzlich berücksichtigt werden, daß in einer Betriebslage nicht der volle Wanddickenabtrag Δs_L zugelassen werden kann, da in den anderen Betriebslagen noch eine, wenn auch geringere Verschleißwirkung vorhanden ist. Durch Einführung eines weiteren, von der Anzahl der Betriebslagen n_R abhängigen Faktors χ, der den in einer Betriebslage zulässigen anteiligen Wanddickenabtrag an der Rohrsohle

$$\Delta s_{L, M_R} = n_R \chi \Delta s_L \tag{3.154}$$

erfaßt, wird diesem Sachverhalt Rechnung getragen.

Die Lebensdauer t_L kann nun berechnet werden mit

$$t_L = \frac{n_R \chi \Delta s_L A_{Ro}}{\dot{V}_G \, \xi_R} \, . \tag{3.155}$$

Tafel 3.14 zeigt $n_R \chi$ abhängig von n_R nach *Turchaninow* (bei [3.157]).

Tafel 3.14. Koeffizient $n_R \chi$ zum anteiligen Rohrverschleiß

n_R	1	2	3	4
$n_R \chi$	1	1,552	1,827	1,980

Die bis zum Erreichen der Lebensdauer t_L förderbare Feststoffmasse $m_{M,L}$ erhält man unter Beachtung der Kontinuitätsbeziehung für den Feststoffmassenstrom mit

$$m_{M,L} = \dot{m}_M t_L = \frac{n_R \chi s_L A_{Ro} \varrho_M c_T}{\xi_R} \, . \tag{3.156}$$

Für die ökonomische Bewertung ist der spezifische Verschleißabtrag durch den Feststoff von Interesse, den man leicht mit den Gleichungen (3.151) und (3.156) berechnet:

$$m_{VR} = \frac{\Delta m_{R,L}}{m_{M,L}} = \frac{2 \xi_R \varrho_R l_R}{n_R \chi \, \delta_v \, d_{Ro} \varrho_M c_T} \, . \tag{3.157}$$

Ist der zulässige Abtrag $\Delta m_{R,L}$ erreicht, kann die Rohrleitung nicht weiter verwendet werden. Die noch vorhandene Rohrwanddicke ist zur Aufnahme des Innendrucks und zur Gewährlei-

Symbol	Feststoff	Anmerkung	Quelle
O	Kies	gerundet	[3.130]
⊖	Kies	kantig	[3.147]
φ	Schotter	gerundet	[3.156]
◐	Bauxit		[3.156]
●	Steinkohle	kantig	[3.15]
⬤	Steinkohle	gerundet	[3.114]
⬤	Steinkohle	gerundet	[3.78]
✳	Einsenerz		
+	Sand		[3.78]
△	Pottasche		
▲	Abgänge–Steinkohleaufbereitung		
■	Kraftwerk Asche (Staubfeuerung)		[3.58]

Symbol	Feststoff	c_T^8	v_G m/s	d_R m	Quelle
□	Sand	0,1	$2\,v_{Krit}$	0,104	[3.95]
▤		0,1	$2\,v_{Krit}$	0,05	
▥	Kies	0,15	$1,5\ldots3\,v_{Krit}$	0,104	
⊕	Sand		$2\,v_{Krit}$	0,08	[3.137]
⊛	Kies		$2\,v_{Krit}$	0,10	
▽	Korund	0,65	2	0,038	[3.71]
		0,10		0,076	

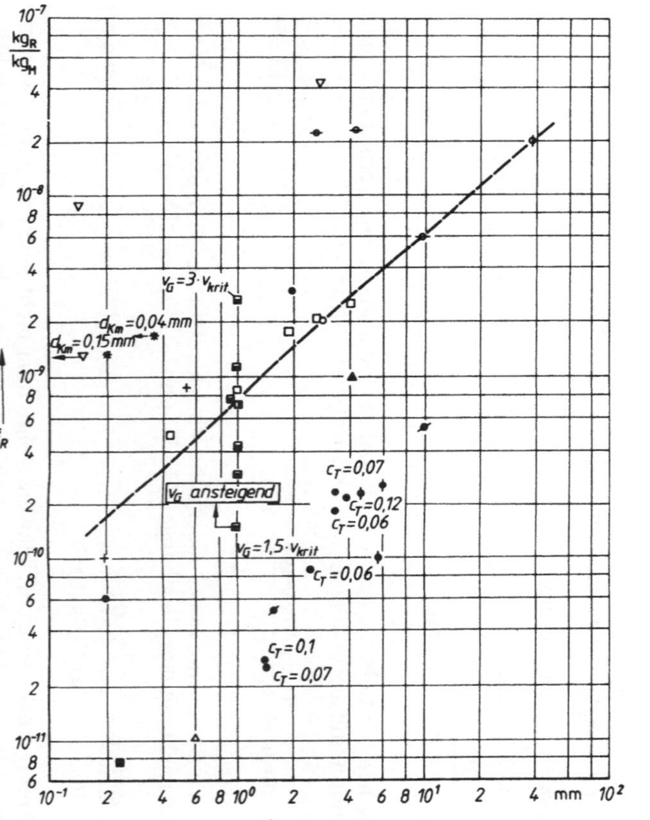

Bild 3.108. Gemessene spezifische Rohrverschleißkoeffizienten ξ_R für verschiedene Feststoffe bei Stahlrohr, abhängig vom mittleren Teilchendurchmesser d_{Km}

stung der Stabilität aus der Stützweite erforderlich. Diese Rohrmasse bei Außerbetriebnahme der Rohrleitung $m_{R,L}$ berechnet man nach

$$m_{R,L} = \pi d_R l_R \rho_R \left[s_L + \Delta s \left(1 - \frac{1}{2\,\delta_v} \right) \right].$$
(3.158)

Dabei wird der ungleichmäßige Abtrag am Umfang durch $\delta_v = f(n_R)$ berücksichtigt.
Die erforderliche minimale Rohrwanddicke, bedingt durch den Innendruck, kann mit der bekannten Rohrformel berechnet werden:

$$s_L = \frac{d_{R,L} \cdot 10^3}{\dfrac{2K}{p\,S} v^* - 1} \,;$$
(3.159)

S Sicherheitsbeiwert (1,7 ... 2),
v^* Schweißnahtwertigkeit (< 1).

Die Mindestwanddicke für nahtloses Stahlrohr (unlegiert, niedriglegiert) bei symmetrischem Verschleißabtrag, resultiert aus den Stabilitätsanforderungen bei Stützweiten. Nach TGL 9012 ergibt sich diese [3.47] aus

$$s_{Lmin} = 0{,}0161\, d_{Ra}\, 0{,}5349\,;$$
(3.160)

d_{Ra} Rohraußendurchmesser in m.

Für den Bergbau ist die Mindestwanddicke in eigenen Standards festgelegt.
Die vorgestellte Methode ist gut geeignet, die Lebensdauer der geraden, horizontalen Rohrleitung zu ermitteln. Tritt örtlich z. B. Schrägspülverschleiß auf, so führt dies zu einer schnelleren Zerstörung der Anlagenelemente. Ein entsprechender Aufschlag macht sich dann erforderlich. Es sollte jedoch angestrebt werden, durch die Gestaltung bzw. Fertigung solche Effekte zu vermeiden (s. Abschnitt 3.2.4.1.2., Bilder 3.109 bis 3.115). Beim Transport homogener Gemische (kleine d_{Km} oder $\varrho_M/\varrho_F \approx 1$) tritt der Verschleiß am Rohrumfang nahezu gleichmäßig auf. Hierbei entfällt das vorgeschlagene Drehen der Rohrleitung.

3.2.4.2. Rohrleitungsarmaturen

Bei hydraulischen Feststofftransportanlagen besteht prinzipiell die Möglichkeit, daß Armaturen im Förderstrom

- der Transportflüssigkeit (reine oder leicht verschmutzte Flüssigkeit oder auch Suspension) oder
- des Gemisches eingeordnet werden.

Sie haben Absperr- und Absicherungsaufgaben zu erfüllen. Auf die Drosselung von Förderströmen sollte aus energieökonomischer Sicht grundsätzlich verzichtet werden. Bei gemischdurchströmten Rohrleitungen ist sie außerdem wegen des hohen Verschleißes und der Verstopfungsgefahr nicht zu empfehlen (ggf. nur bei homogenen Suspensionen anwenden).
Gemischdurchströmte Armaturen sind besonderen Beanspruchungen ausgesetzt:

- Der Spülverschleiß beansprucht die Dichtflächen.
- Der Korngleitverschleiß zerstört relativ zueinander bewegte Elemente, wenn Feststoffteilchen eingedrungen sind.
- Die Einschränkung oder völlige Funktionsuntüchtigkeit der Armatur durch Ablagerungen im Bereich der Dichtflächen ist möglich.

Daraus ergeben sich spezielle Anforderungen an diese Armaturen:

- geringe Verschleißanfälligkeit, besonders der Dichtflächen,
- Ablagerungsfreiheit im Bereich der Dichtflächen und Zerkleinerungsfähigkeit evtl. abgelagerter, meist einzelner Feststoffpartikel,

Tafel 3.15. Charakteristika und Einsatzkriterien von Armaturen für den hydraulischen Feststofftransport

Armaturentyp	Spezifische konstruktive Forderungen	Vorteile	Nachteile	Einsatz-charakteristik
– Keilschieber (Bild 3.109 a)	– Schlammsack mit Reinigungs-öffnung – verschleißarmes Material der Dichtflächen	– kostengünstige Fertigung, – beliebige NW, – beliebige Drücke,	– Verschleiß der Dichtflächen, – Veränderung des Strömungsquer-schnitts, – Ablagerungen führen zu Funk-tionsstörungen (Schneidkanten nicht möglich)	– schlecht geeignet für faserige Fest-stoffe
– Plattenschieber mit axial beweglichen Dichtungsringen (Bild 3.109 b)	– Schlammsack mit Reinigungs-öffnung – Leitrohr möglich – Schneidkante	– beliebige NW – keine Verände-rung des Strö-mungsquer-schnitts in Offen-stellung – beliebige Feststoffe	– Verschleiß der Dichtflächen durch Bewegung der Armaturen-elemente – höhere Ferti-gungskosten begrenzte Drücke	– Anfahrarmatur, Schleusenkam-mer-Absperr-armatur – beliebige Fest-stoffe – Betriebserfah-rungen liegen vor, z. B. bei Stein-kohletransport
– Stoffflach-schieber (Bild 3.109 c)	– Schneidkante – Reinigungs-öffnung	– kostengünstige Fertigung – beliebige Nennweite	– Verschleiß der Dichtflächen – Veränderung des Strömungsquer-schnitts – begrenzte Drücke	– Schleusenkam-mer-Absperr-armatur – breiige und faserige Fest-stoffe, Schlämme, körnige Feststoffe – Betriebserfah-rungen liegen vor
– Quetscharmatur (Bild 3.109 d)	– verschleißarme Membran	– einfache kon-struktive Gestal-tung – keine Verände-rung des Strömungsquer-schnitts in Offenstellung	– begrenzte Drücke – begrenzte NW – begrenzte Stand-zeit der Membran	– Anfahrarmatur, Schleusenkam-mer-Absperr-armatur (Rohr-kammer) – wenig schleißende Feststoffe – Standzeit von Membranqualität abhängig – Betriebserfah-rungen liegen vor – Untersuchung verschiedener Membranwerk-stoffe hinsichtlich zulässiger Arbeits-spiele

(Fortsetzung Tafel 3.15)

Armaturentyp	Spezifische konstruktive Forderungen	Vorteile	Nachteile	Einsatzcharakteristik
– Kugelhahn (Bild 3.109 c)	– Kugel und Dichtungen verschleißarm – Schneidkanten – Ein- und Mehrwegausführung	– keine Veränderung des Strömungsquerschnitts in Offenstellung – bliebige Feststoffe – kompakte Anlagengestaltung wegen Möglichkeit der Mehrwegausführung	– hohe Herstellungskosten, – Verschleiß der relativ zueinander bewegten Teile – Möglichkeit der Feststoffablagerung im Totraum zwischen Gehäuse und Kugel	– Feststoff beliebig

– weitestgehende Vermeidung von Veränderungen des Strömungsquerschnitts bei Offenstellung.

Vom Grundsatz eignet sich eine Reihe von Armaturentypen, wenn die Konstruktion einschließlich Werkstoffauswahl den speziellen Anforderungen Rechnung trägt (Tafel 3.15). Bild 3.109 veranschaulicht einige typische konstruktive Lösungen.
Armaturen zur Absicherung sowohl der Ausrüstungen als auch des Transportvorgangs sind

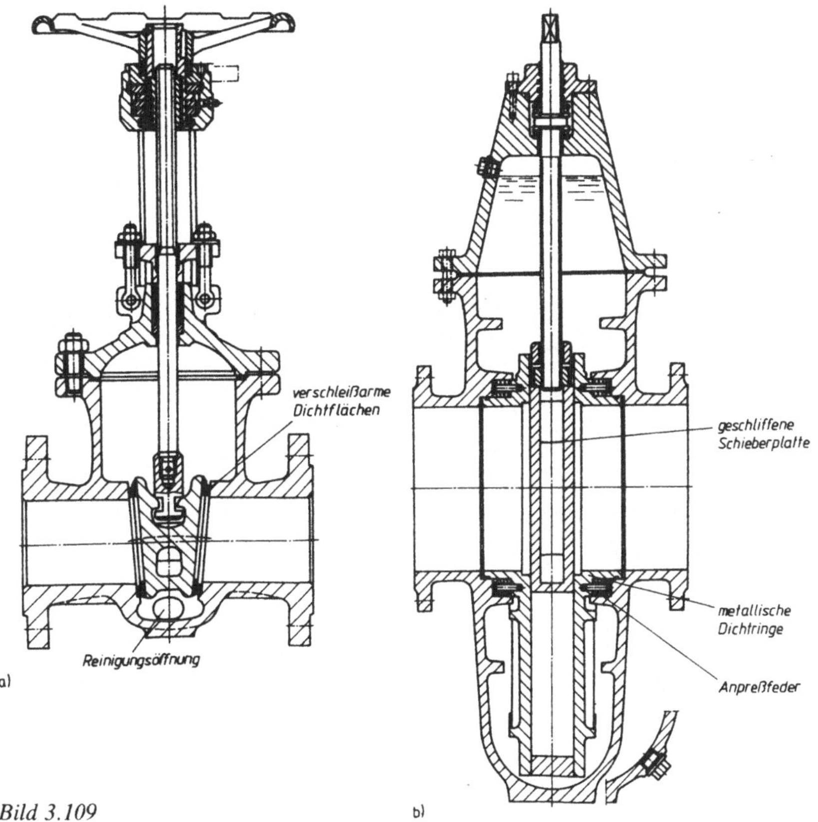

Bild 3.109

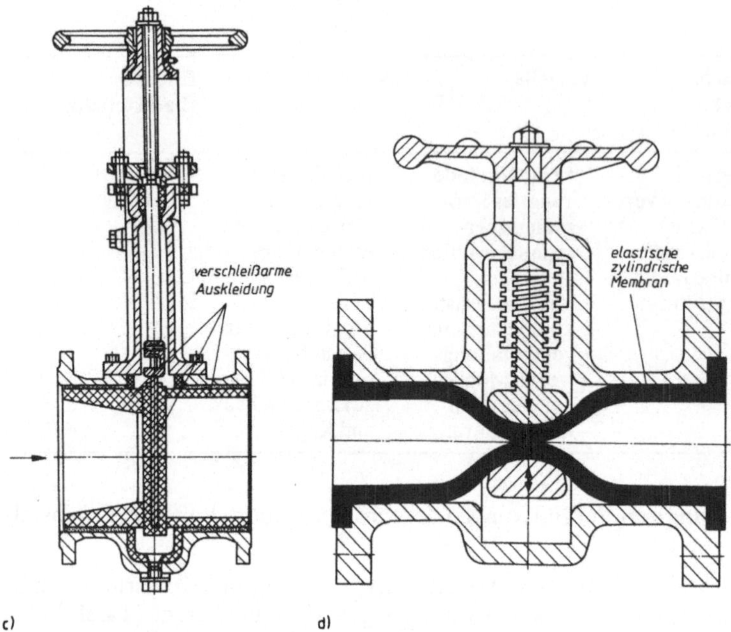

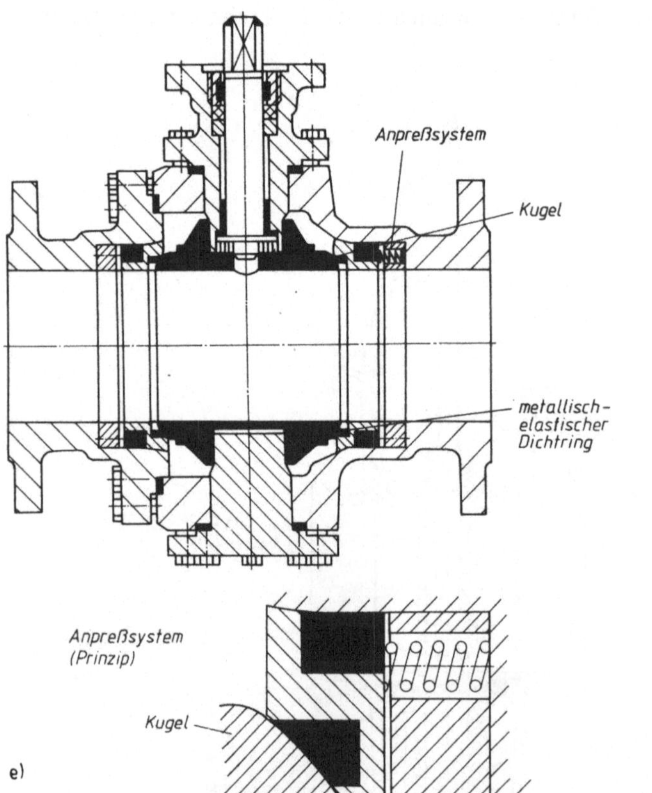

Bild 3.109 *Typische konstruktive Lösungen von Absperrarmaturen für den hydraulischen Feststofftransport*

a) Keilschieber (verschleißarme Keil- und Dichtflächen) [3.21]; b) Plattenschieber (ELITA-Schieber) [3.118]; c) Stoffflachschieber (verschleißarme Auskleidung) [3.21]; d) Quetscharmatur [3.11]; e) Kugelhahn [3.75]

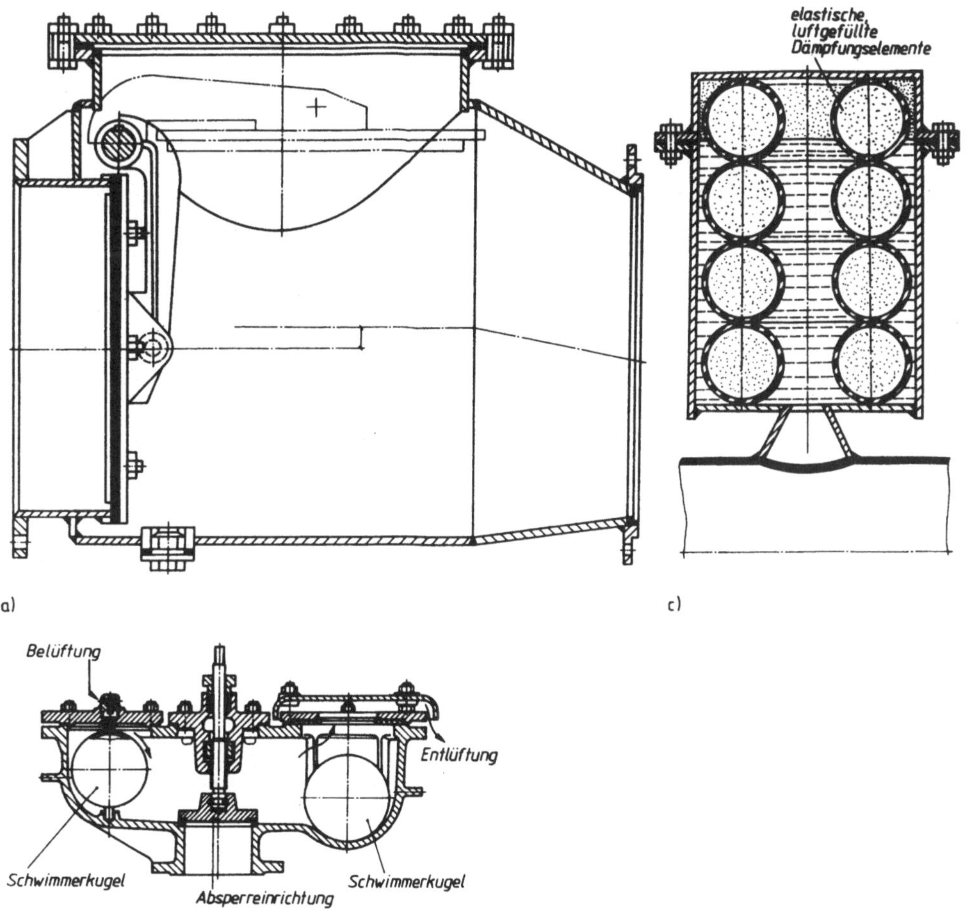

Bild 3.110. *Armaturen zur Absicherung der Ausrüstungen und des Transportvorgangs*

a) Rückschlagklappe (Schweißkonstruktion größerer NW) [3.147]; b) Be- und Entlüftungsventil (MAW); c) Dämpfer für Druckstoß [3.95]

- Rückschlagklappen (Bild 3.110a) zur Vermeidung der Umkehr der Strömungsrichtung bei Pumpenstillstand,
- Be- und Entlüftungsventile für die Rohrleitung (Bild 3.110b),
- Stoßdämpfer für die Begrenzung der Druckerhöhung bei evtl. auftretenden Druckstößen (Bild 3.110c).

3.2.4.3. Sonstige Rohrleitungselemente

Zur Kompensierung der Wärmedehnung sind solche Dehnungsausgleicher einzusetzen, die keine Querschnittsveränderung der Rohrleitung aufweisen. Vornehmlich werden Stopfbuchs-Dehnungsausgleicher (Bild 3.111a) angewendet. Bei häufiger Lageveränderung der Transportrohrleitung können Schnellverbindungen spezieller Konstruktion (Bild 3.111b) nutzvoll sein. Um Richtungs- und Lageänderungen zu kompensieren, sind Drehstopfbuchsen (Bild 3.111c) und Kugelgelenke (Bild 3.111d) besonders bei Saugbaggern (Schwimmrohrleitung) üblich.

Auf die analog für Rohrleitungsanlagen einphasigen Medien eingesetzten Flansche, Rohrlager usw. sei an dieser Stelle hingewiesen. Bei der Auswahl ist das ggf. vorzusehende Drehen der Rohrleitung zu beachten.

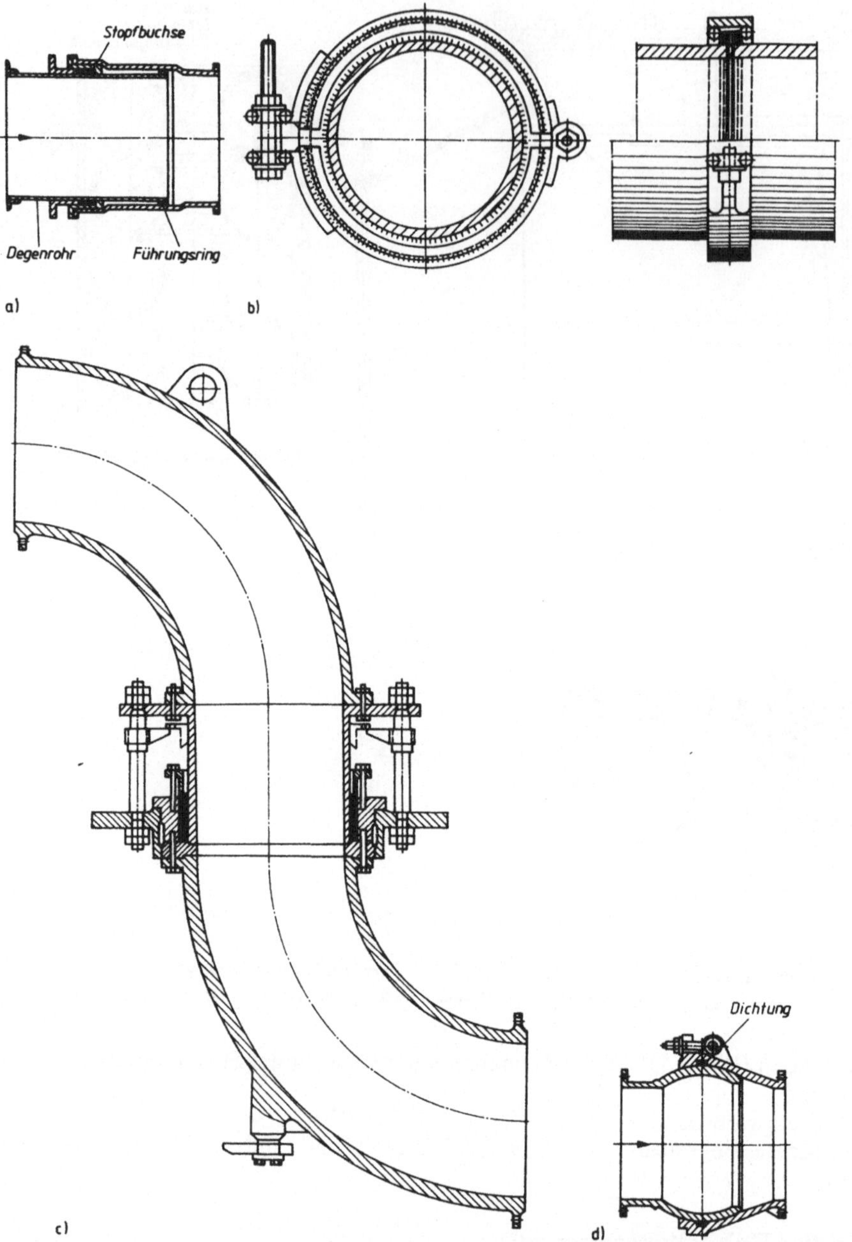

Bild 3.111. Auswahl wichtiger Rohrleitungelemente

a) Stopfbuchse-Dehnungsausgleicher [3.59]; b) Schnellverbindung für Rohrleitungen [3.147]; d) Drehstoffbuchse [3.147]; e) Kugelgelenk [3.147]

3.2.5. Zusammenwirken von Pumpe und Rohrleitung

Bei der Förderung heterogener Gemische ist es auch bei stabilem stationärem Betrieb nicht möglich, solche kleinen Schwankungsbreiten aller Einflußparameter zu sichern, daß ein zeitlich konstanter Arbeitspunkt gewährleistet wird. Es muß generell von einem Arbeitsfeld ausgegangen werden. Besondere Bedeutung hat dies für die Sicherung der Transportstabilität.

Tafel 3.16. Parametervarianz für typisch Anlagensysteme

Energieeinbringung, Gemischeinbringung	Gemisch-herstellung	Parametervarianz	
		langzeitig	kurzzeitig sporadisch
Gemischpumpe, Ansaugen	Saugkopf Mischeinrichtung	Kennlinienänderung Pumpe und Rohrleitung infolge Verschleiß	c_T-Schwankungen Kennlinienänderung Pumpe und Rohrleitung
			c_T-relative Konstanz relative Kennlinienkonstanz
Reinflüssigkeits-pumpe, Ejektor	Saugkopf Mischeinrichtung	Kennlinienänderung Ejektor und Rohrleitung infolge Verschleiß	c_T-Schwankungen Kennlinienänderung Ejektor und Rohr-leitung
			c_T-relative Konstanz relative Kennlinien-konstanz
Reinflüssigkeits-pumpe, Schleuse	ohne Feststoff-dosierung mit Feststoff-dosierung	Kennlinienveränderung der Rohrleitung infolge Verschleiß	c_T-Schwankungen Kennlinienänderung der Rohrleitung
			c_T-Konstanz Kennlinienkonstanz

Das Arbeitsfeld wird bestimmt durch die technische Lösung der Gemisch- und Energieeinbringung, durch das Rohrleitungssystem sowie durch den Grad der Änderung der Feststoffeigenschaften. In Tafel 3.16 ist eine qualitative Wertung der wesentlichen Lösungsvarianten im Hinblick auf Parametervarianz vorgenommen. Es ist ersichtlich, daß mit zunehmendem technischem Aufwand der Arbeitsbereich eingegrenzt werden kann. Dies hat besondere Bedeutung im Hinblick auf die Optimierung der Gesamtanlage; denn in den meisten Fällen steht als Optimierungskriterium „Minimale Transportgeschwindigkeit bei maximal möglicher Transportkonzentration!". Je geringer die Arbeitspunktschwankungen sind, um so sicherer kann ein optimaler Betrieb gewährleistet werden. Andernfalls ist ein erhöhter Regelungs- bzw. Automatisierungsaufwand erforderlich.

3.2.5.1. Energieeinbringung mit Reinwasserpumpen, Verbundbetrieb

Die Energieeinbringung mit Reinwasserpumpen ist an ein Feststoff-Einschleussystem gekoppelt.

Das Zusammenwirken von Pumpe und Rohrleitung ohne Berücksichtigung des Verschleißeinflusses auf die Kennlinie der Rohrleitung wird im Bild 3.112 gezeigt. Es liegt Konzentrationsunabhängigkeit der Pumpenkennlinie vor. Der Arbeitspunkt A soll den Auslegungsparametern der Förderanlage gemäß der zu realisierenden Aufgabenstellung (Gemischgeschwindigkeit v_G, Transportkonzentration c_T, ökonomischer Druckverlust Δp_G und ökonomischer Wirkungsgrad η_p) entsprechen. Die Rohrleitungskennlinien unterscheiden sich infolge der schwankenden Transportkonzentration, so daß der Bereich möglicher c_T

$$c_T' \leqq c_T \leqq c_T'' \quad \text{mit } c_T'' = c_{Tmax}$$

zu berücksichtigen ist. Das bedeutet, daß noch im Arbeitspunkt A'' der Transport zuverlässig gewährleistet werden muß.

Im Arbeitspunkt A'' sind die kennzeichnenden Parameter:

$$c_T'' = c_{Tmax}, \quad v_{Gmin}'' = v_{krit}, \quad \Delta p_{Gmax}'' = \Delta p_{Gkrit},$$

die zur Festlegung der Grenzbetriebsparameter heranzuziehen sind.

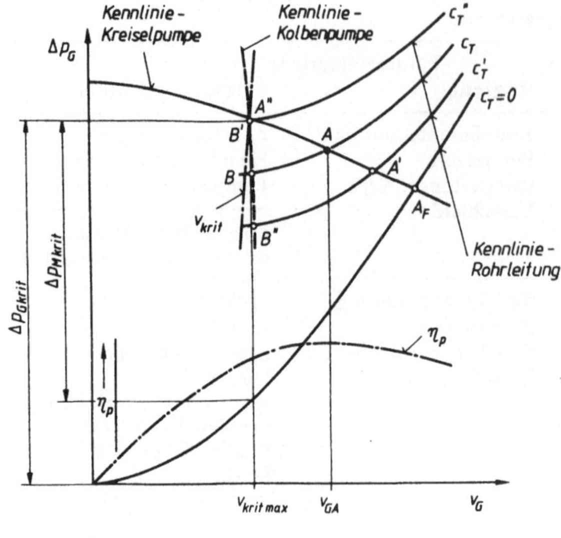

Bild 3.112. Zusammenwirken von Pumpe und Rohrleitung ohne Berücksichtigung der Kennlinienänderung durch Verschleiß, Klarwasserpumpe

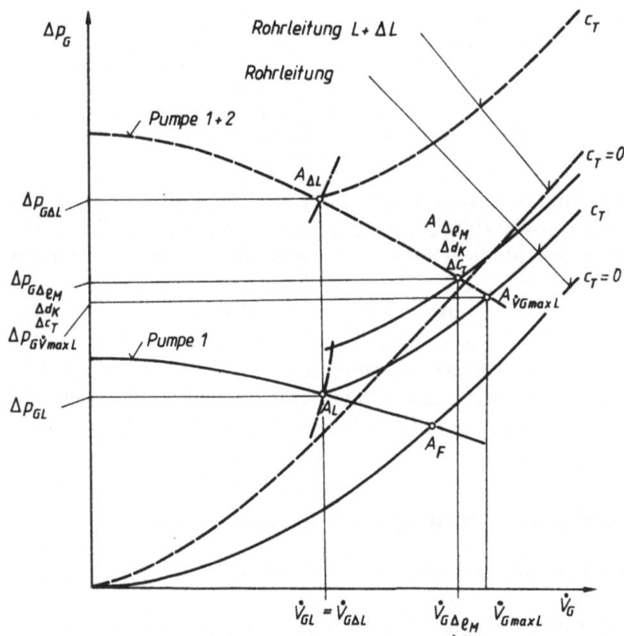

Bild 3.113. Reihenschaltung von Kreiselpumpen

Die Anpassung an veränderte Transport- (c_T) und Feststoffparameter (d_{Km}, ϱ_F) kann durch Drehzahlstellung einer Kreiselpumpe erfolgen.

Zur Anpassung an zufällige, kurzzeitige Parameterschwankungen ist die Drehzahlstellung wenig geeignet. Hier ist der Arbeitsbereich entsprechend dem zu erwartenden Schwankungsbereich der Parameter festzulegen bzw. zu berücksichtigen, im vorliegenden Fall von A_F bis A''.

Im Bild 3.112 ist auch die Kennlinie einer Kolbenpumpe eingetragen mit den möglichen Arbeitspunkten $B - B - B''$. Die günstigeren Bedingungen bezüglich der Konstanz und damit der Stabilität des Transportvorgangs wegen der steilen Kennlinie [$v_G \neq f(c_T)$] werden deutlich. Der Verbundbetrieb (Reihen- oder Parallelschaltung) von Kreiselpumpen kann unter Berücksichtigung der spezifischen Bedingungen auch für den hydromechanischen Feststofftransport eingesetzt werden

– bei konstanter Rohrleitungslänge
- zur Erhöhung des Volumenstroms des Gemisches,
- zur Erhöhung der Transportkonzentration,
- zur Anpassung der Transportanlage an veränderte Feststoffparameter (Vergrößerung des Korndurchmessers, Erhöhung der Feststoffdichte oder Veränderung der Feststoffart) unter sonst konstanten Bedingungen,
– zur Vergrößerung der Transportentfernung (Rohrleitungslänge).

Reihenschaltung

Die grundsätzlichen Zusammenhänge sind im Bild 3.113 dargestellt. Der Arbeitspunkt A_L mit den Koordinaten Δp_{GL}, $\dot{V}_{GL}$ ist der Betriebspunkt für eine Kreiselpumpe unter Beachtung der Bedingung $v_G > v_{krit}$. Bei Reihenschaltung einer weiteren Kreiselpumpe mit sonst unveränderten Parametern stellt sich der Arbeitspunktk $A_{\dot{V}G, max\,L}$ (Koordinaten $\Delta p_{GV\,max\,L}$, $V_{G\,max\,L}$) ein. Die Erhöhung von Feststoffdichte (auch Veränderung der Feststoffart), die Vergrößerung des Korndurchmessers oder der Transportkonzentration ergeben den Arbeitspunkt A $\Delta\varrho_M$, Δd_K, Δc_T, wobei die entsprechende Vergrößerung der kritischen Geschwindigkeit beachtet werden muß. Eine Verlängerung der Rohrleitung – im Bild 3.1 unter Bedingung ΔL_{max}, d. h. bei $V_{GL} = V_{G\Delta L}$, dargestellt – ergibt den Arbeitspunkt $A_{\Delta L}$ (Koordinaten $\Delta p_{G\Delta L}$, $\dot{V}_{GL}$).

Parallelschaltung

Die Parallelschaltung von Kreiselpumpen kann zur Erhöhung des Volumenstroms eingesetzt werden (Bild 3.114). Dies betrifft unter anderem den Fall, wenn durch eine Pumpe die der kritischen Geschwindigkeit entsprechende Gemischmenge nicht erreicht wird. Dann würde ggf. bei $A_{\Delta V}$ der Grenzfall der kritischen Geschwindigkeit überschritten werden, während Pumpe 2 allein untauglich, Pumpe 1 allein gerade beim vorgegebenen c_T die kritische Geschwindigkeit erreichte, damit aber auch nicht zulässig wäre.

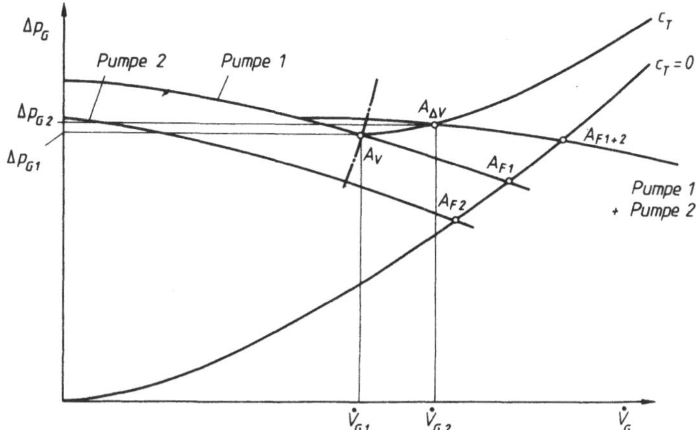

Bild 3.114. Parallelschaltung von Kreiselpumpen

3.2.5.2. Gemischpumpenbetrieb

Bei diesem Fall sind die kennlinienbestimmenden Abhängigkeiten (Konzentration und Verschleiß auf Pumpen- und Rohrleitungskennlinie) zu beachten.

Es ergibt sich das Arbeitsfeld gemäß Bild 3.115. In Abhängigkeit vom Verschleißgrad ergeben sich bei konstanter Transportkonzentration (z. B. c_T) die Arbeitspunkte im Bereich $A_1 - A_2 - A_{2V} - A_{1V}$ mit der Zuordnung:

Arbeitspunkt	Pumpe	Rohrleitung	Arbeitspunkt	Pumpe	Rohrleitung
A_1	neu	neu	A_{2V}	verschlissen	verschlissen
A_2	neu	verschlissen	A_{1V}	verschlissen	neu

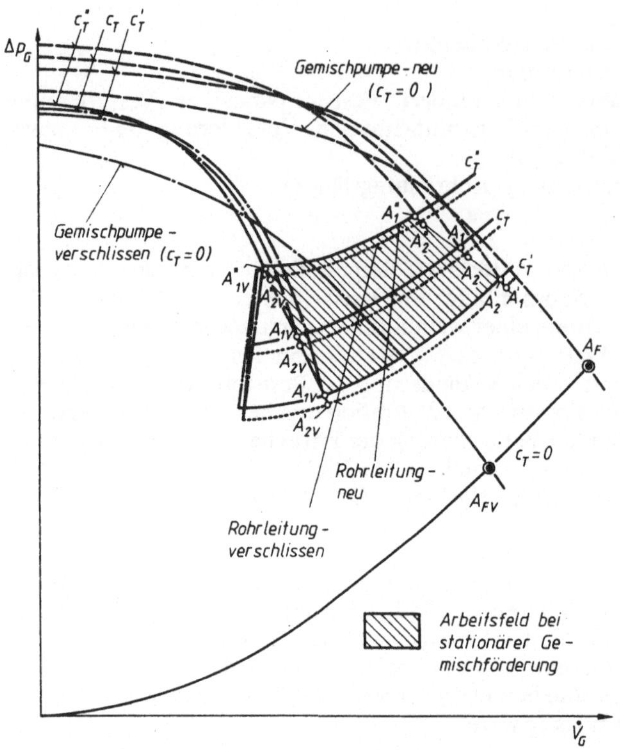

Bild 3.115. Zusammenwirken von Pumpe und Rohrleitung bei Gemischpumpenbetrieb unter Berücksichtigung von Konzentrations und Verschleißeinfluß

Durch Drehzahlstellung besteht in Grenzen die Möglichkeit, die Kennlinienänderung der Pumpe infolge Verschleiß auszugleichen. Bei Gemischpumpenbetrieb ist bei Saug-Druck-Systemen (d. h. z. B. Bodenaufnahme durch direktes Ansaugen) ggf. eine Begrenzung der Transportparameter c_T und v_G durch die Forderung nach kavitationsfreiem Betrieb gegeben. Die Zusammenhänge sind für den Saugbereich einer Anlage im Bild 3.116 dargestellt. Wird beispielsweise wegen der druckseitigen Bedingungen eine Pumpendrehzahl von $n_P = 400$ U/min bei $\dot{V}_G = 4\,600$ m³/h erforderlich, so kann zur Vermeidung von Kavitation die Konzentration maximal $c_{Tmax} = 0,1$ betragen (Punkt A_{n1}). Eine notwendige $n_P = 250$ U/min ließe dagegen eine Förderung mit $c_T = 0,20$ zu (Punkt A_{n2}).

3.2.5.3. Spezielle Probleme bei In- und Außerbetriebnahme

Bei der In- und Außerbetriebnahme sowie bei Havariestillstand sind Arbeitspunkte möglich, die zu Störungen in der Transportstabilität bzw. zu Problemen beim Wieder-in-Betrieb-Nehmen führen können.

Besonders beim Gemischpumpenbetrieb liegt dann ein großes Feld möglicher Arbeitspunkte vor.

Das Gesamtfeld solcher Betriebszustände ergibt sich i. allg. aus der Arbeitsweise der einzelnen Anlagenkomplexe sowie den Kopplungsbedingungen zwischen ihnen. Der eindimensionale Grundaufbau, verbunden mit dem Materialfluß, beinhaltet Zwangsbedingungen bezüglich der Kopplung.

Eine erste Abschätzung kann auf der Basis einer quasistationären Betrachtungsweise erfolgen. Dynamische Kraftwirkungen, damit auch das Auftreten von Druckstößen, sollen nachfolgend nicht berücksichtigt werden.

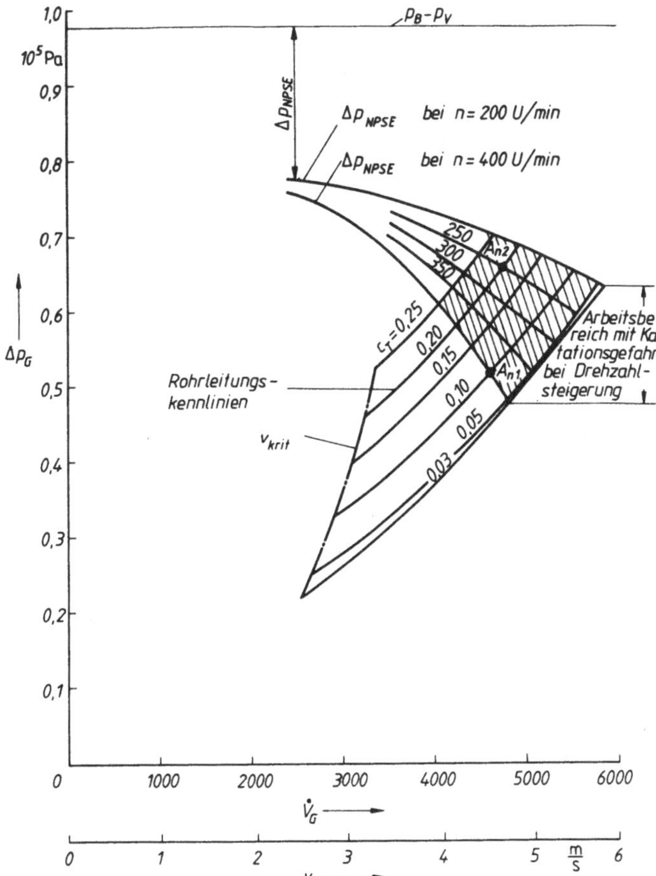

Bild 3.116. Arbeitsdiagramm des Saugbereichs einer Transportanlage $\dot{V}_G$ in m^3/h

3.2.5.3.1. Horizontale Rohrleitungsanlage

Ein besonders hoher Verflechtungsgrad liegt vor, wenn sowohl Gemischaufnahme als auch Energieeinbringung und (was generell gegeben ist) die Arbeitsweise der Rohrleitung konzentrationsabhängig sind.

Dies liegt vor beim Gemischabsaugen und Energieeinbringung mit Gemischpumpe. Für den stationären Betrieb ergibt sich dann eine Arbeitslinie möglicher Betriebspunkte (Bild 3.117). Bei der In- und Außerbetriebnahme der Anlage bzw. bei Veränderung des Arbeitspunktes während des Betriebs ergibt sich, durch die Übergangszustände der einzelnen Anlagenkomplexe bedingt, ein größerer Arbeitsbereich.

Solche Übergangszustände können z. B. sein

- Inbetriebnahme der Anlage bei flüssigkeitsgefüllter oder nicht gefüllter Rohrleitung,
- Außerbetriebnahme der Anlage mit schnellem Übergang der Pumpe auf Reinwasserförderung (sog. Nachspülen),
- Änderung der Gemischkonzentration während des Betriebs ansaugseitig.

Einen ersten Einblick in die dabei auftretenden Verhältnisse bietet die Kopplung der Kennlinien von Pumpe und Rohrleitung (Bild 3.118). Wie man sieht, sind die Steilheit und die Feststoffbeeinflussung der Pumpenkennlinie von entscheidender Bedeutung.

Im Fall nach Bild 3.118a, besonders zutreffend für grobkörnigeres Material, ergeben sich vom Grundsatz her vorerst keine Probleme. Alle denkbaren Kopplungspunkte sind mögliche Arbeitspunkte:

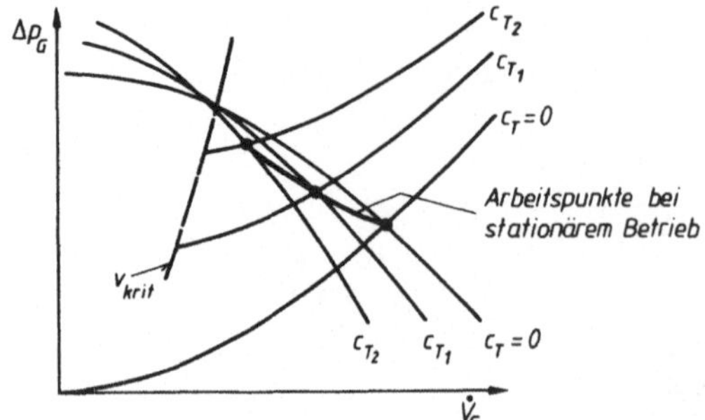

Bild 3.117. Stationärer Gemischpumpenbetrieb

– Anfahren mit flüssigkeitsgefüllter Rohrleitung und Pumpe: Betriebspunkt A_0.
– Übergang auf Ziel-Gemischförderung der Pumpe: Betriebspunkt A_0''.
  Hierbei ergeben sich möglicherweise zwei Probleme:
  • Bei schnellem Übergang erfolgt schnelle Durchsatzabnahme: Druckstoßgefahr.
  • Bei A_0'' arbeitet die Pumpe saugseitig mit der hohen Ziel-Gemischkonzentration, aber einem Durchsatz, der größer als der beim stationären Betriebspunkt A_3'' ist: Kavitationsgefahr.
  • Allmähliches Anfüllen der gesamten Rohrleitung mit der Ziel-Gemischkonzentration: Übergang auf Betriebspunkt A_3''.

Alle anderen Betriebshandlungen sind analog verfolgbar. Zusätzlich ist zu beachten, inwiefern die Durchsatzänderungen mit Konzentrationsänderungen verbunden sind bzw. inwiefern gemischbildungsseitig das Betriebsregime entsprechend mitgesteuert werden muß.

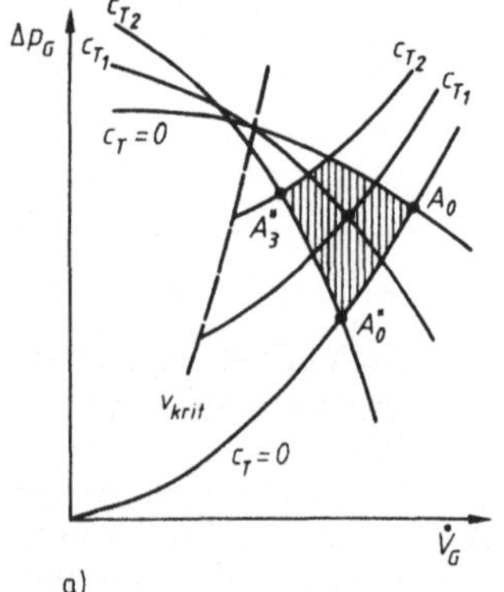

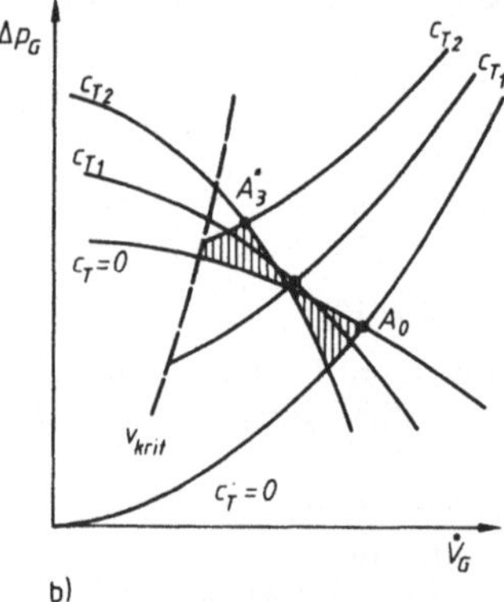

Bild 3.118. Arbeitsbereich bei quasistationären Betriebszustandsänderungen

Im Fall nach Bild 3.118b, z. B. zutreffend für feinkörniges Material, ergeben sich grundsätzliche Probleme – dies nicht oder nicht im gleichen Umfang wie bei Fall 3.118a bei der Inbetriebnahme, jedoch bei der Außerbetriebnahme:

– Wird vom Arbeitspunkt A_3'' die Pumpe auf Reinwasserförderung umgestellt (z. B. für das Nachspülen der Rohrleitung), so ergibt sich kein stabiler Arbeitspunkt (ein solcher liegt unterhalb der kritischen Geschwindigkeit), die Förderung bricht ab, oder es kommt zur Verstopfung.

Hier ist ein anderes Betriebsregime zu wählen (allmähliche Konzentrationsabsenkung) oder mit Drehzahlregelung zu arbeiten.
Zusätzlich ist generell der Verschleißeinfluß auf die Änderung der Charakteristiken zu beachten.

3.2.5.3.2. Vertikale Rohrleitungsanlage

Aufwärtsförderung

Für einen stabilen Betrieb ist unter Berücksichtigung der In- und Außerbetriebnahme eine Drehzahlstellung unerläßlich. Von [3.62] sind diese Verhältnisse für Erzförderung untersucht worden. Im Bild 3.119 ist das Arbeitsprogramm dargestellt, wobei auf die Berücksichtigung von Konzentrationsschwankungen wegen besserer Übersichtlichkeit verzichtet wurde.
Die Inbetriebnahme erfolgt mit Klarwasserbetrieb bei A_{00} ($c_T = 0$, n_0). Bei Feststoffzugabe verschiebt sich der Arbeitspunkt über A_{00} zu A_{10} (c_T; n_0).

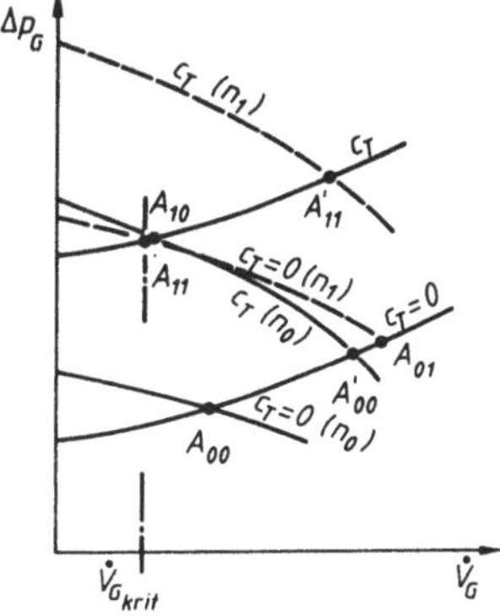

Bild 3.119. Arbeitsdiagramm für vertikale Aufwärtsförderung

Fällt die Feststofförderung aus, existiert kein Arbeitspunkt für Pumpe-Reinwasserbetrieb und Rohrleitung-Gemischbetrieb. Es ist also eine Drehzahlerhöhung auf n_1 notwendig, um im stabilen Förderzustand den Arbeitspunkt A'_{11} und beim Feststoffausfall den Arbeitspunkt A_{11} zu gewährleisten. In Übereinstimmung mit den jeweiligen anlagenspezifischen Bedingungen ist die Art der Steuerung festzulegen. (Eine Möglichkeit besteht darin, daß die Pumpendrehzahl nachgeregelt wird, mit dem Ziel, den Volumendurchsatz nahezu konstant zu halten). Es sei darauf aufmerksam gemacht, daß A_{11} immer oberhalb $\dot{V}_{Gkrit}$ realisiert werden muß. Bezüglich der Transportverhältnisse im vertikalen Rohr selbst sei auf [3.183] und auf Abschnitt 3.1.2.1.2. verwiesen.

Abwärtsförderung

Wird die geodätische Druckdifferenz als Förderdruck genutzt, so bestimmt diese die maximal förderbare Konzentration. Bei deren Überschreitung besteht die Gefahr der Verstopfung.
Im Bild 3.120 sind die möglichen Arbeitspunkte dargestellt. Diese liegen auf der Verbindungslinie $A_0 - A' - A - A''$ für Gemischaufgabe am Anfang der vertikalen Rohrleitung. Erfolgt

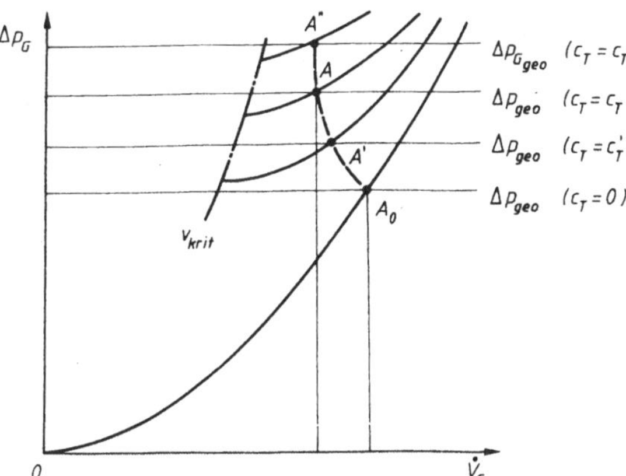

Bild 3.120. Arbeitsdiagramm für vertikale Abwärtsförderung mit anschließender horizontaler Rohrleitung

die Gemischherstellung nach der vertikalen Rohrleitung (Anfang einer sich anschließenden horizontalen Förderung), so liegen die Arbeitspunkte alle auf der Linie Δp_{Geo} ($c_T = 0$). Im Beispiel nach Bild 3.120 ist nur eine sehr geringe Konzentration c_T zulässig.

3.2.5.4. Instabile Betriebszustände und ihre Beherrschung

Instabile Betriebszustände sind unmittelbar an die Verstopfungsgefahr geknüpft. Sie sind während des normalen Betriebs sowie bei der In- und Außerbetriebnahme möglich.
Während des Betriebs entstehen solche Situationen

– infolge der Unterschreitung der kritischen Geschwindigkeit als Ergebnis von Parameteränderungen (vgl. Abschnitt 3.2.5.2.) unter Beachtung der Rohrleitungsführung (hier sind an erster Stelle die Transportkonzentration c_T und auch die Kornverteilungskurve d_{Ki} – längerfristig wirkt ebenso der Verschleiß – zu nennen),
– infolge Veränderung der Rohrleitungskennlinie durch Ablagerungen und damit Verringerung des Rohrquerschnitts (Bild 3.121),
– infolge des Einbringens von Fremdkörpern oder extremem Überkorn in die Rohrleitung.

Bild 3.121. Durch Ablagerungen teilweise zugesetztes Rohr

In- und Außerbetriebnahme beinhalten die Gefahr von Verstopfungen

– durch Arbeitspunktverschiebungen infolge der Kennlinienabhängigkeit von Rohrleitung und Pumpe von den Transportparametern bei Gemischpumpenbetrieb, wie im Abschnitt 3.2.5.3. gezeigt,
– durch sedimentierten Feststoff, besonders in vertikalen Rohrleitungsabschnitten, nach Außerbetriebnahme oder Havariestillstand mit Feststoffbeladung.

Die örtliche Verstopfung der Rohrleitung nach Anlagenstillstand mit der Feststoffbeladung kann erfolgen

– durch abrutschenden Feststoff in der gesamten Mächtigkeit der Schicht oder teilweises Abrutschen oder Abrollen des Feststoffs bei geneigter Rohrleitung (begünstigend wirkt hier, daß sich das grobe Material an der Schichtoberseite bewegt),
– durch Sedimentieren des Feststoffs aus vertikalen Rohrleitungsabschnitten.

Instabilitäten aus Parameter- und damit Kennlinienänderungen (einschließlich aus Verschleißwirkung) sind mit Drehzahlregelung der Pumpe beherrschbar.
Extremes Überkorn kann durch geeignete mechanische Einrichtungen (z. B. Siebgitter vor Saugköpfen) oder durch lokale Vergrößerung des Rohrleitungsquerschnitts (Erweiterung unter die Rohrsohle oder Umlenkung des Förderstroms in einen sog. Steinkasten bei Saugbetrieb) als definierten Ablagerungsort ausgehalten werden.
Bei Transportstillstand mit Feststoffbeladung (planmäßig oder Havariesituation), aber nicht infolge Verstopfung, ist eine örtliche völlige Rohrerfüllung mit Feststoff bei Rohrleitungsbögen aus der Horizontalen zur vertikalen oder geneigten Rohrleitung möglich. Hier ist nur eine

solche Höhe des versetzten Rohrabschnitts zuzulassen, die mit dem verfügbaren Druck der Pumpen wieder bewegt wird und damit eine Inbetriebnahme ohne besondere Probleme möglich ist. Sind geneigte Rohrleitungsabschnitte notwendig, ist möglichst durch Begrenzung des Neigungswinkels δ gemäß der Haftreibungszahl $\mu_0 \geqq \tan \delta_0$ ein Abrutschen der gesamten Schicht zu unterbinden. Das Abrollen des groben Materials an der Schichtoberfläche ist damit nicht vermeidbar. Sind im Haufwerk d_K-Anteile, die eine pseudohomogene Suspension bilden, kann infolge des veränderten Sedimentationsverhaltens (Schichtung der groben und feinen Anteile) bei Winkeln $\delta < \delta_0$ der Rohrquerschnitt mit Feststoff ausgefüllt werden. Untersuchungen mit feinem Sandstein, Eisenerzkonzentrat (Anteil $d_K < 0{,}05$ mm etwa 50 %) und Kohle (Anteil $d_K < 0{,}05$ mm etwa 20 %) in Wasser [3.144] bei $c_R = 0{,}42$ haben keine völlige Erfüllung des Rohrquerschnitts ergeben. Abhängig von der Rohrleitungsneigung ($\delta = 5°$, 10°, 15°) wurden Dicken der Wasserschicht in 12-Uhr-Position des Rohres von $h_F = (0{,}2 \ldots 0{,}5) \, d_R$ gemessen. Gemessene statische Gleitwinkel δ_0 ($\mu_0 = \tan \delta_0$) zeigen die Parameterabhängigkeiten (Tafel 3.17)

Tafel 3.17. Einflüsse auf den statischen Gleitwinkel δ_0 nach Messungen [3.104] [3.153]

Einfluß von c_R, d_R
- Seesand, $\varrho_M = 2680 \, \text{kg/m}^3$, $d_{km} = 0{,}72$ mm $(0{,}04 \ldots 4{,}0$ mm$)$ in Wasser

Rohr	δ_0 in grad		
	$c_R = 0{,}05$	0,10	0,15
Polycarbonat			
$d_R = 0{,}0876$ m	26	28	30
$d_R = 0{,}149$ m	25	27	30
Polyurethan (k ist 10mal größer)			
$d_R = 0{,}0886$ m	25	26,5	28,5
$d_R = 0{,}150$ m	24	26	28,5

- Sand $d_K = (0{,}3 \ldots 0{,}23)$ mm in Wasser

$d_R = 0{,}051$ m	24
$d_R = 0{,}152$ m	21

Einfluß von d_{Ki}
- Sand in Wasser

Teilchengröße mm	δ_0 in grad
6,3 ... 0,87	22
0,3 ... 0,23	24
0,18 ... 0,11	26
0,11 ... 0,05	45

Einfluß von k
- Sand $d_k = (0{,}3 \ldots 0{,}23)$ in Wasser

Werkstoff (Platte)	k in mm	δ_0 in grad
Plexiglas	0	23
Aluminium	$2{,}5 \cdot 10^{-3}$	25
Aluminium	$6{,}4 \cdot 10^{-3}$	28
Stahl	$12{,}7 \cdot 10^{-3}$	30 (Scheren in der Schüttung)

– zunehmend mit wachsender Konzentration c_R und mit Verkleinerung des Teilchendurchmessers d_K,
– abnehmend mit ansteigendem Rohrdurchmesser d_R.

Zum Einfluß der Oberflächenrauhigkeit k sind nur unter Bezug auf d_K Aussagen möglich (vgl. auch Abschnitt 3.1.2.1.).
Bei feinkörnigem Material (d_K in der Größenordnung von k) nimmt δ_0 mit wachsender k zu. Bei gröberem Material wurde bei einer Verzehnfachung von k bei gleichzeitiger Änderung des Rohrwerkstoffs (Polycarbonat/Polyurethan) eine geringe Verkleinerung von δ_0 ermittelt.
Im steil geneigten oder vertikalen Rohr erfüllt der Feststoff entsprechend seinem Sedimentationsverhalten den Rohrquerschnitt. Am Beispiel eines 90°-Kniestücks [3.129] ergeben sich konzentrationsabhängig vertikale Rohrlängen $l_{\text{äqu, vert}}$ (Bild 3.122). Beispielsweise ist mit $c_R = 0{,}1$ nur $l_{\text{äqu, vert}} \approx 12\,d_R$ zum Zusetzen des Kniestücks erforderlich. Größere l_{vert} bedeutet zwangsläufig zunehmendes Versanden in der Vertikalen.

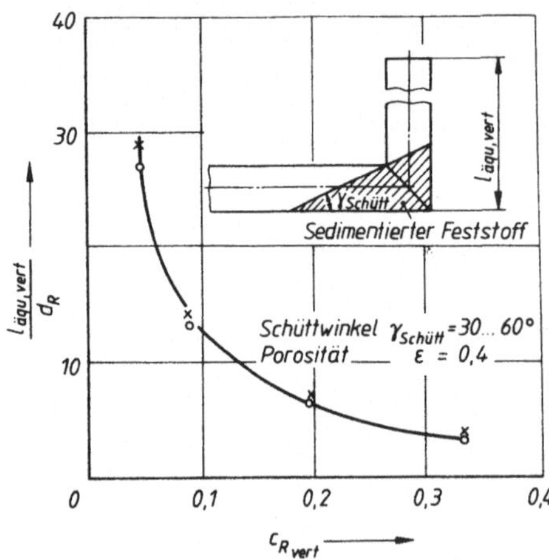

Bild 3.122. Vertikale Rohrleitungslängen $l_{\text{äqu, vert}}$ mit einem Feststoffinhalt zum Erfüllen eines Kniestücks

Das Wiederanfahren von Rohrleitungen mit zugesetzten Rohrleitungsabschnitten, die nicht aus der Verstopfung resultieren, bei *nichtentwässerten Rohrleitungen* mit Drücken p_w, die bei Gemischkreiselpumpen zur Verfügung stehen, ist durchaus möglich. Dabei ist der Wiederanfahrdruck p_w abhängig von der Rohrleitungsneigung δ, von der Schüttungslänge l_{Sch}, von der Durchströmrichtung (aufwärts oder abwärts) und vom Haufwerk, hier besonders von der Korngrößenverteilung und vom Verdichtungsgrad [3.104] [3.153]. Aufwärts durchströmte Rohrleitungen sind mit geringeren Δp_w anzufahren als abwärts durchströmte. $\Delta p_{w\,max}$ entspricht dem Druck im Lockerungspunkt. Bei Abwärtsströmung erfolgt die Lockerung nicht, so daß höhere Δp_w notwendig sind.
Bei Anlagenstillstand erfolgt mit der Sedimentation eine Klassierung des Feststoffs; das ist für das Wiederanfahren vorteilhaft. Die feinen Teilchen werden früher als die gröberen in Bewegung gesetzt, was eine Pfropfenbildung vermeidet.

Tafel 3.18. Einfluß der Porosität [3.104]

Porosität ε		$\Delta p_w/l_{Sch}$ in kPa/m	
		aufwärts durchströmt	abwärts durchströmt
0,41	frei sedimentiert	10	20
0,41	verdichtet	25	–
0,40		48	40
0,35		–	165

Tafel 3.19. Wandschubspannungen [3.104]

ε	aufwärts durchströmt	abwärts durchströmt
$< 0,41$	$\tau_{W,w} = 2,63 \cdot 10^4 (0,43 - \varepsilon)\,\text{Pa}$	$\tau_{W,w} = 5,47 \cdot 10^4 (0,42 - \varepsilon)\,\text{Pa}$
$\geqq 0,41$	$\tau_{W,w} = 390\,\text{Pa}$	$\tau_{W,w} = 390\,\text{Pa}$

Tafel 3.20. Wandschubspannungen [3.153]

Zustand bei Wiederanfahren	$\tau_{W,w}\,\text{Pa}$
Unter Wasser	$0,038 \cdot 10^4$
entwässert	$0,35 \cdot 10^4$

Die maßgebliche Wirkung des Verdichtungsgrads, ausgedrückt durch die Porosität ε, zeigt sich in der möglichen Vervielfachung von Δp_w (Tafel 3.18).

Die Größenordnung von Δp_w kann aus dem Kräftegleichgewicht am Gemischpfropfen dargestellt werden mit

$$\Delta p_w = \frac{4\,\tau_{W,w}\,l_{Sch}}{d_R} + l_{Sch}\,g\,[(1 - \varepsilon)\,(\varrho_M - \varrho_F) + \varrho_F] \cdot \sin\delta. \tag{3.184}$$

Tafel 3.19 zeigt gemessene Werte für $\tau_{W,w}$ mit einem Fehlerbereich von $\pm\,20\,\%$ [3.104]. Entwässerte Schüttungen im Rohr sind erst mit erheblich höheren Drücken wieder anzufahren (Tafel 3.20).

Zusammenfassend ergeben sich folgende Hinweise zur Sicherung eines stabilen, verstopfungsfreien Betriebs unter Berücksichtigung der In- und Außerbetriebnahme:

– Kleine Transportkonzentrationen ($c_T < 0,1$) haben eine hohe Empfindlichkeit der Anlage zur Folge.
– Größere Transportkonzentrationen führen bei Gemischgeschwindigkeiten in der Nähe der kritischen Geschwindigkeit zu Instabilitäten infolge
  • großer Unterschiede von c_R und c_T beim Übergang horizontal ↔ vertikal und damit großer Schichthöhen im horizontalen Rohr,
  • relativ geringer möglicher Längen vertikaler Rohrabschnitte (Ausfüllen der Rohrleitung durch Sedimentation).
– Vertikale, teilweise mit Feststoff angefüllte Rohrleitungsabschnitte können bei Abwärtsförderung bis zu relativ großen Längen wieder in Betrieb genommen werden.
– Die Reduzierung der Transportkonzentration vor Außerbetriebnahme unter Berücksichtigung der Länge vertikaler Rohrleitungsabschnitte ist zu empfehlen, besonders wenn eine Entwässerung der Rohrleitung erfolgt. Eine horizontale Verlegung läßt eine Außerbetriebnahme bei größeren Konzentrationen zu.

3.2.5.5. Drehzahlregelung

Bei der Projektierung von Rohrleitungsanlagen erfolgt die Pumpenauswahl so, daß ein Betreiben im Nennpunkt, d. h. mit bestem Wirkungsgrad, gewährleistet wird. Die zunehmende Abweichung von diesem Punkt verschlechtert die Anlagenökonomie. Die Verhältnisse sind bei der hydraulischen Förderung analog, wobei noch die Vergrößerung der Verschleißintensität mit zunehmender Abweichung vom Nennpunkt hinzukommt [3.140]. Zusätzlich muß weiter berücksichtigt werden, daß bei normalem Betrieb Parameterschwankungen (z. B. c_T, d_{Ki}) Arbeitspunktverschiebungen zur Folge haben. Deshalb werden größere Transportgeschwindigkeiten im Sinne der Transportstabilität festgelegt, als sie bei anpaßbarer Pumpenkennlinie notwendig wären. Dadurch treten zusätzlich negative ökonomische Effekte auf. Durch Anwendung der Drehzahlregelung besteht die Möglichkeit, für den jeweils zu realisierenden Arbeitspunkt optimalen Betrieb zu gewährleisten.

Aufgabenstellungen mit deutlich veränderlichen Transport- und Anlagenparametern (z. B. d_{Ki}, l_R) sind überhaupt erst durch Drehzahlstellung der Pumpe realisierbar. In diesem Fall werden häufig Verbrennungsmotoren eingesetzt (z. B. Saugbagger).

Elektrische Antriebe für Pumpen sind fast ausschließlich Asynchronmotoren mit Kurzschlußläufer. Eine Drehzahländerung Δn_{Mot} ist möglich durch Veränderung der Anzahl der Polpaare z_{Pol} oder der Frequenz f_{el} gemäß

$$n_{Mot} = \frac{f_{el}}{z_{Pol}} (1 - S_{Mot}) \tag{3.162}$$

mit dem Schlupf

$$S_{Mot} = \frac{n_{Mot, syn} - n_{Mot}}{n_{Mot, syn}}.$$

Die Veränderung von z_{Pol} ermöglicht nur eine Drehzahlstufung, während solche von f_{el} eine kontinuierliche Drehzahländerung Δn_{Mot} gestattet. Für Frequenzänderungen werden Frequenzumrichter angewendet, die den Netzstrom gleichrichten und daraus einen Drehstrom im Frequenzbereich von etwa $f_{el} = 4 \dots 100$ Hz mit nur angenähert sinusförmigem Strom- und Spannungsverlauf erzeugen. Wegen dieses nur angenäherten Verlaufs treten zusätzliche Verluste auf (Wirkungsgradabsenkung im Motor von etwa 1 %), die sich in stärkerer Erwärmung des Motors zeigen. Deshalb soll die Belastung des Motors um 10 bis 15 % niedriger liegen, wie die Kennlinie im Bild 3.123 zeigt [3.152]. In diesem Fall sind auch der typische Momentenverlauf $M_{Mot}/M_{Mot, n}$ und der Leistungsverlauf $P_{el}/P_{el, n}$ dargestellt. Oberhalb $n_{Mot}/n_{Mot, n} = 1$ (Nennfrequenz) sinkt das Belastungsmoment; der Motor arbeitet im Feldschwächungsbereich.

Bei Kreiselpumpen steigt das Moment mit n_{Mot}^2 und ist so bis $n_{Mot, n}$ kleiner als das Motormoment. Deshalb sind Frequenzumrichter für Pumpenantriebe besonders geeignet. Eine Drehzahl $n_{Mot} > n_{Mot, n}$ ist nicht zu empfehlen. Betrachtet man nur die Energieökonomie, werden die Vorteile der Drehzahlverstellung deutlich; sind beispielsweise Konzentrationsschwankungen $c_{T1} \geqq c_T \geqq c_{T2}$ Bestandteil der Transportaufgabenstellung, so sind bei $n_{Mot} = $ konst. für die Grenzkonzentrationen die Arbeitspunkte A_1 und A_1^* mit $\dot{V}_{G1} < \dot{V}_{G1}^*$ und bei n_{Mot}-Verstellung die Arbeitspunkte A_1 und A_2 mit $\dot{V}_{G1} = \dot{V}_{G2}$ im Bild 3.124 kennzeichnend. Die Verringerung des elektrischen Leistungsbedarfs ΔP_{el} (Bild 3.124b) resultiert aus der Minimierung der spezifischen Nutzarbeit Y bezüglich der Transportaufgabenstellung $\dot{V}_{M2} < \dot{V}_{M1}$ ($c_{T2} < c_{T1}$) und der Wirkungsgradverbesserung $\Delta\eta(a_1 - a_2) < \Delta\eta(a_1 - a_1^*)$. Bedingt durch die Verluste im Frequenzumrichter und die zusätzlichen Verluste im Motor ergibt sich ein unwirtschaftlicher Verstellbereich, der im Bild 3.124b durch $A_1^* - A_{1, Mot}^*$ abgegrenzt wird. Entsprechend kann man anlagenspezifisch die Konzentrationsschwankung Δc_T ermitteln, die den Einsatz der Drehzahlverstellung energieökonomisch rechtfertigt. Die Darstellung im Bild 3.124 ist analog bei veränderlicher Rohrleitungslänge $l_2 < l_1$ bei der Bedingung $v_{krit} = $ konst. zu diskutieren.

Die Einsparung an elektrischer Leistung ergibt sich mit

$$\Delta P_{el} = \Delta P_{el, Netz} - \Delta P_{el, Umr}, \tag{3.163}$$

$$\Delta P_{el} = \frac{\varrho_{G1} Y_1 \dot{V}_{G1, 2}}{\eta_P \eta_{Mot}} - \frac{\varrho_{G2} Y_2 \dot{V}_{1, 2}}{\eta_P \eta_{Mot, Umr} \eta_{Umr}}, \tag{3.164}$$

$$\Delta P_{el} = \frac{\dot{V}_G}{\eta_P} \left[\frac{\varrho_{G1} Y_1}{\eta_{Mot}} - \frac{\varrho_{G2} Y_2}{\eta_{Mot, Umr} \eta_{Umr}} \right]. \tag{3.165}$$

Die Wirkungsgrade bei Frequenzumrichtung betragen

$$\eta_{Mot, Umr} = 0{,}99 \, \eta_{Mot},$$

$$\eta_{Umr} \approx 0{,}95.$$

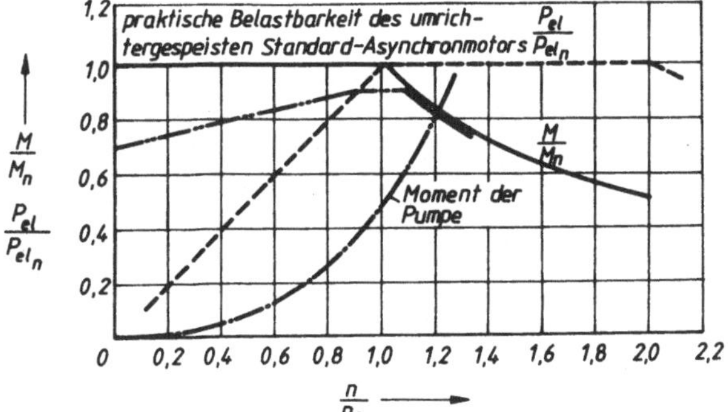

Bild 3.123. Kennlinien von mit Frequenzumrichtern betriebenen Asynchronmotoren [3.152]

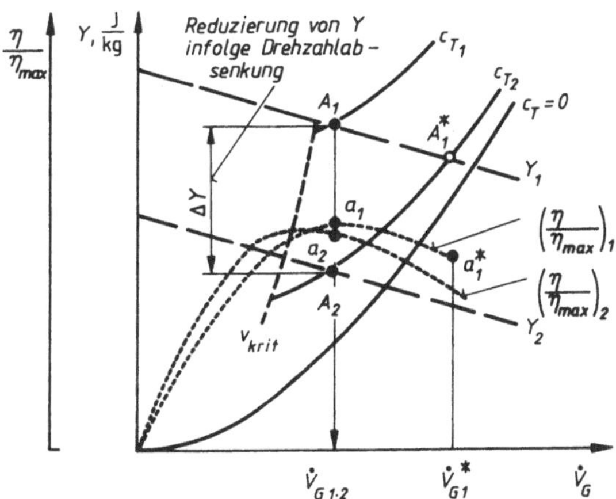

a)

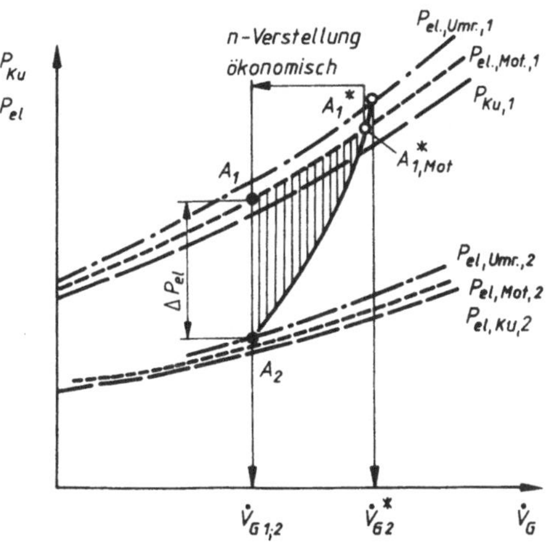

b)

Bild 3.124. Kennlinien und Arbeitspunkte bei drehzahlverstellbarem Pumpenaggregat und gemischdurchströmter Rohrleitung (Kennlinienbeeinflussung der Pumpe durch das Gemisch wegen besserer Anschaulichkeit vernachlässigt)

a) Arbeitsdiagramm mit Wirkungsgradverlauf; b) Leistungsbedarf

3.2.6.   Feststoffabscheidung und Deponie

Wenn in einzelnen Anwendungsfällen die unmittelbare verfahrenstechnische Weiterverwendung von Flüssigkeit–Feststoff erfolgt, dann ist überwiegend eine teilweise Flüssigkeitsabtrennung zur Konzentrationserhöhung (Eindickung), teilweise mit einer Klassierung gekoppelt, oder eine Trennung von Feststoff und Flüssigkeit die Aufgabe der dem Transport nachgeschalteten Verfahrensstufe. Abhängig von der Aufgabenstellung besteht das Ziel, die Suspension oder den Feststoff in dem geforderten Zustand der Weiterverarbeitung zuzuführen und den Feststoff definiert zu deponieren und das Transportfluid in einem den Erfordernissen des Umweltschutzes entsprechenden Reinheitsgrad wieder abzugeben.

3.2.6.1.   Ausrüstungen zur Feststoffabscheidung

Die Anwendung des einzusetzenden Apparatetyps hängt maßgeblich von der oberen und unteren Grenze der Korngröße d_{Ki} und der Konzentration c_R des Feststoffs ab, wobei mit zunehmender Feinheit der Ausrüstungsaufwand steigt. Auf den Einsatz von Flockungsmitteln (Tensiden) ist hinzuweisen. Weitere Auswahlkriterien sind [3.4]:

- Entfeuchtungsvermögen,
- Kläreffekt,
- Feststoffdegradation.

Häufig sind unterschiedliche Abscheideapparate gekoppelt eingesetzt.
Auf die bereits behandelten Eindicker im Abschnitt 3.2.1.3. sei verwiesen.

3.2.6.1.1 Siebe

Siebanlagen werden zur Abscheidung gröberer Kornklassen angewendet. Durch die spezielle Siebform, wie beim Bogensieb (Bild 3.125), oder durch Rütteln, wie beim Rüttelsieb, wird eine möglichst hohe Trennschärfe [3.144] angestrebt. Ein Zerkleinern von Agglomeraten

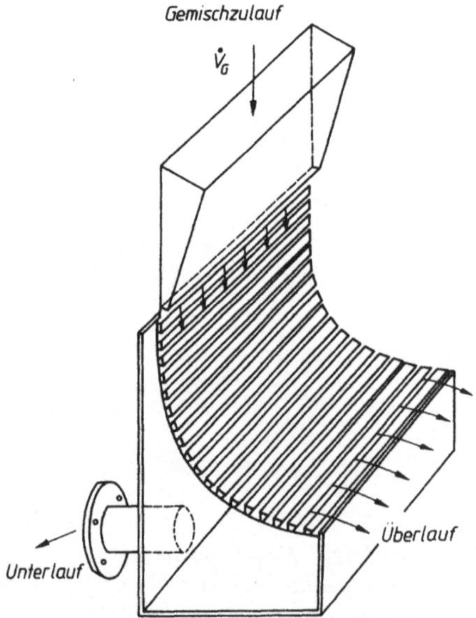

Bild 3.125. Bogensieb [3.153]

kann erreicht werden. Das Anwendungsziel von Sieben liegt sowohl in der Abtrennung der gröberen Kornklassen zur Vereinfachung und Entlastung nachfolgender Flüssigkeitsabtrennstufen als auch in der Klassierung.
Die Anwendung kann bis zu einer minimalen Trennkorngröße von $d_{Kmin} \approx 0{,}2\ \text{mm}$ erfolgen [3.4].

3.2.6.1.2. Hydrozyklone

Dieser Apparatetyp ist im Trennkorngrößenbereich von $d_K = 3 \cdot 10^{-3} \dots 500 \cdot 10^{-3}$ mm eine einfache und zuverlässige apparative Lösung. Den grundsätzlichen Aufbau zeigt Bild 3.126. Die Suspension tritt mit hoher Geschwindigkeit tangential in den zylindrischen Teil ein. Es bildet sich ein stabiler Wirbel im Zyklon aus. Die hohe Umlaufgeschwindigkeit bewirkt am Feststoffteilchen eine Zentrifugalkraft, die die Schwerkraft um ein mehrfaches übersteigt. Deshalb ist die Funktionssicherheit eines Hydrozyklons nicht an die vertikale Einbaulage geknüpft. Die Feststoffteilchen gelangen in den Bereich der Zyklonwandung; sie werden im konischen Teil in Richtung Unterlauf bewegt und mit dem Teilstrom im Unterlauf kontinuierlich

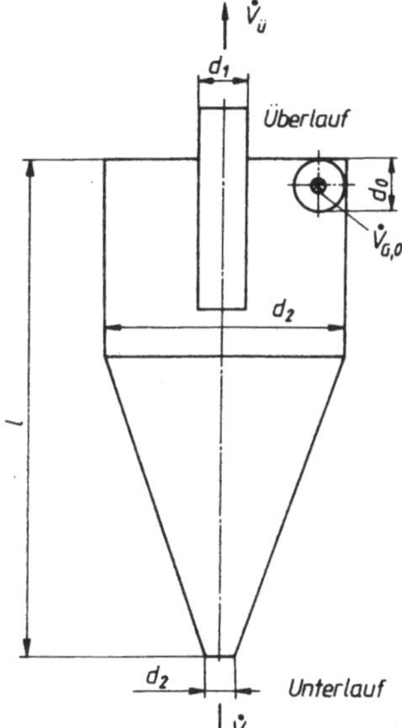

Bild 3.126. Aufbau eines Hydrozyklons

ausgetragen. Kleine Teilchen unterhalb der Trennkorngröße gelangen infolge der nach innen gerichteten Strömung zum Überlauf. Die Aufteilung des Zulauf-Volumenstroms $\dot{V}_{G0}$ in Überlauf $\dot{V}_{\ddot{u}}$ und Unterlauf $\dot{V}_u$ wird maßgeblich durch das Durchmesserverhältnis von d_1/d_2 bestimmt, das damit auch den Trenneffekt beeinflußt. Der Unterlauf-Düsendurchmesser wird zur Anpassung an die Betriebsbedingungen häufig variabel gestaltet. Eine Vergrößerung von d_1/d_2 bedeutet Erhöhung der Unterlaufkonzentration und damit des Eindickungsgrads. Von Bedeutung für die Trennkorngröße ist außerdem die Eintauchtiefe des Wirbelsuchers.
Wenn auch Bauform und Wirkungsweise eines Hydrozyklons einfach sind, die in ihm ablaufenden Strömungsvorgänge sind sehr kompliziert. Deshalb ist bisher noch keine umfassende Methode zur Berechnung der Strömungs- und Trennvorgänge vorhanden. Man ist zu empirischen Arbeitsweisen gezwungen, um zu einer zuverlässigen aufgabenbezogenen Dimensio-

Tafel 3.21. Daten von Hydrozyklonen [3.166]

d_z	d_o	d_1	Δp_{Zy}	$\dot{V}_{G.o}$
mm	mm	mm	10^4 Pa	$\dfrac{m^3}{h}$
10	2	2	40	0,14
25	5	5	30	0,77
50	10	10	20	2,5
100	20	20	10	7,2
200	40	40	5	20,5
500	100	100	2,5	90,0

nierung des Hydrozyklons zu gelangen. Ein häufig verwendetes Verfahren stellt das von *Rietema* (nach [3.4] [3.7]) dar, das auf der Grundlage einer Reihe empirisch aufgestellter Diagramme die Ermittlung der Kennwerte des Hydrozyklons

$$\frac{d_1}{d_z} ; \frac{d_0}{d_z} ; \frac{l}{d_z} ; \frac{\dot{V}_\text{ü}}{\dot{V}_{G0}}$$

aus den Daten der Aufgabenstellung

Δp_{Zy} verfügbare Druckdifferenz,
$\dot{V}_{G,0}$ Gesamtdurchsatz,
$d_{K,T}$ Trennkorngröße,
ϱ_F; ν_F; ϱ_M

ermöglicht.
Bezüglich der Abhängigkeit von $d_{K,T}$ kann man schreiben [3.7]

$$d_{K,T} \sim \sqrt{\frac{\eta_F}{(\varrho_M - \varrho_F)} \frac{d_z}{\sqrt{\Delta p_{Zy}}}} . \tag{3.166}$$

Kleinere Trennkorngrößen fordern kleine Hydrozyklondurchmesser d_Z, so daß, um geforderte Durchsätze zu erreichen, eine Parallelschaltung mehrerer Apparate notwendig wird. Tafel 3.21 vermittelt die Größenordnungen von Hydrozyklondaten.
Eine Reihenschaltung von Hydrozyklonen ist ebenfalls möglich. Ein hoher Klärwirkungsgrad und Eindickungsgrad gleichzeitig kann mit einem Apparat nicht erreicht werden. Bild 3.127 zeigt die Zusammenschaltungen, abhängig vom gewünschten Primäreffekt.

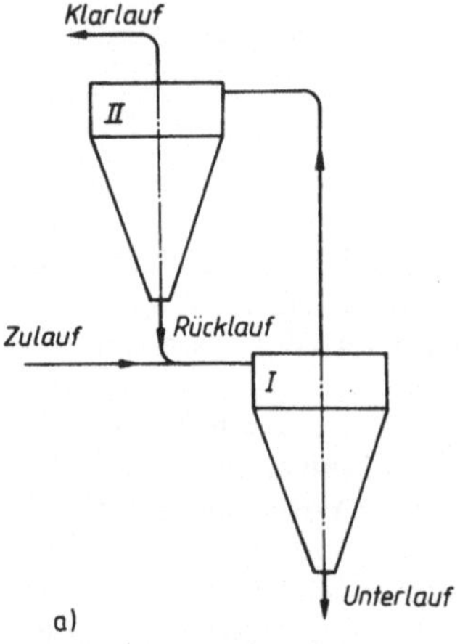

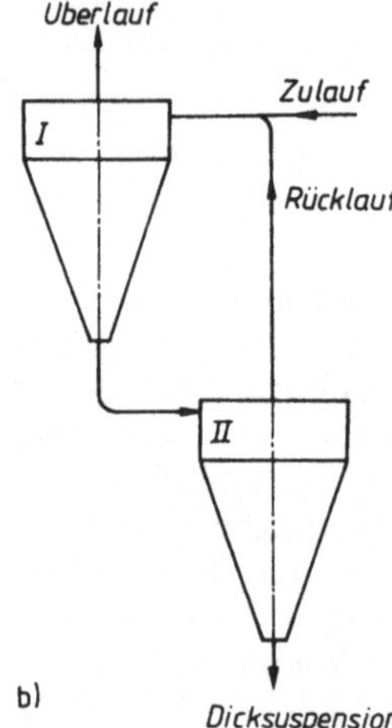

Bild 3.127. Reihenschaltung von Hydrozyklonen [3.44]

a) mit hoher Klärwirkung; b) mit hoher Eindickwirkung; c) mit hoher Eindickwirkung

3.2.6.1.3. Zentrifugen

Bei Zentrifugen wird die den Absetzvorgang beschleunigende Zentrifugalkraft durch rotierende Apparatelemente erzeugt, was mit einem hohen maschinentechnischen Aufwand und höherem Leistungsbedarf erreicht wird. Der Anwendungsbereich bezüglich der Trennkorngröße $d_{K,T}$ erstreckt sich über mehrere Größenordnungen, von $0,5 \cdot 10^{-3}$ mm bis 100 mm. Eine Vielzahl von Typen ist für jeweils spezielle Anwendungsgebiete entwickelt worden [3.4] [3.7] [3.171]. Mit für die hydraulische Förderung relevanten Arbeitsbereichen sind hervorzuheben

– Schälzentrifugen ($d_{K,T} = 5 \cdot 10^{-3} \dots 10$ mm; $c_R = 0,05 \dots 0,6$),
– Schubzentrifugen,
– Dekantierzentrifugen ($d_{K,T} = 3 \cdot 10^{-3} \dots 50$ mm; $c_R = 0,02 \dots 0,4$).

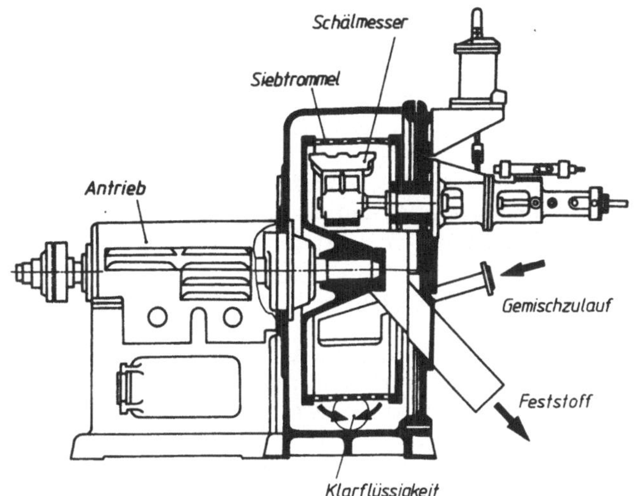

Bild 3.128. Schälzentrifuge [3.171]

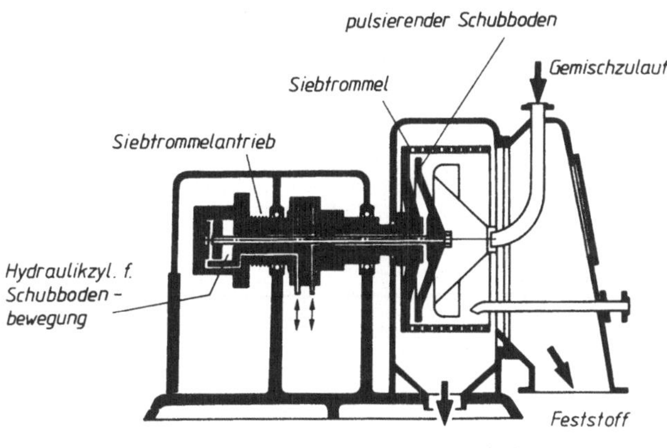

Bild 3.129. Schubzentrifuge [3.171]

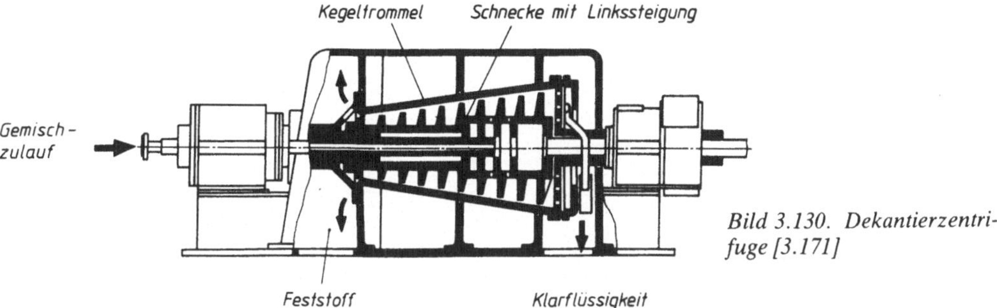

Bild 3.130. Dekantierzentrifuge [3.171]

Schälzentrifugen (Bild 3.128) arbeiten diskontinuierlich. Die Füllung mit Gemisch und Abschälung des entwässerten Feststoffs erfolgt bei halber Zentrifugendrehzahl. Bei Schubzentrifugen (Bild 3.129) wird mittels eines pulsierenden Schubbodens der Feststoff zum Austrag geschoben, dessen Austrag praktisch kontinuierlich erfolgt. Dekantierzentrifugen arbeiten kontinuierlich. In der konischen Trommel rotiert bei gleicher Drehrichtung eine Schneckentrommel mit Linkssteigung, deren Drehzahl niedriger liegt (Bild 3.130). Die Schnecke fördert den Feststoff mit der äußeren Trommelverjüngung, an deren Ende er entwässert abgeworfen wird.

3.2.6.2. Absetzbecken–Deponie

Die einfachste Möglichkeit der Phasentrennung besteht in der Einleitung der Suspension in ein Becken. Dort wird dem Feststoff ausreichend Zeit gegeben, sich abzusetzen. Das ist sowohl durch diskontinuierliche als auch durch kontinuierliche Gestaltung des Klarflüssigkeits- und Schlammabzugs möglich.

Bei der diskontinuierlichen Arbeitsweise sind mehrere Becken notwendig, deren Dimensionierung aus dem anfallenden Gemisch-Volumenstrom $\dot{V}_G$ und der erforderlichen Absetzzeit t_A resultiert, die durch das Sedimentationsverhalten, wie in den Abschnitten 2.1.5. und 3.2.1.3. dargestellt, bestimmt wird.

Bei kontinuierlichem Betrieb sind die Strömungsverhältnisse so zu gestalten, daß der Absetzvorgang maximal begünstigt wird.

Kontinuierlich betriebene Absetzbecken sind in der Regel Deponien für Abprodukte (z. B. Rotschlamm, Kraftwerksasche, Flotationsrückstände aus der Erzaufbereitung), bei denen nur das geklärte Wasser abgezogen wird. Der sedimentierte Feststoff soll ordnungsgemäß abgelagert werden. Die Ausführung solcher Deponien kann als Halde (Bild 3.131 a) oder als Becken (Bild 3.131 b) erfolgen, abhängig von den territorialen Gegebenheiten. Die prinzipiellen Unterschiede liegen in der Gestaltung der Berandung (Damm oder Böschung mit Sicherungsdamm) sowie in der Anordnung des Klarwasserabzugs. Letzterer wird bei Halden mit Ringdamm in der Regel mittig; bei Becken am Rand angeordnet, wobei maximale Entfernung zwischen Einspülstelle und Klarwasserabzug anzustreben ist. Die Technologie der Einspülung

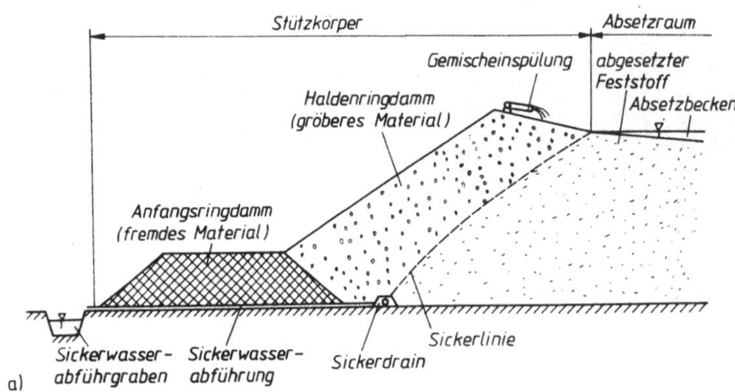

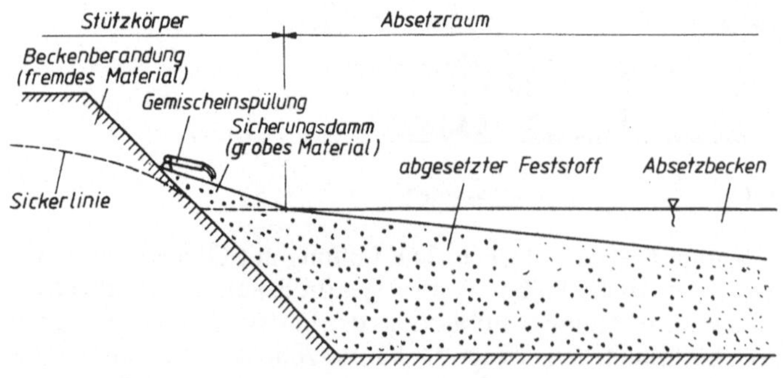

Bild 3.131. Prinzipieller Aufbau von Absetzbecken
a) Haldendeponie; b) Beckendeponie

und der Absetzvorgang sind weitestgehend identisch. Die Einspülung, die an einer oder mehreren Stellen gleichzeitig erfolgen kann, verteilt die Suspension auf dem Spülstrand. Die groben Feststoffteilchen lagern sich bereits oberhalb des Absetzbeckens ab. In Wechselwirkung mit der weiter strömenden Suspension sind die Gesetzmäßigkeiten der Geschiebebewegung mitbestimmend. Erreicht die Suspension den Wasserspiegel, erfolgt eine starke Reduzierung der Geschwindigkeit und ist eine möglichst gleichmäßige Verteilung über dem Wasserquerschnitt zu gewährleisten. Der Sedimentationsvorgang beginnt. Abnehmende Teilchengröße im Sediment mit wachsendem Abstand von der Einspülstelle sind kennzeichnend. Diese Klassiereffekte haben Einfluß auf die Durchlaßfähigkeit des abgesetzten Feststoffs. Da das Eindringen von Wasser in den Damm nicht vermieden werden kann, muß seine definierte Sickerung und Abführung gewährleistet sein.

Wechselwirkungen mit der Umwelt bedürfen der maßgeblichen Berücksichtigung.

Insgesamt sind bei der Projektierung, beim Bau und beim Betreiben von Spüldeponien die Aufgaben

- Standsicherheit der Haldendämme oder Böschungen (nachfolgend gemeinsam als Böschungen bezeichnet),
- kontrollierter Wasserhaushalt im Sickerbereich,
- Gewährleistung einer hohen Klärwirkung,
- Minimierung, besser Ausschluß der Umweltbelastung (vgl. [3.190])

im Komplex zu lösen.

3.2.6.2.1. Berechnungsgrundwerte

Die Kenntnis der *Wasserdurchlässigkeit* des Böschungsmaterials, die örtlich erheblich schwanken kann, ist aus zwei Gründen notwendig. Erstens betrifft das die Bestimmung der durchlaßbaren Wassermenge durch Wirkung der Schwerkraft im Sinne eines definierten Sicker- bzw. Entwässerungsvorganges, und zweitens müssen die Konsequenzen für die Böschungsfestigkeit infolge der Wasserbewegung bekannt sein.

Bei der Durchströmung der Poren im die Böschung bildenden Haufwerk tritt in der Regel der laminare Strömungszustand auf. Als kennzeichnende Geschwindigkeit wird analog zur Leerrohrgeschwindigkeit bei Durchströmung einer Haufwerkspackung im Rohr die hier als Filtergeschwindigkeit bezeichnete v_{Sch} [3.18] eingeführt:

$$v_{Sch} = \frac{\dot{V}_F}{A} . \tag{3.167}$$

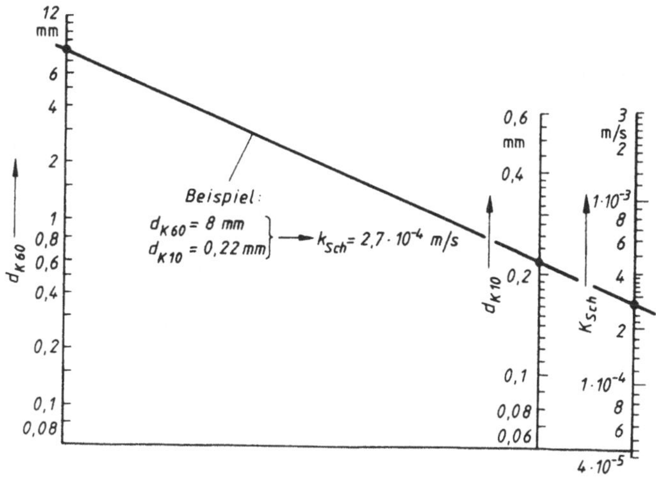

Bild 3.132. Nomogramm zur Bestimmung des Durchlässigkeitsbeiwerts k_{Sch} von Sand und Kies aus der Kornverteilungskurve (d_{K10}; d_{K60}) [3.16]

Tafel 3.22. Größenordnung des Durchlässigkeitsbeiwerts k_{Sch} und der kapillaren Steighöhe H_{Ka} bei verschiedenen Bindigkeitsgraden [3.18]

Grad der Bindigkeit	Durchlässig- keitsbeiwert k_{Sch} m/s	Eignung besonders für	Kapillare Steighöhe H_{Ka} m
Nichtbindig (Sand, Kies)	$10^{-3}\ldots10^{-5}$	Entwässerung, Filter	$0,1\ldots1,0$
Schwach- bis mittelbindig (Schluffe)	$10^{-5}\ldots10^{-7}$	Erdbau allge- mein	$\ldots3,0$
Starkbindig Hochbindig (Tone)	$10^{-7}\ldots10^{-9}$ $10^{-9}\ldots10^{-11}$	Dichtungsele- mente in Erd- dämmen	$\ldots10,0$

Der Querschnitt A bezieht sich auf den gesamten betrachteten Querschnitt (Feststoff + Poren). Den Bezug zur jeweiligen Schüttung erhält man mit dem Darcyschen Filtergesetz

$$v_{Sch} = k_{Sch}\,\frac{H_p}{l}\,. \tag{3.168}$$

Der Durchlässigkeitsbeiwert k_{Sch} kennzeichnet die Wasserdurchlässigkeit des jeweiligen Böschungsmaterials. Er muß experimentell bestimmt werden [3.8] [3.18]. Mit H_p ist die Druckhöhe aus dem für die Wasserbewegung wirksamen Schweredruck ($P_g/\varrho_{Fg} = H_p$) und mit l der durchströmte Weg bezeichnet. Ein Nomogramm zur Ermittlung von k_{Sch} [3.16] für Sand und Kies aus der Kornverteilungskurve (d_{K10}, d_{K60}) wird im Bild 3.132 gezeigt.
Die Größenordnung von k_{Sch} bei verschiedenen Bindigkeitsgraden vermittelt Tafel 3.22.
Die *Kapillarität* bewirkt ein Ansteigen des Wasserniveaus über den Grundwasserspiegel, also eine Wasserbewegung entgegen der Schwerkraft. Es erfolgt eine gesättigte und darüber eine kapillare (nicht völlige) Durchfeuchtung. Die Auswirkungen auf die Festigkeit sind in der Regel negativ, so daß Kenntnisse über die erreichbare kapillare Steighöhe H_{Ka} für sichere Böschungen und für die Einschätzung der durch Schwerkraftwirkung entwässerbaren Haldenschichten wichtig sind. In einer kapillaren Röhre beträgt

$$H_{Ka} = \frac{4\,\sigma_F\cos\Theta}{\varrho_F\,g\,d_{Ka}} \tag{3.169}$$

mit σ_F als Oberflächenspannung des Wassers und Θ als Randwinkel des konkaven Miniskus zwischen Fluid und Kapillarwandung.

In der Schüttung ist d_{Ka} nicht angebbar, so daß man diesen zweckmäßigerweise durch die Haufwerkkennwerte ersetzt [3.7]. Man schreibt

$$H_{Ka} = K_{Ka}\,\frac{\sigma_F\cos\Theta}{\varrho_F g}\left[\frac{a_{Vol}\,(1-\varepsilon_L)}{\varepsilon_L\,d_{Km}}\right]^{\frac{1}{3}}. \tag{3.170}$$

Gl. (3.170) enthält experimentell zu bestimmende Faktoren K_{Ka} und auch die volumenbezogene spezifische Oberfläche des Haufwerks a_{Vol} H_{Ka} für Schüttungen kann zuverlässig somit nur durch das Experiment gefunden werden [3.18]. In Tafel 3.22 sind die Größenordnungen von H_{Ka} mit angegeben. Mit abnehmendem Teilchendurchmesser vergrößert sich die kapillare Steighöhe. Auf den Unterschied zwischen kapillarer Steighöhe bei Wasseranstieg $H_{Ka,\,an}$ und bei Wasserspiegelabsenkung $H_{Ka,\,ab}$ ($H_{Ka,\,an} < H_{Ka,\,ab}$) ist aufmerksam zu machen, da dieser erheblich sein kann.
Die *Zusammendrückbarkeit* ist möglich, da ein Zwei- oder Dreiphasensystem vorliegt, in dem eine Verschiebung oder Umordnung der Packungsstruktur der Feststoffteilchen möglich ist. Gegenüber dem elastischen Verhalten von Feststoffen, das mit dem Hookeschen Gesetz

(Spannung – Dehnung) bei konstantem Elastizitätsmodul (Materialkonstante) ohne Zeitabhängigkeit beschrieben werden kann, zeigen Haufwerke ein abweichendes Verhalten (vgl. Abschn. 2.1.6.). Der hier heranzuziehende Verformungsmodul ist zeit- und spannungsabhängig und auch keine haufwerksspezifische Konstante, verursacht durch das Mehrphasensystem. Die tragende Komponente ist der Feststoff; die Art der Relativbewegung der Teilchen bestimmt das die Poren ausfüllende Medium. Entsprechend unterscheidet man bei der Darstellung der in das Haufwerk eingetragenen Spannungen (totalen Spannung σ_{Sch}) zwischen wirksamer Spannung σ'_{Sch} (durch Feststoff aufgenommen) und neutraler Spannung (u_L Porenwasserspannung; p_L Porenluftspannung), die verknüpft sind zu

$$\sigma_{Sch} = \sigma'_{Sch} + u_F + p_L \,. \tag{3.171}$$

Der Prozeß des Zusammendrückens, auch als Konsolidierung bezeichnet, ist mit dem Erreichen von $u_F + p_L = 0$ beendet, so daß gilt

$$\sigma_{Sch} = \sigma'_{Sch}. \tag{3.172}$$

Der Zeitraum für diesen Vorgang wird maßgeblich durch die Durchlässigkeit k_{Sch} des Haufwerks bestimmt [3.18].

Die Unterschiede in den Dichtedifferenzen bei luft- bzw. wassergefüllten Poren bewirken ein für Böschungen gefährliches Verhalten. Werden trocken geschüttete Böschungen (z. B. Kippen bei Tagebaurestlöchern) teilweise (die unteren Schichten) gesättigt, dann kann eine spontane Verformung (Sackung) auftreten.

Um die *Standsicherheit* bei Böschungen zu gewährleisten, müssen die Festigkeitseigenschaften des Haufwerks im Zwei- bzw. Dreiphasensystem bekannt sein. Diese kennzeichnet die *Scherfestigkeit* τ_{Sch}, die experimentell zu bestimmen ist (vgl. Abschn. 2.1.6.). Eine Haufwerksprobe wird bis zum Bruch belastet. Die maximale, parallel zur Bruchfläche wirkende Spannung τ bezeichnet man als Scherfestigkeit τ_{Sch}, für die nach dem Coulombschen Gesetz gilt

$$\tau_{Sch} = \sigma_N \mu_{Sch} + c_{Sch}; \tag{3.173}$$

mit
σ_N auf die Bruchfläche wirkende Normalspannung σ_{Sch} (maximal σ'_{Sch}),
c_{Sch} Haftfestigkeit (Kohäsion),
μ_{Sch} innere Reibungszahl.

Mit dem Anstieg der Schergeraden im σ_N-τ_{Sch}-Diagramm, als Winkel der inneren Reibung φ_i bezeichnet (Bild 3.133), ist $\sigma_{Sch} = \tan\varphi_i$ bestimmt. Der die Schergerade liefernde Scherversuch wird abhängig vom angestrebten zu charakterisierenden Haufwerkszustand mit verschiedener Versuchstechnik [3.18] realisiert.

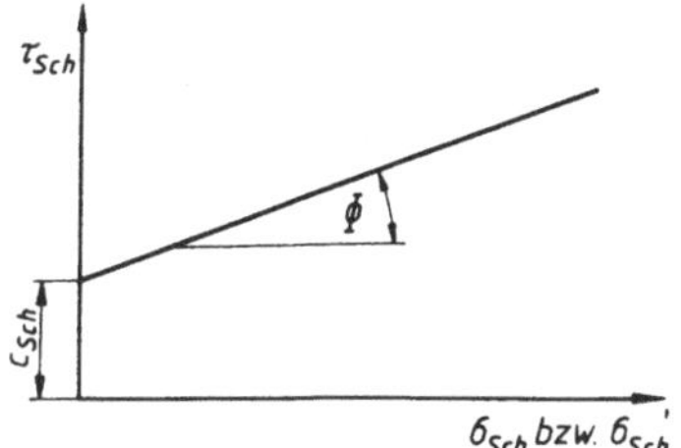

Bild 3.133. Schergerade

Nichtbindige Haufwerke können als kohäsionslos bezeichnet werden [3.18], wobei bei Teilsättigung (z. B. feuchte Sande und Kiese) infolge Kapillarspannungen kohäsionsähnliches Verhalten auftreten kann. Die innere Reibungszahl μ_{Sch} wird durch die wesentlichsten Einflußfaktoren wie folgt beeinflußt:

- Zunahme mit wachsendem Teilchendurchmesser d_{Ki},
- Zunahme mit wachsendem Ungleichförmigkeitsgrad des Haufwerks,
- Zunahme mit Erhöhung der Lagerungsdichte (Abnahme der Porosität),
- Zunahme je ungleichförmiger die Teilchen geformt sind,
- unerhebliche Abhängigkeit vom Wassergehalt.

Tafel 3.23. Größenordnung der Scherparameter von Haufwerken [3.18]

Haufwerk	Innerer Reibungswinkel ϕ	Innere Reibungszahl $\mu_{Sch} = \tan \phi$	Kohäsion c_{Sch} in N/m²
Nichtbindig (Sand, Kies)	30...40	0,60...0,85	0...1,5
Schwachbindig (Schluffe)	25...30	0,50...0,60	0,5...10
Stark- bis hochbindig (Tone)	10...23	0,17...0,42	1...10
Organisch (Faulschlamm, Torf)	0...25	0...0,45	0,5...1

Bindige Haufwerke zeigen ein sehr kompliziertes Scherverhalten [3.86]. Gegenüber dem Vorstehen sind folgende Unterschiede herauszustellen:

– wachsende Kohäsion und abnehmender Reibwinkel mit zunehmender Bindigkeit,
– wachsende Kohäsion und wachsender Reibwinkel mit zunehmender Dichte,
– Einfluß der Vorgeschichte hinsichtlich Belastung auf die Kohäsion,
– vorwiegend Erhöhung der Kohäsion mit abnehmendem Wassergehalt.

Es bieten sich Parallelen zu den Fließeigenschaften nichtnewtonscher Medien an.
Tafel 3.23 zeigt eine Zusammenstellung der Größenordnung der Scherparameter.

3.2.6.2.2. Standfestigkeit von Böschungen

Die Standfestigkeit von Böschungen ist überschritten, wenn inneres Gleiten auftritt, d. h. Böschungsmassen auf einer Gleitfläche abgleiten. Dieser Gleitkörper kann sich auf gekrümmten, oft kreisförmigen oder auch auf ebenen Gleitflächen bewegen. Im Fall des Gleitens reicht die Scherfestigkeit des Materials nicht mehr aus, den gemäß Bild 3.134 in Gleitrichtung wir-

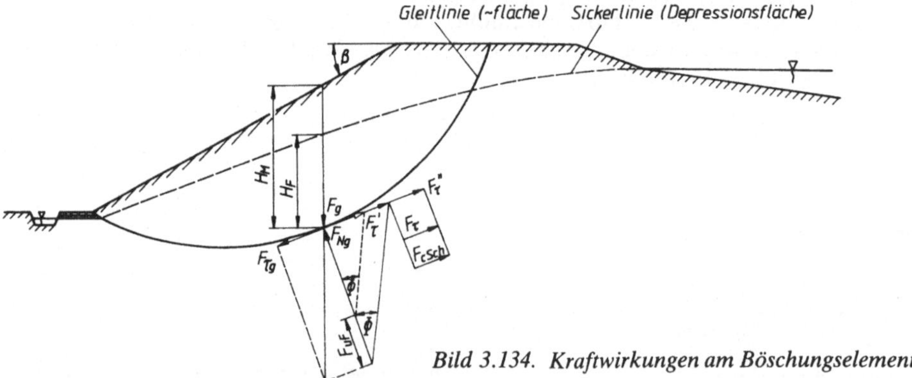

Bild 3.134. Kraftwirkungen am Böschungselement

kenden Kraftkomponenten aus der Eigenmasse des Gleitkörpers unter Beachtung des archimedeschen Auftriebs, aus weiteren zusätzlichen Belastungen der Böschung und aus den Wasserdruckkräften zu entsprechen. Bei Voraussetzung eines Modellfalls nach Bild 3.134 wirkt in einem Punkt der Gleitlinie die Massenkraft

$$F_g = (H_M - H_F)\, \varrho_{M,\,Sch}\, g + H_F\, (\varrho_M - \varrho_F)\, g. \qquad (3.174)$$

Aus deren Tangentialkomponente F_{Tg} ergibt sich die den Gleitvorgang stimulierende Kraft.

Die Normalkomponente F_{Ng}, multipliziert mit der inneren Reibungszahl $\mu_{Sch} = \tan\varphi_i$, wirkt dem Gleiten entgegen:

$$F_\tau = F_{Ng}\,\mu_{Sch}, \tag{3.175}$$

wobei Gl. (3.175) nur für nicht vorhandenen Porenwasserüberdruck und fehlende Kohäsion gilt. Mit Porenwasserüberdruck und entsprechender Kraftwirkung $F_{u,F}$ wird F_{Ng} entsprechend kleiner (Bild 3.138) und man erhält

$$F_\tau > F_\tau' = (F_{Ng} - F_{u,F})\,\mu_{Sch}. \tag{3.176}$$

Ist Kohäsion zu berücksichtigen ($F_{c,Sch}$), so erhöht sich die Scherfestigkeit und es ist zu schreiben

$$F_\tau'' = F_\tau' + F_{c,Sch}, \tag{3.177}$$

$$F_\tau'' = F + F_{c,Sch}. \tag{3.178}$$

Die Standfestigkeit von Böschungen unter Beachtung des ökonomischen (möglichst großen) Böschungswinkels β kann um so besser gesichert werden, je gleichmäßiger die Böschungseigenschaften unter Beachtung des Wasserhaushalts ausgeführt werden können. Diesbezüglich günstige Bedingungen bei gleichmäßig hoher Scherfestigkeit besitzt nichtbindiger, also körniger Feststoff, was besonders resultiert aus

– der hohen Wasserdurchlässigkeit,
– der geringen kapillaren Steighöhe und
– dem geringen Einfluß des Wassergehalts auf die Scherfestigkeit.

Tafel 3.24. Größenordnung des Böschungswinkels β, abhängig vom Teilchendurchmesser d_{Ki} [3.98]

d_{Ki} mm	$\beta°$
1...10	26
0,1...1	18
0,01...1	14
(0,001...0,01)	(10...3)

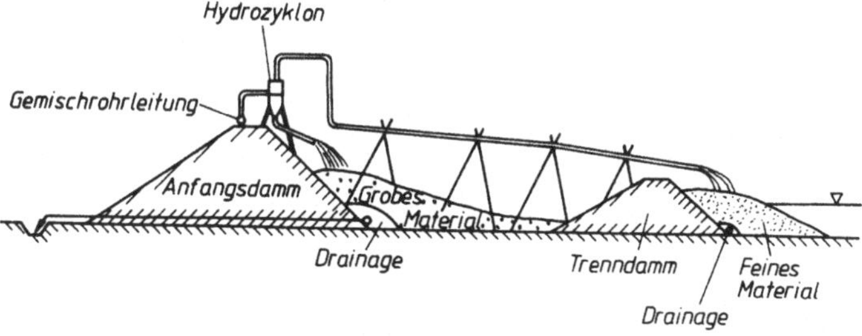

Bild 3.135. Haldenringdammbau durch Grobkornabscheidung mit Hydrozyklon [3.108]

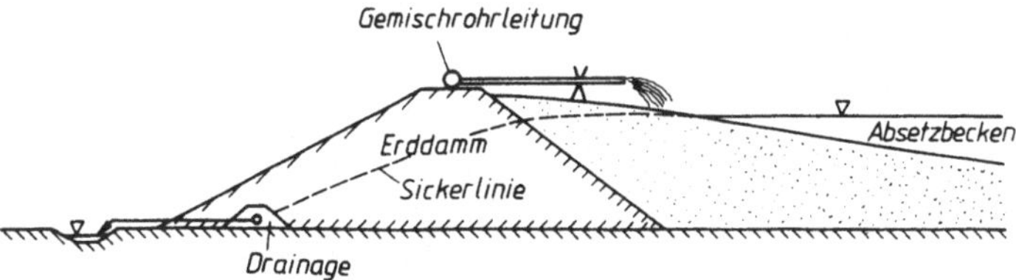

Bild 3.136. Hochhalde für feindispersen Feststoff

Bei der Errichtung von Hochhalden ist der stützende Ringdamm aus nichtbindigen Materialien aufzubauen [3.108], was ebenfalls für den Sicherungsdamm bei Beckenhalden gilt, sofern nicht bereits Böschungen mit entsprechenden Eigenschaften vorhanden sind. Dem kommt der bereits genannte Klassiereffekt entgegen. Das grobkörnige Material lagert sich in den Randzonen der Halde ab. Ein Haldenbau aus dem Deponiematerial ist nach Bild 3.131 möglich. Tafel 3.24 enthält Orientierungswerte für den teilchendurchmesserabhängigen Böschungswinkel β. Ist der Anteil von grobem Material im einzuleitenden Gemisch relativ gering, so kann mittels Hydrozyklon (Bild 3.135) die Grobkornabscheidung lokal begrenzter erfolgen. Dieser Vorteil wird durch erhöhten Aufwand (Ausrüstungen und Energie) erkauft. Ist sehr feindisperses Material zu verspülen, so ist die o. g. vorteilhafte Eigenschaft nicht vorhanden. Der Haldendamm muß aus fremdem Material errichtet werden (Bild 3.136).

Bei Beckenhalden und variablem Böschungsmaterial muß zur Gewährleistung der Standfestigkeit ein Sicherungsdamm (Bild 3.131 b) errichtet werden.

3.2.6.2.3. Wasserhaushalt im Sickerbereich

Der Sickervorgang ist an das verfügbare Dammaterial geknüpft. Je definierter sein granulometrischer Zustand bestimmbar ist, um so besser kann eine definierte Sickerung mit den Anforderungen entsprechender Wasserabführung gewährleistet werden.

Bei nicht ordnungsgemäßer Ableitung des Sickerwassers innerhalb der Böschung, auch bei Maximalbelastung (maximale Einspülmenge und Niederschlag), wird die Standsicherheit der Halde gefährdet. Die im Bild 3.132 dargestellten Verläufe von Sickerlinie und Gleitlinie sind im Hinblick auf die Standsicherheit ungünstig, da eine erhebliche Verringerung von F_g und damit F_{Tg} infolge hydrostatischen Auftriebs erfolgt. Bei deutlich flacherem Verlauf der Sickerlinie, der anzustreben ist, ergibt sich ein entsprechend größerer Scherwiderstand. Dieser Verlauf kann z. B. durch eine größere Zahl von Drainagen (Bild 3.137) erreicht werden. Endet die Sickerlinie nicht in der Drainage, sondern tritt sie z. B. wegen der Verstopfung an der Böschungsneigung aus, so wird zunehmend Material abgespült, was zum Bruch der Halde führen kann.

Sind in dem zu deponierenden Haufwerk Feinstbestandteile enthalten, so muß gesichert werden, daß ihre Ablagerung und damit ihr Eindringen in die Böschung nicht möglich ist. Anderenfalls können die Poren, ggf. nur örtlich, verstopfen und die Sickerlinie bzw. Depressionsfläche wird angehoben oder tritt analog dem oben genannten an der Böschung aus. Es besteht die Möglichkeit des Feinstkorntransports durch das Sickerwasser und damit der Hohlraumbildung, was zusätzlich die Standsicherheit gefährdet. Diesen Vorgang nennt man Suffosion. Außerdem wird durch das eingelagerte Feinstkorn bindiges Material erzeugt mit seinem im durchfeuchteten Zustand geringen Scherwiderstand. Zur Abtrennung der groben Anteile bietet sich auch hier ein Hydrozyklon an.

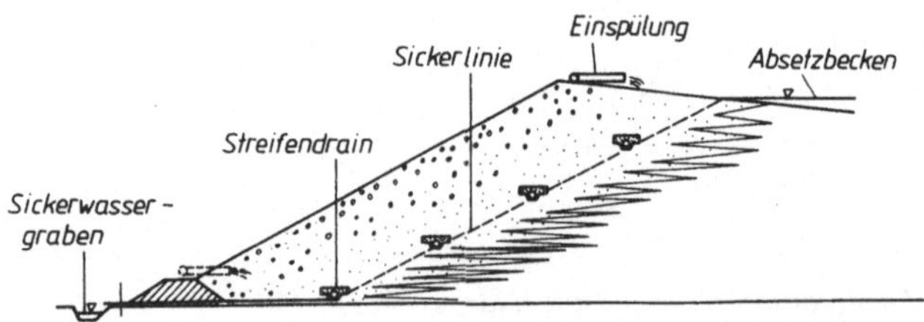

Bild 3.137 Haldendamm mit
geführter Sickerlinie

3.2.6.2.4. Gemischeinleitung und Feststoffabscheidung

Die Gemischeinleitung ist mit örtlich möglichst geringer Wasserbelastung durch Aufteilung auf mehrere Einspülöffnungen vorzunehmen. Dadurch wird die Ausbildung mehrerer Gerinne auf dem Spülstrand bis zum Absetzteich erreicht, was den Geschiebetransport bereits abgelagerter Materialien einschränkt. Außerdem wird die Auswaschung (Kolkbildung) beim Auftreffen des Gemischstroms auf den Spülstrand verringert, wodurch sich der Abtransport bereits sedimentierten Materials reduziert. In Tafel 3.25 sind Grenzwerte für Geschwindigkeiten und Gefälle angegeben. Können Ausflußkonzentrationen von $c_R > 0{,}15$ erreicht werden,

Tafel 3.25. Größenordnung der Ablagerungs- v_A und Transportgeschwindigkeit v_{Tr}

Material	Strömungsgeschwindigkeit		Gefälle i %	
	Ablagerung v_A	Transport v_{Tr}	Ablagerung i_A	Transport i_{Tr}
Grobkies	0,3	2,0	0,1…3	3…20
Feinkies	0,3	1,7	0,1…2	2…10
Grobsand	0,3	1,2	0,1…1	1…7
Feinsand	0,5	1,0	0,2…0,7	0,7…0,5
Schluff	0,5	0,8	0,2…0,4	0,4…0,3
Schlamm	0,5	1,0	0,2…0,7	0,7…7

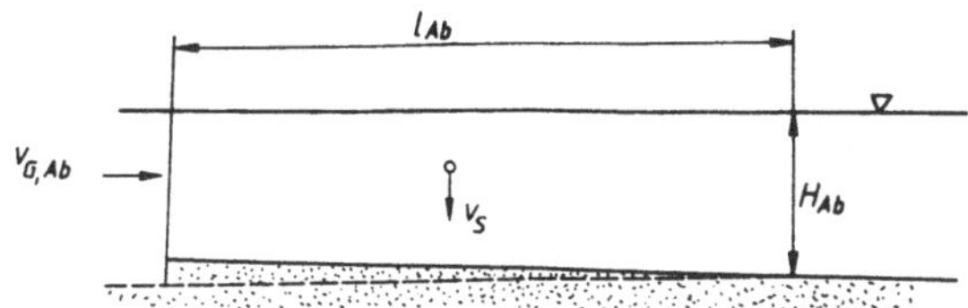

Bild 3.138. Modellvorstellung zur Bemessung von Absetzbecken

so lagert sich der Feststoff als Aufschüttung ab und es erfolgt keine Kolkbildung mehr. Technisch realisiert werden bei geringeren Konzentrationen im Zufluß mit diesem Ziel die Vorabscheidung des gröberen Materials beispielsweise mit Hydrozyklon oder verteilter Ausfluß durch mehrere in Abständen eingebrachte Öffnungen an der Unterseite des Spülrohrs, wenn heterogener, also ungleich verteilter Feststoff über den Rohrquerschnitt vorliegt. Durch örtlich wechselnde Gemischeinspülung wird erreicht, daß abwechselnd grob- und feinkörniges Material deponiert wird, was sich auf die Festigkeit der Deponiefläche (nicht des Stützdamms!) positiv auswirkt.

Die Trennung von Feststoff und Flüssigkeit erfolgt durch Sedimentation (vgl. Abschnitte 2.1.5. und 3.2.1.3.). Unter Berücksichtigung der konzentrationsabhängigen Sedimentationsform (v_s) sind die Strömungsgeschwindigkeit v_{GAb} und die Absetzung l_{Ab} bis zum Klarwasserabzug (Bild 3.138) mit folgendem Zusammenhang bestimmt:

$$l_{Ab} = h_{Ab} \frac{v_{G,\,Ab}}{v_s} . \tag{3.179}$$

Führt man in Gl. (3.202) die Breite des Absetzbereichs b_{Ab} ein und bezieht auf den Volumenstrom des Gemisches

$$\dot{V}_{G,\,Ab} = v_{G,\,Ab}\, b_{Ab}\, H_{Ab},$$

so ergibt sich mit

$$l_{Ab} = \frac{\dot{V}_{G,\,Ab}}{b_{Ab}\, v_s}, \tag{3.180}$$

daß die erforderliche Absetzlänge l_{Ab} nicht von der Tiefe des Absetzbeckens H_{Ab} abhängt, sondern nur in bezug zu seiner Breite b_{Ab} steht.

3.2.7. Betriebsmeßtechnik und Automatisierung

Die Gewährleistung einer optimalen und stabilen Betriebsweise – i. allg. ist anzustreben „minimale Gemischgeschwindigkeit bei maximal möglicher Transportkonzentration" – erfordert den Einsatz entsprechender Meßtechnik. Nachstehend sind die zu erfassenden Parameter mit der entsprechenden Begründung angegeben:

1. Volumenstrommessung des Gemisches: Gewährleistung der Transportstabilität bei Gemischgeschwindigkeiten nahe der kritischen Geschwindigkeit; Verstopfungssignalisierung (die Messung von v_{krit} ist mit speziellen Wandelektroden möglich – vgl. Abschnitt 3.2.7.4.); Ermittlung der Produktivität,
2. Konzentrationsmessung: Gewährleistung der möglichen maximalen Transportkonzentration; Ermittlung der Produktivität,
3. Druckmessung nach Pumpe: Gewährleistung des Arbeitsfelds gemäß Optimum – Kriterium und Absicherung (Verstopfungssignalisierung),
4. Druckmessung vor Pumpe (am Punkt niedrigsten Druckes): Gewährleistung eines kavitationsfreien Betriebs bei Saug-Druck-Systemen (z. B. Saugbagger).

Die ermittelten Daten, beim Feststofftransport in besonderem Maße, sind Ausgangspunkt zu notwendigen Einstell- bzw. für geänderte Prozeßbedingungen erforderlichen Anpassungshandlungen oder auch zur Störgrößenausregelung.

Die entsprechend Anlagendimensionierung fixierten optimalen Parameter, die im Probebetrieb zu bestätigen oder noch zu präzisieren sind, ergeben den Ziel-Arbeitspunkt. Der Probebetrieb mit den dabei zu ermittelnden Daten und die Ansteuerung des Arbeitspunktes (Arbeitsfelds) sind nur mit Hilfe der Meßtechnik möglich.

Tafel 3.26. *Meßtechnik und Betriebsregime in Abhängigkeit von der Gestaltung der Rohrleitungsanlage*

Rohrleitung	Betriebsregime	Aufgabe der Meßtechnik	Notwendige Meßgrößen
Horizontal, konstante Transportentfernung, konstante Prozeßbedingungen	einmaliges Einstellen des Arbeitspunktes c_T = konst.	Überwachung, Absicherung	$\dot{V}_G, c_T, p_{Dr}, p_{Saug}, P_{el}$ oder $\dot{m}_{DK}$
Horizontal, variable Transportentfernung	Einstellen des Arbeitspunktes abhängig von der Transportentfernung durch – Änderung der Pumpendrehzahl oder – Änderung der Transportkonzentration (bei großen Transportentfernungen bezüglich des verfügbaren Förderdrucks der Pumpe zwangsweise c_T-Absenkung), bei Saug-Druck-Anlagen saugseitige Begrenzung von c_T wegen Kavitationsgefahr möglich	Betriebsführung, Absicherung	$\dot{V}_G, c_T, p_{Dr}, p_{Saug}, n_P, P_{el}$ oder $\dot{m}_{DK}$
Vertikal aufwärts, variable oder konstante Transportentfernung	Einstellen des Arbeitspunktes abhängig vom Betriebszustand $(c_T = 0 \ldots c_T = c_{Tmax})$ und Transportentfernung mittels Änderung der Pumpendrehzahl (bei Gemischpumpenbetrieb unbedingt erforderlich)	Betriebsführung Absicherung	$\dot{V}_G, c_T, p_{Dr}, (p_{Saug}), n_p, P_{el}$
Vertikal abwärts, variable horizontale Transportentfernung nur Energie aus geodätischer Höhe	Einstellen des Arbeitspunktes abhängig von der Transportentfernung selbständig durch das System, obere c_T-Grenze kann vorliegen	Überwachung, Absicherung	$\dot{V}_G, c_T, p_{Dr}$

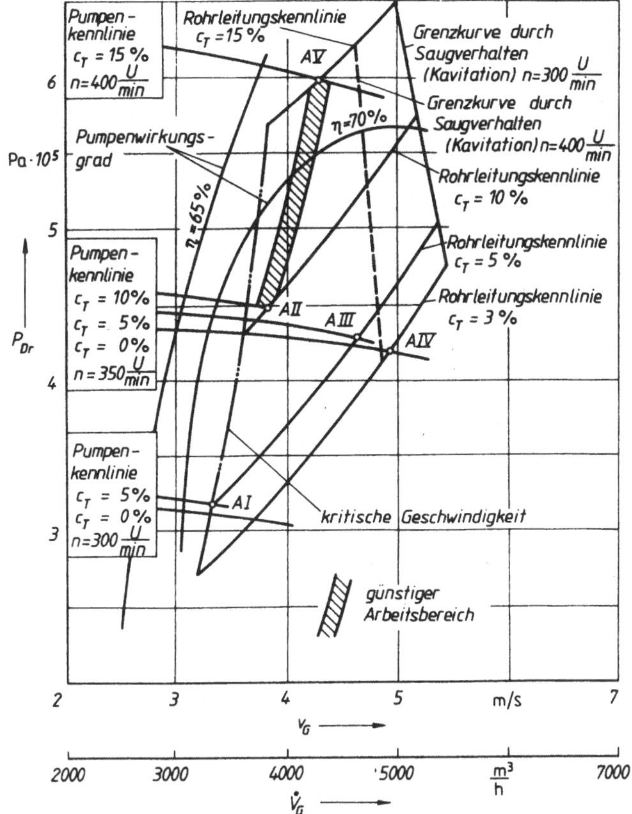

Bild 3.139. Fahrdiagramm für eine Transportaufgabe mit Saug-Druck-System (Sand: $d_{Km} = 1\,mm$, $d_R = 0,6\,m$)

AI bis AV Arbeitspunkte bei verschiedenen Pumpendrehzahlen

Die Zuordnung Anlage – Betriebsregime – Meßtechnik wird in Tafel 3.26 für typische Fälle gezeigt.

Ist die Anpassung der Pumpe bzw. des Arbeitspunktes an sich verändernde Transportaufgabenstellungen (z. B. Änderung der zu transportierenden Menge, Änderung der Transportentfernung) notwendig, d. h. eine Drehzahlstellung vorzunehmen, so muß außerdem gemessen werden

5. Drehzahl der Pumpe bzw. der Antriebsmaschine: Gewährleistung des erforderlichen Arbeitspunktes,

6. Energiebedarf der Antriebsmaschine: Sicherung des relativen minimalen Energieverbrauchs (Kontrollmaßnahme).

Die Überwachung des Verschleißvorgangs, mit dem Ziel der planmäßig vorbeugenden Instandhaltung und der Festlegung des Zeitpunktes für das Drehen bzw. Auswechseln der Rohrleitung, ist mit entsprechenden Meßeinrichtungen zu realisieren.

7. Verschleißfortschrittsmessung: Sicherung planmäßiger Instandhaltung.

Die Prozeßführung erfolgt auf der Grundlage der Meßwerte und zusätzlicher Informationen (Datenblätter, Fahrdiagramme – Beispiel s. Bild 3.139) durch das Bedienpersonal.

Die Automatisierung der Förderanlage ist hinsichtlich Anforderungen und Aufwand in Abhängigkeit von der jeweiligen Aufgabenstellung und dem zu erwartenden Effekt zu entscheiden. Der Aufwand wächst besonders mit zunehmender Schwankungsbreite der Transportaufgabe, wie Feststoffart (d_{Ki}; ϱ_M), Massenstrom $\dot{m}_M$ und Transportentfernung l_R.

Im einfachsten Fall, also bei Konstanz aller Parameter, genügt eine automatische Sollwertregelung der Transportkonzentration c_T. Bei Veränderlichkeit von Transportentfernung und Feststoffart ist ohne Computereinsatz häufig nicht das gewünschte Ergebnis zu erzielen.

3.2.7.1. Druckmessung

Zur Druckmessung steht ein ausreichendes Sortiment handelsüblicher Geräte zur Verfügung (Tafel 3.27).
Bei ihrem Einsatz ist besonders darauf zu achten, daß Maßnahmen ergriffen werden, die einer Verstopfung der Meßanbohrungen vorbeugen. Schlitzförmige Druckübertragungsöffnungen mit im Rohrstutzen eingebauter Trennmembran nach Bild 3.140 sind sehr zuverlässig. Die Schlitzbreite sollte nicht kleiner als 2 mm gewählt werden. Im Bild 3.140 ist eine Trennmembran, geeignet für Druckmeßumformer, eingesetzt. In diesem Falle sind im Meßaufnehmer kaum Volumenänderungen mit der Druckänderung verbunden. Treten größere Volumenänderungen in der Meßleitung infolge Druckänderungen auf, wie es z. B. bei U-Rohr-Manometern der Fall ist, dann muß diese bei der Membrangestaltung berücksichtigt werden. Um Meßwertverfälschung durch die Federkennlinie der Membran zu vermeiden, kann man z. B. ballonartige Trenneinrichtungen verwenden.

Tafel 3.27: Druckmeßgeräte bei der hydromechanischen Förderung

Meßgerät	Vorteile	Nachteile	Einsatz
Plattenfedermano-meter [3.76]	– einfacher Aufbau, – Direktanzeige, – industrielle Fertigung	– relativ hoher mechanischer Aufwand bei Umwandlung in elektrisches Signal, – empfindlich gegen Pulsieren des Druckes	– Messung Über- und Unterdruck
Druck- und Differenzdruckmeßaufnehmer auf Halbleiterbasis [3.77]	– kompakte Baugröße, – zuverlässig, – Einheitssignal (als Ausgangsgröße), – industrielle Fertigung	– ggf. erschütterungsempfindlich	– Messung Über- und Unterdruck, Differenzdruck, – für instationäre Probleme

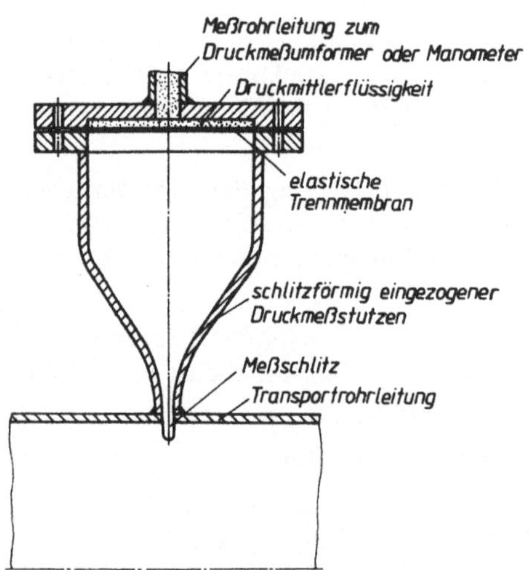

Bild 3.140. Meßanschluß für Druckmessung

3.2.7.2. Volumenstrommessung

Wegen der erosiven Wirkung des Feststoffs im Gemischstrom ist der Einsatz üblich verwendeter Durchflußmeßverfahren nur bedingt (Staudruckprinzip) oder nicht (z. B. Verfahren mittels Kraftwirkung auf angeströmte Körper) möglich.

Tafel 3.28 zeigt eine Übersicht der verwendbaren Meßprinzipien und deren meßtechnische Nutzung.

Tafel 3.28. Volumenstrommeßgeräte bei der hydraulischen Förderung

Meßprinzip	Meßgerät	Vorteile	Nachteile	Einsatzbedingungen
Staudruck [3.19]	Venturi-Rohr und Norm-Venturi-Düse (Bild 3.141 a)	– einfacher Aufbau	– Einengung des Strömungsquerschnitts und damit erhöhter Verschleiß, – nur vertikale Einbaulage, – Eichung erforderlich, Konzentrationseinfluß beachten,	kleine d_K
[3.11]	asymmetrische Einschnürung (Bild 3.141 b)	– einfacher Aufbau	– wie Venturi-Rohr, – Einbaulage horizontal	
[3.19]	Segmentblende (Bild 3.141 c)	– einfacher Aufbau, – leichter Verstellbereich von m,	– Einengung des Strömungsquerschnitts, – hoher Verschleiß, – Einbaulage nur horizontal,	kleine d_K
[3.128]	Viertelkreissegmentdüse (Bild 3.141 d)	– einfacher Aufbau, – geringe Verschleißempfindlichkeit	– Einengung des Strömungsquerschnitts, – Einbau nur horizontal	nicht zu große d_K
Vergleich von Reibungsdruckverlust und geodätischer Druckdifferenz [3.11]	Gegenstrom-Durchflußmesser (Bild 3.143)	– einfacher Aufbau, – keine Einengung des Rohrquerschnitts	– zusätzliche vertikale Rohrleitungslängen und verschleißanfällige Rohrbögen, – Eichung erforderlich, – schwankende Meßgenauigkeit	kleine d_K
Laufzeitmessung von Tracern, Leitfähigkeitsänderungen u. ä. [3.56]	Injiziereinrichtung, Laufzeitmeßeinrichtung und Meßwertaufnehmer	– keine Einengung des Rohrquerschnitts, – Einbau an beliebiger Stelle der Rohrleitung	– diskontinuierlich, – hoher Aufwand	Experiment
Elektromagnetische Induktion [3.19] [3.57]	induktiver Durchflußmesser	– keine Einengung des Rohrquerschnitts – gute Meßgenauigkeit – geringer d_K-Einfluß – beliebige Einbaulage – industrielle Fertigung	– Leitfähigkeit des Trägermediums notwendig, – relativ hohe Kosten	nicht zu große d_K
Ultraschall-Laufzeit [3.8] [3.9]		– wie induktiver Durchflußmesser, – industrielle Fertigung	– relativ hohe Kosten	keine wesentlichen Forderungen

(Fortsetzung Tafel 3.28)

Meßprinzip	Meßgerät	Vorteile	Nachteile	Einsatzbedingungen
Volumetrische Messung (Ausflußmessung)	Meßbehälter, Zeitnahme	– einfacher Aufbau, genau	– diskontinuierlich nur für kleinere V_G	Experiment, Eichung
2 Meßwertaufnehmer Korrelationsrechner (z. B. 2 Isotopendichtemesser und Korrelator) Korrelationsverfahren [3.99]		– keine Veränderung des Strömungsquerschnitts, – genau, zuverlässig, – mögliche Messung der Geschwindigkeit der Phasen	– hohe Kosten	beliebig, aber Kosten beachten
Doppler-Effekt, (Laser, Ultraschall [3.11]	Doppler-Ultraschallmeßgerät, Doppler-Laser	– keine Veränderung des Strömungsquerschnitts – genau – industrielle Fertigung	– hohe Kosten	Experiment (beliebig)

Für die Betriebsmeßtechnik geeignete Meßgeräte sind nachstehend kurz erläutert.

a) Wirkdruckgeräte

Mit der Gleichung

$$\dot{V} = \alpha m A_R \sqrt{\frac{2\Delta p}{\varrho}} \qquad (3.181)$$

werden die Größen in Beziehung gesetzt. Bei Gemischströmung muß darauf geachtet werden, daß nicht zu kleine Öffnungsverhältnisse $m = A_{frei}/A_R$ ($m > 0,5$), d. h. im bei reinen Flüssigkeiten nicht üblichen Bereich, gewählt werden, um den Verschleiß in erträglichen Grenzen zu halten. Die Verstopfungsgefahr muß beachtet werden. Der Durchflußbeiwert α ist als konstruktionsspezifischer Wert abhängig von der *Re*-Zahl, bleibt aber oberhalb einer bestimmten *Re*-Zahl konstant. Für flüssigkeitsdurchströmte Geräte sind α-Werte in diesem Konstanzbereich bekannt [3.158] [3.19]; für Gemischströmung ist eine meßtechnische Überprüfung zweckmäßig. Bei kleinen Rohrdurchmessern kann unter Beachtung der relativ großen Öffnungsverhältnisse m der Konstanzbereich auch unterschritten werden.
Im Bild 3.141 sind mögliche Wirkdruckgeräte dargestellt. Bei ihrer Bemesseung ist folgendes zu beachten:

Venturi-Rohr

Bis zu einem Diffusorwinkel von $\vartheta_{Di} = 4°$ (halber Öffnungswinkel) kann vorausgesetzt werden, daß die Strömung im Diffusor nicht abreißt. Ist eine kürzere Baulänge mit größerem Diffusorwinkel vorzusehen, kann der Diffusor vor dem Abreißpunkt abgeschnitten werden (Bild 3.141 a) bzw. es ist auf eine plötzliche Erweiterung überzugehen.

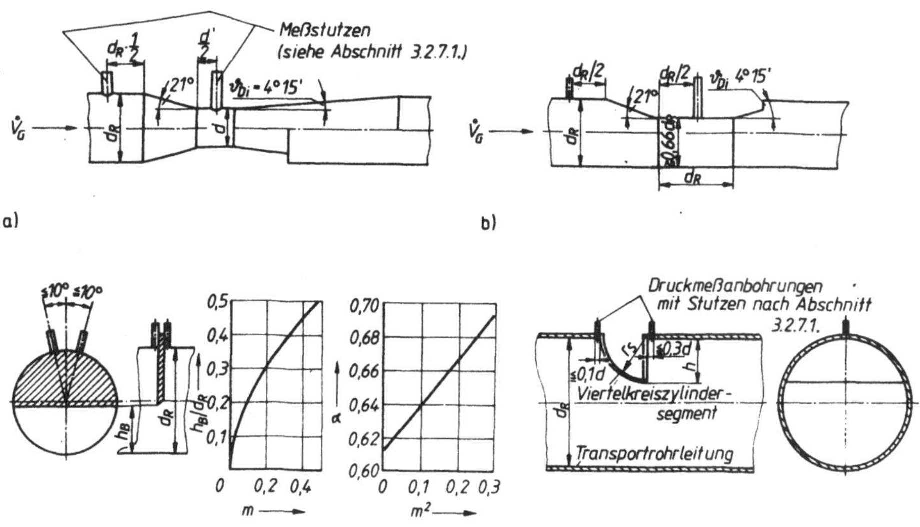

Bild 3.141. *Durchflußmeßgeräte nach dem Wirkdruckprinzip*
a) Venturi-Rohr [3.19]; b) asymmetrische Einschnürung [3.11]; c) Segmentblende [3.19]; d) Viertelkreissegmentdüse [3.128]

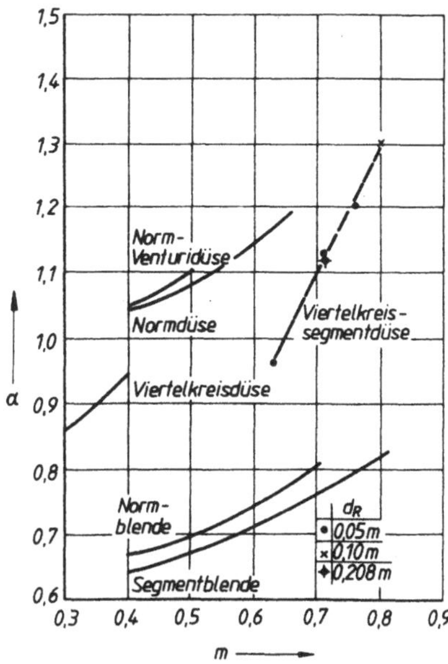

Bild 3.142. *Durchflußbeiwerte* α *in Abhängigkeit vom Öffnungsverhältnis m für Wirkdruckgeräte im Konstanzbereich* α = f(Re) [3.128]

Venturi-Rohre müssen geeicht werden. Das Öffnungsverhältnis sollte $m > 0,5$ betragen. Für Norm-Venturi-Düsen sind Konstruktion und Abmessungen sowie Durchflußbeiwerte α festgelegt [3.158].

Asymmetrische Einschnürung

Abströmseitig gelten die Bedingungen etwa entsprechend dem Venturi-Rohr. Die Eichung ist unter Berücksichtigung des Konzentrationseinflusses erforderlich. Bedingt durch die asymmetrischen Geschwindigkeits- und Konzentrationsprofile und wegen der Geschwindigkeitsabhängigkeit des Schlupfes sind besonders bei gröberem Material diese Einflüsse auf α zu beachten. Das Öffnungsverhältnis soll bei grobem Material den Wert $m = 0,6$ nicht unterschreiten.

Segmentblende

Der Einsatz ist nur für sehr feines Gut zu empfehlen, da hier der Verschleiß ggf. beherrscht werden kann.

Viertelkreissegmentdüse

Die Viertelkreissegmentdüse verbindet die Vorteile der Viertelkreisdüse ($\alpha = $ konst. bei kleinen *Re*-Zahlen) und der Segmentblende (unterer Rohrbereich ohne Einengung des Rohrquerschnitts). Ab Rohrleitungsdurchmessern $d_R = 0,1$ m wurde $\alpha = $ konst. für Transportgeschwindigkeiten $v_G \geqq v_{krit}$ bei Wasserströmung bestimmt [3.128]. Die Gemischförderung kann im Wirkdruck berücksichtigt werden mit

$$\Delta p = \Delta p_G \; \frac{\varrho_F}{\varrho_{GT}} \, , \tag{3.182}$$

wobei die Gemischdichte ϱ_{GT} mit der Transportkonzentration berechnet wird.
Im Bild 3.142 sind die Durchflußbeiwerte α im Konstanzbereich für die genannten Durchflußmeßgeräte dargestellt.

b) *Gegenstrom-Durchflußmesser*

Mit Hilfe von Differenzdruckmessung in zugeordneten vertikal aufwärts und vertikal abwärts durchströmten Rohrabschnitten gleicher Länge und gleichen Durchmessers gemäß Bild 3.143 ist eine einfache Meßmethode für solche Anwendungsfälle gegeben, wo die entsprechende Rohrleitungsführung möglich oder vorhanden ist.

Funktionsprinzip

Die Differenzdruckmessung bei *1* und *2* im Bild 3.143 liefert folgende Meßwerte:

$$\Delta h_1 = \frac{\Delta p_{G1}}{\varrho_F g} + H c_R \left(\frac{\varrho_M}{\varrho_F} - 1 \right) , \tag{3.183}$$

$$\Delta h_2 = \frac{\Delta p_{G2}}{\varrho_F g} - H c_R \left(\frac{\varrho_M}{\varrho_F} - 1 \right) . \tag{3.184}$$

Die Summe aus Gl. (3.183) und Gl. (3.184) ergibt

$$\Delta h_1 + \Delta h_2 = \frac{\Delta p_{G1}}{\varrho_F g} + \frac{\Delta p_{G2}}{\varrho_F g} \, . \tag{3.185}$$

Mit der Näherung

$$\Delta p_{G1} \approx p_{G2} \approx \frac{\lambda_F H}{d_R} \frac{\varrho_F}{2} \frac{\dot{V}_G^2}{A_R^2} \tag{3.186}$$

erhält man den Volumenstrom

$$\dot{V}_G = K \; \sqrt{\Delta h_1 + \Delta h_2} \tag{3.187}$$

mit

$$K = A_R \; \sqrt{\frac{d_R \, g}{\lambda_F \, H}} \, . \tag{3.188}$$

Kann $\lambda_F = $ konst. vorausgesetzt werden, d. h. bei $Re > 10^5$ und relativer Rauhigkeiten in der Größenordnung $k/d_R \approx 10^{-3}$, so gilt ebenfalls: $K = $ konst.
Bei $\lambda_F \neq $ konst. werden die Beziehungen komplizierter, da $\dot{V}_G$ nur noch mit Gl. (3.187) implizit darstellbar ist.
Im Grenzfall kann hydraulisch glattes Verhalten vorliegen. Die λ_F-Werte können nach *Blasius* oder *Nikuradse* (s. Abschnitt 2.2.) berechnet werden. In der praktischen Anwendung ist zweckmäßigerweise von der experimentellen Ermittlung von K(bzw. k; λ_F) auszugehen. Häu-

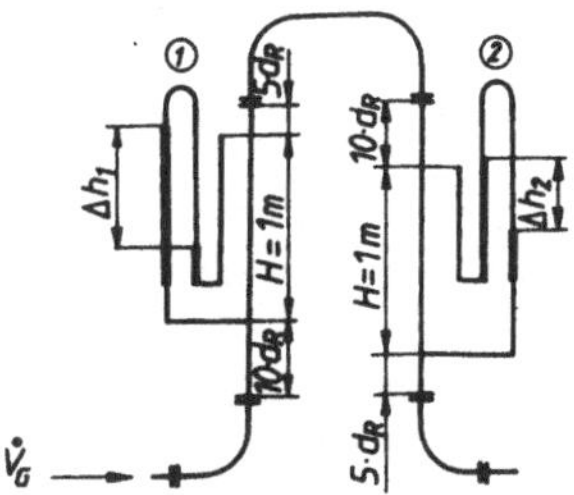

Bild 3.143. Gegenstrom-Durchflußmesser [3.11]

fig wird K = konst. zu setzen sein, da der Arbeitsbereich einer Anlage zumeist nur etwa $v_{krit} < v_G < 1{,}5\ v_{krit}$ beträgt, damit maximal eine Verdopplung der *Re*-Zahl vorliegt und bei nicht zu kleinen Rohrrauhigkeiten k annähernd λ_F = konst. zulässig ist.

Hinsichtlich der Genauigkeit der Meßwerte ist zu bemerken, daß mit wachsender Konzentration der Meßfehler sinkt, da der Anteil des Differenzdrucks infolge Reibung in Relation zum Differenzdruck infolge Schwere zunimmt.

c) Induktiver Durchflußmesser (IDM)

Den prinzipiellen Aufbau eines induktiven Durchflußmessers zeigt Bild 3.144. Gemäß dem faradayschen Induktionsgesetz induziert die durch das Magnetfeld hindurchströmende leitfähige Flüssigkeit an den Elektroden eine Spannung. Diese Spannung U_{el} ist dem konstanten

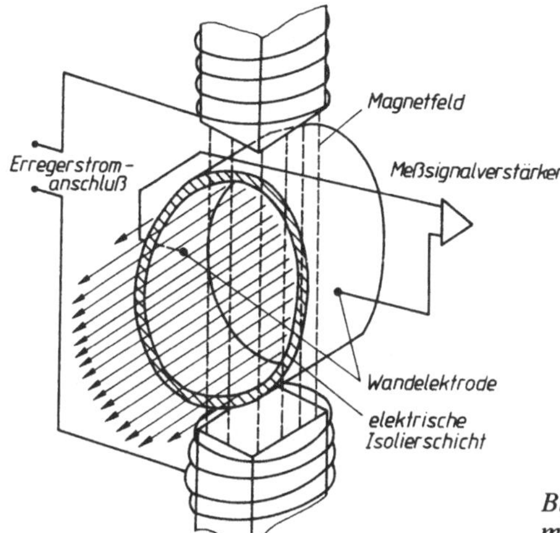

*Bild 3.144. Prinzip eines induktiven Durchfluß-
messers*

gerätespezifischen Werten Elektrodenabstand d_R und der magnetischen Induktion B sowie der mittleren Strömungsgeschwindigkeit v proportional. Unter Beachtung der konstanten Werte und des Zusammenhangs von d_R und Rohrquerschnitt A_R erhält man die Proportionalität

$$U_{el} \sim \frac{\pi}{4} d_R{}^2 v = \dot{V}, \tag{3.189}$$

also die Kopplung von Volumenstrom $\dot{V}$ und induzierter Spannung U_{el}. Beim Einsatz induktiver Durchflußmesser ist zu beachten, daß vagabundierende Erdströme mit wechselnder Amplitude Spannungsabfälle an den Elektroden hervorrufen können und so den Meßwert verfälschen [3.57]. Die Empfindlichkeit gegenüber solchen Störungen wird von der Art der Magnetfelderregung bestimmt. Für die Anwendung von IDM ist eine Mindestleitfähigkeit des Fluids von 5 µS/cm notwendig. Der Rohrquerschnitt muß vollständig mit dem Fluid bzw. Gemisch ausgefüllt sein.

d) Korrelationsverfahren

Strömungsvorgänge sind mit örtlich regellosen Störungen behaftet, die über einen bestimmten Zeitraum bzw. Weg erhalten bleiben. Diese zeigen sich in Schwankungen des Druckes der Turbulenz, der Konzentration bzw. Gemischdichte, der Geschwindigkeit der Phasen, der Lichtdurchlässigkeit oder der Leitfähigkeit, um die wichtigsten für den Gemischtransport zu nennen.

Zwei nacheinander angeordnete Meßwertaufnehmer erfassen die statistisch schwankenden Signale. Ein Signal gleicher Form wird von Meßwertaufnehmern um die Laufzeit $t_{L,St}$ verschoben registriert. Der Korrelationsrechner verzögert bei Identifizierung dieser beiden gleichförmigen Signale das Signal des ersten Meßwertaufnehmers um die Zeit t_L so, daß $t_L = t_{L,St}$ bestimmt wird. Aus der so ermittelten Laufzeit $t_{L,St}$ der Störung und dem Meßstreckenquerschnitt kann der Volumenstrom berechnet werden.

Bei Gemischtransport ist zu beachten, daß die Geschwindigkeit der Störung v_{St} bestimmt wird, so daß eine Abhängigkeit des Meßergebnisses vom Meßwertaufnehmer besteht. So ist bei der Druckregistrierung der Bezug zur Gemischgeschwindigkeit v_G bzw. $\dot{V}_G$ gegeben. Die Dichtemessung nach dem Prinzip der γ-Absorptiometrie (vgl. Abschnitt 3.2.7.3.) läßt die Ermittlung der Geschwindigkeit der die Störung verursachenden Feststoffteilchen zu. In diesem Fall kann nur unter Beachtung des Schlupfes auf $\dot{V}_G$ geschlossen werden.

Tafel 3.29. Konzentrationsmeßgeräte bei der hydraulischen Förderung

Meßprinzip	Meßgeräte	Vorteile	Nachteile	Einsatz
Intensitätsschwächung von γ-Strahlung [3.60]	Strahler Detektor (Szintillations- oder Zählrohrsonde) Auswerteinheit	– Messung mehrerer Komponenten – keine Veränderung der Rohrleitungsführung – Anbau an beliebiger Stelle der Rohrleitung – industrielle Fertigung	– bei heterogenen Gemischen nur vertikale Einbaulage – Eichung erforderlich	– Messung der Raumkonzentration
Massebestimmung (Schwerkraftmessung) [3.32] [3.102]	elastisch eingebundener Rohrabschnitt und Wägung (Bild 3.150a)	– keine Veränderung der Rohrleitungsführung – einfacher Aufbau – einfache Eichung	– nur horizontale Einbaulage – anfällige elastische Verbindungselemente	– Messung der Raumkonzentration – Experiment
Volumen- und Massebestimmung (Ausflußmessung)	Meßbehälter, Wägeeinrichtung, Zeitnahme	– einfacher Aufbau, genau	– diskontinuierlich – kleine V_G	– Experiment, Eichung – Messung der Transportkonzentration
Geodätische Druckdifferenz [3.11]	Gegenstrom-Durchflußmesser	s. Abschnitt 3.2.7.2.		– Messung der Raumkonzentration
Probenahme	Entnahmerohr an der Transportleitung (Teilstromableitung)	– einfacher Aufbau	– diskontuierlich – nur bei ausreichender Gleichverteilung des Feststoffs ausreichend genaue Meßwerte	– Messung der Raumkonzentration – kleiner d_K

3.2.7.3. Konzentrationsmessung

Alle kontinuierlichen Konzentrationsmeßverfahren sind nur für die Messung der Raumkonzentration c_R geeignet. Deshalb ist es zweckmäßig, daß die entsprechenden Meßgeräte an den Stellen des Rohrleitungssystems installiert werden, wo der Schlupf gering ist (vertikale Rohrleitung) oder mittels geeigneter konstruktiver Maßnahmen (z. B. Beschleunigung des Feststoffs in einem Rohrabschnitt mit verringertem Querschnitt und daran anschließender Messung mit Isotopendichtemesser) reduziert wird.
In Tafel 3.29 sind die wichtigsten Meßprinzipien und ihre Einsatzbedingungen zusammengestellt. In einigen Gerätetypen sollen nachfolgend Erläuterungen gegeben werden:

a) Konzentrationsmessung mit Hilfe der γ-Absorptiometrie (Bild 3.145)

Die Schwächung der γ-Strahlung radioaktiver Nukleide erfolgt nach dem Exponentialgesetz. Für die Intensität I in J/kg gilt:

$$I = I_0\, e^{-\mu's}. \tag{3.190}$$

Das durchstrahlte Material schwächt die Ausgangsintensität I_0 abhängig von seinem spezifischen Massenschwächungskoeffizienten μ', von seiner Dichte ϱ und von seiner Dicke s.

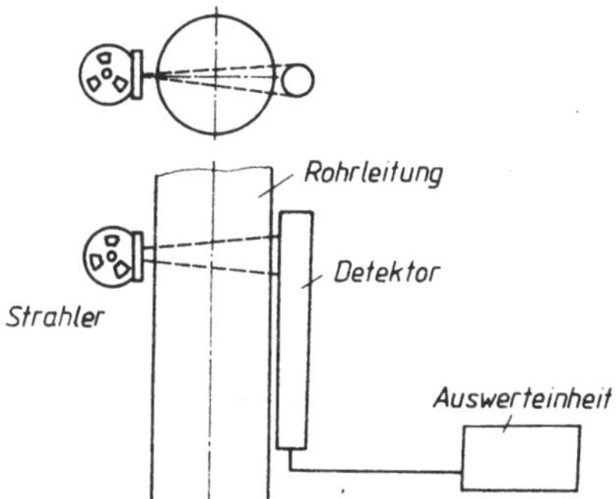

Bild 3.145. *Prinzipieller Aufbau eines Dichtemeßgerätes mittels γ-Absorptiometrie*

Der spezifische Massenschwächungskoeffizient μ' hängt von der Energie der durch das Meßobjekt hindurchtretenden Strahlung und von der atomaren Zusammensetzung (Ordnungszahl) der durchstrahlten Materie ab. Bei einer Strahlenquelle von Cs^{137} (γ-Energie: $E\gamma = 662$ keV) und für Ordnungszahlen der durchstrahlten Materie von 2 bis 30 beträgt $\mu' = 7{,}7 \cdot 10^{-3}\,\text{m}^2/\text{kg}$.
Beim hydraulischen Transport sind meist Feststoffe aus mehreren chemischen Elementen und Verbindungen bestehend zu fördern. Das erfordert die experimentelle Bestimmung sowohl von ϱ als auch von μ', so daß man zweckmäßigerweise schreibt:

$$\mu = \mu'_M\, \varrho_M. \tag{3.191}$$

Für o. g. Beispiele erhält man für Sande und Kiese ($\varrho_M = 2600$ kg/m^3) $\mu_M \approx 20$ 1/m.
Unter Berücksichtigung der Anteile der festen und flüssigen Phase kann Gl. (3.190) Beachtung von Gl. (3.191) für die Belange des hydraulischen Transports dargestellt werden:

$$I_G = I_0\, e^{-[\mu_F d_R (1 - c_R) + \mu_M d_R c_R]}. \tag{3.192}$$

Bezieht man Gl. (3.192) auf die Schwächung bei nur wasserdurchströmtem Rohr, so erhält man nach Umformung die Berechnungsgleichung für die Raumkonzentration c_R:

$$c_R = \frac{\ln \dfrac{I_G}{I_F}}{d_R\,(\mu_F - \mu_M)}. \tag{3.193}$$

I_G erhält man aus dem Meßsignal, und alle anderen Größen stellen Konstanten für die jeweilige Aufgabe und Ausrüstung dar.

Verwendet man Strahlenquellen unterschiedlicher γ-Energie, so besteht die Möglichkeit, mehrere Feststoffkomponenten, die unterschiedliche Massenschwächungskoeffizienten aufweisen, zu unterscheiden [3.149] [3.161] und ihre jeweilige Konzentration zu messen.

Als Detektoren können Ionisationskammern oder Szintillationssonden eingesetzt werden. Ionisationskammern erfassen einen größeren Meßquerschnitt und zeigen auch in der Linearität Vorteile, während Szintillationssonden wegen ihres Verstärkereffekts vorteilhaft sind. Für heterogene Gemische sind also Ionisationskammern zur c_R-Messung wegen der möglichen Mittelwertbildung über einen größeren Rohrabschnitt günstiger; der Preis ist aber verhältnismäßig hoch. Szintillationssonden sind kostengünstiger und dementsprechend häufiger als Betriebsmeßeinrichtung genutzt [3.60]. Selbstverständlich muß der Rohrquerschnitt vollständig mit Fluid bzw. Gemisch ausgefüllt sein.

Da das γ-Strahlenbündel in der Regel nicht den gesamten Rohrquerschnitt überdeckt (Bild 3.145), ist bei der Geräteanordnung am Rohr (bei heterogenem Gemischverhalten nur vertikal) besonders darauf zu achten, daß eine gute Gleichverteilung des Feststoffs über den Rohrquerschnitt zu erwarten ist. Unmittelbar nach Pumpen oder Bogen ist ein Einbau wegen Feststoffsträhnenbildung nicht zweckmäßig. Beschleunigungsstrecken sind hier wenig wirksam; gute Ergebnisse werden am Ende eines abwärts durchströmten vertikalen Rohres erreicht [3.182].

b) Konzentrationsmessung über Massebestimmung (Kraftmessung) (Bild 3.146a)

Die Raumkonzentration ermittelt man nach

$$c_R = \frac{F_G - F_F}{F_F - F_R} \frac{\varrho_F}{\varrho_M - \varrho_F} . \tag{3.194}$$

F_G Kraft aus der Masse des Meßrohrs – gemischdurchströmt,
F_F Kraft aus der Masse des Meßrohrs – flüssigkeitsdurchströmt,
F_R Kraft aus der Masse – Rohr geleert.

Damit die Kräfte an den elastischen Rohrverbindungen vernachlässigbar klein bleiben, sind die Auslenkungen des Meßrohres an der Stelle der Kraftmeßeinrichtung sehr klein zu halten.

c) Ausflußmessung (Bild 3.146b)

Die Ausflußmessung liefert mit hoher Genauigkeit die Transportkonzentration c_T, dabei auch den Gemischdurchsatz $\dot{V}_G$ sowie natürlich $\dot{V}_M$ und $\dot{V}_F$.
Mit den gemessenen Größen

- $t_{Ausfluß}$ Ausflußzeit in s,
- V_G Gemischvolumen im Behälter in m³,
- m_G Gemischmasse im Behälter in kg,

errechnet man c_T nach

$$c_T = \left(\frac{m_G}{V_G} - \varrho_F \right) \frac{1}{(\varrho_M - \varrho_F)} \tag{3.195}$$

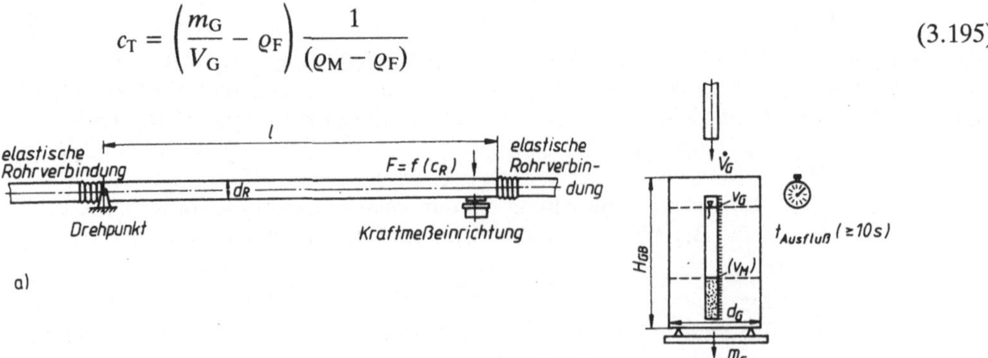

Bild 3.146. Meßgeräte zur Konzentrationsmessung c_R; c_T
a) aus Massebestimmung [3.63] [3.32]; b) Ausflußmessung

und den Volumenstrom des Gemisches $\dot{V}_G$ nach

$$\dot{V}_G = \frac{V_G}{t_{Ausfluß}} \,. \tag{3.196}$$

Um die Meßfehler klein zu halten, sind Ausflußzeiten von mindestens 10 s vorzusehen; das Höhe-Durchmesser-Verhältnis des Meßgefäßes sollte mindestens $H_{GB}/d_G = 2$ betragen.

d) Nutzung des Gegenstrom-Durchflußmessers (s. Abschnitt 3.2.7.2.)

Der Gegenstrom-Durchflußmesser kann neben der Volumenstrommessung auch für die Konzentrationsmessung herangezogen werden. Zur Ermittlung der Raumkonzentration c_R kann von Gl. (3.183) ausgegangen werden:

$$c_R = \frac{\Delta h_1 - \dfrac{\Delta p_{G1}}{\varrho_F g}}{H\left(\dfrac{\varrho_M}{\varrho_F} - 1\right)} \,. \tag{3.197}$$

Mit den Gleichungen (3.183) und (3.184) ergibt sich

$$c_R = \frac{\Delta h_1 - \Delta h_2}{2 \cdot H\left(\dfrac{\varrho_M}{\varrho_F} - 1\right)} \,. \tag{3.198}$$

Untersuchungen nach [3.73] zeigen mit

- Bakelit $(\varrho_M = 1{,}35 \cdot 10^3 \text{ kg/m}^3)$,
- Basalt $(\varrho_M = 2{,}82 \cdot 10^3 \text{ kg/m}^3)$

bei $d_R = 0{,}0516$ m und $H = 1{,}524$ m, daß das Prinzip zur Konzentrationsmessung geeignet ist. Der durchschnittliche Fehler betrug 10 %.
Bei geringem Schlupf ist so auch die Transportkonzentration bestimmt (bei $S = 0$ gilt $c_T = c_R$). Mit zunehmendem Schlupf, also bei großer Feststoffdichte und/oder wachsendem Teilchendurchmesser, nimmt der Fehler zu.

3.2.7.4. Messung der kritischen Geschwindigkeit

Die Messung der kritischen Geschwindigkeit ist nur weitestgehend zu objektivieren, wenn man Signale aus dem Bereich der geschobenen Schicht gewinnt.
Dafür kann die von der lokalen Konzentration abhängige Leitfähigkeit (bzw. der ohmsche Widerstand) des Gemisches verwendet werden. Zu diesem Zweck werden an der Rohrsohle bündig ein isoliertes Elektrodenpaar (Bild 3.147 a) oder eine Elektrode kleinen Durchmessers (Bild 3.147 b) eingebaut. Nach dem Anlegen einer Spannung bilden sich Feldlinien zwischen den Polen aus, entlang derer entsprechende Ströme fließen. Der auftretende ohmsche Widerstand hängt von der Leitfähigkeit des umgebenden Mediums bzw. Gemisches und von den konstruktiven Gegebenheiten der Elektrodenanordnung und Elektrodenoberfläche ab. Begrenzt man durch einen kleineren Elektrodendurchmesser den Wirkungsbereich des elektrischen Feldes auf den Bereich der Feldlinienquelle, erhält man Sensoren, die ein gut auswertbares Signal liefern. Die durch den Feststoff bewirkte Deformation der Feldlinien ruft eine Widerstandsänderung hervor, die mit einer Wheatstonschen Brückenschaltung gemessen werden kann. Infolge der geschwindigkeits- und konzentrationsabhängigen sowie der teilchendurchmesserabhängigen Unterschiede in der Wirkungsintensität der Feststoffteilchen ergeben sich Signalschwankungen. Die Stärke der Amplitude ist proportional dem Teilchendurchmesser und der Amplitudenabstand umgekehrt proportional der Teilchengeschwindigkeit. Wird die kritische Geschwindigkeit unterschritten, so bedecken die Feststoffteilchen ruhend die Elektroden, und es werden keine oder nur sehr kleine Amplituden gemessen. Die

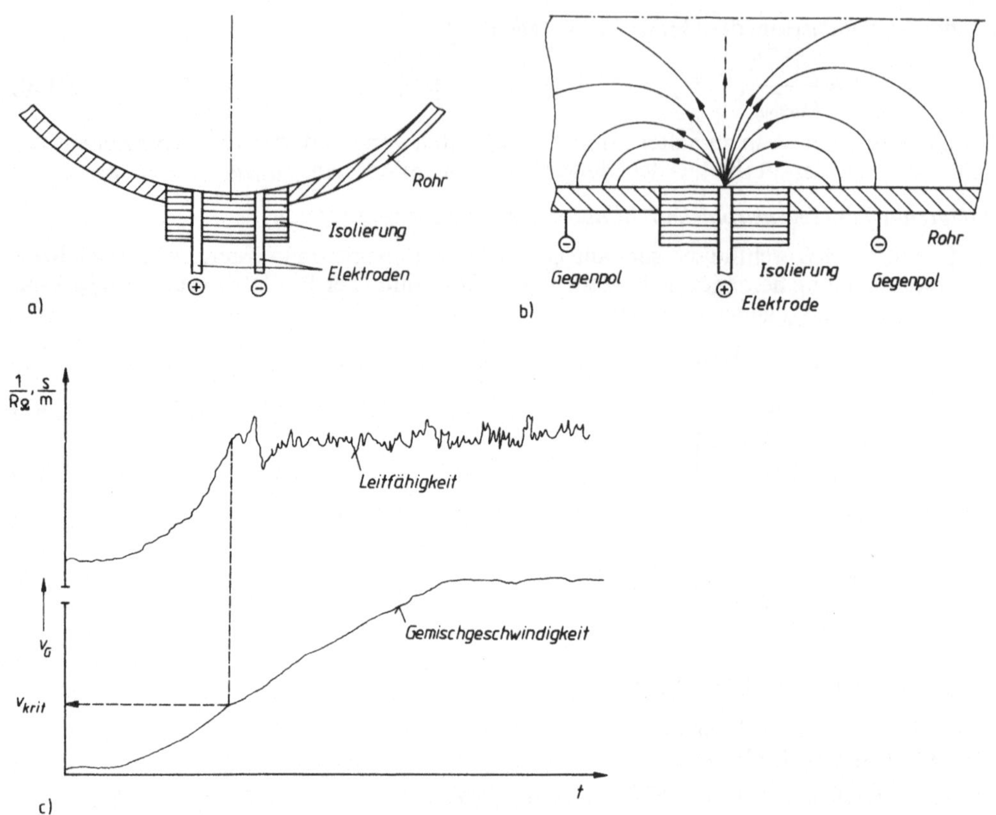

Bild 3.147. Meßelektroden für die kritische Geschwindigkeit auf der Basis der Leitfähigkeitsmessung [3.80]
a) zwischen zwei Elektroden; b) zwischen Elektrode und Rohr; c) Signalverlauf

Übergangsfunktion des Signals vom bewegten zum ruhenden Feststoff verläuft charakteristisch. Ein entsprechender Punkt kann der minimal zulässigen Transportgeschwindigkeit v_G zugeordnet werden (Bild 3.147c).

3.2.7.5. Verschleißfortschrittsmessung

Die Vorausberechnung des zu erwartenden Materialabtrags infolge Verschleißwirkung, wobei neben der Erosion die Korrosion berücksichtigt werden muß, ist derzeit nicht zufriedenstellend möglich. Daraus ergibt sich die Notwendigkeit der Verschleißfortschrittsmessung

- an verschleißexponierten Stellen,
  - um Havarieausfällen vorzubeugen,
- an kontinuierlich verschleißenden Orten (z. B. Rohrsohle),
  - um eine planmäßige Instandhaltung zu gewährleisten und
  - um Datenmaterial für die Vervollkommnung der Möglichkeiten zur Vorausberechnung des Wanddickenabtrags zu erhalten.

Prinzipiell sind mehrere Meßverfahren für die Ermittlung der Wanddickenverringerung anwendbar. Bei Orientierung auf die praktische Anwendung ist die Nutzung des Ultraschall-Impuls-Laufzeit-Verfahrens (Impuls-Echo-Verfahren) [3.30] die zweckmäßigste Möglichkeit (ausgereifte, industriell gefertigte Gerätebasis [3.31] [3.13]; einfache Handhabung; Anwendung während des Betriebs der Anlage; keine speziellen Sicherheitsanforderungen). Das Funktionsprinzip wird im Bild 3.148 gezeigt. Die Wanddickenbestimmung erfolgt

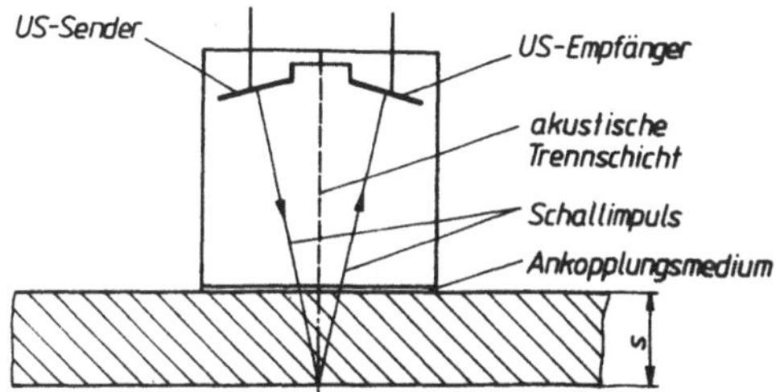

Bild 3.148. Meßprinzip der Ultraschall-Wanddickenmessung mittels Impuls-Laufzeit-Verfahren

aus der Laufzeit des Impulses zwischen Sender und Empfänger bei Kalibrierung mit der Schallgeschwindigkeit für den jeweiligen Werkstoff oder mit Vergleichskörper. Sender und Empfänger werden durch variable Neigung auf die Innenoberfläche des Bauteils fokussiert. Da eine feste Installation des Gerätes am Meßort nicht sinnvoll ist (Messung nur in größerem zeitlichem Abstand bei mehreren Meßorten), sind Verschleißmeßstellen festzulegen, die entsprechend gekennzeichnet werden müssen und die die notwendigen Eigenschaften für gute Ankopplungsbedingungen des Prüfkopfs (metallisch blanke und ebene Oberfläche) haben.

3.3. Auslegungs- und Bewertungsalgorithmus für hydraulische Förderanlagen

Die Auslegung und Bewertung hydromechanischer Feststofftransportanlagen ist hinsichtlich einer dem Gesamtsystem entsprechenden optimalen Lösung nur aufgabenspezifisch möglich. Das Gesamtsystem kann dabei

– nur durch die Transportanlage (z. B. Pipeline zum Massentransport) oder
– die Transportanlage eingeordnet in eine Gesamttechnologie (Transport von Zwischenprodukten, Anlagenentsorgung u. a.)

darstellen.

Im zweiten Fall können Parameterbeeinflussungen durch die Gesamttechnologie erhebliche Abweichungen bezüglich des Optimums nur aus dem Transportvorgang bewirken.

Das angestrebte Ziel besteht nun darin, auf der Grundlage der Aufgabenstellung

– die Transport- und Anlagenparameter zu bestimmen,
– die erforderlichen Ausrüstungen auszuwählen (Auslegung) und
– die Gesamtkosten bzw. die Kostenstruktur zu ermitteln, was die Grundlage zum Vergleich mit anderen Transporttechnologien bildet (Bewertung).

Dazu wird von folgenden Voraussetzungen ausgegangen:

a) Das Minimum der Gesamtkosten zur Realisierung der Transportaufgabe unter Berücksichtigung der Stabilität des Transportvorgangs bestimmt die optimalen Anlagenparameter.

b) Der minimale Energiebedarf zur Realisierung der Transportaufgabe und die günstigen Verschleißbedingungen liegen bei kritischer Geschwindigkeit vor. Damit gilt ohne Berücksichtigung der spezifischen Verhältnisse des Zusammenwirkens von Pumpen und Rohrleitung:

$$v_{G\,opt} = v_{krit}. \tag{3.199}$$

c) Die maximal auftretende kritische Geschwindigkeit (z. B. bei aufwärts geneigter Rohrleitung) stellt die untere Grenze der zulässigen Transportgeschwindigkeit des Gemisches dar (Stabilitätskriterium):

$$v_G \gtreqless v_{krit,\,max}. \tag{3.200}$$

Mit den o. g. Bedingungen kann der Auslegungs- und Bewertungsalgorithmus gemäß Bild 3.149 dargestellt werden. Zu einigen Arbeitsschritten sind Erläuterungen notwendig.

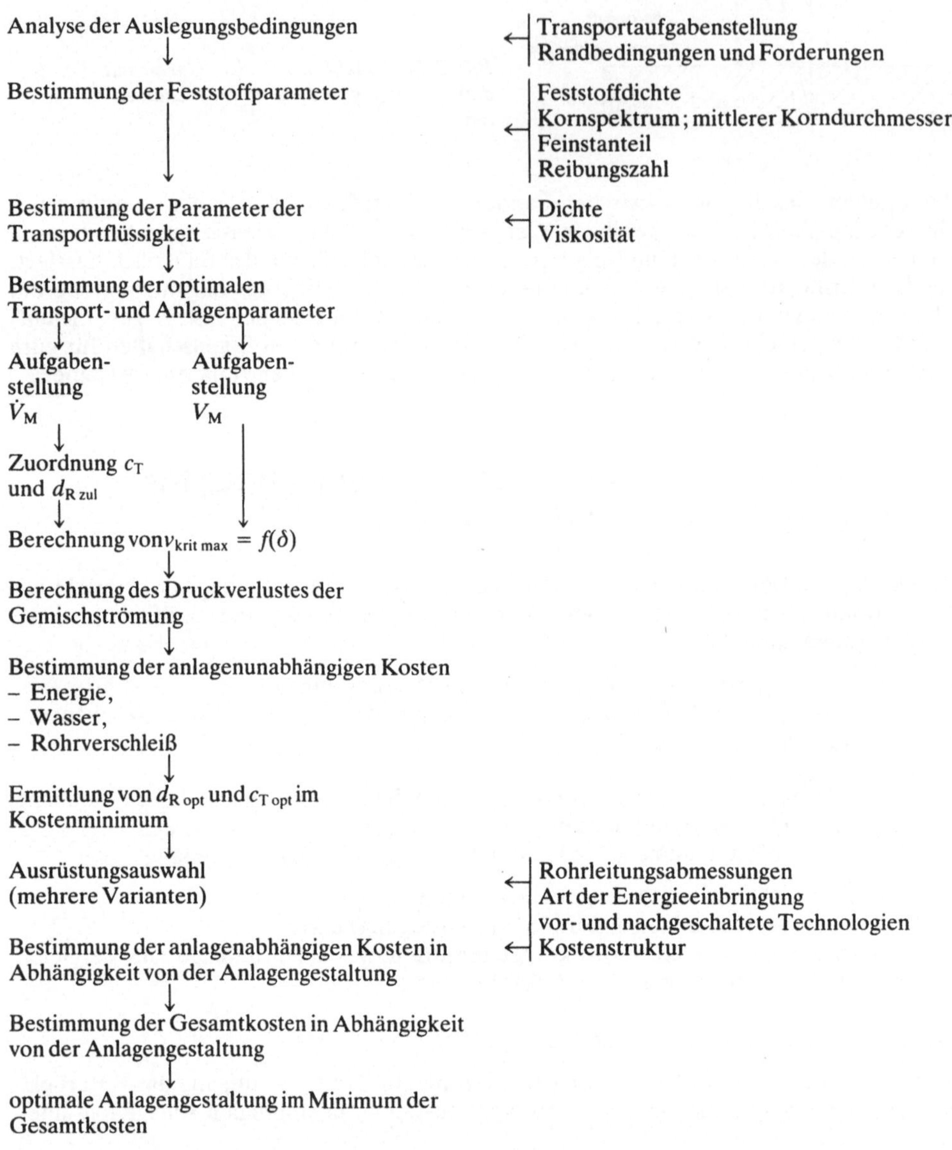

Bild 3.149. Auslegungs- und Bewertungsalgorithmus

3.3.1. Analyse der Auslegungsbedingungen

Diese Analyse beinhaltet die vorgegebenen Parameter der Transportaufgabenstellung sowie zusätzliche Forderungen und Randbedingungen. Als Alternativen stehen dabei die Vorgabe und die notwendige Ermittlung bzw. mögliche Variabilität. In Tafel 3.30 sind die wichtigsten zu betrachtenden Größen, Parameter und Anforderungen zusammengestellt.

Tafel 3.30. Analyse der Bedingungen für die Auslegung

Anlagen- und Transportparameter, spezielle Anforderungen	Vorgabe	Ermittlung
– Feststoffart		
– Feststoffmenge	$\dot{V}_M$ m³/h	
	V_M m³	
Schwankungsbereich	$\Delta \dot{V}_M$ m³/h	
– Kornverteilung	d_{Ki} m	
Schwankungsbereich	Δd_{Ki} m	
– Feststoffdichte	ϱ_M kg/m³	
Schwankungsbereich	$\Delta \varrho_M$ kg/m³	
– Fördermedium		
– Temperatur des Transportmediums	T_F K	
Schwankungsbereich	ΔT_F K	
– Dichte des Transportmediums	ϱ_F kg/m³	
Schwankungsbereich	$\Delta \varrho_F$ kg/m³	
– Transportentfernung	L m	
Schwankungsbereich	ΔL m	
– Rohrleitungsdurchmesser	d_R m	
– Transportkonzentration	c_T –	
Schwankungsbereich	Δc_T –	
– Kritische Geschwindigkeit	v_{krit} m/s	
Maximalwert	$v_{krit,\,max}$ m/s	
– Gemischgeschwindigkeit	v_G m/s	
Schwankungsbereich	Δv_G m/s	
– Gesamtdruckverlust	Δp_G MPa	
– Lebensdauer der Rohrleitung	t_R h	
– Rohrwanddicke	s m	
– Lebensdauer von Anlagenelementen	t_A h	
– Spezifische Transportkosten	k_G M/t	
– Gemischpumpen- oder Schleusenbetrieb mit oder ohne Transportflüssigkeitsrückführung		
– Rohrleitungsführung		

3.3.2. Zuordnung von c_T und $d_{R\,zul}$

Aus dem Optimierungskriterium nach Gl. (3.199) folgt bei Beachtung der Kontinuitätsberechnung in bezug auf die Sicherung von $\dot{V}_M$

$$\dot{V}_M = \frac{\pi}{4}\, d_R^2\, v_{krit}\, c_T \tag{3.201}$$

mit Gl. (3.19) der Zusammenhang $d_R = f(c_T)$:

$$d_{R\,zul} = \left\{ \frac{\dot{V}_M}{3\,\pi\mu_{gl}\left[g\left(\dfrac{\varrho_M}{\varrho_F} - 1\right)\right]^{1/2} d_{Km}{}^{1/6}\, c_T{}^{1+\left(\frac{d_{Km}}{d_{Kg}}\right)^{1/6}} \left(\dfrac{d_{Km}}{d_{Kg}}\right)^{1/12}} \right\}^{3/7}. \tag{3.201}$$

Die Korrekturen infolge Feinkornanteil müssen beachtet werden.
Die Kennzeichnung $d_{R\,zul}$ bedeutet, daß der maximal zulässige Rohrleitungsdurchmesser, ohne daß Ablagerungen im Rohr auftreten, berechnet wurde.

3.3.3. Bestimmung der Kostenelemente und Kostenoptimum

Die Gesamtaufwendungen K_G zur Realisierung der Transportaufgabe sind die Summe aus den Abschreibungs- K_{Ab} und Betriebskosten K_{Be} in spezifischer Darstellung:

$$k_G = k_{Ab} + k_B. \tag{3.203}$$

Die Betriebskosten enthalten im wesentlichen die Kosten für Energie, Wasser/Abwasser, Wartung/Bedienung sowie für Reparatur:

$$k_{Be} = k_E + k_W + k_{Wa} + k_{Rep}. \tag{3.204}$$

In den Abschreibungskosten werden die Rohrleitung und die erforderlichen Ausrüstungen (Pumpen, Armaturen usw.) sowie die Kosten für den Bauanteil einschließlich Stahlbau erfaßt:

$$k_{Ab} = k_R + k_A + k_{Bau}. \tag{3.205}$$

Die schnellverschleißenden Ausrüstungen bzw. Ausrüstungselemente (z. B. Pumpenlaufrad, Pumpengehäuse, Rohrleitung u. a.) sind separat entsprechend ihrer Lebensdauer zu erfassen. Die Kosten zum Auswechseln dieser Verschleißteile und für das Drehen der Rohrleitung werden den Reparaturkosten zugeordnet. Die Abschätzung der Lebensdauer kann nach den Abschnitten 3.2.3.2.2. und 3.2.4.1.1. erfolgen.

Für die Berechnung der spezifischen Kostenelemente gelten folgende Beziehungen:

Energiekosten

$$k_E = \frac{\Delta p_G \, k_E'}{\eta_p \, c_T \varrho_M}; \tag{3.206}$$

mit k_E' spezifischer Energiepreis.

Wasserkosten

$$k_W = \frac{(k_W' + k_{AW}') \left(\dfrac{1}{c_T} - 1 \right)}{\varrho_M}; \tag{3.207}$$

mit k_W' spezifischer Wasserpreis Frischwasser,
k_{AW}' spezifischer Wasserpreis Abwasser.

Wartungskosten

$$k_{Wa} = \frac{K_{Wa}}{\dot{m}_M \, t_{Be}}; \tag{3.208}$$

mit t_{Be} Betriebsdauer.

Reparaturkosten:

$$k_{Rep} = \frac{K_{Rep}}{\dot{m}_M \, t_{Be}}. \tag{3.209}$$

Kosten
Bau, Stahlbau

$$k_B = \underbrace{\frac{K_{Bau}}{\dot{m}_M \, t_{NB}}}_{\text{Bau}} + \underbrace{\frac{k_M \, L}{\dot{m}_M \, t_R}}_{\text{Montage}}; \tag{3.210}$$

mit t_{NB} Nutzungsdauer Bauanteil,
t_R Lebensdauer der Rohrleitung,
k_M' spezifischer Montagepreis (je Längeneinheit).

Abschreibungskosten für Ausrüstungen

$$k_{Ab} = \frac{1}{\dot{m}_M} \sum_{i=1}^{n} \frac{K_{Ai}}{t_{N,Ai}} ; \tag{3.211}$$

mit $t_{N,Ai}$ Lebensdauer des Ausrüstungselements.

Abschreibungskosten für Rohrleitung

$$k_R = \frac{k_R' m_R L}{\dot{m}_M t_R} ; \tag{3.212}$$

mit t_R Lebensdauer der Rohrleitung, k_R' spezifischer Rohrwerkstoffpreis.

Bei Gl. (3.212) ist zu beachten, daß wegen des oft hohen Verschleißes in der Rohrleitung ein unmittelbarer Zusammenhang zwischen der Lebensdauer und der gewählten Wanddicke der Rohrleitung besteht, so daß es zweckmäßig sein kann, die Rohrleitungskosten k_R aufzuteilen in

- Kosten für den Rohrverschleiß k_{VR} und
- Kosten für die verschlissene Rohrleitung k_{Rzul} mit der minimal erforderlichen Wanddicke s_{min} aus dem Innendruck oder aus der stützweitenbedingten Stabilität:

$$k_R = k_{Rzul} + k_{VR} \tag{3.213}$$

mit

$$k_{VR} = \frac{m_{VR}}{m_{M,L}} K_R' = \frac{2}{\delta n_R} \cdot \frac{L_R}{d_R} \frac{\varrho_R}{\varrho_M} K_R' \tag{3.214}$$

$$k_{Rzul} = \frac{m_{R,L}}{m_{M,L}} K_R' \tag{3.215}$$

und m_{VR}, $m_{M,L}$, m_{Rzul} entsprechend den Gleichungen (3.156), (3.157), (3.158) im Abschnitt 3.2.1.1.

Der Bestandteil k_{VR} berücksichtigt hierbei nur die durch den Verschleiß abgetragene Rohrleitungsmasse und gestattet demnach eine von der Wanddicke unabhängige Kostenermittlung. Im allgemeinen gilt als Optimierungskriterium das Minimum der Gesamtkosten, da alle Kostenbestandteile vom Rohrdurchmesser bzw. von der Transportkonzentration abhängig sind. Es ist jedoch zweckmäßig, für die Ermittlung der optimalen Transportparameter d_R und c_T in erster Näherung nur die anlagenunabhängigen Kosten heranziehen, da

- die Rohrleitung für viele Aufgabenstellungen das kostenbestimmende Element darstellt und
- die anlagenabhängigen Kosten größtenteils nur den absoluten Betrag der Gesamtkosten, jedoch kaum die Lage des Optimums beeinflussen.

Anlagenunabhängige Kosten k_G bildet die Summe aus

- Energiekosten k_E,
- Wasser-/Abwasserkosten k_W und
- Verschleißkosten aus dem Rohrverschleiß k_{VR}

(anlagenunabhängig, weil sowohl die Transportentfernung als auch die Lebensdauer keinen Einfluß haben). Als Optimierungskriterium kann somit formuliert werden:

$$\frac{dk_G}{dd_R} = 0. \tag{3.216}$$

Bild 3.150 zeigt die Tendenzen des d_R-Einflusses auf die Kostenelemente und die Summenkurve als die gesamten anlagenunabhängigen Kosten k_G. Im Kostenminimum k_{opt} ergibt sich

$d_{R\,opt}$. Die optimale Transportkonzentration bestimmt man im Schnittpunkt der Senkrechten in $d_{R\,opt}$ mit der Kurve $k_E = f(d_R)$. Wegen der Zuordnung von c_T und $d_{R\,zul}$ nach Gl. (3.202) entspricht jeder Punkt auf dieser Kurve einer bestimmten Transportkonzentration c_T.

Nach Auswahl und Zusammenstellung geeigneter Ausrüstungen, ausgehend von den ermittelten optimalen anlagenunabhängigen Parametern, zu Lösungsvarianten können die Kosten durch Einbeziehung der anlagenabhängigen Kostenelemente nach den Gleichungen (3.209) bis (3.211) vollständig berücksichtigt werden. Die optimale Lösung mit den entsprechenden Parametern ergibt sich analog im Kostenminimum

$$k_{opt} = \left(\sum_{i=1}^{n} k_i \right)_{min} . \tag{3.217}$$

Eine Korrektur der anlagenunabhängig ermittelten optimalen Parameter kann sich als nötig erweisen.

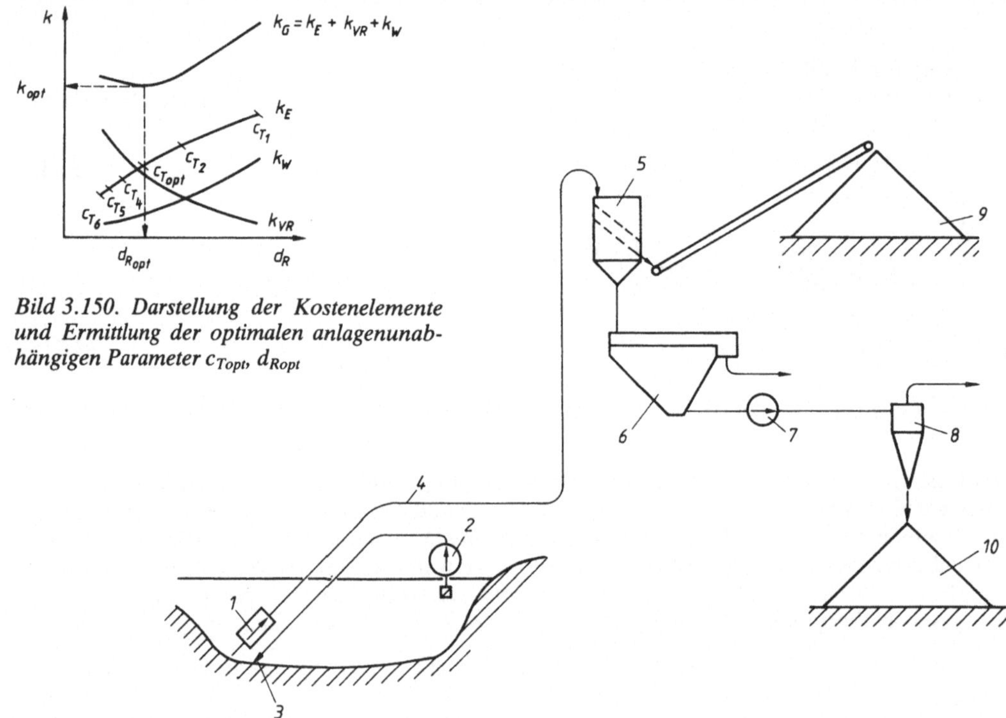

Bild 3.150. Darstellung der Kostenelemente und Ermittlung der optimalen anlagenunabhängigen Parameter c_{Topt}, d_{Ropt}

Bild 3.152. Kiesförder- und Klassieranlage [3.2]

1 Seitendüsenejektor; *2* Treibwasserpumpe; *3* Düsen zum Feststoffabbau und zur Gemischbildung; *4* Förderrohrleitung; *5* Bogensieb zur Großkornabtrennung; *6* Eindicker; *7* Gemischpumpe; *8* Hydrozyklon zur Feinproduktabtrennung; *9* und *10* Produkthalden

3.4. Beispiele technischer Lösungen für hydraulische Transportanlagen

Die Aufgabe der Gemischbildung, -aufnahme und -förderung mit einer Ausrüstung wird von Saugförderanlagen erfüllt. Sie werden durch die Saugbagger einschließlich der Schutensauger repräsentiert. Prinzipielle Unterscheidungsmerkmale sind nur die konstruktive Gestaltung der Saugköpfe und die Gemischbildungseinrichtungen. Im Bild 3.151 ist ein Schutensauger

dargestellt. Eine technische Lösung für eine mit Ejektor betriebene Kiesförder- und Klassieranlage wird im Bild 3.152 gezeigt.
Anlagen, bei denen der druckseitige Transport vornehmlich zu realisieren ist, sind aufgabenspezifisch sehr differenziert. Für die Entsorgung eines Chemiebetriebs von Abprodukten, die
die Umwelt nicht belasten, wurde z. B. eine Anlage nach Bild 3.153 realisiert.

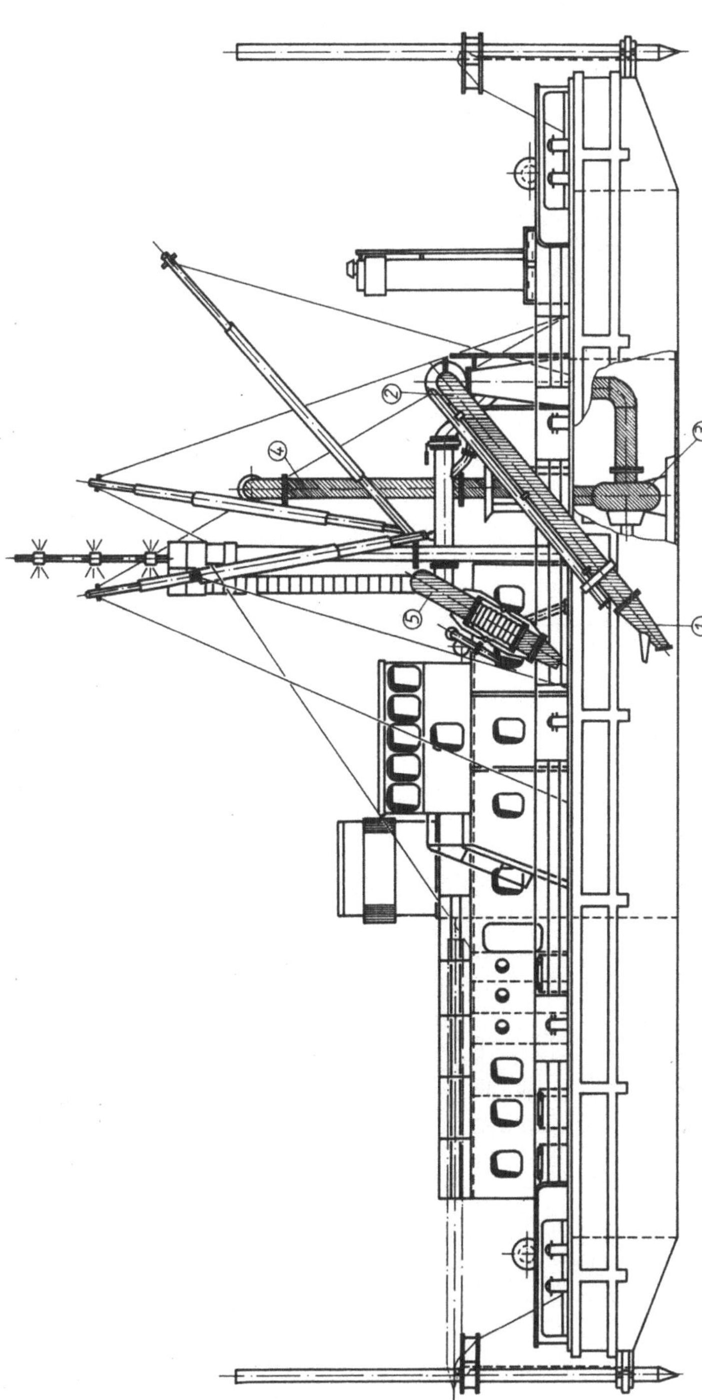

Bild 3.151. Schutensauger (Spüler) „Strelasund" des VEB Bagger-, Bugsier- und Bergungsreederei Rostock [3.48]
1 Saugkopf; 2 Saugrohrleitung; 3 Gemisch-Kreiselpumpe; 4 Druckrohrleitung; 5 Wasserzuführung mit Spüldüse

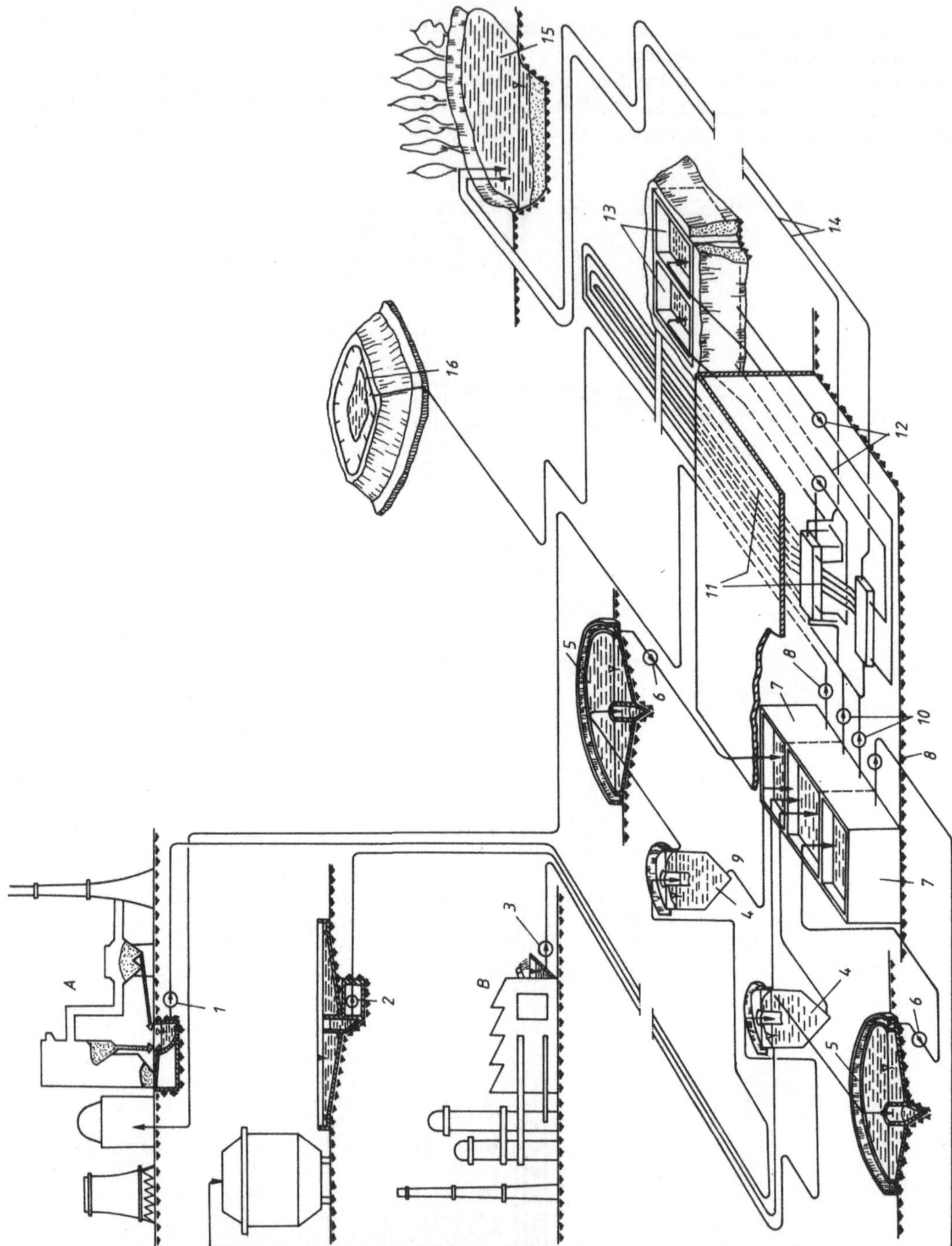

Bild 3.153. *Transportsystem zur Entsorgung eines Chemiebetriebs von Abprodukten [3.10]*

A Kraftwerk-Braunkohlefeuerung; B chemische Produktion; C Abwassersammlung
1 Asche-Wasser-Suspensionspumpe; 2 Abwasserpumpen; 3 Abproduktpumpen; 4 Eindicker; 5 Nachklärbecken; 6 Pumpen für geklärtes Wasser zum Speicherbecken; 7, 8 Rückpumpstation für Betriebswasser; 9 Gemischbecken; 10 Gemisch-Füllpumpen für Rohrkammeraufgeber; 11, 12 Hochdruck-Klarwasser-Förderpumpen; 13 Kreislaufwasserbehälter; 14 Förderrohrleitung (1 Reserve); 15 Beckenhalde (Deponie); 16 Havariehalde

4. Pneumatischer Transport

4.1. Berechnungsgrundlagen

4.1.1. Modelle der Gutbewegung

In diesem Kapitel werden die wichtigsten Ansätze zur Beschreibung der Feststoffbewegung in Rohrleitungen pneumatischer Förderer zusammengestellt. Ihre kritische Wertung und Anwendung soll den nachfolgenden Abschnitten vorbehalten sein.

Allgemeines

Grundsätzlich ergibt sich für die Kräftebilanz in einem pneumatischen Förderer das gleiche Bild wie in allen Stetigförderern und speziell wie in hydraulischen Förderern. Im stationären Bewegungszustand muß die vom Gas auf den Feststoff übertragene Kraft F_S den bewegungshemmenden Kräften Wandreibung F_R und Hangabtriebskraft F_H das Gleichgewicht halten (Bild 4.1). Der Reaktionskraft zu F_S und der Wandreibungskraft des Gases F_W wirkt die Druckkraft F_D entgegen. Aus dem Kräftegleichgewicht am Gas

$$F_D = F_W + F_S \tag{4.1}$$

und dem am Fördergut

$$F_S = F_R + F_H \tag{4.2}$$

folgt die Gesamtkräftebilanz für den stationären pneumatischen Förderzustand

$$F_D = F_W + F_R + F_H. \tag{4.3}$$

Da die Druckkraft nur in Bewegungsrichtung wirkt, wenn der Druck des Gases in Bewegungsrichtung abnimmt, äußert sich die Kraftübertragung vom Gas auf den Feststoff in einem Druckabfall des Trägermediums Gas

$$\Delta p_F = p_0 - p_1, \tag{4.4}$$

der so groß sein muß, daß die Druckkraft

$$F_D = \Delta p_F A_R \tag{4.5}$$

allen bewegungshemmenden Kräften das Gleichgewicht halten kann. Für die bewegungshemmenden Kräfte gelten die bekannten Beziehungen

$$F_W = \tau_W d_R \pi l_R, \tag{4.6}$$

$$F_R = \varkappa_R m_S g, \tag{4.7}$$

$$F_H = m_S g \sin \delta. \tag{4.8}$$

Für die Wandschubspannung τ_W, die zwischen Gas und Rohrwand an der Rohrinnenfläche $d_R \pi l_R$ wirkt, gilt

$$\tau_W = \frac{\lambda}{4} \frac{\varrho_F}{2} v_F^2. \tag{4.9}$$

Für die Rohrreibungszahl λ, die von der Größe der Reynolds-Zahl $Re = v_F d_R / \nu_F$ und der Rohrrauhigkeit abhängt, kann für den bei pneumatischen Förderern praktisch relativ engen Reynolds-Zahl-Bereich und wegen der Tatsache, daß die Rohre infolge der schleifenden Wir-

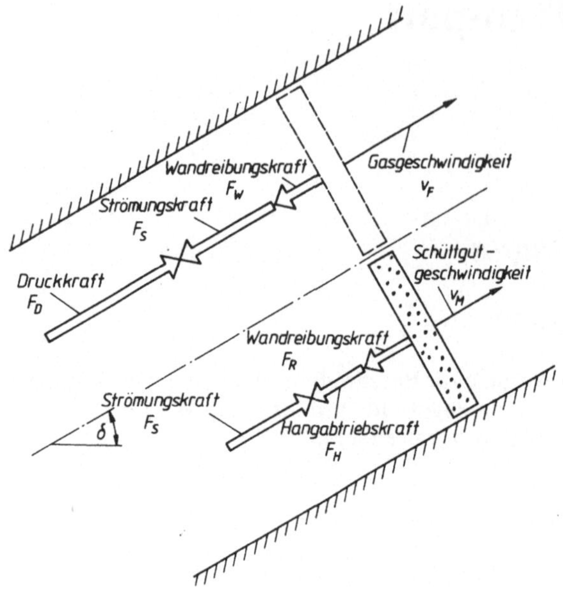

Bild 4.1. Kräftegleichgewicht in einer geneigten geraden Rohrleitung (Beharrungszustand)

kung des Förderguts nach einer geringen Betriebszeit stets als hydraulisch glatt anzusehen sind, der konstante Wert

$$\lambda = 0{,}02 \tag{4.10}$$

eingesetzt werden.

Für unsaubere Rohre erhöhen sich die Reibungszahl λ und die Reibungszahl des Förderguts. Bei der Inbetriebnahme neumontierter Förderer, deren Rohre durch längere Lagerung an der Oberfläche korrodiert sind, tritt deshalb über einen gewissen Zeitraum bis zum Glattschleifen der Innenwände ein erhöhter Druckabfall auf, der zu Durchsatzminderungen führen kann. Der Proportionalitätsfaktor $\varkappa_R$ in Gl. (4.7) wird als modifizierte Reibungszahl bezeichnet (vgl. Abschnitt 4.1.2.); für die Gleitreibung zwischen Festkörpern hat sie die Größe

$$\varkappa_R = \mu_{Gl}\cos\delta. \tag{4.11}$$

In den Rohrleitungen pneumatischer Förderer, wo die Einzelteilchen bei geringen Gutkonzentrationen entweder pendelnd oder springend und bei größeren Konzentrationen in Form von Strähnen bewegt werden (vgl. Abschnitt 4.1.5.), weicht die modifizierte Reibungszahl z. T. erheblich von Gl. (4.11) ab. Während die üblichen Gleitreibungszahlen Werte zwischen 0,3 und 0,6 erreichen, liegen diese Werte im Bereich zwischen 1 und 3 (vgl. Abschnitt 4.1.2.) und hängen bei der Förderung mit hohen Geschwindigkeiten nicht mehr vom Neigungswinkel δ ab. Das bedeutet z. B., daß auch bei senkrechter Förderung infolge der Pendelbewegung beim Wandstoß Normalkräfte auftreten, die zu entsprechenden Reibungskräften führen. Durch Einsetzen der Gleichungen (4.4) bis (4.9) in (4.3) erhält man eine Beziehung zur Ermittlung des Druckabfalls bei der stationären pneumatischen Förderung für inkompressible Trägermedien

$$\Delta p_F = \lambda\,\frac{\varrho_F}{2}\,v_F^2\,\frac{l_R}{d_R} + (\varkappa_R + \sin\delta)\,\frac{m_S g}{A_R}\,. \tag{4.12}$$

Schüttgutwolken geringer Konzentration

Entscheidend für die Gutbewegung und damit auch für die Dimensionierung pneumatischer Förderer ist aber die richtig gewählte Größe der Gasgeschwindigkeit bzw. des Gasdurchsatzes, weil davon – und nicht, wie oft angenommen, vom Druck – die Gutgeschwindigkeit und damit die Art der Gutbewegung abhängen. Entscheidend für die Gutbewegung ist nämlich die

Größe der vom Gas auf den Feststoff übertragenen Kraft F_S. Dabei sind prinzipiell zwei Antriebsformen zu unterscheiden, die für bestimmte Förderzustände getrennt auftreten, häufig aber auch gemischt anzutreffen sind. Das sind

a) die aus der Umströmung eines Einzelteilchens folgende Kraft F_F und
b) die aus der Durchströmung eines Haufwerks folgende Kraft F_M.

In beiden Fällen bestimmt die Gasgeschwindigkeit die Größe dieser Kräfte. Für ein umströmtes Einzelteilchen gilt bekanntlich

$$F_K = c_W \frac{\varrho_F}{2} v_A^2 A_R, \tag{4.13}$$

wobei im Falle parallel gerichteter Gas- und Feststoffgeschwindigkeiten für die relative Anströmgeschwindigkeit

$$v_A^2 = | v_F - v_M | (v_F - v_M) \tag{4.14}$$

zu setzen ist, wenn die in Richtung der relativen Anblasung wirkende Kraft in Richtung des strömenden Gases positiv definiert ist. F_K ist also im ruhenden Gas eine Kraft, die der Festkörperbewegung entgegenwirkt; sie ist im Fahrzeugbau als Strömungswiderstand bekannt. Im bewegten Gasstrom wirkt die Kraft in Richtung des Gasstroms, solange die Gas- größer als die Gutgeschwindigkeit ist und ist damit beim pneumatischen Transport die antreibende Kraft. Da sich im Verband bewegende Einelteilchen gegenseitig abschirmen, und das um so mehr, je geringer ihr mittlerer Abstand bzw. je größer die Raumkonzentration des Feststoffs ist, ist die auf eine Gutwolke wirkende Strömungskraft kleiner als die Summe der Einzelwiderstände. Dieser Zusammenhang läßt sich über die Abschirmzahl

$$a_S = 1 - \left(\frac{c_R}{0{,}6}\right)^{5/12} \tag{4.15}$$

darstellen. Wenn die Anzahl mittlerer Einzelteilchen der Masse m_K in der Gutwolke der Gesamtmasse m_S durch

$$n_K = \frac{m_S}{m_K} \tag{4.16}$$

beschrieben wird, erhält man

$$F_F = \frac{m_S}{m_K} a_S F_K. \tag{4.17}$$

Daraus folgt mit den Gleichungen (4.13) bis (4.16) sowie der Beziehung zur Ermittlung der Schwebegeschwindigkeit eines Einzelteilchens für die Strömungskraft einer Gutwolke

$$F_F = \left[1 - \left(\frac{c_R}{0{,}6}\right)^{5/12}\right] \frac{v_A^2}{v_S^2} m_S g, \tag{4.18}$$

wenn die Widerstandsbeiwerte für den Schwebevorgang und die Relativanblasung bei Gutbewegung annähernd gleich groß sind, was im stationären Bewegungszustand in der Regel der Fall ist.
Mit Gl. (4.18) sowie den Beziehungen (4.7) und (4.8) läßt sich aus dem Kräftegleichgewicht nach Gl. (4.2) für $F_S = F_F$ wegen Gl. (4.14) der Zusammenhang zwischen Gut- und Gasgeschwindigkeit für die pneumatisch geförderte Gutwolke geringer Raumkonzentration ermitteln:

$$\sqrt{1 - \left(\frac{c_R}{0{,}6}\right)^{5/12}} \,(v_F - v_M) = v_S \sqrt{\varkappa_R + \sin\delta}. \tag{4.19}$$

Darin ist v_F die tatsächliche Gasgeschwindigkeit im durch das Schüttgut mit der Fläche A_M verringerten Rohrquerschnitt A_R. Zur Umrechnung auf die Leerrohrgeschwindigkeit v_R dient die Kontinuitätsgleichung

$$v_F (A_R - A_M) = v_R A_R, \tag{4.20}$$

aus der wegen des bekannten Zusammenhangs zwischen Abschirmfläche und Raumkonzentration

$$A_M/A_R = c_R/0{,}68 \tag{4.21}$$

schließlich die Beziehung

$$v_F = \frac{v_R}{1 - 1{,}47 c_R} \tag{4.22}$$

folgt. Da andererseits für die Raumkonzentration

$$c_R = \frac{V_M}{V_R} = \frac{m_S/\varrho_K}{A_R l_R} \tag{4.23}$$

gilt und die Schüttgutmasse mit

$$m_S = \varrho_S^* A_R l_R \tag{4.24}$$

ausgedrückt werden kann, ist

$$c_R = \frac{\varrho_S^*}{\varrho_K}, \tag{4.25}$$

wobei die Gutverteilungsdichte aus

$$\dot{m}_S = \varrho_S^* v_M A_R \tag{4.26}$$

bestimmt werden kann, so daß folgt

$$c_R = \frac{\dot{m}_S}{v_M \varrho_K A_R}. \tag{4.27}$$

Gl. (4.22) unter Beachtung dieser Beziehung (4.27) in Gl. (4.19) eingesetzt ergibt

$$\sqrt{\frac{1 - \left(\dfrac{c_R}{0{,}6}\right)^{5/12}}{1 - 1{,}47 c_R}} \left(v_R - v_M + 1{,}47 \frac{\dot{m}_S}{\varrho_K A_R}\right) = v_S \sqrt{\varkappa_R + \sin\delta}. \tag{4.28}$$

Da für $c_R \leqq 0{,}55$ – was für den Bereich der pneumatischen Dünnstromförderung stets der Fall ist – der Bruch mit der Raumkonzentration c_R vor der runden Klammer ungefähr gleich 1 ist, läßt sich mit genügender Genauigkeit die Beziehung (4.28) als

$$v_M = v_R - v_S \sqrt{\varkappa_R + \sin\delta} + 1{,}47 \frac{\dot{m}_S}{\varrho_K A_R} \tag{4.29}$$

darstellen bzw. bei waagerechter Förderung mit $\delta = 0$ und $\varkappa_R = \varkappa_W$ als

$$v_M = v_R - v_S \sqrt{\varkappa_W} + 1{,}47 \frac{\dot{m}}{\varrho_K A_R}. \tag{4.30}$$

Schüttgutwolken großer Konzentration

Für die der ruhenden Schüttung entsprechenden Raumkonzentration $c_R = 0{,}6$ wird wegen der Abschirmzahl a_S die aus der Teilchenumströmung folgende Strömungskraft $F_F = 0$. Eine pneumatische Förderung ist aber in diesem Bereich dennoch möglich. Bei der Durchströmung einer ruhenden Schüttung entsteht der Druckabfall

$$\Delta p_S = \lambda_S \frac{\varrho_F}{2} v_R^2 \frac{l_R}{d_K}, \tag{4.31}$$

so daß auf den Gutpfropfen die Strömungskraft

$$F_\mathrm{M} = \lambda_\mathrm{S} \frac{\varrho_\mathrm{F}}{2} v_\mathrm{R}^2 A_\mathrm{R} \frac{l_\mathrm{R}}{d_\mathrm{K}} \tag{4.32}$$

ausgeübt wird. So wie bei der Bewegung von Einzelteilchen im Gasstrom die Schwebegeschwindigkeit aus dem Gleichgewicht zwischen Strömungskraft F_F und Schwerkraft $m_\mathrm{S}g$ folgt, ergibt sich bei dichten Gutpackungen aus dem Gleichgewicht zwischen Strömungskraft F_M und Schwerkraft die Wirbelpunktgeschwindigkeit v_W, so daß für die Strömungskraft an einem bewegten Schüttgutpfropfen folgt

$$F_\mathrm{M} = \frac{v_\mathrm{A}^2}{v_\mathrm{W}^2}\, m_\mathrm{S}g. \tag{4.33}$$

Mit dieser Gleichung sowie den Beziehungen (4.7) und (4.8) folgt wiederum aus dem Kräftegleichgewicht nach Gl. (4.2) ein Zusammenhang zwischen Gut- und Gasgeschwindigkeit, wenn $F_\mathrm{S} = F_\mathrm{M}$ gesetzt und die Anströmgeschwindigkeit v_A über (Gl.(4.14), jedoch wegen der Definition des Durchströmwiderstands mit $v_\mathrm{F} = v_\mathrm{R}$, ausgedrückt wird:

$$v_\mathrm{M} = v_\mathrm{R} - v_\mathrm{W} \sqrt{\varkappa_\mathrm{R} + \sin\delta}. \tag{4.34}$$

Kapsel im Beharrungszustand

Werden, wie bei der Rohrpost, zylindrische Behälter, mit Filzgleitringen bzw. mit Fahrwerken und Dichtmanschetten versehen, mit Hilfe eines Gasstroms durch Rohrleitungen bewegt, wirkt analog zur Schüttgutwolke großer Konzentration eine der Druckdifferenz Δp_C zwischen Luv- und Leeseite proportionale Kraft. Es gilt für den Druckabfall der Kapselumströmung

$$\Delta p_\mathrm{C} = \zeta \frac{\varrho_\mathrm{F}}{2} v_\mathrm{R}^2, \tag{4.35}$$

wobei z. B. bei Kapseln mit Dichtmanschetten

$$\zeta = \frac{n_\mathrm{D}}{0{,}64\,[1 - (d_\mathrm{D}/d_\mathrm{R})^2]^2} = \frac{1}{c_\mathrm{D}^2} \tag{4.36}$$

ist, wenn n_D die Anzahl der Dichtmanschetten und d_D ihr einheitlicher Durchmesser ist, so daß auf eine Kapsel die Strömungskraft

$$F_\mathrm{C} = \zeta \frac{\varrho_\mathrm{F}}{2} v_\mathrm{R}^2 A_\mathrm{R} \tag{4.37}$$

übertragen wird. Die der Schwebe- bzw. Wirbelpunktgeschwindigkeit analoge Größe folgt beim Kapseltransport aus dem Kräftegleichgewicht

$$\zeta \frac{\varrho_\mathrm{F}}{2} v_\mathrm{CS}^2 A_\mathrm{R} = m_\mathrm{ges}g \tag{4.38}$$

mit

$$m_\mathrm{ges} = m_\mathrm{S} + m_\mathrm{C} = \left(1 + \frac{m_\mathrm{C}}{m_\mathrm{S}}\right) m_\mathrm{S}, \tag{4.39}$$

wobei für das Verhältnis Kapsel – zu Schüttgut-(Nutz-)Masse

$$\frac{m_\mathrm{C}}{m_\mathrm{S}} = 0{,}25 \ldots 0{,}40 \tag{4.40}$$

gilt. Also ist

$$v_\mathrm{CS} = \sqrt{\frac{2\left(1 + \dfrac{m_\mathrm{C}}{m_\mathrm{S}}\right) m_\mathrm{S}g}{\zeta \varrho_\mathrm{F} A_\mathrm{R}}}\,. \tag{4.41}$$

Die Strömungskraft nach Gl. (4.37) hat damit bei bewegter Kapsel die Größe

$$F_C = \frac{v_A^2}{v_{CS}^2}\left(1 + \frac{m_C}{m_S}\right) m_S g, \tag{4.42}$$

so daß aus den Gleichungen (4.2), (4.7) und (4.8) für $F_S = F_C$ mit

$$\varkappa_R = \mu_{Ro}\cos\delta \tag{4.43}$$

sowie mit $m_S = m_{ges}$ und v_A nach Gl. (4.14) für $v_F = v_R$ für die Feststoffgeschwindigkeit im Beharrungszustand folgt

$$v_M = v_R - v_{CS}\sqrt{\mu_{Ro}\cos\delta} + \sin\delta. \tag{4.44}$$

Einzelteilchen

Verfolgt man die Bewegung eines Einzelteilchens durch die Rohrleitung, müssen abwechselnd die Flugbahnen und die Geschwindigkeitsänderungen beim Wandstoß berechnet werden. Bei der Festkörperbewegung im parallelen Gasstrom folgt z. B. entsprechend Bild 4.3 für die Kräftebilanz am aufsteigenden Teilchen

$$m_K\ddot{x} = F_{Kx} + F_{Ax}, \tag{4.45}$$

$$m_K\ddot{y} = -F_{Ky} + F_{Ay} - m_K g. \tag{4.46}$$

Dabei gilt für die Komponenten der Strömungskraft

$$F_{Kx} = F_K\cos\alpha, \tag{4.47}$$

$$F_{Ky} = F_K\sin\alpha \tag{4.48}$$

und nach Bild 4.2 für die Geschwindigkeitskomponenten

$$v_{Ax} = v_A\cos\alpha = v_F - v_{Kx}, \tag{4.49}$$

$$v_{Ay} = v_A\sin\alpha = v_{Ky}, \tag{4.50}$$

$$v_A = \sqrt{(v_F - v_{Kx})^2 + v_{Ky}^2}. \tag{4.51}$$

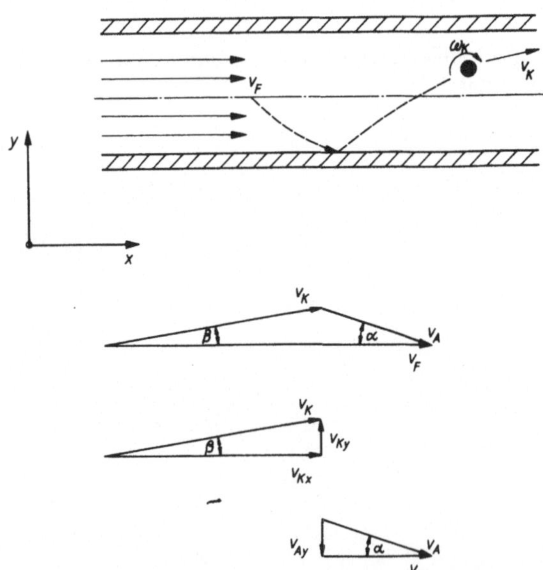

Bild 4.2. *Geschwindigkeitskomponenten eines Einzelteilchens im parallelen Gasstrom*

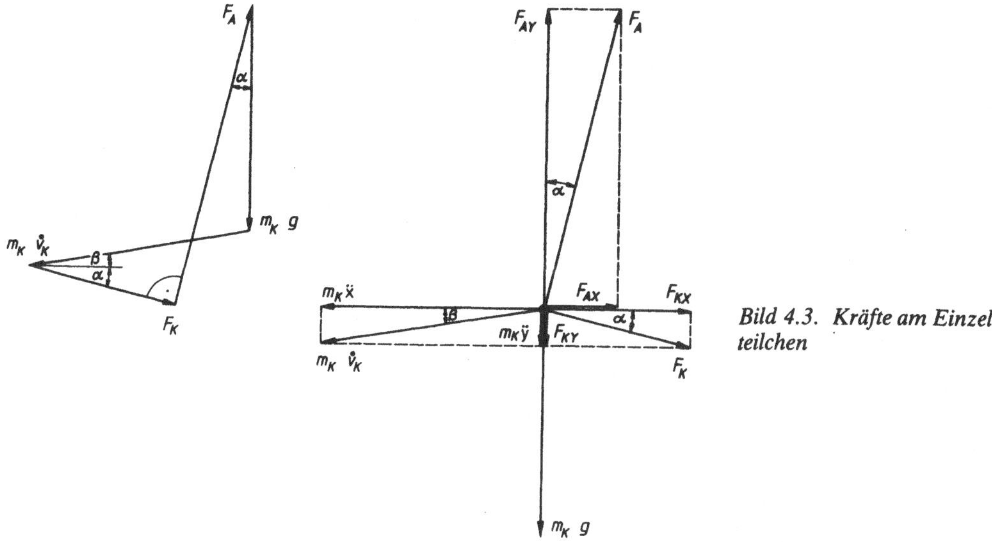

Bild 4.3. *Kräfte am Einzelteilchen*

Für die Strömungskraft F_K gilt Gl. (4.13), und die Auftriebskraft F_A (Magnus-Kraft) läßt sich durch

$$F_A = c_A \frac{\varrho_F}{2} r_K \omega_K v_A A_K \tag{4.52}$$

darstellen. Die Auftriebskraft setzt eine Teilchenrotation voraus, die durch die Winkelgeschwindigkeit ω_K beschrieben wird. Beobachtungen mit Zeitlupenkameras haben ergeben, daß die Teilchen z. T. recht erhebliche Drehbewegungen um ihre eigene Achse ausführen und deshalb die Annahme einer Magnus-Kraft durchaus berechtigt ist. Messungen zur Größe des Auftriebsbeiwerts c_A findet man bei *Adam* [4.1] und *Buhrke* [4.6]. Die Magnus-Kraft wirkt nach der Seite des Festkörpers, an der Umfangsgeschwindigkeit und Anströmgeschwindigkeit die gleiche Richtung haben, im Beispiel nach Bild 4.2 also aufwärts. Für die Komponenten der Auftriebskraft gilt

$$F_{Ax} = F_A \sin\alpha, \tag{4.53}$$

$$F_{Ay} = F_A \cos\alpha. \tag{4.54}$$

Mit der Gleichgewichtsbedingung für den Schwebezustand $F_K = m_K g$ ist wegen Gl. (4.13)

$$c_W \frac{\varrho_F}{2} A_K = \frac{m_K g}{v_s^2}. \tag{4.55}$$

Damit kann auch Gl. (4.52) zusammengefaßt als

$$F_A = \frac{m_K g}{v_S^2} \frac{c_A}{c_W} r_K \omega_K v_A \tag{4.56}$$

dargestellt werden.

Aus den Gleichungen (4.45) und (4.46) erhält man mit Hilfe der o. g. Beziehungen für die Strömungskräfte ein gekoppeltes Differentialgleichungssystem zur Ermittlung des Bewegungsablaufs

$$\frac{v_S^2}{g} \frac{dv_{Kx}}{dt} = (v_F - v_{Kx}) \sqrt{(v_F - v_{Kx})^2 + v_{Ky}^2} + \frac{c_A}{c_W} r_K \omega_K v_{Ky}, \tag{4.57}$$

$$\frac{v_S^2}{g} \frac{dv_{Ky}}{dt} = -v_{Ky} \sqrt{(v_F - v_{Ky})^2 + v_{Ky}^2} + \frac{c_A}{c_W} r_K \omega_K (v_F - v_{kx}) - v_S^2. \tag{4.58}$$

Für die Teilchenbewegung in pneumatischen Förderleitungen ist gewöhnlich $v_{Ky} \ll v_F - v_{Kx}$. Vernachlässigt man deshalb die x-Komponente des Auftriebs und v_{Ky}^2 gegenüber $(v_F - v_{Kx})^2$, folgt

$$\frac{v_S^2}{g} \frac{dv_{Kx}}{dt} = (v_F - v_{Kx})^2, \tag{4.59}$$

$$\frac{v_S^2}{g} \frac{dv_{Ky}}{dt} = -v_{Ky}(v_F - v_{Kx}) + \frac{c_A}{c_W} r_K \omega_K (v_F - v_{Kx}) - v_S^2. \tag{4.60}$$

Dieses Gleichungssystem ist entkoppelt und leicht zu integrieren. Zur Beschreibung des Stoßvorgangs haben sich die bei *Adam* [4.1] und *Buhrke* [4.6] angegebenen Gleichungen bewährt. Für die Vertikalkomponenten der Teilchengeschwindigkeit gilt allgemein.

$$\hat{v}_{Ky} = -k\, v_{Ky}, \tag{4.61}$$

wenn mit ^ die Größen nach dem Wandstoß bezeichnet werden und k die Stoßziffer aus dem Verhältnis der Rückprall- zur Fallhöhe eines senkrecht auf eine ebene Unterlage fallenden Körpers ist

$$k = \sqrt{\frac{h_R}{h_F}}. \tag{4.62}$$

Bei Gleitreibung gilt für die Änderung der horizontalen Teilchengeschwindigkeit und der Teilchendrehung

$$\hat{v}_{Kx} = v_{Kx} - (1 + k)\, \mu_{Gl}\, v_{Ky}, \tag{4.63}$$

$$r_K \hat{\omega}_K = r_K \omega_K - \frac{5}{2}(1 + k)\, \mu_{Gl}\, v_{Ky} \tag{4.64}$$

und bei Haftreibung

$$\hat{v}_{Kx} = \frac{1}{7}(5v_{Kx} - 2r_K\,\omega_K), \tag{4.65}$$

$$r_K\,\hat{\omega}_K = -\hat{v}_{Kx}. \tag{4.66}$$

Wird der Bahnneigungswinkel mit

$$\tan\beta = \hat{v}_{Ky}/\hat{v}_{Kx} \tag{4.67}$$

definiert, gilt für den Grenzwinkel zwischen Gleit- und Haftreibung

$$\tan\beta^* = \frac{2\left(1 + \dfrac{r_K\omega_K}{\hat{v}_{Kx}}\right)}{7(1 + K)\,\mu_{Gl}}. \tag{4.68}$$

Ist $\beta > \beta^*$, tritt Haftreibung ein.
Mit Hilfe der Gleichungen (4.59) bis (4.68) kann die Bewegung eines Einzelteilchens im parallelen horizontalen Gasstrom zwischen parallelen Wänden (ebenes Problem) verfolgt werden. Rechnerergebnisse und deren Deutung findet man bei *Buhrke* [4.6].
Im Interesse einer übersichtlichen praxisnahen Darstellung sollen hier diese Elementarvorgänge nicht weiter verfolgt werden.

Pfropfen

Im Prinzip gelten hier die Gesetzmäßigkeiten für die Bewegung einer Schüttgutwolke großer Konzentration. Die Annahme eines Beharrungszustands und die entsprechende Berechnung des Verhältnisses zwischen Gut- und Gasgeschwindigkeit gemäß Gl. (4.34) führt jedoch in vielen Fällen zu Fehldeutungen. Selbst bei idealer Pfropfenbewegung (Pfropfen ändern Dichte und Länge nicht) treten Effekte auf, die nur über ein Verfolgen des tatsächlichen Bewegungsablaufs zu deuten sind. Dabei ist zu berücksichtigen, daß die Größe der die Bewegung bestimmenden Strömungskraft F_M von den an Luv- und Leeseite des Pfropfens anliegenden Drücken abhängt, deren Größen ihrerseits durch die Zustände der Gaspolster zwischen den Pfropfen bestimmt werden. Der Druck dieser Luftpolster ändert sich mit unterschiedlichen Geschwindigkeiten der eingrenzenden Pfropfen durch Volumenänderung sowie durch über die porösen Pfropfen zu- oder abströmenden Gasmengen.

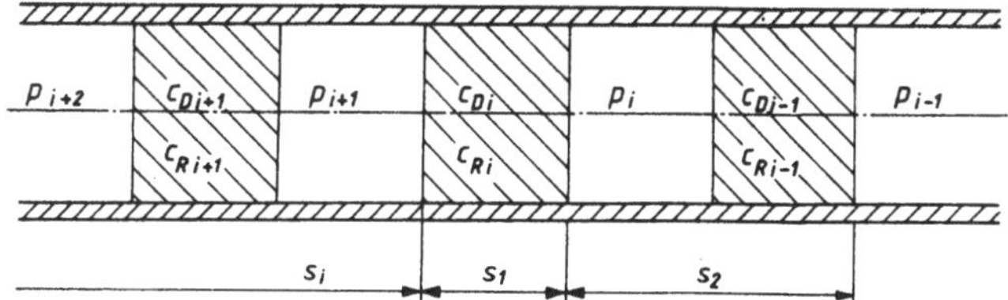

Bild 4.4. Einflußgrößen auf die Pfropfenbewegung (Idealzustand)

Nach Bild 4.4 ist das Volumen zwischen dem i-ten und dem $(i-1)$-ten Pfropfen durch

$$V_i = A_R \, (s_{i-1} - s_i - s_1) \tag{4.69}$$

gegeben. Dieses Gaspolster steht unter dem Druck

$$p_i = \varrho_{Fi} R T = \frac{m_i}{V_i} R T = \frac{m_i}{V_i} \frac{p_{at}}{\varrho_{Fat}}. \tag{4.70}$$

Dabei wird die Gasmasse m_i durch den Ausgangszustand und die zu- bzw. abströmenden Leckgasmengen bestimmt. Die Leckgasgeschwindigkeit hat in Abhängigkeit vom Durchströmbeiwert c_D des Pfropfens und der am Pfropfen anliegenden Druckdifferenz entsprechend den Gleichungen (4.35) und (4.36) die Größe

$$v_{Li+1} = c_{Di} \sqrt{\frac{2}{\varrho_F} (p_{i+1} - p_i)}. \tag{4.71}$$

Setzt man für $\varrho_F = \varrho_{Fat}$, die Gasdichte im Atmosphärenzustand, ist die Geschwindigkeit auf Normzustand und definitionsgemäß auf den freien Rohrquerschnitt A_R bezogen. Beachtet man die Tatsache, daß der Leckgasstrom in Richtung des niedrigeren Druckes fließt und setzt mit

$$x_i = \text{SIGN} \, (p_i - p_{i-1}), \tag{4.72}$$

$$x_{i+1} = \text{SIGN} \, (p_{i+1} - p_i) \tag{4.73}$$

das Signum der Druckdifferenz, das bei positiver Druckdifferenz 1 und bei negativer -1 ist, gilt für die Masseänderung im Volumen V_i

$$\Delta \dot{m}_i = \varrho_{Fat} A_R \, (v_{Li} + 1 - v_{Li}) \tag{4.74}$$

mit

$$v_{Li+1} = x_{i+1} c_{Di} \sqrt{\frac{2}{\varrho_{Fat}} | p_{i+1} - p_i |}, \tag{4.75}$$

$$v_{Li} = x_i c_{Di-1} \sqrt{\frac{2}{\varrho_{Fat}} | p_i - p_{i-1} |}. \tag{4.76}$$

Im Normalfall ist $p_{i+1} > p_i$, so daß der Leckgasstrom mit der Geschwindigkeit v_{Li+1} dem Volumen V_i zuströmt und mit v_{Li} aus dem betrachteten Abschnitt herausfließt. Kehrt sich das Druckverhältnis um, ändert sich mit dem Vorzeichen auch die Strömungsrichtung. Für einen Pfropfen der Masse m_{Pi} gilt das Kräftegleichgewicht

$$m_{Pi} \ddot{s}_i = (p_{i+1} - p_i) A_R - m_{Pi} g (\mu_{Gl} \cos \delta + \sin \delta). \tag{4.77}$$

Da wegen der Gleichungen (4.24) und (4.25) analog

$$m_{Pi} = c_R \varrho_K A_R s_1 \tag{4.78}$$

gilt, folgt aus Gl. (4.77) nach Division durch m_{Pi} für die Pfropfenbeschleunigung

$$\ddot{s}_i = \frac{p_{i+1} - p_i}{c_R \varrho_K s_1} - g(\mu_{Gl} \cos\delta + \sin\delta). \tag{4.79}$$

Die Bewegungsgleichungen lassen sich an Rechenautomaten mit Hilfe der schrittweisen Integration leicht lösen. Für die Druckänderung im Gaspolster in der Zeit Δt gilt entsprechend Gl. (4.70)

$$p_i = \frac{p_{at}}{\varrho_{Fat}} \frac{\dot{m}_i + \Delta\dot{m}_i \Delta t}{V_i}. \tag{4.80}$$

Ebenfalls wegen Gl. (4.70) und mit Gl. (4.74) folgt daraus

$$p_i = \frac{p_i V_i + p_{at} A_R (v_{Li+1} - V_{Li})\Delta t}{V_i}, \tag{4.81}$$

wobei $p_i V_i$ der Ausgangsmasse entspricht und das Volumen V_i im Nenner den Wert nach der Zeit Δt darstellt. Da $V \sim A_R$ gilt, kann in Gl. (4.81) der Rohrquerschnitt gekürzt werden, so daß wegen Gl. (4.69) gilt

$$p_i = \frac{p_i(s_{i-1} - s_i - s_1) + p_{at}(v_{Li+1} - v_{Li})\Delta t}{s_{i-1} - s_i - s_1}, \tag{4.82}$$

wobei ebenfalls im Zähler die Ausgangswerte und im Nenner die Werte nach Δt einzusetzen sind. Für den vom Pfropfen zurückgelegten Weg und seine Geschwindigkeit gilt

$$s_i = s_i + v_i \Delta t + \frac{\ddot{s}_i}{2} \Delta_t^2 , \tag{4.83}$$

$$v_i = v_i + \ddot{s}_i \Delta_t^2 . \tag{4.84}$$

p_i ist der Druck im Gaspolster vor dem i-ten Propfen; der Druck p_{i+1} nach diesem Pfropfen ist aus Gl. (4.82) durch analoge Verschiebung der Indizes zu berechnen. Für den zuletzt in das Rohr eingeschleusten Pfropfen gilt jedoch in Abwandlung von Gl. (4.82)

$$p_{i+1} = \frac{p_{i+1}(s_i + s_0) + p_{at}(v_R - v_{Li+1})\Delta t}{s_i + s_0}. \tag{4.85}$$

Hier stehen im Zähler wieder die Ausgangswerte und im Nenner die Größen nach der Zeit Δt. s_0 ist eine fiktive Länge, die sich nach

$$s_0 = V_0/A_R \tag{4.86}$$

aus dem Volumen v_0 des Gaspolsters im Aufgabebehälter bzw. in der Reingasleitung zwischen Verdichter und dem ersten Pfropfen berechnet und wegen der einheitlichen Darstellung auf den Rohrquerschnitt bezogen ist. Die Geschwindigkeit v_R folgt aus dem vom Verdichter erzeugten Gasdurchsatz $\dot{V}_V$:

$$v_R = \dot{V}_V/A_R , \tag{4.87}$$

ist also die auf das leere Rohr bezogene Gasgeschwindigkeit des Fördervorgangs.
Der Druck vor dem als ersten sich bewegenden Pfropfen folgt mit

$$p_i = p_{at} + \lambda \frac{\varrho_F}{2} v_i^2 \frac{s_{ges} - s_i}{d_R} \tag{4.88}$$

aus dem Druckabfall der vom Pfropfen verdrängten und ihm vorauseilenden Gassäule. Der Druck nach dem zuerst eingeschleusten Pfropfen ist je nach Betriebsbedingungen gleich dem Atmosphärendruck p_{at} oder bei Verwendung eines Absperrorgans zwischen Aufgabebehälter und Förderleitung (z. B. Kugelhahn) gleich dem durch vorheriges Aufpumpen des Behälters voreingestellten Betriebsdruck p_B. Da es sich bei der Pfropfenbewegung mit dem elastischen

Gaspolster um einen Schwingungsvorgang handelt, ist die Schrittweite Δt sorgfältig zu wählen. Als Richtwerte gelten die Beziehungen

$$\Delta t_1 \lesseqgtr c_R \varrho_K s_1 s_0 g (\mu_{Gl} \cos\delta + \sin\delta)/(1\,000\, v_R) \tag{4.89a}$$

bzw.

$$\Delta t_2 \lesseqgtr \frac{s_2}{1\,000\, c_D} \sqrt{c_R \varrho_K s_1 \varrho_F g (\mu_{Gl} \cos\delta + \sin\delta)/2\,000}. \tag{4.89b}$$

Diese Grenzwerte folgen aus der Überlegung, daß der Druckanstieg je Iterationsschritt die Druckdifferenz des Beharrungszustands nicht erreichen darf. Sie ergeben sich deshalb aus den Gleichungen (4.82) und (4.85) mit der aus Gl. (4.79) für $\ddot{s}_1 = 0$ gefundenen Druckdifferenz.

4.1.2. Modifizierte Reibungszahl

Der allgemeine Zusammenhang zwischen Gleitreibungs- und Normalkraft

$$F_R = \mu_{Gl}\, F_N \tag{4.90}$$

gilt selbstverständlich auch bei der pneumatischen Förderung. Speziell bei der Pfropfenbewegung oder bei gleitender Strähne ist bei geneigter Rohrleitung entsprechend Bild 4.1

$$F_R = \mu_{Gl}\, m_s\, g \cos\delta, \tag{4.91}$$

wenn m_s die bewegte Gutmasse ist. Bei der Großrohrpost folgt entsprechend

$$F_R = \mu_{Ro} \left(1 + \frac{m_c}{m_s}\right) m_s\, g \cos\delta, \tag{4.92}$$

wenn μ_{Ro} der Rollreibungsbeiwert ist, m_s die Nutzmasse angibt und m_c/m_s das Verhältnis mitbewegter Totmasse (Kapselmasse) zur Nutzmasse darstellt.

Bei vielen pneumatischen Förderverfahren gleiten aber die im Verband fliegenden Schüttgutteilchen nicht in ständiger Berührung über die Rohrwand; sie führen in der Regel mehr oder weniger heftige Querbewegungen aus, die zu mehr oder weniger kräftigen Wandstößen führen. Der Einfluß der Wandstöße kann am Beispiel elastischer körniger Schüttgutteilchen deutlich gemacht werden:

Bei genügend großen Gasgeschwindigkeiten und kleinen Gutkonzentrationen ($c_R \lesseqgtr 0{,}058$) führen diese Teilchen relativ starke Querbewegungen aus und pendeln zwischen gegenüberliegenden Wänden. Die Normalkraft beim Wandstoß des Teilchens der Masse m_K hat die Größe

$$F_N = m_K \frac{\Delta v_{Ky}}{\Delta t_s}, \tag{4.93}$$

wenn

$$\Delta v_{Ky} = v_{Ky} - \hat{v}_{Ky} \tag{4.94}$$

die Geschwindigkeitsänderung beim Wandstoß ist, die entsprechend Gl. (4.61) durch

$$\Delta v_{Ky} = (1 + k)\, v_{Ky} \tag{4.95}$$

dargestellt werden kann. Δt_s ist die Dauer des Wandstoßes. Sollen die bei jedem Wandstoß nur kurzzeitig wirkenden Normalkräfte F_N durch eine kontinuierlich den Gesamtprozeß beeinflussende Kraft F_E ersetzt werden, ist

$$F_E = \frac{1}{t_{ges}} \int\limits_0^{t_{ges}} F_N\, dt \tag{4.96}$$

zu setzen, wenn t_{ges} die Dauer des gesamten Bewegungsvorgangs ist und das Integral in diesem Intervall nur über die Stoßzeiten gebildet wird. Das bedeutet

$$F_E = F_N \frac{z\, \Delta t_s}{t_{ges}} \tag{4.97}$$

für bei jedem Wandstoß gleich große Normalkräfte und Stoßdauern mit z Wandstößen in der Zeit t_{ges}. Führt man eine von der Richtung unabhängige mittlere Quergeschwindigkeit

$$\bar{v}_{Ky} = \frac{|v_{Ky}| + |\hat{v}_{Ky}|}{2} \tag{4.98}$$

ein, folgt für den in Querrichtung insgesamt zurückgelegten Weg

$$y_{ges} = \bar{v}_{Ky}\, t_{ges}. \tag{4.99}$$

Andrerseits folgt

$$y_{ges} = z\, y_D, \tag{4.100}$$

wenn y_D der Abstand der gegenüberliegenden Wände ist.
Aus den zuletzt genannten Gleichungen folgt

$$\bar{v}_{Ky} = z\, y_D / t_{ges}. \tag{4.101}$$

Wegen Gl. (4.61) folgt aus Gl. (4.98)

$$\bar{v}_{Ky} = (1 + k)\, v_{Ky}/2. \tag{4.102}$$

Damit erhält man für die Geschwindigkeitsänderung aus Gl. (4.95)

$$\Delta v_{Ky} = 2\, \bar{v}_{Ky} \tag{4.103}$$

und für die mittlere Normalkraft aus Gl. (4.97) unter Verwendung der Beziehungen (4.93), (4.101) und (4.103)

$$F_E = 2\, m_K\, \bar{v}_{Ky}^2 / y_D. \tag{4.104}$$

Trifft man zur Darlegung prinzipieller Zusammenhänge die vereinfachende Annahme, daß die Teilchenbeschleunigung bei pendelnden Teilchen in beiden Querrichtungen gleich der Fallbeschleunigung g ist, kann mit

$$v_{Ky} = \sqrt{\hat{v}_{Ky}^2 + 2\, g\, y_D} \tag{4.105}$$

sowie den Gleichungen (4.61) und (4.98) ein Näherungswert für die mittlere Quergeschwindigkeit gefunden und die äquivalente Normalkraft F_E bestimmt werden. Es ist nämlich nach Gl. (4.105)

$$v_{Ky} = \sqrt{\frac{2\, g\, y_D}{1 - k^2}}, \tag{4.106}$$

so daß

$$\bar{v}_{Ky} = \sqrt{\frac{1 + k}{1 - k}\, \frac{g\, y_D}{2}} \tag{4.107}$$

ist und für die Normalkraft

$$F_E = \frac{1 + k}{1 - k}\, m_K g \tag{4.108}$$

folgt. Der Fall $k = 1$ muß hier ausgeschlossen werden, weil sich beim völlig elastischen Stoß kein Beharrungszustand – wie hier angenommen – einstellt und v_{Ky} ständig größer wird.
Für die Wandreibungskraft folgt dann entsprechend Gl. (4.90)

$$F_R = \mu_{Gl}\, \frac{1 + k}{1 - k}\, m_K g. \tag{4.109}$$

bzw. für eine Schüttgutwolke

$$F_R = \mu_{Gl}\, \frac{1 + k}{1 - k}\, m_S g. \tag{4.110}$$

Die Gleitreibungszahl μ_{Gl} ist wie die Stoßziffer k für eine bestimmte Reib- bzw. Werkstoffpaarung eine Konstante.
Man kann deshalb

$$\varkappa_R = \frac{1 + k}{1 - k}\,\mu_{Gl} \tag{4.111}$$

zu einer Kenngröße zusammenfassen und als modifizierte Reibungszahl bezeichnen. Damit geht Gl. (4.10) in die Grundgleichung (4.7) über.
Es ist zu erkennen, daß die modifizierte Reibungszahl der Gleitreibungszahl proportional, aber größer als diese ist, wobei die Abweichungen um so größer werden, je elastischer die betreffende Werkstoffpaarung ist. Bei Gleitreibungszahlen im Bereich $\mu_{Gl} = 0,3 \ldots 0,6$ und Stoßziffern $k = 0,4 \ldots 0,6$ sind modifizierte Reibungszahlen $\varkappa_R = 0,7 \ldots 2,4$ zu erwarten. In der Tat liegen die modifizierten Reibungszahlen für die waagerechte Förderung körniger, gut rieselfähiger Schüttgüter (Getreide, Plastgranulate) bei $\varkappa_W = 1$ und bei sehr elastischen Teilchen (wie im Quarzsand) bei $\varkappa_W = 2$.
Auch bei der Strähnenförderung, die besonders bei pulverförmigen Gütern auftritt, kann eine Abschätzung der Größenordnung für die modifizierte Reibungszahl vorgenommen werden. Es wird angenommen, daß sich der Teil $\dot m_{SF}$ des Gesamtgutdurchsatzes $\dot m_S$ als Flugwolke und der Anteil $\dot m_{SS}$ als Strähne bewegt, so daß

$$\dot m_S = \dot m_{SF} + \dot m_{SS} \tag{4.112}$$

ist. Entsprechend Gl. (4.110) ist der Anteil der Normalkraft, der durch die Flugwolke der Masse m_{SF} mit Pendelbewegungen hervorgerufen wird,

$$F_{EF} = \frac{1 + k}{1 - k}\,m_{SF}g. \tag{4.113}$$

Die Normalkraft der Strähne sei entsprechend

$$F_{ES} = m_{SS}g\cos\delta, \tag{4.114}$$

so daß für die Gesamtreibungskraft

$$F_R = \mu_{Gl}\left(\frac{1 + k}{1 - k}\,m_{SF}g + m_{SS}g\cos\delta\right) \tag{4.115}$$

folgt. Wird diese Kraft durch die an der Gutwolke der Masse m_S wirkende modifizierte Reibungszahl $\varkappa_R$ dargestellt, ist

$$\varkappa_R = \mu_{Gl}\left(\frac{1 + k}{1 - k}\;\frac{m_{SF}}{m_S} + \frac{m_{SS}}{m_S}\cos\delta\right). \tag{4.116}$$

m_S wird dabei als gleichmäßig über den Rohrquerschnitt A_R verteilt gedachte Gutmasse mit der fiktiven mittleren Geschwindigkeit v_M angesehen. Setzt man für die Masseanteile gemäß den Beziehungen (4.24) und (4.26)

$$m_{SF} = \dot m_{SF}l_R / v_{MF} \tag{4.117}$$

und

$$m_{SS} = \dot m_{SS}l_R / v_{MS}, \tag{4.118}$$

gilt für die Masseverhältnisse

$$\frac{m_{SF}}{m_s} = \frac{\dot m_{SF}}{\dot m_S}\;\frac{v_M}{v_{MF}}, \tag{4.119}$$

$$\frac{m_{SS}}{m_S} = \frac{\dot m_{SS}}{\dot m_S}\;\frac{v_M}{v_{MS}}, \tag{4.120}$$

und mit Gl. (4.112) für die modifizierte Reibungszahl nach Gl. (4.112)

$$\varkappa_R = \mu_{Gl}\left[\frac{1 + k}{1 - k}\left(1 - \frac{\dot m_{SS}}{\dot m_S}\right)\frac{v_M}{v_{MF}} + \frac{\dot m_{SS}}{\dot m_S}\;\frac{v_M}{v_{MS}}\cos\delta\right]. \tag{4.121}$$

Diese für die pneumatische Förderung charakteristische Reibungszahl bewegt sich im Intervall nach Gl. (4.111) für $\dot m_{SS} = 0$ und $v_{MF} = v_M$ bei strähnenfreier Förderung bis zu

$$\varkappa_R = \mu_{Gl}\, \frac{v_M}{v_{MF}}\, \cos\delta \tag{4.122}$$

für $\dot m_{SS} = \dot m_S$ bei Strähnenförderung. Wegen Gl. (4.112) folgt aus den Beziehungen (4.25) und (4.26)

$$c_R v_M = c_{RF} v_{MF}\left(1 - \frac{A_S}{A_R}\right) + c_{RS} v_{MS}\, \frac{A_S}{A_R}, \tag{4.123}$$

so daß für reine Strähnenförderung mit $c_{RF} = 0$

$$\frac{v_M}{v_{MS}} = \frac{c_{RS}}{c_R}\, \frac{A_S}{A_R} \tag{4.124}$$

für das Verhältnis der fiktiven mittleren Materialgeschwindigkeit zur tatsächlichen Strähnengeschwindigkeit folgt.

Da besonders bei staubförmigen Produkten schon im Bereich der Dünnstromförderung ($c_R < 0{,}06$) Strähnenförderung auftritt und das relative Schüttgutvolumen in der Strähne bis zu Werten der ruhenden Schüttung ansteigen kann, sind mit $c_{RS}/c_R \approx 10$ bei Querschnittsverhältnissen um $A_S/A_R = 0{,}1 \ldots 0{,}5$ Geschwindigkeitsverhältnisse von der Größenordnung $1 \ldots 5$ und damit modifizierte Reibungszahlen für $\delta = 0°$ im Intervall $\varkappa_R = 0{,}3 \ldots 3{,}0$ zu erwarten.

Eine theoretisch genaue Darstellung dieser Reibungszahl ist nicht möglich. Es ist für eine exakte Anlagendimensionierung erforderlich, zu jedem neuartigen Schüttgut Versuche durchzuführen. Allgemein kann jedoch in Übereinstimmung zwischen dem eben gemachten Versuch zur Erklärung der modifizierten Reibungszahl und experimentellen Ergebnissen festgestellt werden, daß der Basiswert für körnige, gut rieselfähige Schüttgüter bei $\varkappa_R = 1$ liegt und bei körnigen Gütern um so größer wird, je elastischer die Werkstoffpaarung Gut–Rohr ist. Bei pulverförmigen Gütern, die in der Regel zur Strähnenbildung neigen, ist der Basiswert etwa $\varkappa_R = 1{,}5$ und wächst mit zunehmender Strähnenneigung, die wiederum bei kleiner werdendem Korndurchmesser auftritt. Die größten Werte liegen bei $\varkappa_R = 3 \ldots 4$, so daß die in Tafel 4.1 dargestellten Richtwerte mit genügender Genauigkeit allen Berechnungen pneumatischer Dünnstromförderer zugrunde gelegt werden können.

Tafel 4.1. Richtwerte für die modifizierte Reibungszahl $\varkappa_W$

Fördergut	modifizierte Reibungszahl waagerechter pneumatischer Dünnstromförderer $\varkappa_W$
körnig, gut rieselfähig (z. B. Getreide, Plastgranulat)	1,0
körnig, schlecht rieselfähig (z. B. Kalisalze)	1,5…2,0
pulverförmig, gut rieselfähig (z. B. PVC-S)	1,5
pulverförmig, schlecht rieselfähig (z. B. PVC-E, Bleistaub)	2,0…3,0

Die modifizierte Reibungszahl ist damit nicht nur ein Maß für die Größe der Reibungskraft selbst, sondern auch ein Parameter zur Beschreibung des Förderzustands in Abhängigkeit von weiteren Guteigenschaften, wie Elastizität und Korngröße. Die modifizierte Reibungszahl repräsentiert die gesamte Problematik der pneumatischen Dünnstromförderung. Da diese Kennziffer aber in einem weiten Parameterbereich (Rohrdurchmesser, Gasgeschwindigkeit) als Materialkonstante angesehen werden kann und sich in der Weise nach Tafel 4.1 klassifizieren läßt, ist sie eine durchaus brauchbare Größe zur Dimensionierung pneumatischer Dünnstromförderer. Es ist mit keiner der bisher definierten Reibungszahlen gelungen, derart allgemeingültige Aussagen zu treffen wie in den folgenden Abschnitten zur Berechnung.

4.1.3. Gutgeschwindigkeit

Schüttgutförderung

Da die antreibende Strömungskraft in allen Fällen der Relativgeschwindigkeit zwischen Trägermedium und Fördergut proportional ist, liefert das Kräftegleichgewicht an der festen Phase die Möglichkeit zur Berechnung der Feststoffgeschwindigkeit in Abhängigkeit von der Gasgeschwindigkeit und den die bewegungshemmenden Kräfte bestimmenden Größen. Für die praktische Anwendung interessiert weniger die Bewegung eines Einzelteilchens als vielmehr die Gesamtbewegung einer Schüttgutwolke.

Für den Bereich der pneumatischen Dünnstromförderung bzw. für alle Förderzustände, bei denen die Strömungskraft dem Strömungswiderstand der umströmten Teilchen entspricht, gelten die Beziehungen (4.29) und (4.30), die deshalb allen weiteren Betrachtungen zugrunde gelegt werden. Für die waagerechte Förderung gilt nach Gl. (4.30) mit der Beziehung (4.27)

$$\frac{v_M}{v_R} = \frac{1 - \frac{v_S}{v_R}\sqrt{\varkappa_W}}{1 - 1{,}47\,c_R}. \tag{4.125}$$

Gl. (4.125) ist im Bild 4.5 dargestellt.

Da für eine in Förderrichtung wirkende antreibende Kraft eine in gleicher Richtung wirkende Relativgeschwindigkeit zwischen Fördergut und Trägermedium erforderlich ist, wird bei der pneumatischen Förderung stets ein Schlupf auftreten; die Gutgeschwindigkeit ist also immer kleiner als die des Gases.

Dabei ist der relative Schlupf $1 - (v_M/v_R)$ um so kleiner, je größer das Verhältnis von Gas- zu Schwebegeschwindigkeit ist. Da, wie später noch gezeigt wird, für eine störungsfreie pneumatische Dünnstromförderung körniger, gut rieselfähiger Güter dieses Verhältnis $v_R/v_S\sqrt{\varkappa_W}$ kleiner sein darf als bei pulverförmigen, zur Strähnenbildung neigenden Gütern, werden erstere mit größerem Schlupf gefördert, wobei die Absolutwerte der erforderlichen Gasgeschwindigkeiten in gleicher Größenordnung liegen. Daß bei großen Gutkonzentrationen ein negativer relativer Schlupf auftreten kann, also die Gutgeschwindigkeit größer ist als die des Gases, hängt mit der Tatsache zusammen, daß v_R die auf das leere Rohr bezogene Gasgeschwindigkeit ist und die Materialgeschwindigkeit von der tatsächlichen Gasgeschwindigkeit v_F bestimmt wird [vgl. auch Gl. (4.22)].

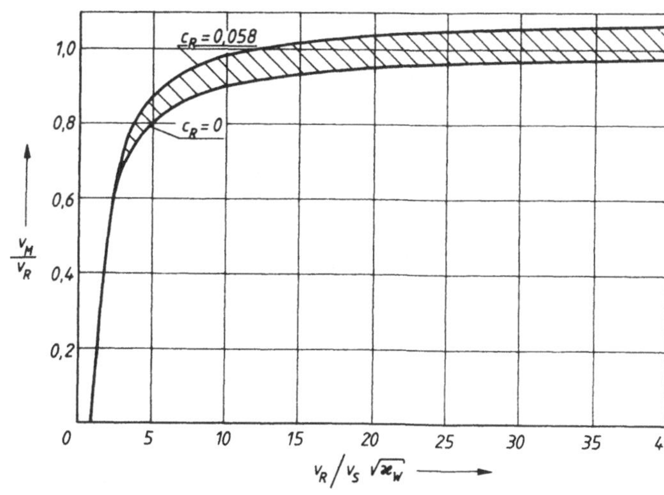

Bild 4.5. Verhältnis Material- zu Gasgeschwindigkeit in Abhängigkeit von bezogener Geschwindigkeit und Raumkonzentration

Die Schwebegeschwindigkeit bestimmt auch bei der waagerechten Förderung die Größe des Schlupfes, weil sie ein Maß für das Verhältnis von Schwerkraft zu Strömungskraft und die Reibungskraft der Schwerkraft proportional ist. Nach Gl. (4.125) bzw. Bild 4.5 verhält sich ein senkrecht bewegtes Einzelteilchen hinsichtlich des Schlupfes genauso wie ein in waagerechter

Rohrleitung mit $\varkappa_W = 1$ bewegtes Teilchen. Aus diesem Grunde sowie wegen der Tatsache, daß für körnige, gut rieselfähige Güter $\varkappa_W = 1$ ist, und wegen des nur geringen Einflusses der Gutkonzentration (10 % Abweichung für v_M/v_R bei Berücksichtigung von $c_R = 0{,}058$) hat sich die früher oft benutzte Gleichung zur Bestimmung der Gutgeschwindigkeit

$$v_M = v_R - v_S \tag{4.126}$$

in vielen Fällen gut bewährt. Auch bei pulverförmigen Gütern mit sehr kleinen Schwebegeschwindigkeiten bleibt der Fehler von Gl. (4.126) gering, da selbst bei größeren $\varkappa_W$-Werten wegen der höheren Gasgeschwindigkeiten v_R der Fehler die Gesamtgenauigkeit nicht negativ beeinflußt.

Der Schlupf wird also maßgeblich durch die Größe der Schwebegeschwindigkeit beeinflußt. Daraus darf jedoch nicht der Schluß gezogen werden, daß auch die Größe der für eine störungsfreie pneumatische Dünnstromförderung erforderlichen Gasgeschwindigkeit von der Schwebegeschwindigkeit bestimmt wird. Die Größe der erforderlichen Gasgeschwindigkeit wird von einer Reihe anderer Faktoren bestimmt, so daß ein direkter Bezug zur Schwebegeschwindigkeit nicht besteht. Analog sind die Verhältnisse, wenn die Größe des Schlupfes – wie bei der Pfropfenförderung – durch die Wirbelpunktgeschwindigkeit bestimmt wird. Eine Gasgeschwindigkeit größer als die Schlupfgeschwindigkeit ist gleichermaßen Voraussetzung für die Bewegung eines Einzelteilchens wie für einen Pfropfen. Wenn auch je nach Wirkungsmechanismus unterschiedliche Schlupfgeschwindigkeiten entstehen, so wird die Größe der Gasgeschwindigkeit doch in entscheidendem Maße durch den geforderten Gutdurchsatz bestimmt und ist in Abhängigkeit vom gewählten Rohrquerschnitt für eine stabile Förderung festzulegen.

So ergibt sich z. B. bei der Dünnstromförderung mit der Forderung $c_R \leqq 0{,}058$ (vgl. Abschnitt 4.1.5.) aus Gl. (4.27) die Bedingung

$$v_M \geqq \frac{\dot{m}_S}{0{,}058\,\varrho_K\,A_R}\;. \tag{4.127}$$

Bei idealer Pfropfenförderung muß wiederum der Pfropfenabstand nach Erfahrungen mindestens gleich der Pfropfenlänge sein, d. h., nach Bild 4.4 gilt

$$s_2 \geqq 2\,s_1. \tag{4.128}$$

Definiert man gemäß Gl. (4.23) ein mittleres relatives Schüttgutvolumen mit

$$\bar{c}_R = \frac{m_S}{\varrho_K\,A_R\,s_2} \tag{4.129}$$

und setzt es zu dem des Pfropfens

$$c_R = \frac{m_S}{\varrho_K\,A_R\,s_1} \tag{4.130}$$

ins Verhältnis, folgt aus Gl. (4.128)

$$\bar{c}_R \leqq 0{,}5\,c_R, \tag{4.131}$$

so daß analog zu Gl. (4.127) aus Gl. (4.27) für die mittlere Pfropfengeschwindigkeit folgt

$$\bar{v}_M \geqq \frac{\dot{m}_S}{0{,}5\,c_R\,\varrho_K\,A_R}. \tag{4.132}$$

Aber auch diese Aussagen genügen noch nicht für die Beurteilung eines störungsfreien Förderzustands. Hinzu kommt, daß die Förderzustände zwischen der idealen Pfropfen- und Dünnstromförderung liegen und daß besonders bei Strähnenförderung der Schlupf sehr große Ausmaße annehmen kann und nicht theoretisch darstellbar ist. Aus Experimenten gewonnene Aussagen sind hier unerläßlich. Auf eine weitere Behandlung der Geschwindigkeitsgleichungen aus Abschnitt 4.1.1. soll deshalb verzichtet werden.

Zum besseren Verständnis späterer Aussagen folgt lediglich ein Hinweis zur Geschwindigkeitsänderung entlang des Förderwegs. Nach der Zustandsgleichung idealer Gase [s. Gl. (4.70)] und wegen der Kontinuitätsbedingung

$$\dot{m}_F = \varrho_F \, v_F \, A_R = \text{konst.} \tag{4.133}$$

ist bei isothermer Zustandsänderung, die in den Rohrleitungen pneumatischer Förderer mit genügender Genauigkeit angenommen werden kann, in einem Rohr konstanten Querschnitts

$$p \, v_F = \text{konst.}, \tag{4.134}$$

d. h., wegen des durch die Reibungsvorgänge bedingten Druckabfalls Δp_F [s. Gl. (4.4) und Gl. (4.12)] nimmt die Gasgeschwindigkeit in Förderrichtung ständig zu. Wegen der Gleichungen (4.4) und (4.128) folgt für den Unterschied zwischen der Gasgeschwindigkeit v_{F1} am Ende und v_{Fo} am Anfang eines Rohrabschnitts

$$v_{F1} = v_{Fo} \left(1 + \frac{\Delta p_F}{p_1} \right), \tag{4.135}$$

wenn auf den kleineren Druck p_1 am Ende, sowie

$$v_{F1} = \frac{v_{Fo}}{1 - \dfrac{\Delta p_F}{p_0}}, \tag{4.136}$$

wenn auf den größeren Druck p_o am Anfang des betrachteten Abschnitts bezogen wird und Δp_F der Druckabfall in diesem Abschnitt ist. Gewöhnlich wird als Bezugspunkt der Atmosphärendruck gewählt, der bei Druckanlagen am Ende des Förderwegs und bei Sauganlagen am Anfang vorliegt. Damit gilt bei Druckanlagen für die Anfangsgeschwindigkeit v_{Fo} des Systems

$$v_{Fo} = \frac{v_{Fat}}{1 + \dfrac{\Delta p_F}{p_{at}}} \tag{4.137}$$

und bei Sauganlagen für die Endgeschwindigkeit v_{F1}

$$v_{F1} = \frac{v_{Fat}}{1 - \dfrac{\Delta p_F}{p_{at}}}. \tag{4.138}$$

Entscheidenden Einfluß auf die Geschwindigkeitsänderung hat das Druckniveau. Bei gleichem Druckabfall ist die Geschwindigkeitsänderung bei Sauganlagen größer als bei Druckanlagen. Vergleicht man Druckanlagen mit gleichem Druckabfall, aber unterschiedlichem Druckniveau, ist ebenfalls die Anlage mit dem niedrigeren Druck durch die größere Geschwindigkeitsänderung gekennzeichnet, weil der Klammerausdruck in Gl. (4.135) um so größer ist, je kleiner p_1 wird. Die Gleichungen (4.133) bis (4.138) gelten analog auch für die Leerrohrgeschwindigkeiten v_R. Da sich die Schwebegeschwindigkeit v_S mit der Dichte des Trägermediums ändert, kann nach Gl. (4.125) in erster Näherung angenommen werden, daß entlang der Förderleitung $v_M/v_R = \text{konst.}$ ist. Das bedeutet aber, daß die Gutgeschwindigkeit im gleichen Maße wie die Gasgeschwindigkeit anwächst. Es gilt bei Druckanlagen

$$v_{Mo} = \frac{v_{Mat}}{1 + \dfrac{\Delta p_F}{p_{at}}} \tag{4.139}$$

und bei Sauganlagen

$$v_{M1} = \frac{v_{Mat}}{1 - \dfrac{\Delta p_F}{p_{at}}}. \tag{4.140}$$

Wegen der Kontinuitätsbedingung $\dot{m}_S$ = konst. sowie der Beziehungen (4.25) und (4.26) ändert sich damit auch die Gutkonzentration; denn es gilt $v_M\,c_R$ = konst. Das relative Schüttgutvolumen nimmt entlang der Förderleitung ab, und mit dem Gas expandiert áuch die Schüttgutwolke, das um so mehr, je niedriger das Druckniveau des betrachteten Rohrabschnitts ist. Aus den Gleichungen (4.139) und (4.140) folgt für Druckanlagen wegen $v_M\,c_R$ = konst.

$$c_{Ro} = c_{Rat}\left(1 + \frac{\Delta p_F}{p_{at}}\right) \tag{4.141}$$

und für Sauganlagen

$$c_{R1} = c_{Rat}\left(1 - \frac{\Delta p_F}{p_{at}}\right). \tag{4.142}$$

Stückgutförderung

Diese Bewegungsart ist der idealen Bewegung eines stabilen Pfropfens vergleichbar. Auch hier soll nur die mittlere Geschwindigkeit im Beharrungszustand betrachtet werden. Mit der Zusammenfassung

$$\varkappa_{ges} = \mu_{Ro}\cos\delta + \sin\delta \tag{4.143}$$

folgt aus den Gleichungen (4.39), (4.41) und (4.44)

$$\frac{v_M}{v_R} = 1 - \sqrt{\frac{2\,\varkappa_{ges}\,m_{ges}\,g}{\zeta\,v_R^2\,\varrho_F\,A_R}}. \tag{4.144}$$

Der relative Schlupf v_A/v_R entspricht dem Wurzelausdruck in Gl. (4.144); er erreicht bei Rohrpostanlagen wie beim pneumatischen Kapseltransport Werte um 0,2 ... 0,5. Für Kapseltransportanlagen verhält sich der Schlupf bei geneigter Förderung zu dem in horizontalen Rohren mit sonst unveränderten Parametern wie

$$\frac{v_{A\delta}}{v_{Ao}} = \sqrt{\cos\delta + \frac{\sin\delta}{\mu_{Ro}}}. \tag{4.145}$$

Mit einem mittleren Rollreibungswert von μ_{Ro} = 0,02 folgt v_{A90} = 7 v_{AO}. Ein siebenfacher Schlupf bedeutet aber schon bei einem Schlupf von 0,14 im horizontalen Rohr in einer senkrechten Leitung den Stillstand der Kapsel.

Da der spezifische Energiebedarf vom spezifischen Bewegungswiderstand $\varkappa_{ges}$ und vom Schlupf abhängt (vgl. Abschnitt 4.1.7.), ist beim pneumatischen Kapseltransport über größere Steigerungen δ besondere Vorsicht geboten.

4.1.4. Druckabfall

Inkompressible Strömung

Aus den Kräftegleichgewichten in der Zweiphasenströmung folgt für den Druckabfall des Trägermediums Gl. (4.12); ersetzt man darin die Masse des bewegten Schüttguts m_S mit Hilfe der Gleichungen (4.24) und (4.25), so folgt

$$\Delta p_F = \lambda\frac{\varrho_F}{2}v_F^2\frac{l_R}{d_R} + (\varkappa_R + \sin\delta)\,g\,c_R\varrho_K\,l_R. \tag{4.146}$$

Daraus erhält man schließlich mit den Beziehungen (4.27) und (4.29) für

$$v_A = v_S\sqrt{\varkappa_R + \sin\delta} - \frac{1,47\,\dot{m}_S}{\varrho_K A_R}, \tag{4.147}$$

$$\Delta p_F = \lambda\frac{\varrho_F}{2}v_R^2\frac{l_R}{d_R} + \frac{(\varkappa_R + \sin\delta)\dot{m}_S\,g\,l_R}{(v_R - v_A)A_R}. \tag{4.148}$$

Der Übergang von der tatsächlichen mittleren Gasgeschwindigkeit v_F auf die Leerrohrgeschwindigkeit v_R ist im Text zwischen den Gleichungen (4.19) und (4.22) behandelt worden. Der im Reingasanteil durch das direkte Ersetzen von v_F durch v_R gemachte Fehler bleibt unter 7 %, bezogen auf den Gesamtdruckverlust. Der Fehler im Reingasanteil wächst zwar mit zunehmender Gutkonzentration, in gleichem Maße nimmt aber auch der Anteil am Gesamtdruckverlust ab.

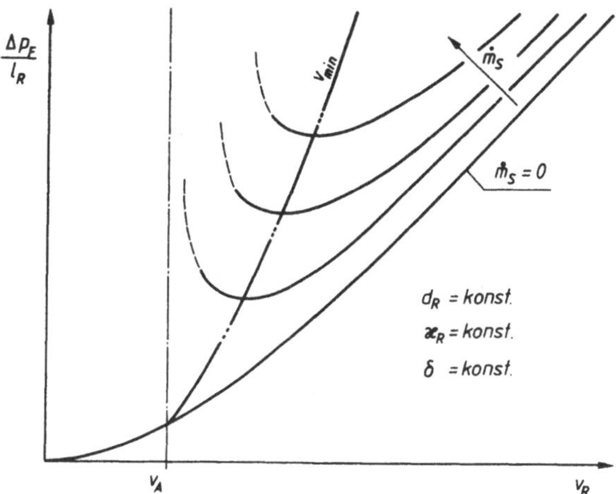

Bild 4.6. *Druckabfall pneumatischer Förderer in Abhängigkeit von der Gasgeschwindigkeit v_R und vom Gutdurchsatz $\dot{m}_S$ (vereinfacht)*

Unter Voraussetzung konstanter Relativgeschwindigkeit v_A ergeben sich für den Druckabfall in Abhängigkeit von der Gasgeschwindigkeit v_R Parabeln (Bild 4.6) mit einem deutlichen Minimum des Druckabfalls. Dieses Minimum hat nach praktischen Erfahrungen eine große Bedeutung für die Stabilität des Bewegungszustands pneumatischer Dünnstromförderer. Für eine stabile pneumatische Dünnstromförderung muß nämlich $v_R \geqq v_{min}$ sein. Deshalb gewinnen die Koordinaten des Druckabfallminimums für die Dünnstromförderung besondere Bedeutung. Man erhält sie aus der Bedingung

$$\frac{\partial \Delta p_F}{\partial v_R} = 0. \tag{4.149}$$

Mit dieser Bedingung folgt aus Gl. (4.148) eine Gleichung 3. Grades für v_{min}:

$$v_{min}(v_{min} - v_A)^2 = v_1^3, \tag{4.150}$$

wobei

$$v_1 = \sqrt[3]{\frac{4g}{\pi \lambda \varrho_F}(\varkappa_R + \sin\delta)\frac{\dot{m}_S}{d_R}} \tag{4.151}$$

eine Zusammenfassung der bei der Differentiation konstant gehaltenen Größen ist. Für Gl. (4.150) gelten zwei Näherungen in Abhängigkeit von den Größenverhältnissen der Werte v_1 und v_A.

Für $v_1 \geqq v_A$ ist

$$v_{min} = v_1 + 0{,}73 v_A, \tag{4.152}$$

und für $v_1 < v_A$ gilt

$$v_{min} = 0{,}8 v_1 + 0{,}92 v_A. \tag{4.153}$$

Nach Einsetzen der Gleichungen für v_{min} in die Ausgangsgleichung und Auflösen nach dem Rohrdurchmesser folgt aus der Beziehung für die Ordinate des Druckabfallminimums

$$d_R = \sqrt[5]{1{,}5^3 \left(\frac{4g}{\pi}\right)^2 \lambda \varrho_F \left[(\varkappa_R + \sin\delta)\dot{m}_S\right]^2 \left(\frac{l_R K_M}{\Delta p_{Fmin}}\right)^3}. \tag{4.154}$$

Der Faktor K_M unterscheidet sich je nach verwendetem Lösungsansatz für v_{min} und hat bei dem am häufigsten auftretenden Fall nach Gl. (4.152) die Größe

$$K_M = \frac{1}{3}\left(1 + 0{,}73\,\frac{v_A}{v_1}\right)^2 + \frac{2}{3\left(1 - 0{,}27\,\frac{v_A}{v_1}\right)}. \tag{4.155}$$

Aus den Gleichungen (4.151) und (4.154) wird vereinfacht für die waagerechte Förderung mit $\delta = 0$ geschrieben

$$d_R = K_D \sqrt[5]{(\varkappa_W\,\dot m_S)^2\left(\frac{K_M\,l_R}{\Delta p_{Fmin}}\right)^3}, \tag{4.156}$$

$$v_1 = K_V \sqrt[3]{\frac{\varkappa_w\,\dot m_s}{d_R}}. \tag{4.157}$$

Näherungslösungen mit $K_M = 1$ sind zulässig, weil einerseits zwischen $0 \leqq v_A/v_1 \leqq 0{,}5$ der Korrekturfaktor im Bereich $K_M = 1\ldots1{,}4$ liegen und damit der Rohrdurchmesser höchstens um 22 % zu klein berechnet würde, was durch die Wahl des nächstgrößeren Standardwerts wieder ausgeglichen wird, und weil andrerseits die Möglichkeit besteht, über den Faktor K_D die notwendige Korrektur vorzunehmen.
Mit $\lambda = 0{,}02$ und $\varrho_F = 1{,}17$ kg/m³ gilt für die Faktoren

$$K_D = 1{,}65\ \sqrt[5]{kg/\,(m\,s^4)}\,, \tag{4.158}$$

$$K_V = 8{,}11\ \sqrt[3]{m^4/\,(kg\,s^2)}\,. \tag{4.159}$$

Kompressible Strömung

Wendet man die im Abschnitt 4.1.1. dargestellten Kräftegleichgewichte auf ein Gas- bzw. Schüttgutelement der Länge dl an, folgt aus Gl. (4.3) mit den entsprechend umgewandelten Gleichungen (4.5) bis (4.11) unter Verwendung der Beziehungen (4.24) bis (4.27) und (4.14)

$$\frac{dp}{dl} = -\frac{\lambda\varrho_F\,v_R^2}{2\,d_R} - \frac{4g\,(\varkappa_R + \sin\delta)\,\dot m_s}{\pi\,(v_R - v_A)\,d_R^2}. \tag{4.160}$$

Werden zur Vereinfachung der Schreibweise die Ausdrücke

$$c_0 = \lambda\,\frac{\varrho_{Fat}}{2}\,v_{Rat}^2\,\frac{p_{at}}{d_R}\,, \tag{4.161}$$

$$c_1 = \frac{4g\,(\varkappa_R + \sin\delta)\,\dot m_s}{\pi\,d_R^2\,p_{at}} \tag{4.162}$$

eingeführt, folgen unter Voraussetzung isothermer Zustandsänderung ($p \sim \varrho_F$) und unter Beachtung der Kontinuitätsbeziehung ($\varrho_F v_R = $ konst. bei $d_R = $ konst.) aus Gl. (4.160) für die Reingasströmung mit $\dot m_s = 0$ ·

$$p\,dp = -\,c_0\,dl \tag{4.163}$$

und für die Gutbewegung unter Vernachlässigung des Reingasanteils sowie mit $v_A = $ konst.

$$v_{Rat}\,\frac{dp}{p} - \frac{v_A}{p_{at}}\,dp = -\,c_1\,dl. \tag{4.164}$$

Für den Gesamtdruckabfall gilt

$$\frac{p\,\mathrm{d}p}{\dfrac{p^2}{v_{\mathrm{Rat}} - \dfrac{p}{p_{\mathrm{at}}}\,v_{\mathrm{A}}} + \dfrac{c_0}{c_1}} = -\,c_1\,\mathrm{d}l \ . \tag{4.165}$$

Während die Gleichungen (4.163) und (4.164) zu einer auch für die Praxis vertretbaren Lösung führen, ist das Integral der Gl. (4.165) so umständlich, daß man sich in der Regel vereinfachter Beziehungen bedient.
Aus Gl. (4.163) erhält man die bekannte Beziehung

$$\Delta p_{\mathrm{F}} = p_{\mathrm{at}} \left(x_{\mathrm{V}} \sqrt{1 + 2 x_{\mathrm{V}} \frac{c_0}{p_{\mathrm{at}}^2} l_{\mathrm{R}}} - x_{\mathrm{V}} \right) \tag{4.166}$$

und aus Gl. (4.164) den oft verwendeten Ausdruck

$$x_{\mathrm{V}} \frac{p_{\mathrm{at}}}{\Delta p_{\mathrm{F}}} \ln \left(1 + x_{\mathrm{V}} \frac{\Delta p_{\mathrm{F}}}{p_{\mathrm{at}}} \right) = \frac{v_{\mathrm{A}}}{v_{\mathrm{Rat}}} + \frac{c_1 p_{\mathrm{at}} l_{\mathrm{R}}}{v_{\mathrm{Rat}} \Delta p_{\mathrm{F}}} \ . \tag{4.167}$$

Bei Druckanlagen ist $x_{\mathrm{V}} = 1$, bei Sauganlagen $x_{\mathrm{V}} = -1$.
Statt der exakten Lösung von Gl. (4.165) führt man in die hydrodynamische Form der Druckabfallgleichung (4.148) für alle sich entlang der Förderleitung ändernden Zustandsgrößen Mittelwerte ein. Basis ist die mittlere Dichte

$$\bar{\varrho}_{\mathrm{F}} = \varrho_{\mathrm{Fat}} \left(1 + \frac{x_{\mathrm{V}}}{2} \frac{\Delta p_{\mathrm{F}}}{p_{\mathrm{at}}} \right) , \tag{4.168}$$

mit der wegen der Kontinuitätsgleichung und unter Voraussetzung isothermer Zustandsänderung eine mittlere Geschwindigkeit

$$\bar{v}_{\mathrm{R}} = v_{\mathrm{Rat}} \bigg/ \left(1 + \frac{x_{\mathrm{V}}}{2} \frac{\Delta p_{\mathrm{F}}}{p_{\mathrm{at}}} \right) \tag{4.169}$$

definiert wird. Setzt man hier hinsichtlich der Änderung entlang des Förderwegs im Gegensatz zu Gl. (4.164) $v_{\mathrm{A}} \sim v_{\mathrm{R}}$, was im Bereich der Dünnstromförderung zulässig ist, wird aus Gl. (4.148)

$$\Delta p_{\mathrm{F}} = \frac{\lambda \dfrac{\varrho_{\mathrm{F}}}{2} v_{\mathrm{Rat}}^2 \dfrac{l_{\mathrm{R}}}{d_{\mathrm{R}}}}{1 + \dfrac{x_{\mathrm{V}}}{2} \dfrac{\Delta p_{\mathrm{F}}}{p_{\mathrm{at}}}} + \frac{(\varkappa_{\mathrm{R}} + \sin\delta)\,\dot{m}_{\mathrm{s}}\,g\,l_{\mathrm{R}} \left(1 + \dfrac{x_{\mathrm{V}}}{2} \dfrac{\Delta p_{\mathrm{F}}}{p_{\mathrm{at}}} \right)}{(v_{\mathrm{Rat}} - v_{\mathrm{Aat}})\,A_{\mathrm{R}}} \ . \tag{4.170}$$

Dadurch entsteht eine quadratische Gleichung für den Druckabfall Δp_{F}, mit deren Hilfe Rohrkennlinien für beliebige pneumatische Förderer berechnet werden können.

Äquivalente Förderentfernung

Um den Berechnungsaufwand zu senken und die Darstellung übersichtlicher zu gestalten, wird in der Regel die abschnittsweise Berechnung pneumatischer Förderer durch die Einführung der äquivalenten Förderentfernung umgangen.
Die äquivalente Förderentfernung ist die gedachte waagerechte Länge eines beliebigen pneumatischen Förderers, die den gleichen Druckabfall erzeugt wie die Originalanlage. Dabei nutzt man den linearen Zusammenhang zwischen Δp_{F} und l_{R}, um Unterschiede im spezifischen Druckabfall $\Delta p_{\mathrm{F}}/l_{\mathrm{R}}$ über eine Korrektur der Länge darzustellen. Die äquivalente Länge wird nur für den zusätzlichen Druckabfall eingeführt; der Reingasanteil bleibt wegen der Richtungsunabhängigkeit unverändert. Soll der Druckabfall in einem beliebig geneigten Rohr durch die eigentlich nur für waagerechte Förderung geltende Gleichung beschrieben werden, muß die äquivalente Länge so bemessen sein, daß der gleiche Druckabfall entsteht. Also folgt

mit dem zweiten Summanden aus Gl. (4.170), wenn Gutdurchsatz, Rohrquerschnitt und Geschwindigkeiten gleich sind,

$$(\varkappa_R + \sin\delta)\, l_R = \varkappa_W\, l_G. \tag{4.171}$$

Für den Druckabfall in Beschleunigungsstrecken gilt bekanntlich

$$\Delta p_B = \frac{\dot{m}_s\, \Delta v_M}{A_R}\,, \tag{4.172}$$

so daß ein Gleichsetzen mit dem in einer waagerechten Leitung erzeugten Druckabfall zu

$$\Delta v_M = \frac{\varkappa_W\, g\, l_B}{v_M} \tag{4.173}$$

führt.

Berücksichtigt man die Reibungsverluste im Rohrbogen über die Gesamtlänge, die dann jeweils bis zum Schnittpunkt der sich berührenden geraden Leitungsabschnitte gerechnet werden muß, können auch hier die Druckabfälle als reine Beschleunigungswerte angesetzt werden.

Wird angenommen, daß die gesamte Gutwolke an der Außenwand des Rohrbogens gleitet, dann ist die für die Größe der Reibungskraft maßgebende Normalkraft gleich der Fliehkraft, und es gilt für ein Schüttgutelement der Masse dm

$$dF_R = \mu_R \frac{v_K^2}{r}\, dm_S\,, \tag{4.174}$$

wenn r der Krümmungsradius, v_K die Gutgeschwindigkeit an beliebiger Stelle des Rohrbogens und μ_R die Reibungszahl zwischen Gut und Rohrwand ist. Der Einfluß der Schwerkraft und damit der Einbaulage des Rohrbogens werden wegen der großen Gutgeschwindigkeiten bei Dünnstromförderern vernachlässigt. Aus dem Gleichgewicht zwischen Beschleunigungs- und Reibungskraft folgt

$$dm_S \frac{dv_K}{dt} = -\mu_R \frac{v_K^2}{r}\, dm_S, \tag{4.175}$$

so daß die Integration über die Länge $l_K = \alpha_i r$ des Rohrbogens schließlich

$$v_0 = v_M \exp\left(-\mu_R\, \alpha_i\right) \tag{4.176}$$

liefert, wenn v_M die Gutgeschwindigkeit im Beharrungszustand und v_0 die Geschwindigkeit ist, auf die das Gut im Rohrbogen abgebremst wird. Es wird für die Anfangsbeschleunigung $\Delta v_M = v_M$ und im Rohrbogen $\Delta v_M = v_M - v_0$ gesetzt.

Damit ergibt sich für die gesamte äquivalente Länge

$$l_{\ddot{a}} = \frac{v_M^2}{g\,\varkappa_W}\, l_B + l_G \tag{4.177}$$

mit den Teilen

$$l_B = 1 + \sum_{i=1}^{n} z_i \left[1 - \exp\left(-\mu_R\, \alpha_i\right)\right]\,, \tag{4.178}$$

$$l_G = \sum_{j=1}^{m} l_j \left(1 + \frac{K_w \sin\delta_j}{\varkappa_w}\right). \tag{4.179}$$

In Gl. (4.170) ist nun lediglich $\varkappa_R + \sin\delta$ durch $\varkappa_W$ und das im gleichen Ausdruck stehende l_R durch $l_{\ddot{a}}$ zu ersetzen, und man erhält eine für beliebig konfigurierte pneumatische Förderer verwendbare Gleichung zur Berechnung des Druckabfalls in der Form

$$\Delta p_F = \Delta p_T + \Delta p_B + \Delta p_G \tag{4.180}$$

mit den Teilen

$$\Delta p_T = \frac{\lambda \dfrac{\varrho_{Fat}}{2} v_{Rat}^2 \dfrac{l_R}{d_R}}{1 + \dfrac{x_V}{2} \dfrac{\Delta p_F}{p_{at}}},$$

(4.181)

$$\Delta p_B = \frac{\dot{m}_S \, (v_{Rat} - v_{Aat}) \, l_B}{A_R \left(1 + \dfrac{x_V}{2} \dfrac{\Delta p_F}{p_{at}}\right)},$$

(4.182)

$$\Delta p_G = \frac{\varkappa_w \, \dot{m}_S \, g \, l_G \left(1 + \dfrac{x_V}{2} \dfrac{\Delta p_F}{p_{at}}\right)}{(v_{Rat} - v_{Aat}) \, A_R}.$$

(4.183)

Nach dem Gutdurchsatz aufgelöst erhält man z. B.

$$\dot{m}_S = \frac{v_M d_R^2 \left[10^3 \Delta p_F \left(1 + x_V \dfrac{\Delta p_F}{200}\right) - \dfrac{v_R^2 \, l_R}{85{,}47 \, d_R}\right]}{12{,}49 \, \varkappa_w \, l_G \left(1 + x_V \dfrac{\Delta p_F}{200}\right)^2 + 1{,}273 \, v_M^2 \, l_B}.$$

(4.184)

Für praktische Berechnungen von Dünnstromförderern haben sich die nach Erfahrungen gewählten Werte

$$\mu_R = 0{,}25 \text{ und } K_W = 0{,}75$$

bewährt.
Die Ermittlung der Koordinaten des Druckabfallminimums wird durch die nunmehr vorhandene Abhängigkeit der äquivalenten Förderentfernung von der bei Beginn der Berechnung noch unbekannten Gutgeschwindigkeit erschwert.
Analog zu den bei inkompressibler Strömung angestellten Betrachtungen zu den Gleichungen (4.149) ff. gelten hier folgende veränderte Beziehungen, die damit nun auch allgemeingültig sind. Statt Gl. (4.147) gilt für die Anströmgeschwindigkeit des Schüttguts

$$v_A = v_S \sqrt{\varkappa_w - \frac{1{,}87 \, \dot{m}_S}{\varrho_K d_R^2}}.$$

(4.185)

Durch die Definition der äquivalenten Länge bedingt, kommt eine weitere analoge Größe

$$v_{A\ddot{a}} = v_A + v_B$$

(4.186)

mit

$$v_B = \frac{K_V^3}{g \varkappa_w} \frac{l_B}{l_R} \frac{\varkappa_w \, \dot{m}_S}{d_R}$$

(4.187)

hinzu. Die erste Näherung entsprechend Gl. (4.157) erhält die Form

$$v_1 = K_V \sqrt[3]{\frac{\varkappa_w \dot{m}_S}{d_R} \frac{l_G}{l_R} \left(1 + x_V \frac{\Delta p_F}{p_{at}}\right)^2},$$

(4.188)

und für die gesuchte Geschwindigkeit im Druckabfallminimum gilt dann schließlich

$$v_{min} = c_1 v_1 - c_0 v_{A\ddot{a}} + v_A,$$

(4.189)

wobei die Faktoren c wie schon bei der inkompressiblen Strömung je nach Größenbereich für die Näherung zu verwenden sind. Es gilt mit

$$K_S = v_{A\ddot{a}}/v_1$$

(4.190)

Tafel 4.2 Korrekturfaktoren zur Geschwindig-
keitsberechnung

K_S	> 5	$1 \ldots 5$	< 1	1
C_1	$1/\sqrt{K_S}$	$0,8$	1	$0,755$
C_0	0	$0,08$	$0,27$	0

Tafel 4.2. Für den Rohrdurchmesser entsprechend Gl. (4.156) gilt hier schließlich

$$
d_R = K_D \sqrt[5]{\left(1 + x_V \frac{\Delta p_F}{p_{at}}\right)\left(\frac{l_G}{l_R} \varkappa_W \dot{m}_S\right)^2 \left(\frac{K_M l_R}{\Delta p_F}\right)^3} \; . \tag{4.191}
$$

Darin hat der Korrekturfaktor K_M die veränderte Größe

$$
K_M = \frac{1}{3}\left(\frac{v_{min}}{v_1}\right)^2 + \frac{2}{3}\left(\frac{v_1}{c_1 v_1 - c_0 v_{A\ddot{a}}} + \frac{c_1 v_1 - c_0 v_{A\ddot{a}}}{v_1^2} v_B\right) . \tag{4.192}
$$

Für K_D gilt Gl. (4.158) bzw.

$$
K_D = 2,62 \cdot 10^{-2} \sqrt[5]{10^3 \, kg/(m \, s^4)} \; , \tag{4.193}
$$

falls Δp_F in kPa eingesetzt werden soll. Die Berechnung der Koordinaten des Druckabfallminimums muß hier iterativ geschehen, da der bei Vorgabe eines Drucksprungs Δp_V bzw. Δp_F zuerst zu berechnende Rohrdurchmesser d_R vom Korrekturfaktor K_M abhängt, dessen Größe wiederum von der erst im nächsten Schritt zu ermittelnden Gas- bzw. Gutgeschwindigkeit abhängt. Mit den heute zur Verfügung stehenden Rechnern bereitet das jedoch keinerlei Schwierigkeit.

4.1.5. Förderzustände

Schüttgutförderung

Die für die Beurteilung eines pneumatischen Förderers chrakteristischen Größen sind die Gutkonzentration und die Gut- bzw. Gasgeschwindigkeit. Entsprechend den in den Abschnitten 4.1.1. und 4.1.3. dargelegten Gesetzmäßigkeiten besteht ein enger Zusammenhang zwischen Gutkonzentration und Gasgeschwindigkeit auf der einen und der Gutgeschwindigkeit auf der anderen Seite. Es wurde gezeigt, daß sich diese drei Zustandsgrößen entlang der Förderleitung und auch über den Rohrquerschnitt betrachtet verändern können. Gasgeschwindigkeit und Gutkonzentration bestimmen den Förderzustand. Unter Förderzustand soll die bei bestimmten Konzentrationen und Geschwindigkeiten typische Bewegungsform der Schüttgutwolke verstanden werden (Bild 4.7).
Für die *Dünnstromförderung* (auch Flugförderung) ist ein verhältnismäßig großer Teilchenabstand charakteristisch, der eine ausreichende Umströmung der Einzelteilchen erlaubt und eine nur wenig beeinflußte Wirkung der Strömungskraft nach Gl. (4.13) bzw. Gl. (4.18) sichert. Voraussetzung für diesen Förderzustand sind eine genügend kleine Raumkonzentration und eine ausreichend große Gasgeschwindigkeit. Nach Erfahrungen gelten

$$
c_R \leqq 0,058, \tag{4.194}
$$

$$
v_R \geqq v_{min}. \tag{4.195}
$$

Entscheidende Größen für die Relativgeschwindigkeit zwischen Fördergut und Trägergas (Schlupf) sind im Bereich der Dünnstromförderung modifizierte Reibungszahl und Schwebegeschwindigkeit. Wegen der aus Erfahrungen abgeleiteten Bedingung (4.195) und der Tatsache, daß die Lage des Druckabfallminimums und damit die Größe der Gasgeschwindigkeit

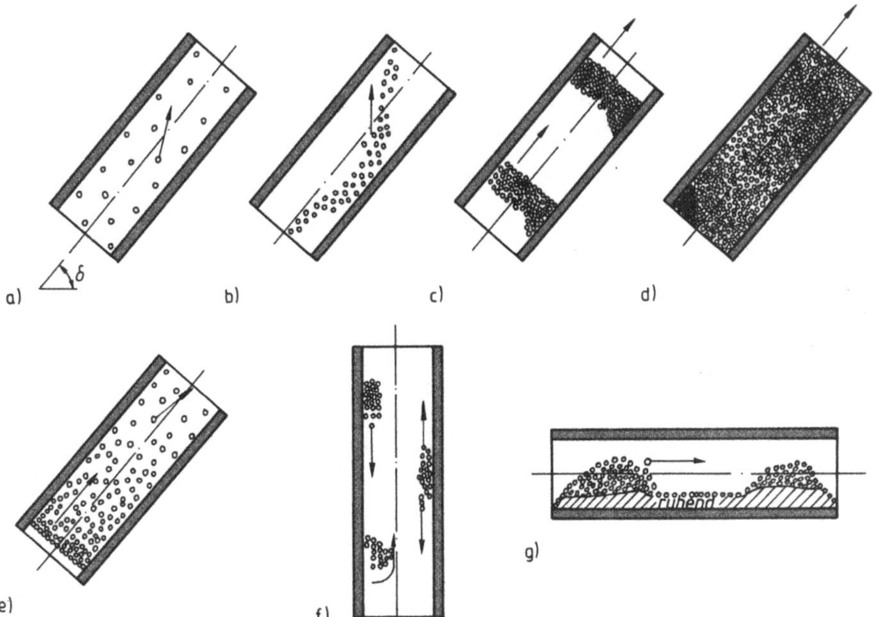

Bild 4.7. Förderzustände in pneumatischen Förderern

a) Flugförderung (Dünnstromförderung); b) Strähnenförderung (Mischstromförderung); c) Pfropfenförderung (Mischstromförderung);
d) Schubförderung (Dichtstromförderung mit Gegendruck); e) Fließförderung (freie Dichtstromförderung); f) Ballenförderung ($\delta = 90°$);
g) Dünenförderung ($\delta = 0°$)

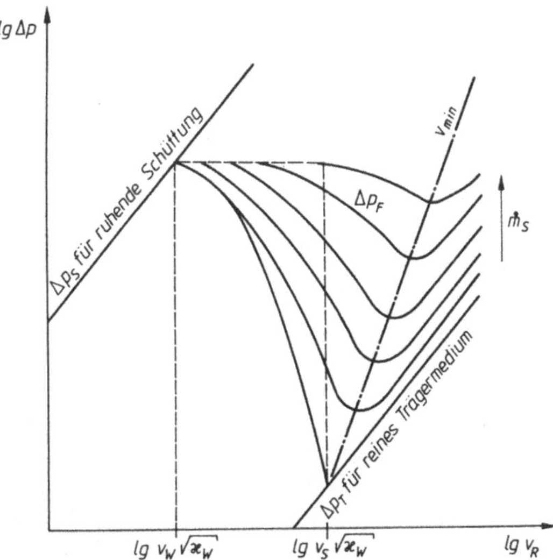

Bild 4.8. *Druckabfall pneumatischer Förderer in Abhängigkeit von der Gasgeschwindigkeit v_R und vom Gutdurchsatz $\dot{m}_S$ (allgemeine Darstellung)*

v_{min} gemäß Gl. (4.188) und analoger Beziehungen viel stärker durch das Verhältnis Gutdurchsatz zu Rohrdurchmesser $\dot{m}_S/d_R$ als durch die Schwebegeschwindigkeit v_S bestimmt wird, ergeben sich für eine stabile Förderung staubförmiger wie körniger Güter bei vergleichbaren Förderzuständen nahezu gleich große Gasgeschwindigkeiten. Sie liegen etwa im Bereich 15 ... 30 m/s.

In diesem Zustand lassen sich nahezu alle Schüttgüter pneumatisch fördern, die der Rohrleitung störungsfrei zufließen. Hauptnachteil dieses Verfahrens ist der hohe Verschleiß, der sich aus der für eine störungsfreie Bewegung notwendigen hohen Gas- und Gutgeschwindigkeit ergibt. Weitere Nachteile sind der durch den großen Gasbedarf bedingte hohe Abscheideaufwand und ein hoher spezifischer Energiebedarf, der um so größer wird, je höher der spezifische Bewegungswiderstand und der Schlupf sind.

Im Druckverlauf über der Gasgeschwindigkeit nach Bild 4.6 ist eine asymptotische Annäherung an den Pol für $v_R = v_A$ erkennbar. Wäre die Strömungskraft nach Gl. (4.13) die einzige antreibende Kraft, die von einem Gasstrom auf das Schüttgut übertragen werden kann, träfe dieses Bild allgemein zu, und eine pneumatische Förderung links von v_A wäre undenkbar. In Wirklichkeit treten aber weitere Wirkmechanismen auf, so daß auch bei geringen Gasgeschwindigkeiten eine pneumatische Förderung möglich ist. Es gilt im Prinzip allgemein Bild 4.8. Neben der schon beschriebenen Geschwindigkeit für das Druckabfallminimum und der im wesentlichen durch Schwebegeschwindigkeit und Reibungszahl bestimmten Relativgeschwindigkeit $v_A \sim v_S \sqrt{\varkappa_W}$ erscheint hier eine dritte charakteristische Geschwindigkeit der pneumatischen Förderung: die Wirbelpunktgeschwindigkeit v_W. Wie die Schwebegeschwindigkeit aus dem Kräftegleichgewicht von Schwerkraft und Strömungskraft eines umströmten Einzelteilchens folgt, so gilt die Wirbelpunktgeschwindigkeit für das entsprechende Kräftegleichgewicht einer durchströmten Schüttung. Da hier dieses Gleichgewicht bei wesentlich unterhalb der Schwebegeschwindigkeit liegenden Gasgeschwindigkeiten hergestellt werden kann, ist auch eine Förderung mit sehr geringen Gasmengen möglich. Voraussetzung für die beschriebene Kraftwirkung ist aber eine genügend große Gutkonzentration, die den Wert der Wirbelschicht nicht unterschreiten darf. Ist demgemäß

$$c_R \gtrsim 0{,}116, \tag{4.196}$$

wird von der Dichtstromförderung gesprochen. Die erforderlichen Gasgeschwindigkeiten müssen über der Wirbelpunktgeschwindigkeit liegen, dürfen aber nicht zu groß gewählt werden, weil sonst die Schüttung zu stark aufgelockert wird und damit in einen Zustand gerät, in dem die vorhandene Gasgeschwindigkeit die erforderliche Strömungskraft nicht mehr an das Gut übertragen kann; es gilt

$$v_W \sqrt{\varkappa_W} < v_R < v_{krit}, \tag{4.197}$$

wobei die kritische Geschwindigkeit in diesem Fall nur experimentell zu bestimmen ist.

Auch bei Gutkonzentrationen zwischen den durch die Beziehungen (4.194) und (4.196) festgelegten Bereichen

$$0{,}058 < c_R < 0{,}116 \tag{4.198}$$

ist eine pneumatische Förderung mit geringen Gasgeschwindigkeiten gemäß Gl. (4.197) möglich. Dieser Bereich der *Mischstromförderung* tritt in der Praxis wesentlich häufiger auf als die Dichtstromförderung. Zu beachten ist, daß die angegebenen Werte der Raumkonzentration für größere Leitungsabschnitte geltende Mittelwerte sind, so daß örtlich z. T. wesentlich größere Konzentrationen auftreten können. Konzentrationsunterschiede sind sowohl in Querschnitts- als auch in Längsrichtung möglich.

So unterscheidet man im Bereich der Mischstromförderung solche Förderzustände wie die Strähnen-, Ballen-, Dünen- und Pfropfenförderung (vgl. Bild 4.7).

Während bei Dünnstrom- und reiner Dichtstromförderung entsprechend der jeweils herrschenden Raumkonzentration zwar unterschiedliche, aber eindeutige Kraftwirkungen gegeben sind und sich somit bei konstantem Schlupf ein stabiler Förderzustand einstellt, kommt es im Bereich der Mischstromförderung zu einem ständigen Wechsel der Förderzustände. Ursache ist die örtlich begrenzte und zeitweilig auftretende für eine Dichtstromförderung zu geringe und für eine Dünnstromförderung zu große Raumkonzentration in Verbindung mit einer für die Dünnstromförderung zu kleinen Gasgeschwindigkeit. Zu kurze Pfropfen werden örtlich aufgelockert und im Bereich dieser Auflockerung bei kurzzeitig in diesem Gebiet erhöhter Gasgeschwindigkeit abgetragen. Die abgetragene Flugwolke gelangt in ein Gebiet niedriger Konzentration, in dem die Gasgeschwindigkeit, wenn sie den Wert $v_S \sqrt{\varkappa_W}$ unterschreitet, nicht mehr die erforderliche Strömungskraft erzeugen kann und es deshalb zur Strähnenbildung und zu Ablagerungen kommt. Ein ständiger Wechsel zwischen Strähnen, Ballen und Pfropfen ist begleitet von ständigen Schwankungen der Gasgeschwindigkeit, des Schlupfes sowie damit im verstärkten Maße der Gutgeschwindigkeit und des Druckabfalls. Es ist in diesem Bereich äußerst schwierig und gelingt nach dem gegenwärtigen Stand der Erkenntnisse nur auf experimentellem Wege, die Größe des Schlupfes und damit die für einen solchen instationären Zustand erforderliche Gasgeschwindigkeit einer verstopfungsfreien Förderung zu ermitteln.

Stückgutförderung

Stückgutförderer zeichnen sich gegenüber Schüttgutförderern dadurch aus, daß das Transportgut in vorgegebener Form erhalten bleibt und mit der Gutauflösung auch instationäre Bewegungszustände ausgeschlossen sind. Die Förderzustände sind hier durch einen Mindestabstand der Kapseln, Rohrpostbüchsen, Heuballen usw. charakterisiert. Dieser Abstand läßt sich für den stationären Bewegungszustand analog der Beziehung (4.128) bzw. (4.132) darstellen. Daneben ist aber auch die Kapselbewegung in Rohrbogen und Steigstrecken entscheidend. Strenggenommen muß also die tatsächliche örtliche Kapselgeschwindigkeit durch Berechnungen kontrolliert werden. Dazu sind Gleichungen entsprechend den Beziehungen (4.69) und (4.89) geeignet. Es ist zu beachten, daß die Kapselbewegung ein Schwingungsvorgang ist. Die Gasmenge muß so bemessen sein, daß trotz des größeren Schlupfes in Steigstrecken ein Rückwärtsrollen bzw. -gleiten der Kapseln vermieden wird. Das ist neben der wachsenden Größe des spezifischen Energiebedarfs auch ein Grund dafür, daß bei der pneumatischen Großrohrpost Steigungswinkel der Rohrleitungen den Grenzwert 6 … 8° nicht überschreiten sollen.

4.1.6. Einsatzbereiche

Pneumatische Förderer sind für den Transport nahezu aller Schüttgüter geeignet, die – wie bereits erwähnt – der Förderleitung frei zufließen. Einschränkungen sind im Bereich der Mischstromförderung zu machen, da die Chancen für eine Eignung dieses Verfahrens mit kleiner werdendem Korndurchmesser abnehmen. Während sich körnige Güter, die in der Regel auch in Dünnstromförderern keine Probleme bereiten, gut zur Pfropfenförderung eignen, lassen sich staubförmige Produkte im Bereich der Langsamförderung nur noch in Ausnahmefällen ohne Zusatzeinrichtungen, wie Bypassleitungen, bewegen.
Eine Einschränkung hinsichtlich der Guteigenschaften ergibt sich für Dünnstromförderer aus der Tatsache, daß der Schlupf der Schwebegeschwindigkeit proportional ist. Aus wirtschaftlichen Überlegungen und mit Rücksicht auf die Gasexpansion sollen nur Güter bewegt werden, deren Schwebegeschwindigkeit

$$v_S \lesseqgtr 10 \ldots 15 \, \text{m/s} \tag{4.199}$$

ist. Im übrigen müssen bei der Wahl des Förderverfahrens die Art des Kornspektrums und eine Reihe anderer Schüttguteigenschaften im Komplex berücksichtigt werden, so daß eine

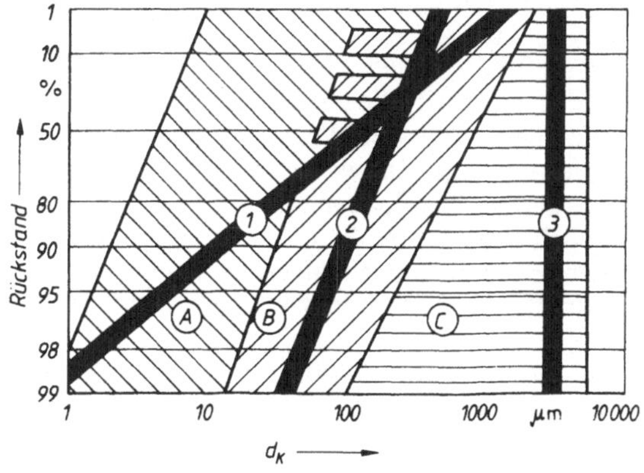

Bild 4.9. Einsatzbereiche pneumatischer Mischstromförderer in Abhängigkeit vom Kernspektrum

Ideale Korngrößenverteilung	Einsatzbereich
1 für ungesteuerten Bypass	A
2 für gesteuerten Bypass	B
3 für Propfenförderung	C

allgemeingültige quantitative Darstellung äußerst schwierig ist. Folgende Schüttgutklassifizierung erscheint aus dieser Sicht sinnvoll:

Eine grobe Darstellung der genannten Erfahrungen, daß nicht die Korngröße allein, sondern vielmehr die Art des Kornspektrums entscheidenden Einfluß auf die Ausbildung der Förderzustände hat, wird im Bild 4.9 gezeigt. Eine Verfeinerung ist möglich, wenn die acht wichtigsten Schüttgutparameter mit Auswahlkriterien sowie Kennzahlen versehen und die Schüttgutbewertung zu einer Parameterzahl

$$n_P = \sum_{i=1}^{8} n_{bi} \qquad (4.200)$$

zusammengefaßt wird (Tafel 4.3).

Tafel 4.3. Entscheidungskriterien zur Schüttgutklassifizierung

Schüttgutparameter	Qualität	Bewertungszahl N_{bi}
Lockerungspunkt	niedrig	3
	mittel	2
	hoch	1
Lufthaltevermögen	hoch	3
	mittel	2
	niedrig	1
Schwebewiderstand	niedrig	3
	mittel	2
	hoch	1
Kornspektrum	eng	3
	normal	2
	weit	1
mittlerer Korndurchmesser	groß	3
	mittel	2
	klein	1
Kornform	Kugel, Quader, Zylinder	3
	Scheibe, Linse	2
	Stab, Faden	1
Kornoberfläche	gebrochen, flockig	3
	rauh	2
	glatt	1
Reibungsverhalten	günstig	3
	indifferent	2
	ungünstig	1

Erhält die für eine Pfropfenförderung günstigste Qualität des betreffenden Parameters die höchste Bewertung, dann entspricht die maximal mögliche Parameterzahl von $n_P = 24$ der Pfropfenförderung ohne Zusatzeinrichtung bei geringer Luftgeschwindigkeit, und es läßt sich eine Zuordnung der Guteigenschaften – ausgedrückt über n_P – zur erforderlichen Gasgeschwindigkeit und zum Förderzustand treffen (Bild 4.10). Die mit der geringsten Bewertungszahl versehene Qualität ist dann immer die Eigenschaft, die zur störungsfreien Förderung einen hohen Luftdurchsatz erfordert, so daß ein Gut mit der kleinstmöglichen Parameterzahl $n_P = 8$ an der Grenze zur Dünnstromförderung liegt. Zur weiteren Verfeinerung der Methode können für die einzelnen Schüttgutparameter Einflußzahlen eingeführt und die Qualitäten in quantifizierbare Größen umgewandelt werden. Ist die Eignung des Schüttguts für eines der Förderverfahren bekannt, lassen sich mit Hilfe von Bild 4.11 die möglichen Förderentfernungen und die dazu nötigen Betriebsdrücke ablesen. Bild 4.11 ergibt sich aus folgenden Überlegungen:

Die Grenzen zwischen den Förderverfahren sind durch die Raumkonzentrationen nach den Beziehungen (4.194), (4.196) und (4.198) gegeben. Entsprechend Gl. (4.146) besteht ein Zusammenhang zwischen Druckabfall, Raumkonzentration und Förderentfernung.

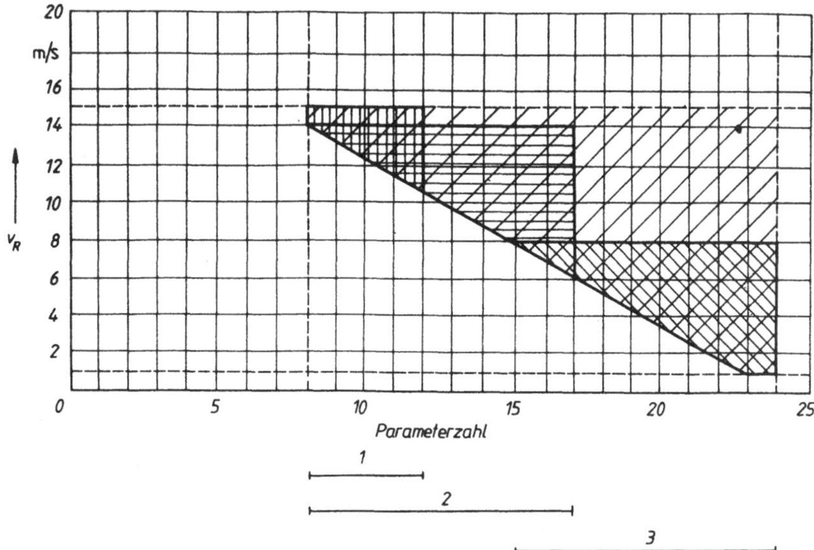

Bild 4.10. *Einsatzbereiche pneumatischer Mischstromförderer in Abhängigkeit von der Parameterzahl*
1 gesteuerte Förderung; *2* Strähnenförderung; *3* Pfropfenförderung

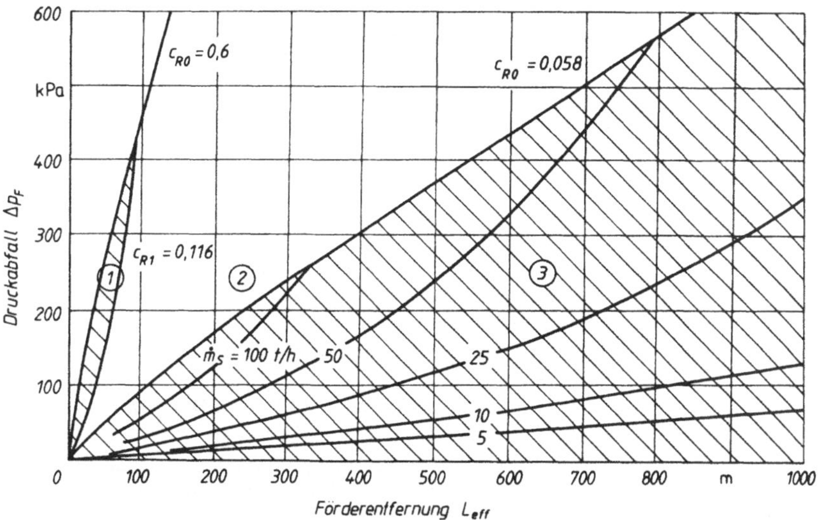

Bild 4.11. *Einsatzbereiche pneumatischer Förderer in Abhängigkeit von Druckabfall und Förderentfernung*
1 Dichtstromförderung; *2* Mischstromförderung; *3* Dünnstromförderung

Bildet man eine Hilfsgröße für die Förderentfernung, die Korndichte und modifizierte Reibungszahl enthält:

$$l_{\text{eff}} = \frac{\varkappa_{\text{W}}\, \varrho_{\text{K}}\, l_{\text{ä}}}{1300}\,, \tag{4.201}$$

vernachlässigt bei Dichtstrom- und Mischstromförderern den Reingasanteil und benutzt für Dünnstromförderer die Beziehungen für das Druckabfallminimum, so lassen sich in einem Diagramm $\Delta p_{\text{F}} = f(l_{\text{eff}})$ Kurven für c_{R} = konst. eintragen. Dabei ist die im Abschnitt 4.1.3.

beschriebene, mit der Expansion des Gases verbundene Konzentrationsabnahme entlang der Förderleitung zu beachten [s. Gl. (4.141) und Gl. (4.142)].

Bezeichnet man mit dem Index 0 die Größen am Anfang und mit 1 die am Ende einer Rohrleitung, ergeben sich folgende Grenzbedingungen:

- obere Grenze der pneumatischen Förderung überhaupt
  $c_{R0} = 0,6,$
- untere Grenze der Dichtstromförderung
  $c_{R1} = 0,116,$
- obere Grenze der Dünnstromförderung
  $c_{R0} = 0,058.$

Die auf den Anfangszustand 0 bezogenen Grenzkurven steigen degressiv, und die auf den Endzustand bezogene Grenzkurve wächst progressiv (s. Bild 4.11). Da gemäß Gl. (4.27) die Raumkonzentration dem Gutdurchsatz proportional ist, können für konstante Rohrdurchmesser und unter Verwendung der Gleichungen für das Druckabfallminimum statt für c_R auch Grenzkurven für den Gutdurchsatz $\dot{m}_S$, wie im Bild 4.11 für die Dünnstromförderung getan, eingetragen werden. Damit ergeben sich folgende Aussagen:

Dünnstromförderer können für beliebige Förderentfernungen eingesetzt werden. Allerdings nehmen mit wachsender Entfernung die möglichen Gutdurchsätze ab. Außerdem soll aus ökonomischen Überlegungen (s. Abschnitt 4.1.7.) der Druckabfall den Wert 80 kPa nicht überschreiten. Damit werden die bei großen Förderentfernungen erreichbaren Gutdurchsätze weiter eingeschränkt. Neben diesen ökonomischen Überlegungen verbieten auch die Expansion des Gases und die damit bei hohen Druckabfällen gemäß Gl. (4.139) auftretenden sehr großen Endgeschwindigkeiten den Einsatz hoher Betriebsdrücke. Nachteil pneumatischer Dünnstromförderer ist ohnehin der hohe Gleitverschleiß, der je nach Materialeigenschaften zu Beschädigungen der Rohrwand oder des Schüttguts führt. Kristallzucker wird zu Puderzucker, oder Kohlenstaub verändert seine Kornstruktur so, daß er durch die pneumatische Förderung seine Brikettierfähigkeit verliert. Quarzsand zerstört innerhalb weniger Betriebsstunden besonders Rohrbogen, wenn sie nicht durch Auskleidung mit Hartporzellan, Kupferschieferschlacke oder Schmelzbasalt oder durch andere Maßnahmen, z. B. konstruktiver Art, geschützt sind. Ein weiterer Nachteil der Dünnstromförderer ist der mit den großen notwendigen Gasmengen verbundene hohe Abscheideaufwand. Verständlich sind deshalb die Wünsche der Anwender pneumatischer Förderer nach Verfahren ohne diese Nachteile. Allerdings zeigen sich bei derartigen, im folgenden vorgestellten Verfahren wiederum andere Nachteile, die den Einsatz von Dünnstromförderern nach wie vor eine ausreichende Berechtigung geben – zumal Dünnstromförderer einfacher zu berechnen und praktisch leichter zu beherrschen sind.

Dichtstromförderer können mit niedrigeren Gas- und damit Gutgeschwindigkeiten betrieben werden, so daß der Materialverschleiß gegenüber Dünnstromförderern erheblich gesenkt wird. Auch der Abscheideaufwand ist merklich geringer. Wegen der für eine ausreichende Antriebskraft bei niedriger Gasgeschwindigkeit erforderlichen hohen Raumkonzentration ist aber der spezifische Druckabfall so hoch, daß zum einen bedingt durch den technisch möglichen Bereich der Betriebsdrücke und zum andern wegen der zu starken Konzentrationsänderung bei hohen Drücken nur verhältnismäßig kurze Förderentfernungen erreichbar sind. Außerdem sind nicht für alle Güter und nicht mit Hilfe jeder Einschleusvorrichtung die erforderlich hohen Gutkonzentrationen kontinuierlich herstellbar.

Mischstromförderer sind ein guter Kompromiß zwischen den beiden bisher beschriebenen Förderverfahren, da sie mit geringen Geschwindigkeiten, also wie die Dichtstromförderer, arbeiten, aber wegen der niedrigen mittleren Raumkonzentrationen größere Förderentfernungen erlauben, also die Vorteile der erstgenannten Verfahren in sich vereinigen. Die Mischstromförderer wären die idealen pneumatischen Förderer, wenn nicht die einleitend zu diesem Abschnitt genannten Kriterien beachtet werden müßten. Günstig für die Mischstromförderung sind körnige Schüttgüter, die zur Bildung stabiler Pfropfen neigen. Mit dem Pfropfenabstand kann die mittlere Raumkonzentration und damit der erreichbare Förderweg variiert werden. Der stabile Pfropfen sorgt für eine örtlich hohe Raumkonzentration, die auch bei geringen Gasgeschwindigkeiten eine ausreichend große Antriebskraft garantiert. Nachteilig wirkt sich auch hier der Einsatz hoher Betriebsdrücke aus, die bei enger Pfropfenfolge und/ oder großer Förderentfernung erforderlich werden. Die mit der Gasexpansion verbundene Geschwindigkeitserhöhung kann zur Pfropfenzerstörung führen. In der Regel werden die Pfropfen schon bei Gasgeschwindigkeiten zerstört, die für die dadurch hinsichtlich der Gutkonzentration entstehende „Dünnstromförderung" noch zu klein sind. Das führt zu Ablagerungen, die je nach Guteigenschaften wieder aufgewirbelt oder zu neuen Pfropfen zusammengeschoben werden, aber auch zu Verstopfungen führen können. Auf jeden Fall entstehen dadurch instationäre Förderzustände, deren Druck- und Geschwindigkeitsschwankungen sich zusätzlich nachteilig auf die Stabilität des Förderzustands auswirken. Noch schwieriger wird das Erreichen eines stabilen Betriebszustands, wenn staubförmige Schüttgüter im Bereich der Mischstromförderung bewegt werden sollen. Hier sind die Pfropfen schon von Haus aus instabil, und Ablagerungen führen noch leichter zu Verstopfungen als im eben geschilderten Fall. Mit Hilfe verschiedener Verfahren der Bypassförderung wird versucht, durch gezielte Luftzufuhr zu bestimmten Rohrabschnitten und zu bestimmten Zeiten (je nach Art der Steuerung) Gutansammlungen aufzulösen bzw. lange Pfropfen aufzuspalten. Neben den o. g. Nachteilen, die mit großen Entfernungen verbunden sind, kommt hier der enorme zusätzliche Materialaufwand hinzu.

Förderentfernungen über 800 m erscheinen aus dieser Sicht mit oder ohne Zusatzeinrichtungen fragwürdig, obwohl praktisch derartige Anlagen realisiert wurden. Bemerkenswert und nicht überraschend ist die dabei beobachtete Störanfälligkeit allein beim Wechsel des Förderguts.

Rohrpostanlagen werden weder durch übermäßigen Verschleiß noch durch instationäre Förderzustände beeinträchtigt. Die Transportkapseln, auch Rohrpostbüchsen genannt, sind mit Filzgleitringen versehen, die einen spezifischen Bewegungswiderstand in der Größenordnung der bereits beschriebenen Schüttgüter verursachen. Mit den häufig eingesetzten Betriebsdrücken von 20 kPa (bis 60 kPa) sind Förderentfernungen, die dem Bereich der pneumatischen Dünnstromförderung entsprechen, erreichbar. Die Entfernungen reichen bei der Hausrohrpost bis zu mehreren hundert Metern und bei der Stadtrohrpost, bei Verwendung größerer Fahrrohrweiten, bis zu mehreren Kilometern. Transportiert werden Schriftstücke in Banken, Postämtern, Bibliotheken usw., aber auch Laborproben in Stahlwerken und ähnlichen Betrieben. Die Kapseln der Großrohrpost sind mit Fahrwerken versehen. Der dadurch stark verringerte Bewegungswiderstand erlaubt selbst im Druckbereich bis nur 80 kPa bei Gutdurchsätzen bis zu 10 Mill. t/a Förderentfernungen in der Größenordnung von 40 km und mehr. Die Großrohrpost konkurriert erfolgreich mit Eisenbahn- und Lkw-Transport sowie Seilbahnen und Gurtförderern.

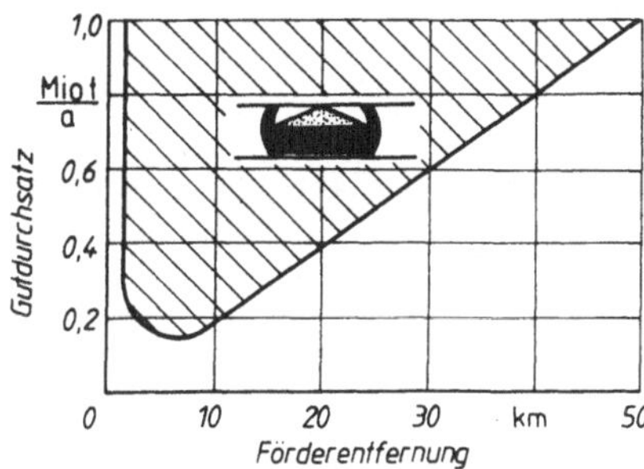

Bild 4.12. Einsatzbereich des pneumatischen Kapseltransports in Abhängigkeit von Gutdurchsatz und Förderentfernung

Bei Einsatzentscheidungen müssen neben den volkswirtschaftlichen Gesamtkosten für jeden Fall neu die besonderen Einsatzbedingungen, wie Wegführung, klimatische Umstände usw., beachtet werden. Zur Vororientierung dient ein aus derartigen Betrachtungen für 13 verschiedene Einsatzfälle gewonnenes Diagramm (Bild 4.12), aus dem erkennbar ist, daß für einen ökonomischen Einsatz die Förderentfernung 1 km und die Gutdurchsätze 0,2 Mill. t/a nicht unterschreiten dürfen und daß bei großen Entfernungen auch entsprechend große Durchsätze vorliegen müssen.

In den Kapseln können Schüttgüter, Stückgüter und Flüssigkeiten transportiert werden. Bild 4.12 folgt aus Untersuchungen für den Schüttguttransport nach *Langner* [4.9]. Wegen des schon erwähnten geringen Bewegungswiderstands liegt bei Einhaltung von Rohrleitungssteigungen unter 6 ... 8° der spezifische Energiebedarf zwischen 0,3 und 0,6 kWh/(t · km) bei stetig sowie zwischen 0,6 und 1,2 kWh/(t · km) bei unstetig arbeitenden Anlagen. Die erforderlichen Luftgeschwindigkeiten bewegen sich je nach Einsatzfall im Bereich zwischen 3 und 10 m/s. Unter diesen Bedingungen sind bei Rohrdurchmessern zwischen 450 und 2000 mm Gutdurchsätze bis zu 10 Mill. t/a erreichbar.

Neben den aus Bild 4.12 ablesbaren quantitativen Bedingungen muß für einen ökonomischen Einsatz außerdem gewährleistet sein, daß das zu transportierende Schüttgut kontinuierlich über einen längeren Zeitraum (mindestens etwa zehn Jahre) anfällt und die Materialquellen auf einem möglichst begrenzten Territorium zusammenliegen. Damit scheiden von vornherein zwei Anwendungsfälle für den Kapseltransport aus: die gesamte Landwirtschaft mit ihrer territorial weit verzweigten Erzeugung nur zu bestimmten Jahreszeiten anfallender Produkte sowie die Braunkohlentagebaue mit den z. Z. realisierten Durchsätzen über 10 Mill. t/a. Günstige Anwendungsfälle für den Schüttguttransport bieten sich im Bereich Erzbergbau, Metallurgie und Kali, im Bauwesen wie in der chemischen Industrie. Zu den Randbedingungen, die zu den schon genannten quantitativen Kriterien erfüllt werden müssen, zählt unter anderem die geografische Lage von Quelle und Senke und vor allem der Höhenunterschied zwischen beiden. Oft lassen sich mit den Rohrleitungen kürzere Verbindungen als mit vorhandenen Straßen und Schienen erzielen. Im Hochgebirge kann die Passierbarkeit von Straßen- und Schienenwegen über einen längeren Zeitraum durch Eis und Schnee beeinträchtigt sein, während in Rohrleitungen der Transport unbeeinflußt abläuft. Der pneumatische Kapseltransport bietet daneben eine ganze Reihe von Vorteilen gegenüber vergleichbaren Transportträgern. Dazu gehören der kontinuierliche, ungestörte Gutstrom mit hohen Geschwindigkeiten, der durch den kreuzungsfreien Verkehr auf eigenen Wegen große Gutdurchsätze erlaubt und eine gleichmäßige Gutauf- und Gutabgabe garantiert, die ihrerseits Voraussetzung für die Automatisierbarkeit der Gesamtanlage ist. Der eigene Transportweg bedeutet neben der Witterungsunabhängigkeit auch hohe Sicherheit, belastungsgerechte Fahrbahngestaltung, geringen Verschleiß, Schutz vor fremdem Zugriff, keine Gefährdung von Personen und vor allem Umweltfreundlichkeit. In der Regel sind die Rohre erdverlegt und bedeuten eine nur kurzzeitige Veränderung oder Störung der Landschaft während des Baues. Abgase, Lärm- und Staubbelästigungen sind vom Wirkprinzip her ausgeschlossen.

4.1.7. Spezifischer Energiebedarf

Auf der Basis der in den Gleichungen (4.1) bis (4.9) verwendeten Kräfte und unter Beachtung der mittleren Gasgeschwindigkeit v_R sowie der Feststoffgeschwindigkeit v_M lassen sich folgende Energieanteile darstellen:

Der Gasstromerzeuger erhöht die innere Energie des Gases, so daß das Gas die zur Aufrechterhaltung der Schüttgutbewegung erforderliche Leistung

$$P_V = F_D v_R \tag{4.202}$$

abgeben kann. Nach Gl. (4.3) kann dafür auch

$$P_V = (F_W + F_R + F_H)\, v_R \tag{4.203}$$

geschrieben werden, wenn der stationäre Bewegungszustand betrachtet wird. Daraus folgt

$$P_V = F_W v_R + F_R v_M + F_H v_M + (F_R + F_H)\,(v_R - v_M), \tag{4.204}$$

wenn man die Leistungsanteile aus der am Gas wirkenden Reibungskraft mit der Gas- und aus der am Gut wirkenden Reibungs- und Hangabtriebskraft mit der Materialgeschwindigkeit bildet. Es entsteht damit automatisch ein Zusatzglied, das, mit der Relativgeschwindigkeit gebildet, ein Maß für die Umwandlungsverluste bei der Energieübertragung vom Gas auf den Feststoff ist, da die gesamte vom Gas auf das Schüttgut übertragene Energie dem Ausdruck

$(F_R + F_H)\,v_R$ entspricht, für die Schüttgutbewegung aber nur der Anteil $(F_R + F_H)\,v_M$ erforderlich ist. $F_w\,v_R$ entspricht dem zur Überwindung der Reibung zwischen Gas und Rohrwand erforderlichen Energieanteil und $F_R\,v_M$ dem zur Überwindung der Reibung zwischen Schüttgut und Rohrwand. $F_H\,v_M$ ist der Energieanteil, den das Gas zur Erhöhung der potentiellen Energie des Schüttguts leistet.

Definiert man mit

$$P_F = g\,\dot{m}_S\,l_R \tag{4.205}$$

die Förderleistung und mit

$$\Psi = P_V/P_F \tag{4.206}$$

den spezifischen Engergiebedarf eines pneumatischen Förderers, folgt aus Gl. (4.204) unter Beachtung der Gleichungen (4.6) bis (4.9) sowie (4.24) und (4.26)

$$\Psi = \Psi_W + \Psi_R + \Psi_H + \Psi_S. \tag{4.207}$$

Verwendet man die Froude-Zahl

$$Fr_0 = v_R/\sqrt{g\,d_R} \tag{4.208}$$

und das Mischungsverhältnis

$$\mu = \frac{\dot{m}_S}{\dot{m}_F} = \frac{\dot{m}_S}{\varrho_F\,v_R\,A_R} \tag{4.209}$$

gilt für die dimensionslosen Energieanteile

$$\Psi_W = \frac{\lambda}{2}\,Fr_0^2/\mu, \tag{4.210}$$

$$\Psi_R = \varkappa_R, \tag{4.211}$$
$$\Psi_H = \sin\delta, \tag{4.212}$$

$$\Psi_S = \frac{\varkappa_R + \sin\delta}{v_M/v_R}\left(1 - \frac{v_M}{v_R}\right). \tag{4.213}$$

Wird der Beschleunigungsanteil berücksichtigt, erweitert sich Gl. (4.207) zu

$$\Psi = \Psi_W + \Psi_R + \Psi_H + \Psi_S + \Psi_B \tag{4.214}$$

mit dem veränderten Übertragungsverlust

$$\Psi_S = \frac{\varkappa_R + \sin\delta}{v_M/v_R}\left(1 - \frac{v_M}{v_R} + \frac{l_B}{l_R}\right) + \frac{Fr_0^2}{l_R/d_R}\,\frac{v_M}{v_R}\left(1 - \frac{1}{2}\,\frac{v_M}{v_R}\right) \tag{4.215}$$

und dem Beschleunigungsglied

$$\Psi_B = \frac{1}{2}\,\frac{Fr_0^2}{l_R/d_R}\left(\frac{v_M}{v_R}\right)^2. \tag{4.216}$$

Berücksichtigt man schließlich noch die Austauschverluste in Schleusen, die mit

$$\Psi_A = \frac{\varrho_{Fo}\,\mu\,\Psi}{\varrho_S\,\eta_F} \tag{4.217}$$

dargestellt werden können, wenn ϱ_S die Schüttdichte des Förderguts und η_F der Füllungsgrad der Schleuse ist, gilt folgendes:

Der Gesamtenergiebedarf

$$\Psi_{ges} = \Psi + \Psi_A \tag{4.218}$$

ergibt mit dem Wirkungsgrad η_V des Gasstromerzeugers den spezifischen Bedarf an Elektroenergie

$$\Psi_{el} = \Psi_{ges}/\eta_V. \tag{4.219}$$

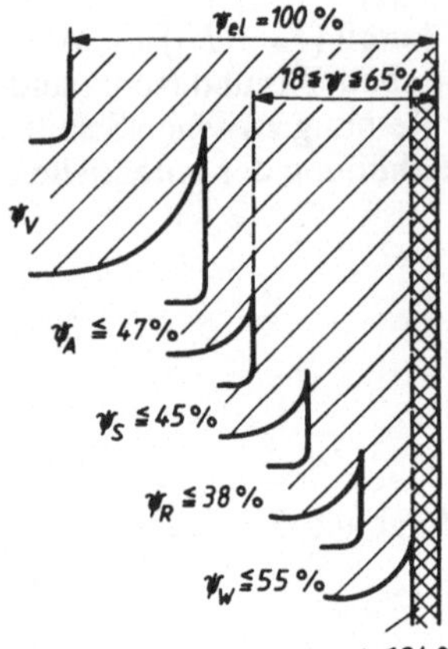

Bild 4.13. Energieverteilung bei der pneumatischen Förderung

Da der Energieanteil zur Deckung der Verluste in der Verdichterstation durch

$$\Psi_V = (1 - \eta_V)\,\Psi_{el} \tag{4.220}$$

dargestellt werden kann, folgt für den Gesamtbedarf an Elektroenergie

$$\Psi_{el} = \Psi_V + \Psi_A + \Psi_W + \Psi_R + \Psi_H + \Psi_S + \Psi_B \tag{4.221}$$

und daraus Bild 4.13. Die im Sankey-Diagramm angegebenen Prozentzahlen ergeben sich bei einem angenommenen Verdichterwirkungsgrad von $\eta_V = 0{,}65$.

Das Gas leistet äußere Arbeit zur Schüttgutbeschleunigung, d. h. zur Erhöhung der kinetischen Energie des Gutes und zum Heben, also zur Erhöhung der potentiellen Energie des Gutes. Der Anteil zur Gutbeschleunigung ist um so größer, je kürzer die Förderentfernung und je größer die Anzahl der Rohrbogen ist. Der Anteil der gesamten äußeren Arbeit an der aufgewendeten Elektroenergie ist gering und beträgt selbst bei senkrechter Förderung höchstens 24 %. Der Hauptteil der Gasenergie wird durch Reibung vorwiegend in Wärme umgewandelt und leistet Zerstörungsarbeit.

Der zur Überwindung der Gasreibung erforderliche Energieanteil kann bis zu 55 % der aufgewendeten Elektroenergie verzehren, wenn – wie bei verschiedenen Anwendungsformen der Dünnstromförderer – das Mischungsverhältnis μ sehr klein und die Froude-Zahl sehr groß ist. Dementsprechend ist dieser Anteil bei Dichtstromförderern vernachlässigbar klein. Der zur Überwindung der Schüttgutreibung nötige Energieanteil ist der modifizierten Reibungszahl proportional und kann bis zu 38 % der Gesamtenergie betragen. Die Größe der Übertragungsverluste wird maßgeblich vom Schlupf zwischen Trägergas und Fördergut beeinflußt und kann besonders bei kurzen Förderwegen bzw. vielen Rohrbogen bis zu 45 % der aufgewendeten Elektroenergie betragen. Zur Abschätzung der Größenordnung des spezifischen Energiebedarfs lassen sich für Dünnstromförderer folgende Überlegungen anstellen:
Stellt man die Verdichterleistung mit

$$P_V = (\Delta p_F + \Delta p_A)\,\dot{V}_V \tag{4.222}$$

dar, folgt entsprechend den Gleichungen (4.205), (4.206) und (4.219)

$$\Psi_{el} = \frac{(\Delta p_F + \Delta p_A)\,\dot{V}_V}{\eta_V g\,\dot{m}_s l_R}\,. \tag{4.223}$$

Aus dem dimensionslosen Wert für den spezifischen Energiebedarf Ψ erhält man mit

$$\Psi^* = g\Psi \tag{4.224}$$

einen dimensionsbehafteten Ausdruck, wobei zu beachten ist, daß

$$\mathrm{m/s}^2 = (\mathrm{W \cdot s})/(\mathrm{kg \cdot m}) \tag{4.225}$$

ist. Wegen $g = 9,81$ m/s^2 und der Umrechnung der Einheiten ist schließlich

$$\Psi^* = 2{,}725\,\Psi \text{ in } (\text{kW}\cdot\text{h})/(\text{t}\cdot\text{km}).\tag{4.226}$$

Unter Verwendung der ersten Näherung für die Koordinaten des Druckabfallminimums gilt

$$\dot{V}_\text{o} = \frac{7\varkappa_\text{w}\dot{m}_\text{S}l_\text{ä}\left(1 + x_\text{V}\dfrac{\Delta p_\text{F}}{200}\right)}{\Delta p_\text{F}\left(1 + x_\text{S}\dfrac{\Delta p_\text{F}}{100}\right)},\tag{4.227}$$

wobei für Druckanlagen $x_\text{S} = 0$ und für Sauganlagen $x_\text{S} = -1$ ist. Mit $\Delta p_\text{A} = 0$ ergeben sich aus Gl. (4.223) mit dieser Näherung für den Gasdurchsatz $\dot{V}_\text{V}$ als Vergleichsgrößen Idealwerte des spezifischen Energiebedarfs pneumatischer Dünnstromförderer zu

$$\Psi^*_{\text{i}\,\text{d}} = \frac{7\left(1 + x_\text{V}\dfrac{\Delta p_\text{F}}{200}\right)}{\eta_\text{V}\left(1 + x_\text{S}\dfrac{\Delta p_\text{F}}{100}\right)} \text{ in } (\text{kW}\cdot\text{h})/(\text{t}\cdot\text{km}) .\tag{4.228}$$

Daraus ergibt sich der tatsächliche Energiebedarf zu

$$\Psi^*_{\text{e}\,\text{l}} = \Psi^*_{\text{i}\,\text{d}}\,\varkappa_\text{w}\left(1 + \frac{\Delta p_\text{A}}{\Delta p_\text{F}}\right)\frac{l_\text{ä}}{l_\text{R}}\frac{\dot{V}_\text{V}}{\dot{V}_\text{O}} .\tag{4.229}$$

Unter Annahme eines Verdichterwirkungsgrads von $\eta_\text{V} = 0{,}6$ und bei Berücksichtigung einer Korrektur für den theoretischen Gasdurchsatz sowie unter Beachtung des Zusammenhangs zwischen Gasdurchsatz und Luftgeschwindigkeit bzw. Rohrquerschnitt folgt schließlich

$$\Psi^*_{\text{e}\,\text{l}} = \Psi^*_{\text{0}}\,\varkappa_\text{w}\left(1 + \frac{\Delta p_\text{A}}{\Delta p_\text{F}}\right)\frac{l_\text{ä}}{l_\text{R}}\frac{v_\text{R}}{v_\text{min}}\left(\frac{d_\text{R}}{d_\text{R\,th}}\right)^2,\tag{4.230}$$

wenn mit

$$\Psi^*_\text{O} = 15{,}3\,\frac{1 + x_\text{V}\dfrac{\Delta p_\text{F}}{200}}{1 + x_\text{S}\dfrac{\Delta p_\text{F}}{100}} \text{ in } (\text{kW}\cdot\text{h})/(\text{t}\cdot\text{km})\tag{4.231}$$

der Grundwert des Energiebedarfs definiert ist.

Im praktisch üblichen Druckbereich bis 80 kPa liegt der Grundwert Ψ^*_0 des spezifischen Energiebedarfs bei Druckanlagen zwischen 15 und 21 bzw. bei Sauganlagen zwischen 15 und 46 kW·h/(t·km). Von diesem Grundwert weicht der tatsächliche Energiebedarf um so mehr ab, je größer die modifizierte Reibungszahl ist und je größer die Unterschiede zwischen theoretisch für das Druckabfallminimum errechneten Werten und praktisch realisierbaren Größen für Gasgeschwindigkeit und Rohrdurchmesser ist. Letztere hängen von den zur Verfügung stehenden Standardgrößen ab; sie können aber auch durch Unsicherheiten in der Dimensionierung zu groß gewählt worden sein. Da der tatsächliche Energiebedarf der äquivalenten Förderentfernung proportional ist, der spezifische Energiebedarf aber auf die tatsächliche Länge bezogen wird, ist auch der Unterschied zwischen $l_\text{ä}$ und l_R maßgebend für den tatsächlichen spezifischen Energiebedarf. Mit Ausnahme des Wertes $1 + (\Delta p_\text{A}/\Delta p_\text{F})$, der aber die Größenordnung von 1,1 kaum überschreitet, können alle Faktoren gleich 1 werden; sie können aber auch erheblich größere Werte annehmen. So kann allein wegen der modifizierten Reibungszahl bei pulverförmigen, schlecht rieselfähigen Gütern der Energiebedarf gemäß Tafel 4.1 den dreifachen Wert von Ψ^*_0 erreichen. Für den Faktor $l_\text{ä}/l_\text{R}$ gilt maximal etwa 1,5 und für $(v_\text{R}/v_\text{min}) = 1\ldots1{,}8$ sowie für $(d_\text{R}/d_\text{R\,th})^2 = 1\ldots1{,}2$, wenn die Stufungen der Standardreihen für Verdichter und Rohrdurchmesser beachtet werden. Bei ungünstiger Kombination der genannten Einflußfaktoren sind damit Werte des spezifischen Energiebedarfs bei Saugbetrieb staubförmiger Produkte bis 400 und bei Druckbetrieb bis etwa 200 $(kW \cdot h)/t \cdot km)$ denkbar. Mit der Umrechnung nach Gl. (4.226) besteht die Möglichkeit, aus den dimensionslosen Anteilen des spezifischen Energiebedarfs die dimensionsbehafteten Werte zu ermitteln. So ergeben sich z. B. für $\lambda = 0,02$, $Fr_0 = 25$, $\mu = 1\ldots10$, $\varkappa_W = 1\ldots3$, $\delta = 0\ldots90°$ und $v_M/v_R = 0,5\ldots0,9$ allein für die vier Anteile nach den Gleichungen (4.210) bis (4.213) folgende Größenbereiche:

$$\Psi_W^* = 1,7\ldots17 \; (kW \cdot h)/(t \cdot km),$$

$$\Psi_R^* = 2,7\ldots8,2 \; (kW \cdot h)/(t \cdot km),$$

$$\Psi_H^* = 0\ldots2,7 \; (kW \cdot h)/(t \cdot km),$$

$$\Psi_S^* = 0,3\ldots11 \; (kW \cdot h)/(t \cdot km).$$

Man erkennt den großen Anteil der Gasreibung und der Übertragungsverluste, aber auch den starken Einfluß der Schüttgutreibung. Auch die Tatsache, daß hier aus der ungünstigen Kombination allein für diese vier Energieanteile fast $40 (kW \cdot h)/(t \cdot km)$ aufzuwenden sind, deutet auf den hohen Energiebedarf pneumatischer Dünnstromförderer hin. Bei Einsatz pneumatischer Dichtstrom- bzw. Mischstromförderer kann durch Senkung des Gasdurchsatzes und damit Erhöhung des Mischungsverhältnisses zwar der Reingasanteil verringert werden, eine merkliche Senkung des spezifischen Energiebedarfs gelingt aber nur, wenn auch die Übertragungsverluste klein gehalten werden können. Aber gerade hier treten bei für die Pfropfenförderung schlecht geeigneten Gütern, durch einen hohen Schlupf bedingt, Größenordnungen auf, die den Gesamtenergiebedarf signifikant vergrößern können. In pneumatischen Langsamförderern kann der spezifische Energiebedarf ohne Austauschverluste in den Aufgabeschleusen im Idealfall Werte um $5 (kW \cdot h)/(t \cdot km)$ erreichen. Unter Beachtung der Austauschverluste sowie bei kurzen Förderentfernungen ($l_R \leqq 30$ m) und ungünstigen Schlupfverhältnissen steigen dagegen die Werte in den Bereich $10\ldots15 \; (kW \cdot h)/(t \cdot km)$ an und können auch darüber liegen. Der oft als Vorteil der Langsamförderer gegenüber den Dünnstromförderern genannte niedrigere spezifische Energiebedarf gilt also nur bedingt.
Insgesamt muß festgestellt werden, daß die Energieumwandlung infolge Reibung zwischen Trägergas und Rohr sowie Verluste bei der Energieübertragung vom Gas auf das Fördergut und die gegenüber der normalen vergrößerte modifizierte Reibungszahl einen gegenüber anderen Stetigförderern erhöhten spezifischen Energiebedarf zur Folge haben. Bei der Dünnstromförderung von Getreide und ähnlichen idealen Schüttgütern schwankt der spezifische Energiebedarf um Werte von $20 (kW \cdot h)/(t \cdot km)$. Nicht selten sind aber auch, besonders bei staubförmigen Produkten, Werte bis $200 (kW \cdot h)/(t \cdot km)$ anzutreffen. Idealwerte um $5 (kW \cdot h)/(t \cdot km)$ werden bei der Langsamförderung zwar erreicht, oft treten aber wegen der genannten Einflüsse Größen auf, die zu Überschneidungen mit dem unteren Bereich der Dünnstromförderung führen.

4.1.8. Volkswirtschaftliche Gesamtkosten

Die im Vergleich zu anderen Stetigförderern bedeutend größeren Werte des spezifischen Energiebedarfs lassen angesichts des relativ einfachen Aufbaus pneumatischer Förderer erwarten, daß die ökonomische Bewertung dieser Anlagen maßgeblich durch die Energiekosten beeinflußt wird. In der Tat zeigt eine Betrachtung der volkswirtschaftlichen Gesamtkosten, daß sich Anwender – zu Herstelleraufwand im Mittel wie $4:1$ verhält. Dabei bilden beim Anwender der Energie- und beim Hersteller der Materialaufwand die Kostenschwerpunkte. Die folgenden Betrachtungen beschränken sich deshalb auf diese Kostenanteile. Für ihre Summe gilt

$$K_V = K_E \Psi + \frac{K_M m_M}{\dot{m}_S l_R t_B t_N \eta_A} . \tag{4.232}$$

Mit der praktischen Erfahrungen entsprechenden Annahme für den Materialeinsatz

$$m_{\mathrm{M}} = 7\left(1 + x_{\mathrm{V}}\frac{\Delta p_{\mathrm{F}}}{200}\right)\varphi_{\mathrm{M}}\frac{\dot{V}_{\mathrm{V}}}{\dot{V}_0}\frac{\varkappa_{\mathrm{w}}\dot{m}_{\mathrm{s}}l_{\mathrm{\ddot{a}}}}{\Delta p_{\mathrm{F}}} \tag{4.233}$$

sowie den Gleichungen (4.229) und (4.231) folgt für Dünnstromförderer

$$K_{\mathrm{V}} = \frac{1 + x_{\mathrm{V}}\dfrac{\Delta p_{\mathrm{F}}}{200}}{1 + x_{\mathrm{S}}\dfrac{\Delta p_{\mathrm{F}}}{100}}\,K_{\mathrm{V0}}\,. \tag{4.234}$$

Darin bedeutet

$$K_{\mathrm{V0}} = c_{\mathrm{E}}\left(1 + \frac{c_{\mathrm{M}}}{\Delta p_{\mathrm{F}}}\right) \tag{4.235}$$

mit

$$c_{\mathrm{E}} = 15{,}3\,K_{\mathrm{E}}\varkappa_{\mathrm{w}}\left(1 + \frac{\Delta p_{\mathrm{A}}}{\Delta p_{\mathrm{F}}}\right)\frac{l_{\mathrm{\ddot{a}}}}{l_{\mathrm{R}}}\frac{\dot{V}_{\mathrm{V}}}{\dot{V}_0} \tag{4.236}$$

und

$$c_{\mathrm{M}} = \frac{7K_{\mathrm{M}}\varphi_{\mathrm{M}}}{15{,}3\,K_{\mathrm{E}}\left(1 + \dfrac{\Delta p_{\mathrm{A}}}{\Delta p_{\mathrm{F}}}\right)t_{\mathrm{B}}t_{\mathrm{N}}\eta_{\mathrm{A}}}\,. \tag{4.237}$$

Da mit größer werdendem Druckabfall einerseits die Energiekosten zunehmen, andrerseits die Materialkosten geringer werden, ergibt sich für Druckanlagen bei

$$\Delta p_{\mathrm{FD}} = \sqrt{200\,c_{\mathrm{M}}} \tag{4.238}$$

und für Sauganlagen bei

$$\Delta p_{\mathrm{FS}} = \frac{100}{c_{\mathrm{S}}}\left(\sqrt{c_{\mathrm{S}} + 1} - 1\right) \tag{4.239}$$

mit

$$c_{\mathrm{S}} = \frac{1}{2}\left(\frac{100}{c_{\mathrm{M}}} - 1\right) \tag{4.240}$$

ein Kostenminimum.

Der Kostenbeiwert c_{M}, der dem Verhältnis Material – zu Energiekosten proportional ist, kann nach praktischen Erfahrungen Werte zwischen 10 und 20 kPa annehmen. Die spezifischen Gesamtkosten k_{V} für Druckanlagen ergeben, über dem Druckabfall Δp_{F} aufgetragen, flach verlaufende Parabeln. Die Kostenminima liegen im Bereich 45...63 kPa, wobei im Intervall 30...80 kPa die Kosten höchstens um 5 % größer sind als der Minimalwert. Bei Sauganlagen steigt wegen des sich mit dem Druckabfall ändernden Ansaugvolumens der spezifische Energiebedarf mit wachsender Druckdifferenz Δp_{F} stärker an als bei Druckanlagen. Bei Einhaltung gleicher Abweichungen bis 5 % verringert sich der zulässige Druckbereich auf 20...50 kPa, wobei die Kostenminima im Gebiet 30...40 kPa ebenfalls sehr eng beieinander liegen. Aus der Sicht des Kostenminimums kann also in den genannten Bereichen ein beliebiger Betriebsdruck gewählt werden. Entscheidender als der Druck ist der Kostenbeiwert c_{E}, der dem spezifischen Energiebedarf proportional ist, wodurch die Kostenhöhe in gleichem Maße wie bei den Werten für Ψ^* beschrieben durch die Anlagenparameter beeinflußt wird. Bei Einhaltung der genannten Druckbereiche kommt es also vor allem darauf an, die Anlagenparameter so zu wählen, daß die geringste Differenz zwischen Werten des Druckabfallminimums und den praktisch einzusetzenden Standardwerten auftritt, sowie möglichst wenig Krümmer vorzusehen, damit $l_\ddot{a}/l_R$ einen Minimalwert annimmt.

Praktisch ausgeführte pneumatische Dünnstromförderer liegen tatsächlich hinsichtlich ihres Betriebsdrucks in den angegebenen Bereichen. So hat der Praktiker erfahrungsgemäß oder auch mehr intuitiv das Kostenminimum eingehalten.

Das Betreiben von Dünnstromförderern im Hochdruckbereich ist jedenfalls aus ökonomischer Sicht abzulehnen. Aber auch die mit der Expansion des Gases wachsende Endgeschwindigkeit und der damit stark ansteigende Verschleiß verbieten dieses Einsatzgebiet.

Eine allgemeine Bewertung pneumatischer Langsamförderer gelingt im Gegensatz zur eben praktizierten Beurteilung der Dünnstromförderer nicht. Der Steuerungsaufwand für Schleusen und Zusatzeinrichtungen erschwert das Aufstellen allgemeingültiger Gleichungen. Außerdem ist die für eine störungsfreie Förderung erforderliche Gasmenge nicht so allgemeingültig darstellbar wie die Koordinaten des Druckabfallminimums. Andrerseits zielen aber schon die Forderung nach kleinstzulässigem Gasdurchsatz und größtmöglicher Gutkonzentration nach einem geringen Energieaufwand für die Gutbewegung und auch nach geringen Abmessungen für Rohrdurchmesser und Abscheider, so daß der Praktiker auch hier die Kosten der Anlage gefühlsmäßig minimiert.

4.1.9. Geschichtliches

Betrachtet man den heutigen Entwicklungsstand der einzelnen Verfahren des pneumatischen Transports, rechnet man spontan die pneumatischen Förderer für loses Schüttgut zu den ältesten derartigen Anlagen. Das stimmt auch, wenn man von der praktischen Realisierung spricht. Die älteste Idee jedoch geht in Richtung des pneumatischen Kapseltransports, der Großrohrpost. Bereits 1667 äußerte ein englischer Forscher die Vorstellung, Feldbahnwagen mittels Druckluft durch einen Tunnel zu bewegen. Wegen der fehlenden technischen Voraussetzungen konnte die Idee nicht verwirklicht werden und geriet in Vergessenheit. Erst als Mitte des 19. Jahrhunderts die inzwischen geschaffenen technischen Möglichkeiten das Betreiben von Rohrpostanlagen mit Fahrrohrweiten von 50 bis 100 mm erlaubten, fand die Idee in kleinerem Maßstab ihre Verwirklichung. Der damals begonnene Transport von Schriftstücken in speziellen Büchsen hat noch heute seine praktische Bedeutung. Parallel zur Rohrpost begannen auch erste Versuche zum Transport losen Schüttguts, die durch den erfolgreichen Einsatz pneumatischer Schiffsentlader für Getreide ihre Bestätigung fanden. In den Häfen von London, Rotterdam, Hamburg und Leningrad tauchen in den Jahren 1856 bis 1876 diese auch als Saugheber oder Saugturm bezeichneten Umschlageinrichtungen auf. Sie blieben über viele Jahre nahezu die einzige Anwendung des pneumatischen Transports losen Schüttguts. Anstöße zur Erschließung weiterer Einsatzmöglichkeiten gaben in den 20er Jahren unseres Jahrhunderts die Entwicklung der Landtechnik und in den 50er Jahren die der chemischen Industrie. Mit dem Einsatz für immer neue Produkte wuchsen die Sicherheit in der Beherrschung und der Mut zu weiterem Einsatz. Neben Getreide wurden nun auch Mühlenprodukte in der Land- und Nahrungsgüterwirtschaft sowie die verschiedensten Granulate und Pulver der chemischen Produktion gefördert. Mit den durch die Erweiterung der Einsatzfälle natürlich auch auftretenden Problemen, wie Leistungsminderungen oder gar Verstopfungen, werden nun auch – etwa 50 Jahre nach dem ersten praktischen Einsatz – die Forscher zu theoretischen Untersuchungen herausgefordert. Immer wieder in späteren Arbeiten zitiert und auch heute noch in den prinzipiellen Aussagen anerkannt ist die 1922 an der Technischen Hochschule Dresden verteidigte und 1924 als VDI-Forschungsheft erschienene Dissertationsschrift von *Gasterstädt* [4.8]. Sein durch Messungen gefundenes Diagramm (Bild 4.14) läßt sich durch die Geradengleichung

$$\frac{\Delta p_F}{\Delta p_T} = 1 + \mu \tan\gamma \qquad (4.241)$$

ausdrücken. Der Anstieg der Geraden ist als Gasterstädtsche Konstante

$$K_G = \tan\gamma \qquad (4.242)$$

in die Geschichte der pneumatischen Förderung eingegangen. Sie wird für Getreide in der Regel mit $K_G = 0{,}3$ und für pulverförmige Produkte, z. B. Weizenmehl, mit $K_G = 0{,}6 \ldots 1{,}0$ angegeben. Gl. (4.241) ist zur Bestimmung des Druckabfalls eine durchaus brauchbare Beziehung. Für eine Anlagendimensionierung fehlen allerdings Hinweise zu erlaubten Mischungsverhältnissen μ und zur erforderlichen Gasgeschwindigkeit v_R.

Der Anstieg der Geraden im Bild 4.14 ist um so steiler, je geringer die Gasgeschwindigkeit ist. Wird die Gasgeschwindigkeit v_R vergrößert, nimmt K_G zunächst sehr rasch und bei größeren Gasgeschwindigkeiten nur noch sehr wenig ab. Für genügend große v_R ist der Anstieg von der Gasgeschwindigkeit nahezu unabhängig. *Gasterstädt* stützt sich auf die empirische Gl. (4.241) und faßt zusammen: „Es wird der experimentelle Nachweis für den gesetzmäßigen Zusammenhang zwischen dem Druckabfall eines materialführenden Luftstromes und dem Druckabfall reiner Luft in einer Rohrleitung erbracht. Die bekannte Gleichung für strömende Gase läßt sich daher in erweiterter Form auf die pneumatische Förderung anwenden."

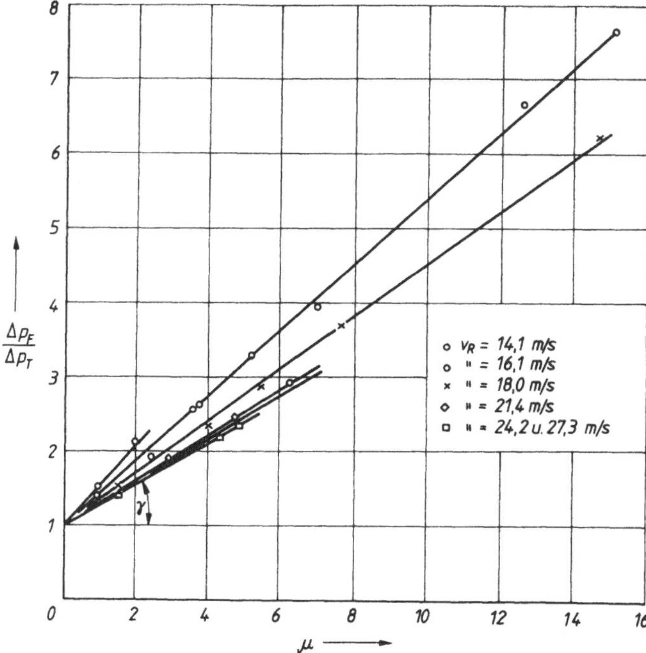

Bild 4.14. Gasterstädtsches Diagramm

Abhängigkeit des bezogenen Druckabfalls $\Delta p_F/\Delta p_T$ vom Mischungsverhältnis μ und von der Gasgeschwindigkeit V_R

Von diesem Grundsatz haben sich die meisten Wissenschaftler nach *Gasterstädt* leiten lassen. So verwenden auch *Barth* [4.4] und *Muschelknautz* [4.12] für den Druckabfall bei der pneumatischen Förderung zwar prinzipiell die Betrachtungsweise nach Gl. (4.12) bzw. Gl. (4.148), der zusätzliche Druckabfall Δp_Z infolge Schüttgut (zweiter Summand auf der rechten Seite) wird jedoch in Analogie zum Reingasdruckabfall mit

$$\Delta p_Z = \mu \lambda_Z \frac{\varrho_F}{2} v_R^2 \frac{l_R}{d_R} \tag{4.243}$$

angegeben. Aus den Gleichungen (4.148) und (4.241) bis (4.243) folgt

$$K_G = \lambda_Z / \lambda. \tag{4.244}$$

Die Gasterstädtsche Konstante entspricht qualitativ dem von *Barth* definierten Reibungsbeiwert λ_Z. Entsprechend der bereits beschriebenen Abhängigkeit des Anstiegs K_G von der Gasgeschwindigkeit v_R ergibt sich der im Bild 4.15 gezeigte Zusammenhang zwischen dem Beiwert λ_Z und der Froude-Zahl Fr_0 [vgl. Gl. (4.208)]. Die Froude-Zahl ist die Ähnlichkeitskennzahl, die das Verhältnis der Beschleunigungskraft zur Schwerkraft kennzeichnet. Ein in Analogie zur Reingasströmung angesetzter zusätzlicher Druckabfall setzt voraus, daß der auf das Schüttgut wirkende Reibungswiderstand der Beschleunigungskraft proportional ist.

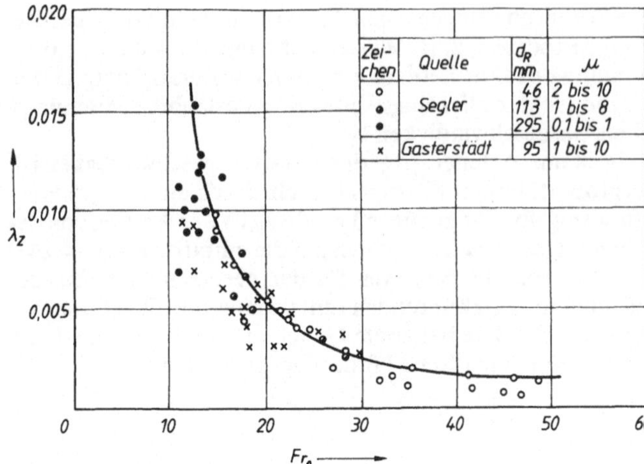

Bild 4.15. Abhängigkeit der Reibungszahl λ_Z von der Froude-Zahl Fr_o

Muschelknautz [4.12] zerlegt diese Widerstandskraft und damit auch den Beiwert λ_Z in einen Anteil infolge einer der Beschleunigungskraft proportionalen Reibungskraft und in einen Anteil eines durch die Schwerkraft des Schüttguts hervorgerufenen Widerstands und erhält

$$\lambda_Z = \frac{v_M}{v_R}\lambda_Z^* + \frac{2\varkappa_M}{\dfrac{v_M}{v_R}Fr_0^2}.$$

(4.245)

Darin ist λ_Z^* Proportionalitätsfaktor der dem dynamischen Druck proportional gesetzten Wandschubspannung und entspricht dem Beiwert λ der Reingasströmung. Für den Faktor $\varkappa_M$ gilt allgemein entsprechend den Gleichungen (4.11) und (4.12)

$$\varkappa_M = \mu\cos\delta + \sin\delta.$$

(4.246)

Der in Analogie zur Reingasströmung definierte Reibungswert λ_Z enthält nach den Gleichungen (4.343) und (4.344) einen direkten Schwerkrafteinfluß (Hangabtriebskraft) und zwei unterschiedliche Wandreibungskräfte: eine erste Kraft, die der Beschleunigungskraft proportional ist, und eine zweite, die aus der Festkörperreibung folgt und somit der Schwerkraft proportional ist. Zu dieser Betrachtungsweise schrieb *Muschelknautz* [4.12] zunächst noch: „Ähnlich wie bei der reinen Gasströmung setzt man Δp_Z proportional den Massenträgheitskräften der Festteilchen. Da Δp_Z aber auch durch die auf die Teilchen wirkende Schwerkraft mitbestimmt wird, ist der Widerstandsbeiwert λ_Z keine reine Proportionalitätskonstante, sondern hängt vom Verhältnis der beiden Kräfte, der Froudezahl ab." Später wiesen *Muschelknautz und Krambrock* [4.13] darauf hin, daß bei der Förderung feinkörniger Stoffe die auf die Wirkung von Massenträgheitskräften gestützten Ansätze für Δp_Z im Prinzip sinnwidrig sind. Das sind sie in der Tat. Und mehr noch: Der Beiwert λ_Z ist für eine anschauliche Beschreibung des pneumatischen Fördervorgangs i. allg. ungeeignet. Bemühungen zur Deutung von λ_Z haben zu immer komplizierteren Gleichungen für die Druckabfallberechnung geführt. Wenn *Brauer* [4.5] in einer Rezension über die Arbeit von *Siegel* [4.15] schreibt: „Es besteht kein Zweifel, daß nach den Arbeiten von *Walter Barth* und seinen Schülern keine bemerkenswerten Fortschritte mehr erzielt worden sind . . .", dann hat er zwar recht, charkterisiert aber die Situation nicht umfassend genug. Fortschritte wurden nahezu mit jeder wissenschaftlichen Arbeit auf dem Gebiet der pneumatischen Förderung erzielt. Jeder Forscher leistete mindestens auf einem Teilgebiet einen Beitrag zur Klärung des Bewegungsmechanismus und seines Einflusses auf den Druckabfall. Solange aber diese Ergebnisse der Bestimmung des Beiwerts λ_Z dienen, kehrt man nicht nur auf das Niveau von *Barth*, sondern wegen Gl. (4.244) auf das von *Gasterstädt* zurück. Das gilt gleichermaßen für die aus der sowjetischen Literatur bekannt gewordene Ansätze. *Uspenski* [4.17] verwendet für die Berechnung des Druckabfalls einen der Gasterstädtschen Konstanten entsprechenden Beiwert K, und *Malis* [4.11] arbeitet mit einer dem zusätzlichen Reibungsbeiwert entsprechenden Größe λ_M. Auch in dem Buch von *Smoldirev* [4.16] findet man für die Ermittlung des Druckabfalls noch immer eine der Gl. (4.241) entsprechende Beziehung.

Im ersten deutschsprachigen Buch über den pneumatischen Transport stellt *Vollheim* [4.18] zwar die theoretischen Grundlagen ausführlich und physikalisch exakt zusammen, kehrt aber bei der Berechnung des Druckabfalls auf die Analogie zur Reingasströmung zurück. Auch bei *Weber* [4.19] basieren die angegebenen Berechnungsmethoden auf dieser Analogie. Die dabei für die Dimensionierung notwendige Wahl eines Mischungsverhältnisses und die anschließende Variation des Rohrdurchmessers bedeuten einen hohen Rechenaufwand, der zwar mit den heutigen Computern keine Schwierigkeiten mehr bereitet, aber sie machen vor allem den Lösungsweg stark von Erfahrungswerten abhängig. Angaben über mögliche Mischungsverhältnisse und Einsatzbereiche sowie für Zustandsänderungen läßt die verwendete Betrachtungsweise nicht zu.

Nicht die Analogie zur Reingasströmung, sondern die tatsächlich wirkenden Kräfte und damit Beziehungen der Festkörperreibung sind Grundlage für eine physikalisch richtige Darstellung.

Die Sinnwidrigkeit des Beiwerts λ_Z steht außer Zweifel: λ_Z ist kein Widerstandsbeiwert. sondern ein Korrekturfaktor, mit dem ein der Beschleunigungskraft proportionaler Ansatz in eine der Schwerkraft proportionale Beziehung umgerechnet wird. Setzt man den rechten Ausdruck von Gl. (4.243) dem zusätzlichen Druckabfall nach Gl. (4.148) (zweiter Summand der rechten Seite) gleich, folgt unter Verwendung der Gleichungen (4.30) und (4.147) sowie (4.208) und (4.209)

$$\lambda_Z = \frac{2\,\varkappa_{\text{ges}}}{\dfrac{v_M}{v_R}\,Fr_0^2}\,. \tag{4.247}$$

Eine Gegenüberstellung der Gl. (4.245) mit der Gl. (4.247) liefert

$$\varkappa_{\text{ges}} = \frac{1}{2}\,Fr_0^2 \cdot \left(\frac{v_M}{v_R}\right)^2 \lambda_Z^* + \varkappa_M. \tag{4.248}$$

Sinnwidrig, um an die Bemerkung von *Muschelknautz* und *Krambrock* anzuknüpfen, ist in erster Linie der Beiwert λ_Z^*. Falsch wäre aber auch ein Ansatz entsprechend der rechten Seite von Gl. (4.248) ohne λ_Z^*, weil die Reibungskraft zwischen Schüttgut und Rohr in der Tat größer ist als die normale Gleitreibungskraft.

Der durch das Schüttgut hervorgerufene zusätzliche Druckabfall ist entsprechend der Definition der modifizierten Reibungszahl $\varkappa_R$ der Schwerkraft proportional, d. h. $\Delta p_Z \sim \varrho_S^* g d_R$. Die in Analogie zur Reingasströmung gewählte Beziehung $\Delta p_Z \sim \lambda_t \varrho_S^* v_M^2$, die Proportionalität zur Beschleunigungskraft voraussetzt, führt nur dann zu gleichen Ergebnissen wie der erstgenannte Ansatz, wenn $\lambda_Z \sim g d_R / v_M^2$ bzw., wegen $v_M \sim v_R$, $\lambda_Z \sim 1/Fr_0^2$ ist. Dieser Zusammenhang wurde, wie Bild 4.47 zeigt, durch die Praxis bestätigt. Wenn aber die Abhängigkeit $\lambda_Z \sim 1/Fr_0^2$ experimentell erwiesen ist, ist auch der Beweis erbracht, daß der zusätzliche Druckabfall und die Reibungskraft zwischen Schüttgut und Rohr der Schwerkraft proportional sind. Der Beiwert λ_Z ist nicht nur physikalisch falsch, er führt auch wegen seiner Abhängigkeit von der Froude-Zahl zu unübersichtlichen Gleichungen. Während das Hauptanliegen theoretischer Untersuchungen zur pneumatischen Förderung das Aufstellen von Gleichungen für den Zusammenhang zwischen Anlagenparametern und Schüttguteigenschaften ist, zwang die Abhängigkeit des λ_Z-Wertes von der Froude-Zahl zunächst zur Suche nach geeigneten Beziehungen für diesen Beiwert. Wird dagegen von der modifizierten Reibungszahl ausgegangen, sind diese Überlegungen überflüssig. Bei Reingasströmungen ist λ als echter Rohrreibungsbeiwert das Verhältnis von Druckkraft zu Beschleunigungskraft. λ_Z ist dagegen der Froude-Zahl umgekehrt proportional und gibt damit das Verhältnis von Schwerkraft zu Beschleunigungskraft an. Diese Tatsache und Gl. (4.345) zeigen deutlich die schon erwähnte Eigenschaft von λ_Z als Umrechnungsfaktor. Die durch die Definition von λ_Z gemäß Gl. (4.243) hineingetragene Abhängigkeit des zusätzlichen Druckabfalls von der Froude-Zahl wird mit Gl. (4.345) wieder beseitigt.

Das *Gasterstädt* aus seinen Meßergebnissen für $\Delta p_F/\Delta p_T = f(\mu)$ bei $Fr_0 = $ konst. Geraden erhielt, beweist nur, daß im untersuchten Bereich $\varkappa_R$ und v_M/v_R nicht vom Mischungsverhältnis abhängen. Ein Beweis für die Analogie zur Gasströmung ist damit nicht erbracht.

Unabhängig von den Problemen bei der theoretischen Erfassung und Darstellung der Vorgänge in pneumatischen Förderern trat mit dem praktischen Beweis seiner Einsatzmöglichkeiten der pneumatische Transport seinen Siegeszug in allen Zweigen der Volkswirtschaft an. Pneumatische Förderer sind heute ein bewährtes Rationalisierungsmittel im innerbetrieblichen Transport und verführen wegen ihres einfachen Aufbaus auch den unerfahrenen Anwender immer wieder zum Eigenbau. Die Theorie ist nach wie vor hinter der praktischen Anwendung zurückgeblieben. Wenn auch Anlagen der pneumatischen Dünnstromförderung heute sicher dimensioniert werden können, so bereiten nun die Dichtstrom- und Mischstromförderer, deren praktische Entwicklung automatisch mit der ständigen Erweiterung der Fördergutpalette und der Förderentfernungen begann, mehr oder weniger große Probleme in der richtigen Wahl der Anlagenparameter.

Ende der 50er Jahre unseres Jahrhunderts rückte auch die Großrohrpost wieder in den Mittelpunkt des Interesses. Wurden zunächst nur Anlagen geringer Nutzmasse und für Versuchszwecke geplant, so werden heute – vor allem in der Sowjetunion – Großanlagen mit hohen Durchsätzen und Entfernungen von mehreren Kilometern für den Transport vorwiegend von Baustoffen und Müll betrieben.

300 Jahre mußten vergehen, bevor die Idee einer Großrohrpost praktische Wirklichkeit werden konnte, aber pneumatische Förderer für loses Schüttgut wurden bereits etwa 50 Jahre erfolgreich praktisch angewendet, ehe mit der theoretischen Durchdringung dieses technischen Problems begonnen wurde. Während die Großrohrpost wie die Rohrpost und der pneumatische Stückguttransport überhaupt in der Dimensionierung kaum Schwierigkeiten bereiten, ist die theoretische Durchdringung des pneumatischen Schüttguttransports auch heute noch nicht abgeschlossen. Und so muß auch dieses Buch, besonders im Abschnitt 4.3.4., seine ständige Vervollkommnung erfahren.

Die meisten Veröffentlichungen zu Beginn der 80er Jahre zeigen sehr deutlich die Verlagerung der Problembearbeitung in den Bereich der Dichtstrom- und Mischstromförderung (vgl. auch [4.20] und [4.21]!). Eine anschauliche Übersicht über den Erkenntnisstand in diesem Zeitraum geben mit der gleichen Tendenz die Materialien der dritten internationalen Konferenz zum pneumatischen Transport, die im März 1985 in Pésc (VR Ungarn) stattfand. ([4.22]). Bei allen dort dargelegten Fortschritten sind die Formulierung eines universellen Pfropfen- und Strähnenmodells sowie der Durchbruch zu einem einheitlichen Berechnungsverfahren noch immer nicht gelungen.

Es ist nicht Anliegen dieses Buches, die durch eine Vielzahl unterschiedlichster Betrachtungsweisen entstandene Verwirrung mit Hilfe einer Darstellung und Systematisierung dieser Methoden zu beseitigen, sondern vielmehr die Anwendung einer einfachen, anschaulichen und allgemeingültigen Betrachtungsweise durchzusetzen.

4.2. Ausrüstungen

4.2.1. Prinzipieller Aufbau

Neben der als Tragorgan eingesetzten Rohrleitung und dem zur Erzeugung des Gasstroms erforderlichen Verdichter sind hauptsächlich zwei weitere Baugruppen notwendig: die Gutaufgabevorrichtung zur Herstellung des Gas-Feststoff-Gemischs und der Gutabscheider zur Trennung des Feststoffs vom Gas. Je nach Anordnung des Verdichters und der Rohrleitungsführung werden folgende Anlagentypen unterschieden:

– Sauganlagen: Verdichter nach dem Abscheider (Bild 4.16),
– Druckanlagen: Verdichter vor der Gutaufgabe (Bild 4.17),

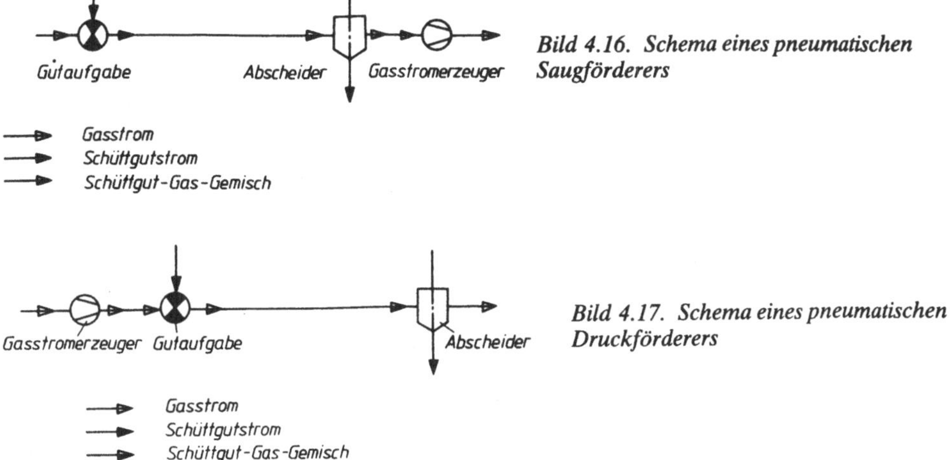

Bild 4.16. Schema eines pneumatischen Saugförderers

Bild 4.17. Schema eines pneumatischen Druckförderers

– Kreislaufanlagen: Verdichter in einem geschlossenen Gaskreislauf zwischen Abscheider und Gutaufgabe (Bild 4.18); um ein Aufheizen des Systems durch die Verdichtungswärme zu vermeiden, sind in der Reingasleitung Kühler vorzusehen,
– kombinierte Saug-Druck-Anlagen: Aufnahme des Gutes im Saugbetrieb, Abgabe im Druckbetrieb (Bilder 4.19 und 4.20). Es wird der Vorzug der Sauganlagen hinsichtlich einfacher Schüttgutaufnahme mit dem der Druckanlagen – größere Förderleistung – verbunden. Eine Förderung ohne Zwischenabscheider (Bild 4.19) ist nur möglich, wenn bei sehr wenig schleißenden Gütern geeignete Verdichter eingesetzt werden. Typischer Anwendungsfall ist die Späneabsaugung mit Radiallüftern in der holzverarbeitenden Industrie.

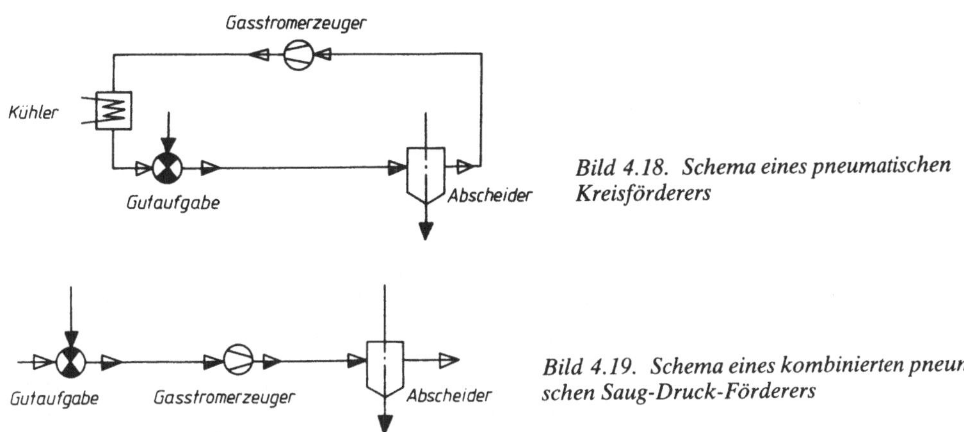

Bild 4.18. Schema eines pneumatischen Kreisförderers

Bild 4.19. Schema eines kombinierten pneumatischen Saug-Druck-Förderers

Bei Verwendung spezieller Rohrweichen (vgl. Abschnitt 4.2.4.) ist das Betreiben verzweigter Saug- und Druckanlagen möglich, wobei sich naturgemäß Sauganlagen zum Sammeln (Bild 4.21) und Druckanlagen zum Verteilen (Bild 4.22) von Schüttgütern anbieten.
Rohrpostanlagen mit Rohrleitungsdurchmessern zwischen 50 und 250 mm arbeiten vorwiegend als Saug-, seltener als Druckförderer. Außerdem werden Einrohr-Wendebetrieb, Einrohr-Kreislaufbetrieb und Doppelrohr-Richtungsbetrieb unterschieden. Im ersten Fall wird eine Rohrleitung (auch Fahrrohr genannt) für den Transport in beiden Richtungen genutzt (Bild 4.23), die erreichbaren Gutdurchsätze sind entsprechend gering. Beim Einrohr-Kreislaufbetrieb fahren die Kapseln nur in einer Richtung (Bild 4.24). Damit wird die Wartezeit

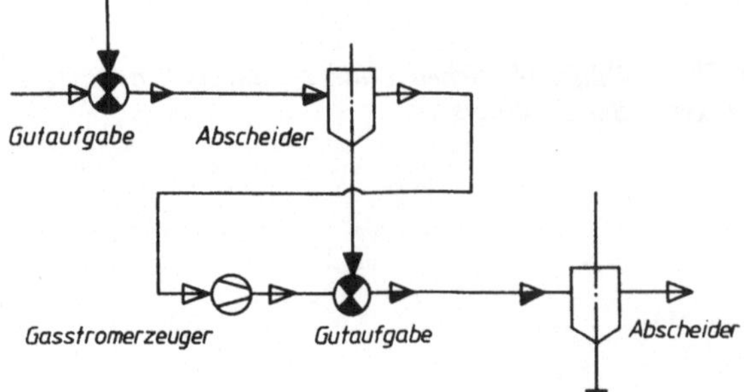

Bild 4.20. Schema eines kombinierten pneumatischen Saug-Druck-Förderers mit Zwischenabscheider

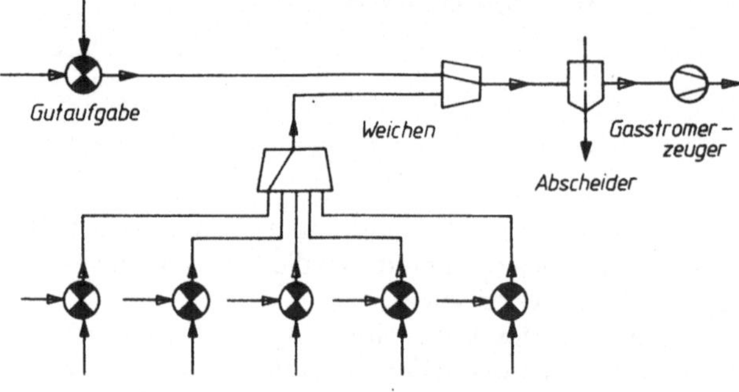

Bild 4.21. Schema eines verzweigten pneumatischen Saugförderers zum Sammeln

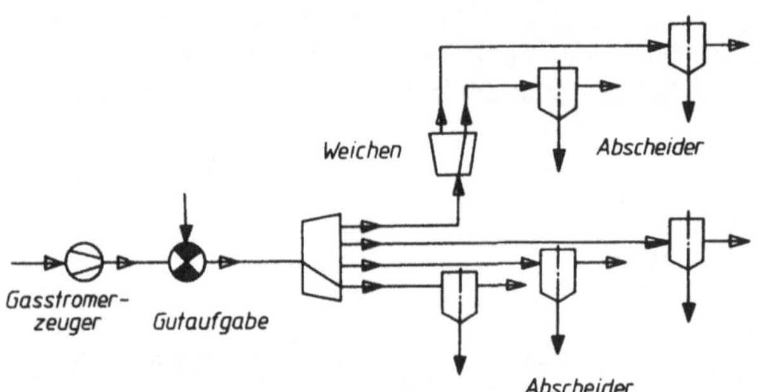

Bild 4.22. Schema eines verzweigten pneumatischen Druckförderers zum Verteilen

gegenüber dem erstgenannten Einsatzfall zwar verkürzt, die Fahrzeiten sind jedoch im Durchschnitt länger. Die schnellste Rohrpostförderung wird im Doppelrohr-Richtungsbetrieb gewährleistet, weil jede Rohrpoststelle unabhängig von einer anderen senden oder empfangen kann (Bild 4.25).

Sende- und Empfangstationen sind je nach Betriebsart und Fahrrohrverlauf gestaltet; dabei ist Empfang von oben oder unten und Senden nach oben oder unten möglich. Durchmesser und Länge der Rohrpostbüchsen werden durch Abmessungen und Art des Förderguts sowie durch die Krümmungsradien der eingesetzten Rohrbogen bestimmt. Hausrohrpostbüchsen können offen und mit Klemmfedern zum Halten des Förderguts versehen (Bild 4.26) oder mit einem Deckel verschlossen sein. Die Rohrpostbüchsen bestehen aus Stahl, Leitmetall oder Plast.

Anlagen der Großrohrpost mit Durchmessern zwischen 400 und 2 000 mm unterscheiden sich von der traditionellen Rohrpost außerdem dadurch, daß die Transportkapseln mit Fahrwerken versehen sind (Bild 4.27). Man unterscheidet analog zur traditionellen Rohrpost Einrohr- und Zweirohranlagen, wobei im ersten Fall in einer Rohrleitung zuerst die beladenen Kapseln in die eine und danach die leeren in die andere Richtung bewegt werden. Im Gegensatz zu dieser unstetigen Arbeitsweise erreichen die Zweirohranlagen größere Durchsätze, weil gleich-

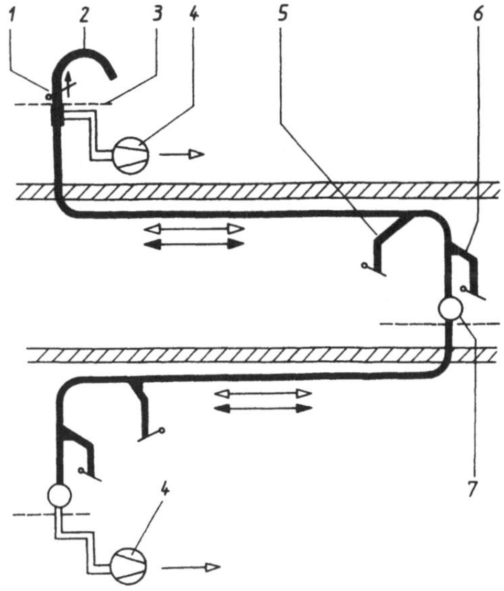

Bild 4.23. Rohrpostanlage im Einrohr-Wendebetrieb mit Weichensteuerung
1 Rückschlagklappe (in Pfeilrichtung durchfahrbar);
2 Sende- und Empfangsstation; *3* Tischebene;
4 Gebläse; *5* Empfang von unten; *6* Empfang von oben;
7 Zwischensender

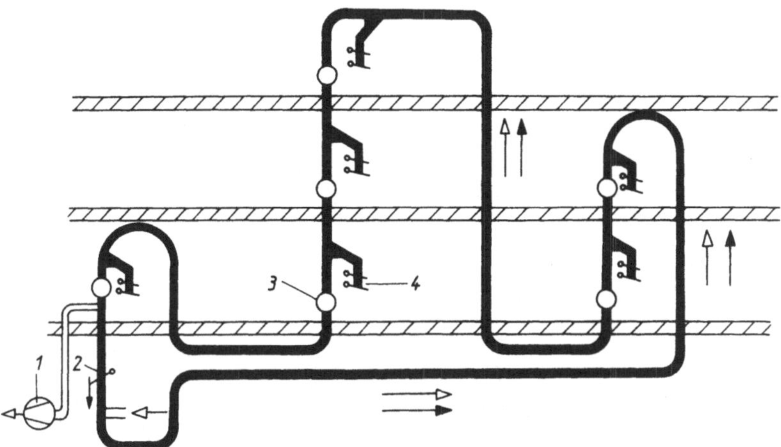

Bild 4.24. Rohrpostanlage im Einrohr-Kreislaufbetrieb
1 Gebläse; *2* Rückschlagklappe (in Pfeilrichtung durchfahrbar); *3* Zwischensender; *4* Saugluftempfänger mit Schleuse

zeitig in der einen Rohrleitung die beladenen Kapseln zum Empfänger und in der anderen die leeren zurück zur Beladestation transportiert werden. Die Be- und Entladestation einer Zweirohranlage wird im Bild 4.28. gezeigt.

Unabhängig von der Anordnung der Gasstromerzeuger ist erstens die Größe der Gasgeschwindigkeit entscheidend für eine stabile Förderung und tritt zweitens ein Druckabfall in Förderrichtung auf. Da aber bei Sauganlagen an der Gutaufgabestelle und bei Druckanlagen an der Gutabgabestelle Umgebungsdruck herrscht, ergeben sich innerhalb der Anlage unterschiedliche Druckverhältnisse. Während der Druckabfall bei Sauganlagen zu einem Unterdruck im System führt, der unmittelbar vor dem Verdichter – das ist in der Regel im Abscheidebehälter – am größten ist, steht die gesamte Druckanlage unter Überdruck, wobei gerade an der Gutaufgabestelle die höchsten Druckwerte auftreten (Bild 4.29). Entsprechend ihrer speziellen Aufgabe und in Abhängigkeit vom Betriebsdruck wurden die unterschiedlichsten Baugruppen entwickelt bzw. von anderen Einsatzfällen übernommen.

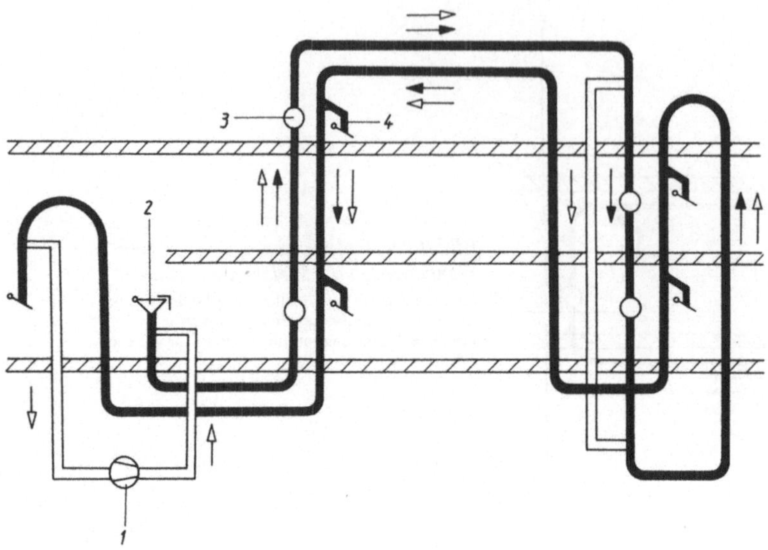

Bild 4.25. Rohrpostanlage im Doppelrohr-Richtungsbetrieb
1 Gebläse; *2* geschlossener Sender; *3* Zwischensender; *4* Empfänger

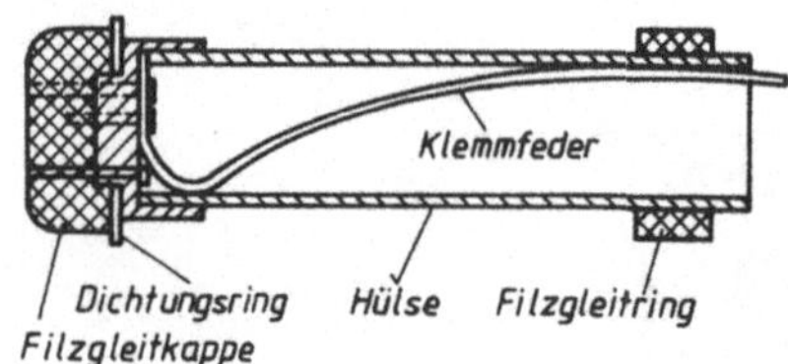

Bild 4.26. Rohrpostbüchsen mit Klemmfeder

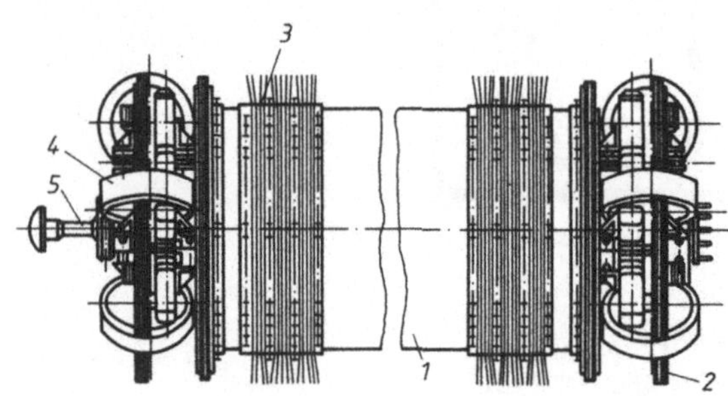

Bild 4.27. Kapsel der Großrohrpost (Pneumolok)

1 Kapselkörper; *2* Dichtmanschetten; *3* Bürsten; *4* Fahrwerk; *5* Puffer

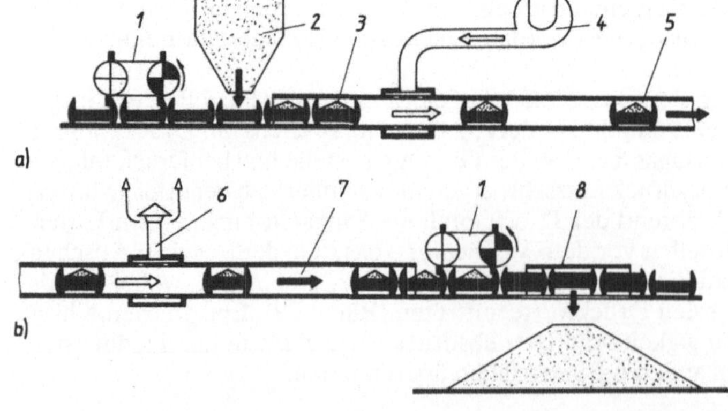

Bild 4.28. Schema einer Zweirohranlage der Großrohrpost

a) Beladestation; b) Entladestation
1 Schleppkettenförderer;
2 Vorratsbehälter; *3* beladene Kapsel;
4 Verdichter; *5* Rohrleitung;
6 Ausblasstutzen; *7* Luftpolster;
8 Kippvorrichtung

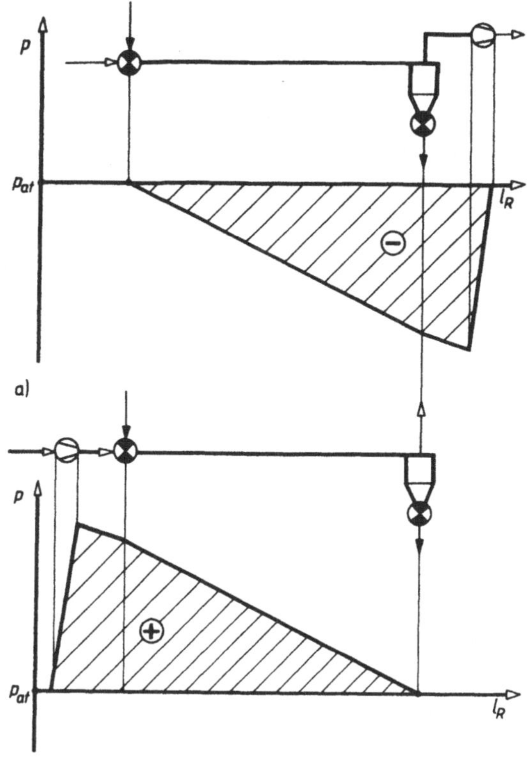

Bild 4.29. Druckverlauf in pneumatischen Förderern
a) Saugbetrieb; b) Druckbetrieb

4.2.2. Gasstromerzeuger

Es kann nicht Anliegen dieses Buches sein, ausführlich über konstruktiven Aufbau und Wirkungsweise der unterschiedlichsten Verdichterbauformen zu berichten. Dazu sei auf *Pohlenz* [4.14] verwiesen. Hier geht es vielmehr darum, dem Anwender pneumatischer Förderer die Vorauswahl der erforderlichen Verdichterstation zu erleichtern. Die endgültige Zuordnung zu der vom Projektanten gestellten Aufgabe trifft ohnehin der Verdichterhersteller selbst, da er die geforderten Betriebsdaten garantieren muß.

Ausgangspunkt für die folgenden Betrachtungen ist deshalb der für die pneumatische Förderung interessante Bereich von Drucksprüngen und Gasdurchsätzen. Der Verdichterdrucksprung

$$\Delta p_V = \Delta p_F + \Delta p_A \qquad (4.249)$$

ergibt sich aus dem Druckabfall in den materialführenden Leitungen Δp_F und den Druckabfällen der der Förderleitung vor- und nachgeschalteten Aggregate, wie Schalldämpfer, Gutabscheider usw. Nicht außer acht zu lassen sind die aus Wirtschaftlichkeitsbetrachtungen resultierenden und im Abschnitt 4.1.8. dargestellten Druckbereiche. Die erforderlichen Gasdurchsätze ergeben sich aus den praktisch eingesetzten Rohrdurchmessern im Bereich $d_R = 30 \ldots 250$ mm für Dünnstrom- und Langsamförderer bzw. $d_R = 400 \ldots 2000$ mm bei der Großrohrpost und den aus dem Wirkprinzip folgenden für eine stabile Förderung notwendigen Gasgeschwindigkeiten.

Für Dünnstromförderer mit $\Delta p_V = 20 \ldots 80$ kPa und Gasdurchsätzen von $\dot{V}_V = 0,03 \ldots 3$ m³/s bieten sich aus der Gruppe der Umlaufkolbenverdichter besonders die Kreiskolbengebläse und bei Sauganlagen auch Flüssigkeitsringverdichter an.

Kreiskolbengebläse arbeiten ohne innere Verdichtung als Verdränger, so daß bei konstanter

Drehzahl der Gasdurchsatz auch bei Druckschwankungen nahezu gleichbleibt. Sie haben außerdem den Vorteil, daß kein Schmiermittel in den Förderstrom gelangt. Mit Kreiskolbengebläsen lassen sich einstufig Druckerhöhungen von 100 auf 150 ... 180 kPa erreichen bzw. als Sauggebläse eingesetzt mit Roots-Gebläsen Vakua bis 60 % und mit Enke-Gebläsen bis 50 % erzeugen. Roots-Gebläse erreichen Gasdurchsätze bis zu 16 m^3/s und Gebläse des Systems *Enke* bis 8 m^3/s. Mit Kreiskolbengebläsen lassen sich nahezu alle Gase fördern, was dem Einsatz pneumatischer Förderer z. B. unter Stickstoffatmosphäre, wie in der Kunstfaserindustrie üblich, zugute kommt. Da im Normalfall für die Umfangsgeschwindigkeiten der Drehkolben aus Grauguß mit Rücksicht auf die Beanspruchung durch Fliehkräfte nur bis 25 m/s zugelassen sind, ergeben sich je nach Baugröße Drehzahlen im Bereich $n = 490 \ldots 1450 \ \text{min}^{-1}$ und Antriebsleistungen je nach Drehzahl und damit Gasdurchsatz sowie Druckerhöhung von beispielsweise 2 ... 160 kW (Tafel 4.4).

Tafel 4.4. Leistungsdaten von Drehkolbengebläsen (Orientierungswerte)

Druck in kPa		20		60		80	
Typ	Drehzahl min^{-1}	V_V m^3/s	P_V kW	V_V m^3/s	P_V kW	V_V m^3/s	P_V kW
1	950	0,18	6,8	0,14	16,0	0,13	21,0
	1450	0,30	10,2	0,26	24,8	0,25	32,0
	1800	0,38	12.5	0,34	30,8	0,33	39,5
2	975	0,48	13,6	0,42	36,3	0,41	47,6
	1450	0,78	20,8	0,73	55,4	0,71	72,8
	1700	0,93	24,3	0,88	65,0	0,86	85,8
3	725	0,77	21,0	0,67	58,0	–	–
	975	1,11	28,0	1,00	78,0	0,97	102
	1500	1,77	43,0	1,67	120	1,64	154

Flüssigkeitsringverdichter sind im Aufbau einfach und deshalb gering störanfällig. Der berührungsfreie Lauf der Innenteile erlaubt den Einsatz korrosionsbeständiger Werkstoffe. Die Temperaturerhöhung ist wegen der Flüssigkeitszufuhr gering. Das im Gehäuse exzentrisch gelagerte Schaufelrad erzeugt bei Drehung einen zum Gehäuse konzentrischen Flüssigkeitsring, durch den bezüglich des Rades ein sichelförmiger Raum entsteht, der durch die Schaufeln in einzelne Zellen unterteilt wird. Damit wird das Fördergas wie in Zellenverdichtern verdichtet. Mit dem Gas strömt stets auch Betriebsflüssigkeit in den Druckraum, die kontinuierlich ersetzt werden muß. Als Betriebsflüssigkeit kann Wasser, Öl usw. eingesetzt werden. Einstufig können Druckerhöhungen auf 250 kPa erreicht werden. Die Gasdurchsätze erreichen Werte um 1 m^3/s. Die Drehzahlen liegen je nach Verdichtergröße zwischen 580 und 2900 min^{-1}. Bei Vakuumverdichtern werden Vakua bis 95 % erreicht. Der isotherme Kupplungswirkungsgrad ist mit 25 ... 40 % gering, wobei sich der obere Wert nur bei großem Gasdurchsatz und kleinem Enddruck erreichen läßt. Flüssigkeitsringverdichter werden mit Antriebsleistungen bis zu 200 kW eingesetzt.
Im Gegensatz zur Dünnstromförderung müssen bei Dichtstromförderung wegen der hohen Betriebsdrücke andere Verdichterbauarten gewählt werden. Die Auswahl richtet sich nach der von der Förderentfernung und vom benutzten Verfahren abhängigen Gasmenge. Dabei kann davon ausgegangen werden, daß wegen der Expansion des Gases Betriebsdrücke über 600 kPa nicht sinnvoll sind. So genügt beim Einsatz von Hubkolbenverdichtern die Klasse der Niederdruckverdichter. Die für die Bauarten mit Tauch-, Differential- oder Stufenkolben erreichbaren Gasdurchsätze bis 0,5 m^3/s erlauben immerhin Gasgeschwindigkeiten bis zu 28 m/s in Rohrleitungen der Nennweite $d_R = 150$ mm.
Probleme entstehen oft, wenn derartige Hubkolbenverdichter als ausreichend erkannt wurden und der pneumatische Förderer an das vorhandene Betriebsdruckluftnetz angeschlossen wurde. Druck- und Gasdurchsatzschwankungen infolge unterschiedlicher Preßluftentnahme durch eine Reihe im Betrieb verteilter Verbraucher können zu Störungen besonders von pneumatischen Langsamförderern führen. Es ist zu empfehlen, eine eigene Verdichterstation

mit stabiler Gasversorgung zu installieren. Reichen die Gasdurchsätze der Hubkolbenverdichter nicht aus – bei verschiedenen Typen wird der genannte obere Wert von 0,5 m³/s nicht erreicht, und es stehen nur maximal 0,25 m³/s zur Verfügung –, müssen für hohe Betriebsdrücke Schrauben- oder Kreiselverdichter eingesetzt werden.

Der Schraubenverdichter ist eine zweiwellige Drehkolbenmaschine, wobei die Drehkolben schrägverzahnte, walzenförmige Schraubenläufer sind, die miteinander im Eingriff stehen. Sie werden von einem gemeinsamen Gehäuse dicht umschlossen, das an den Läuferenden die Ein- bzw. Auslauföffnungen für das Fördergas besitzt. Das in der Regel vierzähnige Stirnprofil des Hauptläufers hat meist halbkreisförmige konvexe Zähne, während der Nebenläufer, der etwa nur 10 % des Antriebsdrehmoments überträgt, sechs Zähne mit halbkreisförmigen Lücken besitzt, in die das Profil des Hauptläufers eingreift. Durch die gegenläufige Drehbewegung gelangt das Fördergas von der Saug- zur Druckseite und wird durch Verkleinerung der Zahnlückenräume verdichtet. Für ölfreie Förderung müssen die beiden Läufer mit möglichst kleinem Flankenspiel berührungsfrei laufen und der Nebenläufer durch Gleichlaufzahnräder vom Hauptläufer angetrieben werden. Also muß auch das Flankenspiel der Synchronisierungszahnräder kleiner als das Spiel der Läufer selbst sein. Im Gegensatz zum Hubkolbenverdichter hat der Schraubenverdichter keinen Totraum. Es sind Druckerhöhungen von 100 auf 300 ... 400 kPa möglich, wobei der wirtschaftliche Bereich des Gasdurchsatzes zwischen 0,14 und 7 m³/s liegt. Dieser Durchsatzbereich wird durch die obere Grenze vorhandener trockenlaufender Hubkolben- und durch die untere Grenze der Turboverdichter festgelegt.

Von den Turboverdichtern sind für die pneumatische Förderung die Kreisellüfter wegen der geringen Druckerhöhung von
$$\Delta p_V = 0,05 \cdots 10 \text{ kPa},$$
aber der sehr großen Gasdurchsätze bis zu
$$\dot{V}_V = 4000 \text{ m}^3/\text{s}$$
nur für große Rohrdurchmesser und geringe Gutkonzentrationen, wie in Entstaubungsanlagen oder in der Mühlenpneumatik, interessant.

Wenn, wie beim Kapseltransport, zu den großen Gasdurchsätzen auch größere Drucksprünge um 80 kPa hinzukommen, müssen Radialgebläse eingesetzt werden, wobei für diesen Anwendungsfall in der Regel die einstufige Bauform genügt. Die Ansauggasdurchsätze liegen im Bereich 0,3 ... 70 m³/s, wobei spezielle Ausführungen sowohl nach unten als auch nach oben abweichen. Damit sind diese Verdichtertypen auch für Rohrpostanlagen geeignet, obgleich hier wie bei den pneumatischen Dünnstromförderern die Drehkolbengebläse überwiegen.

Mögliche Daten von Drehkolbengebläsen zeigt Tafel 4.4. Es sind lediglich zur Verdeutlichung der Größenordnungen fiktive Verdichter zusammengestellt. Die praktische Auswahl muß anhand entsprechender vom Hersteller übergebener Kennlinien oder Tabellen vorgenommen werden, wobei die endgültige Auswahl nach gegebener Aufgabenstellung in der Regel vom Hersteller selbst vorgenommen wird. Beim praktischen Einsatz muß ferner beachtet werden, daß das Trägergas durch den Verdichtungsvorgang erwärmt wird. Als Faustregel für Drehkolbengebläse kann die Temperaturerhöhung mit $\Delta T = 1,2$ grd/kPa angenommen werden.

4.2.3. Gutaufgabevorrichtungen

Die einfachsten Gutaufgabevorrichtungen sind naturgemäß an Sauganlagen zu finden, da am Aufgabeort Umgebungsdruck herrscht (s. Bild 4.29). Prinzipiell würde es genügen, den Anfang der Rohrleitung in das abzusaugende Haufwerk einzuführen. Da aber eine genügend große Gasgeschwindigkeit $v_R > v_{min}$ unbedingte Voraussetzung für eine störungsfreie Förderung ist, muß durch geeignete Maßnahmen erreicht werden, daß mit dem Fördergut auch ausreichend Gas angesaugt werden kann. Besonders bei pulverförmigen Produkten genügt das Lückenvolumen des Haufwerks nicht, um bei den vorhandenen Durchströmverhältnissen die erforderliche Gasmenge einströmen zu lassen.

Bei der *Saugdüse* (Bild 4.30) wird das durch einen Doppelmantel erreicht. Durch den Ringspalt zwischen konzentrisch angeordneten Rohren, dessen Öffnungsquerschnitt in der Regel durch geeignete Klappen verändert werden kann, strömt Gas auf kürzestem Wege unter Um-

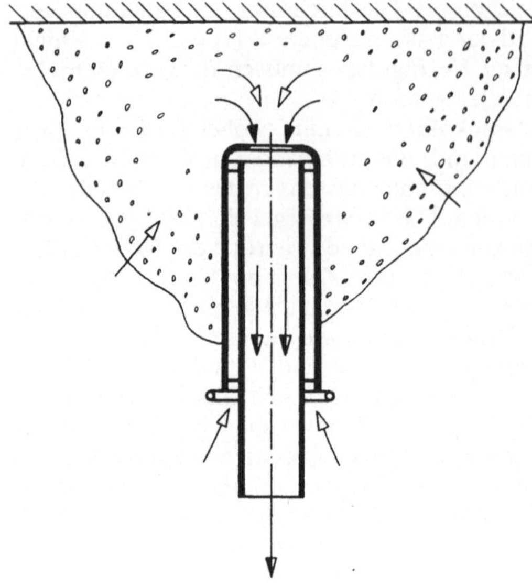

Bild 4.30. Saugdüse eines pneumatischen Saugförderers

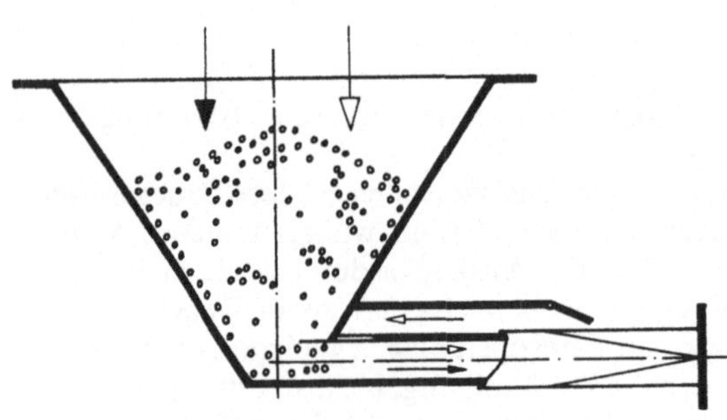

Bild 4.31. Saugtrichter eines pneumatischen Saugförderers

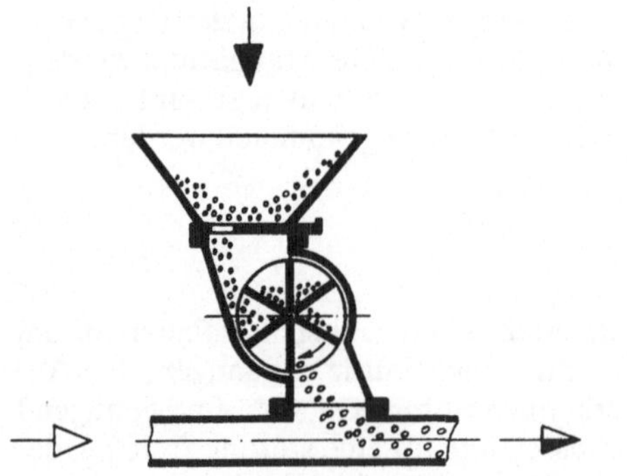

Bild 4.32. Zellenradschleuse

gehung des Haufwerks der Förderleitung zu. Die Saugdüse wird vor allem für bewegliche Gutaufgabestellen, wie bei Waggon- und Schiffsentladern, eingesetzt. Die Düsen sind meist über ein flexibles Rohrstück mit der starren Förderleitung verbunden, um ein begrenztes Manipulieren zu erlauben. Für spezielle Arbeiten, wie Restentleerung, werden besondere Düsen ein-

gesetzt, deren Ansaugspalt wie beim Staubsauger gestaltet ist. Für stationäre Gutaufgabestellen werden Saugtrichter eingesetzt. Die in den Trichter mündende Förderleitung muß über ein verstellbares Ansaugrohr mit dem erforderlichen Gas versorgt werden (Bild 4.31).
Schwieriger ist die Gutaufgabe bei Druckanlagen; hier muß das Schüttgut in das unter Überdruck stehende Rohrleitungssystem eingeschleust werden (s. Bild 4.29). Eine häufig verwendete und in den verschiedensten Bauformen gefertigte Einschleusvorrichtung, die übrigens auch als Austragsvorrichtung und z. T. Dosierorgan an Silos oder Abscheidern eingesetzt wird, ist die *Zellenradschleuse*. Bild 4.32 zeigt eine der möglichen Ausführungsformen. Bei den sog. Durchblaszellenradschleusen liegt die Drehachse des Zellenrads parallel zur Förderleitung und die Förderleitung in Höhe der unteren Zelle, so daß das Fördergut schon in der Zelle vom Gasstrom erfaßt wird. Hauptproblem ist der Spalt zwischen Zellenrad und Gehäuse. Er soll wegen möglichst niedriger Antriebsleistungen (0,4 ... 2 kW) berührungslos ausgeführt sein, aber auch genügend abdichten. Bei Gußkonstruktionen und entsprechenden Bearbeitungsmöglichkeiten beträgt der Spalt in der Regel $s_S = 0,05 ... 0,1$ mm. In einzelnen Ausführungsvarianten werden die Stege des Zellenrads mit Gummilippen versehen, die die Gehäusewand berühren. Der Vorteil guter Dichtung wird hier durch hohen Verschleiß und die Verklemmungsgefahr von Gutteilchen erkauft. Bei berührungsfreier Ausführung gilt für die Leckgasmenge, die in Richtung des niedrigeren Druckes, also aus dem Rohrleitungssystem einer Druckanlage heraus strömt,

$$\dot{V}_L \sim \Delta p_F s_S. \tag{4.250}$$

Hinzu kommt Leckgas, das an den Stirnseiten zwischen Gehäuse und Zellenrad hindurchströmt, und Schöpfgas, das durch das Zellenrad selbst in den leeren mit verdichtetem Gas gefüllten Kammern dem Gutstrom entgegen bewegt wird. Oft findet man deshalb an der Seite des aufwärts laufenden Zellenrads einen Anschlußstutzen am Gehäuse, über den das Leck- und Schöpfgas mit Hilfe einer in das darüber befindliche Silo geführten Leitung um den Fördergutstrom gelenkt werden kann. Andernfalls kommt es besonders bei feinen Gütern und hohen Betriebsdrücken zu einer Behinderung des Materialzulaufs durch das Falschgas. Wegen der Abhängigkeit des Leckgases vom Betriebsdruck werden Zellenradschleusen in Normalausführung nur bis zu Druckdifferenzen von $\Delta p_F = 100$ kPa eingesetzt. Der Gutdurchsatz ergibt sich aus der Drehzahl n und dem Zellenvolumen zu

$$\dot{V}_M = n z V_Z \eta_F, \tag{4.251}$$

wobei V_Z das Volumen einer Zelle und z die Anzahl der Zellen ist. Es ist zu beachten, daß der Füllungsgrad η_F von der Drehzahl abhängt. Besonders bei großen Drehzahlen sinkt der Füllungsgrad stark ab, weil die Zeit zum Füllen über den Zulauftrichter zu kurz und die Schöpf-

Tafel 4.5. Leistungsdaten von Zellenradschleusen

Zellenraddurchmesser mm	Zellenradvolumen dm^3	Antriebsleistung kW	Schleusendrehzahl min^{-1}	Gutdurchsatz m^3/h
250	6,75	0,40	12,2	4,9
			21,0	8,5
320	12,00	0,80	12,8	9,2
			20,0	14,4
400	21,50	1,50	12,8	16,5
			20,0	25,8

gasmenge zu groß wird. Damit ergibt sich ein mit der Drehzahl zunächst ansteigender, dann aber bei Überschreiten eines Grenzwerts wieder abfallender Gutdurchsatz. Der Bereich für den maximalen Durchsatz liegt bei Drehzahlen von $n = 0,25 ... 0,5$ s^{-1}. Zur Orientierung gelten die in Tafel 4.5 dargestellten Richtwerte für die Leistung von Zellenradschleusen.

Die einfachste Gutaufgabevorrichtung für Druckanlagen ist die *Strahlschleuse*, auch Injektorschleuse genannt (Bild 4.33). In ihr wird das Injektorprinzip ausgenutzt. Durch eine Querschnittsverengung wird Druck – in kinetische Energie umgewandelt, die anschließend wieder – allerdings verlustbehaftet – durch Querschnittserweiterung in Druckenergie zurückverwandelt wird. Dadurch wird erreicht, daß trotz eines Überdrucks in der Förderleitung an der Gutaufgabestelle Umgebungsdruck herrscht. Der Verdichterdrucksprung ist wegen der Umwandlungsverluste höher als der zur Förderung zur Verfügung stehende Druck. Die Strahlschleuse zeichnet sich durch eine geringe Bauhöhe und die Tatsache aus, daß sie keinerlei mechanisch bewegte Bauteile enthält. Sie ist für beliebige Betriebsdrücke einsetzbar, hat aber aus eben genanntem Grund selbst einen hohen Druckabfall, der die Größenordnung des

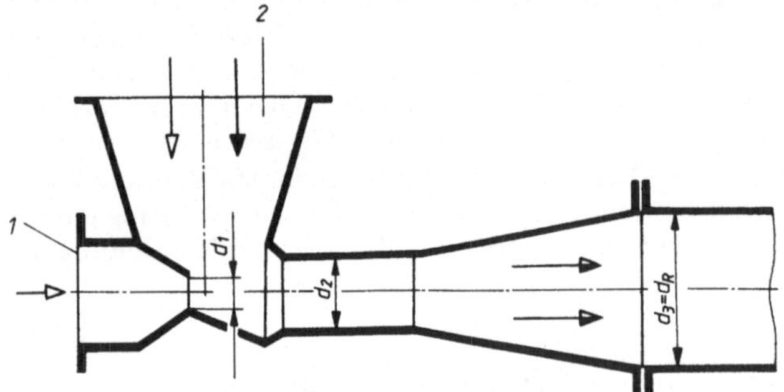

Bild 4.33. Strahlschleuse (Injektorschleuse)
1 Verdichteranschluß; 2 Zulauftrichter für Schüttgut; 3 Förderleitung

Betriebsdrucks in der Förderleitung erreichen und gar überschreiten kann und dementsprechend den spezifischen Energiebedarf mehr als verdoppelt. Der Einsatz von Strahlschleusen sollte deshalb auf Sonderfälle beschränkt bleiben; das betrifft den Transport von heißen oder langfasrigen Gütern, die in Zellenradschleusen zu Störungen führen würden. Die Einfachheit der Strahlschleuse verführt immer wieder den unerfahrenen Anwender zum selbständigen Einsatz. Zu beachten ist dabei aber neben den eben geschilderten Randbedingungen, daß die erreichbaren Mischungsverhältnisse mit $\mu \leqq 4$ relativ niedrig sind und daß die Geometrie der Anlage dem Einsatzfall angepaßt sein muß. Zur Berechnung der Strahlschleuse müßten strenggenommen der Einfluß des Schüttguts und die Größe der Schleppgasmenge berücksichtigt werden, wie bei *Weber* [4.19] dargestellt. Die Praxis hat jedoch gezeigt, daß die einfache Ermittlung einer Grenzkennlinie für die Gestaltung der Strahlschleuse ausreicht. Dabei kann von den in [4.7] dargelegten Grundbeziehungen ausgegangen werden. Mit Festlegung der Durchmesserverhältnisse

$$\varepsilon = d_1/d_2, \tag{4.252}$$

$$\delta = d_2/d_3, \tag{4.253}$$

$$\varphi = d_3/d_1 \tag{4.254}$$

folgt in Anwendung des Impulssatzes, der Bernoulli-Gleichung sowie der Kontinuitätsgleichung für den Verdichterdrucksprung und den noch zur Förderung verbleibenden Überdruck in Abhängigkeit von der Gasgeschwindigkeit in der Förderleitung $v_R = v_3$

$$\Delta p_V = \frac{\varrho_F}{2} v_R^2 \varphi^4 = \frac{\varrho_F}{2} v_R^2/(\delta\varepsilon)^4, \tag{4.255}$$

$$\Delta p_F = \varepsilon^2 (2-\varepsilon^2)\,\Delta p_V. \tag{4.256}$$

Definiert man mit dem Verhältnis $\Delta p_F/\Delta p_V$ den Wirkungsgrad der Strahlschleuse, folgt

$$\eta_{St} = \varepsilon^2 (2 - \varepsilon^2). \tag{4.257}$$

Die Größe des erforderlichen Verdichterdrucksprungs hängt nach Gl. (4.255) nur von der Gasgeschwindigkeit und der Geometrie der Anlage ab. Es muß dazu einschränkend gesagt werden, daß diese Beziehung ohne Schüttguteinfluß und unter der Annahme, daß im Düsenaustritt Atmosphärendruck p_{at} anliegt und demzufolge kein Schleppgas angesaugt wird, er-

rechnet wurde. Damit stellt Gl. (4.255) mit $\Delta p_V = f(v_R)$ für eine feste Geometrie (φ = konst.) die Grenzkennlinie der Strahlschleuse dar, wobei zu jedem v_R auch immer ein fester Wert für den möglichen Druckabfall Δp_F in der Förderleitung gehört.
Bei den Durchmesserverhältnissen ist folgendes zu beachten:

δ Die Querschnittserweiterung von d_2 auf d_3 und die Diffusorlänge müssen dem Diffusorkriterium genügen. Ist β der Neigungswinkel der Mantellinie des Diffusors zu dessen Achse, gilt für die Diffusorlänge

$$l_D = d_3 \frac{1 - \delta}{2 \tan \beta} \, . \tag{4.258}$$

Bei Reynolds-Zahlen in der Größenordnung von $2 \cdot 10^5$ liegt der kritische Diffusorwinkel bei $\beta = 3{,}5°$. Damit der Diffusor auch bei Einhaltung dieses Winkels nicht zu lang wird, um Strömungsablösungen zu vermeiden, muß außerdem die Bedingung $\delta \geqq 0{,}6$ erfüllt sein. Strahlschleusen werden im Interesse einer möglichst großen Druckrückgewinnung mit der größten zulässigen Querschnittserweiterung ausgeführt. Damit ist das Querschnittsverhältnis mit

$$\delta = 0{,}6 \tag{4.259}$$

festgelegt. Mit $\beta = 3{,}5°$ folgt aus Gl. (4.258)

$$l_D = d_3 (1 - \delta)/0{,}1224 \tag{4.260}$$

und mit $\delta = 0{,}6$

$$l_D = 3{,}264 \, d_3. \tag{4.261}$$

ε Für $d_1 = d_2$ ist $\varepsilon = 1$ und nach Gl. (4.259) auch der Wirkungsgrad der Strahlschleuse $\eta_{St} = 1$. Das Leistungsvermögen dieser Sonderform ohne Schleusenkammer und Fangdüse, lediglich mit einer Öffnung für den Gutzulauf, ist mit

$$\Delta p_{F\,min} = \frac{\varrho_F}{2} \, v_R^2 / \delta^4 \tag{4.262}$$

nach den Gleichungen (4.255) und (4.256) sehr gering. Bei üblichen Gasgeschwindigkeiten um 20 m/s liegt dieser Wert nur bei 2 kPa. Im Interesse vertretbarer, d. h. praktisch für die pneumatische Förderung nutzbarer Drucksprünge Δp_F muß stets mit $\varepsilon < 1$ auch ein Druckverlust in der Schleuse in Kauf genommen werden. Nach den Gleichungen (4.255), (4.256) und (4.262) ist das Düsenverhältnis

$$\varepsilon = \sqrt{\frac{2}{1 + \dfrac{\Delta p_F}{\Delta p_{F\,min}}}} \tag{4.263}$$

in Abhängigkeit von der Gasgeschwindigkeit in der Förderleitung und dem Querschnittsverhältnis δ sowie der gewünschten Druckdifferenz Δp_F festgelegt. Wenn die Geschwindigkeit v_R auf Atmosphärenzustand bezogen eingesetzt wird, muß auch für die Dichte des Trägergases ϱ_F der Wert des Atmosphärenzustands eingesetzt werden.

Die Auswahl einer Strahlschleuse wird in folgenden Schritten vorgenommen:

1. Aus der Aufgabenstellung für die pneumatische Förderung sind der erforderliche Drucksprung Δp_F als Summe aller Druckabfälle im Rohrleitungssystem und die erforderliche Gasgeschwindigkeit v_R sowie der notwendige Rohrdurchmesser $d_3 = d_R$ bekannt.
2. Mit der Festlegung von $\delta = 0{,}6 \ldots 1$, wobei der kleinste Wert zu bevorzugen ist, folgen der Mischrohrdurchmesser nach Gl. (4.253) und der kleinste Drucksprung $\Delta p_{F\,min}$ nach Gl. (4.262).
3. Mit dem Drucksprungminimum und dem tatsächlich zu überwindenden Drucksprung Δp_F

ergeben sich schließlich das Düsenverhältnis ε aus Gl. (4.263) und der Düsendurchmesser nach Gl. (4.252).

4. Mit den so festgelegten Querschnittsverhältnissen folgen sehr schnell die axialen Abmessungen der Strahlschleuse:
   a) die Länge des Diffusors nach Gl. (4.260), wobei wegen des kritischen Winkels der nächstgrößere Standardwert gewählt werden muß,
   b) die Länge des Mischrohrs nach der Beziehung

$$l_\text{M} = 3\, d_2, \tag{4.264}$$

wobei auch hier der nächstgrößere Wert zu wählen ist,
   c) der Düsenabstand vom Mischrohr aus der Freistrahlausbreitung mit dem Erweiterungswinkel α zu

$$l_\text{A} = d_2 \frac{1 - \varepsilon}{2\tan\alpha} \tag{4.265}$$

bzw. mit $\alpha = 8°$ zu

$$l_\text{A} = d_2\,(1 - \varepsilon)/0{,}281, \tag{4.266}$$

wobei hier nun der nächstkleinere Standardwert gewählt werden muß, und
   d) die Düsenlänge aus der Forderung nach einem Flankenwinkel von 45°

$$l_\text{V} = 0{,}5\,(\,d_3 - d_1), \tag{4.267}$$

wenn man voraussetzt, daß der Anschluß für die Reingasleitung die gleiche lichte Weite hat wie die Förderleitung.

Nach Festlegung der Strahlschleusengeometrie werden mit Hilfe der Gleichungen (4.255) und (4.256) die Grenzkennlinien ermittelt und die obere mit der Verdichterkennlinie zum Schnitt gebracht. Dieser Schnittpunkt ist der Grenzbetriebspunkt der gesamten Anlage. Für v_R = konst. eine Parallele zur Ordinate von diesem Schnittpunkt senkrecht nach unten gezogen, ergibt den maximal zu überbrückenden Drucksprung Δp_F.
Mit dem Ermitteln der Grenzkennlinie kann die Berechnung sofort begonnen werden, wenn die Schleusengeometrie bekannt ist. Nur wenn sich bei dieser Kontrolle herausstellt, daß die Schleuse den Anforderungen nicht genügt, ist mit den Schritten 1 bis 4 die Schleusengeometrie zu korrigieren.

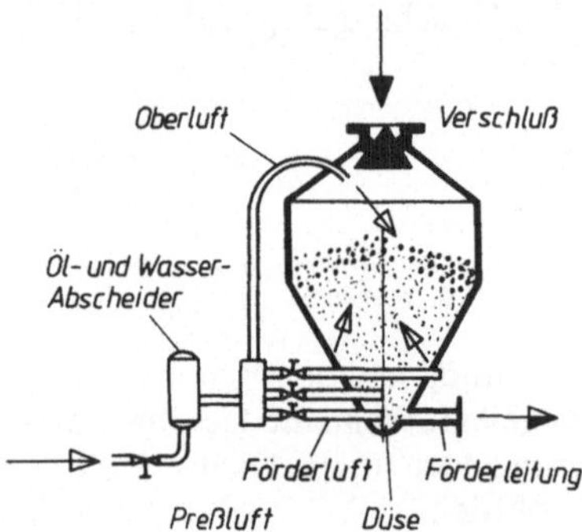

Bild 4.34. *Behälterschleuse mit Schwerkraftaustrag*

Da die Normalform der Zellenradschleuse wegen des Falschgases für hohe Drücke nicht geeignet ist und die Strahlschleuse nur geringe Mischungsverhältnisse erlaubt, haben sich für die pneumatische Förderung mit hohen Drücken und hohen Gutkonzentrationen *Behälterschleusen* durchgesetzt. Bei den einfachen Behälterschleusen (auch Gefäßschleuse oder Cerapumpe genannt) handelt es sich um Druckbehälter, die im oberen Deckel den Materialzulauf mit einem gasdichten Verschluß besitzen. Die Förderleitung verläßt den Behälter unterhalb eines Auslauftrichters (Bild 4.34) oder als senkrecht in das Behälterinnere ragendes Tauchrohr durch den oberen Deckel. Am Anschlußflansch für die Förderleitung hat die Behälterschleuse als Verschlußorgan einen Kugelhahn oder ein Quetschventil. Bei geschlossenem Kugelhahn wir der Zulaufverschluß geöffnet und der Behälter mit Fördergut gefüllt. Nach Schließen des Zulaufs wird der Behälter zunächst über die mehrfach angeschlossenen Gasleitungen auf Betriebsdruck gebracht und dann nach Öffnen des Kugelhahns in die Förderleitung entleert. Die Gasleitungsanschlüsse sind so gewählt, daß das Gas zur Auflockerung in den Behälterkegel, zur Förderung in Richtung der Förderleitung und zur Ausfüllung des frei werdenden Behältervolumens über die Schüttgutfüllung gelangen kann. Vor einer endgültigen Entleerung des Behälters in die Förderleitung muß der Kugelhahn wieder geschlossen werden, um die bei abnehmendem Bewegungswiderstand stark ansteigenden Gas- und Gutgeschwindigkeiten zu vermeiden. Vor dem erneuten Füllen mit Schüttgut muß der Behälter entlüftet, d. h. auf Atmosphärenzustand gebracht werden.

Je nach Fördergut und Förderentfernung werden Schwerkraftentleerung oder Entleerung über Tauchrohr sowie verschiedene Verhältnisse von Ober- zu Untergaszufuhr gewählt. Die Entleerung über Tauchrohr nur mit Obergas führt besonders bei staubförmigen, „plastischen" Produkten zu Gutverdichtungen und damit Verstopfungen. Der Austrag nach unten liefert festere und stabilere Pfropfen, die aber zur Fortbewegung einen höheren Energieaufwand erfordern.

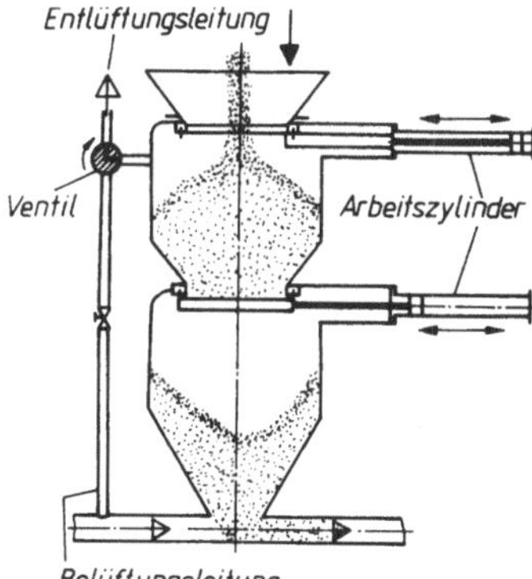

Bild 4.35. Kammerschleuse

Dem Nachteil der unstetigen Arbeitsweise wird durch den Einsatz von *Kammerschleusen* (Bild 4.35) begegnet. Von den beiden übereinander angeordneten Behälterschleusen arbeitet die obere wie eben beschrieben und steht die untere ständig unter Betriebsdruck. Der durch einen Schieber zwischen Ober- und Unterkammer freigegebene Querschnitt erlaubt bei Druckgleichheit einen so großen Materialdurchfluß, daß trotz der Zeit für das Entlüften, Füllen und Belüften der Oberkammer und gleichzeitiger Förderung aus der Unterkammer die letztere stets mit Fördergut gefüllt und so ein kontinuierlicher Gutstrom garantiert ist. Nach dem Prinzip der Kammerschleuse arbeitet z. B. die Blasversatzmaschine im Bergbau. Die Kammerschleuse ist besonders im Bereich der Langsamförderung störanfällig, wenn die zur Belüftung der Oberkammer entnommene Druckluft zu Lasten der Förderluft geht. Um den-

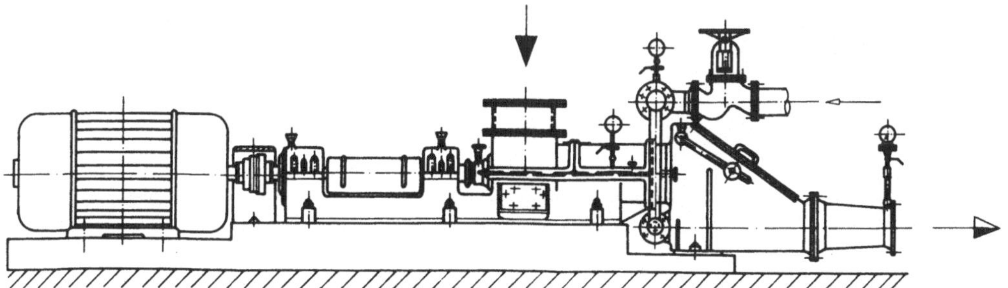

Bild 4.36. Pneumatischer Schneckenförderer

noch zu einer kontinuierlichen Arbeitsweise zu kommen, muß die Luftmenge entsprechend groß bemessen und geregelt werden.

In einer anderen Variante werden zwei oder drei Behälterschleusen nebeneinander aufgestellt und zyklisch auf eine Förderleitung betrieben. Während eine Kammer fördert, werden die anderen entlüftet, gefüllt und belüftet, so daß eine davon bei Förderende der erstgenannten Kammer zur Förderung bereitsteht. Auch so wird ein kontinuierlicher Gutstrom erreicht. Die mit Behälterschleusen erreichbaren Gutdurchsätze hängen stark von dem richtigen Zusammenspiel der Rohrkennlinie mit der Verdichterkennlinie, aber auch vor allem mit der Gefäßkennlinie ab. Ein bei großen Entfernungen anliegender hoher Betriebsdruck und der dazu ebenfalls notwendige hohe Gasdurchsatz führen oft zu derart großen Gutaustragsmengen aus der Behälterschleuse, daß es in der Förderleitung zu Verstopfungen kommt. Entsprechende Austragsreduzierungen, wie sie z. B. durch den Einbau von horizontal angeordneten Ringen im konischen Unterteil bzw. am Tauchrohr erreicht werden, sind unbedingt erforderlich.

Eine weitere Möglichkeit zum Einschleusen von Fördergut in eine mit hohen Betriebsdrücken arbeitende Anlage bietet die *Schneckenschleuse*, auch als Fuller-Pumpe bezeichnet (Bild 4.36), mit den von der Baugröße (Schneckendurchmesser 80...320 mm) abhängigen Durchsätzen von 3,5...80 m³/h.

Der dazu erforderliche Gasbedarf liegt bei 8...65 m³/min. Bei einem Drucksprung von 300 kPa sind damit Förderentfernungen bis zu 400 m mit einem Höhenunterschied von bis zu etwa 30 m erreichbar. Die Schneckenschleuse besteht aus einem Gehäuseunterteil, dem Einlauf- und dem Schneckengehäuse, den Lagerdeckeln, der Welle mit aufgesteckter Förderschnecke und dem Auslaufgehäuse. Die Schneckenwelle wird über eine elastische Klauenkupplung direkt vom Elektromotor angetrieben. Im oberen Teil des Auslaufgehäuses, das als Mischkammer dient, befindet sich in Höhe der Schneckenwelle eine Rückschlagklappe. An den Auslauf der Mischkammer, deren unterer Teil Luftdüsen enthält, schließt sich die Förderleitung an. Das über den Einlauf zufließende Fördergut wird durch die Schnecke zur Misch-

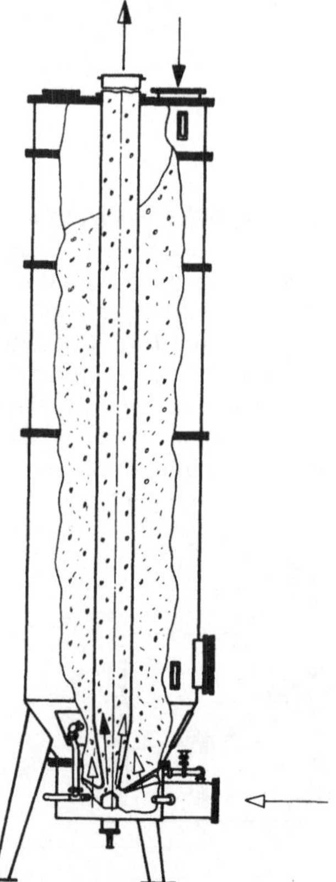

Bild 4.37. Pneumatischer Senkrechtförderer

kammer transportiert. Dort vermischt es sich mit der über die Düsen eingeblasenen Druckluft und wird in die Rohrleitung gedrückt. Ist die Gutzufuhr über die Schnecke unterbrochen, verhindert die Rückschlagklappe das Eindringen von Druckluft in den Beschickungsraum. Die Schneckenschleuse kann direkt aus Silos, über spezielle Zwischengefäße oder über kontinuierlich arbeitende Zuteiler beschickt werden..

Eine spezielle Einschleusvorrichtung hat der pneumatische *Senkrechtförderer* (Bild 4.37). Der Aufgabebehälter ist drucklos ausgeführt und kann durch eine notwendige Anzahl von Behälterschüssen auf die erforderliche Höhe gebracht werden. Im Deckel dieses Behälters sind der Einfüll- und Entstaubungsstutzen sowie der Durchtritt für die senkrechte Förderleitung angeordnet. Am Boden des Behälters befindet sich eine Vorkammer mit den Luftanschlußstutzen. Die Vorkammer enthält ein Membranventil mit Treibdüse und Auflockerungseinheiten. Das senkrecht in den Behälter ragende Förderrohr endet oberhalb der Treibdüse. Der Aufgabebehälter des Senkrechtförderers kann kontinuierlich beschickt werden; besondere Abdichtungen sind nicht erforderlich. Die Vorkammer wird von einem Drehkolbengebläse mit Fördergas beaufschlagt. Von hier gelangt das Gas einerseits über die Treibdüse mit hoher Geschwindigkeit in die Förderleitung und reißt Schüttgut mit sowie erzeugt andrerseits über die Auflockerungsböden im Behälter eine Wirbelschicht. Von der Höhe der Wirbelschicht hängen Gutdurchsatz und Förderhöhe ab. Bei unterbrochener Materialzufuhr wird der Behälter selbsttätig leergefördert. Die Anlage gestattet jeden beliebigen Teillastbetrieb. Mit einem Behälterdurchmesser von 1600 mm können z. B. 40…100 t/h Zement durch Förderleitungen der Nennweite 200…300 mm gefördert werden. Der Grundbehälter ist 4 m hoch und wird bei Förderhöhen über 30 m um die notwendige Anzahl Behälterschüsse bis auf 8 m erhöht.

4.2.4. Rohrleitungen und Rohrleitungselemente

Prinzipiell muß zwischen Gasleitungen (Luftleitungen) und Förderleitungen unterschieden werden, weil sie andersgearteten Beanspruchungen unterliegen. Das bezieht sich weniger auf die anliegenden Druckdifferenzen als vielmehr auf den durch das Fördergut verursachten Mineralgleitverschleiß, aber auch auf Stoßbeanspruchungen, die durch ungleichmäßige Gutbewegungen, Gutverklemmungen u. ä. besonders in Rohrbogen entstehen. Beide Rohrleitungstypen werden in Stahl oder Aluminium ausgeführt, Förderleitungen auch in rostfreiem Stahl oder in Glas.

Luftleitungen
Stahlleitungen werden aus St 38u-2, die dazu gehörenden Flansche bei Dicken über 12 mm aus St 38b-2 hergestellt. Anschlüsse an Gebläse und Schalldämpfer werden aus elastischem Material gefertigt. Die Rohrleitungsteile werden zu größeren Montagegruppen mit Vorzugs- und Paßlängen werkseitig vormontiert (geschweißt). Beim Einsatz von Drehkolbengebläsen sind Schalldämpfer vorzusehen. Soweit es die räumlichen Verhältnisse zulassen, sind die Schalldämpfer an den Gebläsestutzen körperschallgedämmt anzuschließen. Die Gebläse selbst sind gleichfalls körperschallgedämmt aufzustellen.

Die Luftleitungen werden, den örtlichen Verhältnissen angepaßt, mit Rohrschellen an Wänden und Decken befestigt oder nötigenfalls auch auf Stützen verlegt. Der Stützenabstand muß 4…6 m betragen.

Die Nennweiten der Luftleitungen sind gewöhnlich größer als die der Förderleitungen und liegen im Bereich $d_L = 105…567$ mm. Die Rohre werden ohne Flansch, mit Losflansch oder mit Festflansch geliefert. Zu bevorzugende Nennlängen sind 980 und 1980 mm z. B. bei flanschlosen Luftleitungen.

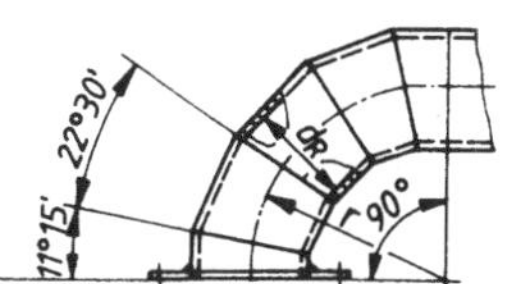

Bild 4.38. Rohrbogen einer Luftleitung

Neben geraden Rohrstücken werden an einem Ende unter verschiedenen Winkeln angeschrägte Rohre zum Anschweißen an Rohrbogen ebenfalls in den drei genannten Ausführungsformen geliefert. Rohrbogen werden in der Regel aus Segmenten zusammengeschweißt und für Umlenkwinkel von 30, 45, 60 und 90° bereitgestellt, wobei sich der gesamte Umlenkwinkel erst einschließlich der angeschrägten Geradrohre ergibt (Bild 4.38). Das Verhältnis Krümmungsradius zu lichter Weite liegt im Bereich um $r/d_L = 1,4$. Neben den Rohrbogen sind als weitere Baugruppen Abzweigrohre mit geradem oder gebogenem Abgang sowie Gabelrohre im Einsatz (Bild 4.39). Ansaug- und Ausblasrohre sind meist konische Rohrstücken mit einem Siebeinsatz. Elastische Anschlußstücke für Schalldämpfer, Anschlüsse für Sicherheitsventile, Abluftköpfe (Regenhauben), Übergangsstücke (Konusse) sowie Sicherheitsventile für Unter- und Überdruck komplettieren die Gesamtausrüstung.

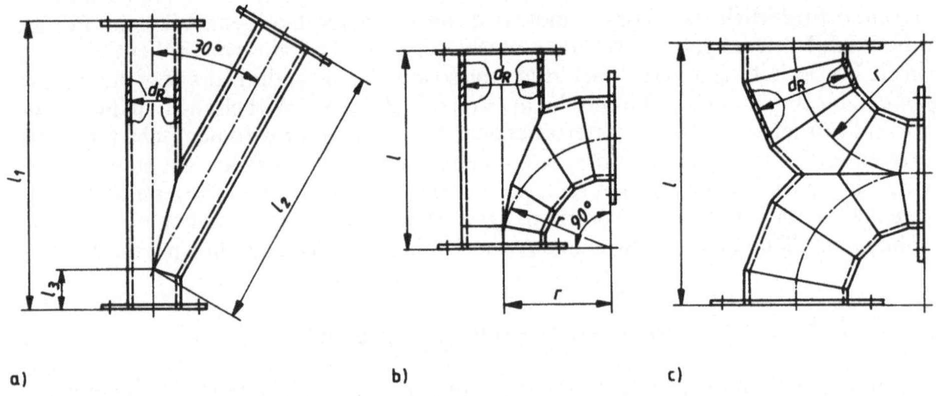

Bild 4.39. Luftleitungselemente

a) gerades Abzweigrohr; b) Abzweigrohr mit gebogenem Abgang; c) Gabelrohr

Förderleitungen
Werden nicht Aluminiumwerkstoffe oder Glas eingesetzt, bestehen diese Rohre in der Hauptsache aus St 35hb oder rost- und säurebeständigem Stahl. In der Regel kommen nahtlos gezogene Rohre zum Einsatz, deren Wanddicken über den aus Festigkeitsgründen erforderlichen Werten liegen und dadurch eine ausreichende Verschleißreserve bieten. Die am häufigsten verwendeten Rohrinnendurchmesser liegen im Bereich $d_R = 51 \ldots 283$ mm. Die Rohre werden von den Herstellern pneumatischer Förderer in der Regel mit einem oder zwei Schweißflanschen geliefert, wobei im ersten Fall der zweite Flansch lose beigefügt ist. Für den Anschluß an bewegliche Stahlschläuche werden Rohre auch mit entsprechenden Kupplungen ausgerüstet (Bild 4.40). Als elastische Elemente werden Hülsen- oder Stahlschläuche eingesetzt, die z. B. die Beweglichkeit der Saugdüsen garantieren.

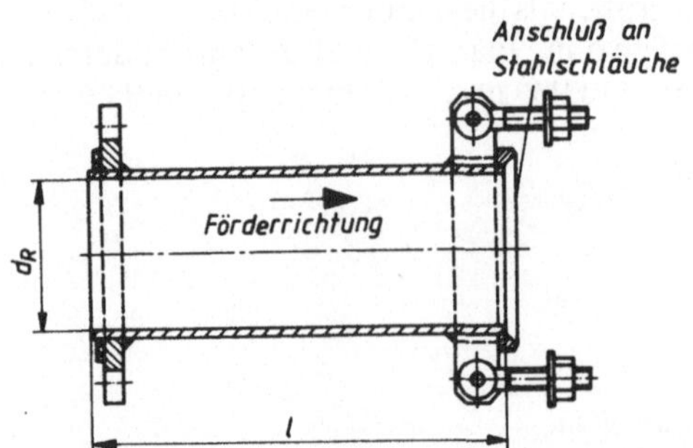

Bild 4.40. Förderrohr mit Kupplung

Die Rohrbogen werden aus geraden Rohrstücken durch Verformung hergestellt oder sind Gußkonstruktionen (Bild 4.41). Stahlbogen werden für Umlenkwinkel von 30, 60 und 90° angeboten, Gußbogen für 22,5 und 30° bei lichten Weiten von 82 und 100 ... 125 mm sowie 20°

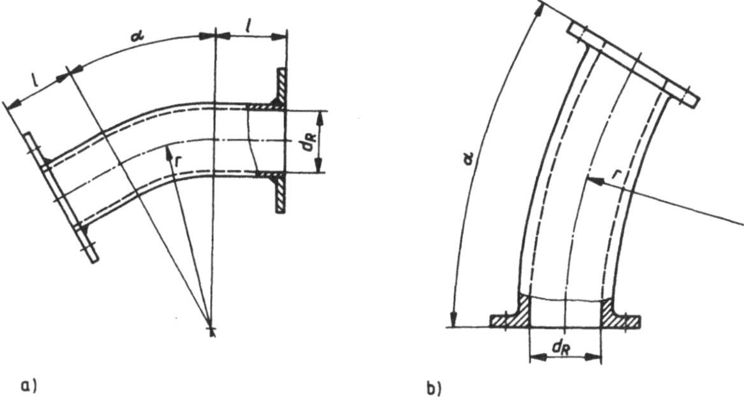

Bild 4.41. Förderleitungsbogen
a) aus Stahl mit angeschweißtem Flansch; b) aus Grauguß (GGL-20)

für 125 mm. Die lichten Weiten der Stahlrohrbogen entsprechen denen der geraden Förderleitungen. Das Verhältnis Krümmungsradius zu lichter Weite liegt bei $r/d_R = 8 \dots 12$ bei Stahlbogen und $r/d_R = 6 \dots 10$ bei Gußbogen.
Abzweigrohre werden vorwiegend mit nur geraden Abgängen aus Stahl St 35hb oder Gußwerkstoffen (GGL-20) gefertigt.

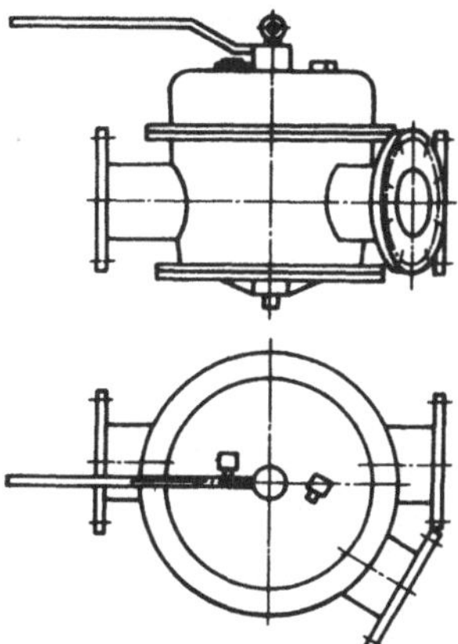

Bild 4.42. Kückenrohrweiche

Eine wichtige Baugruppe für die Förderleitungssysteme sind *Rohrweichen*. Hauptsächlich eingesetzte Bauformen sind Kückenrohrweichen (Bild 4.42) und Drehrohrweichen (Bild 4.43).
Kückenrohrweichen sind Zweiwegweichen, während Drehrohrweichen vier, sechs und mehr Abgänge haben können. Die lichten Weiten der Anschlußstutzen sind den Förderleitungsdurchmessern angepaßt. Die Kückenrohrweiche eignet sich vor allem für körniges Schüttgut. Für staubförmige Produkte sind Drehrohr- oder Schieberweichen vorteilhafter einzusetzen.
Bei Kückenrohrweichen beträgt die Ablenkung 30° von der Hauptachse. Die Weiche ist gasdicht und somit auch für Trägermedien, wie Stickstoff usw., geeignet. Die Weichen dürfen nur bei Unterbrechung des Förderstroms umgestellt werden. Eingebaute Endschalter signalisieren die Stellung der Weiche. Die Rohrweichen können mit waagerecht oder senkrecht liegen-

der Drehachse eingebaut werden. Die Kückenrohrweichen sind aus Grauguß, in Spezialfällen
auch korrosionsbeständig ausgeführt; ihre Eigenmasse liegt bei 150...200 kg. Drehrohrweichen werden in verschiedenen Nenngrößen hergestellt; jeder Nenngröße ist ein bestimmter
Durchmesserbereich für die anzuschließenden Förderleitungen zugeordnet. Das Umstellen
der Drehrohrweiche geschieht auf folgende Weise (vgl. Bild 4.43):

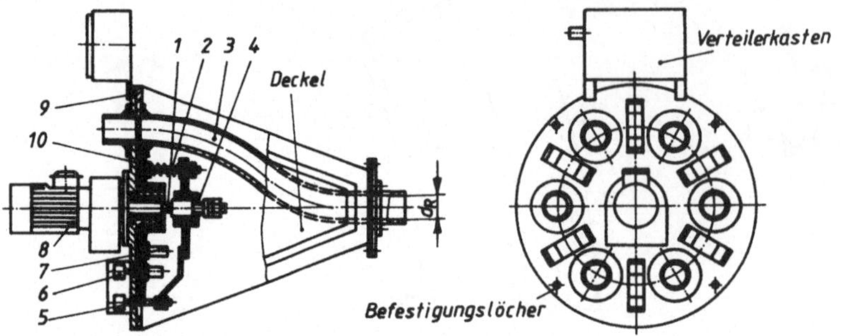

Bild 4.43. Drehrohrweiche
1 Spindel; 2 Druckfeder; 3 Drehrohr; 4 Rutschkupplung; 5 Stift; 6 Drehrichtungsschalter; 7 Sperre; 8 Motor; 9 Grundplatte; 10 Anpreßscheibe

Bei rotierender Spindel 1 werden die Druckfedern 2 entspannt und die Anpreßscheibe 10 von
der Grundplatte 9 abgehoben. Sobald dadurch die Sperre 7 ausgerastet ist, rotieren Anpreßscheibe 10 und Drehrohr 3, unterstützt durch die Rutschkupplung 4, bis zum Erreichen einer
neuen, vorgewählten Stellung. Dabei werden alle spannungslosen Drehrichtungsschalter 6
überlaufen. Bei Erreichen und Betätigen des vorgewählten Drehrichtungsschalters 6 wird die
Drehrichtung des Motors 8 umgekehrt. In dieser Richtung kann die Sperre 7 nicht überlaufen
werden, und die Anpreßscheibe rastet fluchtend zur gewünschten Förderleitung ein. Bei weiter rotierender Spindel 1 wird nun die Anpreßscheibe in Richtung Grundplatte bewegt. Ist der
erforderliche Anpreßdruck erreicht, betätigt Stift 5 einen Endschalter. Daraufhin wird der
Motor abgeschaltet und ein entsprechendes Signal an die Steuerzentrale gegeben. Damit ist
der Umstellvorgang beendet.
Die Massen der Drehrohrweichen liegen je nach Nenngröße bei 260...440 kg.

4.2.5.　Gutabscheidevorrichtungen

Bei der Trennung des Schüttguts vom Gasstrom ist zu überlegen, wie das für die Förderung
notwendige Verhältnis einer ausreichend großen Strömungskraft zu den geringeren bzw.
gleich großen bewegungshemmenden Kräften so verändert werden kann bzw. welche der bewegungshemmenden Kräfte oder welche evtl. zusätzlichen Kräfte so wirken, daß sie den Feststoff zurückhalten und damit vom weiterströmenden Gas trennen können.

Schwerkraftabscheider

Die einfachste Möglichkeit bietet sich beim Einleiten des Gas-Feststoff-Gemischs in einen
größeren Behälter, z. B. in den für Sauganlagen eingesetzten Rezipienten nach Bild 4.44.
Durch die Querschnittserweiterung vom Rohr mit der lichten Weite d_R auf den Behälter mit
d_1 wird die Gasgeschwindigkeit so stark reduziert, daß sie die Schwebegeschwindigkeit v_S des
Förderguts unterschreitet. Das heißt, die vom aufwärts strömenden Gas auf die Einzelteilchen
übertragene Strömungskraft ist kleiner als die Schwerkraft. Damit fällt das Gut in Schwerkraftrichtung aus dem Gasstrom aus. Rezipienten mit Nennweiten d_1 im Bereich
800...2400 mm sind geeignet für Gasdurchsätze von 0,283...2,5 m³/s. (Tafel 4.6).
Bedingt durch Verwirbelungen im Abscheidebehälter und wegen der aus baulichen Gründen
nicht beliebig zu verringernden Gasgeschwindigkeit im Behälter sind Schwerkraftabscheider
nur für körnige Güter, wie Getreide und Kunststoffgranulate, einsetzbar. Am Reingasaustritt
wird die Reingasleitung als Verbindung zum Verdichter bei Sauganlagen bzw. als Verbindung

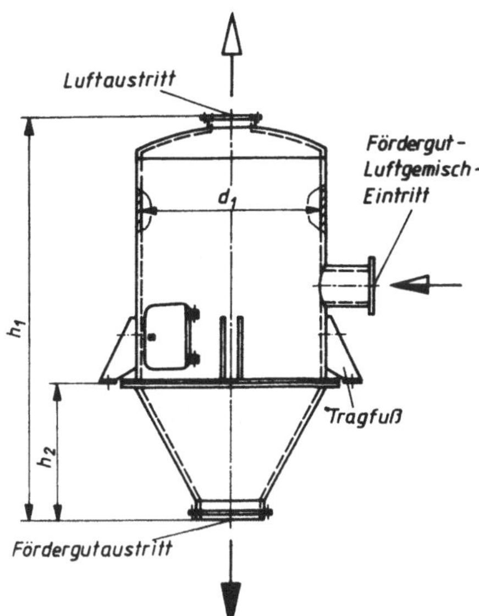

Bild 4.44. *Rezipient (Schwerkraftabscheider)*
Hauptabmessungen s. Tafel 4.6

Tafel 4.6. Leistungsdaten von Rezipienten

Nennmaß			
d_1	h_1	h_2	$\dot{V}_F$
mm	mm	mm	m³/s
800	1400	555	0,283
1000	2050	680	0,433
1200	2550	830	0,617
1400	2800	880	0,85
1600	3150	1040	1,117
1800	3500	1160	1,417
2000	3850	1250	1,75
2200	4200	1280	2,083
2400	4650	1460	2,5

zur Abgashaube bei Druckanlagen angeschlossen; am Fördergutaustritt ist eine Schleuse vorzusehen (vorzugsweise werden hier Zellenradschleusen eingesetzt). Der Druckabfall von Schwerkraftabscheidern liegt je nach Zuordnung von Baugröße und Gasdurchsatz im Bereich 0,3...0,7 kPa.

Fliehkraftabscheider (Zyklone)

Leitet man den Gas-Feststoff-Strom tangential in den Abscheider und führt die für den Reingasaustritt vorgesehene Leitung als sog. Tauchrohr in den Behälter (Bild 4.45), so bewegt sich das Gas-Feststoff-Gemisch auf einer Wirbelsenke. Bedingt durch die damit entstehende kreisförmige Bewegung wirkt auf die Feststoffteilchen eine Fliehkraft, die bei richtig gewählter Eintritts- und damit auch Umfangsgeschwindigkeit so groß wird, daß der Feststoff entgegen der zum Tauchrohrmund wirkenden Strömungskraft an die Behälterwand gelangt, dort abgebremst wird, unter Wirkung der Schwerkraft den Einflußbereich der Wirbelsenke verläßt und ausgetragen wird. Da die Fliehkraft wesentlich größer werden kann als die von Haus aus gegebene Schwerkraft, können mit einem Zyklon auch staubförmige Produkte abgeschieden werden. Bei Nennweiten im Bereich $d_1 = 315...1250$ mm sind Zyklone für Gasdurchsätze von 0,13...2,5 m³/s einsetzbar (Tafel 4.7). Da Zyklone nur für kleine bis mittlere Mischungsverhältnisse geeignet sind, werden sie in der Regel in Kombination mit einem vorgeschalteten Schwerkraftabscheider, der schon einen großen Teil des Gutes austrägt, eingesetzt. Der

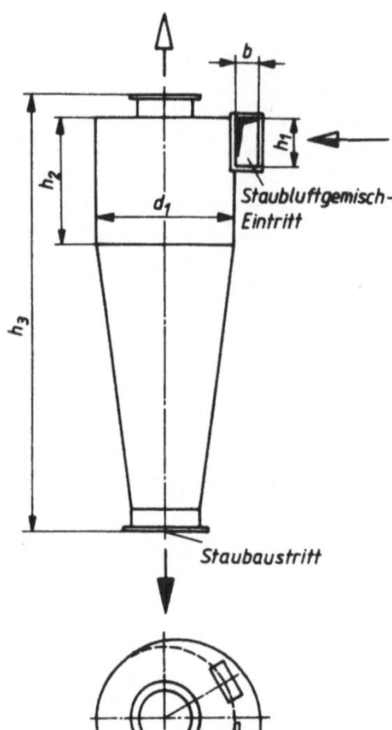

Bild 4.45. Zyklon (Fliehkraftabscheider)
Hauptabmessungen s. Tafel 4.7

Tafel 4.7. Leistungsdaten von Zyklonen

Nenngröße d_1	b	h_1	h_2	h_3	$\dot{V}_F$ m³/s
315	–... 55	110	280	960	0,13...0,16
400	–... 70	140	355	1205	0,18...0,25
500	70... 90	180	450	1500	0,26...0,4
630	90...115	225	560	1860	0,43...0,63
800	110...140	280	710	2360	0,66...1,0
1000	135...180	355	900	2950	1,05...1,6
1250	180...225	450	1120	3670	1,6 ...2,6

Druckabfall von Zyklonen liegt im Bereich 0,8...1,5 kPa, wobei mit zunehmendem Gasdurchsatz der Druckabfall, aber auch der Abscheidegrad ansteigen.

Gewebeabscheider

Bei sehr hohem Staubanteil im Fördergut und sehr kleinem Korndurchmesser müssen den Schwerkraft- und/oder Fliehkraftabscheidern noch Gewebeabscheider (Bild 4.46) nachgeschaltet werden. Das Gas-Feststoff-Gemisch durchströmt einen Behälter, in dem Gewebetaschen oder -schläuche angebracht sind, wobei der Staub durch das Gewebe zurückgehalten wird und in Schwerkraftrichtung aus dem Behälter gelangt. Ein Teil des Staubes sammelt sich als sog. Filterkuchen an den Gewebebahnen und erhöht dadurch zwar die Filterwirkung, aber auch den Durchströmwiderstand. Das Filtergewebe muß deshalb in regelmäßigen Abständen gereinigt werden. Dabei unterscheidet man mechanisches Abreinigen durch Bewegen, besonders Stauchen der Gewebebahnen und Spülen durch einen Reingasstrom. Oft werden beide Verfahren kombiniert angewendet. Zum Beispiel haben Saugschlauchfilter spezielle Abklopfmechanismen, bei denen das mechanische Abreinigen durch Spülluft entgegen der sonstigen Förderrichtung unterstützt wird. Das mechanische Abklopfen geschieht mit Hilfe eines

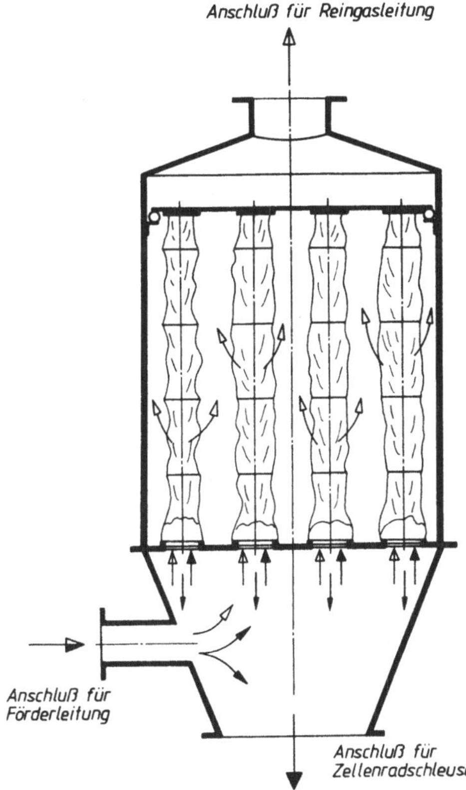

Bild 4.46. Schema eines Saugschlauchfilters

Tafel 4.8 Leistungsdaten von Saugschlauchfiltern

| d_1 | h_1 | h_2 | h_3 | h_4 | A_F |
mm	mm	mm	mm	mm	m^2
1150	1250	830	2480	440	6,3
1150	2500	830	3730	440	14
1500	3000	1100	4650	620	30
1850	2500	1400	4550	600	42
1850	3500	1400	5550	600	60
2200	3500	1645	5895	800	90

Zahnkranzes, der über entsprechende Gestänge und Rahmen den Filterschlauch reckt und schlagartig wieder locker läßt. Zum mechanischen Abreinigen verwendet man auch elektromagnetische oder exzentrische Schwingungserreger, die den gesamten Filterrahmen bewegen.

Schwingtaschenfilter zeichnen sich gegenüber Saugschlauchfiltern durch ein bei gleicher Filterfläche wesentlich verkleinertes Gesamtvolumen aus.

Die zulässige Filterflächenbelastung, die je nach Gewebeart und Fördergut $30\ldots150$ m^3 je $(\mathrm{h}\cdot\mathrm{m}^2)$ beträgt, bestimmt in Abhängigkeit vom Gasdurchsatz die erforderliche Filterfläche und damit je nach Typ der Gewebeanordnung die Baugröße. Saugschlauchfilter nach Bild 4.47 erreichen immerhin für Gasdurchsätze von $1{,}25\ldots4$ m^3/s einen Durchmesser von $d_1 = 2200$ mm und eine Gesamtbauhöhe von 6700 mm (Tafel 4.8). Für eine wirksame Filterfläche von z. B. 20 m^2 benötigt ein Saugschlauchfilter bei einem Durchmesser von $d_1 = 1500$ mm eine Gesamtbauhöhe von 4270 mm. Dagegen läßt sich in einem Schwingtaschenfilter der Abmessungen 604 mm $\times\,101$ mm $\times\,1250$ mm die gleiche Filterfläche unter-

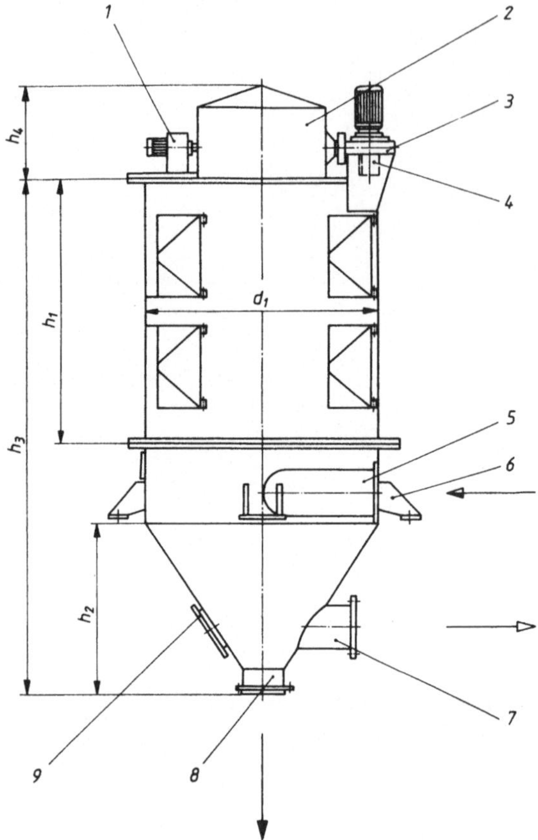

*Bild 4.47. Saugschlauchfilter (Gewe-
beabscheider)*
Hauptmaße s. Tafel 4.8

1 Motor für Abklopfmechanismus; *2* Filterhaube;
3 Spüllüfter mit Motor; *4* Spüllüfterstutzen;
5 Lufteintrittsstutzen; *6* Tragfuß;
7 Luftaustrittsstutzen; *8* Staubausfallstutzen;
9 Reinigungsöffnung

bringen. Das bedeutet für den Schwingtaschenfilter ein auf etwa 1/10 gesenktes Bauvolumen gegenüber dem Saugschlauchfilter.
Der Druckabfall von Gewebeabscheidern erreicht je nach Gewebeart und Verschmutzungsgrad Werte im Bereich 1…2 kPa.

4.3. Berechnungsverfahren

Es ist Anliegen dieses Buches, Richtlinien für die Dimensionierung des Rohrleitungssystems und die Auswahl der Verdichterstation vorzustellen. Für die dazu notwendigen Werte des Druckabfalls in Abscheidern, Schalldämpfern usw. werden Erfahrungswerte eingesetzt, die der Genauigkeit des Gesamtverfahrens genügen. Auf eine ausführliche Berechnung der Abscheider usw. wird hier verzichtet. Der Projektant pneumatischer Förderer greift ohnehin auf gültige Standards zurück, aus denen die Zuordnung von Baugröße und Leistungsparametern der einzelnen Baugruppen abzulesen ist (Tafeln 4.6 bis 4.8). Außerdem ist die Wahl des richtigen Rohrdurchmessers und einer ausreichenden Verdichterstation das Hauptproblem bei der Dimensionierung pneumatischer Förderer. Hauptursachen von Störungen sind in der Regel falsch bemessene Rohrleitungsquerschnitte und Antriebsstationen und nur selten nicht richtig ausgewählte Abscheider.
Wie aus Abschnitt 4.1. zu erkennen, ist wegen der Kompressibilität des Trägergases und wegen der Einbeziehung von Bedingungen zum Ermitteln der Mindestgasgeschwindigkeit eine ausführliche Berechnung sehr kompliziert und umfangreich. Zum besseren Verständnis wird deshalb zunächst ein stark vereinfachtes Verfahren vorgestellt.

4.3.1. Vereinfachte Neuauslegung pneumatischer Dünnstromförderer

Anhand dieses Verfahrens soll gleichzeitig die prinzipielle Vorgehensweise erläutert werden, weil sie wegen der Vereinfachungen leichter erkennbar ist. Ausgangspunkt ist die Tatsache, daß für pneumatische Dünnstromförderer neben der zulässigen Höchstgrenze für die Raumkonzentration $c_R \leqq 0{,}058$ die Gasgeschwindigkeit v_R größer als die des Druckabfallminimums sein muß (s. Bild 4.6). Für die Berechnung werden deshalb die im Abschnitt 4.1.4. vorgestellten Beziehungen für das Druckabfallminimum genutzt. Mit den Gleichungen für die Koordinaten des Druckabfallminimums hat man die Möglichkeit, bei gegebener Aufgabenstellung (Weg, Gutdurchsatz, Guteigenschaften) unter Vorgabe des Druckabfalls sofort mit Gl. (4.156) den Rohrdurchmesser und danach mit den Gleichungen (4.147), (4.157), (4.152) und (4.153) die erforderliche Gasgeschwindigkeit zu berechnen. Die jetzt angewendeten Beziehungen weichen aus zwei Gründen von den eben genannten Gleichungen ab:

- Einführung eines Korrekturfaktors zur Berücksichtigung der Kompressibilität des Gases analog den Gleichungen (4.188) und (4.191),
- Einführung einer vereinfachten Form für die äquivalente Förderentfernung

$$l_\ddot{a} = l_w + 1{,}5\, l_s + 7{,}5\, z \tag{4.268}$$

mit

$$l_R = l_w + l_s, \tag{4.269}$$

wobei l_w der Gesamtweg in horizontaler Richtung, l_s der Gesamthöhenunterschied und z die Anzahl aller Krümmer, unabhängig von Umlenkwinkel und Einbaulage ist.

Mit dem zweiten Grund in engem Zusammenhang steht die Veränderung der Faktoren K_D und K_V, die in Anpassung der vereinfachten Form von $l_\ddot{a}$ an praktische Ergebnisse folgende Größen erhalten:

$$K_D = 67 \cdot (5{,}8 - 0{,}6\, \varkappa_w) \left(0{,}618 + \frac{\dot{m}_s}{158} + \frac{l_R}{832} - \frac{\dot{m}_s\, l_R}{83\,200} \right), \tag{4.270}$$

$$K_v = 50 + 6\sqrt[3]{l_R} - 20\sqrt[5]{\dot{m}_s}. \tag{4.271}$$

Damit ergibt sich folgender Berechnungsablauf, wobei die Einheiten nach Tafel 4.9 zu verwenden sind bzw. sich aus der Berechnung ergeben:

1. Zusammenstellen der Ausgangsdaten nach Tafel 4.10
   Zunächst müssen neben dem geforderten Gutdurchsatz $\dot{m}_s$ die Geometrie der Gesamtanlage und die Guteigenschaften geklärt bzw. zusammengestellt werden. Von der Rohrleitungsführung interessieren für dieses vereinfachte Verfahren nur die Länge der gesamten horizontalen Wegstrecke l_w und der Gesamthöhenunterschied l_s sowie die Anzahl z aller Rohrbogen ohne Rücksicht auf Umlenkwinkel und Einbaulage. Das Schüttgut wird durch folgende Größen chrakterisiert: Korndichte ϱ_K, modifizierte Reibungszahl $\varkappa_w$ (spezifischer Bewegungswiderstand in einem waagerechten Rohr) und Schwebegeschwindigkeit v_s. Für das exakte Verfahren müssen $\varkappa_w$ und v_s experimentell ermittelt werden. Zur überschläglichen Berechnung genügt hier ein Abschätzen beider Größen nach den Tafeln 4.1 und 4.11. Es ist zu beachten, daß in den Dimensionierungsgleichungen stets der Druckabfall Δp_F in den materialführenden Leitungen einzusetzen ist, für die Verdichterauswahl jedoch auch die Druckabfälle in Abscheidern und weiteren Baugruppen zu berücksichtigen sind. Deshalb müssen auch die Anzahl und Art der Abscheider und Schalldämpfer sowie Länge und Durchmesser der Reingasleitung bekannt sein. Der Druckabfall in der Reingasleitung kann erst bei einer Nachrechnung berücksichtigt werden, da bei Neuauslegung der Gasdurchsatz noch nicht bekannt ist. Erst wenn – von dieser Ausnahme abgesehen – alle in Tafel 4.10 geforderten Daten eingetragen sind, kann mit der eigentlichen Berechnung begonnen werden.

Tafel 4.9. Einheiten für die vereinfachte Berechnung

d_R	v	$\dot{V}$	Δp	l	$\dot{m}_S$	ϱ_K	Ψ
mm	m/s	m^3/s	kPa	m	t/h	t/m^3	Ws/(kg·m)

Tafel 4.10. Ausgangsdaten für die vereinfachte Berechnung

Geometrie:		
horizontale Förderentfernung	l_W	m
Gesamthöhenunterschied	l_S	m
Anzahl aller Rohrbogen	z	
Guteigenschaften:		
Korndichte	ϱ_K	t/m^3
Schwebegeschwindigkeit	v_S	m/s
modifizierte Reibungszahl	$\varkappa_W$	
Gutdurchsatz	$\dot{m}_S$	t/h
Zusatzeinrichtungen:		
Durchmesser der Luftleitung	d_L	mm
Länge der Luftleitung	l_L	m
Anzahl Schwerkraftabscheider	z_S	
Anzahl Zyklone	z_Z	
Anzahl Gewebeabscheider	z_G	
Anzahl Schalldämpfer	z_D	

Tafel 4.11. Schwebegeschwindigkeit kugliger Einzel-teilchen in Luft (293 K, 100 KPa)

d_K in mm	ϱ_K in kg/m^3			
	500	1 000	1 500	2 500
	v_S in m/s			
0,05	0,036	0,072	0,104	0,162
0,1	0,130	0,240	0,340	0,525
0,5	1,3	2,1	2,7	3,8
1	2,6	3,9	5,1	6,9
2	4,4	6,6	8,2	10,8
3	5,9	8,5	10,4	13,5
4	6,9	9,9	12,1	16,0
5	7,9	11,2	13,7	17,7

2. Berechnung

Entsprechend den einleitend getroffenen Festlegungen zur Nutzung der Gleichungen für die Koordinaten des Druckabfallminimums beginnt die Berechnung mit der Wahl eines Druckabfalls Δp_F, wobei zu beachten ist, daß der Verdichterdrucksprung nach Gl. (4.249) zu bestimmen ist bzw. bei Verwendung einer Strahlschleuse unter Beachtung der Gleichungen (4.252) bis (4.256). Für den Druckabfall in den der Förderleitung vor- und nachgeschalteten Aggregaten gilt

$$\Delta p_A = 0{,}5\,z_s + z_z + 1{,}5\,z_G + 0{,}3\,z_D + \Delta p_L, \qquad (4.272)$$

wobei der Druckabfall Δp_L in den Reingasleitungen aus dem ersten Glied von Gl. (4.148) folgt, wenn für Geschwindigkeit, Länge und Rohrdurchmesser die entsprechenden Werte der Gasleitung eingesetzt werden:

$$\Delta p_{\mathrm{L}} = \lambda \, \frac{\varrho_{\mathrm{F}}}{2} \, v_{\mathrm{L}}^2 \, \frac{l_{\mathrm{L}}}{d_{\mathrm{L}}} \, , \tag{4.273}$$

wobei

$$v_{\mathrm{L}} = \frac{4 \dot V_{\mathrm{F}}}{\pi \, d_{\mathrm{L}}^2} = v_{\mathrm{R}} \, (d_{\mathrm{R}}/d_{\mathrm{L}})^2 \, . \tag{4.274}$$

Die Wahl des Druckabfalls Δp_{F} ist beliebig, solange praktisch übliche Werte für den Rohrdurchmesser ermittelt werden und die Raumkonzentration $c_{\mathrm{R}} \leqq 0{,}058$ ist. Entsprechende Kontrollen sind im Algorithmus vorgesehen. Aus ökonomischen Gründen sollte jedoch – wie bereits erläutert – der vorgegebene Druckabfall bei Druckanlagen 80 und bei Sauganlagen 50 kPa nicht überschreiten. Da nach Abschnitt 4.1.8. ein Überdimensionieren der Anlage den Energiebedarf stärker beeinflussen kann als eine Druckveränderung, ist zu empfehlen, im angegbenen Druckbereich mehrere Werte für Δp_{F} bzw. Δp_{V} vorzugeben und die Anlage auszuwählen, bei der die Standardwerte für Rohrdurchmesser und Gasdurchsatz den berechneten am nächsten liegen. Damit ergibt sich folgender Berechnungsablauf:

- Berechnung der äquivalenten Länge $l_{\ddot{\mathrm a}}$, der Korrekturfaktoren K_{D} und K_{V} sowie des Druckabfalls Δp_{A} nach den Gleichungen (4.268), (4.270), (4.271) und (4.272). Der Anteil des Druckabfalls in den Reingasleitungen kann erst bei einer Nachrechnung berücksichtigt werden.
- Auswahl eines Standardwerts für den Verdichterdrucksprung Δp_{V} und damit des entsprechenden Wertes für den Druckabfall Δp_{F} unter Beachtung von Gl. (4.249).
- Berechnung des erforderlichen Mindestwerts für den Rohrdurchmesser

$$d_{\mathrm{R}} \geqq K_{\mathrm{D}} \sqrt[5]{\left(1 + x_{\mathrm{V}} \frac{\Delta p_{\mathrm{F}}}{200}\right) (x_{\mathrm{w}} \dot m_{\mathrm{s}})^2 \left(\frac{l_{\ddot{\mathrm a}}}{100 \, \Delta p_{\mathrm{F}}}\right)^3} \, , \tag{4.275}$$

$x_{\mathrm{V}} = 1$ für Druckanlagen, $x_{\mathrm{V}} = -1$ für Sauganlagen. Es ist für d_{R} der *nächstgrößere* Standardwert zu wählen. Sollte sich ein zu großer Rohrdurchmesser ergeben, muß der Druck erhöht werden. Geht eine Druckerhöhung über den genannten Richtwert hinaus, ist eine wirtschaftliche pneumatische Förderung nicht möglich; das bedeutet nicht, daß die Aufgabe überhaupt nicht lösbar wäre.

- Berechnung der ersten Näherung für die erforderliche Gasgeschwindigkeit mit dem eben gewählten Standardwert für den Rohrdurchmesser

$$v_1 = K_{\mathrm{V}} \sqrt[3]{\left(1 + x_{\mathrm{V}} \frac{\Delta p_{\mathrm{F}}}{200}\right)^2 \frac{x_{\mathrm{w}} \dot m_{\mathrm{s}}}{d_{\mathrm{R}}}} \, . \tag{4.276}$$

Daraus folgt mit der bekannten Größe der Anströmgeschwindigkeit v_{A} die gesuchte Mindestgasgeschwindigkeit. In Anwendung von Gl. (4.185) folgt unter Beachtung der Einheiten nach Tafel 4.9

$$v_{\mathrm{A}} = v_{\mathrm{S}} \sqrt{x_{\mathrm{w}} - \frac{520 \, \dot m_{\mathrm{s}}}{\varrho_{\mathrm{K}} \, d_{\mathrm{R}}^2}} \, . \tag{4.277}$$

- Ermittlung der Mindestgasgeschwindigkeit und des Mindestgasdurchsatzes. Je nach den Größenverhältnissen von v_1 und v_{A} folgt $v_{\min}$ nach Gl. (4.152) oder Gl. (4.153). Mit der Gasgeschwindigkeit ergibt sich schließlich der erforderliche Gasdurchsatz unter Beachtung eines Zuschlags von 10 % für das durch Undichtheiten bei Druckanlagen entweichende und bei Sauganlagen nach der Förderleitung zuströmende Gas

$$\dot V_{\mathrm{F}} = 1{,}1 \cdot 10^{-6} \, \pi \, v_{\min} \, d_{\mathrm{R}}^2/4. \tag{4.278}$$

- Berechnung des Verdichterdurchsatzes, der als Ansaugvolumenstrom definiert ist nach

$$\dot{V}_V \gtreqqless \frac{\dot{V}_F}{\left(1 + x_S \dfrac{\Delta p_V}{100}\right)} \tag{4.279}$$

mit $x_S = 0$ bei Druckanlagen und $x_S = -1$ bei Sauganlagen. Auch hier liegt die Betonung auf *nächstgrößerem* Standardwert, um einen möglichst geringen spezifischen Energiebedarf zu erreichen. Bei einer zu starken Überdimensionierung besteht hier aber eine weitaus bedeutendere Gefahr. Bei konstant gehaltenem Druck geht naturgemäß ein durch vergrößerten Gasdurchsatz ansteigender Reingasdruckabfall zu Lasten des zusätzlichen Druckabfalls und damit des möglichen Gutdurchsatzes. Im Extremfall kann ein stark erhöhter Gasdurchsatz dazu führen, daß durch den vorgegebenen Druckabfall gerade der Reingasdruckverlust überwunden werden kann und damit der Gutdurchsatz zu Null wird.

- Kontrolle der im Betriebspunkt erreichten Raumkonzentration

$$c_R = 10^3 \dot{m}_S / [2{,}827 \, \varrho_K \, d_R^2 \, (v_R - v_A)], \tag{4.280}$$

wobei sich v_R aus dem tatsächlichen Gasdurchsatz ergibt. Ist $c_R > 0{,}058$, muß der Druck verringert werden, damit ein größerer Rohrdurchmesser zum Einsatz kommen kann.

- Abschätzen des spezifischen Energiebedarfs. Ohne Kenntnis des Verdichterwirkungsgrads und des einzusetzenden Antriebsmotors kann der theoretische Wert des spezifischen Energiebedarfs mit

$$\psi_{th} = 3{,}6 \cdot 10^3 \, \Delta p_V \, \dot{V}_V / \dot{m}_S \, l_R \tag{4.281}$$

ermittelt werden.

Sollte keine der genannten Bedingungen erfüllt werden können, ist eine pneumatische Dünnstromförderung für die vorgegebene Aufgabenstellung nicht möglich.

In der Regel genügt für eine Einsatzentscheidung über einen pneumatischen Dünnstromförderer das vorgestellte vereinfachte Verfahren. Für eine endgültige Auslegung und Vorbereitung der Projektierung sollte ohnehin ein erfahrener Hersteller befragt werden, der über exaktere Berechnungsmethoden verfügt. Das ist vor allem auch deshalb wichtig, weil neben der richtigen Festlegung von Rohrdurchmesser und Gasdurchsatz eine Reihe von Randbedingungen beachtet werden muß, die nur dem erfahrenen Hersteller geläufig sind. Dazu gehören z. B.

- die Auswahl der geeigneten Einschleusvorrichtung,
- die Auswahl des richtigen Abscheiders bzw. der Abscheidekombination sowie
- das Beachten möglicher Gut- oder Anlagenbeschädigungen infolge der in Dünnstromförderern notwendigen hohen Gas- und Gutgeschwindigkeiten.

4.3.2. Neuauslegung pneumatischer Dünnstromförderer

Nach dem gleichen Prinzip wie im Abschnitt 4.3.1. beschrieben kann die Dimensionierung auch mit Hilfe der ausführlichen und komplizierten, aber dafür genaueren Beziehungen (4.185) bis (4.193) unter Verwendung der Gleichungen (4.177) bis (4.179) vorgenommen werden. Wegen der von der erst zu ermittelnden Gasgeschwindigkeit abhängigen äquivalenten Förderentfernung und des nun nicht mehr zu vernachlässigenden Faktors K_M ergibt sich folgender Algorithmus:

- Zusammenstellen der Ausgangsdaten (Einheiten nach Tafel 4.12). Neben dem Gutdurchsatz $\dot{m}_S$ und den Guteigenschaften $\varkappa_w$, v_S und ϱ_K muß hier die genaue Gestalt der Anlage erfaßt werden. Zum Umlenkwinkel α_i der Rohrbogen ist die jeweilige Anzahl z_i anzugeben und zu den Längen l_j der geraden Rohrstücken der entsprechende Neigungswinkel δ_j zur

Tafel 4.12. Einheiten für die ausführliche Berechnung

$\dot{m}_S$	v_S	ϱ_K	l	d_R	Δp	$\dot{V}_v$
kg/s	m/s	kg/m^3	m	m	kPa	m^3/s

Horizontalen, wobei Steigstrecken mit $\delta_j > 0$ und Gefällstrecken mit $\delta < 0$, jeweils zur Horizontalen gemessen, einzusetzen sind.

- Wahl des Druckabfalls unter den bereits im Abschnitt 4.3.1. genannten Kriterien.
- Berechnung der während der Iteration konstant zu haltenden Größen. Bei neuen Größen werden die Gleichungen, bei bekannten nur die Gleichungsnummern angegeben:

$$v_0 = v_S \sqrt{\varkappa_w} \, , \tag{4.282}$$

$$v_2 = 1{,}87 \, \dot{m}_S/\varrho_K \, , \tag{4.283}$$

l_B Gl. (4.178),
l_G Gl. (4.179),

$$l_R = \sum_{j=1}^{m} l_j \, , \tag{4.284}$$

$$v_3 = l_B/(g \varkappa_w l_R) \, , \tag{4.285}$$

$$v_{10} = 8{,}11 \sqrt[3]{\varkappa_w \dot{m}_S} \, , \tag{4.286}$$

$$v_{12} = \sqrt[3]{\frac{l_G}{l_R} \left(1 + x_V \frac{\Delta p_F}{200} \right)^2} \, , \tag{4.287}$$

$$d_0 = 2{,}62 \cdot 10^{-2} \sqrt[5]{\left(1 + x_V \frac{\Delta p_F}{200} \right) \left(\frac{l_G}{l_R} \varkappa_w \dot{m}_S \right)^2 \left(\frac{l_R}{\Delta p_F} \right)^3} \, . \tag{4.288}$$

- Iteration zur Ermittlung von Rohrdurchmesser und Gasgeschwindigkeit

$$d_R = d_0 \, K_M^{0,6} \, , \tag{4.289}$$

wobei im ersten Schritt $K_M = 1$ gesetzt und die nachfolgende Berechnung wiederholt wird, bis die Unterschiede für den Rohrdurchmesser d_R nach Gl. (4.289) im Toleranzbereich der Durchmesserabstufungen liegt und zum theoretischen der nächstgrößere Standardwert gewählt wird. Die nachfolgende Berechnung enthält die vom Rohrdurchmesser abhängigen Größen und muß deshalb bei jedem Iterationsschritt wiederholt werden:

$$v_A = v_0 - \frac{v_2}{d_R^2} \, , \tag{4.290}$$

$$v_{11} = v_{10}/\sqrt[3]{d_R} \, , \tag{4.291}$$

$$v_B = v_3 \, v_{11}^3 \, , \tag{4.292}$$

$v_{A\ddot{a}}$ Gl. (4.186),

$$v_1 = v_{11} \, v_{12} \, , \tag{4.293}$$

K_S Gl. (4.190),
c_1 und c_0 Tafel 4.2,
v_{min} Gl. (4.189),
K_M Gl. (4.192).

- Ermittlung des Gasdurchsatzes $\dot{V}_V$ und des Verdichters. Die weitere Berechnung kann nun wie bei der vereinfachten Neuauslegung durchgeführt werden. Mit den Gleichungen (4.278) und (4.279) wird der Gasdurchsatz ermittelt. Bei der Auswahl des Verdichters sind die Beziehungen (4.272) bis (4.274) zu beachten.

4.3.3. Nachrechnung pneumatischer Dünnstromförderer

Am einfachsten ist selbst mit der ausführlichen Gleichung die Nachrechnung einer vorhandenen Anlage. Man kann sich natürlich auch mit angenommenen Anlagenparametern über diesen Weg an eine funktionstüchtige Anlage herantasten.
Grundlage dieser Methode ist Gl. (4.184). Um sie anwenden zu können, wird ausgehend von den Verdichterdaten (Gasdurchsatz $\dot{V}_V$, Drucksprung Δp_V) wie folgt vorgegangen:

- Ermittlung des für die Förderung verbleibenden Drucksprungs Δp_F aus Gl. (4.249) unter Berücksichtigung des in den der Förderleitung vor- und nachgeschalteten Baugruppen entstehenden Druckabfalls Δp_A nach den Gleichungen (4.272) bis (4.274).
- Berechnung der Gas- und Gutgeschwindigkeit aus dem vorgegebenen Gasdurchsatz und dem vorhandenen Rohrdurchmesser mit den Gleichungen (4.278) und (4.279) sowie der Beziehung (4.30).
- Bestimmung der sich aus der Geometrie der Anlage ergebenden Werte für die äquivalenten Längen nach den Gleichungen (4.178), (4.179) und (4.284).
- Bestimmung des theoretisch möglichen Gutdurchsatzes mit Gl. (4.184).
- Beurteilung des Ergebnisses: Um die Lage des berechneten Betriebspunktes bezüglich des Druckabfallminimums festzustellen, muß für eine willkürlich gewählte, aber nicht zu stark abweichende größere Gasgeschwindigkeit v_R die Berechnung wiederholt werden. Sinkt der Gutdurchsatz $\dot{m}_S$, liegt der Punkt rechts vom Druckabfallminimum, und die Anlage arbeitet betriebssicher. Steigt bei Vergrößerung von v_R der mögliche Gutdurchsatz an, besteht für die Anlage im zuerst errechneten Betriebspunkt Verstopfungsgefahr. Die Gasgeschwindigkeit ist zu gering.

Nicht ganz so einfach, aber oftmals viel wichtiger ist die Ermittlung der Rohrkennlinie bzw. des Kennfelds einer vorhandenen Anlage. Ausgehend von der Geometrie des Förderers und den daraus zu ermittelnden äquivalenten Längen gemäß den Gleichungen (4.178) und (4.179), werden Gutdurchsatz und für jeden dieser Werte die Gasgeschwindigkeit variiert und die dazugehörenden Werte für Δp_F berechnet. Ausgangspunkt ist Gl. (4.180), die mit den Beziehungen (4.181) bis (4.183) eine quadratische Gleichung für $\Delta p F$ ergibt. Ihre Lösung ist mit folgenden Rechenschritten in übersichtlicher Weise formalisiert, wobei für die Hilfsgrößen v_0 und v_2 die gleichen Beziehungen wie im Abschnitt 4.3.2. gelten [s. Gl. (4.282) und Gl. (4.283)]:

$$v_M = v_R - v_0 + v_2/d_R^2 \; , \tag{4.294}$$

$$a_1 = 1{,}273 \, \dot{m}_S v_M l_B/d_R^2 \; , \tag{4.295}$$

$$a_2 = 12{,}49 \, x_w l_G \dot{m}_S/(v_M d_R^2) \; , \tag{4.296}$$

$$a_3 = v_R^2 l_R/(85{,}47 \, d_R) \; , \tag{4.297}$$

$$b_4 = 1\,000 - \frac{x_v a_2}{100} \; , \tag{4.298}$$

$$b_1 = a_1 + a_2 + a_3 \; , \tag{4.299}$$

$$b_2 = 5 - (x_v a_2/4 \cdot 10^4) \; , \tag{4.300}$$

$$b_3 = - x_V b_1/b_2 \; , \tag{4.301}$$

$$b_5 = x_V b_4/b_2 \; , \tag{4.302}$$

$$b_6 = (b_5/2)^2 - b_3 \; , \tag{4.303}$$

$$\Delta p_F = - \frac{1}{2} b_5 + x_V \sqrt{b_6} \; . \tag{4.304}$$

In das Rohrkennfeld kann nun die Verdichterkennlinie eingetragen werden, wobei die Schnittpunkte beider Linienarten die Betriebspunkte der Anlage sind.

4.3.4. Dichtstrom- und Mischstromförderer

Die bisher beschriebene Berechnung pneumatischer Dünnstromförderer zeichnet sich durch verhältnismäßig klare Beziehungen aus. Schon aus der Theorie können über die Größe der Schwebegeschwindigkeit ziemlich sichere Angaben zum Schlupf gemacht werden: es gelingt auf experimentellem Wege, Rohrkennlinien aufzustellen, und das deutlich sich abzeichnende Druckabfallminimum erscheint als Kriterium für eine störungsfreie Förderung. Es ist deshalb nur erforderlich, die modifizierte Reibungszahl mit Hilfe von Meßergebnissen zu ermitteln, um aus den Grundgleichungen zur Druckabfallberechnung über eine Ermittlung der Koordinaten des Druckabfallminimums zu überschaubaren Gleichungen für die Dimensionierung betriebssicherer Förderanlagen zu gelangen.

Bei Dichtstrom- und Mischstromförderern müssen neben dem spezifischen Bewegungswiderstand auch Aussagen über die Größe des Schlupfes aus Experimenten gewonnen werden. Hinzu kommt, daß Rohrkennlinien meist nicht aufgenommen werden können – bei Behälterschleusen wächst z. B. mit dem Gasdurchsatz auch der Gutdurchsatz – und daß keine verallgemeinerungsfähigen Kriterien zur Darstellung eines betriebssicheren Zustands angegeben werden können. So muß der technische Großversuch neben Aussagen zum spezifischen Bewegungswiderstand und zum Schlupf auch Ergebnisse für den betriebssicheren Zustand liefern. Außerdem führen die instationären Bewegungsvorgänge zu starken Durchsatz- und Druckschwankungen stochastischer Natur. Eine Berechnung pneumatischer Dichtstrom- und Mischstromförderer setzt die Kenntnis statistisch gesicherter Meßergebnisse voraus. Als Grundgleichung hat sich für diese Förderverfahren Gl. (4.164) bewährt, wobei c_1 nach Gl. (4.162) einzusetzen ist. Eine Integration von Gl. (4.164) liefert

$$\frac{p_{at}}{\Delta p_F} \ln\left(1 + \frac{\Delta p_F}{p_{at}}\right) = \frac{v_A}{v_{Rat}} + \frac{4g\left(\varkappa_R + \sin\delta\right)\dot{m}_S l_R}{\pi d_R^2 v_{Rat} \Delta p_F}. \tag{4.305}$$

Faßt man die linke Seite dieser Gleichung, die nur von Druckgrößen bestimmt wird, zusammen

$$y = \frac{p_{at}}{\Delta p_F} \ln\left(1 + \frac{\Delta p_F}{p_{at}}\right), \tag{4.306}$$

und definiert im zweiten Summanden der rechten Seite den Kehrwert des theoretischen spezifischen Energiebedarfs mit

$$x = \frac{g}{\psi_{th}} = \frac{4g\dot{m}_S l_R}{\pi d_R^2 v_{Rat} \Delta p_F}, \tag{4.307}$$

so lassen sich die Anlagenparameter durch eine Gerade darstellen, deren Anstieg durch den spezifischen Bewegungswiderstand und deren Abschnitt auf der Ordinate durch den relativen Schlupf bestimmt wird

$$y = \frac{v_A}{v_{Rat}} + \left(\varkappa_R + \sin\delta\right)x \tag{4.308}$$

bzw.

$$y = s_R + \varkappa_{ges}x. \tag{4.309}$$

Werden also Meßergebnisse zu den Größen x und y zusammengefaßt und lassen sich mit genügender Genauigkeit als Gerade darstellen, was mit statistischen Methoden nachweisbar ist, können – ebenfalls mit Methoden der mathematischen Statistik – der relative Schlupf s_R und der spezifische Bewegungswiderstand $\varkappa_{ges}$ ermittelt werden. Untersuchungen mit den verschiedensten Gütern bestätigen den linearen Verlauf und liefern sinnvolle Größen für Schlupf und Bewegungswiderstand mit

$$s_R = 0{,}2\ldots0{,}6, \tag{4.310}$$

$$\varkappa_{ges} = 0{,}5\ldots2{,}5. \tag{4.311}$$

Als dritte Angabe ist der Bereich einer stabilen Förderung nötig, der über x oder besser über den theoretischen spezifischen Energiebedarf dargestellt werden kann. Der relative Schlupf s_R hängt sehr stark von der Förderentfernung ab, während der Bereich des spezifischen Energiebedarfs für ein bestimmtes Fördergut konstant ist. Für ein Plastgranulat ergeben sich z. B. folgende Daten:

$$\varkappa_{ges} = 1,$$

$$l_R = 47; 100; 270 \text{ m};$$

$$s_R = 0,5; 0,4; 0,2;$$

$$\Psi_{th} = 30\ldots60\ (\text{W}\cdot\text{s})/(\text{kg}\cdot\text{m}).$$

Nach praktischen Erfahrungen ist

$$\Psi_{min} = 20\,\varkappa_{ges}\,/s_{R\,max}, \tag{4.312}$$

$$\Psi_{max} = (2\ldots3)\Psi_{min}, \tag{4.313}$$

wobei die kleinere Zahl bei Original- und die größere bei Modellanlagen gilt. Bei der Berechnung geht man von diesen Erkenntnissen ausgehend wie folgt vor:

- Berechnung des zulässigen Druckbereichs
  Mit dem Bereich für Ψ_{th} folgt aus Gl. (4.307) ein x- und aus Gl. (4.309) ein y-Bereich. Gl. (4.309) nach Δp_F aufzulösen ist schwierig; es genügt in diesem Zusammenhang folgende Näherung;

$$\Delta p_F = \cfrac{205}{\cfrac{1}{\cfrac{1}{y}-1}-0,15}. \tag{4.314}$$

Damit kann der zulässige Druckbereich berechnet werden. Es sieht nun so aus, als gäbe es für eine Aufgabenstellung mehrere Lösungsmöglichkeiten. In Wirklichkeit gibt es aber für eine bestimmte Aufgabenstellung zur pneumatischen Förderung im angegebenen Druckbereich immer nur eine zutreffende Lösung, die auf folgendem Wege gefunden wird.
- Ermittlung der kleinsten Gasmenge
  Mit der aus Gl. (4.307) abgeleiteten Hilfsgröße

$$\dot{V}_0 = g\dot{m}_s\,l_R/10^3\,\Delta p_F \tag{4.315}$$

folgen aus den Gleichungen (4.307) und (4.309) für im vorgegebenen Druckbereich angenommene Druckabfallwerte Δp_F verschiedene Gasdurchsätze

$$\dot{V}_F = \varkappa_{ges}\,\dot{V}_0/(y - s_R). \tag{4.316}$$

Nur der *kleinste Wert* entspricht dem Betriebspunkt.
- Ermittlung des zulässigen Durchmesserbereichs
  Aus dem ermittelten Gasdurchsatz ergibt sich ein zulässiger Durchmesserbereich aus den Voraussetzungen, daß die Gasgeschwindigkeit am Anfang den Wert 1 m/s nicht unter- und am Ende der Anlage den Wert 20 m/s nicht überschreitet; also ist unter Beachtung der Gl. (4.137)

$$d_{R\,min} = 2\sqrt{\frac{\dot{V}_F}{20\,\pi}}\,; \tag{4.317}$$

$$d_{R\,max} = 2\sqrt{\frac{\dot{V}_F}{\pi\left(1 + \dfrac{\Delta p_F}{100}\right)}}. \tag{4.318}$$

- Ermittlung der tatsächlichen Gasgeschwindigkeit
  Mit einem im oberen Bereich gewählten standardisierten Rohrdurchmesser folgen die tatsächlichen Gasgeschwindigkeiten zu

$$v_{\text{Rat}} = \frac{4\,\dot{V}_{\text{F}}}{\pi d_{\text{R}}^2}, \tag{4.319}$$

$$v_{\text{RA}} = \frac{v_{\text{Rat}}}{1 + \dfrac{\Delta p_{\text{F}}}{100}}. \tag{4.320}$$

Der für den Betriebspunkt zutreffende theoretische spezifische Energiebedarf hat die Größe

$$\Psi_{\text{th}} = g\dot{V}_{\text{F}}/\dot{V}_0. \tag{4.321}$$

Dieses Berechnungsverfahren bedarf einer weiteren Vervollkommnung, die durch die Einführung einer äquivalenten Förderentfernung und die weitere Systematisierung von Schüttgütern erreicht werden kann. Gegenwärtig sind noch Experimente an Großanlagen zur Bestimmung der genannten Anlagenparameter s_{R}, $\varkappa_{\text{ges}}$ und Ψ_{th} für jedes neue Schüttgut vor der Projektierung erforderlich.

4.3.5. Kapseltransport

Wegen der z. Z. noch geringeren Bedeutung gegenüber dem pneumatischen Transport losen Schüttguts wird auf eine ausführliche Berechnung entsprechend den im Abschnitt 4.1.1. zur Kapsel und zum Pfropfen dargelegten Zusammenhänge verzichtet und nur eine vereinfachte Methode zur überschläglichen Dimensionierung vorgestellt, die zur Vorbereitung von Einsatzentscheidungen ausreichend ist.

Zur Bestimmung des erforderlichen Rohrdurchmessers bzw. des zulässigen Durchmesserbereichs wird vom geforderten Gutdurchsatz ausgegangen, der mit

$$\dot{m}_{\text{s}} = m_{\text{s}}/\Delta t \tag{4.322}$$

von der Schüttgutmasse je Kapsel bzw. Kapselzug und dem zeitlichen Abstand zweier aufeinanderfolgender Kapseln bzw. Kapselzüge abhängt. Die als Nutzmasse geltende Größe m_{s} wird durch den Laderaum bestimmt:

$$V_{\text{c}} = n_{\text{c}}l_{\text{c}}\,\eta_{\text{F}}\pi d_{\text{c}}^2/4. \tag{4.323}$$

Kapseldurchmesser und Kapsellänge können nach Erfahrungen auf den Rohrdurchmesser bezogen werden ; denn es gilt in der Regel bei praktisch ausgeführten Anlagen

$$d_{\text{c}} = (0{,}8\ldots 0{,}9)\,d_{\text{R}}, \tag{4.324}$$

$$l_{\text{c}} = (1\ldots 3)\,d_{\text{R}}. \tag{4.325}$$

Mit den Gleichungen (4.324) und (4.325) folgt aus Gl. (4.323) für das nutzbare Volumen einer Kapsel bzw. eines Kapselzugs

$$V_{\text{c}} = K_{\text{c}}\,d_{\text{R}}, \tag{4.326}$$

wobei sich die Größe des Faktors K_{c} wegen der Beziehungen (4.315) bis (4.326) im Bereich

$$K_{\text{c}} = (0{,}5\ldots 2)\,n_{\text{c}}\eta_{\text{F}} = 1\ldots 30 \tag{4.327}$$

nach dem Wert des Füllungsgrads η_{F} und der Anzahl der Kapseln n_{c} je Zug richtet. Für die in Gl. (4.322) einzusetzende Schüttgutmasse folgt mithin

$$m_{\text{s}} = \varrho_{\text{s}}V_{\text{c}}. \tag{4.328}$$

Der zeitliche Abstand aufeinanderfolgender Kapseln bzw. Kapselzüge unterscheidet sich bei stetiger und unstetiger Arbeitsweise. Bei stetigem Betrieb ist

$$\Delta t = t_\text{c}, \tag{4.329}$$

wobei

$$t_\text{c} = K_\text{t}\, d_\text{R} \tag{4.330}$$

ein Erfahrungswert ist, der im wesentlichen durch die Beladedauer bestimmt wird. Der empirische Faktor liegt dabei je nach Beladevorrichtung im Bereich

$$K_\text{t} = (100 \dots 200)\ \text{s/m}. \tag{4.331}$$

Bei unstetiger Arbeitsweise ist dagegen

$$\Delta t = t_\text{B} + \frac{l_\text{R}}{v_\text{cH}} + t_\text{E} + \frac{l_\text{R}}{v_\text{cR}} \tag{4.332}$$

die Gesamtdauer eines Arbeitsspiels, die durch die Beladezeit, die Zeit für die Hinfahrt, die Entladezeit und die Zeit für die Rückfahrt eines Kapselzugs bestimmt wird. Unter der vereinfachenden Annahme, daß Belade- und Entladezeit gleich groß sind und der nach Gl. (4.330) entsprechen sowie daß die Geschwindigkeit der Hin- und Rückfahrt gleich groß sind, folgt

$$\Delta t = 2\left(t_\text{c} + \frac{l_\text{R}}{v_\text{c}} \right). \tag{4.333}$$

Damit folgt für den Gutdurchsatz eines stetig arbeitenden Kapselförderers aus den Gleichungen (4.322), (4.326) und (4.328) bis (4.322)

$$\dot{m}_\text{s} = \frac{K_\text{c}}{K_\text{t}}\, \varrho_\text{s}\, d_R^2 \tag{4.334}$$

und für eine unstetig arbeitende Anlage unter Beachtung von Gl. (4.333)

$$\dot{m}_\text{s} = \frac{\varrho_\text{s} K_\text{c} d_R^3}{2\left[K_\text{t} d_\text{R} + (l_\text{R}/v_\text{c}) \right]} \tag{4.335}$$

Wird die Rohrleitungslänge als Vielfaches des Rohrdurchmessers ausgedrückt

$$l_\text{R} = n_\text{R} d_\text{R}, \tag{4.336}$$

folgt aus Gl. (4.335)

$$\dot{m}_\text{s} = \frac{\varrho_\text{s} K_\text{c} d_R^2}{2\left[K_\text{t} + (n_\text{R}/v_\text{c}) \right]} \tag{4.337}$$

Löst man die Gleichungen (4.334) und (4.337) nach dem Rohrdurchmesser auf, erhält man mit

$$d_\text{R} = \sqrt{\frac{K_\text{t}}{K_\text{c}}\, \frac{\dot{m}_\text{s}}{\varrho_\text{s}}} \tag{4.338}$$

für stetigen und mit

$$d_\text{R} = \sqrt{\frac{2\left(K_\text{t} + \dfrac{n_\text{R}}{v_\text{c}} \right) \dot{m}_\text{s}}{K_\text{c}\, \varrho_\text{s}}} \tag{4.339}$$

für unstetigen Betrieb jeweils eine Beziehung zur Abschätzung des möglichen Durchmesserbereichs.

Um unstetig arbeitende Einrohranlagen mit dem gleichen Rohrdurchmesser betreiben zu

können wie stetig arbeitende Zweirohranlagen, muß K_c entsprechend vergrößert werden; die einzige Größe mit der K_c maßgeblich verändert werden kann, ist nach Gl. (4.327) die Kapselanzahl je Zug. Aus diesem Grunde trifft man in der Regel in Einrohranlagen auf Kapselzüge, während in Zweirohranlagen Einzelkapseln bewegt werden.
Im ermittelten Durchmesserbereich gibt man sich drei oder vier Standardwerte vor und berechnet zu jedem Rohrdurchmesser unter Variation der Gasgeschwindigkeit die Rohrkennlinie und dazu den Verlauf der theoretischen Antriebsleistung über der Gasgeschwindigkeit. Man hat damit die Möglichkeit, die Anlage mit dem geringsten Energiebedarf auszuwählen. Für den Druckabfall gilt unter Verwendung der Gleichungen (4.12), (4.39) und (4.43)

$$\Delta p_F = \lambda \frac{\varrho_F}{2} v_R^2 \frac{l_R}{d_R} + (\mu_{Ro} \cos \delta + \sin \delta) \left(1 + \frac{m_c}{m_s}\right) \frac{n_z \, m_{ges} g}{A_R}, \tag{4.340}$$

und der theoretische Energiebedarf hat die Größe

$$P_{Vth} = \dot{V}_V \; \Delta p_F. \tag{4.341}$$

Dabei wurde in Gl. (4.12) $v_F = v_R$ und $m_S = m_{ges}$ gesetzt.
Das Verhältnis Kapsel – zu Nutzmasse ist in Gl. (4.40) gegeben. m_{ges} ist die Schüttgutmasse je Kapsel bzw. Kapselzug und n_z die Anzahl der im Rohr gleichzeitig fahrenden Kapseln bzw. Kapselzüge. Sie ergibt sich für stetigen Transport mit dem Quotienten aus Verweilzeit im Rohr

$$t_R = \frac{l_R}{v_c} \tag{4.342}$$

und zeitlichem Abstand zweier Kapseln nach Gl. (4.322) zu

$$n_z = \frac{l_R}{K_t \, d_R \, v_c}. \tag{4.343}$$

In Einrohranlagen ist in der Regel nur ein Zug unterwegs.
Die Kapselgeschwindigkeit folgt aus Gl. (4.44) mit der Beziehung (4.41) oder besser aus

$$v_c = v_R - v_L \tag{4.344}$$

mit

$$v_L = c_D \sqrt{\frac{2(\mu_{Ro} \cos \delta + \sin \delta) \left(1 + \dfrac{m_c}{m_s}\right) m_s g}{\varrho_F A_R}}. \tag{4.345}$$

Dabei ist c_D der Umströmungsbeiwert nach Gl. (4.36); die aus der Undichtheit folgende Kapselumströmung ist mit v_L und der Definition von c_D auf den Gesamtquerschnitt bezogen. Deshalb folgt mit der Leerrohrgeschwindigkeit v_R aus Gl. (4.344) auch die Kapselgeschwindigkeit im Beharrungszustand. Gl. (4.345) folgt aus dem Gleichgewicht zwischen Druckkraft und bewegungshemmender Kraft an der Kapsel sowie dem Zusammenhang zwischen Druckdifferenz und Leckgasmenge. Für $\delta = 90°$ geht Gl. (4.345) in Gl. (4.41) für v_{cs} über. Der Gasdurchsatz folgt aus Gl. (4.278) und Gl. (4.279). Die Nutzmasse je Kapselzug m_{ges} ergibt sich aus dem geforderten Gutdurchsatz und den über K_c festgelegten Anlagenparametern wegen der Gleichungen (4.326) bis (4.328) zu

$$m_{ges} = (0{,}5 \ldots 2{,}0) \, n_c \, \eta_F \, \varrho_s \, d_R^3. \tag{4.346}$$

Der Rechenweg ist also wie folgt zu beschreiten:

- Zusammenstellen der Ausgangsdaten $\dot{m}_s, l_R, \delta, \varrho_s, \mu_{Ro}$,
- Wahl der Faktoren K_t und K_c sowie der Betriebsart anhand der sich aus den Gleichungen (4.338) und (4.339) ergebenden Durchmesserbereiche; Festlegen der zu untersuchenden Standardwerte für Rohrdurchmesser,

*Tafel 4.13. Reingasdruckabfall
in Rohrpostanlagen*

d_R	$\dot{V}_V$	$\Delta p_F/l_R$
mm	m³/s	Pa/m
55	0,038	35…50
75	0,069	25…35
100	0,118	20…25

- Festlegung der Kapselzugform und damit der endgültigen Werte für K_t und K_c; Ermittlung der Nutzmasse m_{ges} nach Gl. (4.346) und des Verhältnisses Kapsel – zu Nutzmasse;
- jeweils für einen Rohrdurchmesser Variation der Geschwindigkeit v_R und Berechnung folgender Größen:

1.	c_D	nach Gl. (4.36),
2.	v_L	nach Gl. (4.345)
3.	v_c	nach Gl. (4.344)
4.	n_z	nach Gl. (4.343)
5.	Δp_F	nach Gl. (4.340)
6.	$\dot{V}_v$	nach Gl. (4.278) und Gl. (4.279)
7.	P_{vth}	nach Gl. (4.341),

- aus der Gesamtheit der Rechenergebnisse für verschiedene Rohrdurchmesser und Gasgeschwindigkeiten Auswahl der Anlage mit dem geringsten Energiebedarf P_{vth}.

In gleicher Weise, wenn auch für geringere Rohrdurchmesser und kleinere Gutdurchsätze, werden Rohrpostanlagen dimensioniert. Mit Gl. (4.340) kann der Druckabfall berechnet bzw. können die Rohrkennlinien ermittelt werden. In der Regel geht man hier von konstanten Verdichterdaten aus. Dabei sind die Gasdurchsätze so bemessen, daß sich Gasgeschwindigkeiten um 15 m/s ergeben. Die Reingasdruckabfälle folgen aus Gl. (4.340) mit $n_z = 0$ und liegen im Bereich nach Tafel 4.13.
Die Anzahl der in der Rohrleitung gleichzeitig zu bewegenden Rohrpostbüchsen ergibt sich aus der Differenz des Verdichterdrucksprungs zum Reingasdruckabfall, die als Druckreserve zur Überwindung des zusätzlichen Druckabfalls entsprechend dem zweiten Summanden auf der rechten Seite von Gl. (4.340) verbleibt. Als Richtwert gilt hier eine Druckdifferenz von 2…3 kPa/Büchse. Die Büchsengeschwindigkeit liegt je nach Qualität und Abnutzungsgrad der Treibscheiben bei der vorgegebenen Gasgeschwindigkeit von etwa 15 m/s im Bereich von 8…10 m/s.
Während der Quotient des Durchmessers der Filzgleitringe zum Rohrdurchmeser etwa 0,97 ist, beträgt das gleiche Verhältnis für die Treibscheibe 0,987…0,990; das entspricht einer Spaltweite zwischen Gummitreibscheibe und Rohrinnenwand in der Größenordnung von 0,5 mm.

4.4.   Beispiele ausgeführter Anlagen

4.4.1.   Pneumatische Schiffsentlader

Der älteste Anwendungsfall eines Saugförderers im Dünnstrombereich ist, wie im Abschnitt 4.4. gezeigt, der pneumatische Schiffsentlader. Dem ursprünglichen Einsatz für Getreide und Ölsaaten folgte bald auch seine Anwendung für Düngemittel und Soda sowie später auch für Fischmehl und ähnliche Produkte. Schwierigkeiten bei der Aufnahme von den durch den Transport zur Entladestelle verfestigten Gütern führten zur Entwicklung spezieller Auflockerungseinrichtungen, aber auch zum Ausweichen auf andere Stetigförderer, wie Schnekkenförderer und Becherwerke. Schließlich führten wohl auch die Grenzen der Leistungsfähigkeit, bedingt durch den hohen spezifischen Energiebedarf, und der starke Verschleiß zum Übergang vom pneumatischen Schiffsentlader auf andere Umschlageinrichtungen. Dennoch ist der Saugheber in seinen unterschiedlichsten Bauformen heute in vielen Übersee- wie Binnenhäfen zu finden. Man trifft auf stationäre (Bild 4.48) wie auf kaiseitig verfahrbare (Bild 4.49) und auch schwimmende Anlagen. Auch für die Waggonentladung haben sich pneumatische Saugheber, hierbei hauptsächlich die stationären Typen, als rationelle Umschlaghilfe bestens bewährt.

Die Umschlagleistung wird durch die Anzahl und den Durchmesser der zum Einsatz kommenden Rohrleitungen bestimmt. Es kann davon ausgegangen werden, daß durch eine Rohrleitung von $d_R = 182$ mm etwa $50\dots75$ t/h und durch ein Rohr von $d_R = 259$ mm etwa $100\dots150$ t/h Schwergetreide transportiert werden können. Auf einem Saugturm sind in der Regel zwei pneumatische Förderer installiert, die ihrerseits wiederum mit ein bis drei Rohrleitungen ausgerüstet sind, so daß je Turm Durchsätze im Bereich $200\dots900$ t/h erreicht werden. Beim Einsatz von bis zu drei solcher fahrbaren Saugtürme je Schiff können so maximal 2700 t/h Getreide entladen werden. Beim Umschlag anderer Produkte sinkt der mögliche Gutdurchsatz mit wachsender modifizierter Reibungszahl $\varkappa_w$. Als Faustformel für den erreichbaren Gutdurchsatz gilt

$$\dot{m}_s = \dot{m}_N / \varkappa_w, \tag{4.347}$$

wenn $\dot{m}_N$ der Nenndurchsatz für Schwergetreide ist.

Die Drucksprünge der verwendeten Vakuumpumpen liegen meist in der Größenordnung $40\dots60$ kPa. Die Saugtürme sind mit Verwiegeeinrichtungen ausgestattet und erlauben den Umschlag auf andere Schiffe (s. Bild 4.48) in Eisenbahnwaggons oder in Lastkraftwagen; die Stahlkonstruktionen der Saugtürme besitzen dazu eigens gestaltete Portale. Mit einem weiteren Stetigförderer gekoppelt, meist handelt es sich hierbei um Trogkettenförderer, ist auch das Beschicken von Siloanlagen möglich.

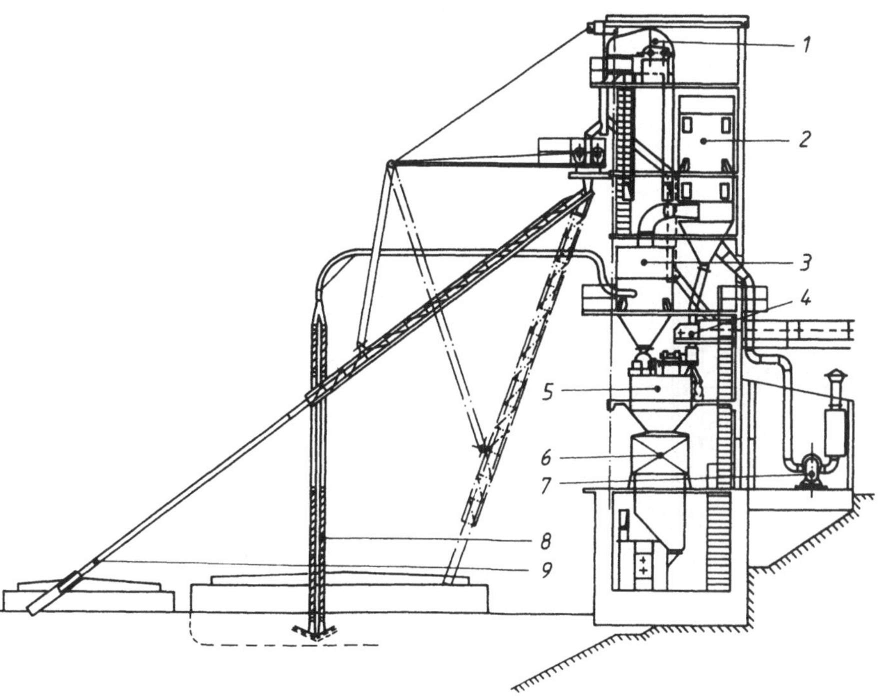

Bild 4.48. Stationärer pneumatischer Schiffsentlader

1 Becherförderer; *2* Saugschlauchfilter; *3* Schwerkraftabscheider; *4* Trogkettenförderer; *5* Zwischenbunker; *6* Waage; *7* Gebläse; *8* Saugrohr; *9* Fallrohr

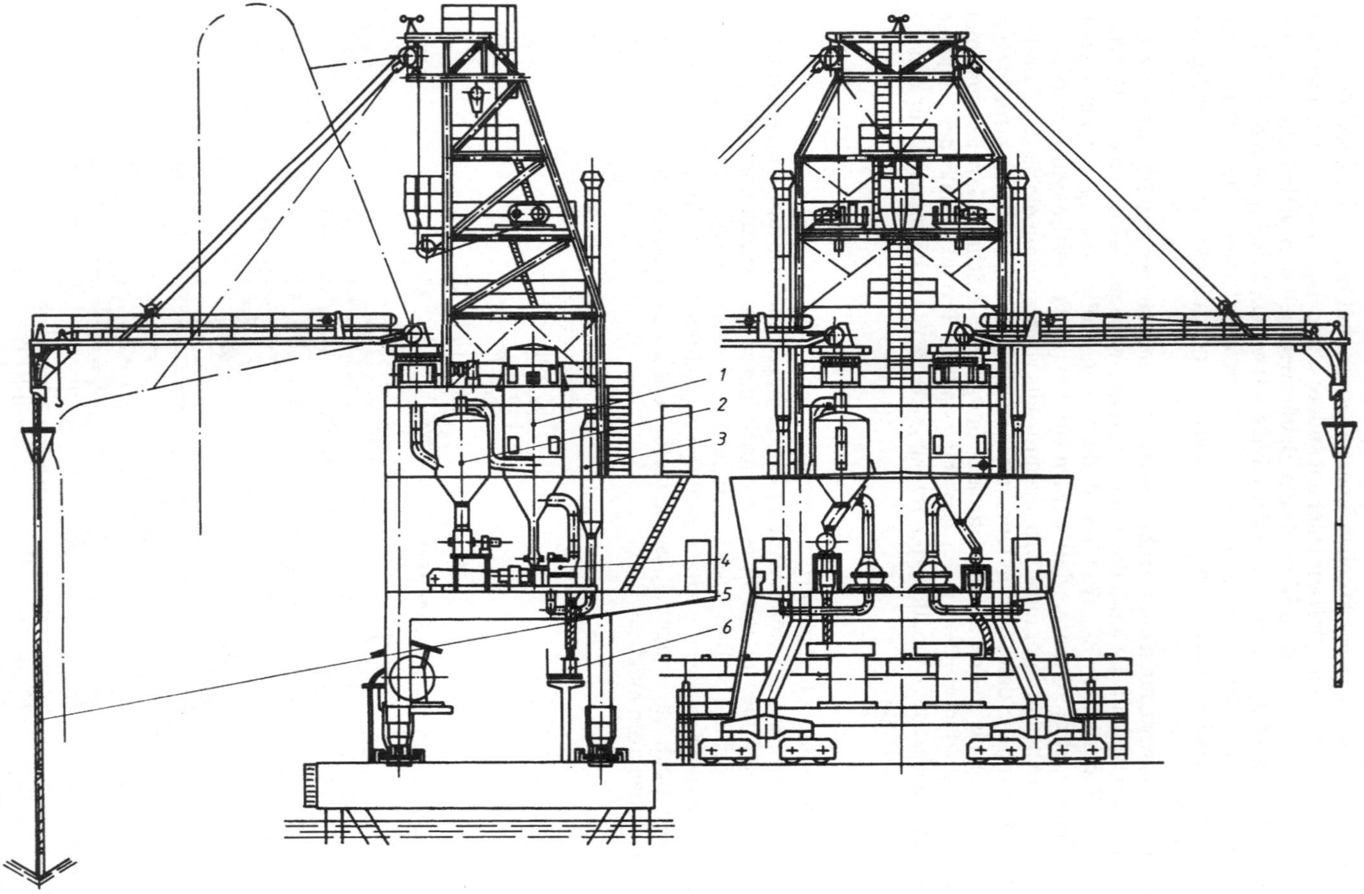

Bild 4.49. Fahrbarer pneumatischer Schiffsentlader
1 Saugschlauchfilter; *2* Rezipient; *3* Schalldämpfer; *4* Gebläse; *5* Saugrohr; *6* Trogkettenförderer

Jeder Saugturm ist mit mechanisch (Seilflaschenzüge) heb-, senk- und schwenkbaren Saugleitungen ausgerüstet, wodurch höchste Beweglichkeit und Anpassungsfähigkeit an die zu entladenden Schiffe gewährleistet sind. Besondere Verriegelungen verhindern ein gegenseitiges Anfahren der Leitungen, so daß weitgehend unfallfreies Arbeiten möglich ist. Die beiden Förderer eines jeden Saugturms sind vollkommen getrennt ausgeführt. Dadurch kann bei plötzlichem Ausfall einer Anlage der Saugturm mit halber Leistung weiterarbeiten. Ferner sind wegen des Arbeitsschutzes für jeden Saugturm getrennt arbeitende Entstaubungsanlagen vorgesehen, die den Staub aus den Filtern, den zweiten Stetigförderern, den automatischen Waagen sowie aus den Übergabestellen absaugen und zu einem Staubturm ebenfalls über automatisch arbeitende Verwiegeeinrichtungen saugen.

4.4.2. Pneumatische Druckförderer in der chemischen Industrie

Wie im geschichtlichen Abriß dargestellt, kamen mit der Entwicklung der chemischen Industrie Anstöße zur Erweiterung der Einsatzgebiete pneumatischer Förderer. Die Chemie ist heute einer der größten Anwender pneumatischer Förderer; Produkte wie PVC-Pulver und PVC-Granulat, Pottasche, Soda, Polystyrol u. a. werden mit den unterschiedlichsten Anlagentypen transportiert. Während sich Sauganlagen, wie eben beim Schiffsentlader gezeigt, durch den Vorteil einfacher Gutaufnahmevorrichtungen auszeichnen und zum Sammeln eingesetzt werden können, bieten sich Druckanlagen für die Gutverteilung an. Ein typisches Beispiel hierfür ist die Beschickung von Tagesbehältern aus einem größeren Vorratsbehälter. Bild 4.50 zeigt das Schema einer solchen Anlage in einem plastverarbeitenden Betrieb. Mit Behälterfahrzeugen, die ebenfalls pneumatisch entladen werden, wird das Plastgranulat angeliefert und über ferngesteuerte Drehrohrweichen in die Vorratssilos *1* eingeblasen. Unter den Vorratsbehältern wird das Produkt abgezogen, gewogen und in die Druckleitungen eingeschleust (*2*). Von hier aus strömt es zu den kleineren Tagessilos *5*, die über den Verarbeitungsmaschinen, z. B. Extrudern, angeordnet sind. Über den Tagessilos befinden sich zur Produktabscheidung Zyklone *4*. Die Tagessilos haben Meßfühler zur Voll- und Leermeldung, die die Füllstandsinformation an die Schaltwarte weitergeben. Von dort aus wird selbsttätig der zweckmäßigste Förderweg zwischen Vorratssilo und leerem Tagessilo gewählt, das Antriebsaggregat eingeschaltet, nach dessen Anlauf die Ausblasventile geschlossen, die Zellenradschleuse zugeschaltet und schließlich nach Vollmeldung der Fördervorgang beendet. Die Förderanlagen sind durch diese vollautomatische Betriebsweise optimal ausgelastet. Ein solches Rohrnetz kann z. B. insgesamt 112 ferngesteuerte Rohrweichen, 10 Ent- und Beladestellen, 34 Vorratssilos und 172 Abgabezyklone miteinander verbinden. Diese Zahlen und Bild 4.52 mit der den Laien verwirrenden Vielzahl von Rohrleitungen machen den Vorteil des raumsparenden Einsatzes pneumatischer Förderer deutlich. Die Verknüpfung einer derart großen Anzahl von Verarbeitungsmaschinen mit Vorratsbehältern wäre bei Verwendung anderer Stetigförderer unter den gegebenen räumlichen Bedingungen nicht zu realisieren.
Eine vereinfachte Möglichkeit der Gutverteilung bietet der sog. Verteilerkanal nach Bild 4.51, durch den eine große Anzahl von Zyklonen und damit an Bauhöhe eingespart werden kann. Das aus dem Behälter *7* geförderte Granulat durchströmt den Verteilerkanal *9* über den Zwischenbehältern *10*. Die Behälter sind ohne Verschlüsse direkt mit dem Verteilerkanal verbunden. Durch Ablenkbleche, die z. B. die im Bild 4.51 gezeigte Form haben können, wird der Feststoff in die Behälter gelenkt. So werden die Behälter nacheinander beschickt. Gefüllte Behälter werden überströmt; nicht abgeschiedenes Gut gelangt über Zyklon *4* und Vorratsbehälter *5* in den Verteilbehälter *7* zurück. Die Anlage ist insgesamt gasdicht ausgeführt und kann, wie in der Kunstfaserindustrie üblich, unter Stickstoff im Kreislauf betrieben werden.
Die in den beiden vorgestellten Anlagentypen für Druckbetrieb erreichbaren Gutdurchsätze richten sich nach der Förderentfernung und liegen bei Verwendung von Drehkolbengebläsen mit 40...60 kPa Drucksprung und Durchmessern im Bereich 82...100 mm um 1...2 t/h bei großen Förderentfernungen (800 m) und erreichen 15...25 t/h für kürzere Wege (50 m). Die erforderlichen Gasgeschwindigkeiten müssen Werte um 20...30 m/s erreichen. Oft liegen die technologisch bedingten Gutdurchsätze weit unter den praktisch möglichen.

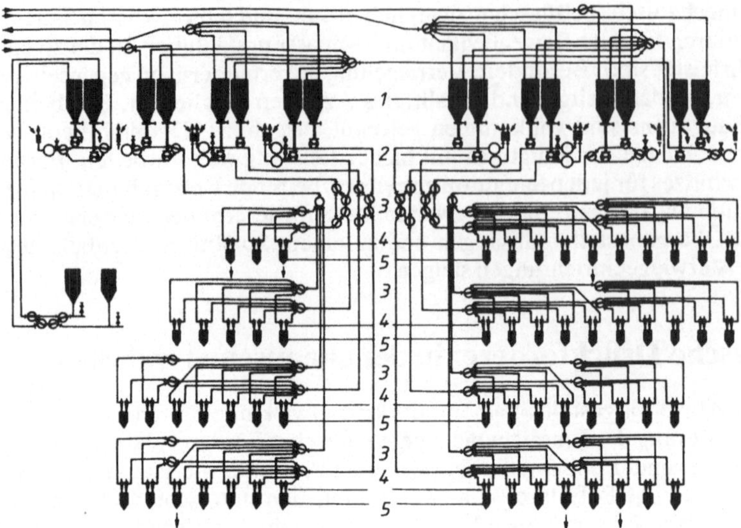

Bild 4.50. Verteilung von Plastgranulat mit pneumatischen Druckförderern
1 Vorratssilos; *2* Gebläse und Zellenradschleusen; *3* Weichen; *4* Zyklone; *5* Tagessilos

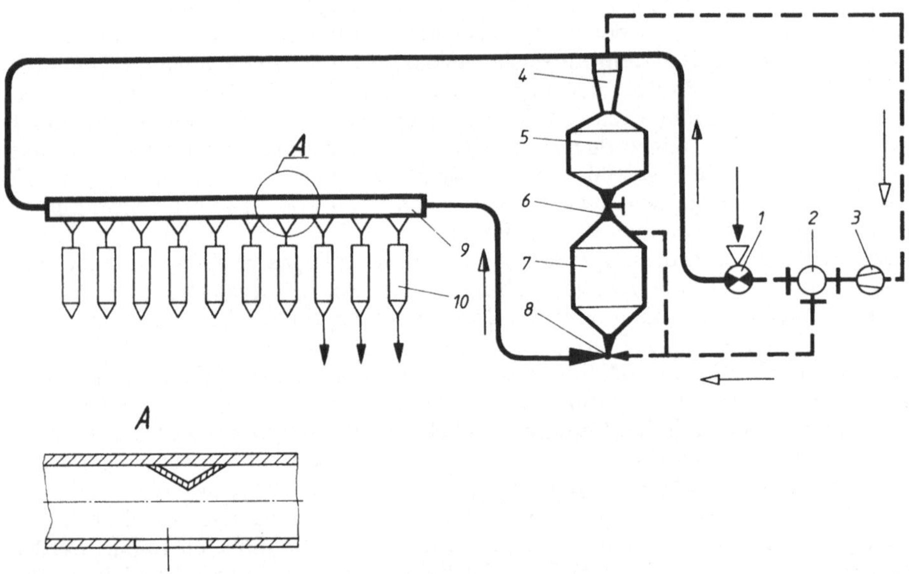

Bild 4.51. Pneumatischer Kreisförderer für Granulat mit Verteilerkanal
1 Zellenradschleuse; *2* Weiche; *3* Gebläse; *4* Zyklon; *5* Vorratsbehälter; *6* Schieber; *7* Verteilbehälter; *8* Aufgabedüse; *9* Verteilerkanal;
10 Zwischenbehälter

4.4.3. Großrohrpost

Praktisch genutzten Anlagen der Großrohrpost, auch als pneumatische Kapseltransportanlagen bezeichnet. begegnet man vor allem in der Sowjetunion. Bild 4.28 ist die schematische Wiedergabe der Be- und Entladestation einer in der Nähe von Moskau betriebenen Zweirohranlage, für die weitere Daten nicht bekannt sind. Die meisten bekannt gewordenen Förderer werden noch als industrielle Versuchsanlagen bezeichnet. So wurde nach *Lieberwirth* [4.10]

im Gebiet Gorki die erste industriell genutzte einrohrige Versuchsanlage für den Transport von Sand und Kies vom Hafen Dshershinski zu einer 7 km entfernten Fabrik für Fertigbetonteile mit einer „zweigleisigen" Auf- und Abgabestation in Betrieb genommen. In der 1 220 mm weiten Rohrleitung werden bei dreischichtigem, aber diskontinuierlichem Betrieb bis zu 400 000 t/a transportiert. Dafür sind zwei Containerzüge für je 7 t Nutzmasse eingesetzt. Als Fahrzeit des beladenen Zuges werden 26 min, des Leerzuges 17 min für die Beladung ebenfalls 17 min und für die Entladung 6,2 min angegeben. Der gesamte Höhenunterschied beläuft sich einschließlich einer Straßenunterführung auf etwa 18 m. Die erste reine Industrieanlage wurde 1971 in Betrieb genommen. Sie dient dem Transport von Baustoffen aus einem Tagebau in die 2,2 km entfernte Fabrik für Stahlbetonteile in Schulaweri (Kreis Tbilissi). Die Durchlaßfähigkeit der Einrohranlage wurde durch eine Ausweichstelle in der Mitte der Strecke vergrößert. Die zwei Containerzüge bestehen aus je zwei Pneumoloks und sechs Containern; die Masse des beladenen Zuges beträgt 25 t, der Gutdurchsatz 640 000 t/a. Der Druckabfall bei der Bewegung des beladenen Kapselzugs wurde bei einer Kapselgeschwindigkeit von 16 km/h zu 40 kPa und der des leeren Zuges bei einer Geschwindigkeit von 30 km/h zu 12 kPa ermittelt. Die gesamte Anlage einschließlich Be- und Entladung ist automatisiert. Belade- und Entladezeit des Zuges betragen 60 s.
Auffällig ist der große Platzbedarf für die Be- und Entladestationen, so daß die im Abschnitt 4.1.6. genannten Bedingungen für einen ökonomischen Einsatz durch die praktisch-konstruktive Ausführung nur noch unterstrichen werden.

Literaturverzeichnis

Abschnitt 1.

[1.1] *Bahke, E.:* Transportsysteme heute und morgen. Krausskopf-Verlag, Mainz 1973

[1.2] *Bahke, E.:* Die Bedeutung des Rohrtransportes als Alternative zu konventionellen Massenguttransportmitteln. Transrohr 80, VDI-Berichte Nr. 371, 1980, VDI-Verlag, Düsseldorf 1980

[1.3] *Bain, A. G.; Bonnington, S. T.:* The hydraulic transport of solids by pipeline. Pergamon Press 1970

[1.4] *Gandhi, R. L.:* An overview of slurry pipelines. Journal of Pipelines, 3 (1982) 1–11

[1.5] *Grabow, G.:* Optimierung hydraulischer Förderverfahren zur submarinen Gewinnung mineralischer Rohstoffe. Freiberger Forschungsheft A 586, 1978

[1.6] *Kecke, H. J.; Tarjan, I.:* Einsatz und Weiterentwicklung des hydromechanischen Feststofftransportes. Wissenschaftliche Zeitschrift der TH Magdeburg 26 (1982) 1, S. 9–13

[1.7] *Kreusing, H.; Franke, F. H.:* Investigations of the flow and pumping behaviour of coal-oil-mixtures with paticular reference to the Injektion of a coal-oil-slurry into the blast furnace. Hydrotransport 6, Canterbury, GB 1979, C 2

[1.8] *Meier zu Köcker, H.; Hüning, R.:* Quell- und Fließverhalten von Kohle-Wasser-Öl-Gemischen. Brennstoff-Chemie 47 (1966) 10, 5. 289–295

[1.9] *Mittelstädt, M.:* Strömungsverhalten hochkonzentrierter Kohle-Wasser-Gemische. 6. Kolloqium Massenguttransport durch Rohrleitungen. Universität GH Paderborn, Meschede 1984, D 1

[1.10] *Orgarkow, E. F.; Schilow, P. M.; Iwanow, W. A., u. a.:* Kontainermji truboprovodni gidrotransport kuskovych u sypucich materialov. Stroitelstvo truboprovodov, Moskva 17 (1972) 1

[1.11] *Palarski, J.:* Hydrotransport. Wydawnictwa Naukowo – Techniczne. Warzsawa 1982

[1.12] *Bahke, E.:* Die Bedeutung des Rohrtransportes als Alternative zu konventionellen Massenguttransportmitteln. Transrohr 80, VDI-Berichte Nr. 371, 1980, VDI-Verlag, Düsseldorf 1980

[1.13] *Pudel, S.; Kecke, H. J.:* Zur optimalen Gestaltung von hydraulischen Feststofftransportanlagen. Hydromechanisation 4, 1985, Karl-Marx-Stadt (DDR), C 2

[1.14] *Rosenstrauch, O.; Brandstätter, G.:* Die ROL-Pipeline Rybnik-Ostrava-Linz, neue Entwicklungen. 3 R-international, 18. Jahrgang, 12 (1979), S. 772–773

[1.15] *Weber, M.:* Grundlagen der hydraulischen und pneumatischen Rohrförderung. VDI-Bericht 371: Transrohr 80, VDI-Verlag, Düsseldorf 1980

[1.16] *Weber, M.:* Strömungsfördertechnik. Mainz: Krausskopf-Verlag GmbH 1974

[1.17] *Weber, M.:* Feststofftransport in Rohrleitungen. 2 R-international, 16 (1977) 2

Abschnitt 2.

1. Bücher, Nachschlagewerke

[2.1] Lehrbuch der chemischen Verfahrenstechnik. 5. Aufl. Leipzig: VEB Deutscher Verlag für Grundstoffindustrie 1983

[2.2] Verfahrenstechnische Berechnungsmethoden. Teil 3: Mechanisches Trennen in fluider Phase. Leipzig: VEB Deutscher Verlag für Grundstoffindustrie 1982

[2.3] Verfahrenstechnische Berechnungsmethoden. Teil 7: Stoffwerte. Leipzig: VEB Deutscher Verlag für Grundstoffindustrie 1981

[2.4] *Albring, W.:* Angewandte Strömungslehre. 5. Aufl. Berlin: Akademie-Verlag 1978

[2.5] *Altschul, A. D.:* Hydraulische Widerstände (russ.). Moskau: Verlag Nedra 1970

[2.6] *Beckmann, G.; Kleis, I.:* Abtragverschleiß von Metallen. 1. Aufl. Leipzig: VEB Deutscher Verlag für Grundstoffindustrie 1983

[2.7] *Brauer, H.:* Grundlagen der Einphasen- und Mehrphasenströmungen. Aarau, Frankfurt/Main: Verlag Sauerländer 1971

[2.8] *Eck:* Technische Strömungslehre. 7. Aufl. Berlin, Heidelberg, New York: Springer-Verlag 1966

[2.9] *Elsner, N.:* Grundlagen der Technischen Thermodynamik. 6. Aufl. Berlin: Akademie-Verlag 1985

[2.10] *Fleischer, G.; Gröger, H.; Thum, H.:* Verschleiß und Zuverlässigkeit. 1. Aufl. Berlin: VEB Verlag Technik 1980

[2.11] *Goudin, A. M.:* Principles of Mineral Dressing. New York, London: McGraw-Hill Book Company, Inc. 1939

[2.12] *Habig, K.-H.:* Verschleiß und Härte von Werkstoffen. München, Wien: Carl Hauser Verlag 1980

[2.13] *Idelschik, J. E.:* Handbuch der hydraulischen Widerstände (russ.). Moskau, Leningrad: Staatl. Verlag f. Energetik 1960

[2.14] ILKA-Berechnungskatalog. Hrsg.: Institut für Luft- und Kältetechnik, Dresden

[2.15] *Kattanek, S.; Gröger, R.; Bode, C.:* Ähnlichkeitstheorie. Leipzig: VEB Deutscher Verlag für Grundstoffindustrie 1967

[2.16] *Kragelski, I. W.:* Reibung und Verschleiß. 2. Aufl. Berlin: VEB Verlag Technik 1971

[2.17] *Kvapil, R.:* Schüttgutbewegungen in Bunkern. Berlin: VEB Verlag Technik 1959

[2.18] *Landolt-Börnstein:* Zahlenwerte und Funktionen. Band IV. Berlin, Heidelberg, New York: Springer-Verlag 1967

[2.19] *MacGregor:* Handbook of analytical design for Wear. New York: Plenum Press 1974

[2.20] *Macharadse, L. I.; Gotschitaschwili, T. S., u. a.:* Nadeschnost i dolgowetschnost napornich gidrotransportnich sistem. Moskau: Verlag Negra 1984

[2.21] *Molerus:* Fluid-Feststoff-Strömungen. Berlin, Heidelberg, New York: Springer-Verlag 1982

[2.22] *Ney, P.:* Zeta-Potential und Flotierbarkeit von Mineralien. Wien, New York: Springer-Verlag 1973

[2.23] *Polzer, G.; Meißner, F.:* Grundlagen zu Reibung und Verschleiß. 1. Aufl. Leipzig: VEB Deutscher Verlag für Grundstoffindustrie 1979

[2.24] *Prandtl:* Führer durch die Strömungslehre. 6. Aufl. Braunschweig: Verlag F. Vieweg & Sohn 1965

[2.25] *Richter, H.:* Rohrhydraulik. Berlin, Heidelberg, New York: Springer-Verlag 1971

[2.26] *Samoilow, O. J.:* Die Struktur von wäßrigen Elektrolytlösungen. Leipzig: B. G. Teubner Verlagsgesellschaft 1961

[2.27] *Schlichting, H.:* Grenzschicht-Theorie. 8. Aufl. Karlsruhe: Verlag G. Braun 1982

[2.28] *Schubert, H.:* Aufbereitung fester mineralischer Rohstoffe. Bd. I. 3. Aufl. Leipzig: VEB Deutscher Verlag für Grundstoffindustrie 1975

[2.29] *Schubert, H.:* Aufbereitung fester mineralischer Rohstoffe, Bd. II. 3. Aufl. Leipzig: VEB Deutscher Verlag für Grundstoffindustrie 1986

[2.30] *Schubert, H.:* Aufbereitung fester mineralischer Rohstoffe, Bd. III. 2. Aufl. Leipzig: VEB Deutscher Verlag für Grundstoffindustrie 1984

[2.31] *Selspukin, u. a.:* Handbuch der Hydromechanisation (russ.). Kiew: Verlag Budivelnik 1969

[2.32] *Smoldyrew:* Gidrawlitscheskij i pnewmatitscheskij transport w metallurgii i gornom dele. Moskau: Verlag Metallurgie 1967

[2.33] *Sonntag, H.:* Lehrbuch der Kolloidwissenschaft. Berlin: VEB Deutscher Verlag der Wissenschaften 1977

[2.34] *Stauff, J.:* Kolloidchemie. Berlin, Göttingen, Heidelberg: Springer-Verlag 1960

[2.35] VDI-Wärmeatlas. Düsseldorf: VDI-Verlag GmbH 1974

[2.36] *Vollheim:* Pneumatischer Transport. Leipzig: VEB Deutscher Verlag für Grundstoffindustrie 1971

[2.37] *Weber, M.:* Strömungsfördertechnik. Mainz: Krausskopf-Verlag 1974

[2.38] *Wuttke, W.:* Tribophysik. 1. Aufl. Leipzig: VEB Fachbuchverlag 1986

[2.39] *Zandi, I.:* Advances in Solid-Liquid Flow in Pipes and its Application. Oxford, New York, Toronto, Sydney, Braunschweig: Pergamon Press 1971

[2.40] *Zenz, F. A.; Othmer, D. F.:* Fluidization and Fluid-Particle-Systems. New York: Reinhold Publishing Corp. 1960

2. Berichte, Dissertationen, Veröffentlichungen in Fachzeitschriften

[2.41] *Brauer, H.; Kriegel, E.:* Die Probleme des Verschleißes von Rohrleitungen beim pneumatischen und hydraulischen Feststofftransport. Maschinenmarkt, Würzburg 71 (1965) S. 20–31

[2.42] *Brühl, H.:* Einfluß von Feinststoffen in Korngemischen auf den hydraulischen Feststofftransport in Rohrleitungen. Mitt. Franzius-Inst. H. 43 TU Hannover, 1976

[2.43] *Drost-Hansen, W.:* Structure of Water Near Solid Interfaces. Ing. Engng. Chem. Prod. Res. Dew; Washington 61 (1969) 11, S. 10–47

[2.44] *Durand, R.:* Basic relationship of the transportation of solids in pipes – Experimental research. Proc. 5. Congress Inf. Ass. of Hydr. Research. Minneapolis, Minnesota 1953, S. 89–103

[2.45] *Einstein, A.:* Eine neue Bestimmung der Moleküldimensionen. Ann. d. Physik 19 (1906), S. 289–306

[2.46] *Gaessler, H.:* Hydraulischer Transport. In: Jahrbuch Rohrleitungstechnik. 2. Ausg. 1984/85. Essen: Vulkan-Verlag 1984

[2.47] *Grabow, G.:* Untersuchung verschiedener Wirkprinzipien zum hydraulischen Feststofftransport. Freiberger Forschungsheft: a, 722. Leipzig: VEB Deutscher Verlag für Grundstoffindustrie 1985

[2.48] *Gregorig, R.:* Dissertation, TH Zürich 1933

[2.49] *Hennig, R.; Brauer, H.:* Untersuchung des Prallverschleißes ebener Platten. VDI-Forschungsheft 636 (1986)

[2.50] *Jenike, A. W.:* Storage and flow of solids. Bull. University Utah 53 (1964) 26, No. 123

[2.51] *Kecke, H. J.:* Zustandsdiagramm des vertikalen Gemischtransportes auf der Basis eines Durchströmmodelles. Kolloquium Hydromechanisation 2, Rostock 1981. Beitragsband 1. TH Magdeburg 1985

[2.52] *Kecke, H. J.:* Betrachtungen zum Zusammenhang von Werkstoffstruktur und Verschleiß bei metallischen Werkstoffen. 7. Kolloquium Massenguttransport durch Rohrleitungen, Meschede 1986. Beitragsband, Beitrag F, Univ. GH Paderborn, Abt. Meschede 1986

[2.53] *Kecke, H. J.; Richter, H.:* Zur Arbeitsweise von Saugköpfen. Kolloquium Hydromechanisation 3. Miskolc 1983 Beitragsband, TU Miskolc 1983

[2.54] *Kecke, H. J.; Richter, H.:* Fließverhalten von festflüssig-Systemen und dessen Beschreibung. Kolloquium Hydromechanisation 4, Karl-Marx-Stadt 1985. Beitragsband 1, Beitrag A 4, TH Magdeburg 1985

[2.55] *Kecke, H. J.; Richter H.:* Fließverhalten von feindispersen Suspensionen. Kolloquium Hydromechanisation 5, Szczyrk, VRP 1987. Beitragsband, TH Gliwice 1987

[2.56] *Kecke, H. J.; Röthing, J.:* Selbstoptimierende metallische Werkstoffe für Festkörperreibung. Schmierungstechnik, Berlin 15 (1984), S. 242–246

[2.57] *Kecke, H. J.; Tarjan, I.:* Einsatz und Weiterentwicklung des hydromechanischen Feststofftransportes. Wiss. Ztschr. der TH Magdeburg 26 (1982) 1, S.9–13

[2.58] *Kenchington, J. M.:* Prediction of pressure gradient on dense phase conveying. Conference Hydrotransport 5, Hannover 1979. Papers, BHRA, The Fluid Engeneering Centre, Cranfield, U. K. 1979

[2.59] *Koglin, B.; Leschonski, K.; Alex, W.:* Teilchengrößenanalyse. 2. Probenahme. Chemie-Ing.-Techn. 46 (1974), S. 289–292

[2.60] *Konow, J.:* Strömungsverhältnisse und Druckverlust bei hydraulischer Feststoffförderung in waagerechten und geneigten Rohren. VDI-Fortschrittsbericht, Reihe 13, Nr. 29. Düsseldorf: VDI-Verlag 1985

[2.61] *Klose, R. B.:* Herstellung und Transport von Densecoal (CWF). Aufbereitungstechnik; Wiesbaden 27 (1986), S. 365–370

[2.62] *Kriegel, E.:* Der Strahlverschleiß von Werkstoffen. Chem.-Ing.-Techn. 40 (1968), S. 31–36

[2.63] *Kriegel, E.; Brauer, H.:* Hydraulischer Transport körniger Feststoffe durch waagerechte Rohrleitungen. VDI-Forschungsheft 515. Düsseldorf: VDI-Verlag 1966

[2.64] *Lampas, H.:* Measurement and estimation of the rheological parameters of some mineral slurries. Diss. Univ. of Techn. Helsinki 1983

[2.65] *Lazarus, J. H.:* Rheological Charakterization for Optimising Specifis Power Consumtion of a Phosphate Ore Pipeline Conference Hydrotransport 7, Sendai Japan 1980 Papers, BHRA, The Fluid Engeneering Centre, Cranfield, U. K. 1980

[2.66] *Leschonski, K.; Alex, W.; Koglin, B.:* Teilchengrößenanalyse. 1. Darstellung und Auswertung von Teilchengrößenverteilungen. Chemie-Ing.-Techn. 46 (1974), S. 23–26

[2.67] *Maschek, H. J.:* Über einige Grundlagen der halbempirischen Berechnungsverfahren in der Strömungstechnik. Habilitationsschrift, TU Dresden 1967

[2.68] *Newitt, D. M.; Richardson, H. F.; Abbot, M.; Turtle, R. B.:* Hydraulic Conveying of Solids in Horizontal Pipes. Trans. Inst. Chem. Eng. 33 (1955), S. 93–113

[2.69] *Nikuradse, J.:* Gesetzmäßigkeit der turbulenten Strömung in glatten Rohren. Forschungs-Arb. Ing.-Wesen, Düsseldorf 1932, H. 356

[2.70] *Nikuradse, J.:* Strömungsgesetze in rauhen Rohren. Forschungs-Arb. Ing.-Wesen, Düsseldorf 1933, H. 361

[2.71] *Pahl, M.; Schädel, G.; Rumpf, H.:* Zusammenstellung von Teilchenformbeschreibungsmethoden. Aufbereitungs-Technik 14 (1973), S. 257–264, 672–683, 759–764

[2.72] *Parzonka, W.:* Hydrauliczne podstawy transportu ruruwego mieszanin dwufazowych. Skrijpty akademii rolniczej we Wroclawiu, Nr. 159, Wroclaw 1977

[2.73] *Parzonka, W.:* Modellierung der Transportvorgänge in horizontalen Rohrleitungen. Kolloquium Hydromechanisation 4, Karl-Marx-Stadt 1985. Beitragsband 1. TH Magdeburg 1985

[2.74] *Parzonka, W.:* Maximale, mittlere und lokale Feststoffkonzentration in horizontalen Rohrleitungen. 7. Kolloquium Massenguttransport durch Rohrleitungen, Meschede 1986. Beitragsband, Beitrag A, Univ. GH Paderborn, Abt. Meschede 1986

[2.75] *Rammler, E.; Bahr, A.:* Korngrößenverteilungen. Chem. Techn., Leipzig 24 (1972), S. 345–351

[2.76] *Reichardt, H.:* Messungen turbulenter Schwankungen. Naturwissenschaften 404 (1938) bzw. ZAMM 13 (1933), 177 und 18 (1938), S. 358

[2.77] *Reimann, W.; Menschel, J.:* Anwendung der Impulsbilanzgleichung auf das Absetzen dichter Suspensionen. Chem. Techn, Leipzig 22 (1970), S. 353–358

[2.78] *Richardson, J. F.; Zaki, W. N.:* Sedimentation and fluidisation. Trans. Inst. Chem. Eng. 32 (1954), S. 35–53

[2.79] *Richter, B.:* Das rheologische Verhalten wässriger Kohle-Suspension und dessen Beeinflussung durch Additive in Hinblick auf die Verwendung in Kohlevergasungsanlagen. Diss. TH Dortmund 1984

[2.80] *Richter, H.; Kecke, H. J.:* Zum Transportverhalten von heterogenen Suspensionen mit unterschiedlichem Feinanteil des Feststoffes. Kolloquium Hydromechanisation 5, Szczyrk, VRP 1987. Beitragsband. TH Gliwice 1987

[2.81] *Richter, H.; Scholz, G.:* Eine Methode zur Auslegung hydraulischer Feststofftransportanlagen. Diss. TH Magdeburg 1977

[2.82] *Roco, M. C.; Nair, P.:* Erosion of concentrated slurries in turbulent flow. Journ. of Pipelines 4 (1984), S. 213–221

[2.83] *Röthig, J.:* Der tribologische Schädigungsmechanismus bei hochbelasteten, chemisch stabilen und instabilen Werkstoffen. Diss. TU Magdeburg 1987

[2.84] *Schäfer, A.:* Untersuchungen über das Fließverhalten nicht-sedimentierender Kunststoff-Suspensionen in runden Rohren. Diss. TH Darmstadt 1970

[2.85] *Schauki, N.:* Der Widerstand von Zylinder und Kugel bei instationären Verhältnissen. Diss. Univ. Karlsruhe 1972

[2.86] *Scheurell, H.-G.:* Rohrverschleiß beim hydraulischen Feststofftransport. Diss. TH Karlsruhe 1985

[2.87] *Schröder, V.:* Experimentelle Untersuchungen der Strömungsverluste einer homogenen Suspension im Rohr, Krümmer und Diffusor. Diss. TH Darmstadt 1982

[2.88] *Schubert, H.:* Grundlagen des Agglomerierens. Chem.-Ing.-Techn., Leipzig 51 (1979) 4, S. 266–277

[2.89] *Sobota, J.:* Schlupf-Tragflüssigkeits-Modell zur Bestimmung des hydraulischen Gefälles bei Durchströmung des Flüssigkeits-Festteilchen-Gemisches in einer Horizontalleitung. 7. Kolloquium Massenguttransport durch Rohrleitungen. Meschede 1986. Beitragsband, Beitrag C, Univ. GH Paderborn, Abt. Meschede 1986

[2.90] *Stanite, J. D.:* Design of two-dimensional channels with pescribed velocity distributions along the channel walls. NACA-Report 1115

[2.91] *Tarjan, I.; Debreczeni, E.:* Theoretical and experimental investigation on the wear of pipeline caused by hydraulic transport. Conference Hydrotransport 2, Warwick, U. K. 1972. Papers, BHRA, The Fluid Engng. Centre, Cranfield, U. K. 1972

[2.92] *Torobin, L. B.; Gauvin, W. H.:* Fundamental aspects of solid-gas flow. Can. J. Chem. Eng. 37 (1959) 4, S. 129–141, 5, S. 167–176, 6, S. 224–236; 38 (1960) 5, S. 142–153, 6, S. 189–200; 39 (1961) 3, S. 113–120

[2.93] *Torobin, L. B.; Gauvin, W. H.:* The drag coefficients of single spheres moving in steady and accelerated motion in a turbulent fluid. AICHE J. 7 (1961) 4, S. 615–619

[2.94] *Wagner, K.:* Untersuchungen zum Einfluß der Korngrößenverteilung bei horizontaler hydraulischer Feststofförderung im heterogenen Bereich. Diss. TH Karlsruhe 1982

[2.95] *Weber, M.; Wagner, K.:* Untersuchungen über Förderbereichsabgrenzungen beim hydraulischen Feststofftransport. 5. Kolloquium Massenguttransport durch Rohrleitungen, Meschede 1982. Beitragsband, Beitrag 6. Univ. GH Paderborn, Abt. Meschede 1982

[2.96] *Weber, M.:* Berücksichtigung der Kornverteilung im Druckverlust des horizontalen hydraulischen Feststofftransportes. 6. Kolloquium Massenguttransport durch Rohrleitungen, Meschede 1984. Beitragsband, Beitrag B. Univ. GH Paderborn, Abt. Meschede 1984

[2.97] *Wellinger, K.; Uetz, H.:* Gleitverschleiß, Spülverschleiß, Strahlverschleiß unter der Wirkung von körnigen Stoffen. VDI-Forschungsheft, Düsseldorf 449 (1955)

[2.98] *Wiedenroth, W.:* Förderung von Sand-Wasser-Gemischen durch Rohrleitungen und Kreiselpumpen. Diss. TH Hannover 1967

[2.99] *Windhab, E.:* Untersuchungen zum rheologischen Verhalten konzentrierter Suspensionen. VDI-Fortschrittsbericht. Reihe 3, Nr. 118. Düsseldorf: VDI-Verlag 1986

Abschnitt 3.

[3.1] *Alfojorow, K. W.:* Die Technik der hydromechanischen Erdbewegung. Berlin: VEB Verlag Technik 1953

[3.2] *Antal, G.; Ladanyi, G.; Makra, S., u. a.:* Hydraulischer Strahlbagger. Hydromechanisation 4, Karl-Marx-Stadt 1986, E 4

[3.3] Verfahrenstechnische Berechnungsmethoden, Band 4 – Stoffvereinigen in fluiden Phasen. Leipzig: VEB Deutscher Verlag für Grundstoffindustrie 1979

[3.4] Verfahrenstechnische Berechnungsmethoden, Band 3, Mechanisch Trennen in fluider Phase. Leipzig: VEB Deutscher Verlag für Grundstoffindustrie 1982

[3.5] Technisches Handbuch Pumpen. Berlin: VEB Verlag Technik 1984

[3.6] Anleitung zur Berechnung der hydromechanischen Förderung von Erdstoffen. Leningrad: Verlag Energie 1977

[3.7] Lehrbuch der Chemischen Verfahrenstechnik. 4. Aufl. Leipzig: VEB Deutscher Verlag für Grundstoffindustrie 1980

[3.8] Physikalische Eigenschaften von Körnungen und Kornschüttungen. Leipzig: VEB Deutscher Verlag für Grundstoffindustrie 1980

[3.9] *Babcock, H. A.:* The sliding bed flow regime. Procudings of Hydrotransport 1, Cranfield, Bedfort, England 1970, H. 1

[3.10] *Bahke, T.:* Hydraulische Förderung von Kalirohsalz durch vertikale Rohrleitungen. Dissertation Universität Hannover 1978

[3.11] *Bain, A. G.; Bonnington, S. T.:* The hydraulic Transport of Solids by pipelines. Oxford, New York, Toronto, Sydney, Braunschweig: Pergamon Press 1970

[3.12] *Bak, E.:* Die kritische Geschwindigkeit der Gemische beim Hydrotransport. Hydromechanisation 4, Karl-Marx-Stadt, DDR, 1984, A 3

[3.13] *Baker, P. J.; Jakobs, B. E. A.:* The development and opection of a test fascilitiy for pipeline abrasive wear measurement, Hydrotransport 3, Golden, Colorado USA, 1974

[3.14] Betriebserfahrungen – Spüler Breitling, VEB Bagger-, Bugsier- und Bergungsreederei, Rostock

[3.15] Polytechnisches Institut Doneszk 1978 (unveröffentlicht)

[3.16] *Beyer, W.:* Zur Bestimmung der Wasserdurchlässigkeit von Kiesen und Sanden aus der Kornverteilungskurve. Wasserwirtschaft – Wassertechnik 14 (1964) 6

[3.17] *Bischof, F.:* Experimentelle Untersuchungen an Kreiselpumpen für die Feststofförderung. VDI-Berichte Nr. 424, Düsseldorf 1981, S. 99–107

[3.18] *Bobe, R.; Hubacek, H.:* Bodenmechanik. 2. Aufl. Berlin: VEB Verlag für Bauwesen 1986

[3.19] *Bonfig, K. W.:* Technische Durchflußmessung. Essen: Vulkan-Verlag 1977

[3.20] *Boothroyde, J.; Jacobs, B. E. A.:* Pipe wear testing 1976–1977. Wear in slurry pipelines. BHRA Information Series, Number 1, S. 51–67

[3.21] *Bragin, B. F.:* Truboprovodnaja armatura dlja abrasivnych gidrosmesje. Moskau: Verlag Masionostroenie 1981

[3.22] *Brauer, H.:* Grundlagen der Ein- und Mehrphasenströmungen. Frankfurt a. M.: Verlag Bauerländer, Arau 19

[3.23] *Brauer, H.; Kriegel, E.:* Verschleiß an Rohrleitungen bei hydraulischer Förderung von Feststoffen. Stahl und Eisen, Düsseldorf 84 (1964) 21, S. 1313–1322

[3.24] *Brauns, D.; Schneider, W.:* Durchströmung und Kapillarität von Schüttgütern im Hinblick auf Verfahrenstechnische Prozesse. Chemie-Ingenieur-Technik 38 (1966), S. 38–44

[3.25] *Broecker, E.:* Vermischung von Flüssigkeits- oder Gasströmen bei kleiner Gesamtdruckänderung. Forschung auf dem Gebiet des Ing.-Wesens 24 (1958) 6 und 25 (1968) 1

[3.26] *Brühl, H.; Kazanskij, I.:* New results concerning the influence of fine particles on sand-water flow in pipes. Hydrotransport 4, Alberta, Kanada, 1976, B 2

[3.27] *Brühl, H.:* Verfahren zur Berücksichtigung von Feinstanteilen im Baggergut bei der Druckverlustberechnung. JO 76–154/11, S. 168–180

[3.28] *Cave, I.:* Effects of suspended solids on the performance of centrifugal pumps. Hydrotransport 4, Alberta, Kanada, 1976, H 3

[3.29] Comminution and energy consumtion WMAB Report 364. Washington; National Academy Press 1981

[3.30] Das Echo 29. Mitteilungen zur Werkstoffprüfung mit Ultraschall. Krautkrämer-Branson-International. Köln 1977

[3.31] Das Echo 30. Mitteilungen zur Werkstoffprüfung mit Ultraschall. Krautkrämer-Branson-International, Köln 1980

[3.32] *Debreczeni, E.; Tarjan, I., u. a.:* Die Messung der Betriebsparameter von hydromechanischen Förderanlagen großer Rohrdurchmesser. Hydromechanisation 2, Rostock, DDR, 1981, C 4

[3.33] *Debreczeni, E.; Tarjan, J.:* Dimensionierung und Untersuchung der Funktionsweisen von Seitendüsenejekterpumpen. Acta Geodat. Geophys. et Montanist. Acad. Sci. Tomus 13 (3–4) 1978

[3.34] *Dedegil, M. Y.:* Flüssigbetonförderung durch Fallrohre. 6. Kolloquium der Universität GH. Paderborn, „Massenguttransport durch Rohrleitungen", Meschede, BRD, 1984, E

[3.35] *Durand, R.; Concolios, E.:* Etude experimentale du re foulement des matériaux en conduite. 2. émes Journées d l'Hydraulique, Grenoble 1952

[3.36] *Eck, B.:* Technische Strömungslehre. 7. Aufl. Berlin, Göttingen, Heidelberg: Springer-Verlag 1966

[3.37] *Eckstädt, H.:* Druckrohrströmung von Rinder- und Schweinegülle. Ein Beitrag zur Mechanik von Mehrphasensystemen. Dissertation B Wilhelm-Pieck-Universität Rostock 1985

[3.38] *Engelmann, H.:* Untersuchung der vertikalen hydraulischen Förderung von groben Feststoffen. Ein Beitrag zum Meeresbergbau. Dissertation TU Clausthal 1978

[3.39] *Ercolani, D.; Ferrini, F.; Arrigoni,V.:* Electric and thermic probes for measuring the limit deposit velocities. Hydrotransport 6, Canterbury (England), 1979, A 3

[3.40] *Faddick, R. R.:* Flow properties of coal-water slurries. Hydrotransport 3

[3.41] *Feldle, G.:* Theoretische und experimentelle Untersuchungen über die vertikale hydraulische Feststofförderung nach dem Strahlpumpverfahren. Dissertation TH Karlsruhe 1978

[3.42] *Fincke, A.; Heinz, W.:* Zur Bestimmung der Fließgrenze grobdisperser Systeme. Rheologica Acta 1 (1961)

[3.43] *Fitch, B.:* Sedimentation process fundamentals. Trans. AIME 233 (1962), S. 128–137

[3.44] *Fontein, F. J.:* Wirkung des Hydrozyclons und des Bogensiebes sowie deren Anwendungen. Aufbereitungstechnik 3 (1961), S. 85

[3.45] *Führböter, A.:* Über die Förderung von Sand-Wasser-Gemischen in Rohrleitungen. Mitteilungen des Franzius-Institutes der TH Hannover, Heft 19, 1961

[3.46] *Führböter, A.:* Ein elektrischer Mikrogeber zur Erfassung der wandnahen Strömungsvorgänge bei Wasser-Feststoff-Strömungen in Rohrleitungen. Mitteilungen des Leichtweiss-Institutes für Wasserbau der TU Braunschweig, Heft 65 (1979), S. 190–228

[3.47] *Gall, R.:* Rohrdimensionierung im Chemieanlagenbau. Dissertation B TH Magdeburg 1981

[3.48] Generalplan des Spülers „Strelasund“. VEB Bagger-, Bugsier- und Bergungsreederei Rostock

[3.49] *Gibert, R.:* Transport hydraulique et vefoulement des mixtures en conduits. Annales des Ponts et Chaussees, Nr. 3,4; Paris 1960

[3.50] *Giesekus, H.; Langer, G.:* Die Bestimmung der wahren Fließkurve nichtnewtonscher Flüssigkeiten und plastischer Stoffe mit der Methode der repräsentativen Viskosität. Rheologica Acta 1 (1961)

[3.51] *Govier, G. W.; Azis, K.:* The flow of complex mixtures in pipes. New York: Van Nostrand Reinhold Company, 1972

[3.52] *Grabow, G.:* Untersuchungen zum Feststofftransport mit Strahlpumpe und nachgeschalteter Kreiselpumpe. Bericht (unveröffentlicht), Bergakademie Freiberg 1984

[3.53] *Grabow, G.:* Reduzierung der Energieübertragungszahlen und Wirkungsgrade von Kreiselpumpen beim Transport von Feststoffen. Pumpen- und Verdichterinformationen, Heft 2, 1982

[3.54] *Graf, W. H.; Robinson, M.; Yncel, O.:* Hydraulics of sediment transport. McGraw-Hill Sreies (1971)

[3.55] *Goedde, E.;* Untersuchungen zur kritischen Geschwindigkeit heterogener hydraulischer Feststofförderung in horizontalen Rohren. Dissertation TH Karlsruhe 1977

[3.56] *Gödde, E.; Keska, J.:* Untersuchungen zur Anwendung des Allen'schen Salzgeschwindigkeitsverfahrens zur Geschwindigkeitsmessung bei der hydraulischen Feststofförderung in Rohrleitungen. Technisches Messen at (1978) 1, S. 3–8

[3.57] *Grosch, H.:* Verschiedene induktive Durchflußmeßsysteme für den Feststofftransport. 5. Kolloquium „Massenguttransport durch Rohrleitungen“, Universität G. H. Paderborn, Meschede 1982

[3.58] *Gubitskij, E. J.:* Wybor optimalnych diametrov i konstrukzii truboprovodov gidrosolundalenija.

[3.59] Handbuch für den Rohrleitungsbau. 8. Aufl. Berlin: VEB Verlag Technik 1981

[3.60] *Hartmann, W.:* Handbuch der Meßtechnik in der Betriebskontrolle, Band V. Leipzig: Akademische Verlagsgesellschaft Geest u. Portig, K. G.

[3.61] *Hashimoto, H.; Masuyama, K.; Kawashima, T.:* Influence of pipe inclination on deposit velocity. Hydrotransport 7, Sudai, Japan, 1980, F 2

[3.62] *Heine, H. H.:* Hydraulischer Feststofftransport in Rohren – ein Beitrag zur Förderung von Erzen. Dissertation TU Braunschweig 1977

[3.63] *Hengstenberg, J.; Sturm, B.; Winkler, O.:* Messen und Regeln in der Chemischen Technik. Berlin, Göttingen, Heidelberg: Springer-Verlag 19

[3.64] *Hisamitsu, N.; Shoji, Y.; Kosugi, S.:* Effect of added fine partides on flow properties of settling slurries. Hydrotransport 5, Hannover, BRD, 1978, D 3

[3.65] *Höffl, K.:* Zerkleinerungs- und Klassiermaschinen. 1. Auflage. Leipzig: VEB Deutscher Verlag für Grundstoffindustrie 1985

[3.66] *Holzenberger, K.:* Der Energiebedarf von Kreiselpumpen bei hydraulischer Förderung. VDI-Berichte Nr. 424, Düsseldorf 1981, S. 89–98

[3.67] *Hoffmann, A., u. a.:* Verschleißkatalog für Anlagen der pneumatischen und hydraulischen Förderung. KDT FA Fördertechnik, FUA Strömungsförderer (1982)

[3.68] *Hoppe, K.-H.:* Über den Reibungsdruckverlust von Kohlenstaubsuspensionen im runden Rohr. 3 R-International, 1966, S. 145–152 u. 221–222

[3.69] Informationsmaterial Druckwasserentaschungen. VEB Rohrleitungsbau Finow, DDR

[3.70] Informationsmaterial der Firma MELYEPERV Budapest (Ungarn)

[3.71] *Jacobs, B. E. A.; James, J. G.:* The wear rates of some abrasion resistent materials. Hydrotransport 9, Rom, Italy, 1984, G 3

[3.72] *Jürgens, H. H.:* Zur optimalen Konzentration beim hydraulischen Transport von Feststoffen durch Rohrleitungen. Dissertation Technische Universität Braunschweig 1983

[3.73] *Jufin, A. P.:* Gidromechanisazija. Moskva: Stroisdat 1974

[3.74] *Kahle, W.:* Neue Verfahren zur Berechnung der Druckhöheverluste von Sand-Wasser-Gemischen in Rohrleitungen. 5. Kolloquium „Massenguttransport durch Rohrleitungen" Universität Gesamthochschule Paderborn, Meschede, BRD, 1982, A

[3.75] Katalog KH 1/85 – MAW-Kugelhähne „Kompakt-ZF". VEB Magdeburger Armaturenwerke „Karl-Marx", Armaturenkombinat, DDR

[3.76] Katalog Plattenfedermanometer, VEB Manometerwerk Wittgensdorf, DDR

[3.77] Katalog Silizium-Halbleiter-Meßumformer für Druck und Differenzdruck. VEB Geräte- und Reglerwerke Teltow, DDR

[3.78] *Kawashima, T., u. a.:* Wear of pipes hydraulic transport of solids. Hydrotransport 5, Hannover 1978, Paper E 3

[3.79] *Kazanskij, J.; Brühl, H.; Hinsch, J.:* Influence of added fine particles an the flow structure and the pressure losses in sand-water-mixture. Hydrotransport 3, Golden, Colorado, USA, 1974, D 2

[3.80] *Kazanskij, J.:* Critical velocity of despositions for fine slurris-new results. Hydrotransport 6, Canterbury, 1979, A 4

[3.81] *Kecke, H. J.; Richter, H.:* Zur Arbeitsweise von Saugköpfen. Hydromechanisation 3, Miskolc, Ungarische VR, 1983, B 6

[3.82] *Kecke, H. J.; Richter, H., u. a.:* Dokumentation zur Gestaltung und Berechnung von Anlagen für die hydromechanische Förderung von Feststoffen. Technische Hochschule „Otto von Guericke" Magdeburg, 1983

[3.83] *Kecke, H. J.:* Zustandsdiagramm des vertikalen Gemischtransportes auf der Basis des Durchströmmodells. Hydromechanisation 2, Rostock 1981, A 7

[3.84] *Kenchington, J. M.:* Prediction of pressure gradient in dense phase conveying. Hydrotransport 5, Hannover, BRD, 1978, D 7

[3.85] Kennfeld der Pumpe WARMAN 24/20 H-G-Firma WARMAN, England

[3.86] *Kezdi, A.:* Handbuch der Bodenmechanik Band 1–4. Berlin: VEB Verlag für Bauwesen Berlin; Budapest: Verlag der Ungarischen Akademie der Wissenschaften 1976

[3.87] *Knapp, C.:* Geschwindigkeits- und Mengenmessungen strömender Flüssigkeiten mittels Ultraschall. VDI-Bericht Nr. 86, Düsseldorf 1964, S. 65–71

[3.88] *Konow, J.:* Strömungsverhältnisse und Druckverlust bei hydraulischer Feststofförderung in waagerechten und geneigten Rohren. VDI-Fortschrittsberichte, Reihe 13, Nr. 29, VDI-Verlag Düsseldorf, 1985

[3.89] *Kriegel, E.; Brauer, H.:* Hydraulischer Transport körniger Feststoffe durch waagerechte Rohrleitungen. VDI-Forschungsheft 515, 1966

[3.90] *Kuhn, M.:* Wasser als Arbeits- und Transportmedium im Bergbau. Hydraulischer Feststofftransport in Rohrleitungen, ein praxisbezogener Einführungskurs. BMRA 1978, Cranfield, Bedford England

[3.91] *Lanzendorf, W.:* Zum Bewegungsverhalten von Feststoffpartikeln im Bereich der laminaren Unterschicht einer Rohrströmung. Dissertation Technische Universität Braunschweig 1984

[3.92] *Lazarus, J. H.; Sive, A. W.:* A novel balanced beam tube viscometer and the theological charakterisation of high concentration fly ash slurries. Hydrotransport 9, Rome (Italy), 1984, E 1

[3.93] *Liepe, F.; Jahn, K.:* Untere Wirkungsgrade von Kegeldiffusoren. Maschinenbautechnik. Berlin 1962

[3.94] *Loewy, R.:* Druckschwankungen in Druckrohrleitungen. Wien: Springer-Verlag 1928

[3.95] *Macharadse, L. I.; Gočitashvili, T. S.; Sulaberidse, D. G., u. a.:* Nadesnost i dologovečnost napornych gidrotransportnych sistem. Moskau: Verlag Nedra 1984

[3.96] *Makra, S.:* Untersuchung der hydraulischen Förderung in einer geneigten Rohrleitung. Hydromachanisation 3, Miskolc, Ungarische VR, 1983 A 6

[3.97] *Merten, H.:* Versorgung thermischer Kraftwerke mit Steinkohle-Wasser-Suspensionen. Dissertation TH Darmstadt 1979

[3.98] *Miklos, A.; Nagy, A.; Szentes, J.:* Untersuchung der technologischen Fragen bei hydraulischen Halden im Hinblick auf den Korndurchmesser; Aufbau von hydraulischen Halden mittels Hydrozyklon. Hydromechanisation 2, Rostock 1981 (DDR), D 6

[3.99] *Mesch, F.; Dancher, H. H.; Fritsche, R.:* Geschwindigkeitsmessung mit Korrelationsverfahren, Meßtechnik

[3.100] *Mittelstädt, M.:* Strömungsverhalten hochkonzentrierter Kohle-Wasser-Gemische. 6. Kolloquium „Massenguttransport durch Rohrleitungen", Universität GH. Paderborn, Meschede, BRD, 1984, D.

[3.101] *Morrison, J. C.:* Some abrasion-resistant alloys for pumps and other services. First International Symposium on Dredging Technology, Canterbury, England 1975, G 2

[3.102] *Morochovski, A. S.; Smoldyrev, A. E.:* Pribory dlja truboprovodnovo transporta (Meßgeräte für den hydraulischen Transport). Moskau: Verlag „Metallurgija" 1978

[3.103] *Newitt, D. M.; Richardson, H. F.; Abbot, M., u. a.:* Hydraulic Conveying of Solids in Horizontal Pipes. Trans. Inst. Chem. Engrs. 33, S. 93–113, London 1955

[3.104] *Okada, T.; Hisamitsu, N.; Ise, T., u. a.:* Experiments on restart of reservoir sediment slurry pipeline. Hydrotransport 8, Johannesburg, South Africa, 1982, H 3

[3.105] *Parconka, W.:* Maximale mittlere und lokale Feststoffkonzentrationen in horizontalen Rohrleitungen. 7. Kolloquium „Massenguttransport durch Rohrleitungen", Meschede, BRD, 1986, A

[3.106] *Parconka, W.; Kenchington, J. M.; Charles, M.E.:* Hydrotransport of solids in horizontal pipes. Effects of solids concentration and particle size on the deposit velocity. The Canadian Journal of Chemical Engineering, Vol. 59, Jun. 1981, p. 291–295

[3.107] *Parconka, W.:* Modellierung der Transportvorgänge in horizontalen Rohrleitungen. „Hydromechanisation 4", Karl-Marx-Stadt DDR, 1986, A 1

[3.108] *Pasztor, D.:* Bau von hydraulischen Halden. Hydromechanisation 1, Moskolc 1979 (Ungarische VR) E 1

[3.109] *Pasztor, D.:* Fragen der Sickerung und Stabilität bei hydraulischen Halden. Hydromechanisation 2, Rostock 1981 (DDR) D 7

[3.110] *Peters, H.:* Energieumsetzungen in Querschnittserweiterungen bei verschiedenen Zulaufbedingungen. Ingenieur-Archiv (1932) Band II

[3.111] *Pfau, B.:* Erweiterung eines Ultraschall-DFM unter Ausnutzung des Doppler-Effekts. Chemie-Ingenieur-Technik 42 (1970) 17, S. 1103–1108

[3.112] *Pfleiderer, C.; Petermann, H.:* Strömungsmaschinen. Berlin, Heidelberg, New York: Springer-Verlag 1972

[3.113] *Postlethwaite, J.; Brady, B.J.; Tinker, E.B.:* Studies of corsion – corrosion wear patterns in pilot plant slurry pipelines. Hydrotransport 4, Alberta, Kanada, 1976, 72

[3.114] *Prettin, W.; Gaessler, H.:* Bases of calculation and planning for the hydraulic transport of run-of mine coal in pipelines according to the results of thu hydraulic plants of the Ruhrkohle A. G. Hydrotransport 4, Alberta, Kanada 1976, E 2

[3.115] Prospektmaterial der Firma SIGMA Brno, ČSSR, über Gemischpumpen

[3.116] Prospektmaterial Imortal Rohre des VEB Mansfeld-Kombinat „Wilhelm Pieck", DDR

[3.117] Prospektmaterial SOLIDRESIST, Rohrleitungstechnik Soest, BRD

[3.118] Prospektmaterial Vereinigte Armaturen-Gesellschaft MBH Mannheim

[3.119] Prospektmaterial über Induktive Durchflußmesser, Firma SIGMA, Brno, ČSSR, 1983

[3.120] Pumpenkatalog, VE KPV Halle, 1978

[3.121] *Reddy, Y. R.; Subir Kar:* Theory and performance of water jet pump. Journal of the Hydraulic Division, A. S. C. E., Vol. 90, Nr. HY 5, 1968

[3.122] Peologija – prozesy i apparaty chimičeskoi technologii. Wiss. Zeitschrift des Polytechnischen Instituts Wolgograd, UdSSR, 1974–1978

[3.123] *Richter, H.; Kecke, H. J.:* Zum Transportverhalten von heterogenen Suspensionen mit unterschiedlichem Feinanteil des Feststoffes. Hydromechanisation 5, Szyrk, VR Polen, 1987

[3.124] *Richter, H.:* Rohrhydraulik. 4. Aufl. Berlin, Göttingen, Heidelberg: Springer-Verlag 1962

[3.125] *Richter, H.:* The determination of head losses and limit deposit velocity fot the installations of hydraulic solid transportation on the basis of a slip model. Seminar Transport and Sedimentation IV. Wroclaw-Trzebieszowice 1980, A 10

[3.126] *Richter, H.:* Untersuchungen zum Einfluß von geometrischer Lage und Krümmungsradius auf den Druckverlust heterogener Gemischsströmung in Rohrleitungsbögen. Hydromechanisation 2, Rostock, DDR, 1981

[3.127] *Richter, H.:* Probleme des Armatureneinsatzes beim hydromechanischen Feststofftransport. 9. Fachtagung Armaturen, Magdeburg, DDR, 1977

[3.128] *Richter, H.; Kecke, H. J.:* Durchflußmessung von Gemischströmen mittels Viertelkreissegmentdüse. Hydromechanisation 4, Karl-Marx-Stadt, DDR, 1985, C 6

[3.129] *Richter, H.; Kecke, H. K.:* Gesichtspunkte für die Auslegung hydromechanischer Feststofftransportanlagen in bezug auf die Stabilität des Transportvorgangs. Wissenschaftliche Zeitschrift der TH „Otto von Guericke" Magdeburg 29 (1985) 6, S. 43–46

[3.130] *Richter, H.; Scholz, G.:* Eine Methode zur Auslegung hydromechanischer Feststofftransportanlagen. Dissertation TH Magdeburg 1977

[3.131] *Richter, H.; Scholz, G.:* Bestimmung des Druckverlustes beim hydraulischen Transport heterogener Feststoff-Flüssigkeits-Gemische durch Rohrleitungen. Chemische Technik, Leipzig 32 (1980) 9, S. 453–457

[3.132] *Roščupkin, D. V.:* Ermittlung der Auswaschungsgeschwindigkeit bei der Gewinnung nicht-bindiger Böden mit Saugbaggern. Gidrotechnitscheskoe Stroitelstwo (1964) 7, S. 32–35

[3.133] *Sakamoto, M.:* A hydraulic transport study of coarse materials including fine particles with hydrohoist. Hydrotransport 5, Hannover, BRD, 1978, D 6

[3.134] *Schäfer, A.:* Untersuchungen über das Fließverhalten nichtsedimentierender Kunststoffsuspensionen in runden Rohren. Dissertation Technische Hochschule Darmstadt 1970

[3.135] *Salzmann, H.:* Hydraulische und bodentechnische Vorgänge beim Grundsaugen. Dissertation TH Hannover

[3.136] *Scarlett, B.; Grimley, A.:* Particle velocity and concentration profiles during hydraulic transport in a circular pipe Proceedings of Hydrotransport 3, Golden, Colorado, USA, 1974, D 3

[3.137] *Scheuerrell, H. G.:* Rohrverschleiß beim hydraulischen Feststofftransport. 3 R-International 25 (1986) 4, S. 211–217

[3.138] *Scholz, G.; Richter, H.:* Die kritische Geschwindigkeit bei der Förderung heterogener Feststoff-Flüssigkeits-Gemische durch horizontale Rohrleitungen. Chemische Technik, Leipzig 32. (1980) 3, S. 129–133

[3.139] *Schröder, V.:* Experimentelle Untersuchungen der Strömungsverluste einer homogenen Suspension im Rohr, Krümmer und Diffusor. Dissertation Technische Hochschule Darmstadt 1982

[3.140] *Schucknecht, R.:* Die Parameter der Arbeitsübertragung von Radialpumpen bei der Förderung von Wasser-Feststoff-Gemischen. Dissertation Bergakademie Freiberg 1986

[3.141] *Schubert, H., u. a.:* Mechanische Verfahrenstechnik I (Lehrwerk VT). Leipzig: VEB Deutscher Verlag für Grundstoffindustrie 1979

[3.142] *Schulz, F.; Fasol, H.:* Wasserstrahlpumpen. Wien: Springer-Verlag 1968

[3.143] *Sellgren, A.:* Performance of a centrifugal pump pumping ores and industrial minerals. Hydrotransport 6, Canterbury, England, 1979, G 1

[3.144] *Shoock, C. A.; Rollins, J.; Vassie, G. S.:* Sliding in inclined slurry pipelines at shutdown. The Canadian. Journal of Chemical Engineering, Vol. 52, 6 (1974), S. 301 bis 305

[3.145] *Silin, N. A.; Witoskin, J.; Karasik, W. M.; Očeretko, W. F.:* Gidrotransport, woprosy gidravlika. Isdatelstvo „Naukova dumka“, Kiev, 1971

[3.146] *Sinclair, C. G.:* The limit-deposit verlocity of heterogenous suspensions, interactions between fluids and particles. Inc. Chem. Eng., London 1962

[3.147] *Skudin, B. M.:* Maschinen für die Hydromechanisierung von Erdarbeiten. Moskau Bauverlag 1982

[3.148] *Smoldyrev, A. E.:* Truboprovodni transport, Moskva, Nedra 1970

[3.149] *Sold, W.:* Grenzen der radiometrischen Komponentenbestimmung bei der hydraulischen Förderung grober Rohkohle und Waschberge mit wechselnder Korngrößenverteilung. 6. Kolloquium „Massenguttransport durch Rohrleitungen“, Universität G. H. Paderborn, Meschede 1984

[3.150] *Spieß, J.:* Hydraulische Vertikalförderung kleinstückiger Feststoffe im stationären und instationären Betrieb. Dissertation Universität Hannover 1984

[3.151] *Strscheletzky, M.:* Die viskose Unterschicht. Fortschritt-Berichte VDI, Reihe Strömungstechnik Nr. 108, Düsseldorf: VDI-Verlag 1986

[3.152] *Surek, D.:* Neue Gesichtspunkte für den Einsatz von Kreiselpumpen für Flüssigkeits-Feststoff-Gemische. Hydromechanisation 2, Rostock, DDR, 1981, D 1

[3.153] *Takaoka, T.:* Blockade of slurry-pipeline, Hydrotransport 7, Sendai Japan, 1980, B 4

[3.154] *Tarjan, J.; Debreczeni, E.:* Untersuchungen über den Transport von verdünntem Rotschlamm. IV. Seminar Transport and Sedimentation of solid paricles. Wroclaw, VR Polen, 1980, A 14

[3.155] *Tarjan, J.; Debreczeni, E.:* Das Bemessen von Wasserstrahlpumpen. Acta Geodat., Geophys. et Montanist. Acad. Scie. Hung. Tomus 8 (1–2), 1973

[3.156] *Tarjan, I.:* Über Fragen der hydraulischen Förderung und Untersuchungen deren Wirtschaftlichkeit. Sonderdruck 1970

[3.157] *Tarjan, J.:* Berücksichtigung des Rohrverschleißes bei der Auslegung hydraulischer Förderanlagen. Hydromechanisation 4, Karl-Marx-Stadt, DDR, 1985, Beitrag B 1

[3.158] Taschenbuch Betriebsmeßtechnik. Berlin: VEB Verlag Technik 1982

[3.159] *Tattersall, G. H.; Baufill, P. F. G.:* The rheology of fresh concrete. Pitman Books Limited. London 1983

[3.160] Technische Beschreibung zur radiometrischen Dichtemeßeinrichtung. VEB Robotron-Meßelektronik „Otto Schön“, Dresden, DDR

[3.161] *The, H. L.:* Untersuchungen zum Teilchengrößeneinfluß bei der Gammaabsorptiometrie. GKSS-Forschungszentrum Feesthacht GMBH 1982

[3.162] *Thomas, A. D.:* Particle size effects in turbulent pipe flow of solid-liquid suspensions. 6 th Australian Hydraulic and Fluid Mechanis Conference. Adelaide 1977

[3.163] *Thomas, A. D.:* Coarse particles in a heavy medium – turbulent pressure drop reduction and deposition under laminar flow. Hydrotransport, Hannover (1978) 5, D 5

[3.164] *Tietz, H. D.:* Ultraschall-Meßtechnik. Berlin: VEB Verlag Technik 1974

[3.165] *Toda, M.; Ishikawa, T., u. a.:* On the particle velocities in Solid-liquid two phase flow trough straight pipes and bends. Journal of Chemical Engineering of Japan, Vol. 6 No. 2, 1973, S. 140–144

[3.166] *Trawinski, H.:* Näherungssätze zur Berechnung wichtiger Betriebsdaten für Hydrozyklone und Zentrifugen. Chemie-Ingenieur-Technik 30 (1958), S. 85–95

[3.167] *Türk, M.; Hörnig, G.; Eckstädt, H.:* Bemessung von Gülledruckrohrleitungen (Arbeitsmaterial). Akademie der Landwirtschaftswissenschaften der DDR, Forschungszentrum für Mechanisierung der Landwirtschaft Schlieben/Bornim 1984

[3.168] *Ulbrecht, J.; Mitschka, P.:* Nicht-Newtonsche Flüssigkeiten. Beiträge zur Verfahrenstechnik. Leipzig: VEB Deutscher Verlag für Grundstoffindustrie 1967

[3.169] Ultrasonic flow Measurement. Intr. & Control. Syst. Vol. 40, B (1967) 3, S. 130–134

[3.170] *Vand, V.:* Viscosity of solutions and suspensions. Journ. Phys. and Colloid. Chem. 52 (1948), S. 277–314

[3.171] *Vauck, W.; Müller, H.:* Grundoperationen chemischer Verfahrenstechnik. Leipzig: VEB Deutscher Verlag für Grundstoffindustrie 1978

[3.172] *Vocadlo, J.; Koo, J. K.; Prang, A. J.:* Performance of centrifugal pumps in slurry service. Hydrotransport 3, Golden, Colorado, USA, 1974, J 2

[3.173] *Vogel, G.:* Der Joukowski-Stoß in einem Wasser-Feststoff-Gemisch. 5. Kolloquium Massenguttransport durch Rohrleitungen, Universität G. H. Paderborn, Meschede, BRD, 1982

[3.174] *Vogel, R.:* Theoretische und experimentelle Untersuchungen an Strahlapparaten. Mitteilungen aus dem Institut für Angewandte Strömungslehre der TU Dresden, 1954

[3.175] *Vogel, R.:* Ein Beitrag zur Berechnung von Strahlapparaten. Wissenschaftliche Zeitschrift der Technischen Hochschule Dresden 6, 1956/57

[3.176] *Wallgrafen, G.:* Kolbenpumpen für den hydraulischen Transport von Feststoffen. 5. Kolloquium „Massenguttransport durch Rohrleitungen ", Universität G. H. Paderborn, Meschede, BRD, 1982, Verlag B

[3.177] *Want, F. M.:* Pipeline design for the transport of high density bauxite residue slurries. Hydrotransport 8, Johannesburg, South Africa, 1982, E 2

[3.178] *Wasp. E. J.; Ande, T. C.; Seiter, R. H., u. a.:* Deposition Velocities, transsaction velocities and spatial distribution of solids in slurry pipelines. Hydrotransport 1, Cranfield, Bedford, England, 1970, H 4

[3.179] *Weber, M.:* Pseudohomogene Gemische. Hydraulischer Feststofftransport in Rohrleitungen. NHRA fluid engineering, Bedford 1978 B

[3.180] *Weber, M.:* Strömungsfördertechnik. Mainz: Krausskopf-Verlag 1974

[3.181] *Wiedenroth, W.:* Experimental work on the transportalien of solid-liquid mixtures trough pipelines and centrifugal pumps. Hydrotransport 5, Hannover, BRD, 1978, A 2

[3.182] *Wiedenroth, W.:* Die ratiometrische Dichtemessung beim hydraulischen Feststofftransport und Möglichkeiten zur Bestimmung von Schlupf und kritischer Geschwindigkeit. V. Seminar Transport und Sedimentation of Solid Particles, Wroclaw 1984

[3.183] *Wiedenroth, W.:* Förderung von Sand-Wasser-Gemischen durch Rohrleitungen und Kreiselpumpen. Dissertation TH Hannover 1967

[3.184] *Wiedenroth, W.; Kirchner, H.:* A summary and comparison of known calculations of critical velocity of solid-water mixtures and some aspekts of the optimisation of pipelines. Hydrotransport 2, Warwick, 6. B., 1972, E 1

[3.185] *Wilson, K. C.: Tse, J. K. P.:* Deposition limit for coarse particle transport in indived pipes. Hydrotransport 8, Rome, Italy, 1984, D 1

[3.186] *Windhab, E.:* Untersuchungen zum rheologischen Verhalten konzentrierter Suspensionen. Fortschrittsberichte VDI, Reihe Verfahrenstechnik, Nr. 118, Düsseldorf: VDI-Verlag 1986

[3.187] *Worster, R. C.:* The hydraulic transport of solids. Kolloquim on the Hydraulic Transport of Coals, London, England, 1952

[3.188] *Yotsukura, N.:* Some effects of bentonite suspensions on sand transport in a smooth 4-inch pipe. Dissertation, Colorado State University, 1962

[3.189] *Zandi, J.; Govatos:* Heterogenous flow of solids in pipeline. Proc. Hydr. Div. ASCE 93, 1967 (5)

[3.190] *Zarandy, L.:* Fragen zum Umweltschutz bei hydraulischen Halden. Hydromechanisation 2, 1981, DDR, D 8

[3.191] *Zisselmar, R.:* Experimentelle Untersuchungen zum Turbulenzverhalten der Suspension-Rohrströmung. Dissertation Universtität Erlangen 1978

Abschnitt 4.

[4.1] *Adam, O.:* Untersuchung über die Vorgänge in feststoffbeladenen Gasströmen. Forschungsberichte des Landes Nordrhein-Westfalen 904. Wiesbaden: Westdeutscher Verlag 1960

[4.2] *Aleksandrov, A. M.:* Kontejmernyj truboprovodnyj pnevmotransport (Pneumatischer Containerrohrleitungstransport). Moskau: Mašinostroenie 1979

[4.3] *Arnold, G.:* Beurteilung der Einsatzmöglichkeiten einfacher pneumatischer Mischstromförderer auf der Grundlage experimenteller Untersuchungen an Modell- und Großanlagen. Dissertation TU Dresden 1985

[4.4] *Barth, W.:* Strömungstechnische Probleme der Verfahrenstechnik. Chemie-Ingenieur-Technik, Weinheim 26 (1954) 1, S. 29–34

[4.5] *Brauer, H.:* Buchbesprechung. Verfahrenstechnik 4 (1970) 8, S. 374

[4.6] *Buhrke, H.:* Beitrag zur Klärung der Bewegungsvorgänge bei der pneumatischen Förderung in waagerechten Rohren. Dissertation TU Dresden 1967

[4.7] *Buhrke, H.:* Bemessung von Strahlschleusen. Hebezeuge und Fördermittel. Berlin 9 (1969) 3, S. 79–83

[4.8] *Gasterstädt, J.:* Die experimentelle Untersuchung des pneumatischen Fördervorganges. Dissertation TU Dresden 1922

[4.9] *Langner, L.:* Grundlagen für die Bewertung der Einsatzmöglichkeiten des pneumatischen Transports von Schüttgut in Kapseln. Dissertation TU Dresden 1981

[4.10] *Lieberwirth, W.:* Entwicklung, Stand und Perspektive des pneumatischen Containertransports in der Sowjetunion. Hebezeuge und Fördermittel, Berlin 16 (1976) 10, S. 294–299

[4.11] *Malis, A. Ju.:* Pnevmatičeskij transport sypučich materialov vysokimi koncentrac Pneumatischer Transport von Schüttgütern bei hohen Konzentrationen). Moskau: Masinostroenie 1969

[4.12] *Muschelknautz, E.:* Theoretische und experimentelle Untersuchungen über die Druckverluste pneumatischer Förderleitungen. VDI Forschungsheft 476. Düsseldorf: VDI-Verlag 1959

[4.13] *Muschelknautz, E.; Krambrock, W.:* Vereinfachte Berechnungen horizontaler pneumatischer Förderleitungen bei hoher Gutbeladung mit feinkörnigen Produkten. Chemie-Ingenieur-Technik, Weinheim 41 (1969) 21, S. 1164–1172

[4.14] *Pohlenz, W.:* Pumpen für Gase. Berlin: VEB Verlag Technik 1977

[4.15] *Siegel, W.:* Experimentelle Untersuchungen zur pneumatischen Förderung körniger Stoffe in waagerechten Rohren und Überprüfung der Ähnlichkeitsgesetze. VDI Forschungsheft 538. Düsseldorf: VDI-Verlag 1970

[4.16] *Smoldyrev, A. E.:* Gidro- i pnevmotransport (Hydraulischer und pneumatischer Transport). Moskau: Metallurgija 1975

[4.17] *Uspenskij, V. A.:* Pnevmotičeskij transport (Pneumatischer Transport). Moskau: Metallurgizdat 1952

[4.18] *Vollheim, R.:* Pneumatischer Transport. Leipzig: VEB Deutscher Verlag für Grundstoffindustrie 1971

[4.19] *Weber, M.:* Strömungsfördertechnik. Mainz: Krausskopf-Verlag GmbH 1974

[4.20] *Werner, O.:* Einfluß der Korngrößenverteilung bei der pneumatischen Dichtstromförderung in vertikalen und horizontalen Rohren. Diss., Universität Karlsruhe 1982

[4.21] *Wirth, K. -E.:* Theoretische und experimentelle Bestimmungen von Zusatzdruckverlust und Stopfgrenze bei pneumatischer Strähnenförderung. Diss., Universität Erlangen-Nürnberg 1980

[4.22] Proceedings of the third Conference on Pneumatic Conveying. Technische Hochschule Pécs 1985

Formelzeichenverzeichnis

Formelzeichen	Einheit	Bedeutung
a	m/s	Schallgeschwindigkeit
A	m^2	Fläche, Querschnitt
Ar	–	Archimedes-Zahl
b	m	Breite
c	m/s	Absolutgeschwindigkeit
c_R	–	Raumkonzentration
c_T	–	Transportkonzentration
c_P	J/kg K	spezifische Wärmekapazität bei konstantem Druck
c_V	J/kg K	spezifische Wärmekapazität bei konstantem Volumen
c_W	–	Widerstandsbeiwert
d	m	Durchmesser
E	J	Energie
Eu	–	Euler-Zahl
f	1/s	Frequenz
F	N	Kraft
Fr	–	Froude-Zahl
g	m/s^2	Fallbeschleunigung
h	m	Höhe
h	J/kg	spezifische Enthalpie
H	m	geodätische Höhe
i	m/m	Gefälle
I	J/kg	Intensität
k	m	Rohrrauhigkeit
k	Pa s	Steifigkeit
K	–	Korrekturfaktoren
l	m	Länge
m	–	Flächenverhältnis
m	kg	Masse
$\dot{m}$	kg/s	Massenstrom
M	–	Mach-Zahl
n	1/s	Drehzahl
n	–	Strukturziffer
p	Pa; kPa	Druck
Δp	Pa; kPa	Druckdifferenz, Druckabfall
P	W	Leistung
q	J/kg	spezifische Wärme
q	–	Feinkornanteil
r	m	Radius
R	J/kg K	Gaskonstante
Re	–	Reynolds-Zahl
s	J/kg K	spezifische Entropie
s	–	Schlupf
s	m	Wandstärke
t	s	Zeit
T	K	Temperatur

TS	%	Trockensubstanzgehalt
u	m/s	Umfangsgeschwindigkeit
u	J/kg	spezifische innere Energie
U	m	Umfang
U	V	elektrische Spannung
v	m/s	Geschwindigkeit
v_S	m/s	Sinkgeschwindigkeit, Fallgeschwindigkeit
v^*	m/s	Schubspannungsgeschwindigkeit
v	m^3/kg	spezifisches Volumen
V	m^3	Volumen
$\dot{V}$	m^3/s	Volumenstrom
x, y, z	–	kartesische Koordinaten
y	m	Wandabstand
z, r, φ	–	zylindrische Koordinaten
α	grad	Umlenkwinkel
α	–	Durchflußzahl
β	grad	Böschungswinkel
$\dot{\gamma}$	1/s	Schergefälle/-geschwindigkeit
δ	grad	Neigungswinkel
δ_l	m	Dicke der laminaren Unterschicht
ε	–	Porosität
ζ	–	Widerstandsbeiwert
η	Pa s	dynamische Viskosität
η	–	Wirkungsgrad
$\varkappa_W$	–	Rohrreibungszahl des Feststoffes
λ	–	Rohrreibungszahl des Fluids
μ	–	Mischungsverhältnis
μ	–	Reibungszahl (mit entspr. Index)
ν	m^2/s	kinematische Viskosität
ϱ	kg/m^3	Dichte
σ	Pa	Normalspannung
τ	Pa	Schubspannung
Ψ	–	Verlustbeiwert
Ψ	W s/kg m	spezifischer Energiebedarf
ω	1/s	Winkelgeschwindigkeit

Indizes

a	Abzweig	max	maximal
ab	abfallende Rohrleitung	min	minimal
auf	ansteigende Rohrleitung	M	Material, Feststoff, Motor
A	Anlagenelement, Aggregat	N	Normale
b	Bewegungsbeginn	opt	optimal
B	Beschleunigung	O	Oberlauf
Be	Betrieb	P	Druck, Pumpe
Bo	Rohrleitungsbogen	q	Wärme
D	Düse	r	radial
Di	Diffusor	R	Rohr, Raum
Dr	Druckstoß	Rep	Reparatur
DK	Dieselkraftstoff	Ro	Rollen
e	Gerade	s	senkrecht
el	elektrisch	S	Schicht, Strömung
E	Energie	Sch	Schüttung
Ej	Ejektor	Saug	saugseitig

F	Fluid, Förderung
g	in Richtung der Schwerkraft
geo	geodätisch
G	Gemisch
Gl	Gleiten
h	horizontal
het	heterogen
hom	homogen
H	Hangabtrieb
krit	kritisch
K	Teilchen, Kupplung
Ka	Kapillar
Ku	Kugel
l	Rohrleitungslänge
lt	Übergang laminar/turbulent
L	Lücke
m	Mittelwert
St	Strahl
SK	Saugkopf
T	tangential
U	Unterlauf
Ü	Übergang
Umr	Frequenzumrichter
v	Verschleiß
vert	vertikal
vol	volumetrisch
V	Volumen, Verlust, Verdichter
w	Wiederanfahren, waagerecht
W	Wand, Widerstand
Zy	Zyklon
zul	zulässig
0	Anfangswert
1	Endwert

Sachwörterverzeichnis